DICTIONNAIRE AMOUREUX DE LA SCIENCE

Du même auteur

Géologie isotopique, Belin, 2005.

Quand on sait tout, on ne prévoit rien, Fayard, 2004.

Un peu de science pour tout le monde, Fayard, 2003.

Galilée, Plon, 2002.

Changer de politique, changer la politique, Editions de l'Aube, 2002.

Histoires de Terre, Fayard, 2001.

Les Audaces de la vérité (entretiens avec Laurent Joffrin), Robert Laffont, 2001.

Vive l'école libre !, Fayard, 2000.

Toute vérité est bonne à dire, avec Laurent Joffrin, Robert Laffont, 2000.

Dieu face à la science, Fayard, 1997.

Questions de France, Fayard, 1996.

La Défaite de Platon, Fayard, 1995.

L'Age des savoirs, Gallimard, 1993.

Ecologie des villes, écologie des champs, Fayard, 1993.

Introduction à une histoire naturelle, Fayard, 1992.

De la pierre à l'étoile, Fayard, 1992.

Economiser la planète, Fayard, 1990.

Douze clés pour la géologie (entretiens avec Émile Noël), Belin, 1987.

Les Fureurs de la Terre, Odile Jacob, 1987.

L'Ecume de la Terre, Fayard, 1983.

Introduction à la géochimie (en coll. avec G. Michard), PUF, 1973.

Claude Allègre

DICTIONNAIRE AMOUREUX DE LA SCIENCE

Dessins d'Alain Bouldouyre

Plon/Fayard

ISBN 2-259-19983-6

Avant-propos

Dictionnaire amoureux de la science ? Cela sonne comme un oxymore. Comment concilier l'objectivité, fondement de la science, avec la subjectivité, fondement incertain de l'amour ?

Parmi les diverses démarches qui pouvaient permettre de relever ce défi, j'en ai choisi une. Celle de l'amour partagé. Se tourner vers les autres, leur faire aimer la science en la comprenant, les faire accéder au plaisir intense que procure le progrès dans la connaissance. Et, avec cette approche, je peux, je crois, répondre à l'interrogation première.

Tout, dans ce livre, n'est qu'amour ! Autant dire que le livre est, comme la collection l'exige, rempli de subjectivité, de choix personnels, de jugements que j'assume. La diversité des sujets abordés, mêlés de personnages et de la relation de leurs actions, mon refus d'intégrer dans la science les mathématiques ou les sciences humaines reflètent une subjectivité que je revendique, mais qui est, bien sûr, critiquable et même sans doute, ici ou là, réfutable. J'accepte la règle du jeu. Mais en même temps j'ai cherché à respecter les canons de la science, avec sa rigueur, sa vérité provisoire, sa raideur, mais aussi sa plasticité. Tout cela est ma vision (pas trop éloignée, j'espère, de ce qu'est la science !).

Il y a aussi les limites de mon savoir personnel et de ma compétence. On peut se demander pourquoi j'écris des livres sur la science en général, plutôt que de me concentrer sur le domaine scientifique qui est le mien, à savoir les géosciences ? Pourquoi ne pas coordonner une escouade de spécialistes. On évite l'erreur et... beaucoup de travail ! A cette interrogation légitime, d'autant plus que j'ai écrit de nombreux livres de géosciences, je peux apporter une réponse qui fixera tout à la fois la motivation et la limite.

Ma formation initiale, mais plus encore ma vie scientifique très variée au sein des géosciences m'ont mis en contact effectif, pratique avec de nombreuses spécialités scientifiques. En géosciences, j'ai eu l'occasion de pratiquer aussi bien la géophysique, la géologie de terrain que, bien sûr et surtout, la géochimie et la géologie isotopique. Ce dernier domaine a occupé une grande partie de mon temps.

Puis, mes responsabilités dans l'appareil d'Etat m'ont mis en contact avec l'ensemble des secteurs scientifiques et des chercheurs les plus éminents de ces domaines. J'ai travaillé pour essayer de comprendre les domaines pour lesquels je devais défendre ou arbitrer les budgets ou les projets. En retour, m'étant rendu compte de l'isolement de la science par rapport à une grande partie des citoyens, même les plus instruits, j'ai pensé qu'on pouvait essayer de leur faire aimer la science en la leur présentant autrement, en cassant les barrières du langage spécialisé.

Et là, le fait d'être un scientifique, mais non spécialiste de tel ou tel sujet m'est apparu comme un atout pédagogique. Les limitations de mon savoir me préservaient d'un trop grand ésotérisme que le spécialiste a forcément (et que j'ai en sciences de la Terre !). J'ai tenté une expérience avec *Un peu de science pour tout le monde*. L'accueil qu'a reçu ce livre m'a incité à continuer dans cette voie en utilisant bien sûr des garde-fous. Ce sont mes collègues de l'université ou de l'Académie qui, étant spécialistes de tels ou tels domaines, corrigent mes erreurs les plus grossières.

Cette méthode a l'avantage de l'unicité d'écriture et donc j'espère de son unité de ton.

J'ai usé abondamment de l'approche historique, trop souvent négligée, qui, pourtant, fait comprendre mieux que d'autres, approche les racines et les circonstances de tel ou tel progrès scientifique. J'ai aussi parlé des hommes qui ont fait la science, des circonstances de leur vie, de leur part de lumière, mais aussi d'ombres. Dans ce « palmarès », j'ai omis les vivants que, par contre, on pourra rencontrer autour de tel ou tel mot dans le cœur du texte. J'ai évité tout langage mathématique et tout jargon. Les spécialistes me le pardonneront, car ce livre n'est pas écrit pour eux. J'ai ajouté souvent quelques références de lecture qui permettront à ceux qui le désirent d'aller plus loin.

Claude ALLÈGRE

REMERCIEMENTS

Je remercie d'abord Jean-Claude Simoën de m'avoir convaincu d'écrire ce dictionnaire, puis d'avoir relu la première version et de m'avoir incité à modifier et préciser bien des points.

Mes collègues de l'Académie des sciences, François Cuzin, François Combes, François Gros, Nicole Le Douarin, Jean-Louis Le Mouel m'ont fait bénéficier de remarques constructives. Je suis reconnaissant à Sylviane Agacinski de ses conseils sur un sujet très délicat. Nathalie Goussery a tapé l'ensemble du texte.

Je les remercie tous, car sans eux je n'aurais pu mener à bien une tâche dont je ne mesurais pas la difficulté.

Abstraction

La science consiste à découvrir les lois de la nature et à les exprimer d'une manière abstraite et concise. Le passage du concret – l'observation, l'expérience – à l'abstrait – le modèle, la théorie – est l'essence même de la démarche scientifique.

En science, l'abstrait n'existe que comme représentation du concret. Il n'a pas d'existence par lui-même ; c'est ce qui distingue les sciences (au sens de sciences de la nature) des mathématiques.

Mais, à rebours, l'observation – le concret – n'a de sens, en science, que par rapport à une théorie implicite ou explicite – l'abstrait.

Laissons la parole à quelques éminents scientifiques.

Emilio Segré, prix Nobel de physique, expérimentateur de talent : « Le but ultime de la physique est de décrire la nature et de prévoir les phénomènes. Ce qui est impossible en partant des théories *a priori*. Au bout de quelques pas, nous serions dans l'impasse et chaque erreur s'ajoutant aux précédentes nous écarterait de la bonne voie. »

Henri Poincaré, l'un des plus grands théoriciens de

la physique : « L'expérience est la source unique de la vérité ; elle seule peut nous apprendre quelque chose de nouveau ; elle seule peut nous donner la certitude. »

Mais François Jacob ajoute prestement : « Les données expérimentales ne peuvent prendre de signification qu'en fonction d'une théorie. »

J'ai connu pour ma part dans les années 1960-1970, en géologie, toute une école qui se faisait gloire de n'avoir aucune théorie, se contentant d'accumuler des faits, des observations, des cartes. C'était, d'après eux, le gage de l'objectivité. La science sans idées, en somme !

Ces gens-là n'ont jamais rien trouvé d'important, et leurs travaux sont tombés dans les corbeilles à papier de l'Histoire. Leurs noms ? Je les ai oubliés, comme l'Histoire l'a fait. Cet état d'esprit, qui régnait en France dans les années 1960, a fait beaucoup de dégâts, éloignant des sciences naturelles de jeunes esprits brillants.

Un article célèbre de Jacques Monod, l'un des fondateurs de la biologie moléculaire, porte sur l'ARN messager. Lorsqu'il soumit l'article, l'éditeur de la revue lui écrivit à peu près ceci : « Votre article est très intéressant, mais nous pensons qu'il y a trop d'idées, qu'il faudrait accumuler beaucoup plus d'expériences pour pouvoir en démontrer une ou deux. »

La réponse non moins célèbre de Jacques Monod fut cinglante : « S'il vous plaît, je vous demande de publier notre article. En échange, je vous promets que dans le prochain article, il n'y aura aucune idée. »

Malheureusement, cette vision de la science, qu'on croyait disparue dans les sciences de la nature avec l'émergence de la biologie moléculaire, la tectonique des plaques ou la géologie isotopique, refait surface d'une manière sournoise. Le responsable en est un instrument extraordinaire, d'une puissance inégalée : l'ordinateur. L'ordinateur, langue d'Esope de la science moderne, permet à certains chercheurs dénués d'idée originale d'écrire des programmes à l'aide de lois déjà connues et de faire des simulations – avec l'espoir que la machine résoudra seule les problèmes sur lesquels ils ont buté, et qu'elle fera de nouvelles découvertes à leur place. Avec une telle démarche, on ne découvre pas grand-chose de nouveau, car il y manque les deux piliers de la science : l'**observation** de la nature et la **conceptualisation originale** de cette observation.

Nous voilà au cœur du sujet. Il n'y a pas de science sans idées, puis sans une construction abstraite traduisant cette idée.

« En physique, la démarche scientifique consiste à traduire les observations en langage mathématique. » C'est ainsi d'ailleurs que David Ruelle, mathématicien et physicien contemporain, l'un des inventeurs de la théorie du chaos – il travaille à l'IHES (Institut des hautes études scientifiques) –, définit la physique dans un résumé peut-être un peu réducteur.

Il est vrai que toute la physique, de Galilée à Bohr, est fondée sur cette démarche de va-et-vient entre l'abstrait et le concret, le modèle explicatif et l'expérience. Le modèle est-il capable de prédire des observations-tests ? Si oui, c'est la voie royale.

Mais la démarche d'abstraction ne se réduit pas toujours à une traduction mathématique ; cette dernière, en effet, n'est pas toujours adaptée.

Par exemple, une méthode pour mettre de l'ordre dans la complexité apparente de la nature est la

classification. Classification des plantes, des animaux, des minéraux, des cristaux, mais aussi des particules élémentaires. Pour qu'une classification soit féconde, il faut qu'elle soit sous-tendue par quelques principes théoriques, quelques idées. Par la théorie de l'évolution pour la classification en biologie, par des considérations sur la symétrie de la nature pour la classification des cristaux ou par des théories quantiques complexes pour les particules.

Autre méthode pour ordonner la réalité concrète : l'invention d'un langage abstrait spécifique. Lorsque les chimistes notent une molécule C_6H_{12}, cyclohexane, ils décrivent d'un coup une structure dont ils visualisent l'allure tridimensionnelle.

Les biologistes moléculaires ont défini un langage fait de schémas plus ou moins dérivés de la cybernétique, mais qui illustrent les mécanismes de régulation cellulaire.

Richard Feynman, célèbre physicien, avait, lui, inventé un système très original qui combinait une représentation schématique et les mathématiques [1].

Il ne faut pas pour autant s'imaginer que toute abstraction est fertile.

Pierre Aigrain, qui fut l'un des artisans du renouveau de la physique française, en particulier en créant un groupe dynamique sur la physique des semiconducteurs à l'Ecole normale supérieure, mais aussi en réformant les programmes d'enseignement de physique, et en encourageant beaucoup de jeunes physiciens brillants, disait en guise de boutade : « La valeur d'une théorie se mesure par le logarithme du nombre d'observations qu'elle intègre. » Pour en

1. Voir R.D. Mattuck, *A Guide to Feynman Diagrams in the Many-Body Problem*, Mc Graw Hill.

apprécier toute la saveur, il faut se souvenir que le logarithme de un est égal à zéro !

Académie des sciences

Tous les grands pays de ce monde (à l'exception notable de l'Allemagne actuelle [1]) ont des académies des sciences.

Ces institutions ont pour ambition de rassembler les meilleurs scientifiques du pays afin de constituer une sorte de référence. Elles s'adjoignent généralement quelques scientifiques étrangers de talent (nommés « membres étrangers ») qui ont pour fonction d'assurer une sorte de reconnaissance internationale à leur confrérie.

Dans toutes les académies des sciences du monde, le recrutement se fait par cooptation. Une fois élu, on est membre à vie – à moins qu'à partir d'un certain âge, on ne devienne membre émérite ou honoraire. Récemment, l'Académie des sciences française a fixé une limite d'âge à 75 ans, ce qui est révolutionnaire !

A quoi servent les académies, au juste ? Question délicate, que certains pourront considérer comme insolente !

D'abord, à faire plaisir à ceux qui y sont élus. Car il s'agit bien là d'une reconnaissance, comme le sont les prix scientifiques (l'argent en moins). Pour certains, c'est une joie immense et une fierté sans cesse renouvelée que de franchir le seuil de l'Académie ou de serrer la main d'un autre académicien en l'appe-

1. L'ancienne Académie de Berlin n'a pas été reconstituée après l'unification.

lant d'un air pénétré (c'est essentiel) : « Mon cher confrère... » (c'est le terme consacré).

Les élections occupent donc beaucoup de temps et suscitent beaucoup de passion dans toutes les académies du monde. Elles se font en général en deux étapes. Dans un premier temps, les spécialistes d'une discipline proposent au vote des noms de candidats ; ensuite, l'ensemble de l'Académie les élit. Les modalités de ces votes sont variées suivant les pays.

Malgré les efforts de toutes les académies du monde pour se rajeunir, la moyenne d'âge est généralement assez élevée. La raison en est d'une part qu'avant 40-45 ans, peu de scientifiques ont acquis une vraie notoriété – sauf peut-être en mathématiques, et d'autre part qu'une fois élus, rares sont les membres qui acceptent de devenir honoraires spontanément.

Certes, officiellement, le mérite scientifique est le seul critère d'élection, et, dans 80 % des cas, il joue bel et bien ce rôle. Hélas, souvent se mêlent d'autres considérations plus « humaines » : les scientifiques ne sont pas des machines !

Ainsi, pour accéder à la Royal Society anglaise, le fait d'être professeur à Oxford ou Cambridge constitue un atout important ; pour l'Académie des Etats-Unis, les grandes universités Harvard, MIT, Princeton, Caltech et, plus encore, l'ensemble des universités de Californie appuient collectivement leurs collègues avec une efficacité certaine.

En France, être ancien élève de l'ENS Ulm ou de Polytechnique ne nuit pas... Sans parler des chapelles plus étroites qui correspondent souvent à de véritables clivages scientifiques. Par exemple, jusque vers les années 1970, les biologistes moléculaires furent bannis de l'Académie des sciences – si bien que le plus grand d'entre eux, Jacques Monod, n'y fut jamais élu [1], et qu'André Lwoff n'y accéda qu'à un âge très avancé. Puis ils y entrèrent en force et y créèrent une section – ce dont je ne perçois pas la pertinence, sinon sur un plan stratégique. Il en fut de même pour les mathématiques du groupe Bourbaki. Indésirable avant 1965, le groupe finit par s'imposer et tente d'exercer un magistère moral absolu que certains jugent discutable. Et qui d'ailleurs aujourd'hui s'estompe...

Ces joutes scientifiques, ces luttes d'émergence des nouvelles théories ou des nouvelles disciplines n'ont rien de méprisable. Il faut malheureusement y ajouter les chocs de personnalités, les jalousies, les rivalités, les mesquineries aussi... c'est humain. Tous ces ingrédients étant souvent inextricablement mêlés.

Autrefois, en France, toute élection à l'Académie des sciences était précédée de visites aux académiciens. On prenait rendez-vous, on exposait ses travaux, ses mérites, pour solliciter les suffrages (cette pratique, me dit-on, perdure à l'Académie française) Ces visites avaient parfois des allures pittoresques. Ainsi, un candidat « jeune » – il avait alors 50 ans – rendit visite à un académicien de 90 ans. Il passa une heure et demie a expliquer son travail, à faire valoir ses mérites, avec le sentiment de réellement ramer. A la fin, le vieillard le raccompagna à la porte en lui disant : « Vous m'êtes très sympathique monsieur, je crois que vous avez bien travaillé, bien que je n'y comprenne rien. J'aurais voté pour vous. Malheureu-

1. Il refusait d'écrire une lettre de candidature ! Depuis, cette procédure a été supprimée.

sement, je ne vais à l'Académie qu'au printemps, il fait trop froid en hiver. » Visitant un autre honorable membre, il s'entend dire : « Ah, vous êtes ancien élève de l'Ecole normale ! Moi aussi, mais l'année où vous êtes entré, j'ai pris ma retraite ! »

Ces visites n'étaient pas seulement éprouvantes, elles prenaient du temps. Et le candidat ne savait pas toujours comment se comporter. L'un d'eux demandant à son mentor, académicien lui-même, comment il devait se présenter, s'attira cette réponse « Mon cher, la meilleure attitude, c'est celle du con doué... pas trop doué. »

Les temps ont changé. Mon appartenance à cette honorable compagnie pourrait du moins me le donner à penser... si j'étais vraiment dupe des apparences.

Mais à part l'autoreproduction, quel est le rôle des académies ?

Dans certains pays, ce rôle est défini par la loi. En URSS, l'Académie des sciences était chargée d'organiser les recherches. Elle avait ses laboratoires, ses instituts, ses chercheurs. L'organisation de chaque discipline était pyramidale, et au sommet de la pyramide trônait un académicien tout-puissant.

Du coup, suivant la valeur de l'académicien en question, telle discipline était brillante, l'autre médiocre, la troisième somnolente.

Bien que beaucoup de ses membres fussent des professeurs, l'Académie des sciences d'URSS était distincte de l'université, mais elle était très liée au parti communiste et à ses dirigeants.

C'est à la suite d'un voyage en URSS des familles Perrin, Langevin et Curie que la France, sous le Front populaire, créa le CNRS, appelé d'abord Fonds national de la recherche scientifique (*voir* : CNRS), pour imiter l'Académie soviétique.

La plus vieille Académie des sciences est l'Académie italienne des Linceï (des « Lynx », ceux qui voient loin). Elle fut créée en 1603 et l'un de ses premiers membres fut Galilée.

La Royal Society anglaise, créée le 28 novembre 1660, joue un rôle discret, mais efficace, dans la politique de la recherche. Son influence s'exerce par l'intermédiaire de ses membres, et à travers des manifestations typiquement britanniques : le Premier ministre vient prendre le thé annuellement à la Royal Society et échange des idées avec les scientifiques les plus éminents. Par ailleurs, elle anime la recherche, distribue des bourses, et elle finance même des chaires universitaires. Enfin, elle publie des rapports importants en direction du gouvernement ou du grand public et organise des colloques internationaux de très grande qualité.

En France, l'Académie royale des sciences, ancêtre de l'actuelle Académie, a été créée en 1666 par Colbert pour animer la science. Les académiciens recevaient à cette époque un salaire à temps plein pour faire de la science (c'est une première !) et l'Académie publia le premier journal scientifique, *Le Journal des Sçavans*. La Révolution française la supprime par décret du 8 août 1793. Elle sera rétablie par Napoléon, qui y sera d'ailleurs élu dans la classe des mathématiques (Valéry Giscard d'Estaing a bien été élu à l'Académie française !) Elle joue un rôle important au XIXe siècle, puis perd petit à petit son influence, qui tombe à rien dans les années 1970.

Le président Giscard d'Estaing chargea alors le physicien Pierre Aigrain d'une première réforme, qui proposait un rajeunissement progressif des membres.

Songez qu'à cette époque, le prix Nobel de physique Alfred Kastler avait écrit un article pour montrer que l'âge d'élection à l'Académie augmentait plus vite que l'espérance de vie, si bien que d'ici quelques années, on ne pourrait être élu... qu'après sa mort ! Cet article fit grand bruit. La réforme Aigrain eut pour premier effet d'imposer que 50 % des membres soient élus avant l'âge de 55 ans ; Aigrain avait demandé avant 45 ou 50 ans, mais cette proposition avait été jugée insultante. D'ailleurs, on le punit de son audace en le faisant attendre plus qu'il ne fallait sa propre élection.

A la Royal Society, on est élu entre 35 et 55 ans, à l'Académie des Etats-Unis entre 40 et 60 ans. Voilà pour les comparaisons internationales.

Une seconde réforme, que j'ai encouragée en tant que ministre sans en être en aucun cas l'auteur, a été entreprise juste avant l'an 2000 : désormais, l'Académie est officiellement chargée de conseiller le gouvernement et de faire un rapport de conjoncture. Et elle a doublé le nombre de ses membres. Elle produit désormais des rapports de qualité, organise des conférences, des colloques, bref, elle a retrouvé un vrai dynamisme – un peu brouillon peut-être, mais réel.

Mais elle n'a pas encore l'influence qu'elle mérite Sans doute une bonne polémique ciblée sur un sujet brûlant comme les OGM ou les cellules souches ou le nucléaire lui donnerait-elle plus de visibilité... Horreur, j'ai prononcé le mot de polémique ! Est-il compatible avec le mot académie ?

L'Académie des sciences des Etats-Unis, elle, a été créée par Abraham Lincoln en pleine guerre de Sécession pour conseiller le gouvernement des Etats-Unis. Elle doit répondre dans un délai de six ou douze mois à toute requête d'expertise demandée par l'Administration présidentielle ou par un membre du Congrès. A cette fin s'est organisé auprès d'elle le National Research Council qui comprend 3 000 employés et publie chaque année 500 rapports – plus d'un par jour ! Les sujets vont de la possibilité de pollution radioactive des vaches laitières au Nevada par suite des expériences nucléaires souterraines, jusqu'aux OGM, en passant par l'accident de la navette Challenger, etc. Je ne suis pas sûr qu'il faille imiter cette bureaucratique fébrilité, car sur 500 rapports, 20 au plus sont vraiment lus !

Enfin, j'allais oublier : toutes les académies distribuent des prix et des médailles. L'Académie royale des sciences de Suède, créée seulement en 1739, décerne les prix les plus prestigieux. En général, mais pas toujours, les académiciens eux-mêmes en sont exclus. Mais ce n'est évidemment pas le cas de leurs élèves, ni de leurs affidés !...

En ce temps où la science, dans notre pays, est en réel péril, l'Académie des sciences pourrait devenir le bouclier contre les faiseurs de pluie, diseurs de bonne aventure et autres écologistes militants. Leur action, en effet, est en train d'organiser le lent déclin de la France, en minant peu à peu sa croyance dans le progrès et la raison – pourtant consubstantiels de la République.

Accrétion

C'est le processus par lequel les planètes telluriques se sont formées, il y a 4,6-4,4 milliards d'années.

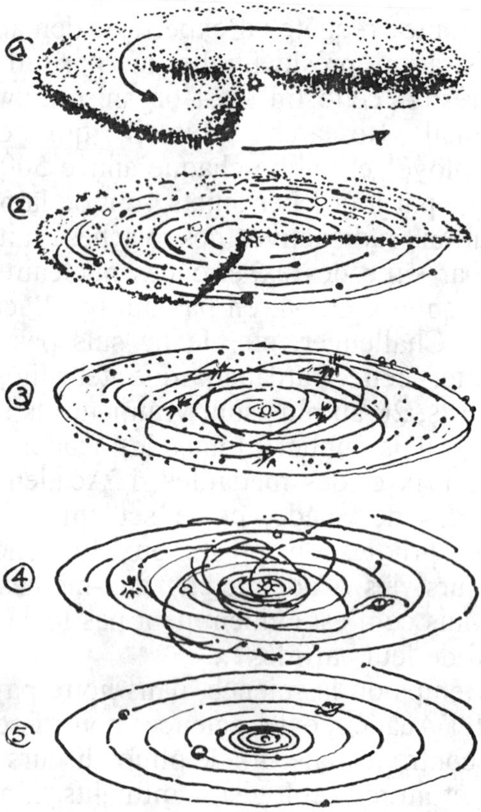

Ce schéma résume le processus de formation des planètes par accrétion. On part d'un nuage de gaz et de poussière ayant la forme d'un disque tournant. Alors qu'au centre se rassemble de la matière qui va donner naissance au soleil, dans le disque les poussières vont se rassembler en objets solides et finalement en quelques planètes.

Pendant longtemps, on a cru que les planètes s'étaient formées comme les étoiles par le processus dit d'**effondrement gravitationnel**. Ce processus, bien étudié au début du XXe siècle par l'Anglais Jeans, se produit lorsqu'un nuage de gaz et de poussière devient assez dense et d'une masse suffisante. Les composants de ce nuage s'attirant mutuellement, le nuage se contracte, puis s'effondre brutalement sur lui-même, donnant naissance à une sphère compacte de matière et de gaz.

Ce processus est très rapide. Durée ? Moins de cent mille ans.

Peu avant la Seconde Guerre mondiale, le Soviétique Otto Schmidt, le premier, mit en doute la validité de cette explication pour la formation des planètes. Son argument était simple : si les planètes s'étaient formées chacune indépendamment, pourquoi tourneraient-elles toutes autour du Soleil dans un même plan, dans le même sens ? Pour obtenir une telle horlogerie coordonnée, il a fallu que le processus fût lent, permettant que l'attraction gravitationnelle ajuste tous ces mouvements les uns par rapport aux autres. Car n'oublions pas que toute cette matière, dispersée ou non, tournait autour du Soleil avant la formation du système solaire.

Schmidt imagine donc un scénario progressif, pas à pas. Les poussières s'agglomèrent pour donner des grains, les grains s'agglomèrent pour donner des billes, les billes s'agglomèrent pour donner des balles, les balles donnent des ballons, etc., pour finalement donner des planètes. Durée : des dizaines de millions d'années.

Personne ou presque ne croira cette théorie en Occident, jusqu'à l'exploration du sol lunaire. On va en effet découvrir que des milliards de cratères de tailles différentes criblent la surface de la Lune. Or s'il y a des milliers de cratères de tailles différentes, c'est que des objets de tailles différentes sont tombés sur la Lune. La datation absolue des roches et le comptage des cratères vont montrer que leur nombre a décru avec le temps – à l'échelle du milliard d'années.

C'est bien là la confirmation du scénario proposé par Schmidt.

Mais ce processus d'accrétion de la matière est délicat. Car cette matière divisée ou agglomérée tourne autour du Soleil à de très grandes vitesses (au fait, avez-vous calculé la vitesse de rotation de la Terre sur elle-même à l'équateur, et sa vitesse de rotation autour du Soleil ? 40 000 kilomètres en 24 heures pour l'une, presque 1 milliard de kilomètres en un an pour l'autre). Lorsque des morceaux de roches se rencontrent, il faut que les forces d'attraction (de nature gravitationnelle, mais aussi électrique) soient suffisantes pour compenser le choc. Sinon, les deux morceaux éclatent. Au lieu d'une **accrétion**, on a le processus inverse : une **fragmentation**.

Ainsi, entre Mars et Jupiter, l'excès de vitesse produit par l'attraction créée par la grosse planète Jupiter a empêché l'accrétion d'aller à son terme. Au lieu de la planète qu'on pouvait prévoir (suivant la loi de Bode), les rencontres entre corps solides ont donné naissance à une myriade de corps planétaires de taille variée qui forment ce qu'on appelle la ceinture d'astéroïdes.

Il en va de même pour les nations : l'accrétion pour fabriquer des entités plus grosses est un processus difficile et lent (voyez la construction européenne ou le Mercosur). Quand on veut le faire trop vite comme lors de l'élargissement aux pays de l'Est, on fragilise le système (référendum). A l'inverse, la fragmentation est un processus facile et bien plus rapide (voyez l'ex-URSS ou l'ex-Yougoslavie) !

Retenez ce nom : **accrétion**, avec une analogie dans la tête : la construction européenne. La formation des planètes, c'est long, très long, avec toujours la menace d'un accident, d'une cassure. En ce qui concerne la Terre, un accident s'est produit, il y a 4,5 milliards d'années, qui donna naissance à la Lune (*voir* : LUNE). L'accrétion de notre planète a duré 150 millions d'années, celle de Mars, objet beaucoup plus petit (il y a dix Mars dans une Terre !), s'est faite en 5 ou 10 millions d'années. Voilà les ordres de grandeur de l'accrétion des planètes. Au début, ça va vite car il y a beaucoup de matière dispersée, après, ça ralentit, car il faut que les proto-planètes se rencontrent. Or plus elles sont grosses, plus elles sont rares !

Acides nucléiques

ADN (acide désoxyribonucléique)

(Dans un dictionnaire anglais, il serait à la lettre D, comme DNA.)

C'est la molécule constitutive des chromosomes, autrement dit la molécule qui, au sein de chacun d'entre nous, porte le message héréditaire, génétique : celui dans lequel est inscrit notre « projet personnel de fabrication et de fonctionnement ». Notre message génétique est celui que nous transmettons à la génération suivante, mais en le combinant à celui de « l'autre ». Ce qui définit notre « soi » est porté par notre **ADN**.

S'il reste quelque chose de l'enseignement secondaire scientifique (ce sur quoi j'ai de sérieux doutes), tout le monde sait aujourd'hui que cet ADN est constitué par une **double hélice**.

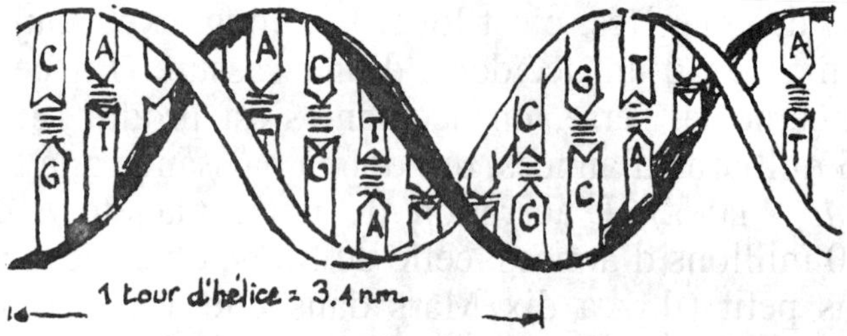

Structure d'un bout de la double hélice d'ADN. On verra que l'accouplement des deux brins se fait en appariant G et C d'une part, A et T de l'autre, par des liaisons hydrogène.

L'**ADN** est une macromolécule composée de milliards d'atomes, mais des milliards d'atomes soigneusement organisés. Chaque hélice de **l'ADN** est en effet constituée par un chapelet de molécules plus petites, qui sont les constituants fondamentaux, les briques de l'**ADN**. On appelle ces molécules, déjà très complexes, les **nucléotides**.

Il y a quatre types de nucléotides, qui portent des noms savants des bases qu'ils contiennent :

A = Adénine ; T = Thymine ; C = Cytosine ; G = Guanine.

Chaque nucléotide est composé de trois éléments : un sucre, un phosphate, une base. La différence entre les nucléotides tient à la nature des bases. Le long de chaque hélice, ces nucléotides se succèdent comme des lettres de l'alphabet suivant des séquences définies. ATTCGGAC...

Les deux hélices sont liées par des sortes de « barreaux » – en fait, des liaisons chimiques. Ces deux hélices ont des séquences complémentaires. En face de T il y a A, en face de C il y a G, etc. Ces doubles séquences d'ADN sont protégées par une enveloppe composée surtout de protéine (les histones), mais aussi d'un assortiment de molécules variées, comme si le livre de la vie avait besoin d'une couverture très robuste faite du matériel « ordinaire ».

Il est de plus en plus clair que : 1) la composition de ces complexes, 2) leurs modifications locales contrôlent l'expression des gènes. On parle même d'un code histone qui serait superposé au code génétique.

Chaque double hélice et sa « couverture » constituent un chromosome (*voir* : CHROMOSOME). Chaque espèce vivante possède dans ses cellules un nombre de chromosomes définis. La bactérie en a un, l'homme en a 46 (23 paires). Le message génétique est plus ou moins complexe et long, suivant que l'espèce est plus ou moins compliquée dans sa structure ou sa physiologie.

Chaque chromosome de chaque espèce contient un message qui lui est propre, c'est-à-dire que l'agencement des séquences ATGGAA... est caractéristique d'une espèce. Mais on trouve chez chaque individu quelques variantes qui lui sont propres, et qui sont uniques. Insistons bien là-dessus : chaque individu est unique. Nous sommes tous uniques. Nous sommes tous cousins et tous différents. Tous les ADN de tous les êtres vivants, de la bactérie à l'éléphant, de l'algue à la rose, ont des messages écrits avec les mêmes lettres, ATGC : **le langage du vivant est unique, mais les messages individuels sont différents**.

Ne croyez surtout pas que cet ADN se présente comme une sorte de double ressort raide, linéaire, dressé. Il est emmêlé, replié sur lui-même, pelotonné. Et cet ADN, ce message de fabrication de nous-même, est contenu dans le noyau de chacune de nos cellules – sachant que le corps d'un être vivant est composé de milliards de milliards de cellules ! Si l'on dépliait les ADN contenus dans toutes les cellules d'un homme et qu'on les mette bout à bout en les étirant, cela mesurerait la distance de la Terre à la Lune.

En principe, donc, chacune de nos cellules dispose de toutes les informations pour fabriquer un autre nous-même, un clone complet avec notre anatomie, notre physiologie, nos qualités et nos défauts. Et c'est bien là ce qui pose un problème éthique, aujourd'hui, à nos sociétés. Faut-il fabriquer des clones de nous-mêmes ? Faut-il autoriser le clonage ? (*Voir :* CLONE.)

Or cet ADN aujourd'hui omniprésent (qui n'a pas déjà vu un dessin, un schéma, une maquette, une sculpture de cette double hélice de l'ADN ?) était, il y a encore peu de temps, inconnu des biologistes. Cette **découverte** date de 1953, et elle ne s'est imposée que dans les années 1960. A partir de là s'est construite la révolution de la biologie moderne, dont la première phase s'appelle la **biologie moléculaire**.

Pourquoi a-t-on mis tant de temps à réaliser que le matériel génétique, celui qui assure la reproduction des êtres vivants, était fait d'ADN ?

Les chromosomes, ces porteurs de l'hérédité, étaient connus depuis le début du XXe siècle : c'étaient des sortes de petits bâtons que l'on pouvait colorer dans les préparations histologiques – d'où le nom chromo(couleurs)-somes. Ces chromosomes, on vient de le dire, sont constitués par une double hélice d'ADN pelotonnée à l'intérieur d'un emballage épais de molécules de protéines. On a donc cru pendant longtemps que le support de l'hérédité, c'étaient les protéines, car l'enveloppe est ce qu'il y a de plus apparent. Comme, par ailleurs, les agents du fonctionnement de la matière vivante, les enzymes, sont des protéines, tout semblait logique. Les chromosomes étaient des protéines assemblées qui n'avaient plus qu'à se séparer pour donner lieu à telle ou telle réaction biochimique, ou à la fabrication de tel tissu ou tel ou tel composé chimique.

En 1944, trois chercheurs américains du Rockefeller Institute de New York, Oswald Avery, Colin Mac Leod et Maclyn Mc Carthy, ont compris, les premiers semble-t-il, que, dans les chromosomes, l'important était les molécules d'ADN. Ils ne savaient pas qu'il s'agissait de doubles hélices, ni comment elles étaient faites, mais ils les avaient isolées par les techniques de séparation chimique et avaient identifié l'ADN par sa réactivité chimique. On ne prêta pas beaucoup attention à ce travail. Un travail effectué par Hershey et Chase en 1951 avait pourtant prolongé celui d'Avery sans plus de succès.

C'est en 1951 qu'un jeune biologiste américain, James Watson, arrive à Cambridge, en Angleterre, pour travailler dans le meilleur laboratoire de physique du monde, dont la spécialité est la radiocristallographie (la science qui détermine la structure des cristaux à l'aide des rayons X). Il a un projet : découvrir la structure intime de l'ADN. Il a en effet lu les articles d'Avery et de Hershey et Chase, et il croit dur comme fer que, contrairement à l'opinion répandue, c'est bien l'ADN qui est la partie importante des chromosomes.

Tout le monde le décourage. Comment un jeune homme tout juste sorti de thèse pourrait-il avoir raison contre tous, contre la communauté scientifique ? Et comment un biologiste, sans formation particulière de physicien, pourrait-il travailler dans un laboratoire de physique ? Et encore, le meilleur et le plus prestigieux du monde : celui de Cambridge, dirigé alors par le prix Nobel Lawrence Bragg !

Peu importe : il y croit, et il sait ce qu'il veut découvrir. Se sachant dépourvu des compétences techniques, il a décidé d'aller dans le temple de la cristallographie. Pour un jeune biologiste sans grand bagage de physicien, c'était une ambition hardie ! Mais tout aussi hardie était la décision de Bragg d'accueillir ce jeune biologiste non-physicien. Sans l'audace de ces deux hommes, la structure et l'importance fondamentale de l'ADN seraient restées ignorées sans doute quelques décennies de plus !

Après quelques semaines à Cambridge, Watson réalise qu'un biologiste ne devient pas cristallographe en quelques semaines, ni quelques mois, même s'il est doué ! Utiliser les rayons X pour déchiffrer la structure des cristaux, c'est une technique relativement bien maîtrisée ; mais pour déchiffrer celle de ces immenses molécules formées par des milliards d'atomes enchevêtrés les uns dans les autres, c'est autre chose ! Il faut un sacré apprentissage. Watson doit donc s'associer avec un expert en cristallographie. Ce sera Francis Crick, un étudiant déjà âgé, retardé dans ses études par la guerre. Doté d'un caractère perfectionniste, il a peu publié, mais il critique tout le monde ; il est superdoué. Si ses collègues détestent son arrogance, Lawrence Bragg admire son intelligence, vive, incisive, rapide [1].

1. J'ai souvenir d'un déjeuner à l'Académie des sciences des Etats-Unis, où Crick, à déjà plus de 70 ans, défendait ses théories sur le cerveau avec une assurance impressionnante alors que ses collègues n'avaient que peu de considération pour ses idées.

L'ambition de Watson – découvrir les secrets de la vie – plaît à Crick. Voilà un défi digne de lui (Watson dira plus tard : « Je n'ai jamais vu Francis Crick d'une humeur modeste ! »). Ensemble, ils vont décider de déterminer la structure de l'ADN.

Ce qui est extraordinaire, c'est qu'ils ne feront eux-mêmes aucune expérience, aucune mesure, aucun calcul compliqué. Ils assembleront les résultats glanés ici ou là, réfléchiront, et, avec du fil de fer (oui, du fil de fer !) ainsi que quelques morceaux de bois colorés pour symboliser des associations d'atomes, ils vont construire un modèle moléculaire d'ADN. Presque du Lego !

Pour ce faire, ils vont utiliser et interpréter les clichés de rayons X réalisés dans un autre laboratoire à Londres, le King's College. Deux cristallographes de talent – sans plus –, Maurice Wilkins et Rosalind Franklin, y travaillent sur la structure de l'ADN. Introduits par Bragg, Crick et Watson rendent visite aux deux chercheurs, qui les regardent sans doute d'un peu haut, comme chaque fois qu'un nouveau venu arrive dans un champ scientifique avec de nouvelles idées. On n'est jamais (j'insiste sur le mot : jamais) le bienvenu. On peut au mieux s'attendre à de la politesse, sans plus.

Les deux cristallographes montrent leurs clichés de rayons X à Crick et Watson. Wilkins leur en donne une copie ; ceux de Rosalind Franklin sont meilleurs, plus nets, mais elle ne donne pas de copie[1].

1. Ils en disposeront plus tard d'une copie, car leur collègue Max Perutz avait été chargé d'examiner les projets de recherches de Rosalind Franklin. Le dossier contenait les fameux clichés. Il les communiqua à Crick, ce qui, du point de vue éthique, est limite.

De retour à Cambridge, Crick et Watson commen cent à réfléchir sur ces clichés. Crick surtout, car il est cristallographe de métier et donc capable de comprendre toute la subtilité des choses.

A ce moment va se produire un événement essen·tiel (qui a été pudiquement passé sous silence, bien que très honnêtement rappelé dans son livre par James Watson) : le fils du grand chimiste Linus Pauling, Peter, vient travailler à Cambridge. Il informe Crick et Watson que son père, lui aussi, pense que le constituant essentiel des chromosomes est l'ADN, et qu'il travaille à en déchiffrer la structure.

Cette nouvelle fait l'effet d'un stimulant puissant, pour Crick et Watson : si Pauling s'intéresse à un problème, c'est qu'il est important ! Linus Pauling a déjà obtenu le prix Nobel de chimie, et il est connu pour son extraordinaire productivité scientifique. Tous deux se penchent donc sur les travaux de Pauling, ils en parlent avec son fils (un peu imprudent) et découvrent que Pauling a proposé pour l'ADN une structure en hélice unique. Lawrence Bragg lui-même a travaillé sur les structures en hélice pour expliquer certaines protéines. Il a, semble-t-il, déchiffré les règles de symétrie que cette structure impose aux clichés de rayons X.

Et là va se produire le déclic – un déclic qui, sans doute, ne pouvait avoir lieu que dans un « couple » associant un biologiste et un cristallographe. Pour moi, il n'y a pas de doute : James Watson a eu un rôle décisif dans l'idée de la double hélice. Mais c'est Francis Crick qui va montrer que les clichés de rayons X de Wilkins sont compatibles avec cette idée. Ensemble, avec des boules et du fil de fer, ils construisent un modèle de molécules d'ADN, en utilisant ce que l'on sait sur les nucléotides, les bases, etc., en parlant avec leurs collègues de Cambridge du département de chimie, avec Bragg...

Il faut prouver que cette idée correspond véritablement aux clichés de rayons X obtenus par Wilkins et Franklin. Travail par approximations successives. On modifie le modèle en fil de fer, on calcule, on modifie, on calcule. Le fait de travailler dans un environnement extraordinaire comme Cambridge constitue un avantage . on discute avec les chimistes, on écoute les suggestions de Bragg, de Max Perutz et de bien d'autres, bref on va améliorer petit à petit le modèle.

Watson a évidemment compris tout l'intérêt de la double hélice pour la biologie, car il a en tête les schémas de la mitose. Lors de la reproduction cellulaire, chaque cellule perd un brin et reconstruit l'autre. C'est trop beau pour ne pas être vrai !

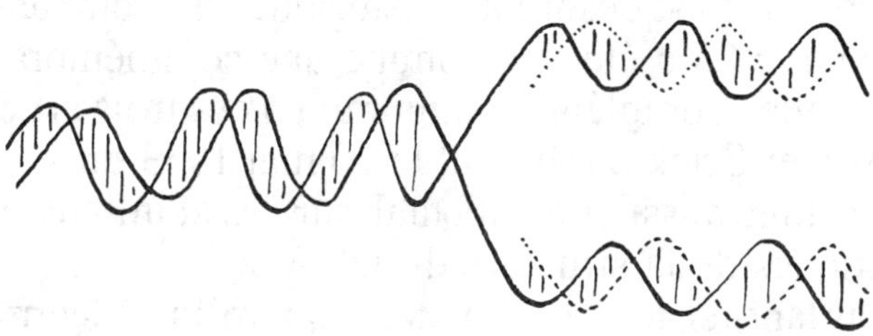

Replication de l'ADN.
On voit que les deux brins s'écartent et qu'ensuite chacun d'eux synthétise le brin complémentaire.

Certains qu'ils viennent de toucher au but, ils préparent leur publication (la femme de Francis Crick, dessinatrice de métier, dessinera la double hélice d'après le modèle en fil de fer). Craignant d'être devancés par Pauling, ils évitent son fils à Cambridge, de peur de lui révéler leur secret... Mais il y a un obstacle : ils ne peuvent pas publier leur article sans les clichés de rayons X. Or ces derniers sont la propriété de Maurice Wilkins et Rosalind Franklin.

Il faut donc convaincre ces derniers, d'abord que leurs clichés représentent une double hélice, ensuite qu'ils doivent les publier en même temps que leur propre article. Or ils vont réussir, ce qui est vraiment un exploit. Sans doute la contribution de Lawrence Bragg, le pape de la radiocristallographie, a-t-elle été décisive. Quoi qu'il en soit, Crick, Wilkins, Franklin font le travail technique de calcul nécessaire pour montrer la correspondance entre les clichés de rayons X et la structure en double hélice.

Le 25 avril 1953, trois articles sont publiés dans la revue britannique *Nature*. L'un signé Watson et Crick, le second Wilkins, Stokes et Wilson, le troisième Rosalind Franklin et Gosling.

Cette date est désormais historique, et le cinquantenaire en 2003 a été fêté comme une commémoration essentielle. Complément important à ces trois articles, Watson et Crick publieront le 30 mai 1953 un second article tout aussi fondamental sur les « implications génétiques de la structure du DNA ».

Pourtant, si tout le monde, aujourd'hui, décrit cet épisode comme une grande saga exemplaire de la science, ce ne fut pas ainsi au début. La découverte de la structure de l'ADN, avec toutes ses conséquences, commence par susciter des oppositions, du scepticisme – ou de l'indifférence. Même si quelques-uns, comme Max Delbrück, furent rapidement conquis par le modèle, pendant cinq ans l'article ne fut pratiquement pas cité, comme on l'a rappelé dans les articles fêtant le cinquantième anniversaire. Watson, Crick et Wilkins attendirent dix ans le prix Nobel qu'ils partagèrent.

Et, pourtant, tout cela semble aujourd'hui si logique, si évident...

Mais on ne sait pas encore tout.

Certes, on a découvert que certaines séquences de nucléotides gouvernent la formation des protéines, et que d'autres ont pour fonction d'organiser la structure de l'être vivant – par exemple, la constitution et l'assemblage des organes. Mais on ignore quelle est la fonction d'une grande partie de l'ADN qui, *a priori*, ne sert à rien. Les séquences signifiantes sont appelées les exons, les autres séquences on les nomme séquences non codantes. A l'intérieur des gènes, il y a les exons séparés par des régions non codantes, les introns. Entre les gènes, il y a des régions non codantes intergéniques. Dans l'ADN des animaux supérieurs comme l'homme, la majorité des séquences de nucléotides sont les séquences non codantes...

Comment sont-ils là ? Ne jouent-ils vraiment aucun rôle ?

ADN polymérase

C'est une enzyme qui, mise en présence d'un brin d'ADN, est capable de reproduire, de synthétiser le brin complémentaire. C'est elle qui permet *in vivo* la reproduction de l'ADN. Les deux brins d'ADN se séparent et, grâce à l'ADN polymérase, ils refabriquent la double hélice. On doit à Arthur Kornberg cette découverte fondamentale. Il réalisa ensuite la synthèse complète *in vitro* d'un ADN double à partir d'un seul brin.

Kary Mullis a réussi ensuite à multiplier à volonté une région déterminée de l'ADN par le procédé dit PCR, l'une des techniques de base du génie génétique.

ARN messager

ARN signifie acide ribonucléique. Il s'agit d'un acide organique formé avec les mêmes nucléotides que l'ADN, sauf un : la thymine (T), remplacée par l'uracile (U). Quant à son sucre, c'est du ribose, et non du désoxyribose (le R remplace le D). L'ARN n'a pas une structure en double hélice, mais en lanière compactée – et beaucoup moins longue que l'ADN.

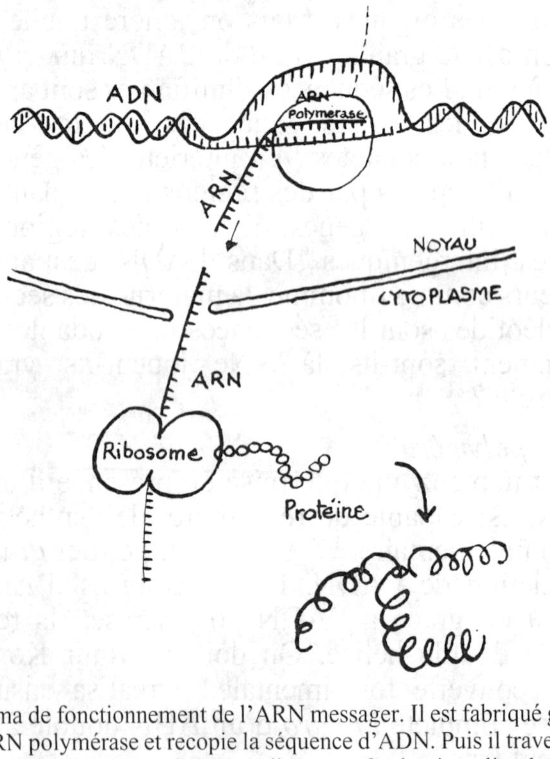

Schéma de fonctionnement de l'ARN messager. Il est fabriqué grâce à l'ARN polymérase et recopie la séquence d'ADN. Puis il traverse la membrane du noyau et va jusqu'au ribosome. Ce dernier « lit » la séquence et fabrique les protéines correspondantes suivant le code génétique.

Son rôle est capital dans le fonctionnement cellulaire, car c'est l'ARN qui « lit » et recopie les séquences d'ADN, puis qui transporte le message jusqu'à des petites unités internes à la cellule qu'on appelle le ribosome. Ce ribosome fabrique les protéines, les enzymes qui vont permettre la fabrication de la matière vivante.

L'ADN est une mémoire, une bibliothèque. Il stocke l'information génétique, mais il ne sait pas communiquer les messages qu'il contient. Il a donc besoin d'un intermédiaire, d'un relais : l'ARN messager, qui joue donc un rôle pivot dans cette machinerie complexe qu'est la cellule.

Les ARN s'accrochent aux séquences d'ADN et en font une copie. Puis, comme ils en ont la possibilité, ils traversent la membrane du noyau cellulaire. Ils vont vers le ribosome dont la fonction est de fabriquer les protéines suivant les instructions de l'ARN. L'ARN est donc bien le messager qui transporte l'information génétique de l'ADN où elle est stockée au ribosome.

Cet ARN messager est synthétisé lui-même par une enzyme, l'ARN polymérase.

L'ARN messager est une découverte française faite par l'équipe de l'Institut Pasteur : Jacques Monod, François Jacob et leurs petites équipes parmi lesquelles il y avait François Gros qui va jouer un rôle très important dans le renouveau de la biologie française et la formation des jeunes biologistes.

Cette découverte leur a valu, entre autres, le prix Nobel. Elle est en fait la conséquence d'une idée plus générale qu'ils avaient eu sur le système d'interactions multiples qu'ils ont appelé la régulation de l'expression des gènes.

Dans les années 1950, ces biologistes travaillaient sur les populations de bactéries – êtres unicellulaires, donc plus faciles à étudier que les êtres multicellulaires – pour essayer de comprendre les mécanismes de reproduction. Personne, en France, ne faisait attention à leurs travaux : ils n'étaient professeurs dans aucune université ; chercheurs à l'Institut Pasteur, ils travaillaient dans un bâtiment vétuste, dans le service d'André Lwoff qui faute de place utilisait même le grenier. Lwoff, lui, s'était vite persuadé de l'intérêt de leurs travaux. Leur technique consistait à observer la reproduction de bactéries, mais de bactéries qui subissaient des mutations, et qu'on infectait à l'aide de virus spécifiques : les bactériophages. La bactérie choisie était le colibacille qui peuple nos intestins et qu'on appelle, en termes savants, *Escherichia coli*. Le groupe français essayait de comprendre ce fonctionnement cellulaire, de même que Claude Bernard avait cherché à comprendre le fonctionnement des organismes animaux en les considérant comme un système (*voir* : Claude Bernard). L'intérêt de la découverte de la structure de l'ADN leur était tout de suite apparu, et ils cherchaient, à partir de là, à découvrir la manière dont le message de l'ADN pouvait se concrétiser. Cette fameuse régulation de l'expression des gènes.

On avait repéré que dans le cytoplasme, l'abondance des protéines était liée à l'abondance de l'ARN. On se doutait que c'étaient les gènes qui déclenchaient la synthèse des protéines. Mais il y avait un doute sur la manière : chez les êtres supérieurs, en effet, l'ADN est contenu dans le noyau cellulaire, tandis que les protéines sont dans le cytoplasme. C'est alors qu'a germé l'idée que l'ARN faisait le va-et-vient entre le noyau et le cytoplasme – entre l'ADN et la fabrication de protéines. Jacques Monod écrivit un article hautement spéculatif faisant l'hypothèse d'un messager.

Par les hasards de la vie scientifique, deux membres de l'équipe de Pasteur étaient en année sabbatique à l'étranger. François Jacob était au California Institute of Technology, à Pasadena, dans le laboratoire de Meselson ; François Gros travaillait à Harvard dans le laboratoire de James Watson, le « découvreur » de l'ADN. Les deux équipes travaillaient sur cette idée de messager[1].

De passage à Paris, François Gros raconta à Jacques Monod ce qu'il faisait à Harvard et les résultats de ses expériences. Ce dernier fit aussitôt le rapprochement avec d'autres expériences que François Jacob[2] faisait en Californie, dont il connaissait la teneur – et c'est ainsi que l'étincelle surgit. Monod avait suspecté le rôle de l'ARN ! Jacob et Gros avaient apporté des éléments expérimentaux décisifs pour appuyer cette idée. Ensemble, Monod et Jacob vont en expliciter le mécanisme.

Dans l'ambiance d'intense compétition qui existe entre les équipes, James Watson[3] reprochera un peu à François Gros d'avoir raconté ce qu'il faisait à Monod, et il prétendra que sans cette indiscrétion ils auraient développé eux-mêmes le modèle de fonctionnement d'ARN messager. Possible. L'association Jacob-Monod a, à Paris, été, avec l'association Crick-Brenner à Cambridge, la « machine à inventer » la plus féconde de cette période. François Jacob parle avec émotion de cette collaboration dans *La Statue intérieure*.

1. Michel Morange, *L'Histoire de la biologie moléculaire*, La Découverte.
2. François Jacob, *La Statue intérieure*, Odile Jacob.
3. James Watson, *Le Secret de la vie*, Odile Jacob.

Age de la Terre

On vous dira dans les livres que l'âge de la Terre est 4,55 milliards d'années, alors que l'« âge de l'homme » est 4,5 millions d'années. Donc, un facteur 1 000 sépare ces deux événements essentiels pour celui qui s'intéresse aux origines. C'est bien pour une première prise de contact.

En fait, la vérité est un peu plus complexe, car pas plus que l'homme, la Terre ne s'est formée en un instant. Entre les premiers agglomérats et graviers rocheux errant dans la nébuleuse solaire primitive, à l'époque où le Soleil commençait à exister, et le moment où la Terre prit sa dimension et sa structure globale quasi actuelle, il s'est écoulé 150 millions d'années. Or l'âge d'un événement a un sens lorsque sa durée est rapide par rapport à sa mesure. Votre date de naissance est un jour. L'exprimer en heure deviendrait plus délicat, quant à la seconde, ce serait absurde. Il en est de même pour la Terre. L'âge de la Terre est donc « situé » aux environs de 4 milliards et demi d'années. Et cette naissance a duré 150 millions d'années environ. Plus qu'une naissance brutale, il s'est agi d'une émergence graduelle, d'où la difficulté pour donner un chiffre précis !

Pourtant, la détermination de cet âge a donné lieu à une controverse gigantesque et à des travaux scientifiques qui se sont déroulés sur près d'un siècle.

Au commencement, il y eut la Bible : la Terre, disait-elle, était née il y a 4 000 ans, et dans la même période était apparue cette créature parfaite, créée elle aussi par Dieu : l'homme. Vers les années 1650, l'archevêque anglais Usher précise la chronologie biblique. Après une étude approfondie des textes astronomiques grecs, égyptiens, juifs et des textes bibliques chrétiens, il déclare : la Terre est née le 23 octobre de l'an 4004 av. J.-C., à 9 heures du matin.

Si cette idée fut sans doute critiquée par de nombreux penseurs, ils l'écrivirent peu, de peur de l'Inquisition. En Occident, le premier savant qui semble avoir proposé une alternative scientifique au chiffre religieux est Georges Louis Leclerc, comte de Buffon, dont l'œuvre s'étend de 1749 à 1783. A partir d'expériences de laboratoire sur la vitesse de refroidissement de sphères de natures différentes, il fixe l'âge de la Terre à 75 000 ans, puis 200 000 ans. Il aura des ennuis avec la Sorbonne (*voir* : BUFFON), mais neutralisera très vite ses adversaires par des déclarations lénifiantes.

Quelques années plus tard, en 1798, l'Ecossais James Hutton fonde la géologie « moderne », c'est-à-dire basée sur des observations de terrain sérieuses et rigoureuses. Prenant le contre-pied de ses devanciers, il déclare que l'âge de la Terre est considérable et qu'on ne peut le déterminer sérieusement, car il n'existe « ni vestige d'un début, ni signes d'une fin ». La Terre est éternelle.

Le grand physicien anglais lord Kelvin va contredire, puis combattre, cette idée à partir de 1850, au nom des lois de la physique. Le Français Joseph Fourier, préfet de l'Isère sous Napoléon Ier, vient de découvrir les lois de propagation de la chaleur et, en particulier, comment et à quelle vitesse un corps chaud se refroidit. Kelvin applique ces lois à la Terre en exploitant le fait que lorsqu'on s'enfonce dans la Terre, la température augmente, preuve, d'après lui, que la Terre se refroidit (*voir* : FOURIER). Il obtient un âge de la Terre de 100 millions d'années. Il trouve indépendamment le même âge pour le Soleil en évaluant le refroidissement de cette étoile grâce à l'énergie qu'elle dissipe sous forme de lumière. La coïncidence des deux âges convainc.

Les géologues de l'époque, comme Lyell ou Charles Darwin, protestent et prédisent que l'âge de la Terre est plus élevé, beaucoup plus élevé. Mais Kelvin est puissant, respecté, admiré, et son âge de la Terre est fondé sur des calculs rigoureux, non sur des estimations semi-quantitatives. Il triomphe donc aisément aux yeux de « l'establishment » scientifique.

C'est alors qu'intervient la découverte de la radioactivité par Henri Becquerel (1896) et Pierre et Marie Curie (*voir* : RADIOACTIVITÉ).

A priori, la radioactivité semble bien éloignée de notre problème : qu'y a-t-il de commun entre la structure intime de la matière et notre planète Terre ? D'abord, ce phénomène dégage de la chaleur, ce qui rend donc caducs les calculs de lord Kelvin qui se basaient sur le seul refroidissement ; ensuite, la radioactivité constitue un chronomètre indestructible. Les atomes radioactifs se désintègrent en effet suivant une loi statistique qui n'est fonction que du temps.

Pierre Curie, dans son discours de prix Nobel en 1906, et Ernest Rutherford (*voir* : RUTHERFORD), un an plus tard, voient immédiatement les conséquences géologiques de cette propriété. La radioactivité peut être utilisée pour dater les terrains, disent-ils l'un et l'autre.

Pourtant, il faudra encore cinquante années pour concrétiser leurs intuitions.

Ernest Rutherford lui-même déterminera avec

l'aide du chimiste Ramsay l'âge de formation de quelques roches et de quelques minerais d'uranium, leurs âges dépassent le milliard d'années. La Terre est donc antérieure à cette date. Les chiffres de Kelvin sont pulvérisés par un facteur 10 !

L'étape suivante aura lieu après la guerre.

Juste avant la guerre, un jeune physicien du nom d'Al Nier (*voir* : NIER), qui a construit un spectromètre de masse performant, montre que les minerais de plomb (les galènes, formule chimique PbS) ont des compositions isotopiques (*voir* : ISOTOPES) différentes. Les proportions de plomb de masse 208, 207 et 206, relativement au plomb de masse 204, sont différentes suivant l'histoire de ces galènes. On sait déjà que ces plombs sont les produits ultimes des chaînes de désintégration radioactives qui partent de l'uranium et qu'ont découvertes les Curie. Nier calcule des « âges » pour ces minerais de plomb. Certains semblent plus vieux que 2 milliards d'années... La Terre a plus de 2 milliards d'années d'existence !

Pendant et après la guerre, trois hommes vont tirer parti des résultats de Nier en cherchant à déterminer non pas l'âge des minerais, mais l'âge de la Terre elle-même. Ces trois pionniers s'appellent Arthur Holmes, un Ecossais, Fritz Houtermans, un Allemand passé par l'URSS, puis devenu suisse, et Erik Gerling, un Letton embrigadé de force dans le système soviétique. Par des méthodes un peu différentes, ces trois hommes exploitent mathématiquement et étendent les résultats de Nier.

L'âge qu'ils annoncent pour la Terre est : 3,5 milliards d'années.

C'est seulement en 1953 que le « nombre magique » de 4,55 milliards d'années, autour duquel on « tourne » aujourd'hui, va être déterminé par Clair Patterson, alors étudiant à l'université de Chicago. La contribution de Patterson est d'abord technique : alors qu'Al Nier mesurait la composition isotopique de minerais de plomb, c'est-à-dire contenant 70 % ou 80 % de plomb, Patterson est capable de mesurer des quantités de plomb qui sont de l'ordre du 1/10, voire du 1/100 de pour cent ! Du coup, les roches « ordinaires » qui contiennent peu de plomb peuvent être datées par cette méthode.

Patterson établit ainsi que la Terre, les météorites (*voir* : MÉTÉORITES) et sans doute le Soleil sont tous nés il y a 4,55 milliards d'années (*voir* : PATTERSON).

Ce chiffre, considéré comme une référence par tous les scientifiques, n'en continue pas moins à être contesté par les fondamentalistes des diverses Eglises protestantes des Etats-Unis qui veulent s'en tenir au chiffre de la Bible. En 1955, Patterson donne une série de conférences à travers les Etats-Unis et chaque fois qu'il arrive, il est l'objet d'une manifestation avec jets d'objets, injures, menaces. Nous ne sommes pourtant plus aux temps de l'Inquisition !

En 1975, dans deux Etats américains, l'Arkansas (l'Etat de Bill Clinton) et le Minnesota (l'Etat d'Al Nier), eurent lieu deux procès extraordinaires. Les fondamentalistes méthodistes exigeaient que dans les écoles publiques, on enseigne que l'âge de la Terre est soit 4 000 ans, soit 4,5 milliards d'années, et qu'on dise aux élèves que c'est un problème encore ouvert, encore non résolu ! Dans les mêmes Etats, on demandait aussi que la théorie de l'évolution ne soit plus enseignée : c'était, disait-on, une théorie non prouvée, et le créationnisme était tout aussi valable !

Le même processus est en train de se dérouler à nouveau en 2005 dans l'Etat du Maryland ! A suivre...

Alchimie

L'alchimie a mauvaise presse, surtout auprès des scientifiques. Elle évoque généralement des hommes à longues robes noires, coiffés de chapeaux bizarres, sentant le soufre, mystérieux, s'enfermant en des endroits isolés et sombres pour faire des manipulations secrètes et magiques. Ils sentent d'autant plus le soufre qu'ils font de cet élément un composant essentiel de leurs recherches !

Sans prétendre réhabiliter ni glorifier ces pratiques, je voudrais nuancer l'aura négative qui les entoure.

L'alchimie s'était donné un but tout à fait respectable : comprendre comment Dieu avait fabriqué les divers composés chimiques, en particulier les métaux « fondamentaux », et quelles étaient les filiations dans cette création.

Au Moyen Age, on connaissait sept métaux : fer, cuivre, plomb, étain, mercure (vif-argent), argent et or. Les cinq premiers étaient les métaux importants, les deux derniers les métaux parfaits car ils semblaient insensibles à l'action destructrice de l'air et de l'eau.

Comment passer de l'un à l'autre ? Comment Dieu s'y était-il pris ? Les alchimistes avaient introduit trois « principes » : le mercure, le soufre, et plus tard le sel. Leur signification, et c'est ce qui rend l'alchimie compliquée et peu compréhensible aujourd'hui, était vague ; le mot soufre désignait tantôt un élément ou un composé – parfois notre soufre actuel –, tantôt un principe soufré, aux propriétés mystérieuses ; *idem* pour le mercure.

A l'aide d'opérations complexes, ils cherchaient à transformer les métaux les uns dans les autres.

Cette quête de l'origine de la matière, de la manière dont on passe d'un élément chimique à un autre, n'était, scientifiquement, pas absurde du tout : ce sera la quête des astrophysiciens après 1950 ! La solution sera donnée avec la découverte des réactions nucléaires qui ont lieu dans les étoiles, immenses cuisines cosmiques où se fabriquent les éléments chimiques (*voir* : NUCLÉOSYNTHÈSE).

La motivation des alchimistes n'était donc nullement méprisable : comme les astrophysiciens modernes, ils voulaient découvrir les recettes que Dieu avait employées pour créer le monde. Et le fait que le grand Newton ait été lui-même un alchimiste convaincu est très significatif. Après avoir découvert les lois de la nature, mécaniques ou optiques, il voulait découvrir comment Dieu avait fabriqué, puis modifié la matière – le monde.

L'échec de l'alchimie, du point de vue technique, est dû au fait que pour réaliser ce programme, il faut mettre en jeu des énergies plusieurs millions de fois plus importantes que le feu ou l'évaporation. Avec leurs appareils qu'on appelait des athanors, les alchimistes atteignaient des températures de 1 000 ou 1 500 degrés. Pour provoquer des réactions nucléaires, il faut des températures de plusieurs millions, ou même milliards de degrés. Erreur d'ordre de grandeur !

Ils avaient néanmoins eu l'intuition que si Dieu

avait fabriqué les divers éléments chimiques, le processus ne devait pas se limiter à la Terre elle-même ; ils avaient fait le lien entre les métaux et les planètes, entre la création et le Cosmos !

L'or, c'était le Soleil ; l'argent, la Lune ; l'étain, Jupiter ; le cuivre, Vénus ; le fer, Mars ; et le mercure, Mercure. Mais là encore, erreur de dimension : la synthèse des éléments chimiques se fait dans les étoiles, pas dans les planètes !

Leur seconde contribution, et non la moindre, est d'avoir introduit la méthode expérimentale, la pratique du laboratoire. Les alchimistes furent les pionniers dans l'élaboration des techniques qui deviendront plus tard celles du chimiste. Distillation, sublimation, précipitation, évaporation, oxydation, réaction avec les vapeurs de soufre, fabrication d'amalgame avec le mercure, dissolution dans l'eau, le tout dans des tubes, des cornues, des récipients en verre ou en céramique qu'ils ont inventés... Autant de techniques et d'instruments que les chimistes conserveront ! Les « Arabes », du IXe au XIIe siècle, jouèrent dans ce domaine un rôle essentiel, découvrant toute une série de composés chimiques – acides, bases, alcool, parfums, etc.

Au risque de choquer, on peut dire qu'il n'y aurait pas eu de développement de l'astronomie sans l'attrait de l'astrologie, et qu'il n'y aurait pas eu de chimie sans l'alchimie. Mais, tout comme les astronomes détestent l'astrologie, les chimistes bannissent l'alchimie...

Ingratitude ? Honte de sa généalogie ?

Algues

Les algues appartiennent à la catégorie des protistes (êtres vivants primitifs). Ce sont des végétaux vivant dans la mer, et qui ont tous une activité photosynthétique. Toutes les algues sont eucaryotes – c'est-à-dire que leurs cellules ont toujours un noyau.

Certaines sont unicellulaires, d'autres multicellulaires.

Les algues jouent un rôle considérable dans l'équilibre chimique de la planète, car 50 à 60 % de l'oxygène d'origine photosynthétique provient des algues. Dans le passé lointain (au-delà de 600 millions d'années), il ne fait pas de doute que cette proportion était encore plus élevée, car les plantes supérieures n'existaient pas à cette époque.

Sous forme microscopique et dispersée, elles constituent le phytoplancton qui est l'élément essentiel pour les équilibres écologiques et chimiques de l'océan. Equilibres écologiques et biologiques, car c'est le début de la chaîne alimentaire, mais aussi équilibres chimiques, car l'activité de photosynthèse de ce plancton est un facteur très important du cycle du gaz carbonique, et bien sûr aussi de l'oxygène. Pour se développer, ce phytoplancton a besoin de deux choses : d'une part, de lumière, ce qui le limite à un maximum de cent mètres de profondeur, et, d'autre part, de sels nutritifs contenant carbone, azote, phosphore et fer, nécessaires à la vie. Ces sels nutritifs sont particulièrement abondants près de certaines côtes, charriés par les fleuves depuis les continents, ou par les courants marins verticaux qui remontent en apportant avec eux carbone, phosphore et azote accumulés sur le fond des océans. Par exemple, les zones au large de l'Amazone ou du Congo, et les côtes d'Afrique, du Pérou ou du Japon. Bien sûr, la prolifération du phytoplancton induit celle du zooplancton qui le dévore, puis celle des poissons qui mangent ce dernier, etc.

On peut donc dire qu'indirectement, les algues sont des paramètres essentiels pour la pêche.

On pense aussi que les algues ont été des éléments essentiels dans le développement primitif de la vie, car elles étaient sans doute présentes il y a 3 milliards d'années. Comment ? On s'interroge à ce sujet.

Amérique

Il n'y a pas de sciences contemporaines qui, d'une manière ou d'une autre, ne soient liées à l'Amérique. L'Amérique est tout à la fois le lieu privilégié où se font les découvertes, le lieu où on les exploite, mais aussi le lieu où les scientifiques du monde entier se rencontrent et échangent.

L'Amérique est le creuset de la science moderne, que ça plaise ou non. Bien sûr, il se pratique de l'excellente science hors d'Amérique, bien sûr, il y a des découvertes essentielles qui se font en dehors de l'Amérique, nous y reviendrons ; mais le mouvement général de la science, l'impulsion, le « leadership » vient d'Amérique. Les causes essentielles en sont d'abord l'extraordinaire association entre les universités, la recherche et l'industrie et, ce qui n'est pas négligeable, les moyens financiers consacrés à la science, mais peut-être plus encore l'esprit, l'ambiance dans laquelle baigne la science.

Cet extraordinaire développement scientifique américain est décrit par les économistes sous forme de pourcentages de PNB par habitant consacrés à la science, ou de rapports recherche/investissements de l'industrie, etc. Ce ne sont là que des résultats, qui n'expliquent rien. La véritable raison est ailleurs

Elle est d'abord intellectuelle, psychologique.

La foi en la science et dans le progrès est au cœur même du rêve américain, ce fameux *american dream* auquel tous les candidats à la présidence se réfèrent comme à un talisman. Ce rêve, que j'ai ailleurs comparé à celui de l'« Arche de Noé », a comme fondement la science. Cette foi dans le progrès, ce lien entre la science et la République, a aussi été un moteur idéologique en France, mais hélas, il perd de sa force chaque jour, laissant place aux croyances, au surnaturel, aux sectes, aux adversaires de la science, aux faucheurs d'OGM !

En Amérique, le respect de la science n'a jamais faibli, et il perdure par-delà les transfusions démographiques pourtant massives que ce pays a subies.

A la source de cette foi en la science, il y a la conviction que la recherche fondamentale est à la source de tout, que le lien avec la recherche appliquée, donc l'industrie, est indispensable, mais que ce lien passe d'abord par la qualité de la recherche fondamentale et par le respect que lui portent les industriels. Respect qui se traduit en investissements sonnants et trébuchants !

Cette idée constitutive est consciente et exprimée. Le point de référence est sans aucun doute ce fameux rapport commandé par Roosevelt à Vennevar Bush, le créateur du premier calculateur à main, professeur au MIT et président de l'Office of Scientific Research and Development pendant la guerre. Ce rapport est connu sous le titre *The Endless Frontier*[1].

Citons-en quelques phrases essentielles : « Il a toujours été de la politique des Etats-Unis que son gouvernement s'emploie à l'ouverture des nouvelles frontières. Il a ouvert les mers aux clippers, il a donné les terres aux pionniers. Alors que ces frontières-là ont plus ou moins disparu, celles de la science subsistent. Le progrès contre les maladies, la santé de l'économie, la défense du pays exigent d'accroître le flux des connaissances qui ne pourront être acquises que par la recherche scientifique fondamentale. »

Evidemment, la recherche fondamentale en elle-même n'assure pas la prospérité économique, si le transfert vers les applications ne se fait pas ! C'est un peu le problème de l'Europe. Mais ce que disent les Américains, c'est que ce transfert doit être induit par les industriels eux-mêmes, et par les liens qu'ils entretiennent avec les lieux de recherche – c'est-à-dire les universités. La responsabilité du transfert de technologie incombe aux industriels, c'est-à-dire à ceux qui en bénéficient, et pas aux chercheurs qui ne savent pas forcément à quoi leurs recherches peuvent servir.

Pour expliciter cet état d'esprit, trois précisions.

La première a trait à l'action volontariste de type privé (mais on ne peut ignorer l'encouragement public) qui a conduit, vers la fin du XIXe siècle et le début du XXe, à créer des universités dont le but avoué était d'associer la recherche la plus fondamentale et la recherche appliquée.

1. Vennever Bush, *Science : The Endless Frontier*, National Science Fondation, rééd. 1990, Washington DC.

Cela a donné comme résultat le MIT, Caltech et Stanford, mais pas seulement. Des départements de technologie ont aussi été introduits dans des universités déjà existantes comme l'université de Californie, puis, un peu plus tard, les universités de l'Ivy League[1] : Harvard, Yale, Chicago, Princeton, Columbia, Darmouth, Cornell.

La seconde concerne la législation sur les brevets.

Aux Etats-Unis, lorsqu'on publie un résultat de recherche dans une revue scientifique, on a six mois pour prendre un brevet. C'est ce qu'on appelle le délai de grâce. Cette procédure permet à chacun de jouer son rôle. Le chercheur publie. Lorsqu'un industriel repère l'intérêt que cela présente pour lui, il contacte le chercheur, et ils prennent ensemble le brevet. Chacun joue son rôle, et l'exploitation pratique du brevet est en marche.

En France, c'est l'inverse. Il faut prendre un brevet avant toute publication, sinon le brevet est caduc. Une telle procédure fait tout porter sur le dos du chercheur : on lui demande de savoir si son travail aura des applications pratiques ou pas, et c'est à lui de s'occuper des formalités, de dépenser pas mal d'argent pour prendre un brevet sans savoir si celui-ci sera exploité ou non !

La troisième précision, sèche et claire, parle d'elle-même : les Etats-Unis déposent les deux tiers des brevets mondiaux. Mais ils ont aussi les deux tiers des prix Nobel ! Recherche appliquée, fécondée par la recherche fondamentale...

1. L'Ivy League est une compétition interuniversitaire de football américain.

Comment est organisée cette extraordinaire machine américaine à produire de l'innovation scientifique ? Le lien central, qui est presque en train de devenir unique, est l'université.

Après la guerre, intrigués par l'organisation soviétique centrée sur la toute-puissante Académie des sciences, les Américains ont voulu développer de grands centres de recherche isolés des contacts universitaires. C'est ce qu'on a appelé les *National Labs* : Livermore, Sandia, Argonne, Lawrence Berkeley, Los Alamos, Brookhaven, etc. Ces laboratoires étaient plus ou moins liés à l'industrie de défense.

Aujourd'hui, la recherche universitaire a prouvé sa supériorité. Conscient de leur rentabilité moyenne, mais soumis aux pressions politiques qui voudraient assurer leur survie, le gouvernement américain laisse donc petit à petit les *National Labs* s'étioler.

Après la guerre, les industries, suivant les recommandations du rapport Bush, ont développé de gros laboratoires en y laissant fleurir la recherche fondamentale libre. Trois compagnies se sont illustrées particulièrement dans cet exercice. La compagnie Bell (ancêtre d'ITT), la General Electric et IBM.

Les laboratoires de recherche privés ont eu des succès retentissants, parmi lesquels bien sûr la découverte du transistor à la Bell, mais aussi la découverte du rayonnement cosmique à trois degrés K, toujours à la Bell, et de la supraconductivité « de basse température » à Zurich, dans les laboratoires d'IBM. Des prix Nobel ont ainsi été gagnés par l'industrie. Pourtant, aujourd'hui, les compagnies américaines se sont orientées vers un autre dispositif. Elles investissent en recherche fondamentale, mais dans les laboratoires universitaires qu'elles jugent performants. Elles les subventionnent. Elles cherchent à tirer profit de leurs liens universitaires pour recruter les meilleurs étudiants.

Elles encouragent la formation de start-up innovantes (y compris financièrement). Elles se concentrent elles-mêmes sur la mise au point technique et le développement industriel des découvertes.

Quant aux universités américaines, elles se portent mieux que jamais, créant et enseignant les nouveaux savoirs. Les étudiants qui vivent dans cette ambiance d'innovation permanente iront ensuite ensemencer l'industrie et faire fleurir les « mille fleurs de la création ». Les universités attirent l'élite des étudiants du monde entier, et elles gardent bien sûr les meilleurs d'entre eux. Mais elles attirent encore plus les post-doctorants, ceux qui, déjà formés, font un stage après leur thèse. Ces « post-docs » étrangers constituent la force de frappe de la recherche américaine. On considère qu'ils produisent au moins 50 % des résultats de cette recherche. Là encore, les universités gardent les meilleurs en leur offrant des situations avantageuses. C'est ainsi que se produit le fameux *brain-drain* des jeunes scientifiques européens. Et il s'accélère. L'Europe forme des chercheurs, l'Amérique prend les meilleurs. Mais elle prend aussi les meilleurs Russes, Japonais, Indiens, Chinois (de Taïwan... plus difficilement ceux de la Chine continentale).

Les universités américaines sont des pompes aspirantes pour l'élite scientifique mondiale.

Un autre aspect essentiel de la puissance scientifique américaine est la communication.

L'Amérique a compris que l'invention rencontre toujours des réticences, et que pour que les idées novatrices triomphent, il faut créer une majorité d'idées. D'où la communication.

L'Amérique est le pays qui investit (de loin) le plus en colloques. Chaque département universitaire dépense des sommes importantes pour inviter des conférenciers, jeunes ou plus reconnus, qui animent les séminaires. Malgré un effort énorme de l'Europe depuis vingt ans, les congrès américains restent les références, les lieux où l'on annonce les nouvelles découvertes et où se rassemblent les meilleurs spécialistes du monde entier.

L'Amérique accorde aussi beaucoup d'importance à l'information en direction des entreprises, et, aujourd'hui, les sites Internet sont l'objet de soins particuliers.

Enfin, il y a l'investissement financier. Rapporté à la population active, l'Amérique investit pour la science trois fois plus que l'Europe. Salaires, équipements, bourses d'étudiants, etc., tout est fait avec beaucoup plus de moyens. Mais, encore une fois, cet effort financier est la résultante d'un état d'esprit, d'un consensus national.

Faut-il pour autant dire que tout va bien, qu'il n'y a aucun problème dans le paysage scientifique américain ?

Faire des critiques depuis l'Europe rappelle un peu l'histoire de la paille et de la poutre. Mais lorsqu'on sait que ces réserves viennent d'un ami, qui ne cache ni son amitié ni son admiration pour cet aspect de l'Amérique, c'est sans doute plus facile.

Je vois, pour ma part, deux nuages dans le ciel du système américain.

Le premier est la montée du provincialisme, c'est-à-dire de l'importance des Etats dans le financement de la recherche. Les Etats pas très réputés pour leurs universités réclament aujourd'hui au gouvernement des priorités financières et investissent eux-mêmes des sommes d'argent importantes pour implanter des équipements. Cela ne conduit pas à des résultats probants.

Rappelons qu'il y a neuf cents établissements d'enseignement supérieur aux Etats-Unis, mais que seules une cinquantaine d'universités participent vraiment à l'effort national de la recherche et que nous ne parlons ici que des vingt meilleures.

Risque de dilution des crédits donc, alors que jusqu'à présent les Etats-Unis ont toujours su les concentrer sur les meilleures universités – MIT, Harvard, Caltech, Columbia, Berkeley, Princeton, UCLA, Chicago, Cornell, etc. Mais ce provincialisme existe aussi en Europe, et nous avons bien du mal, nous aussi, à y résister[1].

Le second risque est la commercialisation des professeurs. Certains d'entre eux créent des start-up pour faire fortune et, en s'occupant de les valoriser, ne s'occupent plus de leurs étudiants. Mieux : ils mettent ces derniers sur des sujets de recherche couverts par des contrats de confidentialité avec des industries privées, et donc sapent la base même de la vie universitaire qui est l'échange libre du savoir sur le campus.

Les deux universités où ce danger est le plus grand sont le MIT et Stanford, mais il y en a d'autres. Là encore, l'investissement des professeurs pour créer des start-up est une bonne chose, mais sans dépasser les limites du raisonnable.

1. Attention, provincialisme ne signifie pas province, car il y a partout en France de la très bonne recherche. Cela signifie qu'on finance des recherches médiocres comme moyen de développement économique local. Ça ne marche pas !

Heureusement, de vigoureuses oppositions s'organisent contre ces tendances autour de professeurs parmi les plus prestigieux. Pour l'instant, ces préoccupations n'ont pas freiné le dynamisme américain, ni en recherche fondamentale, ni en recherche appliquée.

Une question peut légitimement venir à l'esprit : pourquoi ne pas transposer ce système en Europe ? Pourquoi ne pas copier le système universitaire scientifique et technologique américain ?

Une réponse ferme et claire s'impose : ce n'est là qu'une illusion, un leurre, un mirage. Le mot « imiter » contient la propre contradiction de la démarche. Nous pouvons espérer développer un système compétitif avec le système américain, mais il sera, il devra même être différent. D'abord parce que l'Europe, et *a fortiori* la France, n'est pas baignée dans cet état d'esprit favorable à la science et à l'innovation, et que pour acquérir une telle culture, il faudrait des décennies (et nous n'en prenons pas le chemin).

Prenons deux exemples simples pour démontrer l'irréalisme de ces utopies, hélas.

1) Les campus. On nous cite les campus américains à tout bout de champ. Au nom de cela, on a construit en France des campus à la périphérie des villes : Rennes, Orsay, Luminy à Marseille, Paul-Sabatier à Toulouse, etc.

Ces campus excentrés sont socialement morts à partir de 18 heures, les étudiants les désertent pour le centre-ville. Aucun d'entre eux n'est le centre d'une ville qui se serait organisée autour d'eux, comme c'est le cas aux Etats-Unis ! Et ce n'est pas faute d'avoir essayé !

En fait, la tradition européenne n'est pas le campus

mais l'université dans la ville. C'est ainsi que sont conçus Oxford, Cambridge, Uppsala, Bologne, Sienne, mais aussi la Sorbonne ou la vieille université de Montpellier. C'est ce que – grâce à deux urbanistes, Michel Cantal-Dupart et François Guy – nous avons finalement compris en développant les plans de modernisation U2000 et U3M. Et les résultats sur l'animation universitaire des « nouvelles universités » sont au rendez-vous.

2) La situation des chercheurs. Les chercheurs américains, jusqu'à l'âge de 35-40 ans, sont dans des positions administratives précaires, payés par des contrats qu'il faut renouveler sans cesse, et sur lesquels sont aussi payés les techniciens et les administratifs. Lorsque le contrat de recherche n'est pas renouvelé, tout le monde est licencié ! La recherche est dans un état de précarité permanent. Importé en France, ce système conduirait immanquablement à éloigner les meilleurs éléments des carrières de la recherche, et il provoquerait dans les laboratoires des tensions sociales insoutenables. Nous ne sommes pas les descendants des pionniers et des cow-boys de l'Ouest, nous descendons de ceux qui n'ont pas voulu traverser l'Atlantique ! Et l'argent, plus rare, circule moins vite.

Pour développer une recherche efficace en France, il faut au contraire sécuriser assez vite les meilleurs. Ce qui ne veut pas dire qu'il faut fonctionnariser des chercheurs à plein temps à vie, comme on le fait en ce moment, mais cela veut dire que nous avons nos propres contraintes nées de notre histoire.

Si on veut prendre exemple sur l'Amérique, c'est dans la démarche qu'il convient de le faire. Il n'est pas question de copier, il faut inventer un système original qui tienne compte de nos spécificités, de nos traditions, qui ne soit pas une imitation du système soviétique comme c'est le cas actuellement. Innover, inventer notre propre voie.

« Qui suit quelqu'un ne suit personne, ne trouve rien et finalement ne cherche rien », disait déjà Michel de Montaigne.

C'est en développant une science à l'échelle européenne, en acceptant la compétition internationale, en répondant au défi américain par une organisation originale que nous pouvons y faire face. L'Europe, il y a quinze ans, avait presque rattrapé les Etats-Unis en matière de recherche fondamentale. Depuis, elle a régressé. Elle a bien un peu progressé en matière de transfert d'innovation vers l'industrie, mais pas suffisamment.

A qui la faute ? Aux chercheurs rebelles aux contacts industriels pour cause de gauchisme ? Ceux-là sont en voie d'extinction. Aux industriels qui ne croient pas à la recherche européenne et préfèrent investir sur les universités américaines ? Ceux-là existent, mais ils sont en régression.

Alors, attendons... Mais pas sans rien faire !

Applications

« Les Français (on dit aussi les Européens) sont excellents en recherche fondamentale, malheureusement ils ne se préoccupent pas assez des applications. C'est pourquoi notre recherche scientifique ne stimule pas notre économie comme elle le devrait ! »

A moins d'être un observateur averti, on se fiera

sans hésiter à ce jugement mille fois entendu, mille fois rejeté ; appuyé sur des tas de statistiques et pourtant totalement à côté de la plaque !

Dans les années 1980-1990, la recherche fondamentale européenne avait rattrapé la recherche fondamentale américaine (référence suprême). Je n'en veux pour preuve que les références internationales (et pas seulement les prix Nobel !) ou les citations (*voir* : CITATIONS). Mais il n'y eut pas de concrétisation, disons pour simplifier « économique », de cet essor. A qui la faute ?

Maintes déclarations sur ce sujet semblent suggérer que les chercheurs eux-mêmes seraient responsables de cet état de fait. Préoccupés de leurs « petits bechers », de leurs « théories » et de leur gloriole, ils auraient négligé les applications de la science et les « intérêts de leurs pays ».

C'est faux !

Il est vrai que dans une période déjà très ancienne (il y a quarante ans), les chercheurs français, souvent proches du PC ou des mouvements gauchistes, considéraient que s'intéresser aux problèmes appliqués concrets était synonyme de collaboration de classe. La recherche qui pouvait servir était celle des capitalistes, de ceux qui ambitionnaient de « gagner de l'argent » (horreur !) avec les résultats de la science. Cette attitude justifiait que l'on se drape dans la pureté sans tache de la recherche fondamentale, dont l'unique, le noble but exclusif était d'accroître le savoir.

Cette vision idéologique étroite et pour tout dire archaïque est heureusement moribonde. Beaucoup de chercheurs, et non des moindres, se préoccupent certes d'accroître le savoir, mais aussi de contribuer aux progrès de la société.

Pour frapper les esprits, citons trois exemples parmi les prix Nobel français.

Jean Dausset, prix Nobel de médecine, immunologiste, est à l'origine du projet de déchiffrement du génome humain avec comme programme affiché : guérir toutes les maladies génétiques.

Georges Charpak, prix Nobel de physique, a créé une société pour développer des recherches sur l'utilisation des rayons X à faible dose dans la médecine.

Quant à Pierre-Gilles de Gennes, lorsqu'il travaille sur les cristaux liquides, sur la manière dont les liquides s'étalent sur les surfaces solides, ou encore sur les mousses, on ne sait pas très bien s'il faut qualifier sa recherche de fondamentale ou d'appliquée.

Alors pourquoi ne déposons-nous pas assez de brevets ? Pourquoi notre industrie n'est-elle pas stimulée par notre recherche scientifique ?

La responsabilité en revient principalement non pas aux chercheurs, mais aux entreprises, à leurs patrons et à la faiblesse des structures de transfert et à l'absence de goût du risque des banquiers français.

Il ne faut pas croire que l'innovation, dans la recherche scientifique, donne toujours lieu à des découvertes spectaculaires, comme ont pu l'être l'ampoule électrique, le transistor ou la pénicilline. L'innovation technologique est souvent plus modeste, mais avec des conséquences industrielles parfois considérables : une nouvelle molécule qui permet le bronzage de manière plus efficace, un nouveau matériau pour mouler la coque des voitures, une idée d'assemblage de transistor pour réaliser la carte à puce, etc.

Qui peut aller chercher l'information et l'adapter, sinon des ingénieurs qui connaissent les besoins de leur industrie et qui soient au fait des progrès en recherche ? Encore faut-il organiser des structures adéquates, ce qui signifie que les industriels croient dans l'innovation et qu'ils en connaissent les contraintes. Quelles sont-elles, ces contraintes ? Tout d'abord, la prise de risques : plus une nouvelle découverte est importante, moins on a la garantie qu'elle va donner des résultats. Ensuite, il faut savoir que seule l'intuition permet d'anticiper, d'imaginer ce que peut donner une récente découverte. Enfin, il faut être informé des progrès de la recherche à tous les niveaux.

Or nos responsables industriels n'ont ni la formation adéquate, ni la culture de l'innovation – à l'exception notable, il faut le souligner, du secteur de la chimie.

Les cursus d'études que suivent les futurs ingénieurs ou managers ne font pas de place à l'apprentissage, à l'innovation.

Le responsable d'une société américaine a très souvent fait un PhD (thèse), et ses ingénieurs aussi, la plupart du temps. Ils ont mené une vie d'étudiants dans une ambiance d'innovation au sein d'une grande université.

Rien de tel chez nous. Les grandes écoles sont des lieux qui demandent d'étudier beaucoup pour y entrer – surtout les mathématiques –, et où l'on continue à apprendre, en tant qu'élèves ; mais on n'y apprend pas à créer, à innover, à inventer.

Du coup, les entreprises sont mal organisées vis-à-vis de la recherche. Ou, si elles ont des labos de recherche propres, ces labos ont des obligations de résultats dans le très court terme – trop court terme.

Lorsqu'elles ont une structure de recherche légère, il leur manque souvent les organisations de transfert qui permettent d'aller chercher les informations pertinentes. Si bien que lorsque les occasions se présentent, elles ne savent pas les saisir. Ainsi, les brevets français sur les cristaux liquides pris par les équipes d'Orsay autour de Pierre-Gilles de Gennes ont été exploités par les Japonais, et la start-up française de biotechnologies Genset a été rachetée par les Américains...

Aujourd'hui, à l'échelle mondiale, la recherche appliquée se fait de plus en plus dans les structures de recherche universitaires, que ce soit en informatique, en chimie, en biologie, en micro ou macrotechnologie. Les entreprises participent au financement de ces recherches, puis elles se saisissent des découvertes et les transforment en produits vendables, commercialisables. Les choses s'organisent : la recherche fondamentale, c'est-à-dire la découverte de nouveaux principes, de nouvelles lois, dans les universités ; le développement et la commercialisation dans les entreprises. Ne reste plus aux patrons européens qu'à comprendre et à mettre en place cette division du travail.

Mais, au milieu du processus, en France il y a d'un côté les banques, de l'autre le fisc et l'Urssaf. J'ai eu la possibilité comme ministre de faire passer la loi sur l'innovation (votée à l'unanimité au Sénat, à l'unanimité moins l'abstention du groupe communiste à l'Assemblée). Cette loi était destinée à libérer les énergies créatrices d'entreprises aussi bien au niveau des professeurs et chercheurs qu'au niveau des universités ou des grandes écoles.

Cette loi a accéléré la création de start-up en France, pourtant, elle n'a pas donné tous les résultats que j'espérais (je le dis avec tristesse).

Pourquoi ? Pour plusieurs raisons.

Les banques, qui de leur propre aveu regorgent d'argent, n'investissent pas. Elles voudraient investir à coup sûr, mais, précisément, l'innovation c'est le domaine du risque, un mot que les banquiers ignorent !

Les services chargés de recueillir le budget ou les cotisations sociales harcèlent les start-up avant même qu'elles aient démarré. Ils s'imaginent sans doute que tous les innovateurs sont des futurs Bill Gates.

Toutes ces difficultés sont inconnues aux Etats-Unis !

Et ceci explique cela.

Arabe (science arabe)

L'épisode glorieux de la science arabe se situe entre le IXe et le XIIe siècle avec deux apogées : le premier au Moyen-Orient autour du califat de Bagdad, le second en Espagne autour du califat de Cordoue. Depuis lors, la science arabe est inexistante ou presque. Dès l'instant que la religion a pris le dessus, contribuant à condamner et exiler Averroès à Marrakech, la science arabe, aussi bien en Espagne qu'à Bagdad, s'est peu à peu étouffée, puis éteinte.

Une précision s'impose : on évoque couramment les « savants arabes », mais certains étaient perses ou ouzbeks (Omar Khayyam, Avicenne...), d'autres berbères, et donc ni arabes ni même musulmans. Il serait plus exact de parler de « science dans les territoires islamisés ». Cela mérite tout particulièrement d'être signalé dans le contexte actuel où l'intégrisme musulman s'affirme, et où certains jeunes de formation scientifique (surtout technique, d'ailleurs) militent dans les mouvements extrémistes, participant même aux actions terroristes. On entend en effet ici ou là certaines voix évoquer la science arabe pour justifier les fanatismes, et surtout l'idée que l'islam est le salut de la civilisation occidentale. Il s'agit là d'une appropriation indue qu'il faut dénoncer, car tous ces « savants arabes » étaient a-religieux, ou religieux « tièdes ».

Qu'a donc apporté la « science arabe » (les guillemets ont la signification précisée) ?

Jacques Blamont, auteur d'un magnifique livre sur l'histoire de la physique et de l'exploration du ciel, se montre extrêmement sévère envers elle. D'après lui, les Arabes auraient été des plagiaires, des imitateurs, et leur contribution originale tout simplement inexistante. Ils n'auraient fait que traduire les découvertes des Grecs et des scientifiques indiens. Jugement sévère... et peut-être pas serein !

Commençons donc par nous intéresser au rôle des scientifiques arabes dans le développement des sciences. Sur ce point, il n'y a pas de discussion ou d'hésitation possible : il fut considérable, et même essentiel.

Ce sont eux qui ont permis la pérennisation de la science grecque. De ses résultats certes, mais plus encore de sa problématique, de ses interrogations, de son questionnement. Et lorsque nous parlons de science grecque, nous faisons référence non seulement à la période « athénienne » qui, elle-même, a rassemblé les savoirs des écoles d'Asie Mineure ou de Sicile, mais aussi à cette grande période d'Alexandrie sous les Lagides, ou à la grande contribution d'Archimède à Syracuse.

Sans les Arabes, ce corpus de connaissances aurait peut-être disparu. Les Romains n'en ont en effet retenu que ce qui était utile, donc très peu ; l'Eglise catholique l'a dans un premier temps combattu au nom de l'ignorance pieuse, même si saint Augustin a eu un rôle positif non négligeable. Lorsque seront fondées les universités de la Sorbonne, d'Oxford ou de Bologne, c'est d'abord dans le savoir arabe que les maîtres comme Albert le Grand, Thomas d'Aquin ou Roger Bacon iront puiser. Y compris, bien sûr, pour le critiquer ou le modifier.

S'il n'est pas douteux que les Arabes ont beaucoup emprunté aux Indiens et aux Grecs – dans leurs écrits, les auteurs arabes citent d'ailleurs très honnêtement les auteurs indiens et leurs travaux –, sur ce point encore ils jouèrent un rôle d'une importance considérable. Car sans eux, le savoir indien que les troupes d'Alexandre n'avaient qu'entrevu n'aurait probablement pas pénétré l'Occident.

L'exemple par excellence est l'invention du zéro et des nombres négatifs qu'on attribue aux Arabes, alors qu'il s'agit incontestablement d'une découverte indienne (et peut-être chinoise) très antérieure.

Comme nous l'avons dit, dans ce dictionnaire amoureux, nous ne traitons guère des mathématiques, si ce n'est comme outil ou langage. Mais il nous faut signaler que les Arabes ont été les grands catalyseurs des mathématiques occidentales avec des apports non négligeables.

Auraient-ils seulement fait la synthèse entre les savoirs grecs et indiens que leur rôle aurait été décisif. Mais sans être expert, je crois que les mathématiciens arabes ont aussi apporté leur pierre à l'édifice, ne serait-ce qu'en formalisant, en compactant des savoirs épars. La fondation de l'algèbre en fait partie. Le livre d'Al-Kwarizwi (800-850), *Abrégé de calcul par la restauration et la comparaison*, en est l'exemple éclatant.

Dans le domaine des sciences de la nature, et bien que nous restions prudents dans ce secteur, faute d'une bonne connaissance des savoirs indiens de cette époque, il semble que l'apport des « Arabes » n'ait pas été négligeable.

En physique, leur contribution la plus notable a été en optique, où ils mirent fin à cette croyance grecque suivant laquelle c'est l'œil qui émet des rayons lumineux et les reçoit en retour. En astronomie, ils ont semble-t-il introduit la trigonométrie pour « mesurer le ciel » – mais cela vient peut-être de l'Inde.

Les contributions « arabes » les plus originales ont peut-être été en chimie, où ils eurent un rôle fondateur. Ils ont en effet découvert ou systématisé la pratique de la distillation – découvrant ou isolant l'alcool, les parfums de fleurs, les acides... Al Razi (865-925) a donné la première classification chimique des substances.

Substances minérales : 1) les esprits (esprit de sel = acide chlorhydrique) ; 2) les métaux ; 3) les pierres ; 4) les vitriols (acide sulfurique) ; 5) les borax, utilisés pour préparer le verre.

Substances végétales et animales : parfums, huiles, alcools, premiers médicaments...

C'est la première distinction entre chimie minérale et organique.

La seconde contribution vraiment originale concerne les fonctions cérébrales. Les Arabes savaient que l'organe de la pensée était le cerveau (et non le cœur), et, mieux encore, qu'il y avait diverses régions du cerveau correspondant à diverses fonctions. Leur conception ressemble beaucoup aux idées modernes de cognitique.

Pour terminer, citons les quelques célébrités scientifiques « arabes » : Ibn Sina (Avicenne) (980-1037), Al Biruni (973-1051), Omar Khayyam (1038-1123), tous trois perses. Ibn Rush (Averroès) (1126-1199) qui vécut en Andalousie comme juriste et médecin et qui joua un rôle essentiel dans la redécouverte d'Aristote.

Reste cette lancinante question : comment la science du monde arabe a-t-elle pu arrêter ainsi de se développer ?

L'intégrisme musulman du XIIIe siècle a contribué sans nul doute à affaiblir les recherches tournées vers la science, mais il ne pouvait à lui seul étouffer la science. D'ailleurs, Mahomet lui-même n'a-t-il pas écrit dans le Coran : « Recherche le savoir de ta naissance à ta mort, jusqu'en Chine s'il le faut » ?

Le grand étouffement de la science arabe a très probablement été le fait des Turcs. Les Turcs, c'est un peu les Romains de l'islamisme ! Ils sont cultivés, lettrés, aiment les arts, mais ils ont aussi un extraordinaire goût pour le concret, le pratique, l'organisation, la structuration, la police et le droit. La science spéculative, qui s'interroge sans cesse sur la constitution et le fonctionnement du monde, ne concerne pas les Turcs.

Comme les Romains, ce sont des bureaucrates, des légistes, et ils ont construit une société orientée vers le droit et la technique. Ils vont étouffer la science arabe – dont l'aile marchante, Cordoue, vient d'être décimée par la reconquête catholique espagnole – en s'évertuant à la systématiser et à la confiner dans le strict domaine de la science appliquée.

C'est ce que doivent comprendre aujourd'hui nos

décideurs : sans recherche fondamentale libre, il n'y a pas de progrès scientifique, même appliqué. « Ce n'est pas en cherchant à améliorer la bougie qu'on a inventé l'électricité, ce n'est pas en cherchant à fabriquer des machines à calculer qu'on a inventé le transistor, ce n'est pas en soufflant dans un tuyau sonore qu'on a inventé la radio ! »

P. Mazliac, *Avicenne et Averroès*, Vuibert.
Gilbert Sinoué, *Avicenne ou la route d'Ispahan*, Folio.

Archimède (-287/-212 av. J.-C.)

Il vécut à l'époque de la grande Alexandrie sous le règne des Lagides (on appelle ainsi les descendants d'un des généraux d'Alexandre, Ptolémée Ier). Mais c'est à Syracuse, en Sicile, alors ville grecque, qu'il naquit et passa la majeure partie de sa vie.

Les informations que l'on a sur lui sont largement imprégnées de légende. Mais lorsque la légende est belle, pourquoi y faire obstacle, si l'on n'a rien de solide à lui opposer ?

Fils d'un savant réputé, l'astronome Phildas, Archimède a, semble-t-il, étudié dans sa jeunesse à Alexandrie. Il est revenu à Syracuse où il est devenu l'ami et le protégé du tyran qui gouvernait la ville, Hiéron.

Suivant la trace d'Aristote, il a pratiqué la science en alternant observation et théorie. Il y ajouta un nouveau volet, la technologie, car il semble avoir été le premier non pas à utiliser la science à des fins pratiques, mais à intégrer la fabrication d'objets à la réflexion scientifique.

On lui doit des découvertes scientifiques importantes.

D'abord, bien sûr, le fameux principe d'Archimède : « Tout corps plongé dans un liquide reçoit une poussée verticale vers le haut, égale au poids de volume déplacé. » Autrement dit, lorsqu'on enfonce une coque de bateau, la ligne de flottaison est déterminée par l'équilibre entre le poids du navire et le poids de l'eau correspondant au volume immergé.

Ce principe devait conduire Archimède à découvrir la notion de densité (plus exactement, de masse spécifique) d'un corps. Il s'agit du poids (masse) par unité de volume. En conséquence du principe d'Archimède, soit la densité d'un corps est supérieure à celle de l'eau (1 gramme/centimètre cube ou 1 kilo par litre), et il coule ; soit elle est inférieure à l'eau, et il flotte.

Ces lois, qui sont les fondements de ce qu'on appelle l'hydrostatique[1], ont eu beaucoup de mal à être acceptées. Pendant longtemps, on a cru que seule la forme d'un objet déterminait le fait qu'il flotte ou non. On disait : les plaques de glace flottent parce qu'elles sont plates. Par conséquent, il faut faire des bateaux à fond plat ! Ce que les marins, évidemment, trouvaient absurde et dangereux.

Une dispute célèbre eut lieu à ce sujet en 1612, à Florence, entre Galilée et un professeur de philosophie naturelle du nom de Bosciari. Le cardinal Barberini, futur pape sous le nom d'Urbain VIII et initiateur contraint du procès Galilée, y assistait. A Bosciari qui se référait aux plaques de glace flottant sur l'Arno en hiver, Galilée répondait qu'un bouclier métallique était plat mais tombait au fond de l'eau – même dans l'Arno !

1. Par opposition à l'hydrodynamique, qui s'intéresse aux fluides en mouvement, à ceux qui coulent (*voir* : FLUIDE).

Archimède découvrit aussi la manière dont, géométriquement, on pouvait construire des spirales en combinant mouvement de rotation et de translation. La spirale d'Archimède fait aujourd'hui partie des problèmes classiques de mathématiques. A partir de là, il inventa la vis sans fin, qui est non pas une spirale mais une hélice bien commode pour certaines machines, par exemple des pompes pour l'irrigation des champs...

Il eut l'idée des miroirs paraboliques et découvrit l'existence d'un foyer concentrant les rayons lumineux provenant de l'infini. Cela grâce à une construction et une démonstration géométrique astucieuse.

On raconte – mais c'est un élément de la légende non prouvé – que, lors du siège de Syracuse, il construisit des miroirs paraboliques (ou sphériques ?) géants à l'aide desquels il incendia les voiles des navires romains. Les Romains finirent tout de même par prendre la ville, et un soldat romain, désobéissant aux ordres formels du général Marcellus, tua Archimède pour venger la mort de ses camarades. L'auteur de ce crime imbécile fut exécuté sur-le-champ. « Mais il était la cause de la mort de beaucoup de mes camarades ! » aurait dit le soldat pour s'excuser. A quoi Marcellus aurait répondu : « Peut-être, mais on ne tue pas les génies, ils sont plus proches des dieux que les hommes. » Tout cela est probablement inventé.

Ce qui est vrai, c'est qu'Archimède est réellement le précurseur de Galilée. Dans l'élaboration du mode de pensée scientifique, il est le trait d'union entre Aristote et Galilée.

« Archimède », *Cahiers de Sciences et Vie*, décembre 1993.

Aristarque de Samos (-310/-230 av. J.-C.)

Né à Samos, cette île, selon les Anciens, d'où il n'était jamais rien sorti de bon, il étudia et vécut à Alexandrie. Aristarque de Samos est, semble-t-il, le premier scientifique à avoir défendu l'idée que le Soleil était le centre du monde et que la Terre tournait autour. Pythagore puis Platon avaient évoqué cette possibilité sans l'approfondir.

Aristarque, lui, entreprit une exploration systématique de l'hypothèse, en calculant la distance Terre-Soleil, ce qui impliquait pour le Soleil une vitesse invraisemblable pour expliquer le jour et la nuit en montrant que les observations sur le lever et le coucher du Soleil étaient tout autant explicables dans le modèle héliocentrique que géocentrique, etc. Bref, il fut le premier, bien avant Kopernik ou Galilée, à découvrir la vérité.

Cette idée valut à Aristarque d'être accusé d'injure aux dieux, et on voulut lui faire un procès en faisant venir de Grèce à Alexandrie un sophiste, Cléanthe, qui l'accusa très vite d'impiété (déjà). Le procès n'eut jamais lieu. Aristarque disparut opportunément. Comme quoi, quinze siècles avant Galilée, en face d'un clergé qui n'était pas catholique, il était déjà hérétique de placer le Soleil au centre et de faire de la Terre une planète parmi tant d'autres.

Souvenez-vous : Aristarque de Samos ! Bien avant Kopernik, il avait compris.

Aristote (-384/-322 av. J.-C.)

C'était un philosophe grec (en fait, macédonien) qui vivait au IVe siècle av. Jésus-Christ. Il fut le précepteur d'Alexandre le Grand, qui lui voua pendant longtemps une immense vénération et lui expédia des plantes et des animaux récoltés tout au long de ses conquêtes. Mais leurs relations devinrent progressivement difficiles, Alexandre s'irritant des critiques d'Aristote contre son absolutisme arbitraire.

Il fut aussi le fondateur d'une institution d'éducation et de réflexion qu'il appela le Lycée. En effet, n'étant pas athénien et ayant de surcroît les cheveux roux (un métèque rouquin !), il n'avait pas pu succéder à son maître Platon à la direction de l'Académie. Le Lycée et l'Académie deviendront par la suite concurrentes. N'oublions pas que ces institutions sont les ancêtres de nos universités, et qu'elles serviront explicitement de modèle à celle de Cordoue, puis à la Sorbonne.

L'œuvre philosophique d'Aristote est considérable, et je n'ai nulle qualité pour l'exposer, encore moins pour la commenter.

Sur le plan de la science pure, il occupe une place tout à fait spéciale, et qui a souvent donné lieu à des commentaires divergents.

D'une part, on peut le considérer comme le fondateur de la démarche scientifique faite d'une alternance entre observations du réel et théorisation. D'autre part, il est incontestable que pratiquement toutes les explications du monde qu'il a élaborées se sont petit à petit révélées fausses. Dans beaucoup de cas, elles ont même retardé la marche de la science

– la faute à l'Eglise catholique, qui les imposa comme des dogmes. Aristote n'y était pour rien !

La méthode était bonne, son application a été mauvaise. Alors ?

Bien qu'il ait été l'élève chéri de Platon, lui-même disciple de Socrate, Aristote va adopter vis-à-vis de la science une attitude radicalement différente. Platon enseignait en effet que la pensée et les règles logiques qui en résultaient dominaient tout, que s'il y avait conflit entre l'observation, le réel et la pensée logique, la vérité était du côté de la pensée. Ainsi devait-il y avoir sept planètes parce que le chiffre sept était magique. On en observait cinq – il devait y en avoir deux cachées. C'était une vision où la théorie dominait tout, où les mathématiques – en ces temps, la géométrie – étaient reines.

Aristote prône une attitude inverse. La théorie doit prendre ses racines dans le réel. Si l'observation du réel ne confirme pas la théorie, il faut changer la théorie. Aristote s'intéressa donc aux plantes, aux animaux, aux roches, aux astres ; il est le fondateur des sciences de la nature.

Pourtant, la majeure partie de ses théories se sont révélées fausses. Alexandre Koyré, grand philosophe des sciences, a dit un peu sévèrement : « Tout ce qu'a proposé Aristote était faux... »

Citons quelques erreurs célèbres.

Aristote pensait que les corps tombaient plus ou moins vite suivant leur masse. Ainsi, le gland tombe plus vite que la feuille de chêne, disait-il. C'est bien sûr une erreur. En fait, tous les corps tombent à la même vitesse, quelle que soit leur masse. Cette propriété est strictement vraie dans le vide, mais constitue une approximation très bonne pour les objets compacts qui tombent de « pas trop haut » (*voir* : GRAVITÉ). Si la forme de l'objet est aplatie ou que la durée de chute soit assez longue, la résistance de l'air fausse le résultat, et la forme redevient essentielle. C'est Galilée qui a montré cela (*voir* : GRAVITATION). Dans l'air, le gland tombe donc effectivement plus vite que la feuille de chêne, mais s'en tenir à cette simple observation ne permet pas de comprendre la gravitation ; ce fut le génie de Galilée de s'éloigner de l'expérience apparente et d'en concevoir d'autres plus signifiantes pour en extraire les lois de la physique.

Aristote pensait que, lorsqu'un objet tombait, hormis les premiers instants où il prenait sa vitesse, cette dernière était ensuite constante. En fait, lorsqu'un objet tombe, sa vitesse augmente constamment. C'est ce qu'on appelle l'accélération de la pesanteur. C'est aussi Galilée qui a démontré cette propriété.

Aristote pensait que la force crée le mouvement. Un corps est au repos ; si on lui applique une force, il bouge : donc il est en mouvement. En fait, la force crée l'accélération (*voir* : GALILÉE, NEWTON).

Aristote était opposé aux atomes proposés par Démocrite. Il avait tort.

Enfin, Aristote pensait que la Terre était au centre de l'univers, et que les planètes et le Soleil tournaient autour d'elle. Derrière, sur une sphère fixe, étaient disposées les étoiles immuables et immobiles. C'est après Kopernik que Kepler montra la fausseté de ces conceptions.

Tout cela est vrai, mais est-ce si important pour celui qui avait indiqué la méthode pour découvrir la vérité ?

Seul point positif : Aristote était le grand défenseur d'une Terre sphérique, s'opposant à ceux qui la voyaient comme un disque avec l'enfer en dessous et le ciel au-dessus.

L'influence incontestablement néfaste qu'exercèrent les théories d'Aristote sur le développement des sciences en Occident a commencé au XIe siècle.

C'est Averroès qui, à Cordoue, remit à l'ordre du jour la lecture des œuvres d'Aristote, tant philosophiques que scientifiques. Lorsque, à Paris, l'université prit son essor sous la conduite d'Albert le Grand et de Thomas d'Aquin, les universitaires parisiens voulurent développer la réflexion philosophique et scientifique. C'est ainsi qu'ils se mirent à leur tour à redécouvrir Aristote (souvenons-nous que les œuvres d'Aristote étaient interdites en même temps que le grec, comme nous le rappelle le roman d'Umberto Eco, *Le Nom de la rose,* et que sa lecture fit l'objet de plusieurs condamnations en Sorbonne au XIIIe siècle – notamment par l'évêque Etienne Tempier en 1277). Les universitaires parisiens critiquèrent la vision philosophique qu'en donnait Averroès, mais l'adoptèrent comme référence scientifique.

Aristote devint le maître à penser des intellectuels catholiques. On affirma désormais qu'étudier la nature, c'était se rapprocher de Dieu. Le concile de Trente (1545-1563) établit la physique d'Aristote comme une vérité quasiment vérifiée par le dogme. C'est peu après que les découvertes d'abord de Tycho Brahé puis de Kepler et Galilée vont commencer à mettre à mal ces croyances, avec les soubresauts que l'on sait (*voir* : GALILÉE).

Pour ma part, je n'appartiens pas au clan des détracteurs sévères d'Aristote. Je crois qu'il faut replacer ses erreurs dans le contexte historique. C'est l'Eglise qui a érigé ses théories en dogme. C'est l'Eglise qui a figé Aristote ! Mais l'invention de la méthode scientifique caractérisée par l'alternance observation-théorie efface à mon avis toutes les erreurs d'application. Cette démarche, soit dit en passant, certains platoniciens d'aujourd'hui ne l'ont toujours pas assimilée, s'obstinant à croire qu'on peut tout déduire de quelques équations sans le contrôle de l'observation. Pour moi, Aristote est le premier d'une lignée glorieuse qui se poursuivra avec Archimède, Galilée et Newton pour aboutir à Einstein. Ce sont eux qui ont fondé la science !

Ce qui est étrange, c'est que l'Eglise ait adopté Aristote comme parrain scientifique, alors que pour le reste, la vision catholique est typiquement platonicienne. Avec Platon comme référence, elle n'aurait pas gêné le développement de la science. Voilà un paradoxe de l'Histoire...

Arrhenius Svante (1859-1927)

Ce chimiste suédois est le créateur de la théorie des ions : il a découvert que lorsqu'on dissout certains sels dans l'eau, ils se dissocient en donnant des ions positifs (cations) et des ions négatifs (anions). L'exemple typique est le chlorure de sodium (NaCl) qui, à l'état solide, est composé à l'échelle atomique par l'alternance d'atomes de sodium et de chlore, mais qui, en solution, se dissout, se disloque en donnant le sodium et le chlore l'ion Na^+ et l'ion Cl^-. Les acides, eux aussi, se décomposent en ions lorsqu'on les mélange à de l'eau : HCl, l'acide chlorhydrique, devient H^+ (un proton) et Cl^- (un anion). Les bases se décomposent également en ions au contact de l'eau : NaOH la soude donne Na^+ et OH^-.

Lorsqu'on électrolyse, c'est-à-dire qu'on fait passer du courant dans une solution d'eau contenant des ions – dans l'eau pure, un courant de tension ordinaire ne passerait pas –, le courant passe. Les ions + (cations) vont vers le pôle négatif, les anions (-) vont vers le pôle positif Le phénomène inverse se produit dans une pile et génère un courant électrique (un courant d'électron).

Quand Arrhenius présenta sa théorie dans sa thèse, on la lui refusa. Il ne put la soutenir que quelques mois plus tard en dissimulant certaines idées. (Cela me rappelle certaines choses plus personnelles.)

A partir de cette idée d'ions en solution, on s'est interrogé : et si les ions existaient préalablement, dans le solide NaCl, et que l'eau n'avait eu pour rôle que de les séparer ? De là est née la théorie de la liaison ionique.

Cinq ans plus tard, on lui attribuait le prix Nobel de chimie (1903) !

Mais on lui doit aussi une autre découverte, ou plutôt une prophétie très populaire de nos jours. C'est lui, en effet, qui a compris que la présence de gaz carbonique dans l'atmosphère piégeait le rayonnement infrarouge réémis par la Terre ensoleillée. Phénomène qui sera baptisé « effet de serre »...

Il prévoyait avec ravissement des étés plus chauds et des hivers moins froids pour sa chère Suède, au fur et à mesure du développement économique...

Astronomie (astrologie)

L'astronomie est sans doute la plus ancienne des sciences. L'examen, la classification et l'étude des astres remontent en effet aux temps les plus reculés de la civilisation, comme l'attestent les vestiges des anciens observatoires découverts en Mésopotamie, en Inde, en Egypte et en Chine. Tous datent d'au moins 2 000 ans av. J.-C. (et même avant, si on se réfère aux textes sumériens).

Ces observatoires étaient tous des constructions destinées à viser tel ou tel astre et à mesurer son orientation dans le ciel. Ils permettaient de dessiner de véritables cartes du ciel, mais aussi de repérer les mouvements relatifs des astres les uns par rapport aux autres.

Mais cet exercice n'avait absolument pas pour objet la recherche scientifique. Son but avoué était de faire de l'astrologie, autrement dit de prévoir l'avenir sur Terre grâce à l'observation des astres dans le ciel. Démarche assez naturelle, en fait : si les dieux étaient dans le ciel, c'est l'observation du ciel qui devait nous informer sur leurs intentions ! Tout au long de l'Histoire, les princes se sont adjoint des astronomes officiels qui leur dressaient des horoscopes à court et à long terme. Le plus célèbre de ces couples prince-astronome, parce qu'il a laissé des traces importantes en astronomie, fut sans doute celui constitué par l'astronome Tycho Brahé et le roi Frédérik du Danemark.

Ce dernier construisit une île-observatoire, Uranibourg, sur laquelle Tycho, observateur génial mais tyran impitoyable, régnait en maître. Il alla, dit-on, jusqu'à forcer une servante à l'épouser, car étant borgne et affligé d'un caractère terrible, il n'avait pas réussi à séduire une femme à l'âge de 40 ans !

Tycho Brahé quitta le Danemark à la mort de Frédérik, le fils du roi, Christian, n'ayant pas la même passion pour l'astrologue que son père. Il s'exila à Prague, où il devint astronome impérial auprès de l'empereur Rodolphe II.

Là, il fit venir comme assistant un jeune homme brillant, Johannes Kepler. La nationalité de ce dernier est aujourd'hui disputée entre l'Autriche, l'Allemagne, la Tchéquie, et je ne me prononcerai pas sur la question, vu les lettres « démonstratives » que je reçois lorsque je m'y aventure. Quoi qu'il en soit, Kepler est le fondateur de l'astronomie moderne du point de vue théorique (*voir* : KEPLER).

Tous deux avaient pour tâche primordiale de calculer des horoscopes. Calculer en effet, car les conjonctions de planètes et les éphémérides demandaient des calculs si compliqués que le titre de Kepler auprès de l'empereur Rodolphe était « astronome et mathématicien impérial ».

Notons que l'empereur était catholique, alors que Kepler était protestant : en ces temps de guerre de religion, il y avait tout de même des esprits pour qui le mot tolérance avait une réelle signification !

A peu près à la même époque, le roi d'Angleterre et le roi de France ont créé des postes d'astronomes royaux. En Angleterre, depuis le XVIIe siècle, la fonction d'astronome royal est occupée par l'astronome le plus brillant du Royaume-Uni. C'est encore le cas aujourd'hui. Citons parmi les titulaires de ce poste prestigieux sir Arthur Eddington, l'un des plus grands astronomes du début du siècle, sir Fred Hoyle, et aujourd'hui sir Martin Rees.

En France, autour de l'Observatoire de Paris, on créa un corps de fonctionnaires : les astronomes attachés à la Couronne, chargés, eux aussi, de prédire l'avenir. Parmi ces astronomes, il y eut les célèbres Cassini qui, de père en fils, se succédèrent à la direction de l'Observatoire de Paris, Arago et bien d'autres...

Ce corps d'astronomes spécifique a survécu à toutes les réformes et révolutions depuis le XVIIe siècle, et il existe encore aujourd'hui. Seul l'attribut royal a disparu. On lui a adjoint plus tard les physiciens du Globe, chargés quant à eux d'observer la Terre et ses humeurs sismiques, magnétiques et autres. J'ai eu l'honneur d'appartenir à ce corps prestigieux dans les années 1967-1970, en tant que physicien du Globe.

Moins célèbre peut-être, mais très antérieur à tous ceux-là, Claude Ptolémée fut à Alexandrie, sous les Lagides, l'astronome des pharaons. C'est lui qui construisit le premier système cohérent, dans lequel il plaçait la Terre au centre. Car ces fondateurs de l'astronomie, répétons-le, étaient tous astrologues par profession, et ils gagnaient souvent beaucoup d'argent en vendant des horoscopes à toutes les sommités de leur époque, en plus des rémunérations qu'ils recevaient des souverains ! Il est donc remarquable qu'ils aient réussi à extraire l'astronomie de la gangue factice qui l'entourait et à fonder une véritable discipline scientifique – tout en conservant les avantages matériels, le prestige et les postes administratifs. Et ce, sans drame et sans que les princes ne les réprimandent.

Comment expliquer cet habile glissement ? Il est trop général, sous toutes les latitudes et à toutes les époques, pour s'expliquer seulement par l'habileté des astronomes, dont je ne voudrais pas pour autant diminuer le mérite

La raison, c'est qu'à partir du moment où des lois ont émergé pour traduire la structuration du ciel, des planètes d'abord, des étoiles ensuite, les lettrés et les princes ont réalisé que l'on touchait là à l'organisation du monde, aux origines, et donc aux frontières avec les religions. Ils ont donc continué à aider les astronomes... L'astrologue cherchait à prévoir l'avenir ; l'astronome explore le monde, son origine et son passé. Mais à partir de là a émergé une véritable démarche scientifique.

L'idée d'un lien privilégié entre l'astronome et les « questions essentielles » persiste encore aujourd'hui. Pour beaucoup de nos contemporains, l'observation de l'univers demeure magique, et elle l'est sans doute d'une certaine manière. Nous continuons à dépenser beaucoup d'argent pour construire des observatoires de plus en plus grands, des télescopes de plus en plus puissants et même des satellites comme la station Hubble – et c'est très bien ainsi pour les conquérants de l'inutile.

Il ne faut donc pas s'étonner que beaucoup d'astronomes aient été ou soient profondément croyants – citons Edwin Hubble, Arthur Eddington, qui était quaker et refusait la guerre –, Alan Sandage et bien d'autres. Même si, à rebours, l'astronomie s'est toujours heurtée aux Eglises, qui ont vu dans ses résultats des remises en cause des Ecritures.

Les étapes de l'astronomie sont faciles à dégager, car elles sont liées aux progrès des **méthodes d'observation du ciel.**

Jusqu'à l'utilisation de la lunette par Galilée en

1609, les observations se faisaient à l'œil nu. Tycho Brahé a fait toutes ses observations à l'œil nu. Kepler ne put utiliser une lunette qu'à la fin de sa vie, Galilée ayant pendant longtemps refusé de lui en construire une. A l'œil nu, on avait pu classer les objets célestes en deux catégories. Ceux qui bougeaient, se déplaçaient dans le ciel : les planètes (astres qui bougent). Ceux qui étaient fixes, plus lointains : les étoiles. Pour les planètes, on avait construit des éphémérides qui prévoyaient les éclipses, les conjonctions, etc.

La lunette de Galilée va permettre de mieux observer les planètes, leurs mouvements, mais aussi de découvrir les satellites de Jupiter et de multiplier considérablement le nombre d'étoiles. Ce fut un pas décisif, qui liait les avancées de l'optique à celles de l'astronomie.

Isaac Newton, le grand Newton, va faire considérablement progresser l'astronomie en inventant (après Robert Hoocke !) le télescope à miroir. Dans une lunette astronomique, on ne reçoit que le faisceau de lumière qui entre dans l'oculaire. Dans un télescope à miroir sphérique, on ramasse la lumière qui atteint la parabole et on la concentre à son foyer, qu'on observe alors avec une lunette. On augmente ainsi la luminosité, et donc la netteté des images, mais aussi la distance que l'on peut observer.

A partir de 1750, on va s'apercevoir que les étoiles sont plus ou moins éloignées. A l'aide de la triangulation, on va chercher à déterminer les distances qui nous séparent d'elles. Le problème va être d'utiliser une base, c'est-à-dire un côté du triangle dont on pourra déterminer aussi exactement que possible la longueur. Pour commencer, on prend deux positions sur la Terre, dont le maximum sera, bien sûr, deux positions antipodaires, puis on va réaliser qu'on obtient une bien plus grande base en utilisant la rotation de la Terre autour du Soleil et donc en visant la même étoile à six mois d'intervalle. On dispose ainsi de deux fois la distance moyenne Terre-Soleil.

Dès lors, on pouvait dresser une carte du ciel, mais cette fois à trois dimensions. Immédiatement, des distances considérables apparurent à la sortie des calculs, de l'ordre de millions de milliers de kilomètres... Des nombres astronomiques, comme on dit aujourd'hui ! Il fallait donc inventer d'autres unités pour mesurer les distances.

On créa donc l'unité astronomique, AU, c'est-à-dire la distance de la Terre au Soleil, soit 146 millions de kilométres = 1,46 10^8 kilomètres. Lorsque Fizeau détermina la vitesse de la lumière, on y adjoignit une autre unité : l'année-lumière, à savoir la distance parcourue par la lumière en un an.

Soit : une année-lumière 1 10^{13} kilomètres = 6 800 AU.

Puis, une troisième plus complexe encore, le parsec = 3,26 années-lumière.

Tout au long du XVIIIe puis du XIXe siècle, les astronomes ont cherché, d'une part, à améliorer leurs instruments d'optique pour voir de plus en plus loin, et d'autre part à expliquer les mouvements des astres. Pour ce faire, ils utilisaient les lois des mouvements relatifs des planètes découvertes par Kepler et expliquées par Newton grâce aux lois de la gravité (*voir* : KEPLER, NEWTON).

Les grands astronomes ont d'abord été de grands opticiens.

Mais au milieu du XIXe siècle vont apparaître de nouvelles méthodes d'observation de la lumière des astres : la spectroscopie et la mesure de l'intensité lumineuse reçue. Depuis l'invention du prisme optique par des verriers italiens au XVIe siècle, on savait décomposer la lumière solaire en ses couleurs fondamentales. C'est grâce à cela que Newton avait pu élucider la composition de la lumière blanche.

La découverte du réseau de diffraction permit le développement d'une spectroscopie optique, c'est-à-dire d'une décomposition fine du spectre solaire.

On eut ensuite l'idée de placer un spectroscope au foyer d'un télescope : on put ainsi décomposer la lumière émise par les étoiles lointaines. Mais ces spectres sont restés pendant longtemps des énigmes, sans interprétation.

Jusqu'au moment où les physiciens allemands Kirschoff et Bunsen firent la découverte que voici : des éléments chimiques – sodium, potassium –, mis dans une flamme, émettent une lumière dont l'analyse par un prisme [1] révèle un spectre caractéristique de l'élément (sa signature). On étudia alors tous les éléments chimiques un par un, et on constitua des catalogues de raies de couleur (différentes pour chacun d'eux). Chaque élément chimique eut ainsi sa signature, son spectre optique.

A l'inverse, l'analyse d'un spectre permettait, à l'aide du catalogue, de déterminer sa composition chimique. On découvrit ensuite une propriété complémentaire de la première, à savoir qu'une vapeur riche en sodium absorbait préférentiellement certaines couleurs – correspondant en fait aux raies qu'elle pouvait émettre.

A l'aide des raies d'émission et d'absorption, on

1. En fait, ils utilisaient un autre instrument qui sépare les couleurs et qu'on appelle réseau de diffraction.

disposait dès lors d'un outil pour faire de la chimie cosmique : déterminer la composition chimique des étoiles à des distances considérables, les comparer à celles du Soleil, de la Terre, des pierres que nous ramassons et des météorites que nous recueillons.

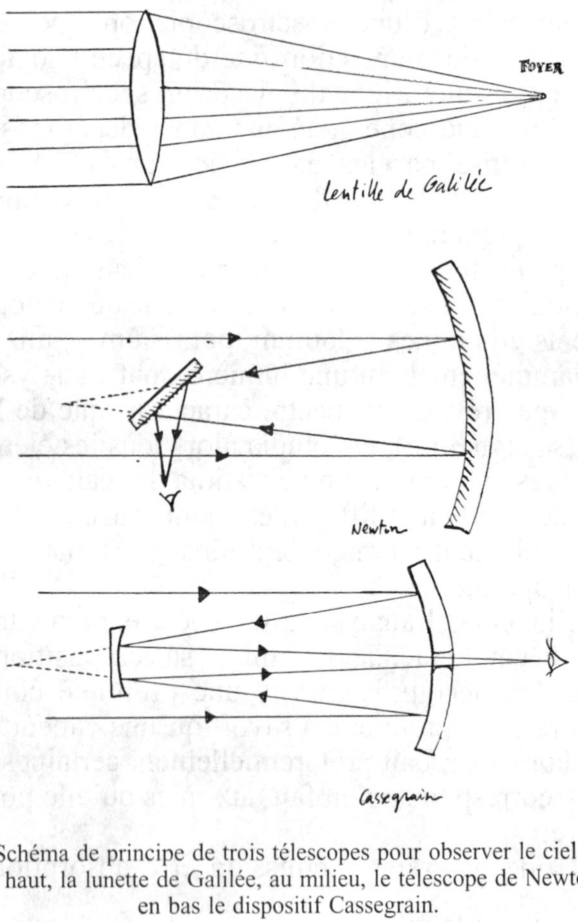

Schéma de principe de trois télescopes pour observer le ciel.
En haut, la lunette de Galilée, au milieu, le télescope de Newton,
en bas le dispositif Cassegrain.

Dans le même temps, on s'est intéressé à l'intensité de la lumière émise par les astres. Dès que l'on a su mesurer cette intensité lumineuse, on a pu calculer l'intensité de la source, de l'étoile lorsqu'on avait pu déterminer par ailleurs sa distance à l'observateur. L'intensité lumineuse varie en effet à l'inverse du carré de la distance.

Puis on a eu une idée encore plus fructueuse : celle de mesurer l'intensité lumineuse de chacune des couleurs du spectre. On s'aperçut ainsi que certaines étoiles avaient une dominante rouge, d'autres jaune, d'autres bleue, etc.

Or les physiciens avaient observé que lorsqu'on chauffe un objet – en fer, par exemple – la couleur varie avec la température : d'abord rouge sombre, elle passe au rouge vif, au rouge orangé, au jaune, au bleu, au bleu clair, au blanc. Par la couleur, on a donc un moyen de mesurer la température d'une étoile.

On a pu ainsi classer les étoiles en fonction de leur température et de leur luminosité dans un diagramme inventé indépendamment par le Danois Hertzsprung et l'Américain Russell (*voir* : ÉTOILES). Toutes les étoiles de l'univers ne sont pas semblables. Il y a de grosses étoiles rouges ou bleues, on les appelle géantes, des étoiles blanches minuscules, on les appelle naines, il y a surtout une majorité d'étoiles qui se placent sur une même bande dans le diagramme H-R. L'univers est divers, le Soleil est une étoile banale, ordinaire... C'était la première et immense révolution dans notre connaissance du cosmos.

Une seconde grande discontinuité dans l'histoire de l'astronomie s'est produite au début du XXe siècle avec l'installation des télescopes géants en Californie, au mont Palomar, puis au mont Wilson.

Ces télescopes, dont les miroirs avaient des diamètres de 2,5 et 5 mètres, ont permis de découvrir l'existence des galaxies[1]. On a pu montrer, en effet, que certains points lumineux très lointains n'étaient pas des étoiles mais des populations d'étoiles : des galaxies, et que le ciel contenait beaucoup, beaucoup de galaxies (*voir* : GALAXIES).

Ainsi, petit à petit est apparue cette évidence vertigineuse : notre système solaire n'était qu'un petit système organisé autour d'une étoile, le Soleil, qui lui-même n'était qu'une étoile banale parmi des milliards d'étoiles constituant notre galaxie, la Voie lactée, et que cette Voie lactée était une galaxie banale parmi des milliards d'autres constituant l'univers. Et notre système solaire n'était le centre de rien, comme la Terre n'était pas le centre de l'univers, ni même du système solaire.

Nous étions du même coup situés : infiniment petite chose dans l'immensité de l'espace, mais aussi singularité d'un monde pensant... Peut-être unique !

C'est vers 1920 qu'Edwin Hubble, depuis le télescope du mont Wilson, découvrit que l'univers était en expansion et que les galaxies s'éloignaient les unes des autres à des vitesses vertigineuses. Cette observation, rejoignant des calculs du Russe Friedman et du belge Lemaître, allait être à l'origine de la théorie du big bang, révolutionnant notre conception de l'univers et de son histoire (*voir* : BIG BANG).

Du point de vue des méthodes d'observation, rien n'a vraiment émergé avant la fin de la Seconde

1. Plus un miroir est grand, plus il est difficile de lui assurer une géométrie parabolique parfaite et un poli impeccable, d'où la difficulté de faire de grands miroirs. D'un autre côté, plus un miroir est grand, plus il ramasse de lumière !

Guerre mondiale. C'est alors qu'on se mit à explorer l'univers, non plus seulement en analysant les ondes lumineuses, mais aussi les ondes radio émises par les astres. Ainsi est née la radioastronomie.

Les radiotélescopes ne sont pas des miroirs, mais d'immenses antennes, comme on en avait construit pendant la guerre pour détecter les avions ennemis à l'aide de la technique radar. La radioastronomie est d'ailleurs très largement un produit dérivé de la technologie des radars militaires.

Ainsi, en France, Yves Rocard, le père de l'ancien Premier ministre Michel Rocard, a développé la radioastronomie à partir de radars confisqués aux Allemands en 1944. Il construisit à cette fin l'observatoire de Nançay. C'est à l'aide des radiotélescopes que l'on découvrit par exemple ces objets bizarres appelés pulsars, et qui émettent des signaux radio avec une précision d'horloge (*voir* : PULSARS).

Après les ondes radio – dont les longueurs d'onde vont du mètre au kilomètre –, les astronomes se sont dit : pourquoi ne pas explorer le ciel en utilisant les autres longueurs d'onde ? C'est-à-dire en allant des plus petites aux plus grandes : on balaye ainsi tout le spectre des rayonnements électromagnétiques – les rayons X, les ultraviolets, le visible, les infrarouges et enfin les ondes radio.

Mais quoique légitime – si les astres émettaient des ondes électromagnétiques visibles et radio, pourquoi n'émettraient-ils pas sur tout le spectre des ondes électromagnétiques –, cette ambition se heurtait à un adversaire de taille : l'atmosphère terrestre. Car, si ténue soit-elle, formée d'azote et d'oxygène, ainsi que de quelques autres gaz en faible abondance (eau, gaz carbonique, azote, argon), notre atmosphère absorbe beaucoup de ces rayonnements, et donc la réception au sol est très difficile.

Il fallut donc attendre l'avènement des satellites pour voir naître une nouvelle astronomie : l'astronomie spatiale. La réalisation la plus spectaculaire, la plus connue du public est le *space telescope* dédié à Hubble, qui est un télescope optique, mais beaucoup d'autres télescopes destinés à enregistrer les rayons X ou infrarouge de l'univers avec des performances tout à fait impressionnantes ont été lancés avec succès.

Dans le même temps, l'astronomie au sol a fait d'immenses progrès. Car grâce à l'introduction de l'informatique, on peut désormais corriger les effets de l'atmosphère sur les télescopes visibles (optique adaptative) et obtenir des clichés aussi nets qu'avec le télescope spatial – pour beaucoup moins cher.

Les découvertes les plus importantes concernent l'exploration des systèmes planétaires comme ceux qui existent autour des jeunes étoiles aux noms bizarres T Tauri ou β Pictoris, exploration qui bat son plein et va peut-être nous révéler des éléments essentiels sur nos origines, par exemple sur la manière dont notre système solaire s'est formé.

L'astronomie, la plus vieille science, est en marche !

Et l'astrologie ? Elle se porte bien, merci !, rendant furieux les astronomes. Mais pourquoi une telle fureur ?

Parce que l'astrologie est fondée sur l'idée que des astres distants de nous de millions, voire de milliards de kilomètres, pourraient avoir une influence non seulement sur notre psychisme, mais plus encore sur notre avenir. Comme si le ciel était constitué par une myriade d'étoiles organisant le monde grâce à un système, bien sûr, totalement mystérieux.

C'est la négation même de la science, de la logique et de la biologie. Les quelques coïncidences positives qui ont pu se produire entre la date de naissance et un certain comportement relèvent du hasard et non d'un déterminisme cosmique. Mais ces pseudo-corrélations, si elles existent, pourraient s'expliquer par exemple par la période de l'année où un individu est né. Celui qui est né au printemps prend conscience du monde en été, avec tout ce que cela peut représenter, alors que celui qui est né en automne s'éveillera à la vie en hiver, ne sortira pas et sera peut-être plus tard plus taciturne. Si l'on croit que le psychisme de l'enfant a une influence sur celui de l'adulte, ce genre de théorie n'est pas *a priori* absurde. Mais ça n'a aucun rapport avec les astres, les constellations, les signes du zodiac !

A l'époque actuelle, le renouveau de l'astrologie marque une perte des repères chez beaucoup d'individus, et ce n'est pas un signe positif pour l'état de notre société !

J.-P. VERDET, *Une histoire de l'astronomie*, Seuil.

Astrophysique

A partir des années 1955-1960 est apparu un nouveau mot dans le domaine de l'étude des astres : celui d'astrophysique.

A priori, ce néologisme n'était pas nécessaire. L'astronomie n'était-elle pas fondée sur la physique ? Dans une certaine mesure, même, n'était-elle pas la science mère, fondatrice de la physique ?

L'ambition des scientifiques qui ont créé ce terme d'astrophysique était multiple. La première était sans doute un souci de modernité. Les astronomes, en effet, utilisaient essentiellement la physique classique : la mécanique et l'optique. L'astrophysique, elle, va introduire en astronomie la physique moderne qui émerge à partir des années 1930, et qui regroupe la mécanique quantique, la relativité, la physique statistique, puis, après la guerre, la physique des particules, l'électrodynamisme quantique.

C'est grâce à l'introduction de ces méthodes qu'on va comprendre l'expansion de l'univers, la création des éléments chimiques par réactions nucléaires dans les étoiles (*voir* : NUCLÉOSYNTHÈSE) et bien d'autres phénomènes complexes de l'univers.

Mais dans le même temps, il est apparu aux astrophysiciens que le cosmos était un champ d'études extraordinaire pour découvrir ou étudier des phénomènes physiques. Ainsi, c'est en observant la déviation de la lumière par le Soleil qu'Arthur Eddington confirma la théorie de la relativité d'Einstein.

Plus récemment, dans ce même domaine, deux astronomes américains, Hulse et Taylor, ont reçu le prix Nobel de physique pour avoir réalisé des observations qui s'expliquent bien en supposant qu'il existe des ondes gravitationnelles. Et beaucoup de physiciens théoriciens pensent qu'à l'avenir c'est en étudiant le cosmos qu'on découvrira les phénomènes nouveaux.

Si l'on voulait schématiser, on pourrait dire que Kepler était un astronome et Newton un astrophysicien. L'un déterminait le mouvement des astres, l'autre utilisait les astres pour tester sa théorie physique.

Cela étant, dans la période actuelle, il existe une continuité complète entre l'astronome qui observe les étoiles avec des télescopes et le théoricien qui fait des calculs sur l'expansion de l'univers. Cette distinction est donc moins nette, et donc moins nécessaire qu'elle ne le fut lors de l'introduction de la physique moderne en astronomie. Aujourd'hui, tous les astronomes utilisent la relativité et la physique quantique ou statistique ; la différence se situerait plutôt entre ceux qui observent, et les théoriciens qui calculent.

Ces deux disciplines sont donc sœurs, si ce n'est jumelles.

Pourquoi deux noms ? Nul doute qu'avec le temps, les deux domaines se rassembleront en un seul.

Atmosphère

L'atmosphère est l'enveloppe gazeuse qui entoure la Terre.

Sa composition chimique moyenne comprend 78 % d'azote et 21 % d'oxygène, plus un certain nombre de composants mineurs. L'argon représente environ 1 %, l'eau 0,1 %, le gaz carbonique 350 parties par million. Dans la zone comprise entre 30 et 50 kilomètres d'altitude, un autre composant mineur existe : l'ozone.

Les composants mineurs jouent un rôle important pour fixer la température (eau, gaz carbonique), pour filtrer les rayons UV (ozone), ou comme vecteurs essentiels du cycle de l'eau. On voit là l'illustration d'une règle essentielle en chimie des processus naturels : l'importance n'est pas proportionnelle à l'abondance. Les « petits » sont parfois plus importants que les « gros ». Nous aurons l'occasion d'y revenir.

L'atmosphère a une structure verticale.

D'abord, plus on « monte » et moins il y a de gaz (en termes plus scientifiques, on dit que la pression diminue).

Cela vient du fait de la propriété fondamentale des gaz. Contrairement aux liquides, les gaz ont une densité qui croît lorsque la pression augmente (lorsque les gaz sont parfaits cela est traduit pas la loi de Mariotte). Les gaz situés « en bas », près de la surface, sont plus denses, c'est-à-dire plus concentrés que ceux situés « plus haut » dans l'atmosphère. Il y a donc une variation de la densité avec la pression, donc avec l'altitude.

C'est pourquoi, lorsque vous allez en montagne, l'air est de plus en plus rare ; l'oxygène (qui en représente 20 %) se raréfie. On a du mal à respirer. Les alpinistes non aguerris prennent des bouteilles d'oxygène lorsqu'ils grimpent au-delà de 5 000 mètres d'altitude. La pression diminue avec l'altitude, la température varie aussi, mais d'une manière plus compliquée.

Lorsqu'on s'élève, la température commence par décroître. On sait bien qu'en avion, la température extérieure est glaciale. Ce phénomène est plus difficile à expliquer que la diminution de pression. Il est dû à un piégeage des radiations solaires par les molécules d'eau et de gaz carbonique (la chaleur se concentre à la surface) (*voir* : EFFET DE SERRE).

Cette décroissance s'inverse aux environs de 30 kilomètres d'altitude. Dans cette zone, la température se met à augmenter brusquement en raison de la présence d'ozone – la fameuse couche d'ozone. Les molécules d'ozone, formées par trois atomes d'oxygène, absorbent les rayons ultraviolets émis directement par le Soleil et s'échauffent ; du même coup, elles échauffent toute l'atmosphère voisine.

Ce réchauffement local divise l'atmosphère en deux couches. La couche inférieure qu'on appelle **troposphère** – la zone des nuages, des vents, de la météorologie. C'est l'atmosphère que nous connaissons.

Au-dessus, c'est la haute atmosphère, la **stratosphère**. Pour comprendre cette division, il faut se souvenir d'une propriété fondamentale des gaz : les gaz chauds sont plus légers que les gaz froids et la chaleur se propage du chaud vers le froid.

On comprend que l'air chaud monte en se refroidissant. Mais lorsqu'il atteint la couche chaude, le profil de température s'inverse et les gaz vont avoir tendance à s'accumuler. D'où une espèce de barrière.

La troposphère est le siège de mouvements d'air qu'on appelle le vent. Ces mouvements sont dus aux différences de pression qui existent dans cette couche, elles-mêmes dues à l'ensoleillement et au cycle de l'eau. L'air froid descend, il a donc tendance à former des zones à plus forte pression qu'on appelle anticyclones. Le plus célèbre est l'anticyclone des Açores. L'air chaud monte, amène avec lui la vapeur d'eau, ce qui crée des nuages. Les nuages vont migrer et donner lieu à la pluie.

A ce mécanisme général viennent s'en ajouter plusieurs autres.

Le premier est la rotation du globe. La Terre, en tournant, entraîne en effet l'atmosphère gazeuse, mais plus lentement. Le deuxième est la répartition des continents et des océans, qui réagissent différemment à l'ensoleillement. Enfin, le troisième est l'ensoleillement diurne, plus fort à l'équateur qu'aux pôles parce que, tout simplement, l'épaisseur de l'atmosphère à traverser y est moins grande.

Tout cela pour bien montrer la complexité extrême du système de l'atmosphère et de ses mouvements. Autant la circulation moyenne des vents dans la troposphère est bien comprise, autant son détail et son évolution locale échappent à toute prédiction.

Pour des raisons théoriques, la prévision du temps n'est scientifiquement possible que trois jours à l'avance. Cinq jours est déjà hasardeux, au-delà, cela relève de la loterie. La prévision à long terme – l'été sera-t-il chaud et ensoleillé ou frais et pluvieux ? – ne relève pas de la science. Quelle que soit la puissance des ordinateurs mis en jeu et des satellites d'observation !

A cette atmosphère déjà complexe et capricieuse dans les conditions naturelles se superpose désormais l'influence de l'homme.

Elle pose problème dans trois domaines qu'il ne faut pas mélanger : la couche d'ozone, la pollution, l'effet de serre.

La couche d'ozone a tendance à se détruire par suite de l'activité chimique des composés chlorés, plus particulièrement de composés qu'on appelle CFC, qui entrent dans la fabrication des aérosols et des liquides réfrigérants. Cette destruction a lieu au pôle sud, en septembre (*voir* : OZONE), mais pendant plusieurs années, elle a eu tendance à s'accroître. On avait peur qu'elle ne touche tout le globe, ce qui aurait été catastrophique pour les êtres vivants, car, en absorbant les rayons UV, la couche d'ozone nous en protège. Heureusement, il semble que ce danger soit aujourd'hui écarté. Un protocole (dit « de Montréal ») a été adopté, bannissant les CFC à l'échelle mondiale, et il semble bien que cela ait arrêté la destruction de la couche d'ozone.

Il ne faut confondre ce problème ni avec la *pollution à l'ozone* qui a lieu l'été autour des villes, ni avec l'*effet de serre*.

La seconde question est la pollution de l'atmosphère. Tout d'abord la pollution au plomb. Utilisé dans l'essence comme antidétonant, le plomb (tétraéthyl) se dégageait dans l'atmosphère et s'étendait sur le globe. Or le plomb est toxique. A dose sensible, il génère une maladie mortelle qu'on appelle le saturnisme. L'étude des archives glaciaires du Groenland a montré une croissance continue du plomb atmosphérique depuis l'ère industrielle. Il a fallu agir. Là encore, on est parvenu à interdire le plomb tétraéthyl, et du coup les archives glaciaires nous indiquent que la teneur en plomb de l'atmosphère de l'hémisphère nord décroît.

Il s'agissait là d'une pollution globale, mais ce qui se développe à une allure vertigineuse, ce sont les pollutions locales. Les plus célèbres sont sans doute les pluies acides. Leur origine est purement industrielle. Des industries dégagent dans l'atmosphère du soufre sous forme oxydée. Ces oxydes de soufre se combinent à l'eau pour donner de l'acide sulfurique, qui se répand avec la pluie. On a certes réduit l'ampleur des pluies acides en forçant les industriels à nettoyer les gaz qu'ils envoient dans l'atmosphère, mais c'est loin d'être général. Dans les pays de l'est de l'Europe, en Inde, en Chine et même en Amérique du Nord, les pluies acides existent toujours.

Autre pollution célèbre : l'ozone, cette fois de basse atmosphère. En été, les rayonnements solaires provoquent des réactions chimiques sur les gaz des voitures et dégagent de l'ozone. Cet ozone est un produit chimique dangereux pour nos yeux, nos poumons, notre peau. D'où les alertes à l'ozone, qui ne cesseront qu'avec la disparition des voitures à essence.

Le résultat le plus spectaculaire de cette pollution urbaine est sans doute le smog des villes californiennes, qui rend l'atmosphère « brumeuse » en permanence, surtout l'été. Là encore, la cause est connue : les voitures à essence. Toutes les autres sources de pollution ont été proscrites.

Troisième détérioration de l'atmosphère : l'effet de serre.

Le gaz carbonique absorbe les rayons infrarouges réémis par la Terre, comme le fait le verre d'une serre de jardinier, et cette absorption a tendance à augmenter la température de l'atmosphère. Mais c'est un peu plus compliqué (*voir* : CLIMAT, EFFET DE SERRE).

Voilà donc beaucoup de danger pour cette atmosphère ténue, fragile, et qui est absolument nécessaire à la vie.

Comment est-elle apparue ? L'atmosphère terrestre s'est formée très tôt dans l'histoire de la Terre, dès que notre planète eut fini de s'accréter – c'est-à-dire aux environs de 4,4 milliards d'années. Elle venait des entrailles de notre planète qui, au moment de l'accrétion, avaient piégé les gaz de la nébuleuse primitive. Lorsque la Terre primitive s'est échauffée sous l'effet des derniers gros impacts de l'accrétion, les gaz sont sortis, exhalés par de multiples volcans.

Cette atmosphère était très différente de celle qui existe aujourd'hui. Essentiellement composée de gaz carbonique, elle avait une température sans doute supérieure à 200 °C. Une situation analogue à ce qu'on connaît aujourd'hui sur Vénus. Alors que s'est-il passé ?

Dans cette atmosphère qui contenait sans doute des acides, notamment sulfuriques, mais aussi un peu chlorhydriques et fluorhydriques, il y avait de l'eau en quantité qui s'évaporait, puis se précipitait dans un océan où émergeaient d'immenses volcans.

L'altération des roches de ces volcans par l'eau chargée d'acides a libéré des ions en solution, notamment l'ion calcium qui, allié au gaz carbonique, a précipité des calcaires. Des calcaires en quantité considérable. Cette précipitation des calcaires a purgé l'atmosphère de l'essentiel du gaz carbonique. De fait, si aujourd'hui on détruisait d'un coup tous les calcaires qui existent sur Terre, on re-fabriquerait une atmosphère à gaz carbonique (comme l'est Vénus).

C'est dans cette atmosphère où le gaz carbonique avait décru, mais restait abondant, qu'est apparue la vie. Comment ? Mystère. Tout porte à croire que cette vie primitive constituée par des algues et des bactéries était capable d'assimiler le gaz carbonique de l'air pour fabriquer de la matière organique, autrement dit que ces êtres vivants avaient inventé la photosynthèse.

La vie a continué.

Et puis, il y a 2 milliards d'années, s'est produite une augmentation très rapide de l'oxygène de l'air. L'oxygène, on le sait, est le « déchet » de la photosynthèse. Pourquoi l'oxygène s'est-il accumulé d'une façon si soudaine ? Parce que, sans doute, il y eut à cette époque une brusque « explosion » des plantes vertes. C'est ce que nous indiquent les archives géologiques. On n'y retrouve pas les fossiles des plantes, mais la preuve que l'oxygène de l'atmosphère a brutalement augmenté.

Or l'oxygène est ce qui permet aux êtres vivants, en particulier aux animaux, de respirer, et en respirant de brûler de la matière organique et de fournir de l'énergie. La vie animale a donc été possible dès cette époque – il y a 2 milliards d'années. Or les premières traces véritables d'êtres vivants organisés, de « bêtes » comme on dit dans le langage courant, ne remontent qu'à 650 millions d'années.

Et puis, à partir de – 550 millions d'années, la vie s'est affirmée dans toute sa diversité (*voir* : BURGESS). Un équilibre s'est établi à la surface du globe entre le gaz carbonique absorbé par la photosynthèse et celui dégagé par la respiration, entre l'oxygène dégagé par les plantes et celui absorbé par les animaux et l'oxydation des roches.

Telle est l'histoire de notre environnement douillet.

L'atmosphère est restée à peu près identique jusqu'à aujourd'hui, où un nouvel élément entre en scène de manière « anarchique » : Homo sapiens sapiens...

Pas tellement sapiens, en l'occurrence !

J.-P. CHALON, *Combien pèse un nuage ?*, EDP Sciences.

Claude ALLÈGRE, *Economiser la planète*, Fayard.

Atomes

L'atome est l'unité élémentaire de matière. La matière est faite par l'assemblage d'atomes. Mais l'atome, lui-même, est constitué par ce qu'on appelle les particules élémentaires.

Il existe à l'état naturel 92 variétés d'atomes, mais

on peut en fabriquer expérimentalement plusieurs milliers – sauf que ces derniers sont tous éphémères et se désintègrent par radioactivité, pour finalement donner l'un des 92 atomes fondamentaux.

Pour fixer les idées, parlons dimensions et nombre.

Les dimensions de l'atome varient de 1 angström à... 10 angströms.

L'angström est l'unité de distance atomique égale à 10^{-8} centimètres, un dix milliardième de mètre. C'est très, très petit. Dans 12 grammes de carbone, il y a 6 023 10^{23} atomes. 10^{23}, c'est 1 suivi de 23 zéros. 1 milliard, c'est 1 suivi de 9 zéros. 10^{23}, c'est dix mille milliards de milliards !

S'il y a effectivement 92 variétés d'atomes, ils sont tous constitués sur le même modèle mais tous différents.

Au cœur de l'atome, il y a le **noyau atomique** autour duquel tournent les électrons. Le noyau est extrêmement petit. Cent mille fois plus petit que l'atome. Mais il contient la quasi-totalité de la masse de l'atome, et il porte une charge électrique positive.

Autour du noyau se déplacent les électrons, particules beaucoup plus légères dont les dimensions sont difficiles à mesurer, et qui sont chargées d'électricité négative.

Si un atome contient (N) électrons, la charge électrique du cortège d'électrons est égale à (– N). Du coup, la charge électrique portée par le noyau est égale à +N, car l'atome, dans son état normal, est électriquement neutre.

Les différentes variétés d'atomes se distinguent par le nombre d'électrons qu'ils portent.

L'atome d'hydrogène porte 1 électron, l'atome d'hélium en porte 2, l'atome de carbone en porte 6... et l'atome d'uranium en porte 92.

Chaque variété d'atome définit un élément chimique.

Comme il y a 92 variétés d'atomes, il y a donc 92 éléments chimiques naturels. Ceux-ci sont classés dans un tableau qui est l'un des monuments de la science, le tableau périodique de Mendeleieff (*voir* : MENDELEIEFF).

Il faut bien comprendre que l'atome est l'unité élémentaire de ce qu'on appelle les « éléments chimiques » : hydrogène, hélium, lithium, carbone, azote, oxygène, etc., et enfin uranium. Mais, généralement, la matière est faite de combinaisons, d'assemblages d'éléments chimiques. L'unité élémentaire est alors un assemblage d'atomes que l'on appelle les molécules[1] : l'eau est un assemblage d'atomes d'hydrogène et d'oxygène. La formule chimique de la molécule d'eau, H_2O, traduit le fait que l'unité élémentaire est constituée de deux atomes d'hydrogène et d'un atome d'oxygène.

Le gaz carbonique (dont on parle beaucoup à propos de l'effet de serre et des variations climatiques) est une association de carbone et d'oxygène. La formule de sa molécule est CO_2, ce qui traduit qu'il y a un atome de carbone pour deux atomes d'oxygène.

Ces molécules peuvent être simples, comme H_2O ou CO_2, ou plus complexes, comprenant beaucoup d'atomes assemblés de manière très compliquée. C'est le cas, par exemple, de l'ADN, qui associe des milliards d'atomes.

Il y a donc une distinction importante à faire entre atomes et molécules, entre éléments chimiques et composés chimiques.

Comment est-on arrivé à cette notion d'atomes et à déterminer la structure que nous avons rappelée ?

1. Ou les cristaux.

Cinq siècles av. J.-C., le Grec Démocrite avait affirmé que la matière était faite d'atomes animés de mouvements désordonnés et incessants.

Il se fondait, pour affirmer cela, sur le phénomène de mélange entre du vin rouge et de l'eau. Si deux substances différentes, de goût différent, de propriétés différentes, de couleur différente, pouvaient se mélanger pour donner naissance à un liquide rose dont les propriétés étaient intermédiaires, c'est que le vin et l'eau étaient faits de petites particules et de vide, permettant à ces particules de se mouvoir et, par une sorte de marche au hasard, de se mélanger. Ils avaient des formes variées et des crochets qui leur permettaient de se lier entre eux.

Cette idée d'atomes comme constituants ultimes de la matière – les atomes de Démocrite étaient « insécables », « indestructibles » et éternels – provoqua des débats qui ont duré deux mille quatre cents ans, et des prises de position tranchées chez les plus grands intellectuels.

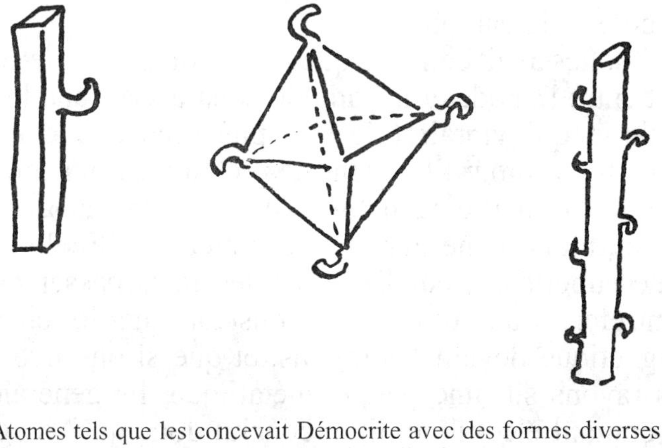

Atomes tels que les concevait Démocrite avec des formes diverses et des crochets leur permettant de se lier les uns aux autres.

La conception moderne de l'atome date du début du XXe siècle.

Il y eut d'abord la découverte de l'électron, qui a été le fruit des travaux du Français Jean Perrin et de l'Anglais J.J. Thomson – on attribue la découverte à ce dernier, en oubliant le rôle du premier.

En ce temps-là, les scientifiques s'intéressaient à la manière dont les gaz conduisaient l'électricité. Michael Faraday ayant montré que les solides pouvaient être classés en « isolants » et en « conducteurs », et qu'il était possible de faire passer le courant électrique dans l'eau, surtout si on y ajoutait du sel de cuisine, il était normal qu'on s'interroge sur le comportement électrique des gaz.

L'Anglais Crookes, s'inspirant d'expériences de Michael Faraday, avait fabriqué des tubes en verre dans lesquels il faisait le vide (un très mauvais vide), et qui comprenaient deux morceaux de métal passant à travers le verre. Ces deux pièces métalliques étaient reliées aux bornes de piles électriques (inventées par Alessandro Volta), l'une au pôle +, l'anode, l'autre au pôle –, la cathode.

Crookes avait constaté que lorsqu'on mettait le courant entre l'anode et la cathode apparaissait une lueur blafarde qui vibrait (c'est le phénomène que nous exploitons aujourd'hui dans nos éclairages au néon).

Pour connaître la nature de ces « rayons », Jean Perrin, alors jeune agrégé préparateur à l'Ecole normale supérieure, eut l'idée de les faire passer dans l'entrefer d'un aimant. Il constata que le champ magnétique déviait les rayons, et que si on envoyait ces rayons sur une plaque métallique, ils généraient un courant électrique. Il en conclut donc qu'il s'agissait de particules chargées électriquement.

J.J. Thomson, de Cambridge, refit l'expérience, déterminant la charge électrique et la masse des particules (masse très, très petite) qu'il appela électrons. A partir de là, il construisit un modèle d'atome qui était constitué par des milliers d'électrons emprisonnés dans une coquille chargée positivement.

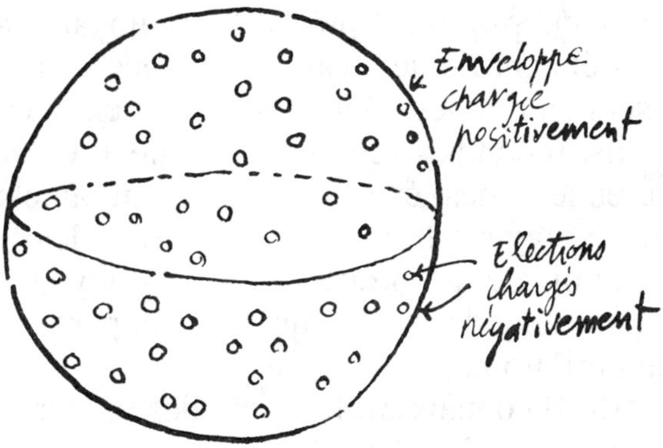

a – atome de Thomson.

L'étape suivante est le fruit du travail d'Ernest Rutherford. Ce dernier, qui avait participé à la découverte des lois et des processus de la radioactivité, avait compris que les éléments radioactifs émettaient des particules de grande énergie. En 1912, utilisant les rayons α – c'est-à-dire des atomes d'hélium ionisés éjectés par la radioactivité du polonium –, il bombarda une très fine feuille d'or.

Il constata que la majorité des rayons α traversaient la feuille d'or en ligne droite, mais qu'une petite fraction était déviée lors de la traversée de la feuille d'or. Intrigué, il décida d'inspecter plus soigneusement le phénomène et constata que non seulement une certaine proportion d'atomes d'hélium était déviée, mais qu'une proportion encore plus petite rebondissait sur la feuille d'or et ne la traversait pas !

Comment était-ce possible, si la feuille d'or était faite d'électrons compactés suivant le modèle de Thomson ?

Rutherford eut alors l'idée de postuler que dans l'or, il y avait des « noyaux » durs et lourds chargés positivement. Quand les atomes d'hélium, chargés positivement, passaient près de ces noyaux « positifs », ils étaient déviés, car les charges positives se repoussent entre elles. Quand ils « tapaient » en plein noyau, ils rebondissaient et revenaient en arrière. Mais c'étaient des événements exceptionnels : en général, les rayons traversent sans effort les feuilles d'aluminium. Ce qui prouve que ces « noyaux » sont rares, peu abondants, et qu'ils occupent peu du volume de l'atome.

Rutherford connaissait le calcul des probabilités. Il calcula donc quelles devaient être les dimensions de ces noyaux, suivant la proportion de rayons qui rebondissaient (et accessoirement ceux qui étaient déviés). Il découvrit ainsi le noyau atomique, ses dimensions, sa masse, et, du même coup, l'un de ses composants essentiels : le proton.

A partir de cette expérience fondamentale, il proposa un nouveau modèle d'atome.

Au centre, un noyau chargé positivement. Tournant autour dans un même plan, des électrons chargés négativement. L'ensemble formait un mini-système solaire, si ce n'est que les forces liant l'ensemble n'étaient pas les forces de gravité, mais les forces d'attraction électriques. Le noyau, chargé positivement, attirait les électrons négatifs.

Malheureusement, ce système était incompatible avec les lois de la physique classique. La **théorie**

électromagnétique qu'avait développée Maxwell trente ans auparavant montrait en effet qu'une charge électrique qui se déplace émet des ondes électromagnétiques, et perd donc constamment de l'énergie. Les électrons de Rutherford, perdant de l'énergie, devaient logiquement tourner en spirale autour du noyau pour finalement tomber dessus. Un tel système était instable, comme si les planètes s'écrasaient toutes sur le Soleil.

Le pas suivant fut franchi par le Danois Niels Bohr, après un séjour dans le laboratoire de Rutherford à Manchester. Bohr affirma, et ce d'une manière totalement *ad hoc*, que la physique microscopique n'obéissait pas aux mêmes lois que la physique macroscopique.

C'était une hypothèse hardie, et même révolutionnaire, que rien ne justifiait, si ce n'est la simplification qu'elle introduisait dans la description de l'atome. Rutherford lui-même était sceptique et hésitait à approuver ce viol de la physique classique. Mais Bohr persévéra et publia en 1913 trois articles fondamentaux.

Pour Bohr, l'énergie des électrons est quantifiée, c'est-à-dire qu'elle ne peut prendre que certaines valeurs bien particulières. Lorsque les électrons se trouvent sur ces niveaux d'énergie, leur interaction électromagnétique avec le noyau se fait sans perte d'énergie. Ils ne tombent donc pas sur le noyau.

Le succès du modèle de Bohr est dû au fait qu'il expliquait les spectres optiques de divers éléments. Ces spectres optiques (décomposition de la lumière émise par un élément chimique chauffé à l'aide d'un prisme) des éléments obéissent à des lois arithmétiques simples, qui avaient été mises en évidence par un professeur de lycée suisse, Balmer. Il avait obtenu une expression mathématique, mais sans aucune interprétation physique.

Le modèle de Bohr permettait d'expliquer quantitativement ces spectres à l'aide d'un premier mécanisme quantique. Les électrons tournent autour du noyau sur des orbites circulaires. Les derniers sont organisés dans un certain ordre. Lorsqu'un électron passe d'une orbite à une autre, par exemple parce qu'on lui communique une certaine énergie en le chauffant, il émet de la lumière. La longueur d'onde de cette lumière peut se calculer exactement à l'aide des énergies attribuées à ces deux orbites. Les orbites sont disposées d'une manière discontinue, prenant les valeurs entières d'un nombre (n) appelé nombre quantique principal.

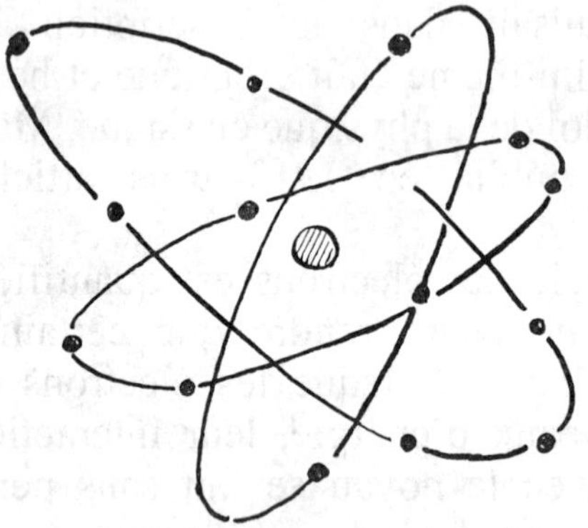

b – atome de Bohr-Sommerfeld.

Avec sa théorie, Bohr expliquait des faits expérimentaux à l'aide d'un modèle extrêmement séduisant – l'atome, analogue à un petit système solaire – mais fondé sur une physique non ordinaire.

En 1916, Arnold Sommerfeld, professeur à Göttingen, apporta une amélioration sensible au modèle de Bohr. Ce dernier expliquait en effet l'essentiel du spectre de l'hydrogène, mais il fonctionnait moins bien avec les spectres des autres éléments, et surtout il n'expliquait pas que les raies se dédoublent lorsqu'on réalise l'expérience dans un champ électrique ou magnétique.

Sommerfeld introduisit donc l'idée que, d'une part, les électrons ne tournaient pas sur des orbites circulaires mais sur des orbites elliptiques, certaines très excentrées, et que, d'autre part, cette rotation des électrons générait un moment magnétique. L'excentricité de ces orbites et les moments magnétiques étaient eux aussi quantifiés et variaient donc de manière discontinue. Cela correspondait à deux nouveaux nombres quantiques : (l) et (m), (l) détermine l'azimuth, (m) le moment magnétique. En 1925, Uhlenbeck et Goudsmit vont, avec l'aide de Pauli, ajouter un quatrième nombre quantique, (s), qui décrit la rotation de l'électron sur lui-même – le spin. Ainsi, on peut décrire les divers atomes à l'aide de quatre nombres : n, l, m, s, les trois premiers ne prenant que des valeurs entières, 1, 2, 3, etc., et s ne prenant que les valeurs plus ou moins (1/2).

A l'aide de cela, on va expliquer les propriétés et les spectres optiques des divers éléments chimiques.

Alors que son labo fut une pépinière de prix Nobel, Sommerfeld n'eut pas le prix. C'est injuste, car il fit faire un grand progrès au modèle de Bohr. Mais il est vrai que le pas fondamental fut celui de Bohr.

Bohr a fait faire un bond à la physique en sortant la description de l'infiniment petit du cadre de la physique classique. Sa vision va être pourtant très vite dépassée par l'émergence d'une nouvelle physique qu'on regroupe sous le nom de « mécanique quantique », dans laquelle la description probabiliste du monde se substitue à la description déterministe (*voir* : QUANTIQUE). Ses créateurs seront tout d'abord de Broglie, puis Schrödinger, Heisenberg, Dirac, Pauli, Born, etc.

Cette mécanique quantique a permis, ni plus ni moins, d'expliquer quantitativement toutes les propriétés des atomes : leur structure, leur variété – c'est-à-dire l'existence des divers éléments chimiques qui correspondent chacun à un atome caractéristique –, leur capacité à se lier à d'autres atomes pour donner des molécules ou des cristaux, la couleur qu'ils émettent lorsqu'on les excite en les mettant dans une flamme, les propriétés électriques des solides, des liquides, des gaz, etc.

Aujourd'hui, toute la physique et la chimie s'articulent autour d'un pivot central : l'atome. Pourtant, beaucoup de nos contemporains ignorent tout, ou à peu près, de l'atome ! Le grand physicien Richard Feynman a dit : « Si l'on devait choisir une notion essentielle en physique, c'est l'atome... »

Ne retenons ici que quelques idées simples. L'atome, un noyau autour duquel tournent des électrons, le tout décrit par une théorie extraordinairement puissante, mais difficile à comprendre : la mécanique quantique. Voilà pour la physique. Pour la chimie, ajoutons que chaque élément chimique a son atome particulier, et que ces atomes peuvent se lier entre eux pour faire des molécules suivant des règles précises.

On peut alors se demander comment une notion si importante, si unificatrice, si féconde, a pu être totalement reniée pendant plus de deux millénaires. Pourquoi des esprits aussi avisés et féconds que Leibniz ou Kant ont-ils réfuté la notion d'atomes[1] ?

Il y eut d'abord le rejet initial d'Aristote. Ce rejet a pesé lourd. Il y eut celui de l'Eglise catholique, pour qui la notion d'atome était impossible car elle s'opposait au dogme de l'eucharistie. Mais il y eut aussi les positivistes autour d'Auguste Comte, qui ont nié les atomes parce qu'on ne les voyait pas ! Aujourd'hui, grâce au microscope à effet tunnel, on peut voir les atomes... Il n'y a pas de doute.

Par la suite, les recherches ont porté sur la nature du noyau de l'atome et sur les particules élémentaires qui le constituent. Le noyau est fait de protons, chargés positivement, et de neutrons, neutres ; les protons et les neutrons sont eux aussi constitués de particules, plus élémentaires encore, qui s'appellent les quarks – un mot inventé par le physicien Muray Gell-Mann (*voir* : QUARKS).

Mais pour moi, les deux étapes déterminantes dans l'exploration de l'atome, celles qu'il faut garder en tête, sont :

1) L'expérience de Rutherford, qui établit la distinction noyau-cortège électronique et qui invente une méthode expérimentale pour étudier le noyau en le cassant ;

2) Le modèle de Bohr, parce qu'il fait le lien entre les électrons et l'optique, et qu'il a l'audace de rompre avec la physique ordinaire.

Ce sont les deux actes fondateurs de la physique moderne.

En outre, ce qui ne gâte rien, Rutherford et Bohr furent deux amis très proches... le roi de l'expérience et le prince de la théorie. Amis. Un conte de fées !

1. Voir B. Pullman, *L'Atome*, Fayard.

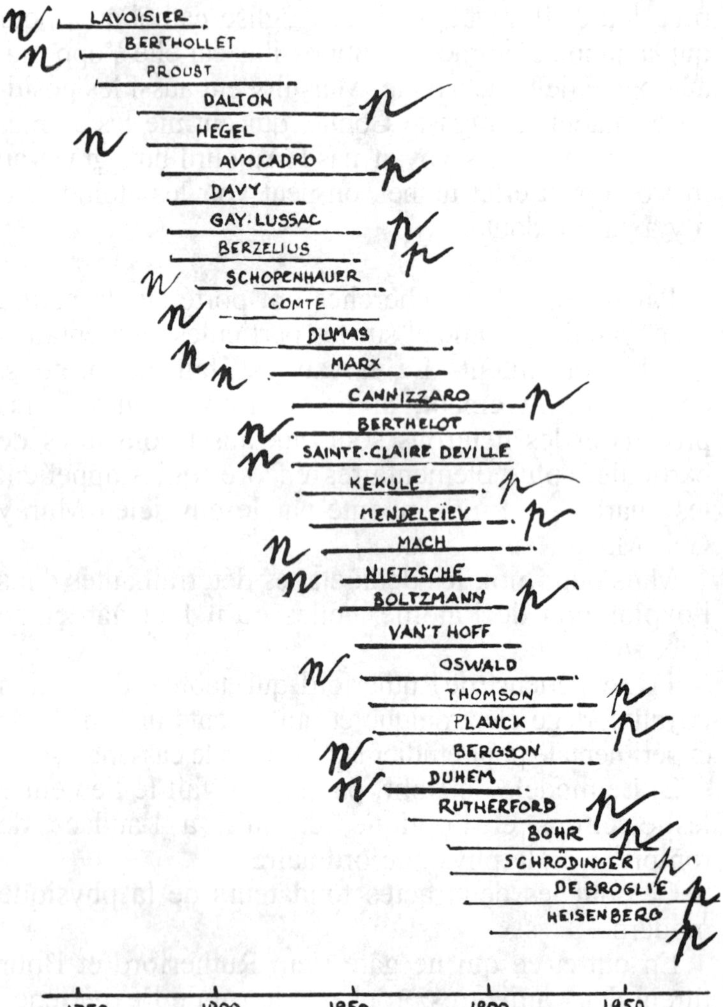

Position de divers intellectuels pour (p), à droite, et contre (n), à gauche, la notion d'atomes.

Avery Oswald (1877-1955)

Si vous n'êtes pas biologiste, ce nom ne vous dit rien (peut-être évoque-t-il un héros de bande dessinée de prénom Tex).

Pourtant, Avery est l'homme qui, le premier, montra que le matériel qui constitue les gènes, celui qui est le matériel clé comme support de l'hérédité, est l'acide désoxyribonucléique. Eh oui, le fameux ADN !

Vous pensiez que cette découverte avait été faite par Crick et Watson en 1953 ? C'est à la fois vrai et faux !

Le premier article démontrant que l'hérédité était portée par l'ADN est celui publié en 1944 dans le *Journal of Experimental Medecine* et signé par Avery, Mac Leod et Mac Carthy. Il avait pour objet l'étude d'une bactérie, le pneumocoque, qui présente deux variétés S et R dont la première est mortelle et l'autre non, mais cette dernière peut se transformer en bactérie R et devenir ainsi mortelle. Ils avaient montré que le facteur transformant, c'est-à-dire le constituant du gène était l'ADN. A l'époque, on pensait que le matériel génétique était constitué par des protéines.

On trouvait des protéines partout ; l'entourage des chromosomes contenait des protéines, les enzymes étaient des protéines, il était logique de penser que le matériel génétique était, lui aussi, protéinique.

D'autant plus que la complexité des structures des protéines rendait plausible leur utilisation pour stocker cette quantité colossale d'informations qu'il faut pour définir un être vivant !

La découverte d'Avery ne suscita qu'un intérêt limité, d'autant plus que les spécialistes des protéines affirmèrent que l'article ne présentait pas toutes les garanties de rigueur chimique.

Avery lui-même était déjà à la retraite, peu porté à la publicité, ayant reçu un prix de la Royal Society anglaise, il ne s'était pas déplacé pour le recevoir, fréquentant peu les réunions scientifiques, il ne donna pas à sa découverte la publicité qu'elle méritait.

Du coup, après la découverte de Crick et Watson, qui a mis en lumière l'importance de l'article d'Avery, il s'est développé une littérature sur Avery, le génie méconnu, mal cité, etc. Un peu comme la « légende de Rosalind Franklin »...

L'idée raisonnable, généralement admise aujourd'hui, c'est que l'article d'Avery et de ses collègues était décisif, mais qu'à l'époque la communauté biologique n'était pas prête à assimiler et faire à fructifier la découverte. L'histoire se lit à l'envers. C'est le travail de Watson et Crick qui a validé celui d'Avery. D'autant plus qu'il a joué un rôle essentiel dans l'intérêt que James Watson porta à l'ADN.

Il aurait certes mérité de recevoir le prix Nobel longtemps après sa découverte et comme d'autres fut sans doute victime d'une injustice, mais le pas décisif c'est bien Watson associé à Crick qui le fit faire à la biologie !

B

Bacon

Les Anglais nous citent Bacon à tout propos : « Bacon a dit ceci, Bacon l'avait déjà dit... » Clarifions un peu.

Il y a deux Bacon, en sciences.

Le premier, Roger Bacon (1214-1294), était un franciscain dont l'activité scientifique se tourna vers les mathématiques et les sciences de la nature. Il fut, semble-t-il, un précurseur de la science moderne en prônant à la fois la méthode expérimentale et l'introduction des mathématiques dans la science. Condamné par l'Eglise et emprisonné, il ne dut son salut qu'à l'élection du pape Clément IV. On lui donna à l'époque le titre de « docteur admirable ». Il enseigna tantôt à Oxford, tantôt à Paris.

Le second, Francis Bacon (1561-1626). Ce fut un philosophe-scientifique qui, à l'instar de son homonyme, s'intéressa à la méthode scientifique ; il est d'ailleurs considéré comme l'un de ses fondateurs. Rompant, comme le fit son contemporain Galilée, avec Aristote, il plaida lui aussi pour une science conjuguant théorie et expérience. Il est également l'auteur d'un roman paru en 1627, *La Nouvelle Atlantide*, dans lequel il met en scène des savants qui organisent la Cité. J'ajoute que c'est à ce Bacon-là que l'on attribue, sans le prouver, la paternité (en tout ou en partie) des drames de Shakespeare.

A ne pas confondre avec le peintre du XXe siècle, Francis Bacon...

Bactérie(s)

Ce sont les plus simples des êtres vivants autonomes (les virus sont plus petits, mais ils vivent toujours en parasites).

Les bactéries sont constituées par une seule cellule ou, pour le dire en termes savants, ce sont des êtres unicellulaires.

Une bactérie, c'est-à-dire une cellule bactérienne, est composée d'une membrane, qui définit ses limites, et dont la constitution laisse passer ou non les composés chimiques venant de l'extérieur. Elle n'a pas de noyau. Elle est remplie d'un semi-liquide très visqueux qui emplit la cellule, le cytoplasme dans lequel baignent les doubles hélices d'ADN, les filaments d'ARN et des petits organites que l'on appelle les ribosomes. Ce sont les usines à protéines auxquelles l'ARN messager porte l'information, déclenchant ainsi la fabrication de telle ou telle protéine.

La dimension de la cellule bactérienne va de 1 à 10 micromètres (1 micromètre = 1 millionième de mètre).

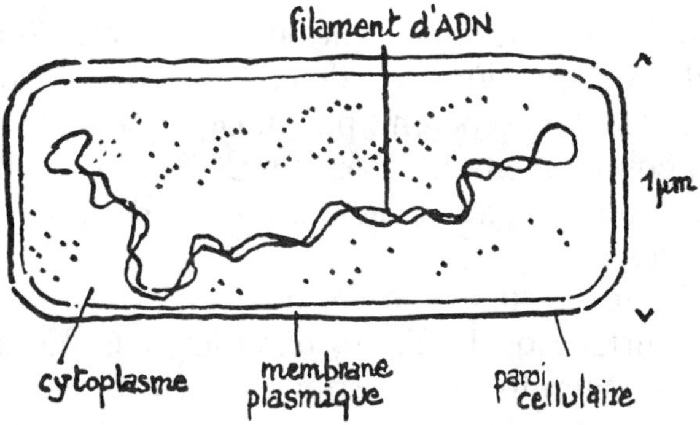

Schéma d'une cellule bactérienne (sans noyau, donc appelée procaryote).

Les bactéries se reproduisent extrêmement vite par division cellulaire. Une bactérie comme *Escherichia coli*, le colibacille de nos intestins, se divise toutes les vingt minutes.

Ainsi, partant d'une bactérie, vingt minutes après nous en avons deux, quarante minutes après nous en avons quatre, une heure après, huit... Bilan d'une journée : $4{,}7 \times 10^{21}$ bactéries !

Pour vous donner un ordre d'idées : un milliard de milliards correspond à 10^{18} ; 10^{21} c'est un million de milliards de milliards... Si une bactérie pesait un microgramme, cela ferait une masse d'un milliard de tonnes ! Bien sûr, il y a des phénomènes qui limitent cette croissance. Le principal facteur limitant est la quantité de nourriture disponible : les bactéries ne fabriquent pas la matière ! Quoi qu'il en soit, leur vitesse de reproduction est impressionnante.

C'est pourquoi les bactéries sont des « matériaux » de choix pour étudier la génétique. Elles ont été utilisées pour réaliser les expériences fondamentales de biologie moléculaire tant à l'Institut Pasteur, qu'à Cambridge ou à Harvard. On peut en effet très rapidement observer le résultat de telle ou telle mutation, ou de telle ou telle modification du génome. Songez qu'à chaque division, les deux brins de la double hélice d'ADN se séparent, puis chaque brin reconstitue son complément et va dans une des deux cellules filles... Toute cette machinerie se déroulant en 20 minutes !

Des bactéries, il y en a partout.

A la surface de la Terre, dans les sols où, associées aux légumineuses, certaines d'entre elles assimilent l'azote de l'air pour le transformer en composés azotés assimilables par la matière organique. (Tout le cycle vivant des plantes dépend de cette fixation.)

Dans notre corps, où le nombre de cellules bactériennes que nous portons est, dit-on, supérieur au nombre (cent mille milliards) de nos propres cellules. Et cette présence nous est utile, indispensable même. Nous ne pourrions ni digérer ni nous nourrir sans les bactéries de notre intestin. Que font-elles ?

Elles nous procurent certains nutriments, essentiels, et elles secrètent des enzymes indispensables à la digestion. Tous les mammifères digèrent avec l'aide de bactéries. Chez les ruminants, c'est particulièrement important car les bactéries leur fournissent en plus les protéines indispensables.

Ces bactéries ont sans nul doute été les premiers êtres vivants à apparaître sur Terre, il y a 3,8 milliards d'années. Ce sont des bactéries qui sont à l'origine de « tout » : photosynthèse, chimiosynthèse, stabilisation de la vie, etc. Aujourd'hui encore, on pense que les bactéries sont les organismes vivants responsables de l'équilibre qui s'établit entre la vie et le climat, mais les bactéries ont évolué elles aussi et les bactéries actuelles comme *Escherichia coli* ne sont pas semblables aux autres bactéries qui existaient au début de la Terre.

Bien sûr, certaines bactéries (une minorité d'entre elles) sont des microbes responsables de terribles maladies comme la peste, le choléra ou la syphilis. Les fameux staphylocoques de l'infection sont des bactéries. On combat ces bactéries nuisibles à l'aide d'antibiotiques.

Mais cette lutte n'est pas simple. Les bactéries, qui développent des quantités extraordinaires de mutations, fabriquent en effet des souches résistant aux antibiotiques. Elles sont cependant rares dans les conditions naturelles (1 mutant sur cent millions de bactéries). Mais lorsqu'elles sont sélectionnées, on peut arriver à des populations à 100 % mutantes, résistantes, et cela devient catastrophique. Ce phénomène de sélection a lieu chaque fois qu'on utilise l'antibiotique correspondant, ce qui est inévitable dans les hôpitaux, mais aussi lorsqu'on en abuse en médecine de ville ou en médecine vétérinaire. En conclusion, les antibiotiques, c'est utile, mais à dose modérée. On est donc constamment obligé d'inventer de nouveaux antibiotiques. Ainsi, une lutte sans merci s'est engagée entre l'homme et les bactéries pathogènes. Qui l'emportera ?

Sachant que la bactérie occupe la Terre depuis presque 4 milliards d'années, et l'homme depuis 4 millions...

Becquerel Henri (1852-1908)

Becquerel est l'auteur de la première expérience qui devait mener à la découverte de la radioactivité. Cet homme clé de la science moderne appartenait à une dynastie de physiciens dont trois générations furent membres de l'Académie des sciences.

Après la découverte des rayons X par Roentgen en 1895, Becquerel fut incité par Henri Poincaré à trouver le lien entre rayons X et phénomènes de fluorescence. En effet, il était spécialiste de ce phénomène comme son père et comme son grand-pèrc, ct Poincaré était persuadé que les rayons X étaient liés à la fluorescence, c'est-à-dire provoqués par une réémission de lumière après exposition de la lumière.

Becquerel prit une roche très jaune, un minerai d'uranium venant de Tchécoslovaquie qu'on lui avait offert et qui avait des propriétés de fluorescence. Il soumit cette roche au rayonnement du soleil, posée sur une plaque photographique qu'il avait préalablement enveloppée de deux feuilles de papier noir bien épais. Quand il a développé la plaque, il a reconnu, en noir sur le cliché, la silhouette de la substance phosphorescente.

Becquerel publia donc le 24 février 1896, à l'Académie des sciences, un premier article où il affirmait que par un phénomène de fluorescence l'oxyde d'uranium, exposé à la lumière solaire, émettait des rayons X.

Une semaine plus tard, il publiait un autre article revenant sur les conclusions du précédent. Il y affirmait que le sel d'uranium émettait spontanément un rayonnement sans le secours du Soleil. Pourquoi ? Entre-temps, le temps à Paris était devenu couvert et le sel d'uranium n'avait pas été éclairé par le soleil. Or l'émission du rayonnement avait toujours lieu.

Il parla d'émission spontanée de « rayons uraniques ».

Son second mérite fut d'être assez intelligent pour accepter immédiatement une collaboration avec un couple de jeunes physiciens ambitieux (scientifiquement), dynamiques et sympathiques, Pierre et Marie Curie. Cette coopération extraordinaire conduisit le trio à déchiffrer ce phénomène radioactif qui se révéla extrêmement complexe. Elle leur valut de recevoir ensemble le prix Nobel en 1903 (*voir* : PIERRE ET MARIE CURIE).

Malheureusement, Henri Becquerel mourut prématurément quelques années plus tard, décès qui fut sans doute un grand dommage pour la science.

En résumé, Henri Becquerel fut un grand savant et un grand gentleman. Pourquoi ne l'a-t-on pas mis au Panthéon avec les Curie ? C'est dommage.

Bernard Claude (1813-1878)

Claude Bernard a, aujourd'hui, mauvaise presse. En ces temps d'écologie militante, l'homme qui symbolise la vivisection, qui ouvrait le ventre des chiens vivants au cours de ses leçons au Collège de France, est mis au placard. Et la magnifique statue située à la sortie du Collège de France n'échappe pas aux barbouillages périodiques des écologistes militants. D'ailleurs, cette opposition à « sa méthode » ne date pas d'hier. Sa femme le quitta car elle était opposée à la vivisection (elle présida même l'association contre cette méthode) et elle lui reprochait aussi, pour un médecin, de ne pas gagner assez d'argent !

Ami des animaux depuis mon enfance villageoise, je n'ai guère de sympathie pour la vivisection, mais je dois reconnaître que sans ces « expériences cruelles » on n'aurait pas pu réaliser les progrès considérables qui ont permis de mieux comprendre et de mieux soigner l'homme. Mais en fait, qu'a fait Claude Bernard, car c'est bien au-delà des polémiques la véritable question ? Tout simplement il a « inventé » la physiologie, c'est-à-dire l'étude du fonctionnement global d'un organisme vivant et par là même posé les fondements de la médecine moderne. Il n'est pas sans intérêt de constater qu'à la même époque (ou presque), le milieu et la fin du XIXe siècle, en France, deux hommes ont lancé les grandes pistes de la biologie moderne ; Pasteur, la microbiologie, Claude Bernard, la physiologie, tous deux amis, tous deux aidés dans leurs recherches par Napoléon III et qui, tous deux, ont fait triomphé la méthode expérimentale montrant qu'on pouvait comprendre la biologie avec les mêmes méthodes et les mêmes types de raisonnement que la physique ou la chimie. C'est tout simplement prodigieux ! Surtout lorsqu'on songe qu'à cette époque, on pensait que la vie avait des propriétés « spéciales » qui nécessitaient des méthodes « spéciales », et qu'un médecin aussi illustre que Bichat affirmait qu'on ne comprendrait jamais rien au fonctionnement du corps humain ni aux causes ultimes de ses maladies !

Mais revenons d'une manière plus précise à Claude Bernard et à ses découvertes qui sont nombreuses. C'est lui qui comprend le mécanisme général des processus de digestion, c'est lui qui découvre la physiologie du sucre, le rôle du foie et donc les secrets du diabète, c'est lui encore qui, étudiant l'intoxication par l'oxyde de carbone, met en évidence le rôle des globules rouges comme transporteurs d'oxygène, c'est lui qui à partir de l'étude de l'action du curare découvre les relations nerfs-muscles. Combien de prix Nobel cela vaudrait-il aujourd'hui ?

Pourtant, son plus grand apport à la physiologie et à la médecine c'est ce qu'on appelle les régulations du milieu intérieur.

Le corps humain est un système complexe qui est un tout et qui obéit à des équilibres qui doivent être respectés. La température, la teneur en sucre, le pH du sang, etc., ces paramètres sont sous le contrôle de processus complexes qui assurent leurs constances dans certaines limites au-delà desquelles intervient la mort. Par exemple, lorsqu'il fait froid, notre corps brûle des graisses pour maintenir la température à 37°. Lorsqu'il fait chaud, il élimine du liquide sous forme de sueur qui, en s'évaporant, refroidit notre corps, etc. Il en est de même pour l'oxygène, la teneur en sucre... C'est ce qu'on appelle l'homéostasie. Un organisme est un tout et pas la somme de ses parties.

Cette conception va révolutionner la médecine au cours d'observations apparemment sans rapport (ne détecte-t-on pas des maladies cardiaques en observant le fond de l'œil ?). Dans cette méthode de recherche des causes des maladies, c'est Claude Bernard qui introduit la méthode de hiérarchie des causes, les causes premières et les autres. Là encore, un principe fondateur pour la médecine. Son livre *Introduction à la médecine expérimentale* fut un best-seller incontesté, le livre de chevet de générations de médecins.

Aujourd'hui encore, on forme les médecins à la médecine générale avant de les spécialiser, car ils doivent bien assimiler cette notion de globalité, ses mécanismes, ses maladies, et bien savoir que tel dysfonctionnement est souvent détecté très indirectement. Voilà l'apport de Claude Bernard. Alors, c'est vrai, il disséquait des chiens vivants !

E. SARTORI, *Histoire des grands scientifiques français*, Plon.

Big bang

Bien trouvée, mais inexacte, cette onomatopée, inventée par dérision par l'astrophysicien Fred Hoyle lors d'une émission radiophonique en 1950, désigne la naissance de notre univers. Le scénario « explosif » qu'elle évoque est non seulement très médiatique, mais aussi très sérieusement étayé par les résultats de l'astronomie et de la physique la plus avancée.

A en croire ce scénario, à l'instant zéro de notre univers, toute la matière était rassemblée dans un minuscule volume, plusieurs milliards de fois plus petit qu'une tête d'épingle. A partir de là aurait eu lieu une extraordinaire expansion de matière accompagnée d'une prodigieuse élévation de température, le tout dans un intervalle de temps extrêmement restreint.

Pour donner des chiffres, même si leur signification parle difficilement à l'esprit, disons que le phénomène a eu lieu en un milliardième de seconde et que la température a augmenté d'un milliard de degrés.

Ce n'est donc pas une « explosion » au sens commun du terme, comme pourrait le faire penser le nom, mais une soudaine expansion, inimaginable avec les concepts dont nous disposons dans la vie de tous les jours.

Pendant ce court intervalle de temps, les particules qui forment la matière se seraient fabriquées. Les quarks, ces constituants ultimes de la matière, qui, en ce temps-là, étaient libres (*voir* : QUARKS), se seraient associés pour donner naissance aux particules qu'on appelle hadrons (protons, neutrons, électrons). C'est depuis lors qu'ils y seraient enfermés, incapables d'exister à l'état libre.

Cet instant zéro serait donc tout à la fois à l'origine de la matière et à l'origine de notre temps, de notre univers.

Ce scénario n'est pas sorti brutalement de la tête des physiciens. Il a été induit par deux observations astronomiques fondamentales.

Tout d'abord, de 1922 à 1928, Edwin Hubble découvre que les galaxies s'éloignent les unes des autres, et que cet éloignement obéit à une loi simple : les plus rapides sont aussi les plus éloignées. En d'autres termes, celles qui « courent » le plus vite sont les plus lointaines. Pour chacune de ces galaxies, il estime la distance et la vitesse.

A partir de là, on peut essayer de « faire tourner le film à l'envers ». Et l'on constate alors qu'à terme on ramène toutes les galaxies en un point : leur point de départ. Mais si les galaxies s'éloignent de nous, le point de convergence est-il la Terre ? Ptolémée aurait-il raison ?

Nullement les galaxies s'éloignent les unes des autres quel que soit le point de référence choisi !

Cela correspond d'ailleurs à des calculs de relativité faits par le Russe Friedman vers les années 1922-1924, puis reprit en 1928 par l'abbé belge Georges Lemaître, qui prédisaient un univers en expansion.

A partir de cette idée d'une concentration de la matière en un point tel que le suggèrent les observations de Hubble, Georges Gamow, physicien soviétique émigré aux Etats-Unis, va imaginer en 1950 une véritable explosion, un véritable bang, qui enverrait le rayonnement thermique dans l'univers. Il calcule que ce rayonnement n'a jamais cessé de dissiper de l'énergie, donc de se refroidir, et qu'aujourd'hui il doit correspondre à la température de 3 degrés kelvin. Or, en 1964, Penzias et Wilson, deux radioastronomes travaillant pour la compagnie américaine Bell (l'ancien propriétaire du réseau téléphonique américain, dont la compagnie a été démembrée au nom de la loi antitrust), observent dans le ciel un rayonnement radio uniforme, identique dans toutes les directions. Sa température correspond à 3 kelvin – la prédiction de Gamow...

A partir de ces deux observations fondamentales, les astrophysiciens vont élaborer petit à petit le modèle moderne de big bang. Ils abandonneront l'explosion, mais garderont le nom, si évocateur !

Ce qui est amusant, c'est la réaction de l'Eglise catholique face au big bang...

Le pape Pie XII est d'abord contre, et condamne fermement la théorie. Puis, sous des influences multiples, il révise sa position. S'il y a big bang, c'est donc que notre histoire a un début, que le temps n'est pas un éternel recommencement comme le pensent les Chinois (yin et yang), les Egyptiens (les crues du Nil) et beaucoup de religions primitives ; donc, l'Histoire est orientée (on parle de temps vectoriel par opposition au temps cyclique) ; donc, la conception judéo-chrétienne d'un Dieu unique qui a créé le monde en un instant se trouve étayée par la science !

Pie XII fait mieux que se convertir au big bang : il nomme Georges Lemaître, l'un de ses « inventeurs », président de l'Académie pontificale qu'il vient de créer. L'historien protestant Pierre Chaunu va devenir en France le « théoricien » du lien existant entre le modèle du big bang et la vision chrétienne du temps.

Pourtant, aujourd'hui, certains s'interrogent. Qu'y

avait-il avant le big bang ? Aurait-il été précédé par un rassemblement graduel de la matière dispersée – le big crunch ? L'univers évolue-t-il en alternant les périodes de rassemblement et d'expansion de manière cyclique ? Car la force de gravité est toujours en action... Aujourd'hui, les astronomes décèlent les anomalies dans la manière dont les galaxies s'éloignent. Leurs calculs montrent que si la matière noire, celle qui « pèse » mais qu'on ne voit pas, constitue une partie importante de l'univers, il est certain qu'après une expansion, notre univers va se recontracter. On aura alors un « big crunch ».

Les astronomes estiment désormais la masse de la matière noire, mais avec une précision qui ne permet pas de trancher véritablement, d'autant plus qu'ils ont découvert que les galaxies les plus proches donc plus jeunes s'éloignent plus vite que les plus lointaines, les plus vieilles. Il y aurait eu accélération due à une énergie de nature mystérieuse, l'énergie noire. Mais tout cela est si changeant qu'il faut encore attendre.

Mystère... Quelle religion porte en elle la vérité sur le sujet ? Atteindra-t-on jamais cette vérité ?

S. Weinberg, *Les Trois Premières Minutes de l'Univers*, Seuil.

M. Paty, *La Physique du* XXe *siècle*, EDP Sciences.

Big Science

C'est du franglais ! Intraduisible, mais très compréhensible...

Cette expression désigne la science qui, pour progresser, requiert des sommes d'argent considérables et un grand nombre de chercheurs travaillant ensemble en équipe.

L'archétype de la Big Science, c'est la physique des particules. Pour connaître la nature de la composition des noyaux atomiques, on les casse en les bombardant à l'aide de jets de particules – mais des particules lancées à des vitesses incroyables, proches de la vitesse de la lumière (300 000 kilomètres par seconde). Ces expériences inventées par Rutherford (*voir* : RUTHERFORD) ont été développées au cours du temps d'une manière considérable, car plus on veut aller vers l'infiniment petit, plus il faut d'énergie. On accélère donc les particules dans des accélérateurs géants. Ces machines en forme d'anneau d'un diamètre de plusieurs dizaines de kilomètres sont enterrées dans des tunnels immenses, à l'intérieur de gigantesques tubes dans lesquels on maintient des vides extrêmement poussés.

L'exemple le plus familier est l'anneau du CERN, situé à la frontière franco-suisse, près de Genève.

Ces projets demandent un personnel considérable : 7 000 personnes. Chaque expérience mobilise des équipes de 100 à 150 scientifiques. Certains articles scientifiques ont une liste de signataires plus longue que l'article lui-même !

Le budget du CERN est très important : 600 millions d'euros par an. La découverte du boson W par Carlo Rubbia est estimé à deux milliards de dollars. Un prix Nobel cher ! Pas étonnant que son titulaire soit si arrogant !

Le CERN est financé principalement par la France, l'Allemagne et la Grande-Bretagne – et, d'une manière moindre, par beaucoup d'autres pays.

Les objectifs de ces recherches sont extrêmement fondamentaux. Il s'agit en effet de répondre à des questions du genre : « De quoi la matière ultime est-elle faite ? Y a-t-il des particules plus élémentaires que les quarks ? Quels ont été les mécanismes exacts du big bang ? » Difficile d'imaginer des problèmes plus fondamentaux ! Pourtant, cette recherche fait essentiellement appel à de l'ingénierie. Une ingénierie certes de très haut niveau, utilisant, perfectionnant ou même développant tout ce qui existe sur le marché de la technologie, mais fort éloignée de la découverte de nouveaux principes. Bien des découvertes technologiques sont faites à l'occasion de problèmes techniques particuliers posés par ces expériences gigantesques.

La hiérarchie sociale dans les équipes est essentielle, et leur organisation proche de celle de l'industrie (ou, selon les cas, de l'armée !). La notion de liberté du chercheur ne s'applique guère qu'aux chefs d'équipe, encore que, dans chaque secteur, les responsabilités et les difficultés soient distribuées entre plusieurs personnes.

Le second exemple de cette Big Science, c'est bien sûr l'espace. Comment aurait-on pu aller sur la Lune ramasser des échantillons, les rapporter, les étudier, sans une organisation d'une efficacité prodigieuse et une technologie de pointe – et bien sûr, beaucoup, beaucoup d'argent ? Dans un cas comme celui-ci, il y a un découplage à peu près total entre la technologie et la science. Les buts sont fixés par les scientifiques. Les ingénieurs conçoivent et fabriquent les moyens techniques (satellites, fusées, etc.) nécessaires. Certes, les scientifiques inventent aussi des appareils originaux pour réaliser leurs expériences, mais ces appareillages ne représentent qu'une fraction mineure du poids des appareillages embarqués.

Cette Big Science s'est petit à petit étendue à d'autres disciplines. Elle concerne aussi l'astronomie, avec la construction d'observatoires de plus en plus puissants, sans compter le télescope spatial Hubble ; la physique de la matière condensée, avec les fameux synchrotrons, générateurs géants de rayons X, et enfin aujourd'hui, à un degré moindre, la biologie avec des programmes comme le séquençage du génome humain, ou encore la géologie avec le programme de forage des fonds océaniques (Joides, Ipod).

Ces programmes requérant des équipements coûteux ont des effets économiques importants. Non seulement une partie du budget qui leur est alloué sert à payer (généralement assez bien !) les chercheurs, ingénieurs et techniciens qui s'y consacrent, mais leur construction stimule la technologie, et leur fonctionnement les économies locales. Du coup, la politique s'en mêle, et beaucoup de responsables politiques se battent pour avoir des équipements scientifiques importants – gage, pensent-ils, du développement économique de leur ville et de leur région.

La conséquence est double. D'une part, on a tendance à construire de gros équipements, dont l'intérêt scientifique est parfois discutable, uniquement parce qu'une petite poignée de scientifiques a organisé un lobby à cette fin et que quelques politiciens appuient cette démarche dans leur intérêt local[1]. Seconde conséquence, complémentaire : lorsqu'on a construit

1. Le lobby des scientifiques est d'autant plus déterminé que les salaires distribués dans les organismes de Big Science sont de deux à trois fois supérieurs à ceux des chercheurs du CNRS.

un gros équipement, pour des raisons politiques il est très difficile de le fermer, même s'il ne sert plus à rien. On peut en revanche toujours trouver des scientifiques qui pensent acquérir une importance ou une notoriété (malgré un niveau scientifique souvent moyen) en inventant une pseudo-justification à de telles machines.

Citons quelques exemples pour fixer les idées.

Du temps où l'Allemagne était prospère (c'est-à-dire avant la réunification), elle investissait massivement dans la physique des particules, sans doute par nostalgie de son passé. Non seulement elle participait au financement du CERN, mais elle avait construit ses propres installations à Hambourg, avec le réacteur appelé Desy. Aujourd'hui, ses moyens financiers ne lui permettent plus de tels investissements. Il faudrait fermer Desy, mais comment le faire sans susciter une levée de boucliers de toutes les autorités de Hambourg (dont certaines sont au cœur même du gouvernement d'Allemagne) ?

S'agissant des grands équipements, la France a acquis la première place mondiale dans le rapport investissements/ressources pour la recherche. On peut dire que la France est championne du gaspi !

Après avoir été le promoteur du CERN, après avoir accueilli à Grenoble la pile à haut flux de neutrons et le synchrotron européen – équipements dont le rapport intérêt scientifique/coût d'investissement est raisonnable, et qu'on a donc bien fait de construire –, la France se lance dans des équipements douteux : le laser Megajoule près de Bordeaux, et maintenant le projet ITER de fusion nucléaire à Cadarache. Aucun de ces projets n'est scientifiquement justifié par rapport aux coûts, et comme pour les vols habités ou la station spatiale internationale, on mettra dix ans à réaliser des échecs quasi assurés ! En attendant, les proposants recevront pendant dix ans de confortables salaires exonérés d'impôts.

Tout cela ne serait finalement pas grave si les sommes investies dans les grands projets n'étaient pas prélevées sur l'argent alloué à la recherche scientifique diversifiée – c'est-à-dire aux laboratoires, aux salaires des chercheurs et aux bourses pour les jeunes, à toute cette partie de la recherche vivante dont le rapport découverte scientifique/coût est infiniment plus élevé.

Car soyons clairs : que ce soit la découverte du transistor, clé de voûte de l'évolution historique de la seconde partie du XXe siècle, que ce soit celle du laser, celle de la structure de l'ADN, des matériaux réfractaires, des fibres optiques ou du téléphone mobile, aucune ne relève de la Big Science.

Est-ce à dire qu'on devrait proscrire la Big Science, et que c'est du gaspillage intégral ? Nullement. Il ne faut pas être systématique ou primaire, mais seulement examiner chaque cas avec attention. Des progrès importants (je parle de progrès scientifiques) ont été accomplis grâce à la Big Science : la découverte des particules élémentaires, la connaissance de la géologie des planètes ! Mais il convient de proportionner les investissements aux résultats espérés et aux dégâts collatéraux sur le reste de la science. Jusqu'ici, seuls les Américains ont su maintenir un équilibre harmonieux entre Big Science et science « distribuée ». Il y a quinze ans, lorsqu'ils ont réalisé que la construction du « supercollideur » au Texas allait affecter les budgets alloués aux recherches faites dans les universités et la recherche médicale, ils ont arrêté le projet. Ils avaient pourtant déjà dépensé 100 millions de dollars !

La solution, pour nous, serait d'organiser toute la Big Science au niveau européen, en interdisant les investissements purement nationaux. C'est la position que j'ai défendue comme ministre en charge de la Recherche. Ce serait aussi de faire précéder toute décision d'un débat public entre scientifiques, puis avec des élus, et toujours de manière comparative avec d'autres projets. Ainsi, chacun pourrait juger de l'intérêt du projet, l'examiner par rapport aux coûts engagés, mais aussi aux autres investissements possibles.

Le débat entre Big Science et science distribuée va se poursuivre, et il ne fait pas l'unanimité chez les scientifiques eux-mêmes. Certains, comme le physicien spatial Jacques Blamont, persistent à croire que les découvertes résultent d'investissements gigantesques alors que d'autres, comme le prix Nobel de physique Pierre-Gilles de Gennes, continuent à penser que le progrès scientifique résulte d'abord des individus et de leur imagination ! Et vous, qu'en pensez-vous ?

Biodiversité

Ces dernières années, ce mot est devenu magique. Il est prononcé par tout le monde, y compris tous les hommes politiques de la planète. Il y a vingt ans, il était quasiment inconnu, sauf des spécialistes. Pourquoi cette soudaine célébrité ? Parce que les écologistes – les vrais, les scientifiques – ont attiré l'attention sur un fait incontestable, à savoir que l'homme détruit beaucoup d'espèces vivantes, aussi bien en mer que sur les continents.

En mer, c'est la pêche industrielle, ainsi que la destruction des récifs par la pollution, qui sont mises en cause ; sur les continents, c'est la chasse, et surtout la destruction des forêts tropicales.

Plusieurs considérations liées entre elles justifient que l'on tire le signal d'alarme devant la diminution de la biodiversité.

La planète, on le sait, a acquis un certain équilibre entre la biosphère, l'atmosphère, l'océan, les sols et l'homme. L'homme fait partie de la biosphère, mais en constitue une composante très particulière que Teilhard de Chardin appelait noosphère. Cet équilibre est à la fois chimique *via* les gaz essentiels à la vie que sont le gaz carbonique (CO_2), l'oxygène (O_2) et l'azote (N_2), mais aussi biologique, c'est-à-dire entre espèces vivantes. Le « système Terre » se caractérise par le fait que lorsqu'un déséquilibre se produit, des mécanismes se déclenchent pour rétablir l'équilibre. C'est ainsi que la vie a pu subsister depuis 3,5 milliards d'années, et que les conditions de vie à la surface de notre planète sont restées *grosso modo* les mêmes depuis 550 millions d'années. Or la biosphère est elle-même un système avec une hiérarchie, des chaînes alimentaires, si bien que la destruction d'un maillon risque de détruire la totalité d'une niche écologique.

La réduction de la biodiversité signe la perte d'adaptabilité, la perte de régulation naturelle, l'entrée dans un monde biologique marqué par de graves déséquilibres. Un monde plus uniforme, moins riche, donc moins solide. Car c'est justement sa diversité qui assure au monde vivant une faculté d'adaptation exceptionnelle. « Gaia » existe sûrement, même si ce n'est pas sous la forme exacte des mécanismes imaginés par Lovelock (*voir* : GAIA). Cette régulation ne peut fonctionner que grâce à la participation de tout le vivant, visible et invisible, végétal et animal. La perte de diversité risque de dérégler « Gaia ».

Ajoutons que la biodiversité se traduit aussi par la variété « esthétique » du monde dans lequel nous vivons. L'homme a psychologiquement besoin de cette variété biologique. C'est là une dimension qu'il convient de ne pas négliger.

Bref, la lutte pour préserver la biodiversité constitue une priorité. Le simple bon sens suffit à s'en convaincre. Cela posé, reste à prendre connaissance du problème pour lui porter remède. Qu'est-ce, exactement, que la biodiversité ? Comment la mesurer ?

La biosphère, ce sont plusieurs millions d'espèces vivantes, bactéries, champignons, algues, lichens, plantes vertes, mollusques, échinodermes, vers de toutes sortes, crustacés, insectes, vertébrés, qui peuplent notre planète, résultat de cette extraordinaire aventure qu'a été et que reste l'évolution biologique. Ces millions d'espèces vivantes représentent la diversité biologique du monde, laquelle diversité a assuré la permanence de la vie au cours des temps géologiques[1].

Tous les êtres vivants qui peuplent notre planète se sont développés à partir de cette machinerie programmatique que l'on appelle l'ADN (sa structure a été déchiffrée par Crick et Watson, récompensés pour

1. L'ouvrage d'Edward Wilson, *The Diversity of Life* (Harvard University Press) est une référence essentielle.

cela par le Prix Nobel). Ils n'en présentent pas moins une extraordinaire diversité : dans leur forme, leur mode de vie, leur anatomie et leur physiologie. Unicité d'origine et de fonctionnement, diversité des formes et des comportements : voilà la vie.

Depuis longtemps, on a cherché à classer les êtres vivants. Le botaniste suédois Linné a été la figure emblématique de cette entreprise (*voir* : LINNÉ). A la base de ce classement : la notion d'espèce. Deux êtres vivants appartiennent à la même espèce lorsqu'ils sont capables de se reproduire entre eux, et que les fruits de cette union sont eux aussi capables de reproduction. C'est le critère dit d'« interfécondité ».

A partir de ces espèces identifiées, décrites, répertoriées, on a constitué des groupements hiérarchiques : on parle successivement de genre, de famille, d'ordre, de classe, de phylum et de règne. Ainsi, le chat domestique appartient au règne animal, au phylum des chordés, à la classe des mammifères, à l'ordre des carnivores, à la famille des félins, au genre *Felis*, à l'espèce *domestica.*

C'est l'évolution des espèces qui fait la fameuse diversité biologique dont nous parlons. Combien y a-t-il d'espèces vivantes recensées, répertoriées sur notre planète ?

D'après Edward Wilson, référence incontestée, prix Crafoord d'écologie, il en existe un million quatre cent mille : 250 000 pour les plantes, un million pour les animaux, dont 750 000 pour les insectes, le reste revenant aux bactéries, aux virus, aux algues et aux champignons. Chez les plantes, on compte 170 000 espèces de dicotylédones, 50 000 de monocotylédones, 529 de gymnospermes, 10 000 de fougères, 16 000 de bryophytes. Chez les animaux, en allant du simple au complexe, on compte 5 000 espèces d'éponges, 10 000 de cnidaires et cténopores (coraux, méduses), 36 000 espèces de vers de diverses sortes, 50 000 de mollusques, 6 000 d'échinodermes, 750 000 d'insectes, 125 000 de crustacés et d'arachnides, 20 000 de poissons, 4 000 d'amphibiens, 6 000 de reptiles, 9 000 d'oiseaux, 4 000 de mammifères. A cette énumération, il faut ajouter au moins 5 000 espèces de bactéries qui ne sont ni des animaux ni des végétaux.

Mais cet inventaire, qui a demandé trois siècles d'efforts, de missions, de collectes aux quatre coins du monde, de la forêt amazonienne aux steppes de l'Asie centrale, du plateau du Tibet au désert du Kalahari, est probablement incomplet. Les écologistes – les professionnels, les « vrais » – estiment que le nombre total d'espèces vivantes se situerait entre 10 et 100 millions. Oh, certes, il n'existe pas des centaines d'espèces de lions, d'éléphants ou de baleines inconnues ! Les espèces de grande taille sont sans aucun doute déjà bien répertoriées, mais pour ce qui est des animaux et des végétaux inférieurs, sans même parler des bactéries, on estime que notre ignorance est colossale.

Une question se pose aussitôt : comment peut-on affirmer que la biodiversité diminue, si l'on ne connaît même pas l'inventaire complet des espèces ? Mais d'abord : comment sait-on que l'on ignore les neuf dixièmes des espèces ?

Cette dernière affirmation se fonde sur une série d'études statistiques extrêmement astucieuses développées depuis quinze ans par les écologistes professionnels. Comme on pourrait le suspecter d'après les cartes de la productivité en carbone organique, et comme l'ont montré toutes les enquêtes systématiques, c'est au niveau des forêts vierges humides intertropicales que se concentre la plus grande quantité d'espèces vivantes. Dans ces forêts, les écologistes se sont livrés à des expériences de comptage étonnantes.

Ainsi, celle de Terry Erwin et de son équipe au Panama. A l'aide d'un gaz insecticide, ils ont collecté les coléoptères vivant sur diverses sortes d'arbres. Ils ont identifié et répertorié les espèces spécifiques à chaque arbre, et les espèces vivant sur un, deux ou dix arbres différents. Sachant que les coléoptères représentent à eux seuls 40 % des espèces d'insectes et que le nombre d'essences tropicales est de 30 000, ils estiment le nombre d'espèces animales vivant en forêt tropicale à 30 millions.

Une autre méthode complémentaire consiste à mettre en évidence une relation entre le nombre d'espèces et leur taille moyenne. Plus la taille augmente, plus le nombre d'espèces diminue. C'est ainsi qu'il y a plus d'espèces d'insectes que de mammifères. En fait, lorsque la taille diminue d'un facteur 10, le nombre d'espèces augmente d'un facteur 100. En comptabilisant les espèces des « gros » animaux, on peut donc estimer celles des petits. Cette estimation, là encore, conduit à évaluer notre « déficit » de connaissances à 80-90 %.

Malgré le caractère approximatif de ces estimations, des écologistes aussi réputés et différents que Robert May, lui aussi prix Crafoord d'écologie, et Edward Wilson s'accordent donc sur le fait que le nombre d'espèces est quasi inconnu. Mais, alors, comment évaluer sa diminution ? L'entreprise paraît surréaliste.

D'abord, en étudiant méthodiquement la décroissance du nombre des espèces sur des îles ou des continents au moment de l'arrivée de l'homme. Sur les îles, pas trop grandes, des études assez exhaustives ont pu être menées. Pour les continents, on a dû s'appuyer sur l'étude des grosses espèces et extrapoler grâce à la loi liant nombre d'espèces et taille des espèces.

Les archives paléontologiques sont elles aussi indicatives. L'occupation de l'Australie par l'homme, il y a 30 000 ans, comme celle de l'Amérique du Nord par les Paléo-Indiens, il y a 10 000 ans, se sont soldées par des hécatombes massives et des disparitions d'espèces. L'arrivée de l'homme en Nouvelle-Zélande en 1000 av. J.-C. ou à Madagascar en 500 av. J.-C., s'est soldée par une réduction de la diversité de la faune, comme ce fut le cas à Hawaï ou Tahiti. Des études documentées et précises le démontrent sans conteste.

On établit ensuite une tres intéressante relation entre le nombre d'espèces vivant sur un territoire donné et les dimensions de ce territoire. Le nombre d'espèces s'écrit $S = CA^Z$, A étant la surface, Z un coefficient variant entre 0,15 et 0,35, C une constante. L'établissement de cette formule a été fait famille biologique par famille biologique sur certaines îles (des Caraïbes ou du Pacifique) et sur des territoires bien délimités par Edward Wilson. Elle semble incontestable, et elle a valu à son auteur le prix Crafoord d'écologie en 1990. Plus les dimensions du territoire augmentent, plus la diversité biologique est élevée. A partir de là, on a pu estimer de manière approximative les pertes d'espèces résultant de la disparition de pans entiers de forêt au Costa Rica, au Panama, en Amazonie, ou en Malaisie. En admettant que le nombre d'espèces vivant en forêt vierge est de 10 millions, On a calculé le nombre de celles qui disparaissent par suite de la destruction de la forêt tropicale à travers le monde : il est de 27 000 espèces par an, soit 74 par jour, ou encore un pourcentage annuel de 0,3 %. Ces chiffres sont sans doute entachés d'erreurs importantes et feraient sourire un expérimentateur de laboratoire scrupuleux, mais ils ont le mérite de fixer des ordres de grandeur dans un domaine où c'est très difficile.

La question est bien sûr de savoir si ces chiffres sont élevés ou pas. Car, après tout, l'évolution biologique chère à Darwin a supprimé des espèces pour en laisser se développer d'autres, et nous savons que 99 % des espèces vivantes ayant existé depuis 550 millions d'années (c'est-à-dire depuis le cambrien) ont disparu, remplacées par d'autres. Au bout du compte, l'homme ne serait-il pas un facteur biologique de sélection naturelle, comme l'ont été les grands prédateurs tout au long des temps biologiques (ceux qui couvrent l'histoire de la vie, en particulier de la vie organisée) ?

A diverses époques de l'histoire de la Terre, des cataclysmes ont fait disparaître une grande quantité d'espèces ; seules les espèces « cosmopolites », adaptées aux conditions inhabituelles, ont survécu. Puis la diversité est revenue.

La plus récente de ces crises a eu lieu à la limite crétacé/tertiaire, il y a 65 millions d'années, quand un bolide météoritique ou cométaire a creusé un immense cratère et projeté en l'air des kilomètres cubes de cendres. A moins qu'une gigantesque éruption volcanique en ait été cause. L'hiver nucléaire avant la lettre... Un moment décimée (dinosaures, ammonites, etc.), la diversité biologique s'est restaurée. Mais il a fallu 10 millions d'années ! On s'est alors retrouvé avec une flore et une faune entièrement renouvelées. Les mammifères, jusqu'alors représentés par de craintives créatures cherchant à échapper aux dinosaures carnivores, se sont épanouis, préparant – avec quelques dizaines de millions d'années d'avance ! – l'apparition de l'homme.

Mais revenons à notre question essentielle. Ce que ces études sur l'évolution nous apprennent, c'est que le taux d'extinction « naturel » dans les périodes calmes est d'une espèce disparue sur un million par an. Pendant les périodes de crise, ce taux est multiplié par 10 000. Le taux actuel se situe entre 1 000 et 5 000 fois le taux naturel.

De là l'affirmation que l'homme est en train de provoquer une catastrophe écologique de même importance que celle de la fin du crétacé. Et si, comme les dinosaures, l'homme, espèce jusqu'alors dominante, n'y survivait pas ? La différence, c'est que nous en serions responsables, alors que les dinosaures, eux, n'avaient pas appelé la comète ou l'éruption volcanique !

La forêt tropicale est détruite au rythme de 140 000 km^2 par an. Au bout de cinquante ans, si ce rythme se poursuit, elle n'existera plus. En Equateur, en Côte-d'ivoire, de 80 à 90 % de la forêt vierge ont déjà disparu. En Malaisie ou en Thaïlande, le massacre continue. Or la destruction de la forêt tropicale signifie la disparition de milliers d'espèces adaptées à chaque niche écologique : bactéries, vers, champignons, lichens, fougères, insectes, petits carnivores, etc. En effet, on ne peut plus s'intéresser à une espèce de manière isolée, mais il faut la replacer dans son milieu et considérer ses liens avec ses congénères, ses rivaux, bref, l'ensemble de la niche où elle vit. A ce niveau, ce qui compte n'est pas seulement le nombre d'espèces mais, pour chaque espèce, le nombre d'individus, d'unités qui la constituent.

Chaque espèce représente une population d'individus d'autant plus nombreuse que l'espèce est de petite taille et primitive dans la chaîne alimentaire. En simplifiant, on peut dire que si la vie utilise dix pour cent de l'énergie lumineuse, ces dix pour cent sont utilisés par les plantes vertes, dix pour cent de ces dix pour cent sont utilisés par les chenilles[1] et autres petits herbivores ; c'est encore d'un facteur dix qu'il faut réduire cette quantité lorsqu'on passe aux petits carnivores, rats ou oiseaux, qui mangent les chenilles ; il n'en reste pas beaucoup lorsqu'on en vient aux renards et aux aigles ! Cette dégressivité dans l'utilisation de l'énergie se traduit bien sûr dans le nombre des individus, car pour se reproduire et se multiplier, il faut d'abord se nourrir. Ainsi le nombre d'individus décroît lorsqu'on s'élève dans la chaîne alimentaire. Cette relation, nombre d'individus lié au rang de l'espèce dans la hiérarchie de l'utilisation de l'énergie lumineuse, est fondamentale.

Dans le milieu marin, où les plantes vertes, faites de plancton et d'algues, sont divisées, mobiles et se reproduisent très vite, la chaîne alimentaire est composée d'individus à durée de vie plus courte ; la hiérarchie est moins stricte.

1. Comme la synthèse des molécules vivantes par les plantes vertes nécessite de l'énergie lumineuse, on dit que ces molécules « portent » sous forme d'« énergie de structure » de l'énergie lumineuse. Leurs transformations chimiques transforment cette énergie stockée puis dissipée !

Mais, peu ou prou, la diminution « hiérarchique » du nombre d'individus des espèces se retrouve partout.

On observe également une action du « haut » vers le « bas » : le carnivore se nourrit de petits carnivores, lesquels se nourrissent de petits herbivores, etc. La présence du carnivore empêche la prolifération des petits carnivores, qui eux-mêmes contrôlent celle des petits herbivores, et ainsi de suite. Tout est lié, tous sont liés. On connaît bien l'histoire du lapin d'Australie : privé de renards, le territoire fut ravagé par l'introduction sauvage de cet herbivore dont rien ne régulait plus la croissance. Les prédateurs rétablissent l'équilibre : voilà le maître mot. Ce qui ne signifie pas pour autant qu'il fallait introduire des loups dans les Alpes.

Dans un milieu écologique donné, l'existence d'une chaîne alimentaire et la compétition entre espèces finissent par instaurer un équilibre entre toutes les espèces du milieu. Celles-ci utilisent l'énergie solaire, transformée en énergie vitale et finalement distribuée au mieux entre les êtres vivants. Se crée de la sorte une solidarité écologique qui conduit à considérer ce milieu donné comme un tout. Dans l'établissement des équilibres écologiques, l'évolution adaptative joue à l'évidence un rôle essentiel : ainsi, le loup de Tasmanie, bien que marsupial, c'est-à-dire de la même famille que le kangourou, avait jadis la même allure et jouait le même rôle que notre loup qui, lui, est un mammifère ; ainsi, les oiseaux de proie – aigles, vautours, condors... –, similaires par leurs fonctions et leurs forces, existent sous diverses espèces et dans divers habitats, etc. A l'inverse, une même espèce peut avoir des formes très variées, adaptées aux milieux où elle évolue. L'exemple des requins est célèbre. Il existe des requins-raies, des requins-scies, des requins blancs, etc.

De ces notions de solidarité écologique et d'évolutions adaptatives, on peut déduire des enseignements utiles pour estimer les dangers que font courir à la planète les pertes subies par la biodiversité.

Le déclin d'une espèce animale de grande taille peut avoir de multiples causes. Ce peut être directement la chasse à laquelle se livre l'homme : on en tirera alors les conséquences. Mais ce peuvent être aussi des causes plus indirectes : déboisement, pollution des sources d'eau, etc. Dans ce cas, il est à craindre que le déclin de l'animal « visible » ne soit l'indice d'un dépérissement de tout l'écosystème qui l'abrite. Sa disparition n'est en fait souvent que le symptôme de celle de dizaines ou de centaines d'autres espèces.

Car il ne faut jamais oublier que dans un milieu naturel donné, outre les espèces vivantes visibles, souvent appréciées pour leur esthétique, que l'on repère et que l'on protège désormais, il existe aussi des milliers d'espèces plus modestes, discrètes, souvent inconnues. Ce sont les mousses, les champignons, les vers, les bactéries. Or ces espèces sont essentielles au maintien de la vie locale, et même planétaire. Ce sont les vers qui aèrent les sols, ce sont les champignons qui digèrent la matière organique molle, ce sont les lichens qui permettent à certains arbres de survivre, ce sont les bactéries qui rendent l'azote assimilable, qui oxydent ou réduisent le soufre.

Toutes ces espèces font elles aussi partie de la chaîne de solidarité écologique. De leur élimination résulte la mort du milieu.

Il existe une autre manière d'aborder la question – en faisant des bilans, globalement et chimiquement. C'est là un des sujets importants d'une discipline nouvelle, la biogéochimie.

L'ensemble de la biosphère dépend de la production photosynthétique, de la synthèse chlorophyllienne. Si l'on veut savoir quelle est la production de nouvelle matière vivante par unité de temps, il faut donc étudier d'abord et avant tout les plantes vertes. Le reste est secondaire. La question, bien sûr, n'est pas simple : va-t-on être obligé de dresser un inventaire plante par plante, région par région, puis d'en faire la somme ?

Heureusement, non : les recherches sur la physiologie et l'écologie des plantes vertes ont permis de mettre en évidence des relations générales qui simplifient grandement le calcul. En schématisant, disons que la production de matière vivante est directement liée à la quantité de feuilles vertes. Les feuilles sont l'endroit principal où se crée de la matière vivante en fixant le carbone et d'oxygène : le bois et les racines contribuent aussi à cette formation ; mais les feuilles sont le lieu de la photosynthèse primaire, et de 30 à 40 % de l'accroissement de masse se produit à ce niveau.

Cette relation simple entre feuilles et productivité de matière vivante est très pratique, car elle permet une cartographie de cette productivité grâce aux moyens d'observation aériens, et maintenant spatiaux. Les feuilles vertes, en effet, se repèrent bien grâce à la photographie. La Nasa a accompli un effort particulier de calibration de ses instruments optiques et commence à fournir des cartes de productivité photosynthétique tout à fait acceptables pour les spécialistes. Demain, les méthodes spatiales pourront être utilisées couramment.

Ces études de productivité photosynthétique nous ont appris beaucoup de choses, à la fois sur les plans quantitatif et qualitatif.

Ainsi, la production totale de matière vivante par photosynthèse sur terre est de 50 x 10^{15} grammes de carbone par an. Cela correspond à peu près à la quantité de déchets urbains que l'homme produit chaque année. L'analogie entre ces deux chiffres est éclairante. Certes, la proportion de matière organique dans les déchets n'est que de 10 %, mais le fait que l'homme élimine à peu près autant que ce que les plantes produisent est une preuve de plus que son activité est désormais planétaire au sens plein du terme.

La répartition de cette production de carbone de photosynthèse n'est pas uniforme. Elle dépend finalement de deux grands facteurs : la lumière et la quantité d'eau disponible. On sait que la lumière est la source d'énergie de la photosynthèse ; quant à l'eau, elle est, avec le gaz carbonique, l'un des composants de la réaction de synthèse.

L'azote et le phosphore jouent localement un grand rôle en ce qu'ils contrôlent, outre la constitution de l'ADN, la production des enzymes essentielles ; mais il ne s'agit pas là de facteurs limitants à l'échelle planétaire, leur production suivant à peu près la pluviosité. Nul ne s'étonnera, dans ces conditions, que la zone à plus haute productivité de carbone organique soit la forêt tropicale : 1 kilogramme de carbone produit par mètre carré et par an. Seuls les colonies de récifs coralliens et les marécages côtiers comme ceux de la Floride ont une productivité comparable.

A l'opposé, les déserts ne produisent que 32 grammes de carbone par mètre carré et par an, productivité équivalente à celle des océans au grand large. Concernant les océans, la faiblesse de ce chiffre surprendra sans doute, tout comme la différence de productivité entre ces derniers et les continents (324 grammes de carbone par mètre carré et par an).

Lorsqu'on multiplie ces chiffres par les surfaces correspondantes pour obtenir la production annuelle, on constate que malgré leur superficie inférieure, les continents produisent les deux tiers du carbone photosynthétique, dont près de la moitié dans la zone intertropicale. Malgré une faible productivité, l'océan produit « au large » les quatre cinquièmes de son carbone, le dernier cinquième étant produit par le plateau continental et les riches zones entourant les estuaires.

Voilà des indications fondamentales pour qui veut comprendre le développement de la vie, puisque ce carbone photosynthétique constitue l'amorce de la chaîne alimentaire.

Bien que l'étude de la biosphère ne se limite pas à la production photosynthétique, celle-ci est essentielle, car première. La production annuelle de carbone vivant ne représente que le dixième de la masse totale du carbone organique présent sur la Terre, et la « durée de vie » moyenne de la matière vivante est donc de dix ans. En fait, ce chiffre ne tient pas compte d'un phénomène capital qui est le recyclage du carbone organique[1]. Lorsque la plante ou l'animal meurt, les vers, les bactéries, les champignons décomposent la matière vivante et le carbone est rapidement ingéré, digéré par une autre matière vivante.

1. Carbone organique signifie carbone de la matière vivante.

Ce phénomène de recyclage est encore plus important pour l'azote. On sait que l'azote de l'atmosphère n'est pas utilisable directement par les plantes, et qu'il doit d'abord subir une « transformation » que les bactéries opèrent dans le sol ou en mer. L'azote contrôle les enzymes, qui elles-mêmes contrôlent la vie. Pour contourner cette difficulté et disposer de l'azote à l'état de nitrate ou ammoniac, la vie recycle abondamment l'azote organique (sous forme de NH_2). Or quand le sol est détruit, notamment l'humus constitué de cette matière vivante en décomposition qui le jonche, les possibilités de recyclage sont perdues. Avec l'érosion, l'eau entraîne carbone organique, nitrates et phosphates vers l'océan.

Tout cela sera peut-être récupéré en mer, mais rien n'est moins sûr !

Lorsqu'on examine à présent l'influence de l'activité humaine sur cette activité de la biosphère, on constate que, depuis 1850, la productivité annuelle moyenne en carbone organique des forêts, des prairies, des mangroves, etc., semble avoir décru de 20 %. C'est ce qu'affirment l'Anglais Houghton et ses collègues dans un très important rapport qui fait autorité en la matière. D'un autre côté, la production artificielle, par les cultures humaines, de carbone organique atteint désormais 6 % de la production « naturelle ». La perte subie par la production annuelle de carbone organique est donc de 14 %.

Or, on l'a souligné, ce carbone de photosynthèse est le produit de base de la matière vivante. Les autres êtres vivants que les plantes ne font que transformer (en en perdant, bien sûr) ce produit de base. Si la masse initiale décroît, c'est la masse de l'ensemble de la matière vivante terrestre qui décroît *ipso facto*.

L'activité photosynthétique des plantes vertes conduit à l'absorption du CO_2 de l'atmosphère. Nous avons vu que la teneur en CO_2 de l'atmosphère joue un rôle dans la détermination de la température de la surface terrestre.

La photosynthèse est donc, par ce biais, un agent essentiel de la détermination des climats.

Le problème est néanmoins beaucoup plus compliqué que ne le laisse supposer cette simple constatation.

En effet, s'il est vrai que les plantes vertes absorbent le gaz carbonique, tous les êtres vivants (elles y compris) respirent, et en rejettent donc dans l'atmosphère. Ce qui compte, c'est le bilan. Or celui-ci est difficile à établir. Certes, c'est l'activité photosynthétique qui, au cours des temps géologiques, a fait décroître (directement ou indirectement) les teneurs en CO_2 de l'atmosphère et qui a fabriqué la totalité de l'oxygène que nous respirons. Certes, l'étude des teneurs en CO_2 de l'atmosphère révèle des fluctuations saisonnières alternées entre l'hémisphère nord et l'hémisphère sud, ce qui montre bien que les échanges de gaz carbonique entre biosphère et atmosphère sont essentiels et que la biosphère continentale de l'hémisphère nord joue là le rôle principal.

On a en revanche été incapable de déterminer jusqu'à présent comment cette biosphère réagit à une augmentation moyenne des teneurs en gaz carbonique de l'atmosphère. On pourrait penser que l'excès de gaz carbonique, comme c'est le cas dans les serres de jardiniers, accélère la photosynthèse qui absorbe elle-même ce gaz et conduit donc à une régulation. On peut penser à l'inverse qu'à l'échelle planétaire, avec la diversité des types de plantes existantes, le gaz carbonique n'est pas le facteur limitant de l'intensité de la photosynthèse, et donc que son augmentation est sans influence sur le développement de cette dernière. Pour l'heure, on n'a pas de réponse définitive à cette question fondamentale.

De même, un raisonnement simple pourrait laisser penser que si l'on défriche la forêt tropicale, on va diminuer l'absorption de CO_2 par photosynthèse et donc favoriser son augmentation dans l'atmosphère. C'est ce qu'a exprimé la fameuse campagne sur le thème : « Sauver l'Amazonie, poumon de la Terre. » En fait, si l'on tient compte de l'humus, des décompositions, des fermentations qui rejettent du CO_2, on ne sait pas si, au total, la forêt amazonienne absorbe ou non du gaz carbonique. L'effet global des forêts de climats tempérés, où humus et fermentations sont plus réduits, semble plus déterminant pour l'absorption de CO_2 que celui des forêts tropicales.

Voilà encore un beau défi pour la recherche moderne, en particulier pour les observations par satellites !

Il est en revanche un sujet sur lequel on a acquis quelques certitudes : c'est l'oxygène. L'oxygène de l'atmosphère ne fluctue pas, il semble insensible aux diverses péripéties. Curieux, pour un gaz atmosphérique dont l'origine est entièrement photosynthétique ! Quel en est le mécanisme régulateur ? Aux biogéochimistes de s'atteler à ce problème...

Il ne faut pas penser pour autant que cette lutte pour la préservation de la biodiversité soit facile. Sur les continents, les régions les plus menacées sont les régions tropicales du tiers-monde. Qui les menace ? Des hommes qui, soit en chassant, soit en brûlant la forêt, soit en défrichant, cherchent à sortir d'une condition misérable. Ce n'est pas le riche industriel du Nord qui menace la biodiversité (sauf lorsqu'il se fait organiser une chasse au tigre à Sumatra !). C'est le paysan brésilien ou malais, c'est le Pygmée congolais ! Va-t-on interdire à ces peuples de s'extraire du sous-développement sous prétexte de sauver la biodiversité ? Il y a une attitude à laquelle on ne saurait souscrire : celle d'un certain nombre de « défenseurs de la nature », qui ferment les yeux devant des guerres et montrent plus de compassion pour la disparition des tigres que pour la misère des enfants du Bangladesh ou du Burkina.

Pour l'océan, le péril biologique le plus grand vient de la pêche industrielle – péril pour la préservation des espèces et pour l'équilibre du milieu marin. Citons un exemple : la baleine et les cétacés en général (dauphins) jouent un rôle essentiel dans la chaîne alimentaire marine en nettoyant littéralement la mer du plancton et des copépodes ; ils permettent par là même un renouvellement rapide de ces mini-espèces. Leur disparition serait désastreuse. Va-t-on laisser les Japonais et les Norvégiens poursuivre leur hécatombe baleinière ? Va-t-on laisser perdurer les massacres (volontaires ou involontaires) de dauphins en Méditerranée ? Va-t-on continuer à autoriser la pêche avec des moyens modernes ultra-puissants, sans réglementer les taux de prélèvement ? Là encore, si la production globale de l'océan diminue, ce sont les pays du tiers-monde qui en seront les premières victimes, car toute la zone côtière de ces régions vit et se nourrit de la pêche.

La lutte pour le maintien de la biodiversité requiert plus de compétence scientifique que de foi du charbonnier. Il faut déterminer des zones clés que l'on doit protéger d'urgence ; dans chacune de ces zones, il faut identifier les espèces qui sont de bons indicateurs de milieu ; à partir de là, il est indispensable d'accomplir un travail systématique. L'enthousiasme pour tel ou tel animal peut se révéler utile en vue de sensibiliser l'opinion et de mobiliser des fonds ; il ne saurait à lui seul suffire.

Biologie

C'est la science qui a pour objet ''étude des êtres vivants.

Le mot et le concept ont été inventés par Jean-Baptiste Lamarck à la fin du XVIIIe siècle. Cette invention n'était pas neutre pour l'époque, car Lamarck affirmait ainsi qu'il y avait une unité dans le monde vivant, et que les plantes et les animaux appartenaient à une même entité. Or certains pensaient qu'il existait une continuité entre l'inanimé, le minéral et le vivant, entre les plantes et les pierres, les lichens ou les champignons étant des intermédiaires. D'une part, Lamarck sépare le minéral du vivant, et, d'autre part, il affirme que le vivant doit être considéré et étudié comme un tout. Cela le conduira à proposer pour les plantes comme pour les animaux la première théorie de l'évolution.

Cette idée de la biologie comme science unique, unificatrice et unifiée du vivant ne recevra véritablement sa confirmation qu'avec la découverte de l'ADN, dénominateur commun de tout le règne vivant.

Biologie moléculaire

Dans les années 1965-1970, lorsque la biologie moléculaire prit son essor, l'idée qu'il faille chercher les secrets de la vie à l'échelle de la molécule n'était pas nouvelle. Pasteur en était déjà convaincu, de même que les chimistes qui cherchaient à analyser les composés chimiques du vivant ou ceux qui, avec la chimie, fabriquaient des médicaments pour guérir les maladies.

Mais les ténors de la biologie, eux, n'y croyaient pas. Les êtres vivants étaient beaucoup trop complexes, beaucoup trop variés pour que l'on puisse raisonnablement envisager l'existence de règles communes à l'échelle des molécules. L'un des grands patrons de la biologie française, P.P Grasset, trouvait l'idée carrément ridicule, et comme Jacques Monod en était le porte-drapeau, il la tournait en dérision en parlant de biologie « monoculaire ».

Pourtant, auprès d'une jeune génération de biologistes fascinés par le progrès de la physique de l'atome, cette idée faisait son chemin selon deux axes.

Le premier, très théorique, avait été développé par Schrödinger dans un livre qui eut semble-t-il beaucoup d'influence : *Qu'est-ce que la vie ?*, où ce fondateur éminent de la mécanique quantique parlait de mécanisme moléculaire, ainsi que d'une notion encore vague à l'époque : l'information génétique et le code génétique.

Si l'idée d'unité du vivant était juste, l'unité de base, le principe unificateur devait se situer au niveau élémentaire, celui de la cellule, voire en dessous.

La physique avait réussi grâce à l'exploration de l'infiniment petit, pourquoi pas la biologie ?

Dans cet esprit, un homme joue un rôle essentiel : Max Delbrück, un physicien théoricien allemand qui décide de se reconvertir dans la biologie pour y importer l'esprit de la physique (*voir* : DELBRÜCK). D'autres suivront, venus de divers horizons de la physique – Seymour Benzer à Caltech, Walter Gilbert à Harvard... Delbrück va quitter l'Allemagne et s'installer finalement à Caltech, où se trouve le grand Linus Pauling qui a déjà le prix Nobel de chimie. Persuadé, lui aussi, que les secrets de la vie sont à l'échelle moléculaire, Pauling a entrepris d'étudier la structure des protéines à l'aide de rayons X – tout comme Lawrence Bragg, à Cambridge en Grande-Bretagne.

Seconde idée des physiciens : si l'on veut comprendre la vie, il faut commencer par des systèmes simples. C'est ainsi qu'autour de Max Delbrück et d'un autre Européen immigré, Salvatore Luria (au MIT, quant à lui), se forme un groupe qui décide d'étudier les « bactériophages », ces virus par lesquels sont infectées les bactéries. Ce groupe sera appelé le « groupe du phage ».

Cette démarche rejoint celle d'un autre petit groupe de l'Institut Pasteur, à Paris. Là, il s'agit d'étudier la reproduction des bactéries, la génétique bactérienne, pour comprendre la vie. De nombreux chercheurs américains autour du groupe du phage s'y intéressent également.

Dans ces groupes alors un peu isolés et marginaux par rapport à la biologie académique, surtout en Europe, la découverte de la structure de l'ADN va jouer un rôle déterminant. C'est à partir de là, en effet, que va se produire une véritable explosion autour de l'étude de la bactérie, de son génome, du code génétique, de la régulation cellulaire, etc.

C'est la grande époque (*voir* : ADN, ARN), l'époque des Watson, Crick, Brenner, Monod, Jacob, Gilbert et tant d'autres. Ces chercheurs vont en effet comprendre comment la vie se transmet, comment l'ADN se multiplie et se transmet de générations en générations. Comprendre aussi comment fonctionne une cellule (en l'occurrence bactérienne), sur le plan tant génétique qu'énergétique.

Ces pionniers pensaient qu'en comprenant la cellule, ils avaient fait l'essentiel, et que le passage aux êtres supérieurs serait facile. Ils durent déchanter : les années 1965-1970 sont des années sombres pour la biologie moléculaire. Les premiers travaux sur les animaux complexes se soldent par des échecs. On se demande alors si la biologie moléculaire ne serait pas une approche réservée aux organismes simples, non transférable aux organismes complexes. Si ces derniers ne répondraient pas à une autre logique.

Ce qui va changer le paysage sera l'avènement du génie génétique. Jacques Monod le pensait impossible, dans son célèbre livre *Le Hasard et la Nécessité*. Or, moins de cinq ans après, on découvrait que des bactéries pouvaient couper l'ADN en des endroits précis, et d'autres recoller des bouts d'ADN. C'était le début de l'ingénierie génétique.

Ces nouvelles techniques ne se développèrent pas tout de suite, pourtant. Car, très rapidement, les biologistes se posèrent des questions de sécurité. N'allait-on pas jouer les apprentis sorciers, fabriquer des virus pathogènes ou des bactéries dévastatrices ? En 1975, un moratoire fut décidé à Asilomar, en Californie. Ce n'est que petit à petit que les doutes se sont dissipés et que la course en avant a repris, notamment avec les programmes de lecture du code génétique des principaux organismes.

Aujourd'hui, dans le milieu biologique, personne ne doute plus de l'efficacité des méthodes de la biologie moléculaire appliquées aux organismes supérieurs, et à l'homme en particulier. La biologie moléculaire est une méthode générale qui concerne toutes les sciences du vivant.

Pourtant, les progrès sont extraordinairement lents et difficiles. Surtout dans le domaine médical, où l'attente de la société est particulièrement grande. Les rêves auxquels se laissent aller les biologistes les plus imaginatifs ne se réaliseront pas de sitôt – ni demain, ni sans doute après-demain. Après la révolution biologique, la conquête de ce territoire va être une longue aventure, d'autant plus qu'elle sera arrêtée sans aucun doute par des peurs parfois légitimes, souvent irraisonnées. Mais quand on touche au vivant, on réveille les vieux fantasmes, et la prudence est de rigueur.

Biophysique

Malgré des efforts répétés depuis trente ans, la biophysique ne se développe pas aussi vigoureusement qu'ont pu le faire la géophysique ou l'astrophysique.

Certes, il y a des travaux tout à fait remarquables depuis la transmission ionique de l'influx nerveux, la circulation sanguine, l'élasticité des polymères biologiques (y compris l'ADN), mais, pour l'instant, cela ne fait pas encore une « grande discipline ».

Pourtant, l'objectif est clair et enthousiasmant : découvrir la physique du vivant.

Ce qui rend cette démarche difficile, c'est qu'il est très difficile de séparer le physique du chimique.

Dans le vivant, le chimique, le moléculaire domine tout. Bien sûr, les règles de la mécanique, y compris des fluides, s'applique, bien sûr, les recherches sur la vision utilisent toutes les connaissances de l'optique, bien sûr, l'électrophysiologie est directement liée à l'électricité sans compter les méthodes d'imagerie en ultrasons, en résonance magnétique nucléaire ou avec des rayons X, mais la question est : peut-on à partir de là en faire une discipline cohérente ?

L'avenir nous le dira peut-être mieux que le présent. Pour ma part, je l'espère car elle développerait sans nul doute des approches et des concepts extrêmement originaux.

Bohr Niels (1885-1962)

Niels Bohr est sans doute l'un des scientifiques les plus importants de tous les temps. L'équivalent d'Einstein. C'est lui qui a véritablement été le géniteur de la physique moderne de l'infiniment petit. Celle qui s'occupe des atomes, des noyaux et des particules.

Niels Bohr fit sa thèse de doctorat à Copenhague sur la structure électronique des métaux et la conductibilité électrique. Il décida de faire un stage postdoctoral à Cambridge en 1911 avec J.J. Thomson qui était alors l'un des experts mondiaux sur le sujet. Malheureusement – ou heureusement –, Thomson avait d'autres intérêts scientifiques. Bohr, déçu, passa six mois à Cambridge à lire et à réfléchir. Par chance, il y rencontra Rutherford, ancien élève de Cambridge (et futur directeur du Cavendish) avec qui le contact fut d'emblée chaleureux (il devait le rester toute leur vie). Rutherford venait de découvrir le noyau, il invita Bohr à Manchester et c'est là qu'il commença à développer son modèle d'atome (*voir* : ATOME). Il publia en 1913 les trois articles – connus sous le nom de la « trilogie » – qui sonnèrent l'avènement de la nouvelle physique.

L'audace de Bohr fut d'admettre qu'à l'échelle de l'atome les lois « ordinaires » de la physique ne s'appliquaient pas, qu'il fallait en inventer d'autres.

Ce qu'il fit dans son modèle d'atomes. En même temps, il fit le lien entre la structure de l'atome et l'émission de raies optiques, faisant le lien entre deux secteurs de la physique *a priori* éloignés (aujourd'hui lorsqu'on parle de physique atomique, il s'agit d'optique).

Il expliqua le tableau de Mendeleieff des chimistes et aussi comment les atomes s'unissaient pour former des molécules.

La trilogie fut publiée dans le *Philosophical Magazine* et *le Journal des Sciences* anglais en juillet 1913

Il reçut le prix Nobel en 1922. Son travail va déclencher l'émergence d'une nouvelle mécanique, la mécanique quantique.

Loin de s'offusquer de ce dépassement, il va s'y engager, encourager les uns, corriger les autres et le centre de physique théorique qu'il fonda à Copenhague devint le temple de la révolution quantique.

Il participa lui-même à cette révolution, notamment en défendant l'interprétation probabiliste. Ce qui l'opposa à Einstein dans un échange célèbre. Einstein ayant déclaré « Dieu ne joue pas aux dés », Bohr lui répondit : « Qui êtes-vous pour dire à Dieu ce qu'il doit faire ? » Il travailla aussi avec son fils Aage sur l'application de la mécanique quantique au noyau. Aage recevra plus tard le prix Nobel sur ce sujet.

Bohr va aussi jouer un rôle important dans la lutte contre le nazisme. Il convainc les physiciens scandinaves, portés à la neutralité, d'aller aux Etats-Unis participer à l'effort de guerre pour construire une bombe atomique.

L'Amérique ayant fabriqué la bombe atomique et l'ayant larguée sur Hiroshima et Nagasaki, la Seconde Guerre mondiale s'achève. Bohr va alors trouver Roosevelt, puis Churchill, pour les persuader de partager les secrets atomiques avec les Russes, afin d'éviter la course aux armements. Prenant Bohr pour un agent soviétique, Churchill voudra le faire arrêter. Heureusement, les scientifiques américains vont se mobiliser, et Roosevelt s'y opposera ! Heureusement. Car avec soixante ans de recul, le conseil de Bohr était-il absurde ?

Dans sa jeunesse, avec son frère Harald, mathématicien, Niels Bohr avait été un excellent joueur de football (Harald fut même international danois).

L'année où Niels reçut le prix Nobel, un homme vint vers lui dans le métro de Copenhague. « Êtes-vous Niels Bohr ? – Oui. – Je suis heureux de vous rencontrer. Je garderai toute ma vie le souvenir du but que vous avez marqué il y a quinze ans lors du match ... »

A l'époque déjà les footballeurs étaient plus connus que les prix Nobel !

Boltzmann Ludwig (1844-1906)

Sans nul doute l'un des géants de la physique.

C'est lui qui a posé les fondements de la physique statistique. James Clerk Maxwell avait le premier calculé les distributions des vitesses de molécules d'un gaz, mais c'est Boltzmann qui va étendre cette méthode et donner les fondements de la mécanique statistique en donnant pour la première fois une interprétation physique à une grandeur obscure que Clausius avait introduit en thermodynamique en 1865 et qu'il appelait entropie.

En 1877, Boltzmann donna l'expression de l'entropie comme mesure du désordre d'un système. A cette époque, le débat sur l'existence des atomes et d'une structure corpusculaire de la matière battait son plein et en Autriche cette idée était combattue par des physiciens de premier plan, notamment le célèbre Mach ou le chimiste Ostwald. Boltzmann était très triste de ces oppositions. Pourtant, sa réputation scientifique était excellente et, lorsqu'il enseigna à l'université de Graz, des élèves qui deviendront célèbres comme Nernst ou Arrhenius s'inscrivirent à cette université pour suivre ses cours.

Mais les attaques contre ses théories statistiques culminèrent avec son travail sur l'entropie. Personne ne le crut. Même le grand Maxwell, le pionnier, le maître, exprima des doutes sur la notion. Par malheur, Boltzmann en voyage en Amérique manqua une rencontre avec celui qui allait faire la synthèse entre thermodynamique classique et statistique à savoir William Gibbs, alors professeur à l'université Yale.

Les attaques continuèrent contre Boltzmann si bien qu'en 1906, déprimé, il se suicida.

Il avait demandé qu'on inscrive sur sa tombe : « L'homme qui a inventé l'entropie », avec sa formule mathématique. On ne le fit pas au moment de son enterrement. Mais quelques années après, ses idées ayant triomphé, on lui édifia cette stèle sur sa tombe et on organisa un symposium en son honneur auquel participèrent ses anciens élèves comme Nernst ou Arrhenius, mais aussi ses anciens adversaires comme Mach alors converti ! Son triomphe fut, comme tant d'autres, posthume.

David LINDLEY, *Boltzmann's Atome*, The Free Press.

Bragg Lawrence

Immense scientifique, il laisse aussi l'image d'un extraordinaire directeur de laboratoire. Et quel laboratoire : le Cavendish, à l'université de Cambridge !

Bragg succède comme directeur à Ernest Rutherford. Le Cavendish est alors le centre du monde dans l'exploration de la structure de l'atome. C'est là qu'ont été découverts l'électron, la structure du noyau atomique, le proton, le neutron, les lois d'émission des rayons X... Bragg, de son côté, n'est pas un inconnu. Lui et son père Henri Bragg ont mis au point la méthode permettant d'analyser les structures intimes des cristaux à l'aide des rayons X. Cette science portera pour un temps le nom de radiocristallographie. Les Bragg père et fils ont ainsi déterminé la structure des principaux cristaux, ce qui leur a valu de recevoir ensemble le prix Nobel de physique en 1915.

Lorsqu'il prend la direction du Cavendish en 1938, Bragg annonce qu'il change totalement l'orientation du laboratoire : il ferme les recherches sur l'atome pour ouvrir de nouveaux fronts, explorer de nouvelles frontières. « Nous avons appris au monde comment l'atome était fait, il est temps de lui apprendre autre chose », dit-il. Seul un professeur de Cambridge peut oser parler ainsi ! Il provoque bien sûr un tollé mondial chez les physiciens travaillant sur l'atome et le noyau atomique. Les lettres de protestation écrites au régent de Cambridge, les articles dans les grands journaux scientifiques se succèdent pour dénoncer l'irresponsabilité de Bragg. Bragg tient bon et il annonce ses nouvelles priorités :

1) Déterminer la structure des molécules organiques d'intérêt biologique à l'aide de rayons X ;

2) Explorer l'univers, non plus à l'aide des télescopes lumineux, mais des ondes radio (ce qu'on appelle la radioastronomie).

Cette décision aura pour conséquence la découverte des structures de l'ADN, des structures des protéines, des fondements de la radioastronomie, des pulsars, etc.

Résultat : sept prix Nobel, dont celui sur la découverte de la structure de l'ADN !

Comme dit Balzac : « Le génie en toute chose est une intuition, le reste c'est du talent. »

Brahé Tycho (1546-1601)

C'est un personnage de légende comme il y en a peu dans l'histoire des sciences. On l'appelle parfois le « prince des observateurs astronomiques ». Pensez que ses observations furent faites au XVIe siècle, à l'œil nu, et qu'elles figurent toujours dans les tables astronomiques !

En 1570, Tycho Brahé réussit a convaincre le roi Frédéric du Danemark de lui construire un observatoire sur une île, Uranibourg. Il y installa de nombreux appareils qu'il avait conçus lui-même (des sextants, des compas géants de douze mètres, des armilles, des horloges), grâce auxquels il observait à l'œil nu – la lunette n'était pas encore inventée. Dans cette île, l'astronome disposait d'une kyrielle d'assistants et de serviteurs, tous consacrés au bon fonctionnement de l'observatoire, qu'il dirigeait de manière dictatoriale. On dit même qu'il obligea une accorte servante à l'épouser, car étant laid et borgne il avait du mal à trouver une femme. Quand on songe qu'il mourut seulement quelques années avant que Galilée construise sa lunette et la tourne vers le ciel, il y a de quoi avoir des regrets.

A l'aide de cet observatoire, Tycho Brahé confectionnait des éphémérides qui lui permettaient d'une part de fournir des horoscopes au roi, de l'autre de bâtir un système astronomique.

Le système planétaire de Tycho Brahé était original. Comme Ptolémée, il mettait la Terre au centre du système, le Soleil tournant autour de la Terre. Mais pour lui, toutes les autres planètes tournaient autour du Soleil. Avec ce système, il expliquait bien la plupart des observations effectuées sur les planètes, sauf une : le mouvement de Mars.

Brahé connaissait fort bien l'ouvrage de Kopernik. Mais il n'en continuait pas moins à mettre la Terre au centre du monde, car, affirmait-il, il avait démontré que la Terre ne tournait pas sur elle-même. En effet, si on ne fait pas tourner le Soleil autour de la Terre, il faut faire tourner la Terre sur elle-même pour expliquer le jour et la nuit. Or Tycho Brahé avait réalisé l'expérience suivante.

Il avait tiré un coup de canon vers l'ouest et un vers l'est. Si la Terre tournait, la distance parcourue par le boulet vers l'ouest devait être inférieure à celle vers l'est, puisqu'il fallait ajouter le mouvement de la Terre à celui du boulet. Or les distances étaient égales ! C'est qu'il ignorait le principe de relativité, que découvriraient Giordano Bruno puis Galilée...

Une autre des contributions importantes de Tycho Brahé fut d'observer l'explosion d'une nova en 1572. A cette occasion, il eut le courage d'affirmer que le ciel n'était pas immuable comme le pensait Aristote, ce qui allait à l'encontre de la croyance de l'Eglise.

Malheureusement pour Tycho Brahé, le roi Frédéric mourut. Son fils Christian décida de se passer des services de son astronome qui non seulement lui coûtait cher, mais de plus s'était fait un nombre incalculable d'ennemis à la cour du Danemark. Tycho Brahé quitta avec tristesse le Danemark et Uranibourg. Il trouva refuge comme astronome impérial auprès de l'empereur Rodolphe, qui siégeait à Prague. Et il reprit son travail.

Alors qu'il butait décidément sur le mouvement de la planète Mars, il entendit parler d'un jeune Allemand très talentueux en mathématiques, un certain Johannes Kepler. Il le fit venir en son château de Bentaki, près de Prague, et le convainquit de travailler avec lui pour comprendre l'orbe de Mars – sous-entendu dans le modèle de Tycho Brahé.

Mais Kepler, lui, avait bien d'autres idées en tête. Il était convaincu que Kopernik avait raison, mais que son modèle n'était pas encore le bon. Il travaillait donc à en élaborer un autre, et pour ce faire il avait besoin de l'extraordinaire catalogue d'observations que Tycho Brahé avait accumulé.

Ainsi s'engagea le plus formidable marché de dupes de la science.

Si l'estime que se portaient les deux hommes était très grande, cette collaboration fut houleuse. Tycho Brahé toujours impérial et impétueux, Kepler timide en apparence, maladif, mais ferme sous la tyrannie de Tycho. Kepler se fâche, retourne à Prague, revient. Il obtient de Tycho Brahé qu'il lui ouvre un peu plus son livre d'observations, ils discutent des modèles de système solaire...

Sur ces entrefaites, Tycho Brahé meurt, victime d'une rétention urinaire. Dans son testament, il indique qu'il lègue tous ses carnets d'observations à Kepler, et recommande à l'empereur de lui donner sa succession d'astronome impérial. C'est à partir de là que Kepler va construire son extraordinaire système (*voir* : KEPLER).

P. de BRANCION, *Le Château des étoiles*, Phébus libretto.

Broglie Louis de (1892-1987)

Jeune professeur d'histoire, mais frère d'un grand physicien, Maurice de Broglie, Louis lisait beaucoup. Ayant lu l'article d'Albert Einstein sur l'explication de l'effet photoélectrique dans lequel Einstein admettait que la lumière était constituée à la fois d'ondes

et de particules, il fit l'hypothèse que cette propriété était générale et s'appliquait à toutes les particules y compris l'électron.

Il posait les bases de ce qu'il appelait la mécanique ondulatoire. L'idée était tellement hardie, heurtait tellement le bon sens des physiciens que Jean Perrin, ami de son frère, mais soucieux de ne pas trop ternir sa réputation, fit soutenir en 1924 à de Broglie une thèse composée de quelques dizaines de pages, un samedi matin devant une salle vide. Jean Perrin envoya le travail à divers physiciens allemands. Erwin Schrödinger fit effectivement fructifier cette idée et développa la fameuse équation qui porte son nom et qui est le fondement de la mécanique quantique.

En 1927, Davisson et Germer obtinrent expérimentalement des franges d'interférences, ce qui confirmait l'analogie entre électrons et lumière.

De Broglie reçut le prix Nobel de physique en 1929. Ensuite, il ne fit pas grand-chose. Très croyant, il s'opposa à l'interprétation probabiliste de la mécanique quantique et chercha sans succès à développer une autre mécanique.

Il eut un rôle très négatif sur la physique française en empêchant l'enseignement de la mécanique quantique à l'université. Heureusement, le Commissariat à l'énergie atomique n'avait cure des diktats de De Broglie et développa un enseignement de mécanique quantique suivi par les physiciens français qui allaient être les pionniers de cette physique en France. Puis, les jeunes Français ayant fait leurs études en Amérique ou en Angleterre revinrent en France et installèrent les idées modernes. De Broglie a donc été l'initiateur, puis le castrateur !

Bruit

Tout le monde a, bien sûr, une notion de ce que signifie le mot « bruit ». Il s'agit, dans le langage courant, de sons désorganisés et intempestifs qui gênent l'audition des messages précis, provoquant des sensations d'audition désagréables.

En science, le bruit est une vibration aléatoire plus ou moins intense qui gêne la réception du signal. Ce qui, en acoustique, correspond exactement au bruit tel que nous l'entendons... Mais cette notion s'étend à tous les phénomènes périodiques et pseudopériodiques qui n'ont rien à voir avec l'acoustique. On va parler de bruit de fond météorologique, ou thermique, ou électronique. Le bruit, c'est l'aléatoire qui gêne ! Silence est le slogan de tous ceux qui veulent transmettre une information quelle qu'elle soit !

Bruno Giordano (1548-1600)

Fallait-il parler de Giordano Bruno dans un dictionnaire amoureux de la science ? Mon éditeur pensait que non, ou plutôt demandait qu'on lui consacre un long développement.

Au contraire, je souhaitais une mention brève. Pourquoi ?

Giordano Bruno n'est pas un scientifique, il n'utilise en rien la méthode scientifique, il ne se soucie guère ni d'expérimenter ni de démontrer, pourtant il a eu des intuitions scientifiques importantes et l'ignorer serait à mon avis injuste. Né à Nola dans le royaume de Naples, brûlé vif en 1600 à Rome, ce dominicain prônait l'existence d'un univers infini, d'une matière constituée d'atomes, défendait Kopernik et le système héliocentrique, avait compris le principe d'inertie et la composition des vitesses : il savait que lorsqu'on lâche une pierre du haut du mât d'un bateau, celle-ci tombe au pied du mât, car elle est entraînée par le mouvement du bateau. Il n'était pourtant pas un scientifique à proprement parler. C'était plutôt un philosophe au sens plein du terme, dans la grande tradition des Platon, Aristote, Augustin, qui écrivait beaucoup. Il séduisit par son intelligence divers souverains d'Europe : Henri III, qui le fit enseigner au Collège de France, Elisabeth Ire, qui lui ouvrit les portes d'Oxford. Mais son intransigeance totale les obligea l'un après l'autre à lui demander de quitter le pays car il provoquait trop de troubles. Beaucoup se sont étonnés que, lorsque le pape Jean-Paul II a absous Galilée (il ne l'a pas réhabilité, contrairement à ce qu'on a dit), il n'ait pas dit un mot de Bruno. La raison est simple, Bruno était dominicain, et ses livres et ses propos ignoraient l'obéissance qu'il devait à l'Eglise.

Impardonnable et impardonné !

Buffon Georges-Louis Leclerc (1707-1788)

Contemporain de Voltaire et de Montesquieu avec qui il était lié d'amitié (épisodique), Buffon est sans doute l'un des plus éminents naturalistes, que l'on pourrait qualifier de pré-scientifique. Bien qu'il ait prôné l'observation et l'expérience comme fondement de toute démarche scientifique, son imagination et sa facilité de plume l'ont souvent entraîné très loin des faits concrets.

Son œuvre capitale est la fameuse *Histoire naturelle* en 44 volumes, dont chaque tirage a battu des records de librairie. Il s'y efforce de proposer un scénario pour l'évolution du monde depuis la formation des planètes, de la Terre jusqu'aux temps actuels.

En évaluant l'âge de la Terre à 75 000 ans[1], bien plus que dans la Bible, et en postulant que la formation de notre planète ne doit rien aux forces divines, il s'attire immédiatement des ennuis avec la Sorbonne et les tenants de la vérité biblique. En réponse, il va tergiverser, noyer le poisson. Il écrira à ce propos à son ami Hérault de Séchelles : « Il faut une religion au peuple [...] quand la Sorbonne m'a fait des chicanes, je n'ai fait aucune difficulté pour les rassurer ; ce n'est qu'un persiflage, mais les hommes sont assez sots pour s'en contenter. »

Mais cette attitude aura en fait des influences sur ses écrits sur les êtres vivants où il évitera soigneusement d'évoquer une « évolution » qui est pourtant en filigrane lorsqu'il s'oppose à la classification de Linné qu'il trouve trop rigide. Il défend une curieuse théorie mêlant la génération spontanée et une certaine évolution des espèces – affirmant par exemple que l'homme et le singe ont sans doute un ancêtre commun. Cette théorie horrifiera Voltaire, qui écrira : « Je préfère descendre d'un poisson que d'un singe. »

Intendant du Jardin du Roi (notre actuel Jardin des plantes), mondain, habile, bien intégré à la Cour, remarquable écrivain dont le style est donné en exemple, Buffon aura le bon goût de mourir un an avant la Révolution française, ce qui lui a sans doute évité des ennuis graves.

1. Il donnera plus tard un âge de 200 000 ans.

Burgess (schistes de)

Curieux de donner à un lieu et à une roche une entrée dans un dictionnaire amoureux ! Ce qui justifie ce choix, c'est que ce gisement de fossile joue un rôle fondamental dans la vision que nous avons de l'évolution de la vie sur Terre.

Les schistes de Burgess constituent une formation géologique située en Colombie britannique. Ces schistes sont célèbres car leur exploration a révélé les premières faunes et flores fossiles, bien conservées, datant de 550 millions d'années. Ce sont les premiers fossiles incontestables. Certes, il y a eu avant les faunes dites d'Ediacara (*voir* : EDIACARA), mais elles restent encore très largement énigmatiques. Dans les schistes de Burgess a été pétrifiée une faune extraordinaire qu'a étudiée le Canadien Harry Whittington, professeur à Cambridge dont le maître mot est variété. Ce qu'a montré Whittington et qu'a popularisé Steve Jay Gould[1], c'est que dès cette époque existaient les quatre types d'organismes qui se développeront par la suite : mollusques, arthropodes, coelentérés et chordés (auxquels appartiennent les mammifères).

On a cru pendant longtemps que la vie s'était peu à peu complexifiée, et que la variété des espèces s'était accrue tout au long des temps géologiques, on parlait d'arbre d'évolution. Les schistes de Burgess nous ont appris qu'il n'en est rien. La variété semble être restée à peu près constante tout au long des temps géologiques depuis 550 millions d'années. On parle

1. Steve Jay Gould, *La vie est belle*, Seuil.

souvent d'« explosion cambrienne » pour désigner cette éclosion brutale d'une grande variété d'espèces – où pourtant dominaient les fameux trilobites (*voir* : FOSSILES, VIE).

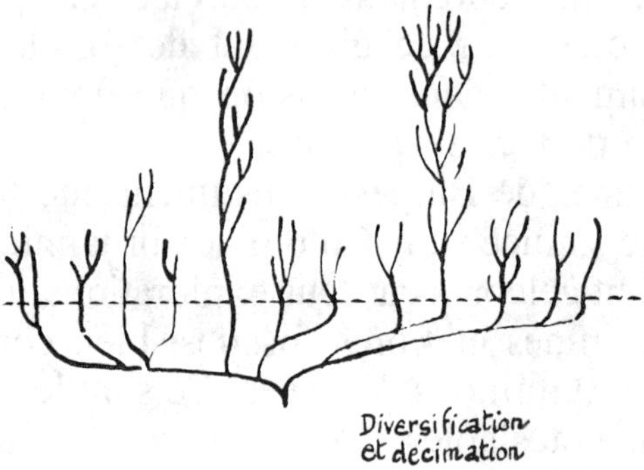

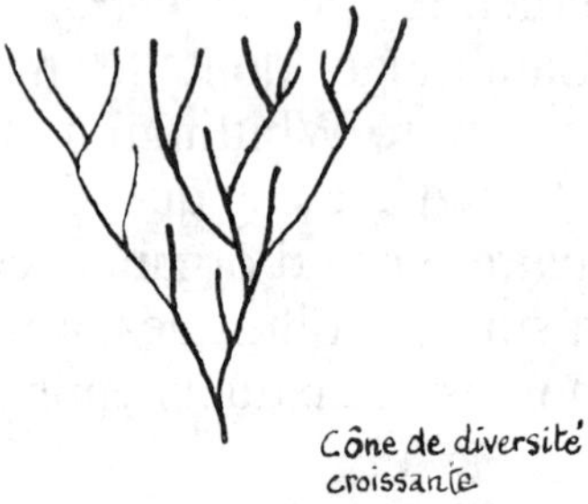

En haut : arbre évolutif (hypothétique) traduisant la nouvelle vision de la vie suggérée par la réinterprétation de la faune de Burgess. L'élimination de la plupart des groupes par extinction conduit à la formation de larges intervalles morphologiques entre les survivants. La ligne pointillée correspond à l'époque du schiste de Burgess, où la disparité était maximale.
En bas : arbre évolutif darwinien classique pour lequel la diversité des espèces augmente continûment avec le temps. Théorie qu'on considère aujourd'hui comme inexacte.

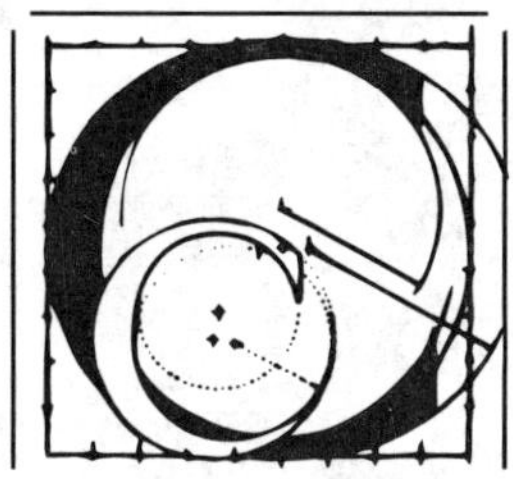

Caltech (California Institute of Technology)

Caltech est par la taille une petite université localisée à Pasadena dans la banlieue de Los Angeles, mais c'est, par la qualité, l'une des plus prestigieuses du monde.

Créée à la fin du XIXe siècle (un peu après le MIT) dans le but d'associer en un même lieu sciences fondamentales et sciences pour l'ingénieur, recherche de base et recherche appliquée, cette université où il n'y a que 2 500 élèves – 2,5 élèves par enseignant (le taux d'encadrement le meilleur du monde) – a connu une réussite exceptionnelle attestée par les grands prix internationaux. En astronomie, rappelons que c'est là qu'ont enseigné Hubble ou Willy Fowler, l'un des pères de la théorie de la nucléosynthèse stellaire. C'est là qu'eut lieu la révolution galactique. En physique, c'est une université mythique avec Millikan et Carl Anderson (le découvreur du positron) au début et dans les périodes récentes, les monstres sacrés de la physique théorique Murray Gell-Mann et Dick Feymann. En chimie, c'est là qu'a opéré Linus Pauling, le créateur de la chimie moderne et où l'Egyptien Ahmed Zewaïl révolutionne aujourd'hui la chimie en l'étudiant à l'échelle de la femto-seconde. En biologie, ce fut aussi le lieu de recherche de Morgan, le « pape de la drosophile », mais aussi de Max Delbrück, de Lewis et de bien d'autres. En géosciences, ce fut le temple de la géologie isotopique qui m'est si chère, avec Clair Patterson, Sam Epstein, mon grand « concurrent » Jerry Wasserburg...

Mais c'est aussi là qu'on trouve le Jet Propulsion Laboratory de la Nasa, le cœur de l'exploration planétaire, c'est à Caltech que se trouve un des laboratoires de chimie appliquée les plus actifs du monde qui est submergé de contrats venant de toutes les industries chimiques des Etats-Unis, c'est là aussi qu'il y a l'un des meilleurs laboratoires de recherche en aéronautique et aviation, etc. Bref, c'est le symbole du fameux adage *small is beautiful*.

J'ajoute que c'est une université à laquelle je suis personnellement très attaché.

J'y ai fait un stage d'été alors que je préparais ma thèse et y ai appris les techniques modernes de mesures isotopiques qu'on ignorait en France à l'époque. J'y suis retourné ensuite comme professeur invité plusieurs fois et chaque séjour a été pour moi un ravissement. J'aime l'esprit multidisciplinaire de Caltech où tous les professeurs et les étudiants s'intéressent à tout ce qui bouge en science et en discute de manière libre, où le culte de l'innovation incite tout nouveau professeur à se dépasser et à développer des recherches hors des sentiers battus. Je suis, je l'avoue, nostalgique de Caltech... J'aime ce Faculty Club, l'Athenenum, où l'on s'assied à la table ronde par ordre d'arrivée et où, au hasard des rencontres, on se trouve à côté d'un biologiste éminent, d'un physicien appliqué ou d'un « grand » astronome. J'aurais aimé créer un Caltech en France.

Malheureusement, on ne crée pas Caltech par une décision venant du haut ni tout seul ! Caltech est né de la rencontre de riches investisseurs et d'universitaires dont l'ambition a été de faire émerger l'excellence en associant science et technologie. Comment peut-on créer une telle structure dans un pays où l'élitisme est devenu un mot tabou !

Faute d'avoir su créer une telle université, j'ai la chance d'y être invité très souvent et donc de bénéficier de son extraordinaire atmosphère. Car, en science, l'atmosphère c'est beaucoup... c'est même presque tout.

Cambridge (Grande-Bretagne)

Cette université créée au XIIIe siècle, et dont beaucoup de bâtiments sont des vestiges historiques, est sans aucun doute l'université du monde qui, depuis le Moyen Age, a produit le plus grand nombre de scientifiques de premier plan (c'est une sorte de Caltech, mais dont l'activité s'étendrait sur six siècles au lieu d'un !). Sans être exhaustif, mais comment l'être, donnons une liste indicative de ces « esprits de Cambridge » qui fait rêver.

Newton, Maxwell, Cavendish, Darwin, Rutherford, Thomson, Dirac, sir Arthur Eddington, John Maynard Keynes le fameux économiste, les Bragg qui ont exploré les cristaux avec les rayons X, Hewish le découvreur des pulsars, Crick et Watson qui y découvrent l'ADN. C'est de là qu'est partie la tectonique des plaques, etc.

Il n'y a pas un domaine de la science où Cambridge n'a joué un rôle dans le processus innovant, pour ne pas dire révolutionnaire. Cela est d'une manière ou d'une autre dû à un esprit et bien sûr à des élèves brillants et stimulés.

On n'est pas admis à l'université de Cambridge. On est admis dans ce qu'on appelle un *college*, sorte de pension studieuse. Les élèves habitent le *college*, y trouvent une bonne bibliothèque et y reçoivent les « compléments de cours » sous forme de tutorats. Ces tuteurs sont soit des étudiants avancés, soit des enseignants. Les groupes de tutorat sont de deux à quatre élèves maximum. Les enseignants à Cambridge sont de trois types, les *lecturers*, les *readers*, les professeurs. Comme à Oxford, tous les enseignants sont liés à un *college* (ils sont *fellows*). Ce lien est rémunéré (très bien) pour les *lecturers* et les *readers*, pas du tout pour les professeurs. Ces derniers ne bénéficient que du repas gratuit. Les repas des *colleges* ont une importance particulière. Servis dans des réfectoires souvent grandioses (anciennes églises désaffectées) autour de grandes tables sans ségrégation aucune entre élèves et professeurs, on s'assoit là où il y a de la place. Ainsi, au hasard de rencontres, un élève débutant peut-il partager son repas avec un prix Nobel qu'il ne connaissait pas, et pas nécessairement dans la même spécialité. L'université de 15 000 élèves au total (comme le MIT) couvre aussi bien les sciences que les humanités (mais dans ce dernier secteur, Cambridge est incontestablement moins prestigieux qu'Oxford).

A l'université, les professeurs donnent peu de

cours et ne traitent qu'un tiers du programme. Le reste, l'étudiant l'acquiert seul avec l'aide des tuteurs. C'est une université où le travail personnel est au cœur de l'enseignement, où l'agressivité intellectuelle est encouragée, où l'égalité intellectuelle maître-élève est la règle. Naturellement, avec tout cela, il ne faut pas s'étonner si les élèves sont assez sûr d'eux, les professeurs assez arrogants... et les résultats si brillants !

Carbone

C'est, avec l'hydrogène, le plus important des éléments chimiques.

Son atome est constitué par six protons et six, sept, huit neutrons. Son symbole est C.

Ces trois variétés de carbone (ses trois isotopes) se notent carbone 12 (le plus connu, donc le plus abondant), carbone 13, et carbone 14, le fameux, celui qui, radioactif, permet de dater les momies égyptiennes (*voir* : CARBONE 14). La masse atomique du carbone 12 est par définition 12 puisqu'on a choisi le carbone comme référence des masses atomiques.

Ce qui veut dire que $6{,}023.10^{23}$ atomes de carbone, qui constituent une môle, pèsent 12 grammes.

Le cortège d'électrons qui entoure le noyau de carbone se compose de deux électrons proches du noyau et de quatre électrons à la périphérie.

Ces quatre électrons sont quatre bras qui permettent au carbone de se lier avec l'hydrogène pour donner l'assemblage CH_4 qu'on dessine aussi

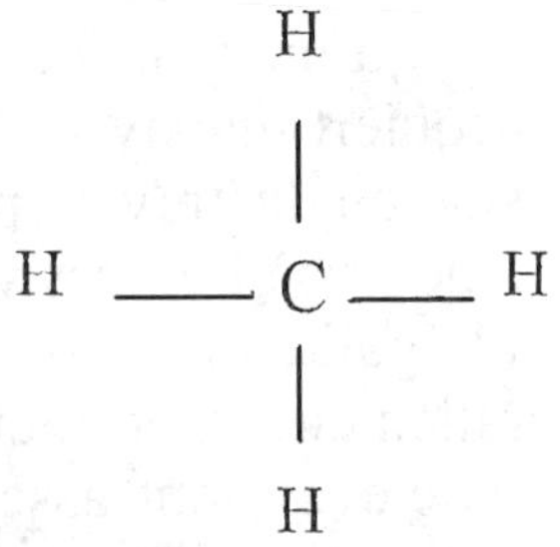

Ou, d'une manière plus exacte, un petit tétraèdre.

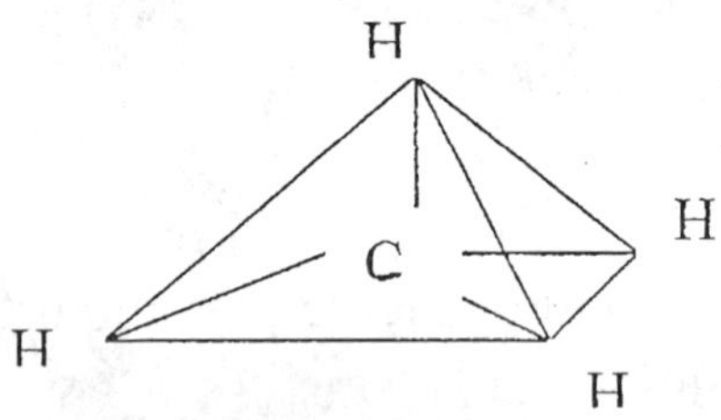

Ces tétraèdres de carbone peuvent se lier les uns aux autres pour donner des assemblages complexes qui vont des hydrocarbures simples comme le méthane CH_4, l'éthylène C_2H_4 ou l'acétylène C_2H_2, le benzène C_6H_6 jusqu'aux molécules complexes du vivant comme la chlorophylle, les sucres, les acides aminés ou l'ADN avec des millions d'atomes de carbone associés.

C'est cette propriété extraordinaire de pouvoir se polymériser, c'est-à-dire de constituer des assemblages de motifs moléculaires, qui fait du carbone l'élément de base de la chimie de synthèse, que ce soit celle des plastiques, de la pharmacie ou des cosmétiques. On appelle la chimie du carbone « chimie organique » parce qu'on pensait autrefois que ces composés carbonés complexes étaient l'apanage exclusif de la vie. C'était l'époque où on croyait à la force vitale !

Dans la nature, on trouve le carbone soit sous forme de matière vivante dont c'est le constituant essentiel, soit sous forme de gaz, les trois principaux étant le gaz carbonique CO_2, l'oxyde de carbone (toxique) CO et le méthane CH_4, soit sous forme de roches. Dans les roches, le carbone se trouve soit sous forme de carbonate CO_3Ca (la calcite), CO_3Mg (dolomite), sous forme de graphite à basse pression et le diamant à haute pression. On trouve dans l'écorce terrestre des accumulations de carbone sous trois états. Sous forme solide, ce sont les charbons. Sous forme liquide, on parle de pétrole. Sous forme gazeuse, de gaz naturel.

La première propriété du carbone est, on l'a dit, de se polymériser facilement.

La seconde, c'est de brûler, autrement dit de s'allier avec l'oxygène pour donner du gaz carbonique CO_2. Cette combustion peut se faire à une certaine température avec l'oxygène de l'air ou dans nos organes, muscles et cellules où cette combustion fournit l'énergie aux êtres vivants.

C'est pour cela que nous respirons de l'oxygène et que nous rejetons du gaz carbonique.

Le carbone déjà lié à l'oxygène comme CO_3Ca ou CO_2 ne brûle pas. Ce sont des composés chimiques très solides qu'il est difficile de dissocier.

Dans la nature, seule la chlorophylle, aidée du rayonnement solaire, est capable de casser la molécule de gaz carbonique pour permettre au carbone et à l'oxygène de se lier à l'hydrogène et de fabriquer la matière vivante.

Ensuite, cette matière vivante se transforme, mais

en gardant des morceaux de composés primitifs issus de la photosynthèse.

Les organismes primitifs (bactéries ou algues) savent aussi utiliser le gaz carbonique de l'air pour fabriquer de la matière vivante, mais les animaux supérieurs sont incapables de le faire, ils doivent avoir recours aux composés synthétisés par les plantes vertes et leur chlorophylle.

C'est pourquoi on parle du cycle du carbone.

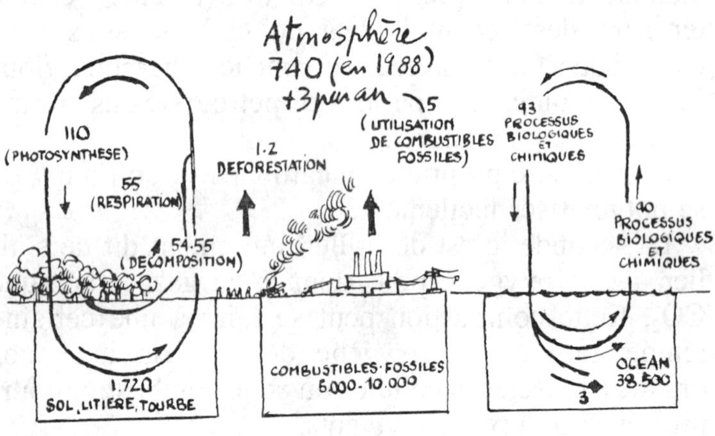

Cycle du carbone. Les chiffres sont exprimés en milliards de tonnes de carbone.

Bien sûr, cette propriété qu'a le carbone de s'allier à l'oxygène et de provoquer une réaction qui s'entretient elle-même et qu'on appelle combustion est mise à profit par l'homme pour produire de l'électricité ou faire marcher les voitures.

Dans ce cas, on part d'hydrocarbures ou d'huiles et il se dégage alors du gaz carbonique CO_2 dans l'atmosphère. C'est ce qu'on appelle le gaz carbonique anthropique dont on veut aujourd'hui limiter la production pour éviter de dérégler le climat.

En effet, ce gaz carbonique absorbe les rayons infrarouges émis par le soleil. Donc le gaz carbonique de l'atmosphère joue un rôle dans la fixation de la température de cette dernière et est donc un paramètre important du climat (*voir* : EFFET DE SERRE).

Carbone 14

La datation au carbone 14 est sans nul doute la méthode de chronologie radioactive la plus connue bien qu'elle soit très limitée en temps puisqu'on ne peut guère dater des objets plus vieux que 30 000 ans, ce qui est peu pour une histoire de la Terre qui s'étend sur 4,5 milliards d'années ! Mais c'est la méthode de datation des archéologues, c'est elle qui permet de dater les parchemins inconnus ou les bois récents.

Sa mise au point a valu le prix Nobel de chimie à Williard Libby.

Son principe est simple. Par réaction nucléaire dans la haute atmosphère entre le rayonnement cosmique et l'azote, des atomes de carbone de masse 14 (*voir* : ISOTOPES) sont produits. Ces atomes sont radioactifs et se désintègrent au cours du temps comme des horloges.

Dès qu'ils sont formés, les atomes de carbone 14 réagissent avec l'oxygène de l'atmosphère pour former du gaz carbonique. Ce gaz carbonique va être impliqué dans les processus de photosynthèse et de respiration des êtres vivants et le carbone 14 va être ainsi incorporé dans la matière vivante.

Tant que les organismes restent vivants, ils échangent du gaz carbonique avec l'atmosphère et leur teneur en carbone 14 restera constante. Dès que l'organisme vivant meurt, le carbone 14 est isolé et comme il est radioactif, il va se désintégrer. Après chaque période de 5 730 ans, la moitié du carbone 14 est détruite.

En retour, la mesure du carbone 14 résiduel sur un ancien organisme vivant permet de dater le moment où le contact avec l'atmosphère a été interrompu.

On a pu ainsi dater des bois, des ossements, des tissus. Les datations des sarcophages égyptiens sont célèbres autant que la datation du fameux saint suaire de Turin qui date en fait du XIIIe siècle. Ce qui est moins connu, c'est qu'on a pu dater aussi les eaux profondes des océans ou plus exactement le temps depuis lequel ces eaux n'ont plus été en contact avec l'atmosphère.

Ça valait bien un prix Nobel !

Catastrophe(s)

Ce mot, équivalent de cataclysme ou de désastre, a, dans le domaine scientifique, deux significations bien précises.

La première est la **théorie mathématique des catastrophes**. C'est une théorie mathématique inventée par le mathématicien René Thom qui a classé les surfaces de formes complexes capables de simuler l'apparition d'événements imprévus.

Cela résulte du fait que les surfaces qui traduisent les équations d'évolution d'un système peuvent contenir des pliures qui font que le système évoluant sur la sur face peut « tomber » d'un point à un autre, en ne suivant plus la surface. Par un travail de topologie extrêmement élégant, Thom a montré qu'il y avait sept types de surfaces possibles conduisant à ces discontinuités de comportement. L'élément essentiel est donc la pliure de la surface. A partir de là, on a cru qu'on allait pouvoir modéliser et comprendre à l'aide de cette théorie des systèmes naturels comme les battements du cœur, avec le possible accident cardiaque ou la formation des formes naturelles, par exemple l'évolution des embryons ou l'éclosion des fleurs.

Malgré des efforts de plus de trente ans, cette théorie a donné lieu à des présentations élégantes de phénomènes connus, mais finalement à aucun progrès décisif dans les sciences de la nature. Comme quoi, l'élégance mathématique n'est pas toujours utile ! Voilà une belle construction stérile pour la science !

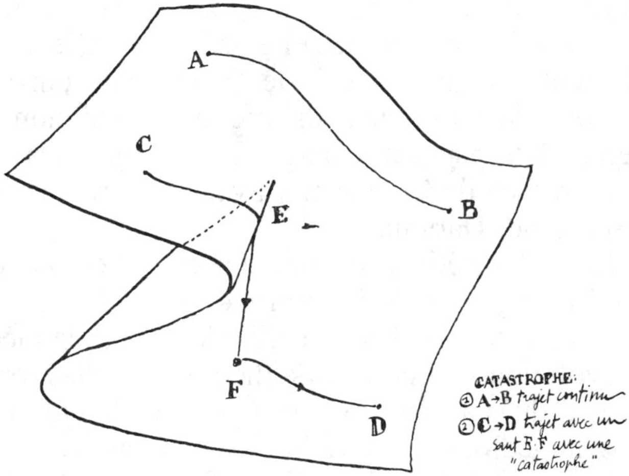

Schéma d'une catastrophe au sens de Thom. La catastrophe dite en fronce. Lorsqu'un mobile va de C vers E, arrivé en ce point, il saute directement en F, puis « roule » vers D. La surface est une surface mathématique dans un espace à trois dimensions.

La seconde **théorie des catastrophes biologiques**, en fait antérieure à la première, est due à Georges Cuvier (*voir* : CUVIER).

Constatant des changements brutaux de flores et de faunes à la limite de plusieurs ensembles géologiques, Cuvier en conclut que, périodiquement, dans le passé géologique, ont eu lieu des grandes catastrophes qui détruisaient toute vie sur terre. Puis, après chacune d'elle, Dieu recréait des espaces vivants et la vie reprenait.

La dernière en date de ces catastrophes était le Déluge.

Il n'en fallut pas plus pour que l'Eglise anglicane, emmenée par le pasteur Buckland, professeur à Oxford, s'engage sous la bannière de la théorie des catastrophes et mène un combat vigoureux en sa faveur, car cette théorie était conforme à la Bible.

D'ailleurs, Buckland annonce dans son premier cours à Oxford que le but de la géologie est de démontrer la véracité de la Bible et l'existence de Dieu.

Il combat contre la théorie concurrente qui n'est autre que la sulfureuse théorie de l'évolution des espèces. Les espèces changent parce qu'elles évoluent. En face de Cuvier, il y avait Lamarck, en face de Buckland, Darwin.

Malgré les réticences religieuses (l'homme descend du singe, quelle horreur ! « J'espère que ça ne se saura pas trop », disait la reine Victoria), la théorie de l'évolution l'emporta et la théorie des catastrophes disparut du paysage scientifique. Buckland abandonna la géologie et se retira à Westminster.

Et puis, en 1980, elle refit surface... grâce à deux scientifiques de Berkeley, Luis Alvarez, prix Nobel de physique, et Walter Alvarez, son fils, géologue. Ensemble, ils s'attaquèrent au problème de la disparition brutale des dinosaures à la fin du crétacé. Après des études minutieuses (*voir* : DISPARITION DES ESPÈCES), ils conclurent qu'à la fin du crétacé, il y a 65 millions d'années, s'était produite une grande catastrophe. Un météore géant avait frappé la Terre, éjectant un immense nuage de poussières, arrêtant les rayons du soleil et produisant un hiver aussi soudain que rigoureux. Cette catastrophe a éliminé les espèces vivantes et fait émerger une nouvelle faune et une nouvelle flore. La théorie de Cuvier était de retour...

Aujourd'hui, on pense qu'effectivement il s'est produit au cours des temps géologiques une dizaine de catastrophes planétaires (impact de comètes ou éruptions volcaniques majeures) responsables des changements de flores et de faunes. Heureusement que ces découvertes n'ont pas été faites au moment du grand débat sur l'évolution, car cette théorie aurait sans doute été enterrée !

Cellule

La cellule est l'unité fondamentale des êtres vivants. Elle est pour les organismes vivants ce que l'atome est pour la matière.

Une cellule se définit d'abord par sa membrane qui est en quelque sorte sa frontière. Composée essentiellement de lipides formant une double couche hydrophobe dans laquelle sont insérées des protéines, cette membrane possède des propriétés tout à fait essentielles. Elle laisse passer les substances chimiques utiles pour la cellule, par exemple celles qui permettront à la cellule de grossir et elle arrête celles qui sont indésirables ou même toxiques. Tout au moins elle essaye, car certains, comme les virus, savent franchir cette barrière.

A l'intérieur de la membrane, il y a le cytoplasme. Formé d'eau et d'un peu de molécules organiques, c'est le milieu intérieur de la cellule.

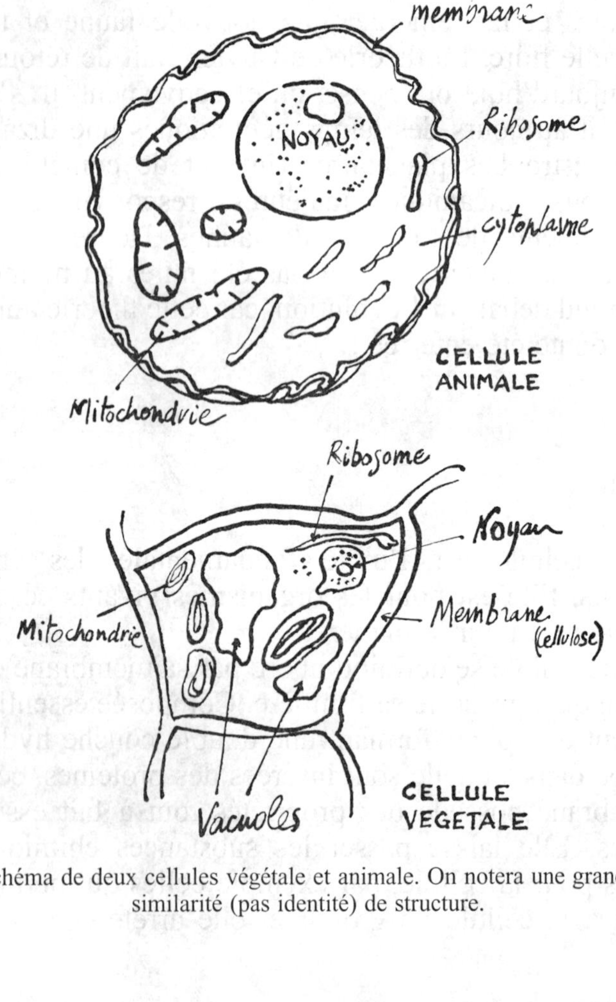

Schéma de deux cellules végétale et animale. On notera une grande similarité (pas identité) de structure.

Dans le cytoplasme, il y a les « organites ». Pour toute une catégorie d'êtres vivants, les eucaryotes, il y a un organite très particulier, important en taille, mais plus encore en fonction : le noyau. C'est lui qui contient les chromosomes avec l'ADN. Pour d'autres espèces, les procaryotes comme les bactéries, il n'y a pas de noyau.

Hors du noyau, il y a divers organites dont chacun joue un rôle. Les plus importants sont les ribosomes, organites où se fabriquent les protéines, les mitochondries, où se déroulent les combustions énergétiques indispensables à la cellule. Et puis les plantes supérieures ont des organites particuliers comme les chloroplastes qui sont les lieux où se déroule la synthèse chlorophyllienne.

Dans les cellules végétales, il existe de larges espaces, des sortes de bulles : les vacuoles. En fait, elles sont remplies d'eau contenant des protéines qui jouent un rôle dans le métabolisme cellulaire.

Les cellules se reproduisent suivant le processus de la mitose (*voir* : MITOSE).

Chez les animaux supérieurs, les cellules sont spécialisées et groupées en **tissus** (tissu musculaire, tissu osseux, tissu nerveux, etc.). Ces cellules spécialisées se divisent pour donner les mêmes cellules. Par contre, chez l'embryon, les cellules sont moins spécialisées (cellules totipotentes ou pluripotentes). A partir de la culture de ces cellules, on peut les orienter dans une direction ou une autre. Elles sont donc potentiellement susceptibles de permettre d'être utilisées pour des greffes en médecine.

Toutes les cellules d'un organisme supérieur dérivent d'une même cellule : l'œuf fécondé, qui va se diviser et en même temps spécialiser petit à petit les cellules ainsi créées. Ce sera ce qu'on appelle un embryon (*voir* : EMBRYON).

La manière dont s'organisent les cellules embryonnaires pour fabriquer un être vivant est un mécanisme extrêmement complexe, dont nous n'avons que les premières lueurs. Un problème encore plus obscur est celui de la cellule primitive, celle qui s'est autonomisée il y a près de 4 milliards d'années pour donner naissance à la vie.

Cette unité fondamentale du vivant, l'« atome » de la biologie comme on l'appelle parfois, a été découverte par Virchow à la fin du XIXe siècle, mais au XVIIe siècle le fameux Robert Hooke (le « rival » de Newton) avait déjà observé des cellules à l'aide d'un microscope. Il n'en avait pas réalisé toute la généralité.

Cellules totipotentes, multipotentes, unipotentes

Lorsque l'embryon se développe, il a, au début, une cellule (l'œuf fécondé) puis deux cellules, puis quatre, etc. (*Voir* : EMBRYOLOGIE.)

Les cellules du début peuvent être isolées, cultivées *in vitro* et donner naissance à tous les types de cellules d'un organisme (nerveuses, osseuses, musculaires, sanguines...), elles ont une potentialité totale, on les nomme **totipotentes**.

Après quelques stades de reproduction, les cellules ont commencé leur spécialisation, elles ne peuvent plus donner naissance qu'à quelques types de cellules (par exemple osseuse, sanguine, musculaire), on les appelle **pluripotentes** ou **multipotentes** selon le degré de spécialisation.

Enfin, les cellules adultes se reproduisent en donnant toujours des cellules identiques à elles-mêmes, les cellules musculaires se divisent en donnant des cellules musculaires, des cellules sanguines, des cellules nerveuses ou osseuses, etc., on les appelle **unipotentes**.

C'est autour de telles cellules que cristallise le débat sur les cellules souches embryonnaires.

En prélevant des cellules totipotentes sur un embryon, en les cultivant pour les orienter vers un type de cellules puis en les greffant sur un tissu malade, on peut espérer remplacer le tissu malade par un tissu sain.

On peut espérer remplacer les cellules du cerveau atteintes de la maladie d'Alzheimer ou de Parkinson par des cellules neuves et saines. On peut espérer guérir des muscles cardiaques malades.

Aujourd'hui, en 2005, ce ne sont que des espoirs avec quelques essais cliniques encourageants, mais demain ?

Mais il y a bien sûr le tabou de l'embryon et tout ce qui l'entoure (*voir* : EMBRYON). Puis on a découvert qu'il y a aussi des cellules multipotentes chez les adultes, alors pourquoi ne pas les utiliser en lieu et place des cellules d'embryons ?

Oui, mais elles sont difficiles à isoler et leur « dynamisme reproductif » est sans doute moindre que celui des cellules d'embryons.

Alors...

Champs (physiques)

La notion de champ est une notion essentielle en physique. Elle a été proposée par Michael Faraday pour expliquer l'action à distance d'un aimant.

Supposons un barreau aimanté avec son pôle nord et son pôle sud recouverts d'une feuille de papier. On saupoudre cette dernière avec de petites aiguilles de couturière. Si on tapote la feuille de papier, ces aiguilles vont s'orienter de manière à dessiner un assemblage de lignes allant d'un pôle magnétique à l'autre, évoquant vaguement les deux ailes d'un papillon. Faraday tient alors le raisonnement suivant. Si on enlève les aiguilles de fer, il doit exister dans l'espace (dans le plan où elles sont disposées) une distribution de forces qui ne s'expriment pas, mais qui sont là, invisibles, prêtes à se manifester. Si l'on remplace les aiguilles par de la limaille de fer, cette dernière dessinera exactement la même figure en papillon que les aiguilles précédentes.

On dit que l'aimant a créé un champ de forces autour de lui. Si on y met une seule aiguille en un point, elle s'orientera toujours de la même manière.

A partir de là, Faraday va étendre cette notion à toutes les forces à distance.

La Terre développe autour d'elle un champ de gravité et un champ magnétique ; un courant électrique développe un champ électrique, etc.

Maxwell, puis les théoriciens de la physique vont s'emparer de ce concept et calculer les champs créés par les diverses formes d'attraction à distance et développer des notions associées, comme celle de potentiel, et plus généralement champ de forces.

Cette notion de champ va être étendue, même dans le langage courant. On dit par exemple qu'il faut éviter d'entrer dans un champ magnétique puissant si l'on porte une montre pour ne pas la dérégler, ou bien on dit que le champ de gravité de la Terre est efficace jusqu'à 1 000 kilomètres d'altitude.

Un champ est un espace où se distribuent des forces

potentielles qui ne s'exprimeront que si on matérialise la matière sur laquelle elles peuvent s'exprimer.

Chandrasekhar Subrahmanyan (1910-1995)

L'un des plus grands astrophysiciens de tous les temps. On lui donna le prix Nobel de physique en 1983 pour une découverte qu'il avait fait quand il avait 28 ans !

Il était le neveu d'un autre prix Nobel indien, Raman (découvreur de l'effet Raman).

Né à Lahore (actuel Pakistan), il fera ses études à Madras. Il obtint une bourse pour aller étudier à Cambridge, avec Eddington l'astronome royal (*voir* : EDDINGTON). Sur le bateau qui l'amenait d'Inde en Angleterre, il entreprit une série de calculs sur l'évolution des étoiles que l'on appelle naines blanches qui le conduisit assez vite à postuler que les naines blanches massives se transformaient en « trous noirs » (*voir* : ÉTOILE, *voir* : TROUS NOIRS). Ce résultat rencontra immédiatement l'hostilité d'Eddington, une hostilité totale, pugnace, sans compromis de la part de celui qui était l'un des monuments de la science anglaise, l'un des fondateurs de l'astrophysique ! Une lutte terrible s'engagea entre les deux hommes et conduisit « Chandra » à quitter le sujet. Son talent était tel qu'il devint vite le spécialiste mondial de l'évolution stellaire et cosmique. Il occupa un poste de professeur à l'université de Chicago et devint l'une des personnes les plus respectées de la communauté astrophysique. Lorsqu'il reçut le prix Nobel, Eddington était mort. Il ne sut jamais qu'il avait tort et que son jeune élève indien avait fait l'une des découvertes les plus importantes en cosmologie (*voir* : EDDINGTON).

Chaos

La théorie du chaos est apparue aux yeux de la grande communauté scientifique aux environs des années 1980 d'une manière assez fortuite, mais elle a été élaborée en s'appuyant sur des travaux très antérieurs.

En 1961, au MIT (Massachusets Institute of Technology), un météorologue, Edward Lorenz, avait simplifié les équations traduisant le comportement météorologique de l'atmosphère pour les ramener à trois et pouvoir ainsi étudier les solutions de ces équations à l'aide de l'un des premiers ordinateurs.

Pour cela, après avoir écrit le programme de calcul, il changeait les valeurs qu'il donnait aux divers paramètres pour obtenir par tâtonnements des valeurs donnant au final des résultats conformes aux observations. Il découvrit alors par hasard que dans une certaine gamme de valeurs, lorsqu'il changeait un petit peu la valeur d'un paramètre, le résultat final était totalement bouleversé.

Une petite variation dans les conditions initiales transformait totalement le résultat du calcul. Ainsi, si Lorenz changeait d'un millionième la valeur de la pression de l'air au temps zéro, après une centaine de calculs successifs de ce que serait la pression et la température, au bout d'une semaine, un mois, deux mois, etc., la petite variation du début produisait des différences considérables. Comme une goutte d'eau tombant sur une crête du sud du Massif central qui peut finir sa vie soit en Méditerranée, soit dans l'Atlantique, ce devenir dépendant de son lieu de chute à quelques centimètres près !

La fameuse relation de cause à effet chère aux

Grecs n'est plus respectée ! Lorenz, pour imager son propos, déclara : « Le vol d'un papillon aujourd'hui à Boston peut changer le temps qu'il fera dans six mois ! » On appelle cela l'effet papillon. Il reçut pour cela le premier prix Craaford en 1983.

Indépendamment de cela, dix ans plus tard, un mathématicien australien reconverti en écologiste Robert May (aujourd'hui lord May) étudiait l'évolution des populations de poissons – avec une perspective d'application importante pour les pêcheries australiennes –, il avait établi [1] des équations traduisant les observations et cherchait à calculer le comportement des équations dans un certain nombre de conditions.

Comme Lorenz, il faisait cette exploration à tâtons, changeant tel ou tel paramètre. Son équation était ce qu'on appelle une équation par itération. Connaissant la population en un temps donné (t), il calculait ce que serait la population au temps suivant (t + 1). Puis, il recommençait l'opération pour avoir le comportement total au cours du temps. Quelle ne fut pas sa surprise de constater que pour une certaine valeur des paramètres, le résultat obtenu était totalement imprévisible. C'était n'importe quoi ou presque. Des chiffres suivaient des chiffres sans cohérence, n'importe comment.

Pourtant, le calcul était clair, net, bien défini et tout et tout. Le résultat était aléatoire. Vous ne me croyez pas ? Pour ceux qui sont courageux et ont une petite calculette, vérifiez vous-même.

Calculez U (n + 1) suivant la formule :

U (n + 1) = a U (n) (1 – U (n)).

1. En fait, ces équations avaient été établies par le mathématicien italien Volterra au début du siècle avec le célèbre problème de la survie des raies et des requins dans la mer Adriatique.

Vous prenez une valeur de U (n) comprise entre 0 et 1, par exemple 0,41 ou 0,53..., vous calculez (1- U (n)).

Vous multipliez le chiffre obtenu par U (n) puis par a et vous avez le résultat. Il ne vous reste alors qu'à continuer c'est-à-dire à remplacer U (n) par U (n + 1) que vous venez de calculer pour pouvoir calculer U (n + 2) et ainsi de suite U (n + 3), U (n + 4)... Compris ? Alors, allons-y !

Prenez pour commencer U (n) = 0,4 et a = 3,5

Vous allez obtenir successivement 0,84-0,47704-0,8719-0,3908 etc. (Continuez vous-même !)

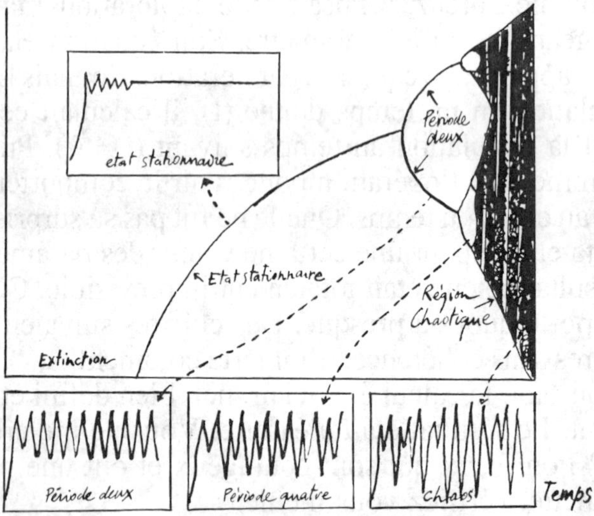

Ce diagramme semble un peu compliqué.
En fait, c'est l'illustration de l'expérience décrite dans le texte. En ordonnée, c'est le paramètre « a » que l'on augmente depuis « o » jusqu'à de grandes valeurs (l'exercice l'avait fixé à 3,5). L'abscisse suit les valeurs obtenues successivement. On voit qu'au début on reste à zéro, puis on obtient une seule valeur, puis on oscille entre deux valeurs, puis quatre, puis le chaos.

Ce résultat est extraordinaire, une formule mathématique simple conduit à des nombres qui se succèdent de manière aléatoire alors que le calcul est lui-même totalement déterminé ! Ce qui est encore plus surprenant, c'est que Robert May montra que ces équations s'appliquaient à des évolutions de populations animales réelles.

Autrement dit, il y a un passage continu entre le monde déterministe et le monde probabiliste. Le hasard, ce fameux hasard dont on ne sait pas bien ce qu'il signifie et sur lequel les plus grands esprits depuis Pascal et Leibniz se sont penché, se cache dans ce passage, il faut bien le dire, fascinant et mystérieux.

Les groupes français à l'Ecole normale supérieure autour d'Albert Libchaber et à Saclay autour du très regretté Pierre Bergé ont à la même époque étudié les phénomènes de convection (*voir* : CONVECTION), mais cette fois de manière expérimentale en chauffant les liquides par en dessous et en observant leurs comportements. Ils ont découvert que cette convection pouvait être tranquille, régulière, mais que lorsqu'on chauffe trop, elle devenait totalement imprévisible, chaotique puis, en chauffant un peu plus, de nouveau calme, puis de nouveau imprévisible... La théorie mathématique de ces phénomènes relatifs aux fluides a été faite par David Ruelle de l'Institut des hautes études de Gif-sur-Yvette et à partir de là, on a développé toute une panoplie de méthodes mathématiques relatives à ces phénomènes. Les mathématiciens, qui ne s'étaient guère intéressés à ces problèmes, se réveillèrent en se souvenant que ces questions de passage de l'aléatoire au déterminisme avaient été abordés au début du XXe siècle par Henri Poincaré, mais qu'on n'avait guère fait attention à son travail.

Ils ont formalisé tous ces comportements de manière plus compacte et ont donc permis d'en mesurer toute la généralité. C'est dans ce genre d'approche que les mathématiques sont irremplaçables pour faire avancer la science.

Ces processus de chaos sont dans la nature généraux et aujourd'hui on en trouve des exemples dans tous les domaines de la physique, mais aussi de la biologie, de la chimie et, bien sûr, des géosciences d'où ces concepts ont émergé.

Chercheu(r)(euse)

On prête au général de Gaulle ce mot cruel adressé à Gaston Palewski (appelé, à cette époque, « la Violette » par *Le Canard enchaîné*), alors ministre d'Etat, ministre de la Recherche et qui lui demandait d'augmenter le budget de la recherche pour augmenter le nombre de chercheurs : « Des chercheurs, nous en avons, ce qui nous manque, ce sont des trouveurs ! » Boutade qui fut traduite ensuite en aphorisme : « Des chercheurs on en trouve, des trouveurs on en cherche. » Cette boutade était à la fois vraie et totalement injuste à l'époque où elle était prononcée.

A cette époque, nous n'avions pas assez de chercheurs et c'est le mérite du gouvernement de Michel Debré d'avoir permis de rattraper ce retard et d'avoir doté la France d'une solide cohorte de chercheurs, même s'ils sont sans doute mal répartis.

Les chercheurs sont des gens dont l'occupation professionnelle est la recherche scientifique. On dit : je suis chercheur au CNRS, chercheur à l'INSERM, etc.

Il existe aussi des chercheurs dans les sociétés privées, mais, généralement, ils ne s'appellent pas chercheurs, ils préfèrent le nom d'ingénieurs.

Ce nom de chercheur, qui est aujourd'hui celui d'une profession, a pendant longtemps été un qualificatif.

« Je suis un chercheur » pouvait être prononcé par un ébéniste, un plombier cherchant à inventer une nouvelle chasse d'eau, un ingénieur bien sûr ou un instituteur cherchant à améliorer sa manière d'enseigner.

Cette confiscation d'un mot et donc la restriction à une catégorie dont c'est la profession est-elle une bonne chose ? C'est comme dans les agences de publicité où, paraît-il, il y a des « imaginatifs » catalogués et il y a les « autres » ! C'est discutable pour les uns et pour les autres.

Chercheur, dans la configuration où on l'entend aujourd'hui, est en effet un métier extrêmement difficile et même très pénible. Certes, le chercheur dispose (en principe) d'une liberté d'emploi du temps, d'un prestige dans la société qui font penser que ce métier est enviable. En fait, le chercheur est soumis à cette exigence lancinante que pointait du doigt le général de Gaulle : trouver, plus prosaïquement produire un travail nouveau et intéressant pour la science ou pour ses applications. Or l'innovation n'est pas un exercice facile, surtout dans la durée.

Pour exercer ce métier, on dit souvent qu'il faut deux conditions : « avoir des idées » et « être capable de les développer ».

La première demande de l'imagination, la seconde des capacités techniques. Pour le théoricien, c'est de pouvoir manipuler le langage abstrait, c'est-à-dire souvent les mathématiques pour l'expérimentateur, être capable de bien comprendre et de bien utiliser un appareillage de plus en plus complexe, pour l'observateur, de savoir distinguer dans le fatras apparent que nous présente la nature le détail signifiant. Or cette activité créatrice est évaluée d'une manière impitoyable.

Le résultat de cette recherche s'exprime sous forme d'articles publiés dans des revues spécialisées. *Publish or perish*, affirme un proverbe américain. Celui qui ne publie pas disparaît. Et celui dont la publication n'a pas de succès est en grande difficulté de carrière, mais surtout psychologique.

La publication n'est pas en elle-même une opération simple.

Chaque article est soumis à deux ou trois lecteurs dit de référence, choisis par le responsable de la revue qu'on appelle éditeur (adaptation du nom anglais). Ces lecteurs donnent un avis sur la publication, ou non, de l'article.

Suivant le niveau de la revue, cet imprimatur est plus ou moins difficile à obtenir, les lecteurs, les éditeurs sont, pour des raisons de compétences, eux-mêmes des chercheurs donc souvent des compétiteurs avec l'auteur. Ainsi, la recherche peut être considérée comme un jeu dont les arbitres sont aussi les joueurs, échangeant les fonctions à tour de rôle.

Ce jeu est psychologiquement très dur. Les revues jouent le rôle de filtre qu'on appelle en électronique passe-bande. Elles éliminent les articles de mauvaise qualité, soit que la recherche elle-même est médiocre, soit qu'elle est mal présentée ou mal écrite, mais elles ont aussi tendance à éliminer les articles originaux, ceux qui sortent trop de l'ordinaire.

En fait, beaucoup des articles les plus importants dans l'histoire des sciences ont eu du mal à être publiés.

Néanmoins, en général, avec l'obstination des auteurs, ils y parviennent. Heureusement !

Ce métier est donc, nous l'avons dit (c'est la troisième fois !), très rude psychologiquement. Comme tous les métiers de création, chacun met dans son travail tout ce qu'il porte en lui-même, toutes ses capacités. Lorsqu'il ne rencontre que scepticisme ou critiques, cela se traduit par une blessure très profonde qui atteint le soi d'une manière cruelle.

Or la nouveauté, l'innovation est en général mal reçue lorsque vous présentez un résultat original, la réaction de la communauté concernée suivant une séquence trop connue.

« C'est faux », puis « ça n'a aucun intérêt », puis, après avoir passé ce filtre, « ce n'est pas nouveau, d'autres l'avaient trouvé avant vous ».

Car le chercheur est par définition enthousiaste pour ses propres travaux, critique pour ceux du voisin !

Il n'est pas prêt à accueillir facilement les idées nouvelles et à bouleverser sa logique mentale. Comme nous l'expliquons plus loin, les découvertes sont lentes à pénétrer.

Mais, bien sûr, il y a découvertes et découvertes. Celles de premières grandeurs, ce que le philosophe des sciences Thomas Kuhn appelle les paradigmes, finissent tôt ou tard par percer, mais les apports plus modestes, moins spectaculaires, ont beaucoup de mal à résister à l'érosion des collègues.

Cela correspond tout à fait à la théorie de René Girard, qu'il appelle *Mimesis*, suivant laquelle il y a opposition entre l'individu et le groupe. L'individu cherche à se distinguer, à être original, alors que le groupe cherche au contraire à ce que tout soit uniforme, que ses composantes soient semblables. Cette théorie a été traduite dans ce merveilleux roman de Lewis *Pourquoi j'ai mangé mon père*, qui se passe à l'époque des australopithèques. mais s'il en est ainsi, on peut se poser la question : mais comment alors la science avance-t-elle ?

Réponse : graduellement, par des avancées mineures que peut admettre le groupe. Et puis, bien sûr, parfois par des révolutions qui donnent lieu à des batailles (relativité, évolution) ou sont ignorées (lois de Mendel, théorie de Wegener). Le chercheur vit intensément cette ambiance difficile, dans laquelle il doit faire aboutir ses projets.

A cela s'ajoute le facteur temps. L'imagination, l'enthousiasme, l'acharnement, la confiance en soi-même, le doute créatif, toutes ces qualités indispensables au chercheur finissent par s'éroder avec le temps. Le « vieux chercheur » qui devient moins productif passe alors par une phase très difficile de sa vie où il remet beaucoup de choses en question. S'il n'est pas enseignant ou administratif, sa vie est difficile.

Cette évolution naturelle est devenue aiguë avec la mondialisation.

La mondialisation de la recherche est bien sûr un phénomène très ancien. Au XVIIe siècle, les scientifiques correspondaient et échangeaient courriers et idées. Au XXe siècle, avec la multiplication des revues scientifiques, des colloques, des congrès, l'internationalisation est devenue pratique courante. La recherche n'a pas de frontières, c'est bien connu.

Ce qui est nouveau depuis dix ans dans le processus de mondialisation, c'est la naissance d'une société scientifique non pas seulement internationale, mais mondiale et, pourrait-on dire, multiculturelle. Il y a trente ans, le jeu scientifique se déroulait entre Américains, Européens et Japonais. Aujourd'hui, il faut y adjoindre Chinois, Indiens, Coréens, Russes, mais aussi Brésiliens et Taïwanais.

L'origine des prix Nobel est sur ce point une indication tout à fait éclairante.

Dans cette société mondiale, la diffusion de l'information est instantanée et les échanges de chercheurs sont généralisés.

Il n'y a plus de frontières pour le savoir, mais il n'y a plus de frontières non plus pour juger l'originalité du travail.

Autrefois, on disait de tel chercheur « sur le plan français il est bon ». Aujourd'hui, cela ne veut rien dire. Etre bon, c'est produire un travail signifiant, internationalement reconnu, original et contributif au progrès.

Du coup, l'exigence de qualité et d'originalité est devenue plus grande. La pression sur les chercheurs est devenue plus forte, la compétition est devenue plus féroce.

Du coup, la question se pose : peut-on rester chercheur professionnel à plein temps et toute une vie ?

En 1982, la France a pris une décision historique contre l'avis du ministre de la Recherche de l'époque, Jean-Pierre Chevènement, et sous l'influence communiste : on a fonctionnarisé les chercheurs des organismes publics. Ce cas est unique au monde. A-t-on rendu service à la recherche ? A-t-on rendu service aux chercheurs eux-mêmes ?

On leur a, certes, apporté la sécurité de l'emploi, mais dans l'ancien système contractuel ils n'étaient pas menacés, mais ne les a-t-on pas enfermés dans un ghetto faussement confortable ? N'a-t-on pas tué leur indispensable mobilité ?

Dans les société privées qui entretiennent des laboratoires de recherche, il est rare que le métier de chercheur soit permanent, à vie. Les ingénieurs sont affectés un temps dans les labos de recherche puis ensuite en opération, au marketing ou dans des tâches de gestion, quitte à revenir ensuite vers les laboratoires de recherche qu'ils fécondent alors avec leurs expériences.

Aux Etats-Unis, qui représentent à eux seuls la moitié de la production scientifique mondiale et sans doute les deux tiers de l'innovation technologique, il n'y a que très peu de chercheurs à plein temps à vie.

On est chercheur à plein temps pendant la préparation de thèse (cinq ans) puis pendant deux ou trois ans (stage postdoctoral), ensuite on est généralement professeur à l'université où le temps et le salaire sont partagés entre recherche et enseignement. La recherche, sans sa traduction dans l'enseignement, n'est pas la bonne solution.

Il ne faut pas pour autant nier la qualité de grands organismes de recherche comme le CNRS en France, le Max Planck Institute en Allemagne ou le Riken au Japon, mais chacun s'accorde aujourd'hui (que ce soit les ministres allemand, japonais ou français) à penser qu'il faut progressivement intégrer les organismes de recherche dans une symbiose plus étroite avec les systèmes universitaires de ces pays et faire en sorte que la majorité des chercheurs soit aussi constituée d'enseignants.

Sans doute que dans les bons résultats du système des enseignants-chercheurs américains y a-t-il comme composante la fécondation croisée qui s'instaure avec les étudiants, mais aussi le transfert de connaissance que ces étudiants-chercheurs emportent avec eux lorsqu'ils vont dans l'industrie.

Car pour revenir à ce que nous disions plus haut, être chercheur c'est plus une attitude qu'une profession. L'attitude de recherche s'applique partout. Inventer, innover permet de progresser dans tous les domaines, la science, la connaissance, l'art, l'administration, la gestion, etc. Or chercher, innover n'est pas certainement à ce qu'on pense une qualité uniquement innée, bien que certains sujet soient plus doués que d'autres pour cela, mais innover s'apprend.

Comment ? En pratiquant ! C'est-à-dire en inventant, en innovant, pour réaliser une œuvre personnelle.

Or les « princes qui nous gouvernent » dans les entreprises ou au sommet de l'Etat n'ont, pour la plupart, jamais réalisé une œuvre personnelle, une thèse, un travail de recherche. Comment pourraient-ils inventer des solutions pour notre monde ? Le contraste est total avec les Etats-Unis.

La plupart des dirigeants des grandes entreprises américaines sortent des universités où ils ont fait une thèse. Saviez-vous que Jimmy Carter ou Bill Clinton ont fait des thèses ?

En France, quelques-uns ont eu une formation comparable, mais trop rarement. Et si DSK a eu une politique économique plus imaginative que d'autres, sa formation universitaire n'y est pas étrangère !

Mais comment évalue-t-on un chercheur ?

C'est à la fois facile s'il s'agit de le ranger ou non

dans la bonne moyenne. C'est beaucoup plus difficile pour savoir si c'est un chercheur de grand talent.

Cela jusqu'à 45 ans !

Un grand physicien américain, Freeman Dyson a dit que les chercheurs pouvaient être classés en deux grandes catégories.

Ceux qui ouvrent des voies nouvelles, qui inventent de nouvelles problématiques ou plus rarement de nouvelles disciplines et ceux qui résolvent des problèmes déjà posés. Cette vision est bien trop schématique et un peu ancienne bien que souvent citée.

La recherche aujourd'hui est multiforme.

Certaines recherches, de plus en plus rarement, sont individuelles – c'est souvent encore le cas en physique théorique. D'autres, c'est le cas général, se font au sein d'équipes ou de collaborations multiples. D'autres enfin se font autour de très gros instruments avec des équipes gigantesques. C'est le cas en physique des particules – où parfois un article est plus court que la liste des auteurs ! – ou en physique spatiale. C'est le cas aussi dans certaines équipes de génie génétique où l'on s'attaque à décoder des chaînes immenses de nucléotides.

Le jugement est donc difficile, car, au sein d'une équipe, qui a fait quoi ? Parfois, les membres de l'équipe eux-mêmes ne savent pas quand et comment est venue l'idée décisive, parfois il n'y a pas eu une idée, mais une innombrable série d'idées qui ont fait germer un résultat.

Jugement instantané difficile donc. On tente de le codifier par exemple en croisant deux systèmes parallèles : l'index de citation (*voir* : CITATIONS) et les lettres d'évaluation écrites par des collègues.

Rien n'est bien sûr parfait, mais une fois encore,

on arrive à identifier le chercheur de qualité d'âge mûr. Pour les jeunes, c'est très difficile.

La qualité de l'équipe, les thèmes de recherche qu'elle poursuit, la qualité du patron font que la qualité propre du jeune chercheur est souvent délicate à évaluer.

Autre difficulté de jugement dans le temps, un chercheur, aussi brillant soit-il, n'est pas productif de façon constante tout au long de sa vie.

Donnons deux exemples particulièrement illustratifs. Albert Einstein qui fut à l'origine de pratiquement toute la physique moderne écrivit cinq articles réellement géniaux. Trois en 1905 qui allaient fonder la mécanique quantique et la relativité restreinte. Un en 1916 sur la relativité générale, un autre avec le jeune indien Bose sur les statistiques quantiques. Plus quelques autres dans cette période. Pourtant, après 1930 il écrivit près de 100 articles dont aucun n'a laissé de traces. Passons à Newton. A l'âge de 20 ans, isolé par la peste dans son village de Woodstrope, il travaille et découvre les lois de la gravitation. Il revient à Cambridge, fabrique un télescope à miroir et réalise ses fameuses expériences de décomposition de la lumière en couleurs et la recomposition en lumière blanche par mélange de couleurs. Puis, pendant quinze ans, il s'adonne à l'alchimie. Puis, nouveau moment de fièvre, il écrit ce magnifique livre les *Principia*, premier ouvrage de science dans un sens moderne du terme (mais aujourd'hui très difficile à lire et à comprendre). Mais ce sera son chant du cygne. Il ne fera ensuite qu'intriguer, polémiquer, tricher (oui, tricher) et gagner de l'argent à la Banque d'Angleterre...

Alors, lorsqu'un chercheur valeureux marque le

pas et innove moins, il ne faut pas s'en étonner, mais il faut veiller qu'il féconde autour de lui les jeunes qui lui succéderont. L'enseignement est la prolongation naturelle de la recherche.

Chimie

La chimie est la science qui se préoccupe d'étudier la composition, la structure, le comportement et la fabrication des matériaux. Le mot matériaux étant pris dans une acception large, incluant solides, liquides et gaz.

D'une manière plus précise et plus savante, la chimie se préoccupe de la manière dont les 92 atomes qui constituent le tableau de Mendeleieff (et dont chacun définit un élément chimique) peuvent se combiner pour donner des composés et quelles sont les propriétés de ces composés. Ces composés sont soit des **molécules**, soit des **cristaux**.

Pour réaliser ce programme, la chimie utilise deux méthodes complémentaires.

L'analyse et la synthèse.

L'analyse chimique consiste à prendre un composé, à déterminer les éléments chimiques qui le composent et à reconstituer sa structure, c'est-à-dire la manière dont les atomes s'assemblent pour donner le composé que nous observons.

Ainsi l'analyse chimique va-t-elle nous apprendre que l'eau est faite d'hydrogène et d'oxygène. Puis, de manière plus précise, allons-nous apprendre que la molécule d'eau, l'unité élémentaire, se compose de deux atomes d'hydrogène et d'un atome d'oxygène.

Poussant plus avant l'investigation, on va découvrir que la molécule d'eau a une forme de triangle, le « gros » atome d'oxygène ayant des sortes d'oreilles d'hydrogène.

H_2O

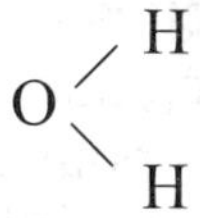

Formule simple — Formule développée

REPRÉSENTATION STRUCTURALE

On va alors savoir que lorsque l'eau est gazeuse, les molécules d'eau sont indépendantes et presque isolées. Lorsque l'eau est liquide, elles sont libres, mais pas tout à fait ; leurs mouvements sont gênés par les interactions entre molécules lorsque l'eau est solide, le composé s'appelle glace, les molécules d'eau s'assemblent en formant des hexagones, ce qui donne les merveilleux cristaux de neige.

La chimie de synthèse, elle, se propose de savoir comment on peut fabriquer les composés chimiques, que ce soit l'eau, le savon ou de gros polymères ou même de l'immense ADN (ambition suprême et jusqu'ici non réalisée !).

Pour l'eau, on constate que si on met de l'hydrogène et de l'eau en présence, à température ordinaire, il ne se passe rien. On chauffe une petite étincelle et on assiste alors à une énorme explosion ! On a réalisé la synthèse de l'eau. C'est ce qu'on voudrait utiliser dans les voitures de demain qui fonctionneraient en rejetant dans l'atmosphère de l'eau ! Le mythique « moteur à eau » verra peut-être le jour !

Pour préparer le savon, il faut utiliser de la soude

NaOH et une série de graisses. On étudie la vitesse à laquelle ces réactions chimiques se produisent, leurs rendements, leurs conditions optimum. Ce domaine s'appelle la cinétique chimique.

La chimie de synthèse est donc constituée d'une série de « recettes » pour fabriquer des molécules simples, puis comment on peut associer ces molécules simples pour donner des molécules plus grosses. Ces fabrications demandent toutes des astuces faites d'étapes intermédiaires, de procédés plus ou moins complexes pour empêcher des liaisons intempestives ou au contraire éviter la cassure d'autres liaisons pendant la phase préparatoire, etc.

Or les ressources de la chimie pour fabriquer des nouveaux produits, des nouveaux matériaux sont infinies : parfums, plastiques, caoutchouc, médicaments, textiles... tout est chimie, tout part de la chimie.

Le chimiste est un sculpteur de nouvelles molécules, un inventeur d'avenir, un artiste du matériel !

La chimie, c'est l'imagination au pouvoir ! Une imagination sans limites. Car pour donner libre cours à son imagination, le chimiste dispose de 92 éléments chimiques qu'il peut associer 2 à 2, 3 à 3, 4 à 4, etc., sous forme de composés dont la taille est sans limite. Molécules à deux éléments jusqu'aux macromolécules à des milliards d'atomes.

Il faut insister sur un point qui est rarement bien compris. La chimie, c'est l'inverse de la physique ! La physique poursuit le rêve de l'unification de toutes ses lois, de toutes ses forces.

La chimie, elle, c'est la pratique de la diversité. Vous changez un type d'atome dans une molécule et vous changez la couleur, l'odeur, l'apparence de la molécule.

Tout part de la chimie. Le monde dans lequel nous vivons dépend de la chimie. C'est la chimie qui donne la forme aux objets, leur couleur, leur odeur, leur dureté, leur prix ! La chimie joue un rôle majeur dans toutes les disciplines. En plus de la chimie industrielle ou de laboratoire, il existe une biochimie, une géochimie, une cosmochimie. Bref, la chimie envahit toutes les disciplines et prend dans chacune des rôles centraux !

Chine (science chinoise)

C'est un lieu commun que d'affirmer que la Chine nous a précédés dans beaucoup de découvertes scientifiques et surtout technologiques.

Depuis trente ans, cette affirmation assez vague et dont les exemples éternellement cités sont le papier, l'imprimerie, la poudre à canon, la boussole s'est transformée en connaissance précise et solide grâce à l'anglais Joseph Needham qui y a consacré pas mal de son temps d'historien des sciences[1].

Certes, bien avant Jésus-Christ, les Chinois avaient sur nous une avance considérable en mathématiques. Ils ont déjà inventé l'algèbre avec le zéro, les nombres négatifs, les fractions décimales, le nombre. Ils savent résoudre des équations. Depuis le IVe siècle av. J.-C., ils connaissent la boussole et les lois du magnétisme, lois qui ne seront découvertes en Occident qu'au XIIIe siècle par Pierre de Maricour puis redécouverts par Gilbert, médecin de la reine

1. Joseph Needham, *La Science chinoise et l'Occident*, Seuil, 1969

Elizabeth Ire au XVIe siècle. Ils ont bâti des éphémérides des astres et savent se repérer en bateau en observant le ciel dès le IVe siècle apr. J.-C. Depuis le IIe siècle, ils connaissent le papier, les allumettes, la fonte et l'acier, la charrue à soc de fer. Ils connaissent la propagation du son et la notion d'ondes et construisent des salles de théâtre à l'acoustique parfaite. Ils découvriront même au XVIIe siècle la manière de forer le sol pour récupérer le gaz et se chauffer, mais aussi ce produit liquide qu'on appellera pétrole et dont ils ne savent que faire. En l'an mille, ils inventent le sismographe et la sismologie.

Pourtant, cette activité d'innovation technologique qui a permis un développement rapide de la société chinoise avant Jésus-Christ et au Moyen Age va petit à petit péricliter.

Et pourtant, dès le VIe siècle, les empereurs vont organiser de véritables centres de recherche, institutions où l'on regroupe les « chercheurs » payés et entretenus par l'Etat. Pourtant, ces centres intellectuels vont progressivement se transformer en centres administratifs destinés à préparer aux métiers de l'administration impériale et aux emplois techniques publics. Les instructions données aux découvreurs sont de se préoccuper surtout des applications pratiques [1].

Les interrogations sur l'origine du monde ou les lois de la nature ne fleurissent pas en Chine. On est pratique avant tout. Pas de spiritualité, pas de recherche des origines. Le culte des ancêtres gêne de plus en plus le progrès. Qu'importe, Confucius enseigne que l'harmonie de la société est un objectif plus important que le savoir intellectuel. Et à partir

1. Robert Temple, *Quand la Chine nous précédait*, Bordas, 1988.

du VIIe siècle, la science et la technologie chinoises se figeront et peu à peu leur avance s'amenuisera. Bureaucratie, excès d'objectifs pratiques, absence de réflexion philosophique et de recherche fondamentale, tout a contribué à étouffer la science chinoise.

Après un millénaire de torpeur, la Chine scientifique se réveille aujourd'hui et il y a gros à parier que, d'ici vingt ans, la Chine sera le principal compétiteur scientifique et technologique des Etats-Unis.

Le responsable de cette résurrection de la science chinoise a un nom : Deng Xiaoping. C'est lui qui, au cours d'un voyage aux Etats-Unis, réalise l'immense retard qu'a pris la Chine en science et technologie et décide d'envoyer aux Etats-Unis de jeunes Chinois (dont son propre fils !) pour étudier la science (l'ex-URSS, même sous Gorbatchev, n'a jamais eu cette intelligence, cette lucidité, qui, bien sûr, demande aussi pas mal de modestie !).

Aujourd'hui, les premiers résultats apparaissent. Ce sont les Chinois qui ont réalisé le séquençage du génome riz avec des séquenceurs automatiques et des ordinateurs entièrement chinois. Ce sont les Chinois qui apportent déjà leur pierre au développement des nanotechnologies...

« Quand la Chine s'éveillera, le monde tremblera », disait Napoléon Bonaparte.

C'est fait.

Chromosomes

Les chromosomes sont les supports de l'hérédité biologique.

Un chromosome est constitué par une double hélice d'ADN entourée d'une enveloppe de protéines. Les chromosomes vont par deux, l'un venant du père, l'autre de la mère. Bien qu'ils ne soient cependant pas identiques aux chromosomes du père et de la mère. Ce sont de chaque côté des réassortiments par recombinaison génétique des chromosomes des grands-pères et des grands-mères.

Une paire de chromosomes est donc constituée par une gigantesque compaction des énormes molécules d'ADN. Ce sont eux qui portent le message génétique qui est constitué par des gènes mis les uns à côté des autres.

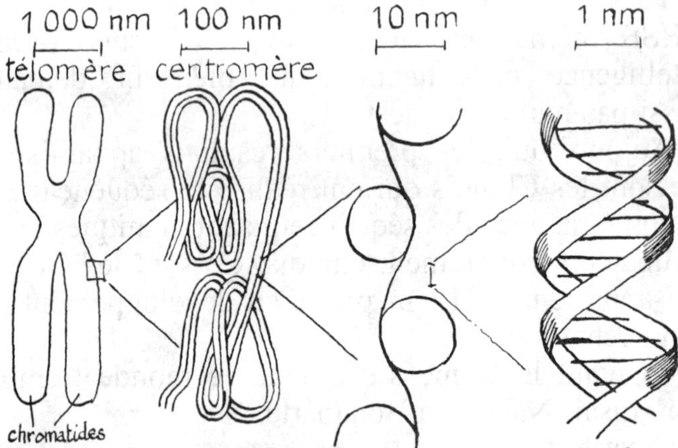

Schéma montrant la constitution intime d'un chromosome depuis son observation au microscope jusqu'à sa structure en ADN (« nm » signifie nanomètre 10^{-9} mètre).

On a découvert les chromosomes bien avant de savoir de quoi ils étaient constitués. Leur nom vient du fait qu'ils se colorent lorsqu'on introduit dans la cellule des colorants. Leur forme n'est pas une double hélice, mais une sorte de bâtonnet souple.

Chez les êtres supérieurs (euraryotes), les chromosomes se trouvent dans les noyaux cellulaires de toutes les cellules d'un être vivant.

La grande particularité concerne les cellules sexuelles (spermatozoïdes, ovules) qui, elles, n'ont qu'un seul chromosome de chaque paire. Lors de la fécondation, il n'y a plus de cellules sexuelles, c'est le génome du nouvel individu (*voir* : MÉIOSE, MITOSE).

François GROS, *Les Secrets du génie*, Odile Jacob.
François JACOB, *La Logique du vivant*, Gallimard.

Chute des corps (on disait autrefois chute des graves)

C'est sûrement le problème le plus emblématique de la nature des lois physiques, mais aussi qui illustre le mieux la démarche historique des sciences.

Dans cette question, il faut distinguer deux questions qui sont, hélas, trop souvent mêléés.

Première question : entre deux corps de masses différentes, lequel tombe le plus vite ? Seconde question : lorsqu'un corps tombe sur le sol, quelle est la loi qui décrit sa vitesse ?

Pour l'histoire officielle des sciences, c'est Galilée qui a répondu aux deux questions et c'est Newton qui a explicité les réponses. Donnons-les dès l'ouverture, car on ne peut comprendre une démarche scientifique historique si l'on ne connaît pas le dénouement !

Premier problème. Sur des distances faibles, de

l'ordre du mètre ou de 10 mètres, deux objets de forme massive tombent de manière identique. Lancés ensemble, ils arrivent ensemble au sol.

Second problème. La vitesse augmente proportionnellement au temps depuis lequel on laisse tomber l'objet. Le mouvement est uniformément accéléré.

Nous allons partir de ce que dit Aristote, car c'est la référence historique autour de laquelle vont se cristalliser les diverses controverses.

Aristote affirme :

1) Les objets tombent d'autant plus vite qu'ils sont plus lourds.

A l'appui de cette affirmation, il avance une observation irréfutable : un gland tombe plus vite qu'une feuille de chêne.

2) Les objets tombent à une vitesse uniforme dès qu'on les a mis en mouvement.

Il fait référence à l'observation courante sans bien préciser. Ce qui est intéressant dans les affirmations d'Aristote, c'est qu'elles font appel à l'expérimentation, à l'observation et non pas à un préjugé théorique.

A partir de là, pendant le Moyen Age, qu'on confond trop souvent avec une période d'obscurantisme absolu, un moine, Jean de Phillipon (de son nom Ioannes Grammaticus), fait une série d'expériences en laissant tomber des objets et affirme :

1) Tous les objets tombent de manière identique quelle que soit leur masse. Les objets tombent en accélérant. Il ne précise pas de quelle manière.

Ces expériences ont lieu à Alexandrie en 550 apr. J.-C., c'est-à-dire à peu près à l'époque où Clovis régnait sur la France !

Le problème va être repris au XIVe siècle (plus

exactement les témoignages que l'on possède datent de cette époque sans que l'on ait de traces des périodes intermédiaires, ce qui ne prouve pas qu'on n'ait pas travaillé).

Un débat va s'instaurer et deux théories vont s'affronter, cette fois uniquement sur la loi de chute des corps. Les protagonistes sont d'accord pour affirmer que la chute est de type accélérée, mais le débat porte sur la loi qui contrôle cette accélération.

Pour Albert de Saxe, qui enseignait en Sorbonne en 1350, la vitesse augmente proportionnellement à la distance parcourue. Pour Nicolas Oresme (1323-1382) (*voir* : ORESME), la vitesse augmente proportionnellement au temps depuis lequel on a lâché l'objet. C'est effectivement la bonne réponse. Ils ne disent rien, semble-t-il, de la chute comparative de deux corps de masse différente.

Pourtant, sous l'influence de Thomas d'Aquin, on va continuer à enseigner la physique d'Aristote. Au XVIe siècle, Léonard de Vinci va s'attaquer au problème et va, expérimentalement, établir une loi compliquée qui se révèlera fausse.

A la fin du XVIe siècle, Galilée s'attaque au problème expérimentalement. Sur le premier problème, après une période de tâtonnements où il est influencé par les erreurs de Léonard de Vinci, il établit que deux objets compacts tombent de manière identique quelle que soit leur masse. Il explique l'erreur d'Aristote. Ce dernier n'a pas tenu compte de la résistance de l'air. Une feuille de chêne de forme plate est très sensible à la résistance de l'air alors que le gland, plus compact, y est moins sensible. C'est pourquoi, lorsqu'on fait l'expérience, il faut prendre deux objets de forme compacte (faites l'expérience par exemple avec une boule de papier froissée et un objet lourd quelconque). Pour que l'expérience soit indépendante de la forme de l'objet, il faudrait en toute rigueur faire l'expérience dans le vide (ce que fera l'astronome Scott sur la Lune en laissant tomber une plume d'aigle et un marteau de géologue), mais sur de faibles distances dans l'air l'expérience est presque parfaite.

Galilée s'attaque alors à déterminer la loi exacte de chute. Il fit donc des expériences. On parle souvent d'expériences qu'il aurait réalisées à la tour de Pise, sa ville natale. C'est possible, mais non prouvé. Ce qui l'est, c'est que d'autres avant lui avaient fait ces expériences et qu'il en connaissait les résultats.

Il commença donc ses expériences de chute d'objets en les laissant tomber verticalement. Très rapidement, il se rendit compte d'une difficulté. Galilée n'avait pas de chronomètre. Il ne pouvait mesurer les petits intervalles de temps. Bien sûr, on avait à cette époque des clepsydres à eau, mais elles n'étaient pas à même de mesurer des données comme une, deux ou trois secondes.

Galilée eut alors l'idée de faire des expériences le long de plans inclinés dont il pouvait faire varier l'inclinaison. Il lâchait une bille dans la rainure centrale et observait sa chute. Dans un premier temps, il utilisa la technique de la clepsydre pour mesurer le temps. Il ouvrait un robinet lorsqu'il lâchait la bille et il le fermait lorsque la bille était en bas. Comme il avait recueilli l'eau qui s'était échappée dans l'intervalle, la pesée de cette dernière lui donnait une mesure relative du temps.

Puis, et c'est là sans doute un trait de génie remarquable, Galilée a eu l'idée d'étudier la vitesse de chute en fonction de l'angle du plan incliné et de passer à la limite verticale (90°) pour obtenir la loi de chute.

Galilée a donné la loi de comportement, mais il n'a pas donné la loi causale. C'est Newton qui, au milieu du XVIIe siècle, donnera la loi de chute en établissant que tout corps soumis à une force constante et de même direction est sujet à un mouvement uniformément accéléré. Un objet soumis à la force de gravitation terrestre est donc soumis à un mouvement vertical uniformément accéléré.

Le fait que deux objets de masses différentes suivent la même loi est plus difficile à expliquer car on a tendance à raisonner ainsi.

Suivant la seconde loi de Newton, deux corps de masse M_1et M_2 s'attirent suivant le produit de leur masse et l'inverse du carré de leur distance. Donc, deux objets de masse M_1 et m_1 sur lesquels agit la même force d'attraction de la masse terrestre M_2 à la même distance sont donc soumis à deux forces dont le rapport est $\frac{M_1}{m_2}$.

Suivant ce raisonnement, l'objet de masse M_1 devrait tomber plus vite que celui de masse m_2 et beaucoup plus vite même si M_1 est très supérieur à m_2. Or l'expérience contredit ce raisonnement pourtant « intuitif ». Pourquoi ?

Parce qu'il faut tenir compte d'un troisième principe, celui dit d'inertie. Tout corps s'oppose au mouvement proportionnellement à sa masse. Chaque masse est attirée par la Terre suivant sa masse, mais se met en mouvement inversement à sa masse. La masse s'élimine des équations. C'est un résultat non intuitif. La masse gravitative est la même que la masse d'inertie. Einstein partira de là lorsqu'il développera la relativité (voir le livre de Thibault Damour donné en référence à la fin du livre).

C'est pourquoi la chute des corps doit être considérée comme l'un des symboles les plus illustratifs de ce que sont les lois physiques.

Cinétique chimique

C'est la science qui étudie les réactions chimiques. Une réaction chimique est le mécanisme qui, à partir d'un mélange d'atomes ou de molécules, fabrique de nouvelles molécules.

Exemple :

$$H_2 + \frac{1}{2} O_2 \rightarrow H_2O + \textit{chaleur}$$

Hydrogène + oxygène → eau + chaleur

est une réaction chimique qu'on dit exothermique,

$$CH_4 + 2O_2 \rightarrow CO_2 + 2H_2O + \text{chaleur}$$

Méthane + oxygène → gaz carbonique + eau

est une autre réaction chimique, c'est la combustion du méthane.

Une réaction chimique consomme ou dégage de la chaleur lorsqu'elle en consomme, on appelle cela réaction *endo*thermique.

Lorsqu'elle en dégage, on parle de réaction *exo*thermique.

En général, toutes les réactions chimiques, même les plus exothermiques, ont besoin d'absorber d'abord un peu d'énergie pour se déclencher. Ainsi, pour déclencher la combustion du méthane évoquée plus haut, vous approchez une allumette.

Le mélange méthane + oxygène s'enflamme alors spontanément en dégageant beaucoup d'énergie, mais c'est l'allumette qui a déclenché la réaction qui a mis le feu aux poudres comme le dit bien le langage courant.

Parfois, au lieu d'avoir besoin de chauffer les participants à la réaction, pour les activer, on utilise un produit qui joue le rôle d'agent initiateur et qui, lui-même, ne participe pas, à proprement dit, à la réaction tout en en étant un agent essentiel, une sorte de marieur, de déclencheur. Ces substances, ces composés chimiques, qui permettent à certaines réactions de se produire et se retrouvent eux-mêmes régénérés à la fin de la réaction, s'appellent des **catalyseurs**. Les plus importants de ces catalyseurs sont, sans contexte, les **enzymes**, qui permettent les réactions biochimiques, celles qui ont lieu chez les êtres vivants et nous permettent de vivre, de respirer, de marcher, mais il existe aussi des catalyseurs pour les procédés industriels comme le nickel, le palladium, etc.

A l'échelle des atomes et des molécules, une réaction chimique se produit à l'occasion des chocs qui ont lieu entre molécules par suite de l'agitation thermique. Certains chocs brisent les liens qui existent dans les molécules. Les atomes ou les morceaux de molécules sont ainsi, dans un premier temps, « autonomisés » et se recombinent ensuite dans un second temps.

Ils peuvent se recombiner pour redonner les produits de départ ou au contraire produire des produits nouveaux.

On comprend pourquoi il faut de l'énergie pour casser les liaisons chimiques et que, lorsque de nouvelles liaisons se forment, les nouvelles molécules peuvent être moins sensibles à l'agitation que les molécules de départ. Elles transmettent leur énergie à d'autres, la réaction dégage de la chaleur.

On comprend enfin que, parfois, il faille des intermédiaires pour favoriser les ruptures de liaisons ou pour rapprocher les morceaux de molécules individuelles. Ce sont encore et toujours les fameux catalyseurs.

On comprend enfin que « ça ne marche pas à tous les coups », donc que les réactions chimiques sont caractérisées par un certain rendement. En somme, les réactions chimiques sont une sorte d'échangisme à l'échelle moléculaire, avec des tentatives, des essais, des succès, des échecs et des organisateurs.

Pour caractériser les réactions chimiques, on mesure les vitesses de ces réactions dans des conditions de température multiples. Aujourd'hui, on possède un véritable catalogue de réactions chimiques. D'une manière générale, comme la température mesure l'agitation des atomes, plus la température est élevée, plus les chocs entre molécules se produisent, plus les réactions chimiques sont rapides et efficaces. Ainsi, lorsque vous avez de la fièvre, c'est que votre corps augmente la température pour accélérer les réactions chimiques immunitaires de votre corps.

Pendant longtemps on a pensé qu'une réaction chimique se produisait si les produits de la réaction avait une énergie inférieure aux produits réagissant.

C'était le principe établi par Marcellin Berthelot, un grand chimiste (qui a donné le nom à mon lycée de Saint-Maur et m'a précédé comme scientifique ministre à l'Education nationale – pardon, Instruction publique).

En fait, ce n'est pas exact : il entre en ligne de compte un second facteur. Le désordre. Toute réaction tend vers le plus grand désordre. Le désordre, en termes savants, s'appelle entropie. Toute réaction tend à augmenter l'entropie. En fait, les deux facteurs – diminution d'énergie et augmentation d'entropie – se combinent, se combattent pour donner le résultat final !

Tout cela, c'est un peu compliqué, alors je m'arrête !

Citations

C'est un mot important pour les scientifiques, car il mesure (plus ou moins bien) l'impact que vos travaux ont sur la communauté scientifique. Plus vos travaux sont cités, plus vous êtes célèbre, plus vous croyez que vous êtes bon ! Un article scientifique, dont le but est d'exposer les résultats de vos travaux théoriques ou expérimentaux, obéit à certaines règles très strictes. Il faut donner les résultats originaux, décrire la méthode qui a permis de les obtenir, avec l'estimation de sa fiabilité, mais il faut aussi mentionner, citer les articles et les auteurs dont vous avez utilisé les conclusions dans le cours de la recherche.

En particulier, si un chercheur a obtenu des résultats analogues, même partiels, avant vous, il est obligatoire de le citer car c'est l'antériorité dans les découvertes qui fixe l'auteur de cette dernière. Ne pas citer un auteur dont on reproduit ou on utilise le travail, c'est du vol intellectuel, de la piraterie. D'autant plus que certaines découvertes vont donner lieu à des brevets et à des développements industriels.

L'auteur qui est cité souvent est considéré comme l'auteur dont l'influence sur le développement de sa discipline est très important. On définit à partir de là un index des citations qui compile les articles les plus cités. Avec un palmarès annuel, pluriannuel, des classements, etc.

Un tel document est utilisé pour les promotions des chercheurs ou, tout simplement, leur satisfaction personnelle. Il est utilisé aussi pour juger l'impact d'un article, d'un institut de recherche ou bien aussi de l'impact de telle ou telle revue qui est classée par indice d'impact.

Pourtant, bien sûr, cet indicateur d'influence scientifique est critiquable. Celui qui publie un catalogue de données compilées, par exemple un catalogue d'étoiles ou une compilation de constantes physiques, va se retrouver très cité alors qu'il ne s'agit pas d'une action de découverte majeure. Il y a aussi des phénomènes de mode. Certains articles sont à la mode et sont systématiquement cités pendant une période puis ignorés pendant d'autres périodes. Il y a des phénomènes de clan, les auteurs se citent mutuellement d'une manière systématique (dans certains départements américains le *chairman* invite souvent les professeurs à citer les autres professeurs systématiquement pour faire monter l'indice de citations moyen du département).

Il est donc sage de considérer ce critère de citation comme indicatif, mais sans automatisme et en gardant bien l'esprit critique.

Par contre, il y a un domaine où les citations jouent un rôle fondamental, c'est dans les relations bilatérales entre chercheurs. 80 à 90 % des « fâcheries », des détestations, des « allergies », des... appelez-les comme vous voudrez, qui existent entre deux chercheurs viennent très souvent des citations ou plutôt de l'absence de citations. L'un d'eux ou les deux (car les représailles existent aussi) estimant que ses propres travaux sont ignorés, mal cités ou insuffisamment cités par l'autre. Et c'est souvent vrai. Hélas ! Il est fâché et souvent très fâché !

Que voulez-vous, la chair est faible et la tentation du péché permanente !

Le piratage, le plagiat plus ou moins déguisé, et il y a des experts pour cela, est sans doute l'un des maux les plus sérieux dont souffre la communauté scientifique. Et ça ne date pas d'aujourd'hui et l'exemple vient parfois d'en haut !

Newton a honteusement piraté Robert Hooke, Einstein n'a jamais cité convenablement ni Lorentz ni Poincaré.

Et pourtant, si Newton avait rendu justice à la contribution de Robert Hooke et Einstein, aux contributions de Lorentz et Poincaré, ça n'aurait rien enlevé à leur gloire scientifique, car leurs contributions sont en elles-mêmes énormes !

Jeunes chercheurs, soyez honnêtes, équitables, croyez-moi... ça paye !

Si vous oubliez de citer quelqu'un (nul n'est à l'abri d'une erreur), excusez-vous et corrigez la prochaine fois. Puis-je ajouter que dans cette pratique des citations, les Français sont souvent particulièrement stupides. Les Anglo-Saxons se citent entre eux outrageusement, mais les Français croient malin d'éviter de citer leur collègue pour citer un Anglais ou un Américain, ça fait plus chic !

Un prix Nobel américain sortant d'une commission d'attribution d'un grand prix international nous confiait qu'il avait été choqué par le fait que les scientifiques français faisaient peu de propositions en faveur d'un autre scientifique français. C'étaient des étrangers qui le faisaient ! Il ajoutait : « C'est caractéristique de la France et de l'Italie ! »

Elégance latine ou bêtise de la jalousie ?

Classification

La classification d'objets ou de concepts est la démarche scientifique sans doute la plus ancienne. De ce fait, elle est souvent considérée comme la plus primitive.

Ernest Rutherford, l'un des plus grands physiciens du XXe siècle (*voir* : RUTHERFORD) disait : « Il n'y a que deux types de sciences, la physique ou la collection de timbres. » Il voulait fustiger par là les sciences naturelles de son époque qui cherchaient surtout à classer les plantes, les roches, les animaux sans avoir les théories explicatives. Cette réflexion, méprisante, était largement injustifiée.

En fait, la classification est une demarche scientifique qui est souvent une première étape dans la voie de l'explication, mais qui parfois aussi est l'étape finale qui met en lumière l'ordre obtenu grâce à une théorie donnée.

Il en est ainsi en physique des particules élémentaires où l'on classe les quarks en fonction de leur

« couleur », de leur « saveur » et de leur « charme », et cette classification un peu ésotérique pour le commun des mortels a permis de suspecter puis de découvrir certains d'entre eux par simple logique puis à partir de la loi sur les forces qui existent au sein du noyau.

On classe les objets scientifiques par rapport à des critères. Il n'y a pas de classification objective, contrairement à ce qu'on m'a enseigné suivant une idée qui était faussement rigoureuse.

Lorsque j'ai commencé ma carrière scientifique en géologie, je me suis trouvé dans un laboratoire qui avait pour objet l'étude des gisements minéraux (à l'époque les minerais avaient une importance économique essentielle).

On cherchait pour des raisons scientifiques, mais aussi pratiques à classer les gisements minéraux (on cherchait pareillement à classer les gisements pétroliers).

La grande idée qui prévalait à l'époque, c'est qu'il ne fallait pas développer des théories sur la manière dont les gisements minéraux se formaient au cours des processus géologiques, mais classer objectivement les gisements minéraux, c'est-à-dire d'après des critères d'association. Ainsi distinguait-on les gisements de plomb associés, aux calcaires et dont les minerais formaient des corps parallèles aux couches, ceux qui étaient en filons et recoupaient les strates, ceux qui étaient en amas. On distinguait aussi ceux qui étaient associés aux minerais de cuivre, ceux qui étaient associés au fer, l'ensemble de ces gisements ayant le plomb sous forme de sulfure PbS (galène).

On développait ainsi pour chaque type de métaux une typologie. A partir de là, on pouvait prospecter les gisements en utilisant les critères d'association ainsi définis.

Ce n'était que dans un second temps, jugé sans réelle importance pratique ou économique, qu'on s'intéressait à la manière dont ces gisements s'étaient formés à leur genèse. Mais on s'interdisait de faire des classifications génétiques, car, paraît-il, elles n'auraient pas été objectives puisque fondées sur une théorie forcément spéculative.

Cette démarche, même si elle a permis de découvrir certains gisements intéressants, était en fait totalement arbitraire. La classification fondée sur des associations objectives avec certains types de roches ou avec certaines structures s'appuyait, en fait, sur l'idée de base que la concentration des gisements minéraux était associée aux phénomènes géologiques majeurs qui étaient la cause de telle ou telle formation rocheuse. Les gisements minéraux étaient des sous-produits de la genèse des roches.

Les gisements minéraux résultent en grande majorité de phénomènes de dissolution-précipitation dans des fluides à dominante aqueuse, qui solubilisent certains métaux à haute température dans certaines conditions et les redéposent dans des conditions de milieu différentes en se refroidissant (la solidité des métaux croît avec la température).

Toute classification est fondée sur un support théorique conscient ou inconscient. Les classifications reposent sur des observations ou des modèles théoriques et toute observation n'est signifiante que si elle est sous-tendue par une théorie.

En fait, une bonne classification d'objets et de concepts est celle qui organise la nature avec la meilleure économie de pensée tout en traduisant sa diversité.

Claude Lévi-Strauss, dans *La Pensée sauvage*, explique que les indigènes des îles d'Océanie classent les plantes par leur odeur. Lorsque les premiers botanistes sont venus dans ces îles forts de la classification des plantes par Linné, ils ont expliqué aux indigènes que leur classification n'avait pas de sens scientifiquement parlant.

Quelques années plus tard, alors que la biologie s'orientait vers la chimie, il est apparu que la classification indigène des odeurs était très prémonitoire, puisque les odeurs traduisaient en fait la présence de tel ou tel composé chimique et que ces composés avaient une importance biochimique fondamentale [1].

En fait, aujourd'hui, la classification est considérée comme une démarche scientifique essentielle.

On classe les plantes, les roches, les animaux, les cristaux, les étoiles, les galaxies, les particules élémentaires, les éléments chimiques (l'une des classifications les plus élégantes), mais aussi les mathématiciens classent les nombres, les équations, les équations différentielles, les formes, etc.

Nous rencontrerons les classifications à divers endroits de ce dictionnaire.

Climat

Le climat est une notion difficile à définir rigoureusement, que ce soit au sens scientifique ou au sens figuré : « Le climat de cette réunion était morose. »

En fait, comme on prend toujours exemple sur

1. Claude Lévi-Strauss, *La Pensée sauvage*, Plon.

les mathématiques, on cherche souvent à définir les termes d'une manière concise, rigoureuse, incontestable. Malheureusement, dans les sciences de la nature, du réel, ce n'est pas toujours possible, ni même souhaitable.

Le climat est l'ensemble des caractères qui définissent les conditions extérieures régnant à la surface de la planète. Les paramètres cardinaux sont, bien sûr, la température et la pluviosité, toutefois ils sont à prendre en compte non pas en moyenne, mais dans leur évolution temporelle. La végétation est tout à la fois une conséquence et un paramètre du climat suivant qu'elle fixe les sols et l'eau ou non.

Les géographes ont ainsi classé les climats de manière globale. On parle de climats tropicaux, désertiques, méditerranéens, continentaux, montagneux, polaires, subpolaires, océaniques, côtiers, tempérés, avec la possibilité de combiner deux qualificatifs : tempéré-côtier ou montagneux-désertique, etc.

Ces déterminismes du climat sont d'abord latitudinaux. Plus on s'approche du pôle, plus le rayonnement solaire reçu est atténué par l'atmosphère, plus il fait froid. La répartition des continents, leur surface (l'éloignement de la mer où se forment les nuages) et leurs reliefs (la température décroît avec l'altitude) sont aussi des facteurs essentiels. Et puis, bien sûr, il y a l'ensoleillement de la Terre, un paramètre qui varie au cours du temps. Et après cela beaucoup de questions. Quelles sont les importances relatives des divers facteurs ? Pourquoi le climat a-t-il varié au cours des temps ? Va-t-il varier dans le futur ? Dans quelles directions ? Autant de questions que l'on se pose tout particulièrement aujourd'hui, le climat est un concept à la mode, car on suspecte (sans doute avec raison) que l'activité humaine exerce une influence décisive sur le climat et on voudrait savoir exactement comment faire pour prévenir une possible catastrophe climatique future.

L'étude du climat a été stimulée par l'étude du climat passé, objet de la science qu'on appelle paléoclimatologie.

En 1952, l'équipe de Harold Urey montra que l'analyse isotopique de l'oxygène contenue dans les coquilles de fossiles permettait de remonter à la température de la mer dans laquelle elles s'étaient formées. C'était le début de la paléoclimatologie scientifique.

Les carottes marines, résultats des forages effectués sur le fond des océans, sont formées par la superposition continue de couches sédimentaires déposées successivement.

Ce sont donc des archives géologiques pour l'histoire de l'océan.

Or chaque couche contient, en général, des coquilles fossiles. En analysant leur composition isotopique – oxygène 18-oxygène 16 –, on peut donc pas à pas reconstituer les températures du passé et leurs variations.

La même problématique a été étendue aux glaciers polaires. Eux aussi sont constitués par des couches de glace annuelles superposées. Eux aussi constituent des archives pour l'histoire de l'atmosphère. Or la composition isotopique de la glace – oxygène 18-oxygène 16 – est elle aussi fonction de la température de la neige qui est tombée et s'est ensuite transformée en glace.

Comme on peut forer ces glaciers et en retirer des

carottes, on peut, comme pour les carottes sédimentaires, reconstituer les climats passés et leurs variations. A condition de savoir dater exactement les couches sédimentaires ou de glace, on a là deux types d'enregistrement des températures passées qu'on peut comparer.

On dispose pour cela des multiples carottes prélevées dans les divers océans du monde et des carottes de glace du Groenland et de l'Antarctique. La différence entre les deux types d'enregistrement, c'est que les carottes sédimentaires ont enregistré l'histoire de l'océan actuel parfois jusqu'à 150 millions d'années alors que l'enregistrement glaciaire ne dépasse pas 700 000 ans. Toutefois, les études isotopiques détaillées de sédiments ont été faites surtout sur un ou deux millions d'années.

Ces études, poursuivies depuis trente ans et qui ont valu le prix Crafoord à Willi Dansgaard de Copenhague pour ses études isotopiques des calottes glaciaires et à Nicolas Shackleton de Cambridge pour les études O^{18}-O^{16} des carottes marines, ont permis de mettre en évidence des fluctuations du climat d'une manière très précise.

On savait depuis les disputes qu'avait provoquées le Suisse André Agassiz que dans le passé il y avait eu des périodes froides dites glaciaires. On sait aujourd'hui avec précision leur âge et la manière dont le climat a fluctué. Il y a eu une alternance de périodes froides et chaudes approximativement tous les 100 000 ans. Nous sommes dans un interglaciaire.

Mais, superposé à cela, il y a eu des fluctuations brusques de climat qui ont duré 1 000 ans et dont la logique est mal comprise. De plus, ces fluctuations semblent surtout spécifiques de l'hémisphère nord.

Les grandes variations sont dues aux cycles de Milankovitch créés par des fluctuations de la rotation de la Terre (*voir* : MILANKOVITCH), mais les petites fluctuations soudaines, aléatoires, sont de nature inconnue. Aujourd'hui, on a peur que l'augmentation des teneurs en gaz carbonique (CO_2) de l'atmosphère provoquée par l'activité humaine qui brûle du charbon et du pétrole ne provoque une augmentation importante de la température moyenne (*voir* : EFFET DE SERRE).

Mais l'étude détaillée des archives du passé semble nous montrer que si les teneurs en CO_2 ont fluctué dans le passé, elles ont suivi les augmentations de température et non l'inverse ! Alors ?

Cela c'était la paléoclimatologie, ou plus exactement la paléothermométrie. Mais naturellement, si l'on s'inquiète du climat futur et qu'on veut prévoir ses vicissitudes, on doit disposer d'informations plus proches de nous et surtout avec une précision annuelle ou presque. Ce qui n'est le cas ni pour les archives sédimentaires, ni pour les archives glaciaires.

On a donc cherché à se tourner vers les archives historiques. Malheureusement, elles sont éparses et biaisées.

Bien sûr, il y a les enquêtes des historiens comme EmmanuelLe Roy Ladurie qui nous parlent de fluctuations du climat d'après les périodes de sécheresse enregistrées dans les registres paroissiaux. Bien sûr, depuis cent ans, on essaye de reconstituer l'évolution des températures d'après les observations faites à Greenwich, au parc Montsouris ou à Harvard. Mais tout cela donne des informations locales difficilement extrapolables au globe tout entier.

Alors, bien sûr, on s'est tourné vers la modélisation à l'aide d'ordinateurs de plus en plus puissants. On est parti naturellement de la modélisation météorologique et à partir de là on a essayé de changer d'échelle de temps, d'introduire des facteurs de plus longue période, etc. Car la climatologie, c'est une sorte de météorologie annuelle ou décannuelle.

Mais l'exercice est très difficile.

En météorologie, on sait que pour des saisons théoriques (*voir* : CHAOS) on ne peut prédire le temps que trois ou quatre jours à l'avance (chacun d'ailleurs peut le vérifier) ; alors, si théoriquement les phénomènes atmosphériques sont si instables, comment peut-on espérer construire une climatologie fondée sur les lois de la géophysique ?

D'un autre côté, les archives sédimentaires et glaciaires nous montrent certaines régularités dans les climats anciens, mais aussi certains comportements qui ressemblent à ceux qu'ont mis en évidence les spécialistes du chaos. Alors ?

Disons que pour l'instant la modélisation informatique du climat est globalement un échec. Pour ma part, je n'en suis pas étonné car je ne crois pas qu'on comprendra un phénomène naturel en alignant tout simplement des équations. Il faut comprendre la « physique ». Comprendre les déterminismes intimes du climat, les paramètres cardinaux. Il y a certainement l'ensoleillement et sa répartition géographique, mais ce n'est pas suffisant. Il y a sans doute le cycle du gaz carbonique mais on le comprend mal. Il y a aussi le cycle de l'eau qui transporte des quantités colossales de chaleur. Il y a l'océan qui échange avec l'atmosphère et qui est un immense stabilisateur thermique. Il y a aussi les poussières qui réfléchissent les rayons du soleil.

Il y a bien sûr la biosphère, élément essentiel, multiforme et adaptatif, mais il y a aussi depuis 5 000 ans l'homme, dont le rôle incontrôlé devient hélas essentiel.

Comment tout cela se combine-t-il ?

L'observation et la mesure à l'aide des satellites d'une part, la simulation à l'aide des ordinateurs d'autre part sont des moyens à la dimension du problème. Mais derrière tout cela il y a un processus qui dépend du cerveau de l'homme : comprendre. Comprendre un système très complexe et que l'on n'étudie que depuis peu.

Mais en attendant, vous vous dites : « C'est bien joli tout ça, mais la température du globe va-t-elle s'élever ? Et jusqu'où ? ».

Pour la réponse, reportez-vous à EFFET DE SERRE.

Clonage

Chez les organismes supérieurs végétaux ou animaux, la reproduction se fait toujours de manière sexuée, c'est-à-dire que des chromosomes venus d'un mâle s'unissent à des chromosomes venus d'une femelle pour donner de nouvelles paires de chromosomes, association qui est présente dans **tous** les noyaux de **toutes** les cellules de l'organisme. Après des centaines de générations, cette reproduction sexuée a tellement brassé les chromosomes que chaque individu est absolument unique. Seuls les vrais jumeaux sont génétiquement identiques et encore pas tout à fait.

Chez les êtres inférieurs, comme les bactéries qui

ne connaissent pas la reproduction sexuée, la reproduction se fait par division cellulaire, si bien que toutes les générations ont des ADN identiques. Les divers individus sont tous semblables. Ce sont des clones[1].

Le clonage existe aussi chez les êtres supérieurs depuis longtemps. C'est le bouturage pour les végétaux, c'est la propriété pour certains vers, qui, coupés en deux, se reproduisent chacun en vers entier. On appelle cela la scissiparité.

Chez les animaux supérieurs, le clonage a été réalisé par Jean Rostand sur des grenouilles, il y a quarante ans.

Ce qui est plus récent, c'est qu'on peut effectuer un clonage des mammifères. Pour cela, on prend un ovule, on lui enlève son noyau et on le remplace par le noyau d'une cellule adulte de l'individu qu'on veut cloner. Puis on implante l'ovule dans un utérus et on attend le développement d'un embryon. Cet embryon aura le même patrimoine génétique que celui dont on a greffé la cellule adulte. Cette expérience a été réalisée avec succès sur la brebis écossaise Dolly après trois cents tentatives infructueuses. Trois cents !

Depuis, on a cloné des chats, des vaches, des souris, des rats et, du coup, la perspective de cloner des humains est devenue plausible.

A partir de là, on a envisagé deux variantes.

La première, dite **clonage reproductif**, va conduire à donner naissance à un enfant clone du donneur de cellule adulte (une femme pourrait même en principe se cloner elle-même).

La seconde, dite **clonage thérapeutique**, consiste à laisser l'œuf se reproduire lors des premiers stades,

1. En fait, même chez les bactéries, il y a des phénomènes sexuels, mais ils sont plus rares et plus particuliers.

de ne pas le réimplanter dans une mère, mais d'utiliser les cellules d'embryon dont les propriétés de reproduction cellulaire sont particulièrement vigoureuses pour faire des greffes d'organes sur le donneur sans risquer le rejet immunologique.

L'unanimité s'est faite pour condamner le clonage reproductif chez l'homme. Par contre, sur le clonage thérapeutique, les avis sont plus partagés. En tous les cas, au niveau de la recherche, il est indispensable d'autoriser le clonage thérapeutique. Sinon on retardera des progrès décisifs en médecine. Pour le reste, laissons faire le temps !... avec vigilance.

Code génétique

Dès la publication de la structure de l'ADN, James Watson et Francis Crick reçurent une série de lettres de Georges Gamow.

Georges Gamow n'était pas n'importe qui. Georges Gamow était un très grand physicien. Il avait découvert l'effet tunnel en mécanique quantique, il avait construit le premier scénario du big bang et prévu le fameux rayonnement à 3° K que découvriront Penzias et Wilson bien plus tard. C'était quelqu'un dont on lit les lettres. Surtout lorsque cette lettre propose une nouvelle avancée à partir de la découverte que vous venez de faire. Watson et Crick se jetèrent sur la lettre car dans leur second article de 1953, Watson et Crick parlaient déjà de code et d'information génétique, vocabulaire qu'ils avaient peut-être hérité du livre du physicien Schrödinger *Qu'est-ce que la vie ?*

Un code, c'est une loi de correspondance entre une séquence de signes et une signification. Ainsi, il existe le code Morse dans lequel les lettres, les mots et la ponctuation sont exprimés par des points, des traits courts, des traits longs, et des silences.

Dans le cas présent, il fallait chercher comment dans les fameuses successions de l'ADN, qu'on pouvait écrire G-A-T-T-G-C-A, etc., était indiquée, codée, la manière de fabriquer la matière vivante. Or la matière vivante ce sont les protéines, elles-mêmes constituées par des alignements d'acides aminés.

Comment écrire le mode de fabrication des acides aminés dans l'ADN ?

Gamow proposait une première solution dont le principal mérite fut de lancer le débat. Une solution à ce problème ne consistait pas seulement à donner un principe d'écriture, il fallait un à un déchiffrer le code et montrer par des observations soigneuses qu'il en était bien ainsi.

Rapidement la solution de Gamow se révéla fausse. Et, avec acharnement, un groupe de brillants chercheurs se lancèrent dans l'aventure.

D'abord, chemin faisant, on va découvrir que l'ADN ne fabrique pas directement les protéines. Entre l'ADN et les protéines il y a l'ARN messager. C'est lui qui donne au ribosome les ordres pour fabriquer les protéines.

Le code génétique c'est donc la règle de correspondance entre la séquence de nucléotides de l'ARN et les divers types d'acides aminés. Synthétisant le travail de nombreux chercheurs.

Acide aminé	codon ARN
Alanine	GCA GCC GCG GCU
Arginine	AGA AGG CGA CGC CGG CGU
Asparagine	AAC AAU
Acide aspartique	GAC GAU
Cystéine	UGC UGU
Acide glutamique	GAA GAG
Glutamine	CAA CAG
Glycine	GGA GGC GGG GGU
Histidine	CAC CAU
Isoleucine	AUA AUC AUU
Leucine	UUA UUG CUA CUC CUG CUU
Lysine	AAA AAG
Methionine	AUG
Phenylalanine	UUC UUU
Proline	CCA CCC CCG CCU
Sérine	AGC AGU UCA UCC UCG UCU
Thréonine	ACA ACC ACG ACU
Tryptophanne	UGG
Tyrosine	UAC UAU
Valine	GUA GUC GUG GUU
CODONS STOP	UAA UAG UGA

Code génétique : code de correspondance entre les séquences ARN et la nature des vingt acides aminés qui vont constituer les protéines.

Francis Crick, après une étude extrêmement serrée, a conclu qu'il y avait 20 acides aminés fondamentaux. Or, dans l'ARN, il n'y a que 4 nucléotides. Comment écrire le message qui permet de fabriquer tel ou tel acide aminé avec un alphabet de 4 lettres ? Si les « mots » étaient de deux lettres, cela ne ferait que $4^2 = 16$ combinaisons possibles.

Avec des groupements, des mots de trois lettres $4^3 = 64$, c'est suffisant.

Le message permettant de fabriquer tel acide aminé particulier et d'en constituer une séquence pour construire une protéine est formé par trois lettres, prises parmi les 4 nucléotides. Le code génétique est donc un code écrit avec quatre lettres combinées dans des mots de trois lettres. C'est ce message que copie l'ARN messager sur l'ADN et qu'il transmet à l'usine de protéines qu'est le ribosome. Mais, avec cette découverte, a-t-on, pour autant, déchiffré le code génétique ? Sûrement pas.

L'ADN est constitué par deux types de séquences. Les gènes qui portent l'information génétique, l'hérédité, le message fondamental et entre les gènes des séquences qui se succèdent sans qu'on comprenne très bien leur rôle, c'est l'ADN non codant. Il y a donc des phrases dans du charabia.

Les phrases elles-mêmes, les gènes sont constitués par deux types de « signes ». Les mots qui sont signifiants et donnent les ordres de fabrication des protéines *via* l'ARN : ce sont les **exons**. Entre ces mots, des séquences qui en apparence ne jouent aucun rôle (mais on n'en est pas très sûr !) : les **introns**, une sorte de ponctuation. Et puis, au début et à la fin du gène, des séquences spéciales qui, semble-t-il, jouent un rôle dans la manière dont le gène va s'exprimer. A-t-on pour autant tout compris ?

Bien sûr, on sait bien que la fabrication de protéines aussi indispensables soient-elles ne règle pas totalement le problème de la fabrication des êtres vivants.

Comment ces protéines s'associent-elles pour finalement fabriquer des cellules ? Comment ces cellules parviennent-elles à fabriquer des tissus et les tissus des organes, le tout avec des proportions, une logique d'assemblage, etc.

Certes, on a découvert les gènes homéotiques qui règlent la différenciation cellulaire et induisent l'organisation de tissus, mais après que se passe-t-il ? Comment une séquence de lettres, de mots écrits tout au long d'un ruban d'ADN peut-elle fabriquer des organes assemblés en trois dimensions ? Gérard Edelman, prix Nobel pour ses travaux en immunologie, appelle cet assemblage 3 D la biotopologie.

Lorsque sous l'impulsion de Jean Dausset, prix Nobel de physiologie et de médecine, on lança l'idée du déchiffrage du génome humain, on entendait par là déterminer la séquence des nucléotides assemblés et en faire un catalogue. Grâce à l'informatique et au génie inventif de quelques pionniers, dont bien sûr le célèbre Craig Venter, le programme a été réalisé en dix ans (alors que Dausset prévoyait un siècle !). Mais a-t-on décrypté le message contenu dans le génome humain ? A-t-on « cassé le code génétique » pour parler comme les militaires en temps de guerre ?

Dans ce domaine, l'abus de langage est total.

Car on n'a rien décodé du tout ! On a catalogué les caractères, mais on est loin d'être capable de comprendre le message d'un code génétique quelconque. Pour un ver nématode qu'on appellera ici *Elegans* par commodité, on connaît tous les types de cellules, tout le génome, mais on est bien incapable de savoir comment, à partir du génome, se fabrique un ver entier et encore moins d'en fabriquer un par « synthèse » !

On a fait l'inventaire des lettres et des mots de la langue biologique, il nous reste à en découvrir la signification, la traduction, pourquoi telle ou telle déviation produit telle ou telle maladie génétique. C'est maintenant que commence le vrai décodage des génomes et ce programme, nous ne savons pas combien de temps il va nous occuper.

Cinquante ans ? Un siècle ? Plus ?

L'avenir de la science n'est écrit nulle part. La génomique est une science en devenir. Comme le dit le grand biologiste Pierre Chambon, on n'a pas décodé les génomes, on a ouvert la porte de la génomique.

Cognitique

Je crois être l'auteur de ce mot, qui pour l'instant a un succès sémantique limité. On parle plutôt des sciences de la cognition ou sciences cognitives. Ce sont des sciences multiples qui s'intéressent toutes à la manière dont l'Homme s'approprie la connaissance. On y range pêle-mêle les neurosciences bien sûr, l'informatique, la psychologie, la linguistique, l'anthropologie, la théorie de l'information, la cybernétique et la psycho-sociologie. Des collaborations croisées se multiplient grâce notamment aux nouvelles techniques d'imagerie cérébrale, les diverses approches commencent à converger. Ainsi, on étudie le langage ou l'éducation en combinant neurosciences et linguistique, etc.

En proposant le mot cognitique, après avoir créé en tant que ministre, des actions de recherche associant neurosciences, informatique et « sciences humaines », j'ai voulu suggérer qu'à terme des pans entiers de ces disciplines fusionneront pour donner naissance à une discipline unique. J'ai bon espoir que cela devienne un jour une réalité ! Je maintiens cognitique !

Combinatoire

C'est la démarche intellectuelle qui est au cœur de la science du XXIe siècle.

La combinatoire consiste à combiner des éléments simples en séquences, en architectures, en structures et de construire ainsi des systèmes complexes.

Prenons l'exemple de l'informatique. Un transistor n'est à l'échelle moléculaire qu'un interrupteur. Il laisse passer le courant ou non. Le signal c'est 0 et 1.

A partir de ces deux signes, on peut écrire et coder n'importe quoi. Des chiffres en système décimal. Les lettres de l'alphabet... On peut diviser une image en points et coder chaque point en blanc et noir, en couleurs avec la gamme que l'on veut, on peut coder l'écriture musicale, etc.

C'est ainsi que fonctionnent les ordinateurs, les téléphones numériques, la télévision numérique...

La puissance de ce système vient de sa rapidité et surtout au peu de fautes qu'il commet, car l'alternative passe/ne passe pas est très bien définie.

Ainsi, on a créé des systèmes extraordinairement complexes et robustes (les ordinateurs, Internet) dans lesquels on associe des milliards de milliards de transistors.

Autre exemple : l'ADN et le code génétique.

Quatre nucléotides, quatre lettres. Des mots de trois lettres et là encore, en multipliant les séquences, en les variant, on peut coder toute la complexité du vivant, l'anatomie, la physiologie de tous les êtres vivants dans leur immense variété, dans toute leur complexité.

Là encore, il s'agit de la combinaison d'éléments

simples assemblés, combinés, architecturés, mais, là encore, il y a eu des centaines de milliards de combinaisons possibles !

Le mécanisme mis en jeu est celui du jeu de Lego où l'on peut construire des châteaux, des structures à l'infini comme le fait Dubuffet avec ses carrés blancs, bleux, noirs et rouges.

Restons en biologie : le cerveau. Il est formé par des milliards de milliards de neurones reliés les uns aux autres par des synapses et des filaments. Les communications dans ce réseau se font en combinant un courant électrique qui se propage dans les axones et des signaux chimiques (neurotransmetteurs) qui sont émis par un neurone et reçus par un autre neurone.

Chaque neurone étant lui-même lié à plusieurs autres neurones, créant ainsi un extraordinaire réseau enchevêtré qui constitue notre cerveau. Tout n'est qu'un réseau, construit à partir d'éléments très semblables les uns aux autres. Mais dans un volume du cerveau, gros comme une tête d'épingle, il y a un million de connexions. C'est la combinatoire de tous ces éléments qui permet à ce système d'une complexité incroyable de fonctionner, d'intégrer les informations venant de l'extérieur, de les analyser, de les intégrer et éventuellement de les stocker dans cet organe mystérieux qu'est la mémoire.

La chimie est depuis longtemps le royaume de la combinatoire. On associe les divers atomes deux à deux, trois à trois, n à n atomes semblables formant des chaînes, des boucles, des architectures tridimensionnelles comme savent le faire les atomes de carbone ou ceux de silicium. On greffe dessus, en étoile, en épi, des atomes différents. Les derniers se lient à d'autres atomes, etc. On invente des formes, des sculptures. Le monde de la structure des molécules contient toutes les formes possibles. C'est la beauté de la chimie de synthèse qui progresse chaque jour.

Pendant longtemps on ne pouvait associer les éléments constituant le tableau de Mendeleieff que suivant des règles très restrictives. Seuls certains atomes pouvaient s'allier avec tels autres. La chimie moderne a fait sauter quasiment toutes les interdictions d'alliance entre atomes, donnant ainsi une perspective sans limites à la chimie.

Dans ces quatre domaines les plus féconds de la science actuelle, le développement s'est fait sans l'aide des mathématiques classiques.

Les mathématiques traditionnelles développées autour de concepts de continuité ont permis l'essor de la physique. Aujourd'hui, on aborde le monde du complexe et du discontinu.

Les sciences de la combinatoire font appel à des formalismes particuliers, à des logiques spécifiques particulières, adaptées.

Voilà la voie de la nouvelle science pour laquelle le développement semble infini.

Combustion

La combustion est la réaction qui associe un élément chimique avec l'oxygène en produisant une grande quantité d'énergie.

L'élément chimique est dans la majorité des cas le carbone, l'équation symbolique s'écrit :

$$C + O_2 \rightarrow CO_2 + \text{chaleur.}$$

La combustion se manifeste par ce phénomène qui fascine l'homme depuis toujours : le feu.

C'est cette combustion qu'on utilise pour transformer l'énergie chimique en énergie mécanique dans les voitures, les avions ou les centrales électriques à fuel ou à charbon, c'est bien sûr aussi celle des chaudières de chauffage central.

Ce qui est peut-être moins connu, c'est que la combustion permet aux êtres vivants de consommer de l'énergie chimique pour l'utiliser en énergie mécanique (pour respirer, faire marcher le cœur, marcher, etc.). Ce sont autant de réactions de combustion, discrètes, sans flamme, mais qui existent pourtant dans le corps humain. Avec le rôle d'une molécule chimique particulière, l'ATP.

Et c'est pour cela que lorsque nous respirons, nous absorbons le comburant et que lorsque nous exhalons du gaz carbonique, nous rejetons le produit de la combustion. Lorsqu'on vous dit qu'il faut « brûler » vos graisses, ce n'est pas une métaphore, mais une description de la réalité !

Comète(s)

Une comète est un objet planétaire qui tourne autour du soleil suivant une trajectoire elliptique, mais dont l'excentricité (c'est-à-dire l'« aplatissement ») est très élevée.

Du coup, les comètes n'apparaissent qu'avec des fréquences très variables.

La comète de Halley est sans nul doute la plus

célèbre et la plus familière. Elle est visible de la Terre tous les soixante-seize ans. Son orbite est très excentrée puisque à son maximum d'éloignement du Soleil, elle est à 35 unités astronomiques (35 fois la distance Terre-Soleil).

Lorsqu'elle approche du Soleil, elle est à la moitié de la distance Terre-Soleil. Cette comète a intrigué les hommes depuis longtemps. Giotto en a fait l'étoile de Bethléem, on la retrouve sur la tapisserie de Bayeux représentant la conquête de l'Angleterre par Guillaume le Conquérant en 1066.

On a mis longtemps à « comprendre » la nature des comètes et la comète de Halley a joué un rôle essentiel.

Dans une controverse célèbre avec le jésuite Grassi, Galilée affirmait qu'il s'agissait de phénomènes atmosphériques. Pour Grassi, les comètes étaient situées « au-delà de la Lune ». Il avait raison.

En fait, c'est Halley et Newton, en utilisant la loi d'attraction universelle, qui expliquèrent les comètes et établirent que ces « astres » appartenaient au système solaire et orbitaient bien autour du Soleil. On avait observé son passage en 1066, 1531, 1607, 1682. Halley prédit le passage d'une comète en 1758 et ce fut effectivement le cas.

On distingue trois types de comètes. Les comètes proches qui passent près de la Terre tous les cinq à dix ans. Les comètes lointaines comme Halley qui passent tous les cinquante ans, et les comètes très lointaines.

Ces dernières sont situées à 50 000 unités astronomiques et forment un nuage dit nuage d'Oort. Elles ne viennent dans le système solaire que très exceptionnellement.

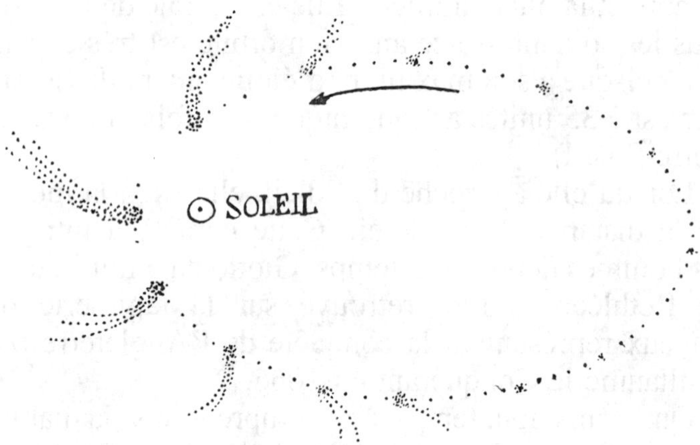

Trajectoire d'une comète type. On voit que la trajectoire est une ellipse très « aplatie » et que la queue de la comète apparaît lorsque cette dernière s'approche du Soleil.

Les orbites des comètes lointaines et très lointaines sont des ellipses très aplaties, mais aussi leurs trajectoires sont quelconques, certaines sont progrades, d'autres tournent à l'inverse des planètes, la plupart sont hors du plan où tournent les planètes. Ces objets appartiennent au système solaire, mais ont échappé à l'organisation d'horlogerie due au processus d'accrétion.

On pense, aujourd'hui, que les comètes sont des objets très froids, constitués par un noyau rocheux glacé et entourés d'une enveloppe gazeuse qui peut s'étirer en queue lorsqu'elles s'approchent du Soleil. On pense qu'elles renferment les premiers témoignages les plus primitifs de la formation du système solaire.

Ce sont des objets intrigants que l'on connaîtra sans doute mieux après quelques missions spatiales. En espérant qu'une comète ne tombera pas sur la Terre comme ce fut le cas en 1908 à Tunguska en Sibérie, et peut-être il y a 65 millions d'années à Chixculub au Mexique ! (*Voir* : DINOSAURES.)

Communauté scientifique

C'est une entité mythique, que certains vénèrent comme une puissance divine. Elle est constituée par l'ensemble des scientifiques d'un domaine donné. Elle est censée s'exprimer par des consensus sur des sujets multiples : « La communauté scientifique pense qu'il faut augmenter les crédits de la recherche », « La communauté scientifique est d'accord avec la théorie x ou y », etc.

En fait, bien sûr, la communauté ne s'exprime pas, elle n'a pas de porte-parole ! Mais dans les congrès, dans les colloques, dans les articles scientifiques publiés, il se dégage souvent des opinions majoritaires sur tel ou tel sujet. Bien sûr, cette opinion n'est pas démocratiquement établie, il y a des faiseurs d'opinion, des personnalités plus influentes que d'autres...

Mais que doit-on penser de l'opinion de la communauté scientifique lorsqu'il semble s'en dégager une ?

La réponse est complexe.

Il ne faut jamais oublier que la « communauté scientifique » a refusé la théorie de la dérive des continents de Wegener, a ignoré pendant longtemps les travaux de Mendel sur l'hérédité, a nié la théorie atomique, a refusé la théorie de la relativité d'Einstein pendant près de vingt ans... L'opinion de la communauté est par définition une moyenne d'opinion, or, par définition aussi, un novateur va à contre-courant de l'opinion admise. Il y a donc antagonisme structurel entre le novateur et la communauté et l'expérience a montré que souvent on a du mal à convaincre.

Evoquant l'histoire des théories atomiques modernes, Max Planck, l'inventeur de la théorie des quantas, disait : « On ne convainc jamais personne des nouvelles théories, mais les gens meurent et ce sont les jeunes qui imposent les théories nouvelles. » Rappelons d'une manière plus tragique que Ludwig Boltzmann s'est suicidé parce que la fameuse « communauté » refusait sa théorie sur l'entropie interprétée du point de vue statistique qui est fondamentalement exacte !

Du coup, lorsqu'une nouvelle théorie rencontre une opposition frontale de la communauté, il ne faut pas forcément considérer qu'elle est fausse. *A contrario*, une idée nouvelle rencontrant l'opposition (automatique) de la communauté n'est pas obligatoirement vraie.

Cette résistance au changement a aussi pour vertu de « filtrer » les idées « farfelues ». Mais comment définir une idée « farfelue » ? Réponse : par les arguments qui la soutiennent. Mais ces arguments sont souvent ténus. Alors ?... Rien n'est simple, rien n'est sûr !

Autre réserve. *In fine*, une théorie entre dans le savoir commun lorsque la communauté l'a adoptée et pas avant. Il y a donc obligation de convaincre la communauté. Et on la convainc immédiatement (c'est rare pour les « innovations ») après vingt, trente ou même cinquante ans, en apportant des nouvelles « preuves », des observations ou des calculs nouveaux. Mais bien sûr, les novateurs n'aiment pas attendre. tout novateur espère que son œuvre sera reconnue et, naturellement, aujourd'hui, tous les moyens modernes d'information et de communication sont utilisés (parfois à tort et à travers) pour promouvoir une nouvelle découverte. La publicité ne signifie pas qu'une découverte est bonne ou mauvaise. Elle agace !

Voilà la situation en s'excusant de n'avoir exposé que la complexité du problème sans donner la solution ! (*Voir :* DÉMOCRATIE SCIENTIFIQUE.)

Compétition

Il n'y a pas de progrès scientifique sans une compétition acharnée entre les scientifiques. C'est ainsi. La recherche dans la priorité d'une découverte est une motivation forte, car c'est celui-là qui (logiquement) laissera son nom dans l'Histoire.

« Pour faire de grandes choses, il faut vivre comme si on ne devait jamais mourir », disait Vauvenargues. Du coup, la vie scientifique est souvent décapante et rude. Une découverte n'est admirée qu'après bien des obstacles.

Cette compétition, on la voudrait honnête et régulière. En fait, elle est âpre et souvent biaisée.

La publication des résultats est en elle-même un obstacle car pour être publié dans une revue, tout article doit être accepté par deux lecteurs. Pour des raisons de compétences, les lecteurs sont choisis parmi vos compétiteurs. Trop souvent, ils cherchent à retarder, voire à stopper votre publication, surtout s'ils sont sur la même piste.

Cet obstacle de la publication écrite et de sa date de parution sont les seules références valables, ensuite il faudra faire reconnaître votre découverte.

Car, bien sûr, si ce que vous avez fait est important,

d'autres chercheurs vont suivre la piste que vous avez ouverte et certains vont, eux aussi, contribuer à creuser le sillon. Vous reconnaîtront-ils votre contribution ou tendront-ils à la « nébuliser » ou même à l'ignorer ou à la banaliser ?

Et, bien sûr, à cela s'ajoute la question de la communication orale, les présentations orales aux congrès et aux colloques où l'on ne présente que ce qui n'a pas encore été publié. Il y a là, bien sûr, risque de « piratage ». Et puis il y a les remarques désobligeantes, les critiques acerbes, etc...

Bref, tout cela rend la vie scientifique très rude.

Je dis souvent à des jeunes qui veulent s'engager dans cette voie : « Si vous êtes fragiles psychologiquement, si vous ne résistez pas au stress, à la jalousie des autres, ne faites pas ce métier, vous serez malheureux ! »

Mais, sans compétition, il n'y aurait pas de progrès scientifique, pas plus qu'il n'y aurait de progrès économique. Le scientifique travaillant dans l'anonymat pour le savoir universel, sans besoin de reconnaissance, ça n'existe que dans les contes de fées. C'est peut-être dommage, mais c'est ainsi.

Complexe

Nous sommes dans une phase où la science (mais aussi les philosophes, les sociologues, les psychologues, les économistes...) s'intéresse à la complexité. Le mot « complexe » est devenu à la mode.

Pendant longtemps la science a pensé que la complexité apparente de la nature n'était qu'un rideau de fumée, qu'en fait des lois simples gouvernaient les systèmes naturels et qu'il nous appartenait de découvrir cette simplicité.

Jean Perrin, l'un des découvreurs de l'électron, « inventeur » de la chimie-physique, prix Nobel, définissait le programme de la science comme étant de découvrir « les lois simples qui se cachent sous l'apparence du naturel complexe ». Albert Einstein ajoutait : « Lois simples, mais non simplistes ! »

Derrière cette recherche des lois simples et universelles, on retrouve la logique grecque, à savoir que pour chaque phénomène, il y avait une cause unique et que l'importance des effets était proportionnelle à l'importance des causes.

Deux versions de cette loi simple.

La version « primitive », c'est-à-dire la relation directe qui mathématiquement donne naissance à la loi linéaire $y = ax + b$.

La version dérivée (au double sens du terme) dans laquelle intervient la variation des effets et qui est à l'origine de la loi exponentielle. La loi exponentielle, c'est la fameuse loi dans laquelle tout croît très vite (aucune fonction ne peut croître plus vite). Toute la physique est peu ou prou fondée sur cette vision des systèmes simples « cachés ».

La biologie n'a pas échappé à cette approche. Claude Bernard, considéré comme le fondateur de la physiologie, s'est appuyé sur elle lorsqu'il a élaboré sa théorie des « causes premières ».

Le corollaire de cette vision a été le réductionnisme. Toute la physique trouve son origine dans les propriétés des atomes. Sous-jacent au macroscopique, il y avait le microscopique. Le triomphe de cette vision est sans aucun doute l'astrophysique où l'infiniment grand, le cosmos, les galaxies, les étoiles, peuvent être expliqués à l'aide des propriétés des atomes, des noyaux atomiques, voire des particules élémentaires. Dès la découverte de la cellule, on a pensé que pour la biologie il en allait de même. Souvenons-nous du fameux aphorisme de Jacques Monod au moment où la biologie moléculaire se développait à partir de l'étude des bactéries : « Ce qui est vrai pour la bactérie est vrai pour l'éléphant. »

Pourtant, depuis la dernière guerre mondiale (j'allais écrire la dernière guerre, mais hélas la dernière guerre, c'était hier en Irak !), un mouvement s'est esquissé non pour nier, mais pour dépasser cette vision des lois de la nature.

La première approche de ce type a été celle de la cybernétique de Norbert Wiener (*voir* : CYBERNÉTIQUE) où l'on a commencé à découvrir que les systèmes étaient interconnectés avec les fameuses boucles dites de rétro-action (*feed back*).

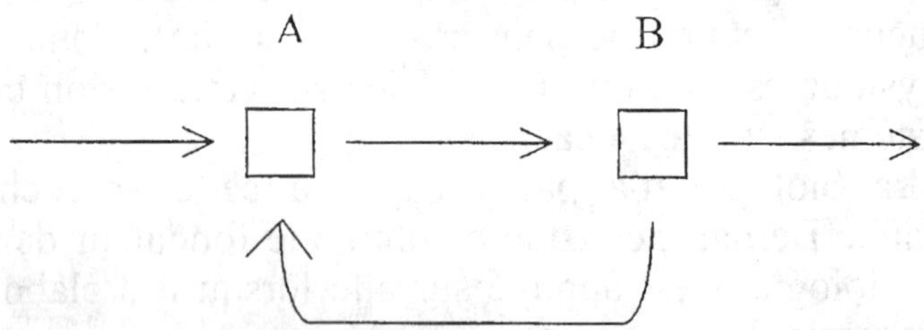

(B) est le produit de (A), mais réagit sur (A) d'une manière qui n'est pas proportionnelle et qui peut être soit négative (modérateur), soit positive (amplificateur).

Les deux domaines privilégiés où ces concepts se sont appliqués ont été l'électronique (alors naissante) et la biologie. Les circuits électroniques sont tous basés sur l'interconnection. Un organisme vivant est une immense usine chimique où tout réagit sur tout ! La biologie moléculaire va d'ailleurs faire un grand usage de ces concepts en les formalisant.

La seconde étape va être plus récente et beaucoup plus multiforme. Sans hiérarchie ni chronologie stricte, nous allons indiquer les grandes étapes de ce cheminement.

La découverte du chaos par le météorologue américain du MIT Edward Lorentz.

Lorentz montre que l'évolution du système « atmosphère » dépend d'une manière ultrasensible des conditions initiales. C'est le fameux effet papillon (*voir* : CHAOS). L'évolution du système est imprédictible, son avenir dépend trop des conditions initiales. C'est une rupture radicale avec la fameuse vision de Laplace qui disait : « Donnez-moi l'état actuel d'un système et sa vitesse d'évolution, je pourrai vous calculer son histoire passée et son avenir. » Très vite, ces idées se sont répandues à bien d'autres systèmes complexes, les mouvements des fluides ou les « mouvements » des populations animales. Le drame pour les esprits cartésiens dans cette théorie du chaos, c'est que les équations qu'on utilise sont des équations ordinaires, avec des variables ordinaires. Or leurs comportements sont imprévisibles ! On obtient des probabilités avec des équations déterministes !

A y regarder de plus près, ces systèmes ont deux caractéristiques qui rompent avec la vision grecque.

La première, c'est qu'un phénomène n'est plus

gouverné par une seule relation, mais par plusieurs relations interconnectées.

La seconde, c'est que ces relations n'obéissent pas à la simple logique des relations de cause à effet. L'intensité des effets n'est pas proportionnelle aux causes. Une petite cause peut avoir un énorme effet. Une grande cause peut avoir un petit effet. C'est là déjà une grande révolution.

Le second mouvement, d'abord indépendant du premier, a été l'étude des systèmes physiques complexes comme les cristaux liquides, les polymères organiques (molécules en longues chaînes) ou des phénomènes brusques comme les changements de phases. Comment expliquer que brutalement, lorsque la température atteint zéro degré, l'eau liquide, désordonnée, l'eau qui coule, peut se transformer en ce solide dur et cassant qu'est la glace ? Une toute petite variation de température provoque une conséquence dramatique ?

La physique va, dans ses approches, rompre avec le réductionnisme direct (de l'atome à la galaxie !) pour développer des méthodes globales, fondées sur des lois d'échelle (une loi générale, modulée par les caractères de chaque échelle de longueur (ou de temps). Des méthodes puissantes ont été développées (l'une d'entre elles s'appelle groupe de renormalisation et a valu le prix Nobel de physique à Ken Wilson).

Ce qui est étonnant, c'est que ces systèmes complexes et désordonnés obéissent à des lois simples.

La troisième approche qui est apparue et qui, cette fois, vient d'une approche mathématique, visant à décrire la complexité de la nature, est celle des fractales (*voir* : FRACTALES). On était habitué à dire une ligne à une dimension (1D), une surface à deux dimensions (2D), un volume à trois dimensions (3D), et on définit des dimensions fractionnaires. Une montagne a une dimension de 2,3 (deux virgule trois), une molécule à une dimension de 1,8, etc.

Ces fractales ont des propriétés qui permettent d'explorer efficacement un certain nombre de systèmes complexes naturels.

Ainsi, une nouvelle logique des systèmes complexes s'installe.

Elle a reçu un apport puissant, indispensable des ordinateurs sans qui les simulations, les calculs, les dépouillements n'auraient pu être réalisés. Ces ordinateurs étant devenus eux-mêmes des systèmes complexes qu'on étudie avec les mêmes concepts.

Parmi les concepts qui ont émergé des systèmes complexes, il faut souligner l'importance des défauts, des anomalies, des ruptures de symétrie. Leur rôle créateur a été découvert et, par voie de conséquence, le rôle créateur du désordre, voire du chaos, s'est affirmé. C'est à partir des défauts que se développent de nouvelles structures. C'est à partir des révolutions que naissent les nouveaux équilibres.

C'est sur des impuretés de poussières que se forment les nuages, c'est autour d'une impureté que cristallisent des cristaux dont la symétrie est presque parfaite, etc. Les défauts, les interfaces (autrement dit les contrastes), voilà où se situent dans la nature les forces créatrices. Mais sans jamais oublier la recommandation de Steven Weinberg, prix Nobel et auteur du best-seller *Les Trois Premières Minutes de l'Univers* : « Ce qui est passionnant dans les systèmes complexes, ce sont les lois simples qu'on peut en extraire. »

Cette recommandation va à l'encontre d'une mode qui, hélas, se répand et à qui la puissance des ordinateurs donne, hélas, un outil pour propager cette mode. Cette mode, c'est elle qui obéit au fameux adage : « Pourquoi faire simple quand on peut faire compliqué ? »

Les dégâts faits par cette tournure d'esprit sont considérables. Dans la science bien sûr, mais aussi dans la politique et dans l'administration. Car les mêmes règles s'appliquent aussi dans ces domaines. L'excès d'ordre, de juridisme, de réglementation, de procédure, de formalisme tue l'innovation, la créativité. Le novateur perturbe le système ancien, mais il est aussi le germe du monde nouveau.

Conscience (et science)

« Science sans conscience n'est que ruine de l'âme », a écrit Rabelais. Et cette phrase a servi de prétexte à beaucoup de ceux qui ignorent ou jalousent la science pour forger l'image du scientifique irresponsable, égoïste, prêt à sacrifier l'avenir de ses compatriotes pour satisfaire son besoin de savoir, de découvrir et de s'affirmer. Petit à petit, l'idée est venue que les scientifiques avaient une responsabilité dans la guerre et notamment après Hiroshima et Nagasaki et la guerre atomique, dans les accidents de la société et presque dans les maladies. L'image du scientifique était celle du fameux docteur Folamour. Pour combattre cette idée se créa après la guerre des mouvements dits « de la responsabilité scientifique ». Paradoxalement, ces mouvements renforcèrent l'idée que, sans un effort particulier, les scientifiques étaient sans conscience, prêts à tout !

Sans nier qu'il existe, c'est vrai, quelques scientifiques qui sacrifieraient beaucoup de choses à leur curiosité, voire à leurs ambitions de carrière, comme il existe des industriels prêts à polluer la planète pour augmenter leurs profits, des politiciens ne se préoccupant que de favoriser leur ville ou leur région sans s'occuper des autres, la grande masse des scientifiques s'interroge et essaye de prévenir les dangers qui pourraient provenir de la science.

Par exemple, ce sont les biologistes moléculaires eux-mêmes qui ont mis en place le moratoire d'Asilomar au début des techniques de manipulations génétiques. Ce sont les géochimistes qui ont mis en garde contre le plomb dans l'essence malgré le lobbying effréné de l'industrie du plomb. Ils ont non seulement alerté les gouvernements sur les dangers de la déchirure de la couche d'ozone antarctique, mais ils ont découvert la raison de cette destruction, puis trouvé la solution, puis ont milité pour l'imposer. Crutzen, Molina et Rowlands reçurent le prix Nobel de chimie pour cela.

Ce qui ne veut pas dire qu'il ne faut pas surveiller les quelques « irresponsables du savoir ».

Mais, à l'inverse, il ne faudrait pas croire que la conscience peut remplacer la science, comme le prétend José Bové, adversaire déclaré et médiatique du progrès.

Jean Bernard, grand médecin, humaniste s'il en fut, dont l'attention portée à ses malades est légendaire, disait : « En médecine, conscience sans science a tué beaucoup de monde. »

Conservation (lois de)

Les lois de conservation sont à la base de toutes les sciences physiques. Ce sont elles qui permettent d'écrire des équations où l'on met dans un membre ce que l'on sait et dans l'autre membre ce qu'on veut savoir.

Ces lois sont dans la physique classique au nombre de six. La première est la conservation de la masse. Rien ne se crée, rien ne se perd, disait Lavoisier. La deuxième est la conservation de l'énergie. C'est à partir de là qu'on a énoncé le premier principe de la thermodynamique. L'énergie dépensée à l'échelle macroscopique, c'est-à-dire à l'échelle de nos sens, qu'on appelle travail, et l'énergie dépensée à l'échelle microscopique, c'est-à-dire à l'échelle des atomes et des molécules, qu'on appelle chaleur, est constante. La machine à vapeur consiste à transformer de l'énergie microscopique en énergie macroscopique. Les atomes en s'agitant poussent le piston qui fournit ainsi du travail. En fait, ces deux lois de conservation peuvent être combinées puisque la théorie de la relativité restreinte relie énergie et masse suivant la relative $\Delta/E = \Delta/mc^2$, c représentant la vitesse de la lumière.

La troisième loi de conservation est celle de la charge électrique. Ainsi, un cristal de sel de cuisine NaCl a une charge électrique neutre. Dissous dans l'eau, il donne naissance à des ions sodium chargés une fois positivement, et des ions chlorure chargés une fois négativement, il y a le même nombre d'ions sodium que d'ions chlorure. La charge électrique globale se conserve.

La quatrième est la loi de conservation de la quantité de mouvement, c'est-à-dire du produit masse par vitesse. Lorsqu'on tire au revolver, il y a un effet de recul. C'est la conséquence de cette loi. Le recul est d'autant plus fort que le revolver est plus léger !

La cinquième loi de conservation fait appel à une notion plus complexe qui est le moment angulaire. C'est une notion qui s'applique aux corps en rotation.

On définit le moment d'inertie d'un corps en rotation comme étant égal à la somme des produits des masses par la distance à l'axe de rotation élevé au carré.

Plus le corps est massif, plus sa masse est éloignée de l'axe de rotation, plus il résiste à toute modification de son mouvement de rotation.

Le moment angulaire est le produit du moment d'inertie par la vitesse angulaire. C'est pour la rotation l'équivalent de la quantité de mouvement.

Ce moment angulaire se conserve. On cite toujours l'exemple des patineurs qui ramènent les bras le long du corps pour tourner plus vite. Si la distance à l'axe de rotation d'une partie de la masse diminue, le moment d'inertie diminue donc. Pour maintenir le moment angulaire, il faut que le mouvement de rotation augmente.

La physicienne théoricienne allemande Emma Noether (l'une des rares femmes à avoir marqué les mathématiques et la physique théorique de leur empreinte) a montré que les lois de conservation conduisaient à des résultats importants sur la symétrie du monde.

La conservation de la quantité de mouvement signifie homogénéité de l'espace, la conservation du moment angulaire signifie l'isotropie de l'espace, la conservation de l'énergie, l'homogénéité du temps. C'est profond, mais pour le profane sans doute très obscur ! C'était juste l'épisode de pédantisme !

Convection

La convection est un phénomène dont chacun a observé l'existence. Chauffons de l'eau dans une casserole en la posant sur le feu – la chaleur vient donc d'en dessous.

On observe un mouvement de l'eau. Avec un peu d'attention, on voit que l'eau monte du fond de la casserole vers la surface, au centre de la casserole, puis s'étale et plonge vers les profondeurs au niveau des bords de la casserole. La cause physique de ce phénomène qui a lieu dans les fluides chauffés est simple.

Le fluide chaud est plus léger que les fluides plus froids adjacents. Il va donc chercher à monter vers la surface.

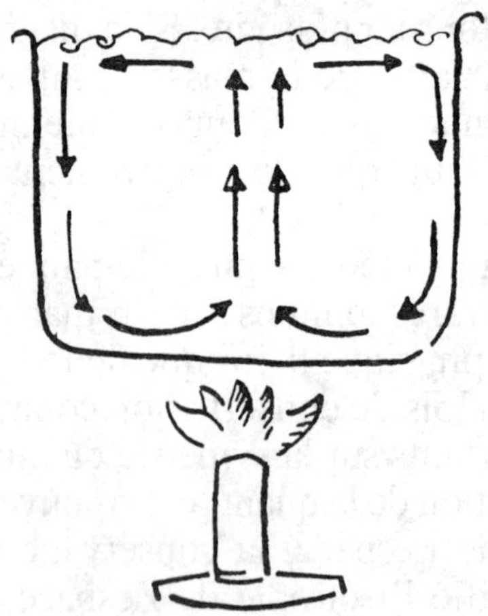

Principe des mouvements de convection dans un récipient chauffé par en dessous.

Naturellement, pour compenser ce mouvement, certaines portions de ce liquide doivent plonger vers l'intérieur. Elles auront tendance à le faire au contact des bordures de la casserole, car celles-ci sont des régions plus froides. Or le fluide froid est plus lourd, donc aura tendance à descendre. Ainsi naissent ces courants fluides dans la casserole.

Ce phénomène de mouvements des fluides dans lequel existe une variation de température verticale et donc fondé sur la différence de densité entre un fluide froid et un fluide chaud – l'un descend, l'autre monte – a été découvert expérimentalement par le physicien français Henri Bernard à la fin du XIXe siècle et expliqué théoriquement par le physicien anglais lord Rayleigh. Du coup, on l'appelle convection de Rayleigh-Bernard. D'autres types de convection existent. Certaines causées par des différences de composition chimique, d'autres par les propriétés de surface (lorsque le fluide à la surface a tendance à se contracter) mais nous nous tiendrons ici à la plus classique, celle de Rayleigh-Bernard.

Ces processus de convection ont une importance considérable dans la nature. Ainsi, dans l'atmosphère, l'air chaud de la surface monte, remplacé par l'air qui descend. Dans l'océan, la convection est inverse, c'est le haut qui gouverne. L'eau froide et salée du sud du Groenland, plonge dans les abysses (*voir* : OCÉAN). L'eau remonte du fond le long de certaines côtes suivant des processus complexes qu'on appelle « up welling ».

Dans la Terre interne, le manteau qui sur des durées de temps de millions ou de milliards d'années se déforme et coule comme un fluide pâteux est, lui aussi, le siège de vastes mouvements de convection qui le brassent et le mélangent. Dans le noyau de la Terre on trouve du fer fondu dont les mouvements de convection sont à l'origine, par exemple, du champ magnétique terrestre.

Mais ces processus jouent aussi un rôle important dans toute l'industrie qui manipule des fluides, l'industrie chimique ou l'industrie métallurgique.

La convection est donc bien un grand phénomène physique qu'il faut connaître.

Cordes (théorie des)

C'est la théorie la plus élaborée, la plus fascinante de la physique théorique. Et pourtant jusqu'à présent aucune expérience, aucune observation n'est venue lui donner l'onction du réel.

Elle est née d'une ambition légitime et d'une proposition audacieuse. L'ambition, c'est d'unifier toutes les forces de la nature. Leur essence serait identique mais leurs manifestations diverses correspondraient aux « circonstances ». Cet effort d'unification a été l'un des grands moteurs des progrès de la physique. On a unifié le magnétisme et l'électromagnétisme en y incluant aussi la lumière. Ça c'est l'œuvre de Maxwell. On a unifié la conception de la nature ondulatoire et particulaire de la matière – c'est la mécanique quantique. Puis, on y a joint l'électrodynamique avec l'électrodynamique quantique. Puis, ce sera l'unification de l'électrodynamique et des forces nucléaires fortes et faibles. C'est le modèle standard.

Pourtant, une force a résisté à ces efforts d'unification, c'est la gravitation. Elle est la seule force différente des « autres ».

Einstein a travaillé sur cette question toute la dernière partie de sa vie.

Pour tenter de franchir cet obstacle, Michael Green et John Schwarz ont émis en 1984 l'idée que l'on pouvait remplacer la représentation des particules[1]. Alors que notre idée était jusque-là que les particules étaient des points, pourquoi ne pas admettre qu'à l'échelle très élémentaire il ne s'agit plus de points, mais de minuscules cordes ? Ces cordes peuvent être ouvertes ou se refermer en forme d'anneaux, se tordre et surtout vibrer. Vibrer suivant les lois de la mécanique quantique, car les cordes sont évidemment quantiques.

Mais naturellement, ces cordes sont aussi des ondes et, *vice versa*, les vibrations qu'elles génèrent sont aussi des « particules ».

Tout cela devient vite très compliqué. Encore plus compliqué quand on est amené à immerger ces cordes dans un espace à 11 dimensions (à 4 dimensions c'est déjà compliqué, mais à 11, vous imaginez).

A partir de là, on attrape le monde des mathématiques, c'est-à-dire celui de l'abstraction pure. D'ailleurs, l'un des ténors de cette théorie des cordes, Edward Whitten, a obtenu la médaille Fields de mathématique. Ainsi, quelles que soient l'élégance de cette théorie et son incontestable parenté avec la musique – l'idée que les particules les plus élémentaires de l'univers seraient de minuscules violons a de quoi séduire –, elle est pour moi hors de la physique puisqu'elle est hors de l'expérience. D'ailleurs, l'un

1. Ils développaient en fait une série de travaux effectués avant eux, à l'origine desquels était Gabriele Veneziano, aujourd'hui professeur au Collège de France, et qu'avait amplifiés un jeune normalien, Joel Scherk, associé à Schwarz.

des grands praticiens de cette théorie, Jean Iliopoulos, de l'Ecole normale supérieure, a écrit : « Si je pensais qu'on ne pourrait jamais vérifier la théorie des cordes de manière expérimentale, j'arrêterais de travailler sur le sujet. »

Alors, dans ces cas-là, on se tourne toujours vers l'astrophysique, domaine dans lequel les contraintes de l'observation sont beaucoup plus lâches.

Mais là aussi, malgré une profusion d'articles, rien de décisif n'a été obtenu.

Or, pour ce qui me concerne, j'ai un principe, que certains peuvent discuter et même réfuter : dès qu'on sort de la confrontation théorie-observation, on sort du périmètre de la science. On entre dans le domaine de Platon ou dans celui des mathématiques. Ce n'est pas le domaine de la science. La théorie des cordes appartient pour l'instant à l'espace platonicien. Je ne nie pas l'élégance de cette théorie, son caractère mathématique innovant, mais, pour l'instant, je la situe hors du réel, c'est-à-dire hors des sciences physiques. J'espère que cela changera..., mais je ne fais pas de science-fiction.

Brian Greene, *L'Univers élégant*, Robert Laffont.

Cornell (université)

L'université Cornell est située dans une petite ville de l'Etat de New York, Ithaca. Il serait plus exact de dire que la ville d'Ithaca est située autour de l'université Cornell tant c'est bien cette dernière qui a été le moteur de son développement.

Cette université a une structure originale puisqu'elle est mi-privée, mi-publique. Certains départements dépendent de l'Etat de New York, d'autres étant purement privés. C'est une des grandes universités de la côte Est qui a appartenu à l'élite que l'on appelle l'Ivy League, une organisation de football américain qui regroupait Harvard, Princeton, Yale, Cornell, Darmouth, Columbia et Chicago, mais dont le groupement avait une signification élitiste comme peut l'être la compétition Oxford-Cambridge d'aviron.

J'y ai séjourné plusieurs étés comme professeur *at large* et j'y ai contracté un virus qui depuis ne m'a pas quitté, celui du golf ; car un terrain de golf est situé sur le campus lui-même, entretenu par l'école d'agriculture, et le golf a été pour moi le lieu de discussions interminables sur la dynamique de la Terre avec mes collègues de cette université, notamment mon ami Don Turcotte, et a été à l'origine de quelques articles à succès. Au fait, Cornell est le nom du fondateur de l'université !

Couleur(s)

La notion de couleur est sans aucun doute aussi ancienne que l'homme. Pourtant, l'idée que la lumière blanche est composée par la superposition, le mélange de couleurs, n'a été comprise que grâce à Newton.

On savait depuis longtemps que des verres taillés convenablement décomposaient la lumière et donnaient naissance à une suite de couleurs qui se présentaient toujours dans le même ordre : violet, indigo, bleu, vert, jaune, orange et rouge. Les Arabes, puis les Italiens avaient fait des expériences précises sur cette « naissance des couleurs ». Descartes les avait reproduites, mais c'est Newton qui va accomplir le pas décisif au cours d'une expérience dont l'élégance est impressionnante.

Il décompose la lumière à l'aide d'un prisme. Puis, il pose une lentille sur le trajet de la lumière décomposée. La lumière qui en sort est de la lumière blanche. Puis il reprend le faisceau de lumière multicolore, mais ajuste une fente qui ne peut laisser passer qu'une couleur.

Il fait passer cette couleur dans un second prisme et là il constate qu'il ne décompose plus la lumière, pas plus qu'à l'envers il ne fabrique de lumière blanche.

La lumière est bien composée des couleurs fondamentales, dit-il. Pour compléter sa démonstration, il peint sur un disque les couleurs fondamentales, puis fait tourner le disque. Le disque tournant apparaît comme blanchâtre. L'explication finale de la nature de ces couleurs ne sera donnée que plus tard par Young et Fresnel (*voir* : LUMIÈRE).

Courage

La plus grande qualité qui est demandée à un scientifique, c'est le courage. Le courage intellectuel, moral, de défendre ses idées lorsqu'elles sont novatrices et donc dérangeantes. Courage, en effet, d'affronter les « chers collègues » avec comme seul projet de bousculer les idées reçues. Or on est en général soi-même dans le doute sur la vérité ou l'importance de son propre travail.

Dans les congrès, notamment ceux qui ont lieu dans les pays anglo-saxons, où les Français ont toujours le handicap de la langue, les débats sont tellement abrupts et rudes qu'il s'agit parfois presque de courage physique dont on a besoin pour résister à l'ambiance hostile d'une salle. J'ai toujours admiré mes collègues anglais de Cambridge ou d'Oxford qui manifestent dans ces cas-là une arrogance qui semble les rendre invulnérables. Il est vrai que pour le langage, ils ont un avantage vis-à-vis même des Américains. Bien sûr, ce courage n'est rien à côté de celui qu'il fallait avoir dans les siècles passés où, pour des idées scientifiques, on risquait sa vie ou sa situation. Giordano Bruno fut brûlé. Galilée, lui, fut assigné à résidence à Florence. Maupertuis dut se réfugier auprès de Frédéric II de Prusse, chassé par l'Académie de Paris.

Bien sûr, de nos jours, l'intégrité physique n'est plus en jeu, sauf dans des pays comme l'Iran des ayatollahs ou des ex-dictateurs communistes, mais la situation matérielle des scientifiques est bel et bien mise sur la balance. Suivant que l'on défend des idées trop nouvelles ou pas, on est nommé ou non dans tel ou tel poste. On est promu ou pas.

Jacques Monod fut battu à des élections en Sorbonne plusieurs fois quelques années seulement avant l'obtention du prix Nobel, car personne ne croyait à l'époque à la biologie moléculaire !

Après ces descriptions, on pourrait croire que les scientifiques constituent une communauté de mesquins, de jaloux, de malhonnêtes. Il n'en est rien, la communauté scientifique n'est pas faite d'archanges, mais il n'y a pas de proportion particulière de mauvaises gens. Cette attitude de critique corrosive systématique est motivée par les faits eux-mêmes.

Tous les scientifiques se construisent dans leur tête des représentations du monde avec lesquelles ils sont familiers et « confortables ». Lorsqu'une nouvelle idée modifie leur univers intellectuel, voire le met en pièce, c'est une agression et ils réagissent donc vis-à-vis d'une agression et donc en attaquant l'agresseur.

La part humaine de l'affaire, c'est que des deux côtés on y met tout son cœur, toute sa personnalité scientifique et donc qu'il y a nécessairement une confrontation violente. Car si le novateur doit être courageux, ceux qui bénéficieront de la découverte en l'intégrant dans leur espace neuronal et feront peut-être eux-mêmes la découverte suivante doivent aussi faire preuve de courage, le courage de bouleverser, de modifier, de reconstruire leur univers mental. Et le courage est rare. C'est pourquoi les découvertes sont souvent très longues à s'imposer. On ignora Mendel ou Wegener pendant cinquante ans. On refusa les atomes de Démocrite pendant plus de deux mille ans ! C'est pourquoi lorsqu'une nouvelle découverte apparaît, elle est souvent soutenue et défendue uniquement par un groupe de scientifiques appartenant à quelques centres de recherche, comme si les autres n'existaient pas.

Ainsi, les débuts de la biologie moléculaire eurent pour centre le California Institute of Technology en Californie, l'université de Cambridge en Grande-Bretagne et l'Institut Pasteur en France. L'essor de la mécanique quantique se fit autour de Göttingen et de Munich en Allemagne, et de Cambridge en Grande-

Bretagne. La tectonique des plaques fut développée autour de Cambridge (Grande-Bretagne), Princeton puis Columbia aux Etats-Unis.

C'est le refus de changer qui explique sans doute la persistance d'idées fausses pendant de nombreuses années. Mais le courage de changer s'applique aussi au novateur. Ce n'est pas parce qu'une idée est nouvelle qu'elle est vraie. Beaucoup de nouvelles idées se révèlent inexactes et sont éliminées par la corrosion de la communauté scientifique. Pour le (ou les) novateur(s), il faut alors avoir le courage (la sagesse) de reconnaître son erreur.

Ainsi, Patrick Blackett, prix Nobel de physique, a défendu pendant des années l'idée que le champ magnétique des planètes et des étoiles était une conséquence de leur rotation et donc que son intensité variait avec la vitesse de rotation. Après une série d'expériences de laboratoire au cours desquelles il mit au point un magnétomètre extrêmement sensible, il constata que son idée était fausse. Il eut le courage de publier un article célèbre pour se rétracter : *« A negative experiment. »* Cet exemple est rare. Car dire qu'on s'est trompé demande un supercourage. La gratification qu'on espère pour une découverte n'est bien sûr pas au rendez-vous de la reconnaissance d'une erreur !

A l'inverse, Kopernik n'eut pas le courage de publier sa théorie du mouvement des planètes autour du Soleil par manque de courage. Chanoine confortablement entretenu par l'Eglise, il n'avait aucune envie de mettre en péril sa situation.

Sous une autre forme, Newton ne publia pas la prétendue invention du calcul intégral. Il déposa une lettre chez un ami. Lorsque Leibniz publia la même découverte, Newton revendiqua alors la paternité sans beaucoup la prouver ! D'où la dispute acerbe qui s'ensuivit entre les deux hommes.

Mais si le courage est nécessaire pour défendre des théories ou des découvertes déjà élaborées, que dire du courage qu'il faut pour entreprendre des recherches dans une nouvelle direction ? La tendance naturelle est de travailler dans les domaines où tout le monde travaille, ceux qui sont à la mode, où l'on obtient facilement l'argent et la reconnaissance des collègues. Travailler sur de nouveaux chantiers, inconnus, où l'on n'a aucune garantie de succès, demande un grand courage – au jeune chercheur, qui risque de briser sa carrière dans un cul-de-sac scientifique, au chercheur reconnu, qui risque de perdre le respect qu'il inspire dans un domaine où il ne réussira pas aussi bien.

Ce courage du scientifique est devenu aujourd'hui une qualité d'autant plus indispensable qu'elle est de plus en plus rare. Les phénomènes de mode dominent tout, et pourtant, plus que jamais, nous avons besoin de novateurs !

Crafoord (prix)

Ce prix a été créé par l'Académie des sciences de Suède par un médecin qui a fait fortune en soignant l'artériosclérose (ce qui est mieux que de s'être enrichi en inventant la dynamite comme Alfred Nobel !).

Ce prix, financièrement au niveau du prix Nobel, est consacré par rotation aux disciplines qui ne sont pas honorées par ce prix. Les mathématiques (tous les six ans), l'astronomie (tous les six ans), les sciences de la Terre (tous les trois ans), l'écologie (tous les trois ans).

Ce prix n'a pas pour l'instant le prestige du prix Nobel auprès du public, mais il représente des disciplines en plein essor.

Et lorsque les lauréats s'appellent Lorenz ou May, les inventeurs du chaos, Edward Wilson, le pape de l'écologie, Henri Stommel, le créateur de l'océanographie moderne, Sandage, le continuateur de Hubble dans l'étude des mouvements des galaxies, ou Fred Hoyle, l'un des créateurs de la théorie sur la nucléosynthèse, on peut penser qu'avec le temps on finira par reconnaître ce prix au niveau d'estime où il est déjà placé financièrement.

Cristal

Un cristal est un arrangement périodique tridimensionnel d'un motif atomique. Ce dernier peut être constitué soit d'un atome, soit d'un ion (c'est-à-dire d'un atome chargé électriquement), soit d'une molécule, soit d'un ion complexe (c'est-à-dire d'une molécule chargée électriquement). Un cristal est en somme un « papier peint » tridimensionnel. Les solides forment en général des cristaux.

Les conséquences de cette structure périodique sont multiples, mais la plus apparente est que la symétrie atomique interne se retrouve dans la morphologie externe du cristal. Les faces planes d'un cristal, mais aussi les faces qui résultent d'une cassure, font, entre elles, des angles constants. C'est l'abbé Haüy qui, à la fin du XVIIIe siècle, eut l'intuition que la symétrie externe des cristaux devait refléter une symétrie interne constitutive. C'est le cas. On détermine la structure interne des cristaux à l'aide des rayons X. Ce sont deux équipes, l'une allemande avec von Laue, l'autre anglaise avec Bragg père et fils, qui ont développé cette technique au début du XXe siècle.

Lorsqu'on a affaire à des cristaux naturels, ou à des cristaux qu'on a laissés se former librement, ils présentent des faces planes, faisant entre elles des angles définis qui reflètent la symétrie interne découverte par Haüy. Mais c'est rare : en général, les cristaux naturels et notamment ceux des roches ont des formes moins belles, moins nettes car leur cristallisation est gênée par celle des « voisins ». C'est le cas dans les roches qui résultent de la cristallisation d'un magma et qu'on appelle ignées.

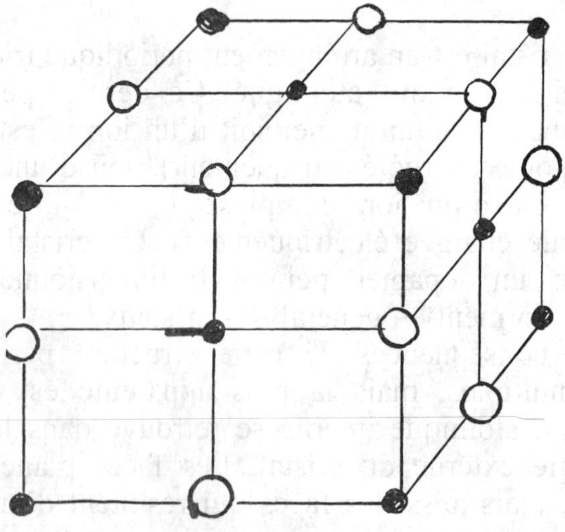

Schéma de la structure tripériodique d'un cristal de type NaCl.

La science qui étudie les cristaux s'appelle la cristallographie. La discipline qui étudie les cristaux à l'aide de rayons X s'appelle la radiocristallographie.

Curie (Pierre et Marie)

Ils constituent la légende vivante de la science française. Le féminisme aidant, Marie a éclipsé Pierre, d'autant plus que Pierre est mort prématurément, renversé par une voiture à cheval, et que Marie a reçu un second prix Nobel en plus de celui qu'elle a partagé avec Pierre Curie et Henri Becquerel.

Sans égratigner une légende et en renvoyant aux ouvrages multiples décrivant l'épopée, sans compter les pièces de théâtre dont la dernière, *Les Palmes de M. Schultz*, eut beaucoup de succès, je souhaite, modestement, donner quelques précisions qui peuvent intéresser.

Pierre et Marie Curie n'ont pas réalisé la première découverte du phénomène de radioactivité, c'est Henri Becquerel qui l'a fait. Mais Pierre et Marie Curie ont été avec Rutherford ceux qui l'ont compris. Ainsi, c'est Pierre Curie qui a donné la formulation de la loi de la radioactivité [1]. Avec Laborde, c'est lui qui a montré que les désintégrations radioactives dégageaient de la chaleur. C'est, semble-t-il, Marie Curie qui, après avoir donné le nom de radioactivité, comprit que l'uranium est la source d'une cascade de radioactivité appelée chaînes radioactives, dans les-

1. Contrairement à ce que j'ai enseigné pendant vingt ans, victime moi aussi de la propagande anglo-saxonne.

quelles on trouve le radium, le radon, le polonium, etc. Cette découverte permit de mettre fin à une polémique avec les Anglais qui qualifiaient la découverte française d'invraisemblable, puisque l'uranium purifié était moins actif que les minerais d'uranium.

Pierre Curie, avant de rencontrer Marie, avait lui-même fait des travaux remarquables en magnétisme et sur les principes de symétrie. Il eut l'intelligence et le courage d'interrompre ses recherches pour se lancer avec sa nouvelle élève Marie dans l'étude de ce phénomène étrange découvert par Henri Becquerel.

Mais le couple Curie était assez exceptionnel sur d'autres plans. Leurs débuts avaient été difficiles et, pour purifier le radium, ils n'avaient pas hésité à construire un laboratoire « quasi industriel » où l'on traitait des tonnes de roches avec des acides corrosifs dans un hangar désaffecté.

La gloire venue, ils restèrent toujours d'une étrange simplicité. Ainsi, ils refusèrent d'aller à Stockholm recevoir le prix Nobel en décembre, car c'était la période où ils donnaient leurs cours et ils ne pouvaient manquer même une semaine par respect pour les étudiants. Ils reçurent le prix Nobel en février !

Lorsqu'ils touchèrent ce prix, la seule récompense personnelle qu'ils s'offrirent fut de s'acheter deux vélos, pour venir plus vite au labo, dirent-ils à leurs collaborateurs. Le reste alla aux projets de rénovation du laboratoire.

Pas étonnant qu'ils soient devenus une légende.

Loïc Barbo, *Pierre Curie (1859-1906) : le rêve scientifique*, Belin, 1999.

Cybernétique

C'est une science dont on parlait beaucoup il y a trente ou quarante ans et qu'on n'évoque plus aujourd'hui, bien que le mot « cyber » soit partout.

Pourtant son actualité aujourd'hui est plus grande qu'il y a trente ans ! La cybernétique, inventée par le mathématicien du MIT Norbert Wiener, est la science du contrôle et du fonctionnement des systèmes complexes. Elle s'appuie sur les notions d'information, de contrôle, de boucle de rétroaction, bref de tous les ingrédients de l'analyse des systèmes complexes.

Le mot cybernétique a disparu et avec lui on a oublié les travaux de Wiener qui ont pourtant été véritablement des travaux visionnaires.

Pourquoi ? Je n'ai pas de réponse. D'autant plus, encore une fois, qu'on utilise à tout va le cybernétique, la cyber-économie, voir la cyber-société.

Cycle(s)

On appelle cycle un phénomène qui se répète périodiquement, semblable à lui-même. La représentation la plus simple, la plus parfaite aussi, en est le mouvement sur un cercle, sur un anneau. La représentation temporelle de ces mouvements se traduit par une courbe dont les mêmes valeurs réapparaissent périodiquement.

Bien sûr, l'exemple historique est celui de la révolution de la Terre autour du Soleil et la rotation de la Terre sur elle-même. La périodicité est définie par l'alternance des saisons, des nuits et des jours.

Cette vision saisonnière avait inspiré aussi bien les Chinois « primitifs » que les Egyptiens qui, extrapolant le phénomène, en avaient déduit que le temps lui-même était un éternel recommencement.

A cette vision va s'opposer celle des religions du Livre qui vont postuler que le monde a été créé à un moment donné (par Dieu) et que depuis il évolue dans une direction donnée, d'une manière irréversible. C'est ce qu'on appelle le temps vectoriel.

En fait, cette opposition entre le cycle et l'évolution orientée est générale et imprègne les sciences et bien au-delà. On va parler des cycles biologiques, par exemple pour la cellule qui naît, se nourrit, grossit, se divise, donne deux nouvelles cellules qui croissent, etc.

On va parler des cycles géologiques : création des

montagnes, érosion, sédimentation dans l'océan, enfouissement des sédiments, métamorphisme et surrection des nouvelles montagnes.

On va parler, bien sûr, en physique, des mouvements périodiques à partir du pendule, mais aussi pour la propagation des ondes qui est en quelque sorte une combinaison entre mouvement périodique et propagation.

On parlera aussi de cycles économiques, etc.

Et, aujourd'hui, on essaye de substituer à l'exploitation vectorielle des ressources naturelles une procédure cyclique qui récupère l'eau ou les métaux pour les recycler.

L'idée qu'une évolution ne pourrait être que cyclique, semblable à elle-même éternellement, n'est pas raisonnable en ce qui concerne les phénomènes naturels.

Ne serait-ce que parce que l'énergie se dissipe et que les ressources sont limitées, toutes les évolutions cycliques se superposent à une évolution orientée, souvent décroissante ? Même si les cycles géologiques semblent se reproduire à l'identique depuis 4 milliards d'années, la Terre, à cette époque, n'était pas semblable à la Terre actuelle. A ce sujet, le théorème de Fourier a une signification sans doute très profonde du point de vue philosophique. Ce théorème dit que toute fonction peut être décomposée en une somme de fonctions périodiques de périodes différentes. On a là tout ce qui explique la combinaison des deux phénomènes – cyclicité et évolution. Grand débat qui ne se clôturera pas demain...

Si le big bang est l'origine de l'univers, le temps est vectoriel s'il fait suite à un *Big Crunch*, l'univers est cyclique. Si la matière noire n'est pas très suffisamment pesante, l'expansion de l'univers se poursuivra à l'infini. Si son abondance est majeure, l'expansion de l'univers s'inversera dans un univers de dimensions finies.

Où est la vérité ? Pour ma part je l'ignore.

D

Dalton John (1766-1844)

Ce presque contemporain de Lavoisier fut le premier chimiste non seulement à croire à l'existence des atomes, mais à utiliser ce concept. A partir de là il va chercher à faire un inventaire des atomes et de la détermination des « masses caractéristiques » des éléments chimiques (pour lui les masses relatives des atomes). Il prend pour référence l'hydrogène auquel il attribue la masse unité puis il pèse les divers composés en remarquant que les proportions d'éléments chimiques entrant dans les composés sont toujours les mêmes.

Ainsi, quand on brûle de l'hydrogène dans l'oxygène, la proportion des deux constituants reste la même. (Dalton pensait que c'était 5,5 g d'oxygène pour une masse d'hydrogène, on sait aujourd'hui qu'il s'agit de 8.) L'oxygène a une masse (16), il s'allie à deux atomes d'hydrogène pour donner une molécule d'eau de masse 18. A partir de ce genre d'expériences et de la référence hydrogène, il établit un tableau des « masses caractéristiques ».

Les éléments chimiques tels que Dalton les classait avec leur symbole et leur masse atomique (par rapport à l'hydrogène).

Quelques années plus tard, en 1808, Gay-Lussac d'une part et Avogado de l'autre vont découvrir les lois de mélange des gaz et permettre une amélioration sensible des tables déterminées par Dalton.

La démarche de Dalton était prophétique et pourtant toutes ses masses atomiques se sont révélées fausses. Il lui manquait une donnée essentielle, celle de la composition des molécules, ce qu'on appelle leur formule chimique. Ainsi, Dalton pensait que la formule de l'eau était HO, en fait c'est H_2O.

Mais c'est incontestablement l'un des fondateurs de la chimie au même titre que Lavoisier qui, lui, malgré son génie, ne croyait pas aux atomes.

Darwin Charles (1809-1882)

Darwin est certainement l'un des trois ou quatre scientifiques les plus célèbres du monde. Il est l'auteur de la *Théorie de l'évolution* des espèces vivantes suivant laquelle toutes les espèces vivantes dérivent les unes des autres par des évolutions graduelles, des petits changements qui finissent par devenir importants.

Associé au nom de Darwin, il y a bien sûr le mécanisme de la sélection naturelle. Lors de la compétition, de la lutte pour la vie, les individus, les espèces les mieux adaptées, les plus efficaces soit dans la recherche de la nourriture, soit dans la reproduction sont celles qui survivent et se reproduisent. Ainsi, petit à petit, la « vie » avantage et sélectionne les petites variations les plus « utiles » et petit à petit naissent les nouvelles espèces. Cette théorie va déclencher un débat extrêmement violent avec les Eglises, car elle nie le rôle créateur de Dieu, en particulier lorsqu'elle affirme que « l'homme descend du singe » et ce par le fait du hasard et de la nécessité.

Pourtant, Darwin n'était pas l'inventeur de la théorie de l'évolution. Nous devons donner ce titre plutôt à Lamarck (*voir* : LAMARCK). Cette antériorité de Lamarck, Darwin l'a combattue avec obstination, s'acharnant à montrer dans tous ses écrits que sa théorie était totalement nouvelle et qu'il n'avait pas de prédécesseur ! Il reconnaîtra seulement avoir un concurrent en la personne de Wallace, son contemporain. Lamarck, d'après Darwin, n'avait rien compris. Et cette injuste revendication de Darwin a, hélas, fini par triompher. Même en France !

Cela étant, l'apport de Darwin est immense. Par exemple, il sera le premier à introduire le rôle du temps et ce de manière quantitative. Ainsi, il calcule qu'un éléphant vit cent ans, procrée tous les trente ans, chaque portée étant de six éléphants. Eh bien, un couple d'éléphants donnera naissance à 19 millions d'éléphants en 750 ans !

Charles Darwin commença des études de médecine médiocres. Etudiant sans vocation, il alla passer trois ans à Cambridge pour étudier la théologie. De ce séjour, qui fut à l'évidence capital pour sa formation scientifique et intellectuelle, il écrira dans son autobiographie : « J'ai perdu mon temps », montrant par là son extraordinaire arrogance. C'est pourtant à partir de cette formation acquise à Cambridge qu'il va s'embarquer en 1831 dans ce fameux voyage du bateau océanographique *Beagle* où il va faire en cinq années le tour du monde et réaliser des milliers d'observations géologiques aussi bien que biologiques.

Les observations qui l'ont, semble-t-il, le plus marqué sont celles faites sur les îles, et en particulier les îles Galapagos où il constate que, sur chaque île, les variétés d'espèces vivantes ont des particularités.

A partir de là et d'une méditation assez longue réalisée en tant que *gentleman farmer*, n'ayant pas de souci à se faire pour son gagne-pain, il va publier en 1859 son livre monument, *L'Origine des espèces au moyen de la sélection naturelle*. Ce livre est fondateur pour la biologie non seulement pour son contenu, mais pour sa forme même. Il y affirme une théorie et il s'efforce de la démontrer et il accumule les observations, toutes orientées vers sa démonstration.

Il publiera en 1871 un second livre qui fera scandale, *La Descendance de l'homme et la sélection sexuelle*, car il va toucher bien sûr les relations homme-singe. L'homme descend du singe ou plus exactement descend d'un singe. Cela va l'amener à s'intéresser à la psychologie animale et au problème des sentiments animaux.

Le débat qui va s'enflammer, il le mènera un peu lui-même, mais essentiellement de manière épistolaire, laissant ses thuriféraires comme Thomas Huxley mener les débats publics avec les adversaires.

Dans ce débat, Wallace, qui avait initialement proposé la même théorie que lui, va le lâcher, considérant que la discontinuité qui existe entre singe et homme ne peut s'expliquer. Darwin lui écrira : « Alors, vous êtes prêt à tuer notre enfant. » C'est sans doute pour cela que Wallace va être petit à petit ignoré par la postérité, Darwin restant seul, récompensé pour son courage.

Pour revenir à Lamarck et son antériorité : qu'on me comprenne bien, je trouve l'attitude de Darwin inélégante et injuste, mais son œuvre est magistrale, ses arguments sont méticuleux, nombreux, convaincants, sa théorie de la sélection naturelle originale. Simplement, il a été un géant, mais dans une lignée où il était précédé par un autre géant !

Datation (géologique)

La géologie est la science qui étudie l'histoire de la Terre. Or il n'y a pas d'histoire sans chronologie. Comment pourrait-on écrire l'histoire de France si on mélangeait Henri IV et Vercingétorix ? En géologie, il en est de même.

La chronologie géologique a été d'abord géométrique. Une couche qui en surmonte une autre est plus jeune. Un filon de granite qui recoupe des strates est plus jeune qu'elles. Lorsqu'on trouve des galets de granites dans une roche sédimentaire, c'est que le granite est plus ancien et qu'il a été érodé et que ses produits d'érosion ont été déposés.

Puis, assez rapidement, on s'est aperçu que les strates sédimentaires contenaient des fossiles et que ces fossiles n'étaient pas identiques partout.

On les a classés, comparés, à l'aide des critères géométriques on a établi que certains étaient plus vieux que d'autres.

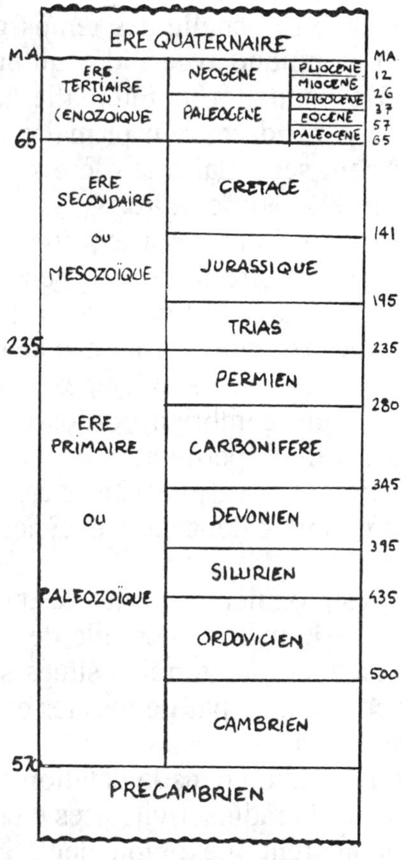

Echelle des temps géologiques « classiques » (avec fossiles). Les chiffres suivent les âges exprimés en millions d'années. Notez que les temps précambriens représentent 4 milliards d'années.

En combinant la chronologie géométrique et la chronologie par les fossiles, on a pu de proche en proche faire correspondre les strates du bassin de Paris et celles des bassins de Londres et d'Aquitaine.

Les pionniers de ces méthodes ont été en Angleterre William Smith, en France Guettard et Lavoisier (le chimiste), puis Cuvier et Brogniard.

On a ainsi établi l'échelle des temps géologiques, l'échelle stratigraphique avec l'idée qu'une épaisseur de terrain correspondait à un intervalle de temps.

Ainsi, on a parlé de terrain primaire et d'ère primaire ; de terrain secondaire et d'ère secondaire ; de terrain tertiaire et d'ère tertiaire.

Ces trois termes étant aussi exprimés en fonction de ce qu'on pensait être le développement de la vie attesté par les fossiles. Primaire = paléozoïque ; secondaire = mésozoïque ; tertiaire = cénozoïque.

Puis, on a divisé les ères en étages.

Le primaire en cambrien, ordovicien, silurien. dévonien, carbonifère, permien.

Le secondaire en trias, jurassique, crétacé.

Le tertiaire en paléocène, éocène, oligocène, miocène.

L'idée de ces pionniers était que les ères représentaient à peu près le même intervalle de temps !

Il y avait bien sûr des terrains situés sous le cambrien qui ne contenaient pas de fossiles et qu'on appelait donc précambriens.

La grande révolution dans la datation géologique a été introduite par la radioactivité. Les éléments radioactifs se désintègrent inexorablement, indépendamment de la nature des composés chimiques dans lesquels ils sont engagés ou des conditions de température ou de pression auxquelles ils sont soumis.

C'est donc un chronomètre, une horloge. Comme certains éléments radioactifs se détruisent pendant des durées de millions et de milliards d'années, ils peuvent être utilisés en géologie. C'est le cas des deux isotopes de l'uranium.

L'idée de datation radioactive est due à Pierre Curie et Ernest Rutherford au début du XXe siècle. La première datation est due à Ernest Rutherford sur un minerai d'uranium. Il obtint un chiffre supérieur au milliard d'années. A partir de là, la géochronologie radioactive s'est développée. On attribue des âges à chaque coupure de l'échelle stratigraphique. On a déterminé l'âge de la Terre, la durée des temps précambriens, les premiers signes de vie, les premiers fossiles, etc.

On a aussi daté des événements moins anciens comme les événements majeurs de la préhistoire ou de l'histoire très ancienne. Le moyen de datation utilisé a été le célèbre carbone 14 et le potassium-argon. On a pu dater les grandes périodes de la préhistoire, les glaciations et les divers restes des premiers hommes.

On a aujourd'hui une batterie de chronomètres radioactifs qui permettent de dater les événements depuis 4,55 milliards d'années avec une précision de quelques milliers d'années. Cette datation est la base de la géologie moderne. Sans elle aucun progrès n'aurait pu être fait, ni tectonique des plaques ni paléoclimatologie.

Défaut(s)

Pendant longtemps, on a pensé que l'idéal c'était ce qui était parfait, sans défaut.

Un solide parfait, c'est un cristal dans lequel se répète le motif élémentaire avec une périodicité à trois dimensions, comme un papier peint dessiné dans l'espace. Dans cette construction parfaite, il ne manque rien, à chaque endroit de l'espace il y a l'atome que la symétrie y a prévu.

Eh bien, ce cristal n'existe pas ! Ou plutôt, s'il existait, il ne serait pas stable. Il se détruirait.

La théorie, c'est-à-dire la thermodynamique, nous dit que tout cristal stable en équilibre doit contenir une certaine proportion de défauts. Le défaut est indispensable à la stabilité. Un premier enseignement qui n'est pas sans étonner ! L'équilibre implique l'existence de défauts. Est-ce généralisable ?

Dans les cristaux, il y a des défauts qu'on appelle ponctuels parce qu'ils existent en des points particuliers. C'est le cas lorsqu'il manque un atome à la place où il devrait être ou lorsque s'est introduit un atome étranger perturbant le caractère périodique du cristal. D'autres sont des lignes, des lignes de défauts, on les appelle défauts linéaires. Les dislocations sont typiquement des cristaux linéaires.

Les surfaces de séparation dans les cristaux, surfaces limitant les cristaux, sont aussi des défauts, mais bidimensionnels. Dans ces défauts se logent des impuretés, des atomes étrangers, des intrus. Dans les cristaux naturels, c'est dans ces défauts que se logent les éléments dont l'abondance est faible et qu'on appelle oligoéléments. Or ces défauts jouent un rôle essentiel dans un cristal.

Cette idée a été étendue par la théorie des systèmes instables. Les nouvelles structures d'équilibre naissent à partir des points anormaux, des défauts. C'est difficile à expliquer sans entrer dans la technique mathématique, mais c'est ainsi. Le défaut est créateur. L'ordre naît du désordre. Le cristal périodique se forme autour des impuretés qui nagent dans le liquide saturé. Les nouvelles structures naissent des défauts des anciennes. Les bulles dans une bouteille de Schweppes se multiplient dès qu'on introduit quelques « défauts » sous forme de sucre, de sel ou de poussière dans la bouteille. Faites l'expérience !

Peut-on étendre ces enseignements des sciences de la nature aux sciences de la cité ?

Delbrück Max (1906-1981)

Max Delbrück est sans doute l'un des biologistes « modernes » qui eurent le plus d'influence sur les orientations de la biologie et sur ses collègues, sans avoir lui-même réalisé une découverte essentielle.

Delbrück était un physicien allemand ayant fait une thèse de physique quantique puis fréquenté le temple de la nouvelle physique qu'était l'institut du grand prophète de la mécanique quantique Niels Bohr à Copenhague. Il fut séduit par une conférence du « Grand Gourou » qui affirmait que la mécanique quantique détenait le « secret de la vie » et décida de s'orienter vers la biologie.

Avec deux de ses jeunes collègues physiciens, il entreprit d'induire des mutations à l'aide de l'exposition aux rayons X comme l'avait fait Müller dans le laboratoire de Morgan. A partir de cela, il calcula la dimension que devait avoir un gène. Son estimation était fausse, mais son article lui valut une grande popularité *via* le livre de Schrödinger *Qu'est-ce que la vie ?*

Fuyant le nazisme, il émigra aux Etats-Unis où pendant longtemps il enseigna la physique tout en continuant ses recherches en biologie. Son idée c'était qu'il fallait étudier les mécanismes fondamentaux de la vie et notamment la génétique sur des organismes simples.

Cette idée de l'unité du vivant et donc de l'intérêt de commencer l'étude par des organismes simples, comme les physiciens s'étaient intéressé d'abord à l'atome d'hydrogène, d'autres l'avaient eu aussi. Pour ne citer que la France, c'était l'avis d'André Lwoff, de Boris Ephrussi et plus encore de Jacques Monod.

Delbrück fait alors le choix de travailler sur un virus qui infecte et tue les bactéries : le bactériophage. Dans cette approche, il va entraîner un autre émigré, le médecin italien Salvador Luria. Les deux noms vont devenir indissociables. Ensemble, ils vont organiser et animer une « confrérie » d'abord américaine, puis internationale de ceux qui étudient l'infection des bactéries et qu'on appellera le « groupe du Phage ».

Ils vont animer des séminaires, des colloques et surtout organiser la célèbre école d'été à Cold Spring Harbor. Ce groupe jouera un rôle d'animation considérable et pourtant ne fera aucune découverte fondamentale, passant même « à côté » d'un développement fondateur : la génétique bactérienne. Il ne fait pas de doute que Delbrück et Luria ont fait l'une des expériences fondatrices de la génétique bactérienne (comme Lwoff en France) et pourtant, ils laisseront à d'autres, et notamment à Joshua Lederberg, le soin de la faire fructifier.

Beaucoup pensent aujourd'hui que si le groupe du Phage a joué un rôle pionnier, mais non fondamental, c'est que le choix de travailler sur un virus n'était pas le bon. Un virus c'est un organisme mal défini, tantôt vivant, tantôt inerte, sans les mécanismes de régulation cellulaire, c'est un parasite qui est presque un poison. Le bon matériel c'était la bactérie.

Pourtant, aussi bien Delbrück que Luria ont joué un rôle déterminant dans les développements de la biologie moléculaire qu'ils ont dans une large mesure inspirée (Luria était le directeur de thèse de Watson) et encouragée (Delbrück donna à Watson un temps de parole non prévue à Cold Spring Harbor dès la découverte de la structure de l'ADN et cette conférence de Watson fut importante).

C'est donc justice si après la succession de prix Nobel pour les pionniers de la biologie moléculaire, ces derniers écrivirent au comité Nobel pour dire combien ils devaient au groupe du Phage. On attribua donc en 1969 le prix Nobel à Delbrück et Luria.

Démocratie scientifique

La science obéit-elle au processus démocratique ?

Parlant de la communauté scientifique, cette assemblée mythique qui, pour certains, aurait la fonction de dire le vrai, j'ai cherché à en montrer les limites, mais aussi les vertus. Je vais chercher à approfondir un peu cette ligne de pensée en m'interrogeant sur la question : la vérité scientifique est-elle décidable par la communauté scientifique ?

La création est par définition antidémocratique.

Plus une idée est nouvelle, originale, plus elle choque, plus elle rencontre de résistance. Faire voter une assemblée représentative de la communauté sur telle ou telle idée, c'est deux fois sur trois mettre en veilleuse les idées les plus fécondes. Faire voter de même sur la qualité d'un individu ou d'une équipe, c'est aussi prendre le risque d'une sous-évaluation des vrais créateurs originaux au profit de ceux qui sont « scientifiquement corrects » comme on dit « politiquement correct ». C'est-à-dire dans l'air du temps. C'est pourtant ce qu'on fait en France dans les grands organismes de recherche comme le CNRS où l'on fait évaluer la qualité scientifique des chercheurs ou des équipes par des commissions pléthoriques dominées par les syndicats.

Le principe de Mimesis de René Girard suivant lequel tout groupe a tendance à « sacrifier » celui qui veut se distinguer s'applique ici parfaitement. Le gage de réussite est d'être dans les « bons moyens », c'est ce qui explique d'ailleurs beaucoup de défauts du système français de recherche ou aussi du système universitaire.

Il est intéressant de noter que les grandes novations scientifiques (mécanique quantique, biologie moléculaire, révolution des géosciences) ont émergé et se sont développées en France dans des structures à la lisière du système universitaire « classique » comme le furent Saclay, l'Institut Pasteur, l'Institut de physique du globe de Paris – structures qui échappaient à la normalisation centrale des ministères et de leurs commissions nationales.

En même temps, ce n'est que lorsqu'une large majorité adoube une théorie que celle-ci est acceptée, mais c'est rare. L'expérience montre que ces acceptations sont souvent d'autant plus longues que les théories sont les plus originales. Il y a bien sûr des exceptions et certaines découvertes sont vite acceptées.

La science n'échappe pas à cette règle de toutes les activités de création comme le sont également l'art ou la littérature. Que se passerait-il si on faisait voter le public pour juger les tableaux ou les romans au moment où ils sont écrits ? Pourtant, il y a bien une forme de vote qu'expriment les lecteurs en achetant ou pas les livres, mais ce n'est pas un vote démocratique, mais un vote volontariste d'une fraction de la société qui s'engage ! A l'inverse, on voit où la démarche « démocratique », à savoir l'Audimat, mène la télévision !

Et puis, bien sûr, il y a les théories originales, mais fausses ou stériles. Et il vaut mieux les éliminer pour leur éviter de faire des dégâts trop importants. Alors, oui, il faut une évaluation, surtout que la recherche coûte de l'argent. Mais comment le faire ? En éliminant les théories fausses sans éliminer les très novatrices. Plus facile à dire qu'à faire !

La méthode qui a été choisie est ce que l'on appelle le *peer review system* : évaluation par les pairs. On choisit quelques personnalités qui elles aussi ont fait preuve de talents innovants, et on leur demande leur avis sur l'article, le projet ou la demande de crédits. Ce système repose sur le choix de ces « pairs de référence », bien sûr. Et plus encore que leur réputation, leur goût scientifique ; comme dans les domaines artistiques, avoir bon goût est l'essentiel quand on fait de l'évaluation scientifique. Ce n'est pas d'être représentatif de la majorité. C'est d'être représentatif de la frange motrice, créatrice de la fameuse communauté.

Comme on l'a dit, la recherche c'est mettre de l'argent d'un côté et recevoir du papier (des publications) de l'autre. Il faut évaluer au moment de l'entrée (pour éviter le gaspillage) et à la sortie (pour évaluer l'investissement). Ces évaluations ne sont naturellement pas du même ordre ; avant, c'est pour dépenser ou non de l'argent, après c'est pour rendre compte des résultats d'une recherche déjà faite de toute manière. La première est un barrage ou un catalyseur, la seconde est un débouché naturel – la publication. La question est le niveau de la revue qui accepte le résultat et le publie, et permet un premier jugement.

Je veux insister pour dire que ce système est loin d'être parfait, que d'un côté son caractère international évite les chapelles nationales, mais d'un autre côté établit une dictature de fait des Anglo-Saxons, plus sensibles aux modes que les Européens.

C'est pourquoi dans tout ce système, il faut parier sur la diversité. Il faut qu'il y ait des sources de crédits multiples (l'idée d'évaluation commune pour plusieurs organismes est rationnelle, mais mortelle pour la science !), des revues multiples avec des comités de lecture variés. Bref, dans ce secteur, comme dans beaucoup d'autres, diversité égale liberté et surtout égalité et objectivité.

En bref, on pourrait dire que la science est une démocratie différée, le temps de validation d'une œuvre étant variable tout comme en peinture, comme en littérature.

On peut en mesurer toute la difficulté, sachant que

90 % des acteurs de la recherche sont vivants aujourd'hui. Le problème de l'évaluation et de l'acceptation des travaux scientifiques est gigantesque et difficile à maîtriser.

« Il n'est pas nécessaire d'espérer pour entreprendre, ni de réussir pour persévérer », disait Guillaume d'Orange.

Dérive des continents

La théorie suivant laquelle les continents ont dérivé au cours des temps géologiques, que l'Afrique, l'Amérique du Sud, l'Australie, l'Antarctique se sont séparés pour créer entre eux les océans Atlantique, Indien et Arctique est attribuée à Alfred Wegener qui exposa cette théorie en 1912.

On a beaucoup dit que l'idée originale n'est pas de Wegener lui-même. En 1868, Antonio Snider-Pelligrini, dans un mémoire intitulé *La Création du monde et ses mystères dévoilés*, en avait parlé. Plus tard, le Français Elisée Reclus, puis l'Américain Taylor ont eux aussi évoqué ce scénario. Pourtant, aucun d'entre eux n'en a fait le centre d'un exposé cohérent, argumenté, avec des éléments de démonstration. C'est pourquoi il est juste d'associer le nom d'Alfred Wegener à la dérive des continents.

L'idée que les côtes d'Amérique du Sud s'emboîtent assez bien dans les côtes d'Afrique – le « bombement » brésilien s'encastrant dans le golfe de Guinée – a sans doute germé dans bien des esprits (y compris d'adolescents curieux) depuis que la cartographie terrestre est devenue un peu précise.

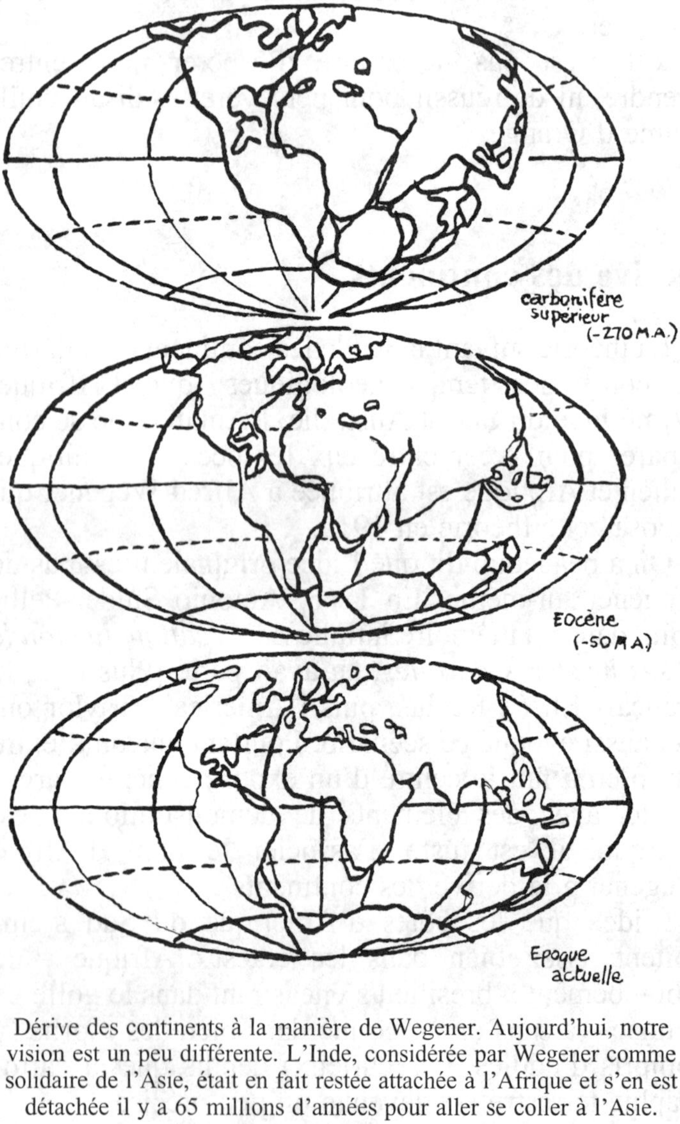

Dérive des continents à la manière de Wegener. Aujourd'hui, notre vision est un peu différente. L'Inde, considérée par Wegener comme solidaire de l'Asie, était en fait restée attachée à l'Afrique et s'en est détachée il y a 65 millions d'années pour aller se coller à l'Asie.

Pour Wegener, cette idée lui est venue, a-t-il dit, en survolant la banquise en débâcle au sud du Groenland, où il vit des fragments se séparer de part et d'autres d'une fissure. Son grand mérite est d'avoir dépassé cette analogie fugitive et d'avoir apporté un faisceau d'arguments importants en faveur de la dérive des continents. Il y en a essentiellement quatre.

La cartographie des côtes de l'Atlantique sud, fondée non pas sur le tracé des côtes des terres émergées, mais sur les limites de ce qu'on appelle le plateau continental (domaine sous-marin qui prolonge le continent). Les limites ainsi cartographiées de part et d'autre de l'Atlantique s'emboîtent remarquablement. Est-ce le hasard ?

Le second argument est paléontologique. On trouve de part et d'autre de l'Atlantique pour les mêmes époques géologiques les mêmes fossiles, différents des autres espèces vivant au même moment sur d'autres continents. Les fossiles caractéristiques de cette liaison sont, par exemple, la plante *Glossopteris* (sorte de fougère) et le reptile fossile *Mesosaurus* pour l'époque secondaire. C'est à partir de ces reconstitutions paléontologiques qu'il va définir ce supercontinent ancien, aujourd'hui disloqué, le continent de Gondwana comprenant l'Afrique, l'Australie, l'Antarctique et l'Amérique du Sud, par opposition à cet autre supercontinent, la Laurasia. Au permo-carbonifère (– 250 millions d'années), une puissante glaciation a affecté simultanément l'Afrique du Sud, l'Amérique du Sud, l'Australie et l'Antarctique, et le tracé de cette paléobanquise est cohérent lorsqu'on assemble ces continents.

Enfin, le dernier argument purement géologique est assez simple. Des cœurs continentaux formés de granites et de roches métamorphiques ont été recouverts par des sédiments qui ont finalement donné naissance à des bassins sédimentaires. (On appelle granites et roches métamorphisées le socle, les sédiments sous-jacents, la couverture.) Or les limites cartographiques socle-couverture en Afrique et en Amérique du Sud sont en parfaite continuité lorsqu'on « ferme l'océan Atlantique sud ».

A partir de ces observations solides, Wegener va élaborer une théorie décrivant la dérive. On appelle cela, en termes savants, une théorie cinématique, une théorie qui décrit le mouvement mais ne l'explique pas (comme Galilée qui décrivait le mouvement de la chute des corps sans l'explication que donnera ensuite Newton). Avec cette simple théorie, pourtant essentiellement descriptive et non causale, Wegener va pourtant choquer la communauté des sciences de la Terre de son époque. Et très rapidement après la publication de son mémoire, la bataille s'amorce.

Ce qui sera mortel pour la théorie de Wegener, c'est que le conservatisme assez habituel des géologues sera relayé par l'attitude négative surprenante des géophysiciens. Cette convergence d'hostilité a de quoi surprendre aujourd'hui bien des spécialistes des sciences de la Terre, car lors de la résurgence de la dérive des continents dans les années 1970, on verra une opposition frontale entre le conservatisme des géologues et le progressisme des géophysiciens. Mais on était en 1920 ! Sir Harold Jeffreys (je n'ai pas voulu lui donner une ouverture dans ce dictionnaire) était le plus grand géophysicien de son époque. Mathématicien appliqué de son état, il avait fait progresser la géophysique plus qu'aucun autre avant lui. De la forme de la Terre, de ses anomalies de rotation, de sa structure interne déterminée par les ondes sismiques, il était le spécialiste mondial incontesté ! C'était un monument. Il avait fait passer la géophysique de l'ère du bricolage génial à celle des mathématiques appliquées ; il avait donc fait de la géophysique une science respectée. Or Harold Jeffreys se déclare un adversaire total de la théorie de Wegener ! Il « démontre » mathématiquement que la théorie est « fausse ». Comment combattre une telle condamnation lorsque le premier géophysicien du temps affirme que la théorie est absurde, contraire aux lois de la physique et que, dans le même temps, aucun autre géophysicien ou physicien ne le contredit [1] ?

Lors d'un colloque tenu à New York peu de temps après la mort de Wegener, le président conclura : « Messieurs, si Wegener avait raison, nous n'aurions plus qu'à retourner sur les bancs de l'école. »

Ça aurait évité à toute la communauté des géosciences d'y retourner cinquante ans plus tard !

Rétrospectivement, on peut dire que Wegener a commis une erreur tactique et même stratégique. Pressé de toutes parts d'« expliquer » sa théorie – pourquoi les continents dérivent-ils ? Quelles sont les forces de la physique qui contrôlent ces mouvements ? –, il eut tort de s'engager dans un deuxième temps dans cette voie. Il évoqua des forces, des effets... Mais toutes ses idées se révélèrent inadaptées et physiquement fausses.

Wegener tomba donc petit à petit dans l'oubli.

Quand j'étais étudiant, dans les années 1957-1960,

1. Jeffreys vécut bien après l'avènement de la tectonique des plaques et mourut toujours convaincu que les continents étaient immobiles !

on me présentait Wegener et sa théorie comme l'exemple même d'une théorie qui peut être logique, séduisante, mais fausse. Ces professeurs affirmatifs, que sont-ils devenus ? A mon avis, ils sont en majorité au purgatoire de l'histoire des sciences ! Puis-je dire que, dès cette époque, étudiant encore, séduit par le livre de Marcel Roubault, un des rares géologues à pencher pour la théorie de Wegener *La Genèse des montagnes*, nous étions, quelques camarades et moi, persuadés que Wegener avait raison ? Mais on se gardait bien de le dire.

Dans une confidentialité quasi totale, la dérive des continents fit pourtant une résurgence en 1955 grâce aux paléomagnéticiens et à Keith Runcorn au premier chef. Les paléomagnéticiens (*voir* : PALÉOMAGNÉTISME) mesurent la direction du champ magnétique ancien, enregistré dans certaines roches. Ils constatèrent que la direction du champ magnétique enregistré dans les laves volcaniques du Dekkan en Inde datant de 65 millions d'années n'était pas du tout la même que la direction du champ actuel. Se reportant aux cartes de direction du champ magnétique, ils constatèrent que l'Inde était il y a 65 millions d'années voisine de Madagascar. L'Inde avait donc dérivé vers le nord jusqu'à venir se coller à l'Asie.

A partir de cette découverte, ils s'étaient intéressés à l'Europe, l'Amérique, l'Afrique et avaient reconstitué le même scénario que Wegener.

Personne ou presque ne s'intéressa à leur travail ! Il fallut, à partir de 1965, l'émergence de la tectonique des plaques (*voir* : TECTONIQUE DES PLAQUES) pour que resurgisse la dérive des continents et qu'apparaissent de nouvelles reconstructions des géographies passées par Robert Dietz, puis d'une manière plus élaborée par Xavier Le Pichon.

La dérive des continents est une théorie essentiellement exacte qui fut méprisée par les scientifiques (à part une toute petite minorité) pendant cinquante ans. De quoi réfléchir sur la compétence de la fameuse communauté scientifique (*voir ce mot*).

Descartes René (1591-1650)

Pendant longtemps j'ai eu une très mauvaise opinion de Descartes, m'associant totalement à la fameuse et méchante phrase de Pascal : « Descartes, inutile et incertain. » J'ai un peu évolué depuis, en découvrant son œuvre mathématique. Il semble avoir été l'inventeur de la géométrie analytique, c'est-à-dire de la méthode qui consiste à représenter les figures géométriques et les courbes par des équations, ce qui permet de faire le va-et-vient entre le monde des équations et le monde des formes. Mais je ne suis même pas sûr de cela, même si c'est lui qui lui a donné toute sa visibilité. Dans son troisième livre, il propose de nommer les inconnus x, y, z et les données a, b, c. Il utilise les symboles a^2, b^2... On lui doit de représenter les courbes dans des graphiques repérés en (x et y) suivant deux droites perpendiculaires qu'on appelle depuis coordonnées cartésiennes. Cette contribution est énorme et elle a joué un rôle fondamental dans la formation intellectuelle de Newton, même si, sur d'autres points, Newton a été un critique impitoyable de Descartes.

Ce qui reste mal déterminé, c'est la contribution personnelle originale de Descartes. Que doit-il à François Viète, ami d'Henri IV, ou plus probablement à Pierre de Fermat, magistrat érudit à Toulouse, dont on découvre chaque jour qu'il fut un des génies du XVIe siècle ? Laissons aux historiens des mathématiques le soin de démêler l'écheveau. Mais on peut être méfiant...

Ce qui m'a beaucoup déplu dans Descartes, c'est d'abord sa théorie des tourbillons mise à toutes les sauces, qui fit beaucoup de dégâts en France où l'on combattit les travaux de Newton pendant trop longtemps (plus de cinquante ans !) malgré les efforts, entre autres, de Voltaire, Mme du Châtelet et Maupertuis qui en sera l'une des victimes. C'est aussi, bien sûr, ses théories sur le fonctionnement des êtres vivants, sa théorie de l'homme machine, de l'âme. Là encore, ses idées firent beaucoup de dégâts. Enfin, alors que je croyais qu'il avait inventé la loi qui porte son nom sur la réfraction des rayons lumineux, j'ai découvert qu'il avait dérobé cette loi au Hollandais Snell mourant, si bien que la figure où il « explique cette loi » est à l'inverse de la formule mathématique afférente ! Par ailleurs, Pierre de Fermat avait démontré, lui, cette loi à l'aide de son principe du trajet minimum. Les Anglo-Saxons appellent cette loi « loi de Snell », ce qui est mieux que nous qui l'appelons « loi de Descartes », mais la vraie appellation devrait être « loi de Fermat-Snell ».

Quant à sa fameuse méthode et sa philosophie, le doute méthodique, la rigueur qui est érigée en dogme dans nos écoles, on peut avoir des doutes sur ses fondements compte tenu des résultats désastreux auxquels elle a conduit Descartes lui-même. En ce sens, il ressemble à Aristote. Il invente une méthode, mais sa propre application conduit à des conclusions scientifiquement fausses. Je laisse aux philosophes le soin de discuter cet aspect de son œuvre.

En tout cas, que le ministère de la Recherche soit situé rue Descartes me chiffonne beaucoup ! Mais après tout, c'est représentatif de ce que croient les Français. Comme l'idée de faire trôner la statue d'Auguste Comte place de la Sorbonne !

Dieu (et la science)

J'ai écrit un livre sur ce sujet et je ne veux ni me plagier ni faire croire que j'ai épuisé le sujet, car c'est loin d'être le cas. Quelques mots donc.

Dieu a-t-il joué un rôle en sciences ? Il faut noter que trois des plus grands savants de tous les temps, Galilée, Newton et Einstein, croyaient en Dieu et récusaient les religions qu'ils jugeaient rigides (Galilée), incroyables – au sens étymologique – (Newton), absurdes (Einstein), ce qui nous oblige à nous interroger sur le sujet. Si Dieu a été l'un des moteurs de la réflexion de ces « monuments », il a donc joué un rôle déterminant en sciences.

La notion de lois de la nature est un argument que mettent en avant les croyants. Pourquoi la nature obéirait-elle à des lois simples, qui sont identiques en tout point de l'univers ?

Dernier élément qu'il ne faut jamais négliger, c'est en cherchant les lois de la nature pour se rapprocher de Dieu que la science est née en Occident, avec comme temples les universités dont le but primitif était de commenter et d'approfondir la Bible. Les civilisations qui n'ont pas été inspirées par des préoccupations divines n'ont pas développé la science. N'est-il pas étrange de constater que des savants immenses comme Galilée ou Newton étaient persuadés qu'ils avaient été désignés par Dieu pour découvrir les secrets du monde ? Einstein lui-même, sous une forme différente, ne déclarait-il pas : « Je veux connaître la pensée de Dieu, tout le reste n'est que détails » ?

D'un côté, un certain nombre de scientifiques pensent que l'existence de lois naturelles simples prouve bien l'existence d'un « grand architecte de l'univers », de l'autre faire intervenir Dieu dans l'explication scientifique c'est assécher la démarche de la science elle-même ! La science consiste à pousser la recherche des lois de la nature et de leur explication à l'extrême limite en faisant appel au raisonnement logique et rationnel, en éliminant le surnaturel. Ce qui n'infirme ni ne confirme l'existence de Dieu. Séparons la science des croyances, chacun s'en trouvera bien !

Différenciation

C'est un mot important en sciences de la nature, c'est l'opposé du mot homogénéisation.

La différenciation est le processus qui, à partir d'un milieu uniforme, fait apparaître des différences entre des entités qu'elle crée. Par exemple en biologie, on va parler de différenciation cellulaire. A partir de cellules d'embryons toutes identiques, se différencient les cellules nerveuses, osseuses, musculaires, sanguines, etc. C'est une différenciation.

On parle aussi de différenciation en géosciences lorsque, à partir de la fusion du manteau supérieur terrestre, se forme la croûte océanique. Cela au niveau des dorsales océaniques. Le processus sépare diverses couches. En haut, la couche de basaltes à gros grains (refroidis lentement) qu'on appelle gabbros, plus bas, le résidu de fusion moins riche en silice.

Cette notion de différenciation conduit à fabriquer des objets, à faire naître une organisation à partir du désordre. Lorsqu'un cristal de sel de cuisine (ClNa), avec une symétrie bien parfaite, se forme aux dépens d'une solution d'eau salée, on a créé de l'ordre à partir du désordre. On a opéré une différenciation.

On a appris deux choses importantes, très générales quant à ce processus. D'abord, la thermodynamique nous dit que si on fabrique de l'ordre, on doit en même temps et ailleurs fabriquer du désordre en quantité encore plus importante. C'est la fameuse loi d'augmentation d'entropie.

Ensuite, que les processus créatifs se font à partir de phénomènes de déséquilibre, d'instabilité, jamais à partir des processus d'équilibre. C'est le déséquilibre qui crée l'organisation. Ce sont les révolutions qui font naître les nouvelles structures !

L'innovation est une différenciation.

Comme je l'ai dit, l'adversaire de la différenciation, c'est l'homogénéisation. A partir de structures distinctes, on fait naître une « structure » homogène. Le processus le plus répandu pour homogénéiser est le mélange. Ce que vous faites en tournant votre cuillère dans votre tasse de café après lui avoir ajouté du sucre.

L'alternance mélange-différenciation est le moteur de l'activité des systèmes naturels et humains. On pense que la mondialisation va tout homogénéiser par échange mutuel. Homogénéisation des pratiques, des techniques, des musiques, des cultures. Il n'en sera rien. Certes, des processus d'imitation et d'homogénéisation auront lieu, tendant à une homogénéisation, une certaine uniformité, mais ici ou là vont se différencier des originalités, des innovations qui distingueront ceux qui les inventent. Ainsi va la nature où différenciation et mélanges se succèdent.

Dimension

On utilise le terme de dimension dans des acceptions différentes. Le point a une dimension nulle. La droite et la courbe sont des figures géométriques de dimension un, le plan est une figure géométrique de dimension deux, le cube ou la sphère sont des figures géométriques de dimension trois.

Dans ce cas, la dimension est le nombre de paramètres qu'il faut pour localiser un point.

Sur une droite ou une courbe, il suffit d'un nombre (x). Dans un plan, il faut deux nombres (x et y). Dans l'espace ordinaire, il faut trois nombres (x, y et z). Depuis que Descartes et Fermat ont développé la géométrie analytique, on représente les courbes et les formes géométriques par des équations. Lorsqu'une équation dépend d'une seule inconnue (x), elle peut se représenter par une courbe, c'est-à-dire une figure à une dimension. Lorsqu'elle dépend de deux inconnues (x et y), la représentation est une surface. Lorsqu'il s'agit de trois inconnues (x, y, z), il faut un volume, c'est-à-dire un espace à trois dimensions.

Par extension, on a considéré que, lorsqu'il y a quatre inconnues, sa représentation se fait dans un espace à quatre dimensions. Quatre dimensions, c'est par exemple trois coordonnées d'espace plus le temps. On ne peut plus dessiner de figure. C'est dans cet espace qu'Einstein a développé la relativité. C'est l'espace-temps.

Les physiciens théoriciens modernes pensent que leur théorie la plus élaborée, celle des cordes, nécessite un espace à 11 dimensions.

Pendant longtemps on a cru qu'une dimension était obligatoirement un nombre entier. Le développement de la géométrie fractale a mis à bas cette ignorance. On parle aujourd'hui de dimension fractionnelle. Par exemple, le tracé d'un côté a une dimension de 1, 3, etc. (*Voir :* FRACTALE.) Comme si la forme dentelée de la côte était d'un point de vue des dimensions intermédiaire entre la ligne et la surface : elle « couvrirait » plus que la ligne, moins que la surface. A telle enseigne que certains interrogent aujourd'hui très sérieusement : « Vivons-nous dans un espace à 2,7 dimensions (au lieu de 3) ? »

Mais le mot dimension a aussi une autre signification, plus simple, plus courante : quelle est la dimension de cette table ? Quelles sont les dimensions de la Terre ? Ces dimensions se mesurent en unités de longueur pour un objet à « 1 dimension » : le mètre, le centimètre, etc.

Pour un objet à « 2 dimensions », on parle en mètres carrés (m^2), en centimètres carrés (cm^2). En trois dimensions, il s'agit du mètre cube (m^3), ou centimètre cube (cm^3) ou kilomètre cube (km^3).

Valeur	Symbole	Préfixe
10^{18} = 1 000 000 000 000 000 000	E	exa
10^{15} = 1 000 000 000 000 000	P	peta
10^{12} = 1 000 000 000 000	T	tera
10^{9} = 1 000 000 000	G	giga
10^{6} = 1 000 000	M	méga
10^{3} = 1 000	K	kilo
10^{2} = 100	h	hecto
10^{1} = 10	da	deca
10^{-1} = 0,1	d	déci
10^{-2} = 0,01	c	centi
10^{-3} = 0,001	m	milli
10^{-6} = 0,000 001	μ	micro
10^{-9} = 0,000 000 001	n	nano
10^{-12} = 0,000 000 000 001	p	pico
10^{-15} = 0,000 000 000 000 001	f	femto
10^{-18} = 0,000 000 000 000 000 001	a	atto

Echelle des diverses dimensions avec leurs noms et leurs symboles.

Mais la notion de dimension s'étend au-delà de la dimension géométrique. On parle de dimensions fondamentales qui sont la longueur (L), la masse (M), le temps (T). Ainsi, par exemple, une vitesse, c'est une longueur divisée par un temps. On dit que la vitesse a la dimension : LT^{-1}

La densité qui est une masse par volume, a comme dimension ML^{-3}, etc.

Pour chaque dimension, on fixe une unité de référence. Le mètre pour la longueur, la seconde pour le temps, le kilogramme pour la masse. On appelle ce système MKS. C'est le système international. Mais il existe encore dans la littérature des systèmes anciens, le plus célèbre étant le système CGS, centimètre, gramme, seconde. Sans compter les unités anglaises : pieds, gallons, etc. qui tendent à disparaître des pratiques scientifiques, mais non des pratiques industrielles. C'est la confusion entre mesures en mètres et en *inches* qui est à l'origine de l'accident de *Challenger*.

Pour noter les véritables grandeurs, on utilise les multiples ou sous-multiples des unités avec la notation en puissance :

$10 = 10^1$; $100 = 10^2$; $1000 = 10^3$

$0{,}1 = 10^{-1}$; $0{,}01 = 10^{-2}$; $0{,}0001 = 10^{-3}$

$1 = 10^0$

Chacune de ces puissances a un nom spécifique.

Dinosaures

Je me souviens des années 1960 où, étudiants, nous manifestions contre le général de Gaulle et le développement de l'arme nucléaire. Nous brandissions une immense banderole sur laquelle était dessiné un diplodocus affublé d'un képi de général à deux étoiles, et nous avions inscrit dessous : « Il était grand, il était fort, mais il avait une tête trop petite... Son espèce a disparu. »

Cet objet insolent, qui avait été conçu et dessiné par les étudiants en géologie, illustrait parfaitement les idées que l'on se faisait à cette époque sur la disparition des dinosaures. Ils avaient été victimes de leur gigantisme. Les dinosaures – mais après le film *Jurassic Park*, faut-il les présenter ? – ont peuplé la Terre entre – 235 et – 65 millions d'années, ce qui correspond aux étages trias, jurassique et crétacé de l'ère secondaire. Par leur variété, leur puissance, ils ont régné sur la Terre pendant plus de 50 millions d'années (l'homme n'en est qu'à 5 millions !), puis, brutalement, ils ont disparu, il y a 65 millions d'années, en quelques centaines d'années – peut-être moins.

Certains ont été les animaux les plus gros qui aient jamais vécu sur notre planète. Les grands dinosaures herbivores (diplodocus) mesuraient 30 mètres de long et pesaient 50 tonnes. Le tyrannosaurus rex est le plus grand carnivore de tous les temps. Il mesurait 15 mètres de haut. Le bronchiosaure, un herbivore, mesurait 20 mètres et pouvait brouter les feuilles à 12 mètres de haut. Songez qu'un éléphant ne pèse que 5 tonnes et mesure 6 mètres de long pour 3 mètres de haut...

Les dinosaures ont longtemps été confondus avec les reptiles. Or l'ère secondaire a été l'ère des reptiles et des reptiles géants. Il y avait des reptiles marins, les ichtyosaures et les plésiosaures à long cou ; des reptiles qui volaient, comme les ptérosaures ou le ptérodactyle. Il y avait des reptiles terrestres, comme les ancêtres des crocodiles.

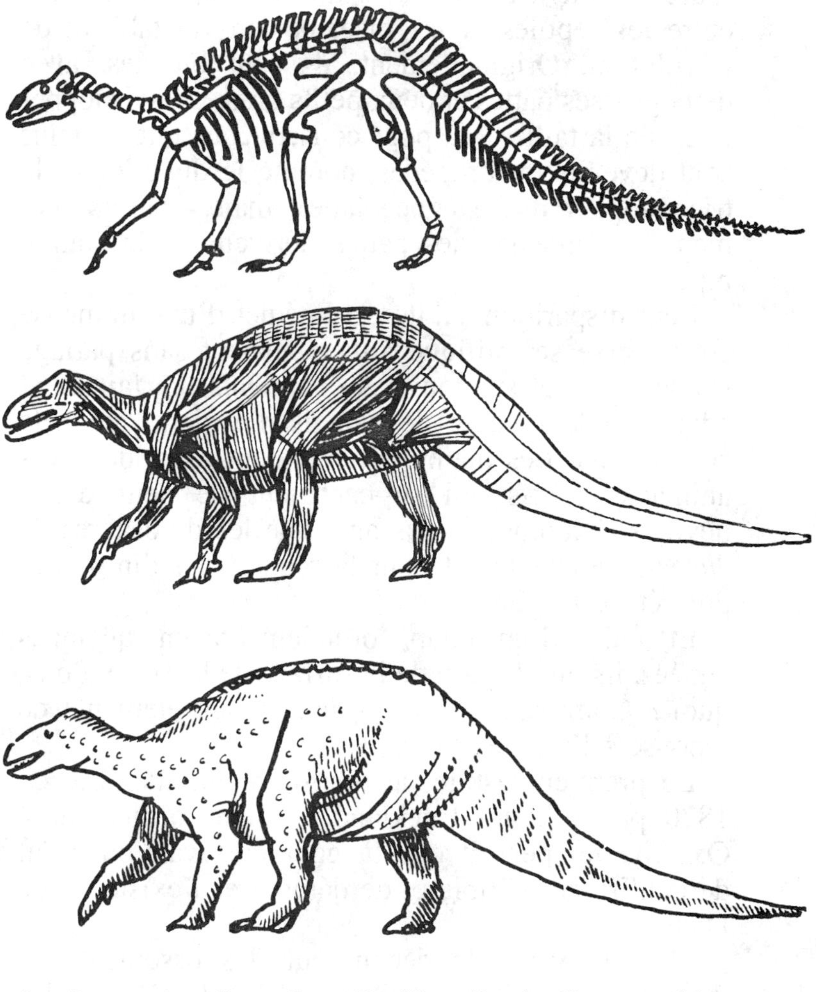

Les dinosaures ont disparu il y a 65 millions d'années. On a montré ici comment, à partir des ossements, on pouvait reconstituer l'animal.

Mais ce n'étaient pas des dinosaures. Les dinosaures forment à eux seuls un ordre que l'on situe entre les reptiles et les oiseaux dans le tableau de l'évolution. Originellement, ils sont bipèdes, avec deux grosses pattes et deux petits bras. Le développement de la taille a eu pour conséquence que certains sont devenus quadrupèdes, comme le diplodocus, le tricératops ou le stégocéphale ; mais, anatomiquement, les attaches des pattes dérivent de la station bipède.

Leur disparition subite est le sujet d'une immense controverse scientifique : ils régnaient sans partage sur la Terre et sur tous les continents. Parfaitement adaptés à leur genre de vie, ils n'avaient guère de concurrents. Les mammifères étaient alors de petits animaux chétifs qui se cachaient de peur d'être dévorés. (Notons, au passage, que les dinosaures de *Jurassic Park* étaient pour la plupart des dinosaures du crétacé.)

Et puis, d'un coup, brutalement, en quelques années, ils ont disparu de la surface de la Terre. Pourquoi ? Comment ? Vous trouverez les éléments de réponse à l'article ESPÈCE.

Le premier vestige de dinosaure fut identifié en 1820 par William Buckland, pasteur, professeur à Oxford, qui pensait que la géologie avait pour but de confirmer la Bible et de démontrer l'existence de Dieu.

Mais le véritable découvreur des ossements de dinosaures est Richard Owen (1804-1892), qui les qualifia de « lézards terribles ». C'est à lui que l'on doit les premières reconstitutions.

Depuis, on a trouvé des dinosaures sur tous les continents. Les gisements d'ossements sont souvent riches, permettant des reconstitutions de l'animal suivant les techniques de l'anatomie comparée inventées par Cuvier. On compte 1 500 espèces de dinosaures, mais il est probable qu'il y en ait moins. En effet, la découverte de quelques os conduit parfois à inventer une nouvelle espèce, alors que ce ne sont que de nouveaux ossements.

Dorsales océaniques

On appelle « dorsales océaniques » les chaînes volcaniques sous-marines qui forment un réseau parcourant tous les océans du monde. Il ne peut y avoir d'océan sans dorsale océanique, car c'est la dorsale qui fabrique l'océan. Non pas l'eau, mais le plancher océanique ! S'il n'y en a pas (Méditerranée), c'est qu'elle a été « mangée » par ce qu'on appelle la subduction (*voir* : TECTONIQUE DES PLAQUES.)

La dorsale océanique est l'opérateur actif de la tectonique des plaques.

A partir de processus de fusion partielle dans le manteau, la dorsale fabrique la nouvelle croûte océanique, le long de gigantesques fissures. Une fois formé, ce plancher dérive de part et d'autre de la dorsale comme un gigantesque tapis roulant. Le fond des océans est à 4 000 mètres de profondeur. Les dorsales sont en moyenne à 1 000 mètres. Les reliefs sous-marins qu'elles constituent ont donc près de 3 000 mètres de hauteur !

Les vitesses auxquelles elles créent le nouveau plancher océanique sont variables. Certaines dorsales, comme celle de l'Atlantique, sont lentes : un centimètre par an. D'autres sont rapides : 14 centimètres par an pour les dorsales Pacifique est. Cette vitesse a une conséquence pour la morphologie des dorsales. Les dorsales rapides ont des reliefs étalés, les dorsales lentes des reliefs plus accusés.

Grâce à une coopération franco-américaine, on a pu explorer les dorsales avec de petits sous-marins embarquant deux ou trois passagers. On a ainsi découvert qu'elles étaient le siège d'une activité extraordinaire, notamment de sources chaudes qui laissent déposer des accumulations de métaux (archétype de certains gisements métalliques), mais qui, surtout, sont le siège d'une vie luxuriante. Coquillages géants, bactéries, etc., vivent donc par 1 000 mètres de fond à des températures de près de 100 °C (sous pression, l'eau est toujours liquide à 100 °C).

Ces découvertes incitent certains à penser que sur la Terre primitive la vie a peut-être commencé dans les conditions extrêmes des dorsales océaniques primitives.

Doute

Le doute, c'est l'homme. D'où venons-nous, où allons-nous ? Qui sommes-nous ? Les religions ont été inventées pour combattre le doute en affirmant des certitudes, des dogmes. Mais la science qui a pour vocation, elle aussi, de découvrir les mystères de la nature est un domaine où le doute est élevé à la puissance dix. Chez elle, il n'y a de place ni pour une vérité révélée ni pour un dogme établi.

Le scientifique est en permanence habité par le doute. L'expérience que je viens de faire est-elle pertinente ? L'observation de tel processus n'est-elle pas entachée d'un artefact ? La théorie que j'ai réussi à développer et à faire accepter n'est-elle pas inexacte ? Suis-je capable de résoude le problème que je me suis posé ? Ma recherche n'est-elle pas finalement sans importance ? Est-elle bonne ou mauvaise ? Autant de questions qui ponctuent la vie scientifique.

Depuis l'instant où l'on entame la quête du Graal de la connaissance jusqu'au moment où la gloire scientifique et les marques de reconnaissance vous font croire que vous y avez (un peu) contribué, le doute ne vous quitte pas.

« L'autosatisfaction c'est la mort », disait Jacques Monod après l'attribution de son prix Nobel. Celui qui n'a plus de doute, qui pense qu'il a les réponses à tout, doit abandonner la recherche scientifique et l'enseignement de haut niveau. Il est devenu un danger public, car il n'a a pas pire ennemi de la science que le dogmatisme. En ce sens, je n'aime pas ce mot de « savant », celui qui sait. Il sait, mais il doit savoir aussi que ce savoir est éphémère et qu'il sera sans doute un jour dépassé. Soit réfuté, soit englobé dans une synthèse plus vaste.

Certes, le savoir scientifique est une notion complexe car, d'une part, il garantit une certaine solidité qui empêche qu'on raconte n'importe quoi sur un sujet, mais il comporte aussi une certaine fragilité, car on sait qu'une nouvelle expérience, une nouvelle théorie peuvent rendre ce savoir caduc. En science, il n'y a pas le vrai et le faux. La vérité existe, mais elle est provisoire. Ce n'est pas le cas en mathématiques.

En ce sens, la science est l'opposé de la religion.

Elle ne donne pas de réponse. Ou plutôt ces réponses sont au mieux des idéaux asymptomatiques.

Pourtant, cet indispensable doute ne doit en aucun cas paralyser et empêcher d'entreprendre un projet de recherche ou de défendre une théorie. Le doute ne doit pas brider le courage, l'initiative, l'entreprise.

Le doute doit alterner avec des périodes, non de certitudes, mais de croyance instinctive, de rêve, d'anticipation, parfois d'exaltation.

Ainsi, les périodes de doute profond doivent alterner avec des phases constructives où l'on agit sans se poser trop de questions sur le résultat. Le scientifique vit dans une alternance de phases de doute et d'espoir.

Et le doute méthodique de Descartes ? Les résultats désastreux qu'il a lui-même obtenus en sciences de la nature ne nous encouragent pas à suivre ses conseils.

Pourtant la méthode qui consiste à douter de tel ou tel résultat établi est sans nul doute un moyen de trouver des voies nouvelles. Bien sûr, lorsqu'il s'agit du doute sur la validité des travaux de vos concurrents, le doute est pour beaucoup un quasi-réflexe, voire un plaisir – un peu malsain. Mais, lorsqu'il s'agit de remettre en cause un savoir bien établi, base du raisonnement, c'est plus difficile.

J'ai vécu les difficultés de beaucoup de mes collègues géologues pour accepter la tectonique des plaques, et je puis assurer que pour certains ce fut très pénible. Certains, une fois convertis, sont devenus des thuriféraires rigides comme les plaques elles-mêmes. Et pourtant, la tectonique des plaques n'est sans doute que l'apparence superficielle d'un fonctionnement intime du globe, que l'on ne comprend toujours pas. Une quête inachevée.

D'autres n'ont pas pu admettre, même les évidences, les faits, les observations. Harold Jeffreys, l'un de ceux qui avaient « assassiné » Wegener, ne put jamais se résoudre à croire à la tectonique des plaques, alors que les objections mêmes qu'il avait développées contre Wegener avaient été levées. Mathématicien dans l'âme, croyant à la vérité des équations, a-t-il jamais été habité par le doute ?

C'est vrai, hélas, qu'il y a des scientifiques qui croient dur comme fer à la permanence du savoir, à une vérité du monde qui serait absolue. Lorsque cette pensée est passagère, liée à une découverte ou à une nouvelle théorie, c'est humain et même souhaitable car sans cette conviction, ce serait difficile de se lancer dans l'entreprise. Mais lorsque cette attitude devient certitude éternelle de vérité, alors on doit constater qu'on a quitté le domaine de la science pour celui de Platon : l'irréel abstrait.

Que cela ne m'arrive jamais !

Ducrocq Albert

Les journalistes scientifiques jouent un rôle essentiel pour intéresser le grand public à la science, mais aussi pour en faire connaître aux jeunes les aspects d'actualité que l'on n'apprend pas toujours à l'école, car cela ne correspond pas aux programmes.

Certains ont un talent d'explication claire et un enthousiasme communicatif. Albert Ducrocq était de ceux-là. Ce fut sans doute pour moi l'un des grands journalistes scientifiques comme François de Closets, Isaac Asimov ou Walter Sullivan en Amérique aujourd'hui. Son enthousiasme pour la science était infini.

Compétent, travaillant à fond ses dossiers, bien informé, il aimait la science et savait faire partager cet amour. Il écrivait des articles brillants, tenait une chronique radio à Europe 1 qui était un ravissement pour l'esprit.

Il écrivait des livres, clairs, bien documentés dans lesquels on apprenait beaucoup. L'un d'eux [1] fut pour moi un catalyseur qui décida de mon orientation scientifique.

Il fut un chantre extraordinaire de la conquête spatiale, de l'informatique, puis de la biologie moderne. Peu avant sa mort, il s'est passionné pour les neurosciences sur lesquelles il écrivit un très beau livre.

Sans froisser personne, nous manquons à la radio de telles voix, même si Marie-Odile Monchicourt tient solidement le flambeau à France Info.

1. A. Ducrocq, *La Science à la conquête du passé*, Plon, 1955 ; *L'Esprit et la neuroscience*, JC Lattès, 1999.

E

Eau

L'eau est sur terre le composé chimique le plus important et le plus abondant, à l'interface entre la terre solide et l'atmosphère. Elle est aussi le composant principal de la matière vivante. La Terre est la planète bleue, la planète de l'eau. Dans le système solaire, c'est son originalité. C'est l'eau qui détermine tout, en particulier notre présence et notre survivance sur la planète.

Sa formule chimique est H_2O : deux atomes d'hydrogène liés à un atome d'oxygène. Une molécule simple, donc, et qui présente pourtant des propriétés extraordinaires. Bien qu'on ne sache toujours pas les expliquer complètement, on les attribue à la forme particulière de la molécule d'eau – qui ressemble à une grosse boule (l'oxygène) avec deux petites oreilles (l'hydrogène). Cette dissymétrie donne à la molécule la propriété de se lier à d'autres molécules par ce qu'on appelle des liaisons faibles, la liaison hydrogène.

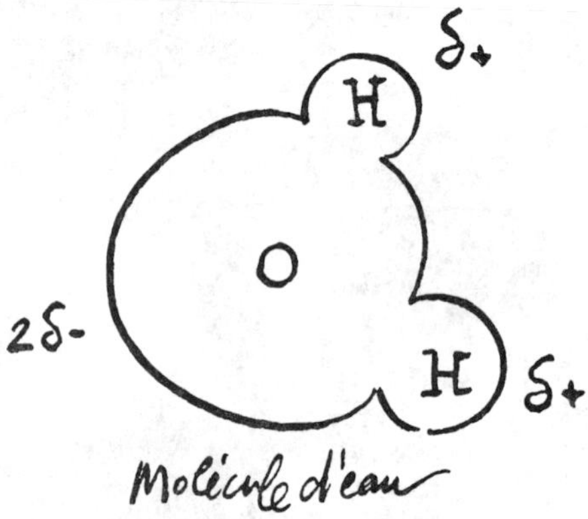

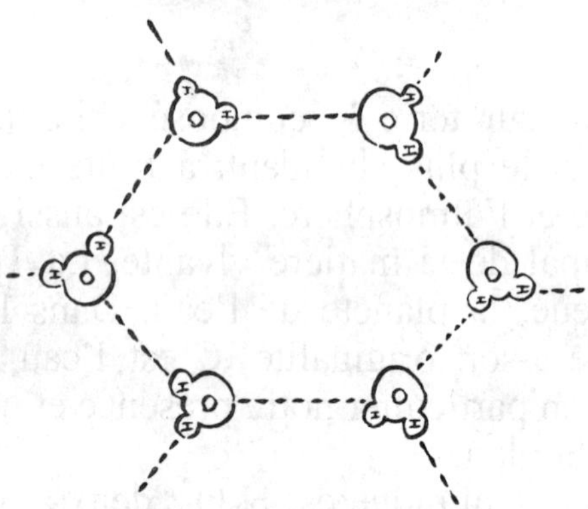

Formes de la molécule d'eau :
a) molécule d'eau isolée ;
b) molécule d'eau à l'état solide formant la structure hexagonale de la glace.

Les propriétés exceptionnelles de l'eau sont multiples. Citons-en quelques-unes. Lorsque l'eau se solidifie en glace, elle donne naissance à un solide plus léger que le liquide. La glace flotte sur l'eau. C'est une grande exception dans la nature : les solides, plus compacts, plus rigides, sont en général plus lourds que les liquides correspondants. Pas l'eau.

Autre propriété extraordinaire, chimique celle-ci :

beaucoup de produits chimiques sont solubles dans l'eau. C'est pourquoi on utilise l'eau pour laver ou pour préparer des boissons ayant des saveurs multiples.

On trouve l'eau, sur terre, dans ses trois états : solide (glace des glaciers), liquide (océans, lacs, fleuves), gazeux (vapeur d'eau dans l'atmosphère).

Les propriétés de l'eau sont si particulières que le passage d'un état à l'autre met en jeu beaucoup d'énergie... Mettez de la glace dans une casserole et chauffez. La glace va fondre, et vous obtiendrez un mélange eau-glace. Ce mélange aura une température constante de zéro degré. Tant qu'il restera de la glace, vous pourrez chauffer autant que vous voudrez, la température restera à 0°. C'est seulement après la disparition de la glace que la température de l'eau pourra augmenter.

Mais où passe donc la chaleur transmise à la casserole ? Réponse : à rompre les liaisons chimiques qui assurent la cohésion de la glace, et qui sont très solides. Il faudra un certain temps pour faire fondre la glace. De même qu'au printemps, lorsque la température remonte, il faut plusieurs semaines aux zones septentrionales pour perdre leur neige et terminer la débâcle de leurs fleuves. La chaleur nécessaire à faire fondre la glace s'appelle **chaleur latente de fusion**.

Mais le processus est réversible : lorsque la glace va se former, à l'inverse, cette cristallisation va dégager de la chaleur latente. C'est pourquoi, après une baisse brutale de température, lorsqu'il neige, le temps se radoucit. La glace rend sa chaleur latente !

Un phénomène analogue se produit lors du passage liquide-vapeur et vapeur-liquide. Pour vaporiser, il faut donner de la chaleur (énergie) à l'eau. Mais cette chaleur doit être supérieure à celle qui élèverait simplement sa température à 100 °C. Il faut lui donner la chaleur latente dite de vaporisation, cette énergie qui est nécessaire pour rompre les liaisons entre molécules qui existent dans l'eau liquide. A l'inverse, lorsque la vapeur se condense, le liquide formé dégage de la chaleur. Vous ne le croyez pas ?

Essayez l'expérience suivante. Faites bouillir de l'eau. Trempez rapidement votre main dans l'eau : vous ne vous brûlez pas ! Mettez votre main au-dessus de la casserole : la vapeur d'eau se condense sur votre main et vous vous brûlez (si vous la laissiez, cette brûlure serait grave !). C'est la chaleur latente de condensation qui vous a brûlé. C'est pourquoi, si vous voulez faire cuire rapidement des pommes de terre, il est plus économique de les préparer « à la vapeur », en les mettant *au-dessus* de l'eau bouillante !

Tout cela est dû aux propriétés de la molécule d'eau, qui a tendance à se lier fortement à l'aide de la liaison hydrogène, c'est-à-dire à une liaison des atomes d'hydrogène, non seulement avec l'oxygène de la molécule d'eau à laquelle ils appartiennent, mais aussi avec l'oxygène d'une molécule d'eau voisine. Outre les conséquences pratiques que nous avons mentionnées, ces propriétés extraordinaires de l'eau sont à la base des vastes mouvements qui ont lieu à la surface de notre planète.

L'eau s'évapore de l'océan qui en est le principal réservoir. Elle s'organise dans l'atmosphère en nuages (formés de petites gouttes de pluie en équilibre avec de la vapeur d'eau), migre vers les continents. Là, des phénomènes complexes de précipitation, d'agglomération des gouttes d'eau, conduisent à la pluie. Ce périple joue un rôle essentiel dans le climat, car il s'accompagne de transferts d'énergie considérables. Ce rôle est d'ailleurs encore mal compris, même en ce qui concerne l'effet de serre.

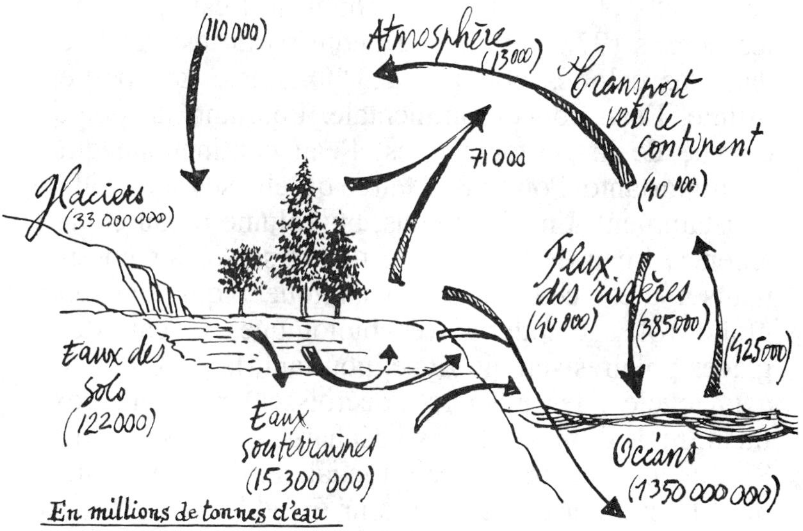

Cycle de l'eau.

Tombée au sol, cette eau de pluie ruisselle ou s'infiltre dans le sous-sol. Dans cette étape de son périple, elle dissout certains éléments chimiques des roches et, avec l'aide de la végétation, elle va fabriquer un sol. Lors des orages, l'eau va avoir un pouvoir de transfert de l'érosion mécanique. Ainsi s'amorce le cycle de l'eau, qui est l'un des éléments essentiels du cycle géologique.

Mais l'eau est aussi l'élément constitutif de la matière vivante. Sans eau, plantes et animaux meurent. C'est parce que la Terre est la seule planète connue à avoir à sa surface de l'eau en abondance qu'elle est la seule à avoir vu éclore et se développer la vie. Elle est aussi la seule à avoir une histoire géologique si riche depuis 4,5 milliards d'années.

On ne peut être que frappé par la complémentarité des stocks et des flux. L'essentiel de l'eau est dans les océans (97,6 %), et une petite partie est stockée dans les calottes polaires (2,3 %). Reste une partie infime, l'eau douce continentale. Pourtant, du point de vue de la géologie, c'est l'eau continentale qui est importante. Pourquoi ? Parce qu'elle se renouvelle constamment. En 12 000 ans, un volume d'eau équivalent à l'eau de l'océan s'est déversé sur les continents : c'est cette « eau dynamique » qui joue un grand rôle géologique (et biologique). L'eau des glaces polaires semble figée, pourtant, là encore, il y a un cycle : les glaciers s'accroissent par enneigement, mais diminuent en se déchargeant dans la mer. Si tous les glaciers polaires fondaient, l'océan atteindrait le premier étage de la tour Eiffel !

On l'a dit, la Terre, c'est la planète bleue, la planète de l'eau, ce composé chimique si extraordinaire. L'eau, c'est la vie. Or la planète risque dans le futur de manquer d'eau !

Car, tout d'abord, l'eau douce qui circule sur les continents est de plus en plus utilisée par l'homme pour des usages domestiques, agricoles ou industriels. Une fois usée, elle est polluée, et donc impropre à sa re-consommation. On peut, certes, la nettoyer. On connaît toutes les techniques : ultrafiltration, osmose inverse, action des rayons ultraviolets, etc. Mais tout coûte cher.

Par ailleurs, les variations climatiques, alliées à la surconsommation, rendent l'eau de plus en plus rare dans certaines régions. Des sécheresses meurtrières se font de plus en plus fréquentes, y compris dans les pays développés. Des guerres pour l'eau se profilent à l'horizon. Le Jourdain, le Tigre, l'Euphrate, le Sénégal, le Colorado, le Rio Grande sont autant de fleuves responsables de tensions régionales.

Certes, on peut dessaler l'eau de mer – mais malgré les progrès des techniques, cette opération coûte encore cher. Elle est néanmoins mise en œuvre massivement au Moyen-Orient, notamment dans les Emirats et en Arabie Saoudite. Le XXIe siècle sera le siècle de l'eau. L'eau va devenir aussi déterminante que le pétrole aujourd'hui – à ceci près qu'heureusement l'océan est un réservoir d'eau quasi inépuisable.

Du coup, les disciplines qui étudient le cycle de l'eau et les ressources en eau douce, comme l'hydrologie ou l'hydrogéologie, sont en train de devenir des disciplines scientifiques et technologiques essentielles (*voir* : HYDROLOGIE, HYDROGÉOLOGIE).

Echelle (loi d')

La notion de « loi d'échelle » (*scaling law* en anglais) est sans doute l'une des plus importantes de la science moderne et peut-être un peu difficile à faire saisir juste « avec les mains ».

Supposons que l'on considère une collection d'animaux de types variés. On veut examiner s'il existe une relation entre la taille de l'animal et son poids, ou sa dépense d'énergie, ou la masse de son cerveau. On va donc faire une série de mesures pour des animaux de taille variée, des paramètres cibles. Puis on portera sur un graphique les résultats obtenus.

On va constater le résultat suivant : si on utilise les valeurs telles quelles, on a du mal à discerner une structure, car le graphique ressemble à un nuage de points plus ou moins « courbé ». Par contre, si on a l'idée de choisir comme échelle du graphique les logarithmes (c'est-à-dire en gros une échelle où chaque unité correspond à une variation du paramètre du facteur 10), on constate cet extraordinaire résultat, les points expérimentaux définissent une droite, dont on peut bien sûr mesurer la pente et sa coordonnée à l'origine.

Et pour les exemples donnés, c'est vrai, quel que soit l'un des paramètres énumérés, sauf que la pente de la droite est différente.

Si l'on veut étudier le nombre de séismes correspondant à une magnitude (puissance) donnée, on va prendre un catalogue de séismes et on va pour chaque magnitude en faire la comptabilité, région par région ou pour le monde.

Or lorsqu'on porte le nombre de séismes en fonction de la magnitude – en utilisant encore cette fameuse échelle logarithmique –, on obtient encore une ligne droite. Magique, non ? Si on porte le nombre d'espèces d'oiseaux en fonction de leur taille toujours en coordonnées logarithmiques – encore une droite. Si on les porte en fonction de la dimension de l'île où ils vivent, encore une droite.

Les physiciens ne sont pas en reste. Lorsqu'ils étudient les propriétés des molécules en longues chaînes qu'on appelle polymères, ou la dimension des tourbillons en fonction de la vitesse d'écoulement d'un liquide, ils trouvent eux aussi des graphiques représentés par des droites en coordonnées logarithmiques.

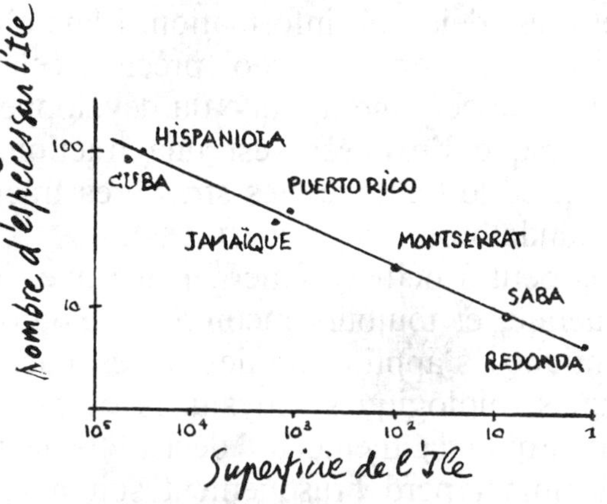

Lois d'échelle montrant les relations entre le nombre d'espèces et la taille des îles, d'après Wilson.

On les trouve aussi en astronomie, en biologie, en géologie.

Les fameux graphiques logarithmiques où l'une des coordonnées est une échelle de taille, de nombre, de masse. Ce qui sous-tend ces lois, c'est que, quelle que soit l'échelle, il y a une cohérence, une relation universelle sous-jacente qui survit aux changements d'échelle.

Les structures emboîtées les unes dans les autres sont ce qu'on appelle self-similaires. La même logique se répète donc à différentes échelles de longueur ou de temps, ou de masse, ou de n'importe quel paramètre.

Les mathématiques nous disent que ces relations se traduisent par des expressions de type :

$Y = x^P$ × à la puissance P

x multplié par lui-même p fois

Or, dans beaucoup de cas p n'est pas un nombre entier, c'est une fraction – 1/3, 2/3, etc.

Si la masse d'un animal augmente avec sa taille, ce n'est pas étonnant. Si ce n'est pas proportionnel au cube, c'est déjà une information. Mais s'il s'agit du cerveau et qu'on a une loi précise, cela traduit sans doute une certaine logique du développement.

Mais lorsque l'exposant est une fraction, on ne peut que faire le lien avec les structures fractales de Benoît Mandelbrot (*voir* : FRACTALES).

Et puis petit à petit va émerger une question centrale générale, et toujours incomprise. Pourquoi des lois identiques s'appliquen-elles à des phénomènes géologiques, biologiques, physiques ou physiologiques ? Pourquoi la même loi décrit-elle la manière dont un aimant perd brusquement son magnétisme lorsque la température augmente au-delà d'un seuil et la manière dont telle solution d'alcool dans l'eau entre en ébullition pour un autre seuil mais suivant la même loi ? Quelles sont les causes de ces logiques universelles ?

Ce sont les expressions mathématiques qu'on découvre identiques qui amènent à poser les questions. Des questions profondes et dont on ne connaît pas la réponse. Y a-t-il dans la nature des relations d'échelle invariantes qui s'appliquent à tout ou presque ? Qu'y a-t-il derrière les lois ? Mystère. Peut-être le plus profond de la science actuelle[1].

1. Il y a de nombreux exemples en physique, mais pour les illustrer il faut entrer dans la définition de théories et de paramètres un peu complexes ici.

Ecologie

Scientifiquement, l'écologie est l'étude des relations que les êtres vivants entretiennent avec leur milieu naturel. Le maître mot de cette discipline est « adaptation ». Comment les êtres vivants s'adaptent-ils à leur milieu ? Comment établissent-ils avec leur milieu un certain équilibre ? Comment eux-mêmes contribuent-ils à modifier le milieu ? Comment le milieu agit-il pour les faire évoluer (au sens de l'évolution des espèces) ? L'écologie étudie le comportement des populations animales et végétales avec l'objectif de définir des caractères et des comportements moyens, ainsi que les dispersions (ou les dissymétries) autour de ces moyennes en rapport avec leur milieu et en rapport les unes avec les autres. Les méthodes d'études écologiques passent donc toutes par l'utilisation – très délicate – de la statistique et de la logique des systèmes complexes.

Notons tout de suite l'extrême difficulté de cette science. Comment prélever, ou simplement observer, des échantillons représentatifs de populations (renards, lapins, écureuils, cigognes, roitelets, dauphins ou morues) qui ne se laissent pas facilement approcher ? Comment échantillonner, mesurer, lorsqu'il s'agit d'insectes de nombreuses espèces, ou mieux encore de bactéries, d'algues, de champignons ? L'expérimentation en laboratoire ne s'applique pas : il faut observer la nature et la comprendre. Elaborer des modèles et les tester.

Politiquement, l'écologie est un mouvement qui s'est créé il y a déjà une trentaine d'années, avec pour première revendication de défendre les équilibres naturels et de combattre les altérations que l'homme leur fait subir. Spécialement dans le cas où l'altération des équilibres naturels met en péril la survie de l'homme lui-même. Contrairement à une dérive naturaliste, intégriste, l'écologie politique n'a pas pour but de développer un culte aveugle de la nature et de culpabiliser l'homme, mais au contraire de le faire réagir pour se protéger.

Le projet initial était donc intéressant, et même fondamental. Il s'appuyait sur des études scientifiques sérieuses qui montraient que l'homme commençait, par son activité industrielle notamment, à détruire des équilibres multimillénaires. Détérioration de l'équilibre thermique de l'atmosphère par le dégagement de gaz carbonique, pollution par le plomb, par l'essence des voitures contenant du plomb tétraéthyl comme antidétonant, pollution des mers par les hydrocarbures et la surexploitation de la pêche industrielle, danger potentiel des déchets nucléaires stockés un peu n'importe comment, etc.

Notons ce détail très instructif : par la voie électorale, politique, les mouvements écologistes ont réussi là où les scientifiques avaient totalement échoué. Ils ont su faire prendre conscience aux responsables politiques du danger qu'il y avait à ignorer les équilibres naturels. On doit, quoi qu'on pense d'eux, être reconnaissant aux mouvements écologistes d'avoir été les ferments de cette prise de conscience. Je ne manque jamais une occasion de le rappeler.

Très rapidement, l'écologisme militant, dont le berceau a été, ne l'oublions pas, les Etats-Unis (les écologistes européens, quel que soit leur activisme, n'ont suivi que dix ans plus tard), s'est divisé en deux branches.

D'un côté, l'écologie fondamentaliste, encore appelée *deep ecology*. Ses tenants sont des intégristes qui placent la nature au-dessus de l'homme. Très rapidement, ils se sont enfoncés dans le juridisme (tendance qui va perdurer et imprégner tous les courants écologistes). Ils défendent l'idée d'un droit des animaux, d'un droit des arbres, etc. On a vu aux Etats-Unis des écologistes de ce type intenter des procès aux utilisateurs de DDT coupables de détruire les charançons ! Récemment, en Autriche, on vient de promulguer un droit des animaux qui est le résultat d'une longue négociation agriculteurs-écologistes.

Cette branche de l'écologisme ne s'exprime plus guère de manière percutante aujourd'hui, mais l'idée que le droit de la nature est supérieur au droit de l'homme continue à se manifester, par exemple lorsqu'on veut introduire à toute force les loups dans les Alpes ou les ours dans les Pyrénées.

L'autre tendance, celle qui a incontestablement triomphé, est celle dite des « environnementalistes ». Ils défendent l'environnement, et, par le choix même de ce terme, reconnaissent la place centrale de l'homme. La protection de l'environnement est utile, nécessaire, indispensable au développement de l'homme. L'expression juridique de cette tendance consiste en l'élaboration d'un droit de l'environnement qui, rapidement, s'est transformé en une série d'interdits. Cette écologie est de ce fait devenue l'adversaire de l'idéologie productiviste, et très rapidement de l'industrie, du nucléaire, puis de l'agriculture, toutes activités accusées de « polluer » l'environnement, donc de mettre en danger le futur de l'homme. Rappelons que le premier manifeste écologiste à avoir eu une résonance mondiale fut le célèbre rapport du Club de Rome dont le titre était clair : « Halte à la croissance ». L'antagonisme initial des partis de gauche à cet écologisme date de cette période.

Tant que l'écologie est restée un sujet de débats philosophico-politiques, l'économie et la politique l'ont maintenue à la lisière des préoccupations politiques. On a créé un ministère de l'Environnement, à la tête duquel Georges Pompidou a nommé Robert Poujade, et on a fait quelques discours vigoureux. Sans conséquences.

La situation a changé avec l'amélioration des scores électoraux des écologistes, qui se sont mis à grignoter des voix aux élections en Allemagne, en Scandinavie, puis en France. Ils se concentraient sur l'Europe, car, aux Etats-Unis, leur influence avait beaucoup diminué. Les partis dominants changèrent de stratégie : l'intérêt électoral, on le sait, l'emporte chez les professionnels de la politique !

Hélas, en même temps que par intérêt tactique, les partis politiques dominants mettaient un peu d'écologie dans leurs programmes afin d'attirer les électeurs, ou passaient des accords électoraux avec les écologistes. La politique politicienne, avec ses luttes de pouvoir et ses ambitions, se développait dans les partis écologiques. Trop souvent, ils en venaient à oublier leurs démarches initiales.

Avant de poursuivre cette analyse, il est bon de revenir sur les relations entre l'écologie politique et l'écologie scientifique.

En ce qui concerne les écologistes politiques, leur attitude est peu à peu devenue comparable à celle des astrologues vis-à-vis de l'astronomie : ils prennent dans la science tout ce qui est bon pour eux, ils rejettent tout ce qui les gêne. Pour ce faire, il fallait une base théorique : ce fut le fameux « principe de précaution » et son codicille, le « risque zéro ». Sous le prétexte que la science est incertaine – mais elle l'est toujours lorsqu'elle conquiert de nouveaux espaces ! – on a le droit de l'arrêter. Armés de ce principe, les écologistes s'opposent aux recherches sur les OGM ou les cellules souches, et ils s'en prennent aujourd'hui aux nanotechnologies. C'est ainsi que l'écologie est devenue antiscience, antiprogrès !

Les scientifiques, pour leur part, ont une attitude multiforme qui n'est pas non plus sans évoquer la dualité astrologie-astronomie. Depuis l'Antiquité et jusqu'au XVIIe siècle, les astronomes ont pratiqué l'astrologie, confectionnant des horoscopes dont ils faisaient commerce. L'intérêt des princes et des rois pour les astronomes n'était pas celui d'honnêtes hommes curieux de connaître l'univers pour s'instruire, c'était l'irrépressible envie de connaître l'avenir, leur avenir. Et les plus grands astronomes ont joué ce jeu, Kepler, Galilée, Tycho Brahé en tête. Plus tard, bien plus tard, leur statut établi, les astronomes refuseront l'astrologie et la combattront, comme c'est le cas aujourd'hui.

Pour les scientifiques qui s'occupent d'écologie et plus encore d'environnement, nous sommes encore à la phase 1. Ces scientifiques profitent outrageusement de la popularité des idées écologiques pour attirer à eux crédits et honneurs. On l'a vu à propos des sciences du climat en France mais surtout aux Etats-Unis (*voir* : CLIMAT). Cette attitude agace – c'est un euphémisme – les autres scientifiques, en particulier ceux qui travaillent dans des domaines voisins et refusent la « corruption sociétale et médiatique ».

Toutefois, quelques-uns des scientifiques qui critiquent les excès de l'écologie politique ne sont pas eux-mêmes irréprochables ni tout à fait « objectifs ». Comme beaucoup d'entre eux ont des liens étroits avec diverses industries, certains n'hésitent pas à prendre fait et cause pour les industries responsables de pollution ou de dégradations de la planète. Soi-disant au nom de la science avec un grand S, mais en fait au nom de leurs propres intérêts personnels et souvent financiers. Ainsi, l'appel de Heidelberg mettant en garde contre les excès de l'écologie politique était en fait organisé et financé par les industries chimiques. Des scientifiques, comme moi-même, l'ont signé de bonne foi sans en connaître l'origine !

L'idée que « tout va très bien, madame la marquise », puisque nous faisons des profits et que l'industrie se porte bien, a longtemps dominé chez les industriels et les scientifiques des sciences dites « dures » (physique et chimie). Le secteur du nucléaire, rendu opaque par l'alibi militaire, a été l'incarnation de cette posture.

Mais depuis dix ans, les choses et les attitudes ont beaucoup changé. Sans doute a-t-on pris conscience que certains problèmes étaient sérieux (climat, air des villes, réserve en eau, etc.). Mais, surtout, on a réalisé que l'écologie pouvait être source de richesse et de profit. L'industrie ne combat plus l'écologie, elle s'adapte. Sans doute verrons-nous une industrie de l'eau fleurir, et l'eau devenir l'or bleu, sans doute les voitures propres verront-elles le jour d'ici dix ans...

Et la science écologique ? Eh bien, la mode (et les crédits de recherche qui l'accompagnent) lui a donné une impulsion formidable. Elle attire des jeunes brillants, et bien qu'il s'agisse d'une science difficile, elle progresse, grâce à une modélisation rigoureuse de plus en plus poussée. Espérons que les scientifiques de ce domaine parviendront à influencer et à modérer les écologistes politiques, pour les ramener à une attitude plus rationnelle et conforme à l'intérêt de l'homme.

Le culte irraisonné de la nature, selon lequel tout ce qui est naturel est bon, vient d'être sérieusement mis à mal par le séisme-tsunami du 26 décembre 2004 en Asie du Sud-Est. Ce dernier nous rappelle que la nature est impitoyable, et que l'homme depuis son émergence doit lutter pour sa survie. Il nous rappelle aussi que pour se protéger des menaces de la nature, qu'elles soient telluriques ou climatiques, l'homme ne peut compter que sur le progrès. Pas seulement le progrès technologique, mais la connaissance scientifique elle-même. Les procès antiscience sont imbéciles. Il faut utiliser toutes les capacités de la science pour gérer notre planète au mieux des intérêts de l'homme.

Comment mettre au point des systèmes d'alerte pour prévenir les catastrophes naturelles, sans la technologie moderne de l'informatique, des satellites et des télécommunications ? Comment espérer s'en protéger sans un colossal progrès dans la connaissance de la nature ?

Il en est de même pour les ressources halieutiques, la protection des sols cultivés ou la défense de la forêt tropicale.

L'écologie pour l'homme et avec l'homme, voilà l'avenir.

Eddington Arthur (1882-1944)

Arthur Eddington est l'un des grands astronomes du XXe siècle. Professeur à Cambridge, titulaire du prestigieux poste d'astronome royal, il a joué un rôle essentiel dans la création du lien entre astronomie et astrophysique.

Citons trois anecdotes qui ont fait la science moderne.

Rutherford réalise ses premières expériences de réactions nucléaires. Eddington est au courant, comme tout Cambridge. Les deux hommes se voient, mangent ensemble, discutent de science avec passion. Eddington cherche désespérément la source d'énergie responsable du fonctionnement des étoiles en général, du soleil en particulier. Il dit à Rutherford : « La solution, ce sont peut-être ces réactions nucléaires que vous venez de réaliser. » Rutherford, qui vient de faire des calculs sur l'énergie nécessaire pour réaliser des réactions nucléaires, lui objecte : « Impossible, l'énergie n'est pas suffisante. » Et Eddington de répondre avec un bon sens à toute épreuve : « J'ai du mal à croire que les expériences que vous réalisez ici au Cavendish[1], le Soleil ne puisse pas les faire ! » Eddington avait bien sûr raison, et lorsque George Gamow découvrira l'effet tunnel, tout deviendra lumineux (comme les étoiles). Les sources d'énergie des étoiles sont les réactions nucléaires !

Mais la guerre de 1914 arrive. Eddington est quaker, et donc objecteur de conscience. Il refuse de servir dans l'armée. Problème de conscience pour le Premier ministre britannique : on ne va tout de même pas mettre l'astronome royal en prison !

En 1916, en pleine guerre, alors qu'Einstein venait de publier son article sur la relativité générale, Eddington proposa au gouvernement britannique d'aller tester cette théorie à l'île de l'Ascension en tant que militaire – inventant le fameux service civil ! On lui permit de réaliser son projet, très astucieux, qui consistait à tirer parti d'une éclipse du Soleil pour savoir si le Soleil pouvait dévier des rayons lumineux venant d'autres étoiles. Il démontra qu'effectivement c'était le cas, et Einstein, ravi, écrivit à sa mère : « Je crois que ma théorie est vraie, c'est formidable ! »

La troisième anecdote est moins glorieuse. En 1934, le jeune Indien Chandraskhar vint à Cambridge pour travailler avec Eddington. Sur le bateau, il s'était intéressé au sort de la matière lorsqu'une étoile meurt, montrant que si l'étoile de départ était assez grosse, le résidu devait être une étoile extrêmement dense. Eddington, pas convaincu par les calculs du

1. Laboratoire de physique de Cambridge.

jeune Indien, lui objecta : « Si vous aviez raison, une proportion de vos étoiles denses seraient des pièges pour la lumière. Ce seraient des sortes de trous noirs ! Or aucune étoile ne peut être noire ! »

C'est pourtant ce calcul de jeune homme qui vaudra le prix Nobel à Chandraskhar cinquante ans plus tard. Et les trous noirs sont aujourd'hui une donnée fondamentale de notre compréhension de l'univers.

S'il a fait preuve d'intuition quant à l'énergie des étoiles, sir Arthur en a manqué sur les trous noirs !

Nobody is perfect !

Ediacara (fossiles d')

Les recherches de Harry Whittington sur les fossiles de schistes de Burgess (*voir* : BURGESS) au Canada ont permis de montrer qu'il y a 540 millions d'années environ, au début de l'ère cambrienne, apparut une faune extraordinairement variée, contenant déjà tous les embranchements d'animaux que l'on connaît aujourd'hui. Après Jay Gould, on s'est mis à parler d'« explosion cambrienne » pour désigner ce soudain surgissement d'êtres organisés.

Cette découverte posait un problème. On sait en effet que la vie est apparue il y a 3,4 milliards d'années, sous forme de bactéries et d'algues : comment cette vie unicellulaire avait-elle pu se transformer brutalement en une vie d'organismes pluricellulaires ayant des organes et une physiologie complexe ? Cette soudaine apparition d'un écosystème dans les schistes de Burgess semblait tenir du miracle.

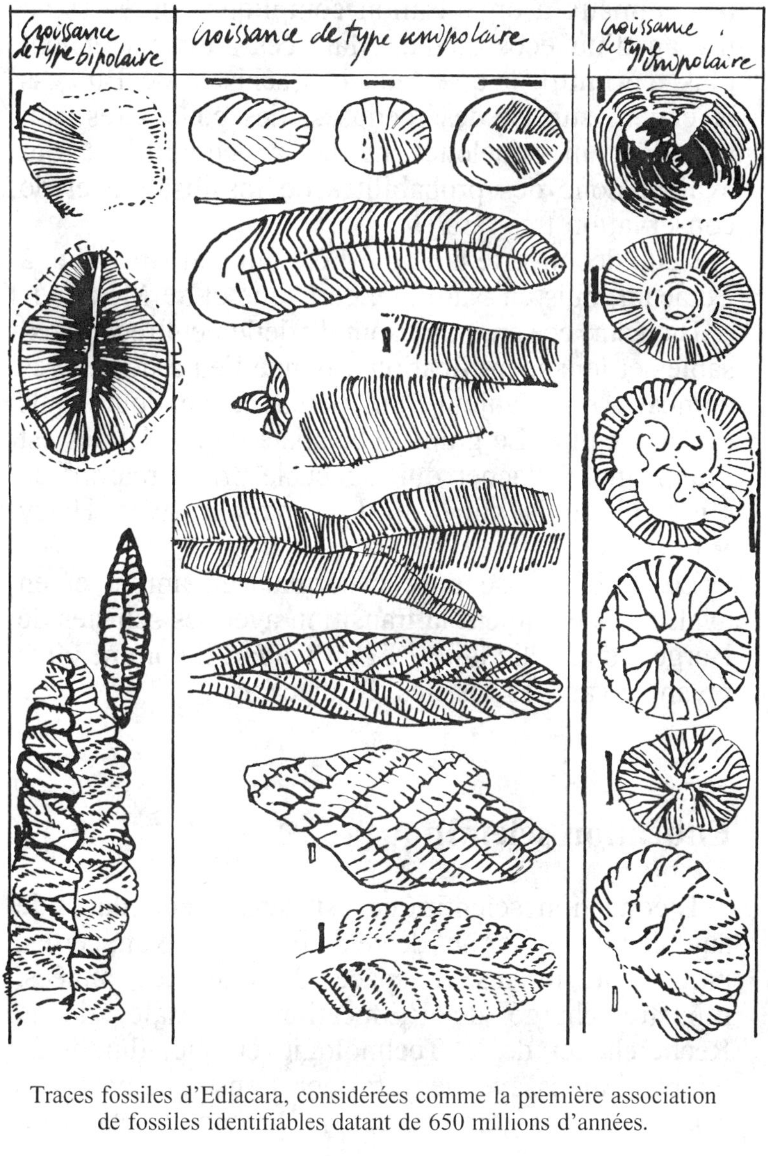

Traces fossiles d'Ediacara, considérées comme la première association
de fossiles identifiables datant de 650 millions d'années.

En fait, des recherches postérieures ont montré que 50 millions d'années avant le cambrien, il y avait déjà des animaux à organisation compliquée, intégrés au niveau d'un écosystème. Mais ces animaux étaient plus « primitifs » que ceux des schistes de Burgess et étaient surtout des méduses, des cœlantérés, qui n'avaient ni squelette interne ni coquille et qui avaient donc des probabilités de fossilisation et de conservation très faibles.

Cette découverte a d'abord été faite en Australie, à Ediacara, puis en Namibie, en Chine et au Mexique.

Bien sûr, ces animaux sont difficilement reconnaissables et leur identification a donné lieu à de sévères combats, mais aujourd'hui personne ne doute plus de leur réalité. Le grand spécialiste de ces faunes est l'allemand Seilacher qui a reçu le prix Craaford en 1992. (J'aurais aimé qu'il le partage avec Harry Whittington.)

Le problème se pose désormais en amont et en aval. Mais comment la transition avec les schistes de Burgess s'est-elle faite ? Et qu'y avait-il comme êtres vivants avant les fossiles d'Ediacara ?

Education scientifique

L'éducation scientifique est sans aucun doute le sujet le plus important de ce dictionnaire. Non, certes, parce que je fus, l'espace de quelques années, ministre chargé de l'Education nationale, de la Recherche et de la Technologie et que, durant ce temps, j'ai essayé de réformer l'enseignement des sciences... sans grand succès, je l'avoue franchement.

Mais parce que de cela dépend l'avenir de la science et, je le crois, l'avenir même de notre pays en l'an, disons, 2050.

L'enseignement des sciences, en France, repose sur deux piliers qui sont aujourd'hui vermoulus.

Le premier est une croyance selon laquelle les mathématiques seraient l'archétype des sciences. Or les mathématiques ne sont pas une science : c'est une discipline intellectuelle « supranaturelle » (*voir* : MATHÉMATIQUES), pour reprendre l'expression du physicien théoricien Murray Gell-Mann. Et pédagogiquement parlant, c'est souvent « un écran qui empêche l'homme de voir la nature », comme le disait Diderot à Euler à Saint-Pétersbourg, à la cour de la Grande Catherine.

Le second est un héritage : c'est en effet sous le magistère de Jules Ferry (et de son directeur de cabinet Ferdinand Buisson) que la philosophie de notre enseignement scientifique s'est élaborée, à une époque où 90 % des élèves étaient issus de milieux ruraux. L'art d'observer la nature, l'esprit pratique et le bon sens étaient des qualités acquises très jeune, tout naturellement. Il importait donc que l'enseignement soit davantage axé sur la théorie, pour apprendre à formaliser l'expérience pratique. « Théorisation » étant à cette époque synonyme de mathématiques, on fermait la boucle ! C'était logique.

Aujourd'hui, 95 % des élèves sont des citadins. Les mathématiques ne sont plus l'unique voie de formalisation (la biologie moderne ou la chimie en sont d'excellents exemples, sans parler de l'informatique) et les élèves ne savent plus observer. Les arbres, les fleuves, les champignons, les roches, les reliefs, les rivières, les poissons, les animaux, le temps qu'il fait : autant de sujets qui leur semblent abstraits. Quant au bricolage ou au travail manuel, beaucoup y voient les signes d'une déchéance sociale.

Or s'il est vrai que dans la forme, la lettre, nos programmes ont évolué, dans l'esprit, ils restent comparables à ceux du temps de Ferdinand Buisson. Avec un problème supplémentaire : une crise de l'enseignement des maths, due à l'apparition des calculettes et des ordinateurs.

Que faut-il enseigner en mathématiques ? La table de multiplication est en question, car dès le plus jeune âge la calculette s'impose. Et ensuite, que faut-il apprendre ? On a supprimé la géométrie, or on réalise que c'était une discipline essentielle pour la formation de l'esprit. Bref, le pilier de l'enseignement des sciences chancelle. Mais on pourrait dépasser cette crise.

Le fondement de l'enseignement des sciences devrait être la physique, puis la biologie. Apprendre ce va-et-vient qui est le cœur même de la démarche scientifique : observer-théoriser ; observer-théoriser ; encore expérimenter, peut-être théoriser, etc. Dans ce va-et-vient, les mathématiques sont utiles, voire indispensables, mais elles sont un moyen, une technique, non un but. La formalisation, le passage du concret à l'abstrait ne relève pas des mathématiques et c'est le passage de cette conceptualisation qui est pourtant le mécanisme essentiel.

Sans support théorique, une observation n'a pas de sens. On n'observe que ce qu'on cherche à observer, c'est à partir de là qu'on va détecter le « déviant », l'inattendu, la richesse. Bref, la découverte ! D'un autre côté, aucune théorie, aucune idée théorique, aussi élégante soit-elle, aussi mathématique soit-elle, ne peut être considérée comme valable si elle ne passe pas le test du réel, de l'observation, de l'expérience.

Comme le dit Henri Poincaré, le plus grand théoricien du XXe siècle : « C'est l'expérience et l'évolution qui sont reines. » A quoi François Jacob, l'un des fondateurs de la biologie moléculaire, répond en écho · « Oui, mais si une observation n'est pas signifiante, ou pas en rapport avec une théorie, elle n'a aucun intérêt. »

C'est cela, la science, cette discipline qui cherche à déchiffrer et à comprendre la nature ! La science, c'est d'abord une méthode, une approche du réel. Mais le savoir scientifique, qui fut extrait de la « jungle des faits naturels » au cours de siècles de recherche, ne peut être acquis instantanément par le simple bon sens. La science ne s'invente pas ; elle se développe suivant ses règles, et ses résultats sont en général contre-intuitifs (*voir* : PHYSIQUE). Voilà pourquoi il faut l'apprendre, ou surtout apprendre à la pratiquer, apprendre la manière de penser, de raisonner du scientifique de la nature qui n'a rien à voir avec la manière dont travaille un mathématicien.

Conscient de l'inadaptation de l'enseignement scientifique aux besoins de formation intellectuelle de notre jeunesse, des scientifiques de premier plan, sous la houlette de Georges Charpak, ont lancé le mouvement « La main à la pâte » pour enseigner la science aux enfants avec son aspect d'observation, d'expériences, avec un succès considérable. Voici une expérience simple qui permet d'en comprendre l'esprit.

Traçons plusieurs cercles sur une grande feuille de papier à l'aide d'un grand compas (rayon 10, 20 et 50 centimètres).

Prenons une ficelle. Mesurons les circonférences du cercle, puis les rayons. Quelle est la relation entre rayon et circonférence ? On introduit le nombre π. Remesurons 10 fois les circonférences et les rayons. Quelle est l'incertitude sur la mesure ? Comment peut-on représenter la mesure (histogramme) ? Sur un simple exercice, on a introduit les fondements de la science, la mesure, la relation théorique, l'incertitude et la notion d'erreur de mesure, etc.

Cela vaut mieux que l'application simple d'une formule mathématique de type V = RI dans laquelle on ne comprend pas bien la signification de V (voltage) ni de I (intensité), mais avec laquelle on calcule les valeurs !

L'enseignement scientifique à l'école, au collège et au lycée doit être un enseignement de culture, pas un enseignement destiné à former des scientifiques. Le premier objectif n'est pas tant d'enseigner des formules mathématiques que de faire aimer la science et d'en faire comprendre l'essence, la signification profonde.

Dans ce cadre, il est essentiel d'évoquer l'histoire des sciences, avec les tâtonnements, les refus de telle ou telle théorie : « Vous ne comprenez pas bien la différence entre atomes et molécules ? Rassurez-vous, les chimistes les plus éminents, Dalton et Avogadro, se sont disputés pendant des décennies autour de ces deux concepts ! » Expliquer comment on est parvenu à établir la loi de la chute des corps pesants, découverte attribuée à Galilée (mais qui avait déjà été faite par Oresme quelques siècles auparavant), est indispensable pour que l'élève admette cette loi qui est contre-intuitive. La chute des corps ne dépend pas de leur masse (dans le vide).

Les programmes sont entièrement à repenser, à réécrire, à ré-enseigner.

Qui pourra vaincre la résistance des habitudes, le lobbying des corporations ?

Ministre, je n'y suis pas parvenu ! On lira avec profit l'excellent article du prix Nobel d'économie Maurice Allais[1] sur la formation scientifique. J'en partage chaque ligne !

Effet de serre

Le rayonnement lumineux transporte l'énergie. Lorsqu'il interagit avec la matière, il perd un peu de cette énergie à travers des mécanismes complexes qui réchauffent la matière. Les atomes ou les molécules de cette matière ainsi chauffée vibrent, émettant à leur tour des rayonnements de type électromagnétique. Mais la longueur d'onde de ces rayonnements réémis dépend de la nature du rayonnement incident et de la matière éclairée.

Ainsi, lorsqu'un rayon lumineux visible tombe sur un miroir, ce dernier réémet – on dit « réfléchit » – un rayon lumineux, en absorbant assez peu d'énergie (de chaleur). Au contraire, lorsqu'on éclaire une surface sombre, la matière sombre s'échauffe, on dit que le noir absorbe la lumière. Pourtant, avec un moyen de mesure approprié, on peut montrer que la matière

1. Maurice Allais, « La formation scientifique », revue de l'*Amopa* n° 138, septembre 1997.

noire réémet, elle aussi, un rayonnement électromagnétique, invisible mais bien réel. Ce rayonnement a une longueur d'ondes (*voir* : ONDES) qui le situe dans le domaine de l'infrarouge.

Ce sont là les types de phénomènes qui se produisent lorsque le Soleil éclaire la Terre.

Certaines surfaces réfléchissent les rayons lumineux (les océans éclairés en lumière rasante, la neige, etc.), d'autres les absorbent (les forêts, les sols, etc.), d'autres enfin absorbent et réémettent.

Statistiquement, la Terre absorbe les rayons du spectre visible émis par le Soleil et réémet un rayonnement dans l'infrarouge. Mais ce rayonnement infrarouge réémis vers le ciel reste piégé dans la basse atmosphère. En effet, un certain nombre de molécules de l'air absorbent le rayonnement infrarouge, vibrent et donc s'échauffent, échauffant du même coup l'atmosphère.

C'est grâce à ce piégeage que la température moyenne de l'atmosphère à la surface du globe est de 15 °C en moyenne et que la vie y est possible. Sinon elle serait de – 18 °C !

Cet effet de piégeage est comparable à ce qui se produit dans une serre de jardinier où les vitres en verre laissent passer le rayonnement solaire, mais sont opaques aux rayonnements infrarouges réémis par les plantes ou le sol chauffés. L'énergie apportée par la lumière est piégée dans la serre.

Quels sont les gaz de l'atmosphère qui piègent ainsi le rayonnement infrarouge ? La vapeur d'eau (H_2O) et le gaz carbonique (CO_2) principalement. Ces gaz sont présents dans l'atmosphère en faible quantité, quelques pour cent pour l'eau avec une répartition très hétérogène, 350 parties par million pour le gaz carbonique à 30 kilomètres d'altitude.

A la surface de Vénus, où l'atmosphère est composée à 80 % par du gaz carbonique, les conditions sont tout autres : la température de surface y est de 470 °C. Aucune vie n'est possible. Les appareils électroniques ne résistent que quelques heures, rendant l'exploration de cette planète particulièrement difficile. L'effet de serre s'y manifeste dans toute son horreur !

La Terre a bien de la chance, comparée à Vénus. Mais patatras : voilà que l'équilibre terrestre, si subtil, si douillet, semble s'être rompu. L'homme brûle en effet de la matière organique, charbon et pétrole, pour fabriquer de l'électricité ou se déplacer à l'aide d'engins à moteur. Dans un cas comme dans l'autre, il produit donc du gaz carbonique (CO_2).

Cette augmentation de la teneur en gaz carbonique dans l'atmosphère est mesurée avec précision grâce à un observatoire installé au sommet du Mona Loa, l'un des deux grands volcans de l'île d'Hawaï. En cinquante ans, elle est passée de 270 à 370 ppm, soit une augmentation de presque 30 % !

On a immédiatement pensé que, du coup, la température du globe allait augmenter. Des modèles ont été calculés, en utilisant les plus gros ordinateurs. On a prédit l'imminence de catastrophes, la montée du niveau de la mer, la disparition des îles Maldives, de la Hollande, la canicule généralisée, etc.

Malheureusement (?), toutes ces prédictions ont été contredites par l'observation des faits. On prévoyait qu'en l'an 2000, la température de la Terre serait en moyenne supérieure de 5 degrés à ce qu'elle était en 1970 ; il n'en a rien été. On a prétendu que la canicule d'août 2003 était unique, Emmanuel Le Roy Ladurie, en fouillant dans les archives, en a trouvé au moins trois plus sévères depuis le XVIe siècle ! Force est donc de constater que nous ne comprenons pas bien les mécanismes fondamentaux du climat.

Le gaz carbonique joue certes un rôle incontestable dans l'équilibre thermique du globe, mais l'eau et son cycle jouent aussi un rôle éminent, qu'on ne connaît pas encore assez bien pour l'introduire avec succès dans les modèles.

On a mesuré l'augmentation du niveau de la mer : depuis quinze ans, elle est de 2,5 millimètres par an. En dix ans, 2,5 centimètres ; en cent ans, 25 centimètres. Il n'y a pas de quoi noyer la Hollande !

En étudiant les archives de l'atmosphère que sont les couches annuelles de glace polaire, on a montré que lorsque la température augmentait, la teneur en gaz carbonique augmentait aussi. Oui, mais le hic, c'est que l'augmentation de la température précède de 800 ans celle du gaz carbonique, on vient de s'en apercevoir ! Alors ? Quel est le rôle réel du gaz carbonique ? Davantage d'études sont nécessaires, pour mieux comprendre.

Doit-on pour autant négliger le phénomène ? Sûrement pas, car si l'augmentation de la température dans les décennies récentes paraît modeste, l'augmentation du « désordre climatique » apparaît quant à elle incontestable. Orages violents conduisant à des inondations suivies de sécheresses terribles, un été caniculaire suivi d'un été pluvieux et froid... Toutes les mesures pour limiter les émissions de gaz carbonique doivent être prises, énergie nucléaire pour l'électricité, voiture électrique, etc.

Car si un avenir torride est possible, mais non certain, les catastrophes climatiques semblent programmées !

Einstein Albert (1879-1955)

Lorsque l'on parle du savant distrait, mal habillé, hors du temps, incapable de se débrouiller dans la vie réelle, mais génial, celui qu'on appelle le « savant Cosinus », c'est en fait à Einstein qu'on pense. Ou, plus exactement, c'est à partir de caricatures d'Einstein qu'on a fabriqué le personnage.

Einstein est sans nul doute la figure scientifique la plus populaire ayant jamais existé. On parle des funérailles princières de Newton, mais ce dernier n'a approché la popularité qu'à la fin de sa vie. Celle d'Einstein fut extraordinaire et unique, et elle a duré plus de trente ans. Or ce qui est fascinant dans ce phénomène, c'est qu'Einstein a été populaire pour avoir inventé une théorie, la relativité, à laquelle le grand public ne comprenait rien. Qui plus est, pendant longtemps, cette théorie a été contestée par une large fraction des physiciens eux-mêmes. Sans doute le mot « relativité » – tout est relatif – y est-il pour quelque chose. Sans doute l'aspect « farfelu » d'Einstein lui-même a-t-il joué un rôle. A ce niveau, on a du mal à comprendre – mais c'est ainsi.

Einstein a été l'un des géants de la physique, le plus grand sans doute.

Il a inventé les deux théories de la relativité, la restreinte (1905), puis la générale (1916). Il a été à l'origine du développement de la physique quantique à partir de l'explication qu'il a donnée de l'effet photoélectrique d'abord, puis de l'émission stimulée des photons – théorie qui donnera naissance au laser. Même si, par la suite, il a refusé les développements modernes de la mécanique quantique, il en est le grand-père.

Il a aussi joué un rôle décisif dans le développement de la physique statistique inventée par Maxwell, Boltzmannnnnn et Gibbs, notamment grâce à son application au mouvement brownien, qui lui permit de mettre astucieusement en évidence les atomes, puis à la mécanique quantique, lorsque, avec le jeune physicien indien Bose, il découvrit la fameuse condensation de Bose-Einstein qui explique, par exemple, l'existence de superfluides comme l'hélium 3, des fluides dépourvus de toute viscosité, aux propriétés fascinantes – ils grimpent le long des parois d'un récipient, par exemple.

Sans nul doute, la formule la plus célèbre qu'il a découverte est le fameux :

$$\Delta E = \Delta mc^2$$

E étant l'énergie, m la masse, c la vitesse de la lumière. Elle établit non pas que la masse et l'énergie sont identiques, mais que la masse et l'énergie peuvent se transformer l'une dans l'autre. Comme le facteur de conversion est la vitesse de la lumière élevée au carré, c'est-à-dire un nombre considérable, une petite variation de masse produit une quantité considérable d'énergie.

C'est sur ce principe que fonctionne la bombe atomique.

On attribue à Einstein la paternité de cette bombe à double titre. D'une part, parce qu'il est le découvreur de la formule théorique, d'autre part parce qu'il aurait été l'un des savants américains qui décidèrent le président Franklin Roosevelt à construire la première bombe atomique. C'est à la fois vrai et faux.

L'histoire scientifique d'Einstein est étonnante. Elève moyen de l'Ecole polytechnique de Zurich, qui s'y reprit à deux fois pour avoir son diplôme, chômeur puis employé au Bureau des brevets de Berne, il écrit brusquement en 1905 trois articles dont l'un lui vaudra le prix Nobel, et dont les deux autres auraient mérité la même récompense.

Il recevra ce prix « très tard », en 1922, pour l'explication de l'effet photoélectrique. L'académie suédoise hésitait en effet à reconnaître son travail sur la relativité. Pourtant, dans son discours d'acceptation du prix, il ne parlera que de relativité.

Pacifiste acharné, antimilitariste, croyant sioniste mais violemment antireligieux, Einstein va petit à petit se construire une image extraordinaire. De multiples études modernes ont pourtant montré qu'il y avait des zones d'ombre dans sa vie scientifique comme dans sa vie personnelle. Comme Newton, il eut du mal à reconnaître le travail des autres. Il a ignoré le travail de Lorentz et de Poincaré en ce qui concerne la relativité restreinte. Pourtant, Poincaré avait découvert certains aspects de la relativité avant lui. Einstein n'a pas été un « forban », comme le disent certains aujourd'hui, à tort ; il a été un scientifique génial, dont l'apport est extraordinaire, simplement il aurait pu mentionner le travail des autres même si son approche est totalement originale. Sans doute que le jeune employé du Bureau des brevets de Berne a pensé que, s'il citait les deux immenses gloires qu'étaient Lorentz et Poincaré, on apprécierait moins son originalité ! C'est dommage, mais c'est humain, Einstein lui-même était humain !

François DE CLOSETS, *Ne dites pas à Dieu ce qu'il doit faire*, Seuil, 2004.
Jean-Paul AUFFRAY, *Einstein et Poincaré*, le Pommier, 1999.

Electricité

C'est sans doute le phénomène physique le plus important dans notre vie de tous les jours et sans doute aussi l'un des plus mystérieux.

Sans électricité, pas d'éclairage, pas de trains « électriques », pas d'usines, pas de téléphone, pas d'ordinateurs, etc.

Or le monde a vécu jusqu'au début du XXe siècle sans l'électricité !

Oui, alors, qu'est-ce que c'est, l'électricité ? Grand-père, explique-nous ! Perplexité dudit grand-père.

Au sein de la matière se loge une propriété très particulière : la charge électrique. Ainsi, une particule de matière qui possède une charge électrique négative attire avec une force extraordinairement puissante une charge électrique négative. Voilà l'essence de l'électricité.

En fait, l'électricité est une propriété de la matière qu'on a découverte depuis les Grecs. Lorsqu'on frotte une baguette d'ambre avec une peau de chat, le bâton attire irrésistiblement la poussière. Plus tard, on s'est aperçu qu'en frottant une baguette de verre, on attirait aussi des poussières, mais pas les mêmes qu'avec l'ambre. Benjamin Franklin, le premier, parla d'électricité positive et négative.

L'étude de l'électricité n'a véritablement démarré que lorsque l'italien Alessandro Volta découvrit la pile électrique. Des lames de cuivre et de zinc séparées par un tissu imbibé d'une solution légèrement acide, reliées aux deux bornes de la pile (la borne cuivre et la borne zinc), les fils reliés à deux boules métalliques, voient les deux boules s'attirer.

Si, au contraire, les deux boules sont reliées à deux fils venant de la même borne, les deux boules se repoussent.

La matière est constituée d'électrons de masse très petite qui tournent autour de noyaux qui portent l'essentiel de la masse de l'atome. Les électrons portent une charge électrique négative, les noyaux portent une charge électrique positive de manière à ce que l'ensemble soit électriquement neutre. Si le nombre d'électrons est z, la charge du noyau est ze, e charge électrique de l'électron.

Dans la matière, les électrons sont en général localisés autour de leurs noyaux. Pourtant, dans certains cas, les électrons ont une relative indépendance et peuvent bouger par rapport aux noyaux. Ce déplacement des électrons constitue le mouvement de charges électriques, donc un courant électrique.

Le scientifique qui a fait faire le pas décisif à notre compréhension des phénomènes électriques est l'anglais Michael Faraday au milieu du XIXe siècle. Il a montré que certains corps conduisaient l'électricité, d'autres non. Les premiers s'appellent conducteurs, les autres sont des isolants. Il a montré que deux charges électriques exerçaient entre elles une force. Elles s'attirent (ou se repoussent) proportionnellement au produit de leur charge et inversement au carré de la distance qui les sépare.

Puis il a poussé ses investigations plus loin et a fabriqué le premier moteur électrique. Pour cela, il a utilisé une propriété que le Danois Oerstedt avait découverte et qui était l'influence d'un aimant sur un circuit électrique. En faisant tourner un fil électrique enroulé autour d'une bobine dans l'entrefer d'un aimant, on génère un courant électrique.

Alors que Maxwell va donner une explication géniale de tous les phénomènes liés à l'électricité et au magnétisme sous le vocable d'électromagnétisme, Edison va mettre à profit la découverte de Faraday en montrant qu'un courant électrique passant dans un filament de carbone, mis dans une ampoule sous vide, émet de la lumière.

Le Serbe Nikolas Tesla va alors inventer le courant alternatif et ce sera la révolution car seul ce courant permet le transport sans pertes importantes de l'électricité depuis une usine sur de grandes distances. M. Westinghouse, exploitant la découverte de Tesla, fera fortune ! Tesla engloutira son argent dans d'autres découvertes plus hasardeuses (la géothermie déjà !) et mourra dans la misère. L'électricité commencera une aventure conquérante qui fera dire à Lénine : « Le communisme, c'est les soviets plus l'électricité ! »

Claude ALLÈGRE, *Un peu de science pour tout le monde*, Fayard, 2003.

Electromagnétisme

Il s'agit d'une theorie physique qui rassemble dans un même corpus, résumé par une série d'équations, la modélisation des phénomènes non seulement électriques et magnétiques, mais aussi lumineux. Cette théorie est due aux travaux de plusieurs physiciens du XIXe siècle.

On avait déjà étudié les phénomènes électriques, notamment grâce aux travaux de Benjamin Franklin, Volta, Ohm, Charles Coulomb. Les phénomènes magnétiques, quant à eux, avaient été explorés par Pierre Pélerin de Maricourt (XIIIe siècle), William Gilbert (XVIIe siècle), puis Charles Coulomb.

Ces deux domaines semblaient distincts, jusqu'au moment où, en 1811, un scientifique danois nommé Oerstedt montra qu'un courant électrique déviait l'aiguille aimantée. Entre 1820 et 1826, Pierre-Marie Ampère s'aperçut qu'une boucle parcourue par un courant électrique était équivalente à un aimant. Il montra que deux boucles parcourues par des courants s'attiraient ou se repoussaient comme des aimants, suivant le sens des courants dans les boucles. Il en déduisit qu'à l'intérieur des aimants naturels, il devait exister des micro-boucles de courants. En 1826, il écrivit le premier traité d'**électromagnétisme** dont il inventa le mot.

Le travail d'Ampère fut prolongé quelques années plus tard, à Londres, par Michael Faraday. Ce dernier montra qu'un aimant en mouvement pouvait créer un courant électrique dans un circuit électrique voisin. A partir de ses expériences et sans le secours d'aucune mathématique, il développa le concept de champs magnétiques et de champs électriques, et construisit le premier moteur électrique.

La synthèse finale sera faite vers la fin du XIXe siècle par James Clerk Maxwell, qui résume tous les phénomènes électriques et magnétiques en quatre équations. Mais ce n'est pas tout : il prédit que lorsqu'on fait varier l'intensité d'un courant électrique, on génère des ondes de nature assez mystérieuse qui se propagent, créant à leur tour des champs électriques et magnétiques. Calculant la vitesse de ces ondes, il trouve curieusement que cette vitesse est celle de la lumière, mesurée tout récemment par Hippolyte Fizeau.

L'idée que la lumière est une onde venant d'être appuyée par les travaux de Young et Fresnel à partir des phénomènes d'interférences, Maxwell affirme que la lumière est elle-même une onde électromagnétique. Personne ne le croit !

Il faudra dix ans pour qu'on admette la théorie de Maxwell, qui entre-temps était mort d'un cancer à 48 ans.

C'est d'abord l'Allemand Hertz qui découvrira expérimentalement les ondes radio prévues par Hertz. Puis, en 1912 seulement, von Laue montrera que les rayons X découverts par Roentgen en 1897 sont eux aussi des ondes électromagnétiques.

La théorie de l'électromagnétisme est l'une des grandes synthèses de la physique. Elle sera complétée dans les années d'après-guerre par une combinaison avec la théorie quantique, synthèse que l'on appellera l'électrodynamisme quantique, et dont les principaux créateurs sont Schwinger, Tomonaga, Feynman, Dyson.

L'exploration du noyau fera apparaître plus tard l'existence de forces fortes et de forces faibles. Les travaux ultérieurs, en particulier ceux de Steven Weinberg, Sheldon Glashow et Abdus Salam, montreront que la force faible se ramène à une interaction électromagnétique – il s'agit de la théorie électrofaible faisant intervenir de nouvelles particules effectivement découvertes, les bosons intermédiaires. Par contre, l'interaction nucléaire forte reste à part. Elle rejoindra « l'écurie électromagnétique » quelques années plus tard dans la théorie qu'on appelle modèle standard.

La force électromagnétique est donc celle qui assure la cohésion des atomes par l'attraction noyau-électrons, les forces fortes et faibles assurant la solidité du noyau. C'est donc une force essentielle, fondamentale de l'univers (*voir* : FORCE). Mais cette force n'explique pas les phénomènes de gravité et c'est aujourd'hui le grand mystère des physiciens !

On se reportera, si on le désire, à l'excellent petit livre de Richard Feynman, *Lumière et Matière*, Dunod.

Eléments chimiques (émergence, classification, abondance)

La notion d'éléments chimiques ne s'est imposée que petit à petit. Les premiers chimistes utilisaient les méthodes des alchimistes pour analyser la constitution de la matière. Ils distillaient, cristallisaient, dissolvaient, précipitaient, fondaient, brûlaient les diverses substances pour voir de quoi elles étaient faites. Peu à peu a émergé l'idée que certains composants de la matière ne pouvaient pas être dissociés, quels que soient les traitements qu'ils subissaient. On les appela « corps purs ».

Ainsi, il y avait les corps purs et les corps composés (composés par l'association ou la combinaison des corps purs). Vers la fin du XIXe siècle, on avait établi une liste de corps purs. On a alors cherché à définir leurs propriétés, leur masse par unité de volume, la température à laquelle ils fondaient ou se sublimaient, les conditions dans lesquelles ils réagissaient sur les autres corps purs pour former des corps composés...

A partir de là, tout naturellement, on a cherché à classer ces corps purs.

Dans cet effort, celui qui « gagna la timbale » fut incontestablement le chimiste russe Dimitri Mendeleieff, qui réussit à classer les divers éléments chimiques d'une manière logique en 1869. En choisissant pour critère leur masse par unité de volume, il constata en effet l'existence d'une périodicité des propriétés chimiques. Cela lui donna immédiatement la clé d'une classification à double entrée : la masse d'un côté, les propriétés chimiques de l'autre.

Ainsi naquit la classification périodique de Mendeleieff, dont le caractère prédictif allait se révéler extraordinaire. Mendeleieff, puis ses successeurs, prédirent de cette façon l'existence d'une vingtaine d'éléments chimiques, alors inconnus, et dont ils annoncèrent la masse et les principales propriétés physiques et chimiques.

Ce qui est extraordinaire, c'est que cette classification se soit faite sans le recours à la notion d'atomes, qui était à cette époque un sujet de débats chauds.

C'est seulement Bohr qui, en 1913, grâce à sa proposition de modèle d'atome, donna l'interprétation correcte de tout cela.

Chaque élément chimique correspond en fait à un atome dont la structure est spécifique. Elle est caractérisée par le nombre d'électrons de charge négative qui tournent autour du noyau. La charge électrique négative de ces électrons est compensée par la charge positive des protons du noyau.

Les divers éléments chimiques sont donc classés suivant leur nombre d'électrons : un électron pour l'hydrogène, deux électrons pour l'hélium, trois électrons pour le lithium..., six électrons pour le carbone, sept pour l'azote, huit pour l'oxygène, etc. Au nombre d'électrons correspond le nombre de protons. Mais comme les protons, contrairement aux électrons, sont des particules très lourdes, l'augmentation de leur nombre va de pair avec l'augmentation de la masse de l'atome.

On retrouve alors les deux critères de Mendeleieff : d'une part la masse, définie par le nombre d'électrons ; d'autre part la nature chimique, définie par la manière dont les électrons sont distribués. De cette dernière dépend en effet la façon dont l'atome va s'associer aux autres atomes pour donner des molécules – et donc sa réactivité chimique.

Les progrès de la chimie aidant, on a appris non seulement à déterminer quels éléments chimiques forment tel ou tel composé – c'est l'analyse –, mais aussi à les faire réagir chimiquement pour donner naissance à tel ou tel composé – c'est ce qu'on appelle la chimie de synthèse. Le chimiste dispose pour ce faire des 92 éléments du tableau de Mendeleieff. Symbolisé par une ou deux lettres de l'alphabet – C (carbone), O (oxygène), Sr (strontium), Mo (molybdène) –, chacun de ces éléments a des caractères et des propriétés spécifiques. Le chimiste peut donc sculpter la nature avec une « palette » d'ingrédients si variée que le nombre possible de composés est quasiment infini.

On entend par « concentration » d'un élément chimique sa proportion dans la masse totale de la matière considérée. Elle peut s'exprimer en « pour cent », « pour mille », pour « dix mille », voire « pour un million » (on écrit alors « ppm », « partie pour million »).

Dans un morceau de fer, l'élément fer constitue la totalité de la masse. La concentration du fer y est donc de 100 %. Dans l'air, l'oxygène représente 20 % de la masse : son abondance est de 20 %.

Il existe 92 éléments chimiques dans la nature. Le premier de ces éléments est l'hydrogène : c'est celui dont la structure est la plus simple – un noyau réduit à un proton, un électron unique tournant autour. Le dernier est l'uranium, qui a 92 électrons dans sa structure atomique.

Ces éléments sont classés par complexité croissante dans le tableau de Mendeleieff, et chacun a un numéro.

Les éléments chimiques sont fabriqués dans ces immenses « cuisines cosmiques » que sont les étoiles (*voir* : NUCLÉOSYNTHÈSE). Dans le cosmos, l'abondance des éléments chimiques décroît lorsqu'ils deviennent plus lourds, donc avec une structure atomique plus compliquée. C'est normal : plus c'est compliqué, plus c'est difficile à fabriquer ! L'hélium, élément qui suit l'hydrogène dans le tableau de Mendeleieff, est dix fois moins abondant que lui. L'uranium, lui, est un milliard de fois moins abondant. Avec cette nuance qu'il convient d'ajouter : à complexité identique, les éléments ayant un numéro atomique pair sont plus abondants que ceux qui ont un numéro impair. Et cette anomalie : le fer, beaucoup plus abondant que sa complexité nucléaire le laisserait penser

L'abondance des éléments chimiques dans le cosmos est à peu près identique dans toutes les directions de l'espace. Mais si on y regarde de plus près, les galaxies les plus lointaines sont moins concentrées en éléments chimiques lourds comme le fer, ou d'autres plus lourds encore.

Sur terre, l'abondance des éléments chimiques est, bien sûr, influencée par leur abondance cosmique. C'est le produit de départ ! Mais les conditions de formation de la Terre vont aussi jouer un rôle essentiel. Car la composition de notre planète n'est pas la même que celle de Jupiter ou de Saturne. Elle est plus proche de ses sœurs Vénus ou Mars – mais spécifique. L'hydrogène, l'hélium, ces gaz qui dominent le soleil et le cosmos, ne sont plus présents que comme composants secondaires, car la Terre est une planète solide.

Ses constituants majeurs sont l'oxygène, le magnésium, le fer, le silicium. Tout le reste est secondaire par rapport à ceux-là. Secondaire en abondance, pas en importance !

Ainsi, l'uranium ou le potassium, éléments chimiques peu abondants, sont, grâce à leurs désintégrations radioactives, les moteurs de l'activité interne de la planète, y compris les volcans, les séismes, la dérive des continents ou l'étalement des fonds océaniques. Le carbone est l'élément essentiel de cette particularité terrestre qu'on appelle la vie. L'hydrogène, allié à l'oxygène, donne ce composé terrestre essentiel et caractéristique : l'eau. Les autres éléments sont mineurs, ce sont des traces, des oligoéléments. Pourtant, certains, en se concentrant dans des lieux bien spécifiques, nous sont utiles : l'or, l'argent, le cuivre, le plomb. Tout cela constitue une part d'une discipline scientifique qui m'est chère : la géochimie, autrement dit la chimie de la Terre.

Embryologie

Cette discipline tend à s'appeler aujourd'hui « biologie du développement ». Elle prend une importance croissante car après une phase ancienne, traditionnelle, au cœur de laquelle on décrivait l'évolution des embryons, on tend aujourd'hui à lui surajouter (pas à lui substituer) une approche intégrant les concepts modernes de génétique et de biologie moléculaire.

On part d'une cellule unique, l'œuf fécondé.

Cette cellule se divise en deux, puis quatre, huit, etc.

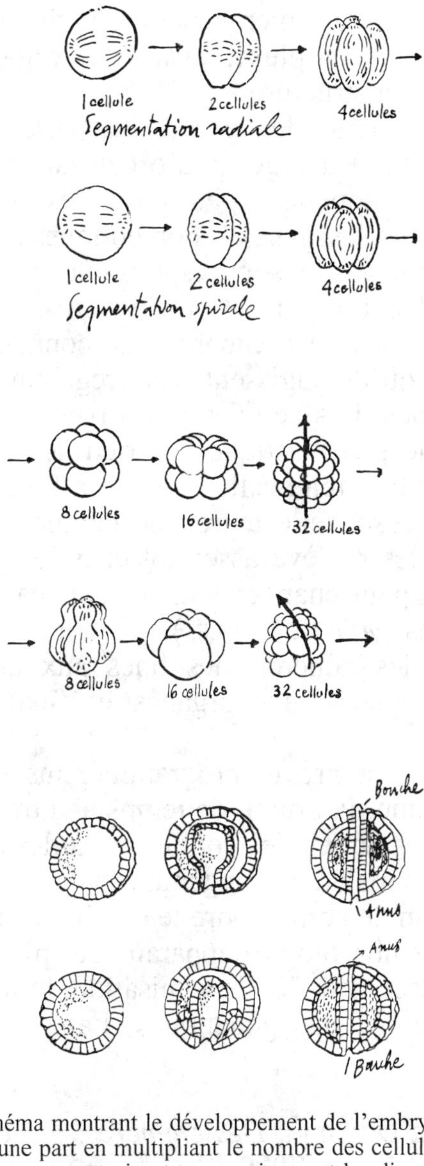

Schéma montrant le développement de l'embryon,
d'une part en multipliant le nombre des cellules,
d'autre part en construisant progressivement les divers organes.

En même temps, au fur et à mesure qu'a lieu cette division cellulaire, émerge petit à petit l'édification d'un individu, complexe, ayant ses organes, et sa physiologie, sa structure.

Lorsqu'on parle des gènes, on parle d'enzyme, mais il y a aussi des gènes d'organisation, de structure. On les appelle « gènes de développement » parmi lesquels les gènes « homéotiques » jouent un rôle saisissant, car ils sont responsables de la mise en place du plan d'organisation du corps. La manière dont ils agissent est encore mal connue. On sait cependant qu'ils agissent en régulant l'activité d'autres gènes. Les cellules primitives sont à la fois prédéterminées et plastiques. Si rien ne vient perturber leur histoire, telle cellule donnera finalement une cellule nerveuse, telle autre une cellule musculaire. Mais si on les prélève assez tôt et qu'on les cultive *in vitro*, on peut changer leur devenir car elles sont pluripotentes (*voir* : CELLULES).

Ces cellules adhèrent les unes aux autres pour donner des tissus, des organes et finalement des individus.

Tout cela est prévu, programmé, inscrit dans le code génétique. Pourtant, de temps à autre, il y a des accidents, des anomalies conduisant à des êtres anormaux ou des maladies congénitales.

On est loin de comprendre le détail de ces déterminismes. L'embryologie apparaît de plus en plus comme la science de l'organisation biologique au carrefour entre la génétique, l'anatomie et la physiologie.

Nicole LE DOUARIN, *Des chimères, des clones, des gènes*, Odile Jacob, 2000.

Energie

L'énergie fait partie des notions les plus importantes et les plus utilisées en physique. Et pourtant, on ne sait pas la définir. J'en veux pour preuve ces deux citations de deux physiciens célèbres, émises à cinquante ans de distance.

Henri Poincaré : « Comme nous ne pouvons pas donner une définition générale de l'énergie, le principe de conservation de l'énergie veut dire simplement qu'il y a quelque chose qui reste constant. Quelles que soient les nouvelles notions que des expériences futures peuvent nous donner, nous savons d'avance qu'il y aura toujours quelque chose qui reste constant et que nous pourrons appeler énergie. »

R.P Feynman, prix Nobel de physique, 1965 : « Il est important de réaliser que, dans la physique aujourd'hui, nous n'avons aucune connaissance de ce que l'énergie est. »

Pourtant, si nous ne pouvons pas définir l'essence de l'énergie, nous savons bien ce que c'est. L'énergie, c'est ce qui permet de fournir du travail. Le travail étant lui-même une force que multiplie une distance. Ainsi, on peut définir une énergie mécanique, une énergie thermique, une énergie électrique, une énergie chimique, une énergie cinétique et une énergie potentielle.

La propriété la plus extraordinaire de l'énergie, c'est d'abord que toutes ces formes peuvent se transformer les unes dans les autres. Seconde propriété, qui n'est pas moins étonnante : au cours de ces transformations, l'énergie se conserve.

L'énergie est donc devenue une grandeur centrale en physique – alors que, répétons-le, on ne sait pas exactement ce que c'est ! Preuve qu'en science une définition rigoureuse n'est pas un préalable à l'utilisation d'un concept.

Energie de la biosphère

Les êtres vivants n'échappent pas aux lois de la thermodynamique (contrairement à ce que certains ont longtemps cru).

La biosphère fonctionne suivant un cercle energétique très précis dont on connaît désormais les grandes étapes, mais pas tous les mécanismes de détail.

L'essentiel de l'énergie de la matière vivante vient du Soleil, c'est l'énergie solaire qui permet de synthétiser des molécules dont la structure stocke une grande quantité d'énergie.

Le premier mécanisme est donc la photosynthèse. L'énergie du Soleil permet la synthèse de molécules organiques (on dit souvent du glucose pour simplifier) à partir du gaz carbonique et de l'eau. L'oxygène est le résidu de la réaction. On écrit :

$$\text{Gaz carbonique} + \text{eau} \xrightarrow{\text{donne}} \text{glucose} + \text{oxygène}$$

Cette réaction n'est possible que dans les plantes vertes grâce à l'intervention d'une molécule possédant des propriétés spéciales : la chlorophylle.

Ensuite, cette matière vivante, contenant une grande partie de l'énergie, se transforme au cours des divers processus que sont par exemple l'ingestion-digestion par les animaux, la fermentation et les glycolyses, et la respiration.

Au cours de toutes ces réactions biochimiques qui sont extrêmement nombreuses ou complexes, de l'énergie est dégagée et échangée. Energie qui est utilisée pour produire des mouvements mécaniques externes ou internes, et très généralement pour toutes les activités cellulaires, fabrication de protéines, méiose, mitose, etc. Finalement, lorsque la matière vivante subit la respiration ou la dégradation après la mort, on retrouve les deux produits de départ, le gaz carbonique et l'eau.

Dans tout ce cycle énergétique, une molécule joue un rôle essentiel, l'adénosine triphosphate, souvent appelée ATP.

L'ATP est moins connue que l'ADN. Pourtant, sans ATP, il n'y aurait pas de vie, pas de reproduction d'ADN, pas de génétique. Car l'ATP est la molécule qui donne à chaque cellule l'énergie nécessaire pour fonctionner – c'est-à-dire pour se multiplier, recopier son ADN, etc.

Voici comment elle s'y prend. Composée d'un noyau auquel sont accolés trois radicaux phosphates, elle libère l'un des phosphates, se transformant ainsi en adenosine diphosphate. Or cette réaction chimique libère de l'énergie : cette énergie libérée va être utilisée par la cellule pour fonctionner.

Bien sûr, il y a deux questions subsidiaires. D'où vient l'ATP ? Comment est-elle fabriquée ? Et, symétriquement : sous quelle forme est dégagée l'énergie ?

Comment est-elle rendue utilisable ?

L'ATP est fabriquée dès l'étape de la photosynthèse, mais aussi continûment à partir des aliments, dont la dégradation fournit de l'énergie.

L'énergie libérée par l'ATP permet de déclencher des réactions chimiques intracellulaires qui ont besoin d'énergie pour se produire ainsi que les phénomènes de respiration cellulaire.

Cette énergétique biologique est passionnante, mais très compliquée dans le détail. Ce qu'il faut retenir, c'est que notre énergie c'est l'énergie du Soleil. Nous sommes des produits solaires !

Entropie

L'entropie est une grandeur thermodynamique beaucoup plus « sophistiquée » que l'énergie, et pourtant, on en comprend mieux la signification profonde. Elle mesure le désordre d'un système. Plus l'entropie est élevée, plus le désordre est grand.

Cette grandeur a d'abord été définie sur des bases purement macroscopiques par l'Allemand Clausius : la variation d'entropie est égale à la variation de la chaleur par degré de température (on écrit $dS = \frac{d\varphi}{T}$). C'était difficile à comprendre !

C'est Boltzmannnnnn qui, quelques années plus tard, donna l'interprétation physique de l'entropie comme étant la mesure statistique du désordre. L'entropie mesure le degré de désordre d'un système formé par de nombreuses particules.

La plupart de ses contemporains ne crurent pas à l'interprétation de Boltzmannnnnn, si bien qu'il se suicida – demandant qu'on écrive sur sa tombe : « L'homme qui a inventé l'entropie. » On ne le fit que quelques années plus tard, lorsque l'Américain

Gibbs eut montré toute l'importance du travail de Boltzmannnnnn.

Un théorème fondamental de la thermodynamique affirme que l'entropie de tout système isolé tend à augmenter. Cela donne un sens au temps, qui, dès lors, n'est plus réversible ; une fois que le désordre s'est installé, on ne peut revenir à l'ordre préexistant, et les machines à remonter le temps sont bien utopiques ! Un autre théorème affirme que l'énergie totale a toujours tendance à se trouver dans un état minimum.

En fait, l'évolution d'un système est un compromis entre ces deux tendances : la tendance à aller vers un minimum d'énergie, et la tendance à aller vers un maximum d'entropie.

C'est l'Américain William Gibbs, professeur à Yale, qui a compris cela, définissant la fonction qui porte son nom : la fonction (G).

$$G = H - TS$$

H étant l'énergie, T la température et S l'entropie. Ainsi, pour qu'une évolution ait lieu, la condition est simple : il faut que G décroisse. Imaginons les compromis que cela nécessite ! Je crois que cette loi d'accroissement naturel d'entropie s'applique très bien dans les sujets liés aux sciences humaines. Dès qu'un groupe dépasse trois personnes, son désordre intellectuel ou autre ne fait que croître[1]. Tout projet rédigé par un groupe nombreux est donc nécessairement privé de cohérence !

Les partis politiques et leurs notions offrent de

1 Brassens parlait de quatre.

nombreux exemples de ces affirmations. Des gens intelligents rédigent ensemble des textes totalement sans intérêt

Enzymes

On appelle ainsi certaines protéines qui servent de catalyseurs lors des réactions biochimiques se déroulant dans les cellules vivantes. Une réaction chimique (qu'elle soit bio ou pas) ne peut avoir lieu que si le système est excité pendant un certain temps : seule cette excitation lui permet de franchir les « barrières » d'énergie qui sont dressées sur le chemin de la réaction.

Pour comprendre, prenons une image simple, celle d'un prisonnier dans un château situé au sommet d'une colline. Pour s'échapper et parvenir en bas dans la plaine, le prisonnier doit d'abord franchir le mur d'enceinte avant de se laisser rouler jusqu'en bas du talus. Il va utiliser une échelle pour franchir ce mur, mais cette échelle ne le suivra pas dans son évasion et restera intacte. Un catalyseur, c'est un peu la même chose : c'est un produit qui permet à une réaction de se produire, qui participe à la réaction, mais n'est pas consommé par la réaction.

Les enzymes, donc, sont des catalyseurs permettant aux réactions biochimiques de se produire à l'intérieur des cellules. Sans elles, les réactions n'auraient pas lieu. Ces enzymes sont très spécialisées. Chacune d'entre elles contrôle une réaction particulière. Etant des protéines (*voir* : PROTÉINES), ces enzymes, comme toutes les protéines, sont fabriquées dans les ribosomes des cellules, sur instruction donnée par l'ARN messager.

Ce sont les gènes qui définissent les diverses enzymes à fabriquer. C'est si vrai que pendant longtemps, la biologie a fonctionné sur le postulat de deux chercheurs américains, Beagle et Tatum : un gène = une enzyme.

Depuis, on sait que c'est plus compliqué que cette simple correspondance, mais en gros c'est vrai et l'idée de lien entre gène et fabrication des enzymes est bien établie.

Or, répétons-le, la fabrication d'une enzyme équivaut à libérer la puissance de fabrication des protéines, éléments essentiels de la matière vivante.

Equilibre

Ce mot est l'un des plus utilisés en physique (et en économie, donc en politique).

Un système est dit en équilibre lorsqu'il n'évolue pas. C'est la définition rigoureuse, habituelle des livres. Dans ces conditions, on pourrait penser que l'état d'équilibre est toujours un état où le système est mort, chaque composant restant inerte, isolé. Il n'en est rien. En physique, un système en équilibre est souvent un système dans lequel les forces antagonistes ou les mouvements de matière s'équilibrent.

Au risque de fabriquer un oxymore, l'équilibre est souvent une notion dynamique.

Prenons un équilibre chimique. Laissons, par exemple, la réaction de synthèse de l'acide iodhydrique atteindre l'équilibre.

$$I_2 \quad + \quad H_2 \quad = \quad 2HI$$

Molécule iode   molécule hydrogène   2 molécules acide iodhydrique

Lorsqu'on met en présence de l'iode vapeur (I_2) et de l'hydrogène vapeur (H_2), ces deux gaz réagissent et fabriquent de l'acide iodhydrique (HI). A partir d'un certain temps, les proportions de (I_2), (H_2), (HI) cessent de varier et restent constantes. On dit qu'on a atteint un état d'équilibre.

« Tout reposait dans Ur et dans Jerimadeh », écrivait Hugo. En fait, en chimie, rien n'est en repos. Tout s'agite, tout bouge. Car si on met en présence dans les proportions d'équilibre de l'hydrogène radioactif de l'iode et de l'acide iodhydrique, on constate au bout d'un certain temps que l'acide iodhydrique est devenu lui aussi radioactif. Les atomes d'hydrogène et ceux d'acide iodhydrique se sont échangés (bien qu'à l'équilibre).

L'équilibre chimique est donc le résultat de deux réactions chimiques antagonistes, l'une de synthèse, l'autre de dissociation, telles que le nombre de molécules qui se détruisent est égal au nombre de molécules qui se forment.

En mécanique, au contraire, la notion d'équilibre est une notion statique. Un corps est en équilibre lorsqu'il est au repos.

On parle d'équilibre stable lorsqu'un corps en repos reste en repos même si on le perturbe un peu. En revanche, si une petite perturbation le « fait tomber » dans une autre position, l'équilibre est dit instable. La position d'équilibre peut être aussi un équilibre « secondaire ». Une grosse perturbation ferait tomber le système dans la vallée la plus profonde, mais une petite perturbation le laisse où il est. En effet, en mécanique, l'état d'équilibre correspond à celui où l'énergie potentielle est minimum.

Revenons à l'échelle atomique. Dans un système composé de milliards d'atomes (ou de molécules), il faut faire intervenir une autre notion essentielle : celle du désordre (l'entropie). L'équilibre se produit lorsque la « fonction de Gibbs », c'est-à-dire une combinaison entre énergie et désordre, est minimum (l'énergie tend à être minimum, le désordre à être maximum).

Lorsqu'on étend la notion d'équilibre hors du domaine de la physique, la plupart du temps il s'agit d'équilibre dynamique.

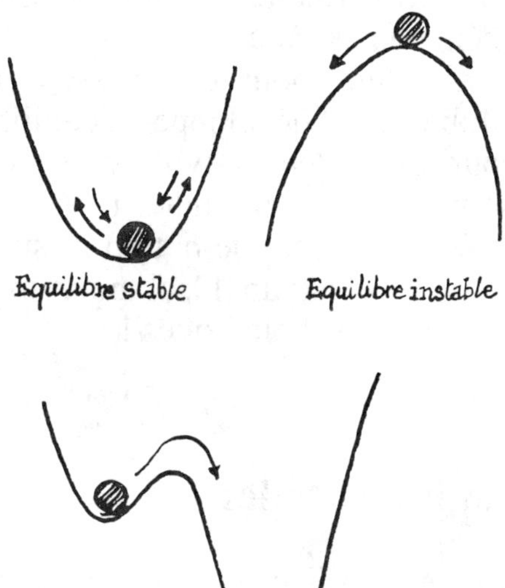

Les diverses formes d'équilibre mécanique symbolisées par une bille posée sur une surface déformée.

On parle d'équilibre entre les populations vivantes lorsque les proportions d'individus des diverses espèces sont constantes. Pourtant, rien n'est figé. Les herbivores mangent les plantes qui se reproduisent, eux-mêmes se reproduisent et sont mangés par les carnivores, etc. Lorsque le milieu est en équilibre, les proportions d'individus de chaque espèce ne varient pas.

Il en est de même en économie.

Retenons ceci : l'équilibre est une notion dynamique de compensation entre des mouvements antagonistes, mais qui ne s'arrêtent pas.

De ce fait, le véritable équilibre existe rarement dans les phénomènes naturels. Il est le plus souvent approximatif. Alors pourquoi passe-t-on tout ce temps à étudier et à développer l'équilibre ? Parce que beaucoup de systèmes évoluent vers l'équilibre – le plus souvent sans l'atteindre, il est vrai. Et puis, parce que l'équilibre est une notion rassurante.

Etre équilibré, c'est un idéal pour tous les systèmes, y compris psychologiques !

Erreurs et incertitudes

« Erreur » et « science » semblent deux mots incompatibles. Beaucoup de gens pensent que la science ne fait pas d'erreur, que la science est exacte, que la science énonce la vérité, que l'erreur est une notion typiquement humaine, ce que traduit bien sûr l'adage : « L'erreur est humaine. »

En fait, la notion d'erreur est inhérente à la notion de science et, plus encore, à celle de mesure, fondement essentiel de la science, de l'expérience comme de l'observation. Qu'elle soit faite par l'homme ou la machine !

Il n'y a pas de mesure qui ne soit entachée d'erreur – on parle de marge d'erreur. Depuis quelques années, on s'est aperçu que cette nomenclature était elle-même dans... l'erreur et qu'il valait mieux préciser le vocabulaire.

Dans le cas d'une mesure et du résultat « non exact » que l'on obtient, il vaut mieux employer le mot « incertitude » pour désigner le halo qui entoure la mesure et dans lequel pourrait se situer la valeur véritable. Nous dirons, par exemple, que la longueur de cette table est de 2 mètres, avec une incertitude de ± 5 millimètres. Ce qui veut dire que, peut-être, la longueur de la table est 2 003 millimètres, 2 001 ou 1 997 millimètres. Plus ou moins – noté (±) – 3 millimètres mesure l'incertitude.

A l'inverse, on réservera le mot d'« erreur » lorsqu'on connaît la différence entre mesure et vérité. Comme dans le langage courant. Si le mètre ruban dont je me sers est trop court d'à peu près 2 centimètres, je dirai que, lorsque je mesure la table, c'est 2 mètres avec une erreur de 2 centimètres. Il n'y a pas incertitude sur la réalité de l'erreur. Je sais que j'ai commis une erreur, que le chiffre de 2 mètres est faux ; alors que dans le cas précédent, je n'en étais pas sûr, il y avait incertitude.

La vie est pleine d'incertitudes, mais il faut éviter de faire des erreurs !

Espace (politique spatiale)

Il ne fait pas de doute que l'aventure spatiale constitue la grande épopée de notre temps. Certains l'ont comparée à la découverte de l'Amérique par Christophe Colomb – l'Homme est sorti de sa planète et a posé son pied sur la Lune – et ce n'est pas injustifié, si l'on en juge aussi par l'extraordinaire révolution que les techniques spatiales ont introduite en matière de télécommunication, accélérant le mouvement de mondialisation.

Le satellite est devenu un élément de la vie moderne, de la téléphonie au GPS, en passant par la prévision météo ou la prévention des catastrophes naturelles et l'observation de la Terre dans sa globalité.

Mais l'espace, c'est aussi l'exploration du système solaire et de l'univers, c'est l'effort pour « situer » l'Homme et sa planète dans l'immensité du monde.

Le 19 juillet 1969, lorsque Neil Amstrong pose le pied sur la Lune, c'est sans nul doute l'un des grands moments d'émotion pour l'humanité. Cette Lune blafarde, qu'on regarde les nuits d'été, devient tout à coup très proche, avec ses cratères, ses roches éparses, ses coulées volcaniques. Et puis ce sera le retour des échantillons (*voir* : LUNE). Mais l'exploration planétaire ne s'est pas arrêtée là. Des sondes ont été lancées vers Vénus et Mercure, vers Mars puis vers Jupiter, Saturne, Neptune, Uranus, Pluton.

Chaque fois, on a photographié les planètes, leurs satellites. Bref, on sait que nous sommes seuls dans le système solaire et qu'aucune planète ne pourrait nous accueillir si nous mettions en péril la nôtre.

D'un autre côté, l'aventure spatiale liée aux humains a été une déception. Bien sûr, il y a eu les astronautes – cosmonautes dans le vocabulaire russe : il y a eu Gagarine, premier homme à faire le tour de la Terre en satellite. Il y a eu Amstrong, et beaucoup d'autres encore, si nombreux que l'on a parfois oublié leur nom. Mais au début, on pensait que l'espace permettrait à l'homme d'effectuer des expériences scientifiques extraordinaires, que l'on pourrait peut-être préparer des matériaux spécifiques ou des médicaments précieux dans des usines spatiales. Or, après quarante ans d'expérience, force est de constater qu'en dehors du côté sportif et des performances d'explorateur, l'homme dans l'espace coûte cher et rapporte peu. Et l'émotion s'est usée !

Un chiffre : faire tourner deux cosmonautes sur un vaisseau spatial russe coûte à peu près 50 millions d'euros. Résultat scientifique : nul. Les robots font mieux et moins cher. L'échec le plus spectaculaire est celui de la Station spatiale internationale. Personne n'en parle plus, même les Américains. Elle a rempli son rôle politique : épuiser financièrement toutes les agences spatiales mondiales et, en même temps, les mettre sous tutelle de la Nasa !

Ceux qui ont dénoncé cela sur le moment passaient pour des sectaires. Pourtant, nous avions raison. Et si on nous avait écoutés, nous aurions fait des économies !

L'industrie de l'espace va mal. Avec l'avènement du portable, les télécommunications téléphoniques pouvaient être l'une des grandes perspectives de développement de l'espace. Malheureusement, le câble optique a tué cet espoir. Et quand je dis tué, c'est bien le mot qui convient, sur le plan industriel.

Un immense projet nommé Iridium, managé par la société Motorola, prévoyait en effet d'installer 68 satellites (le nombre d'électrons de l'élément chimique iridium) couvrant le globe et permettant de communiquer de n'importe quel endroit à n'importe quel endroit. Un projet analogue appelé Global Star, majoritairement européen, était aussi en développement.

Malheureusement, pendant ce temps, des bateaux posaient des câbles sous-marins, installant un réseau mondial de câbles optiques. Et c'est à travers cette technologie que s'est développé le portable. Globalstar, Iridium, tout cela est en faillite.

Comme un malheur n'arrive jamais seul, les développements technologiques ont permis de miniaturiser les satellites. Ils pesaient, il y a vingt ans, plusieurs tonnes, ils seront bientôt gros comme des pamplemousses. Du coup, une seule fusée pourra en mettre en orbite dix, vingt peut-être. Ce qui veut dire que le nombre de tirs va être divisé par 10 ou 20.

Pour corser le tout, la concurrence se développe. Hier, il y avait les Américains, les Russes et l'Europe. Il y a désormais les Chinois, les Indiens, les Japonais et aussi des sociétés privées. L'une d'elles se propose d'offrir des voyages de tourisme spatial pour multimillionnaires.

Alors l'espace, c'est fini ?

Non, mais sans nul doute l'activité industrielle va décroître. Les objectifs vont être d'abord scientifiques : les missions interplanétaires. Mais elles sont chères, et sans doute se développeront-elles sous forme multinationale. La première étape de ce programme devrait être le retour d'échantillons de Mars. L'homme sur Mars, voilà qui fait rêver... Mais qui prendra le risque d'envoyer dans l'espace des hommes pour une mission qui durera trois ans ? L'exploration des planètes lointaines, des comètes, des astéroïdes : autant de sujets scientifiquement excitants, mais très coûteux.

Il y aura aussi de nouveaux télescopes spatiaux, des successeurs de Hubble. Ça, c'est de la science. Mais, hélas, la science seule fait rarement une industrie prospère. Tout au moins, pas à son profit.

Le véritable débouché est constitué par les activités tournées vers la Terre. La télévision reste une valeur sûre, mais, on l'a dit, le nombre de lancements sera limité. Le GPS est bien sûr une activité d'avenir pour le guidage des voitures, des avions, des bateaux. Le projet Galileo va permettre aux Européens d'éviter le monopole américain dans ce domaine.

Il y aura aussi l'observation de la Terre et surtout, surtout, le militaire. Il n'a fallu que vingt-cinq ans pour que la France admette que l'espace était indispensable à une armée qui se veut moderne, et surtout à une force de frappe qui se veut crédible. C'est Pierre Joxe, ministre de la Défense, qui l'a compris enfin. Les Américains, eux, savent cela depuis belle lurette, si bien qu'aujourd'hui la plus grande activité spatiale du monde, mesurée en dollars, en compétence technique et humaine, c'est l'armée américaine avec sa base de lancement à Van der Bilt, en Californie. Activités ultrasecrètes, technologies protégées par le secret-défense... Les militaires américains, eux, ont compris depuis longtemps l'inutilité de l'homme dans l'espace. Au lieu de faire des vols habités, ils peuplent l'espace de satellites espions qui voient tout, cataloguent tout.

En pratique, nous devons réorienter notre politique spatiale. Mais l'espace scientifique n'a de sens qu'au niveau de l'Europe : l'Agence spatiale européenne est là pour cela. La continuation de l'organisme purement français qu'est le CNES est à discuter.

La naissance d'un espace européen militaire est indispensable si l'on veut assurer une indépendance politique à l'Europe.

Voilà l'état de l'espace. Après un bouquet de résultats extraordinaires dans la période 1970-1990, l'activité planétaire est retombée à un niveau moindre faute d'argent.

Mais je ne doute pas qu'après la période actuelle qui sera largement consacrée à l'observation de la Terre, de nouvelles aventures planétaires seront lancées vers Mars, Mercure, Vénus, les satellites de Jupiter ?

Quelle que soit la cible, l'espace nous fera à nouveau rêver.

Espèce (vivante)

C'est une notion difficile à définir et, au cours des siècles, les biologistes se sont beaucoup disputés sur ce sujet. Le critère qui définit une espèce vivante est ce qu'on appelle le critère d'interfécondité. Deux individus d'une même espèce, de sexes différents, peuvent se reproduire et leur descendance est aussi féconde.

Ainsi, un lion et une lionne donnent naissance à des lions et lionnes qui peuvent, à leur tour, donner naissance à des lions et des lionnes. Ils appartiennent à l'espèce Lion (*Leo-Leo*).

Un lion et une tigresse peuvent donner naissance à des hybrides, les tigrons, mais ces hybrides sont stériles, ils ne peuvent se reproduire. L'exemple classique est celui de l'âne et de la jument qui donnent le mulet, lequel est incapable de se reproduire. Ane et cheval sont donc deux espèces différentes. Cette notion s'applique aussi aux plantes ; le pollen d'une espèce de plante ne peut féconder que les pistils de la même espèce. Le pollen de maïs ne peut féconder que du pollen de maïs. Dire que le pollen de maïs transgénique peut contaminer l'environnement alors qu'il n'y a pas en Europe de maïs sauvage, c'est aussi idiot que de dire qu'un chat risque de contaminer les poules en les engrossant !

Etoile

C'est l'objet de base de l'univers. L'étoile la plus simple et la plus connue est le Soleil. Elle est située à 146 millions de kilomètres de nous – ce qui correspond à 1 unité astronomique. L'étoile la plus proche de nous, après le Soleil, est Alpha du Centaure, située à 3 années-lumière de nous. Le Soleil est à 8 minutes-lumière.

Toutes les étoiles fonctionnent sur le même principe. A l'intérieur se produisent des réactions nucléaires qui dégagent de la chaleur. A l'extérieur, elles évacuent cette chaleur sous forme de radiations électromagnétiques (lumière, ondes radio, rayons X).

Les réactions nucléaires qui ont lieu à l'intérieur sont variables et donnent naissance aux divers types d'étoiles.

On classe les étoiles d'après leur couleur et leur luminosité. La couleur permet une bonne mesure de la température de surface. On sait en effet, en regardant le comportement d'une plaque chauffante, que le rouge sombre est plus froid que le rouge vif, lui-même moins chaud que le jaune, puis le bleu... Cette échelle de couleurs a été calibrée en température. L'intensité lumineuse, elle, mesure l'énergie émise par l'étoile. Plus elle brille, plus elle dissipe d'énergie, plus son activité interne est intense.

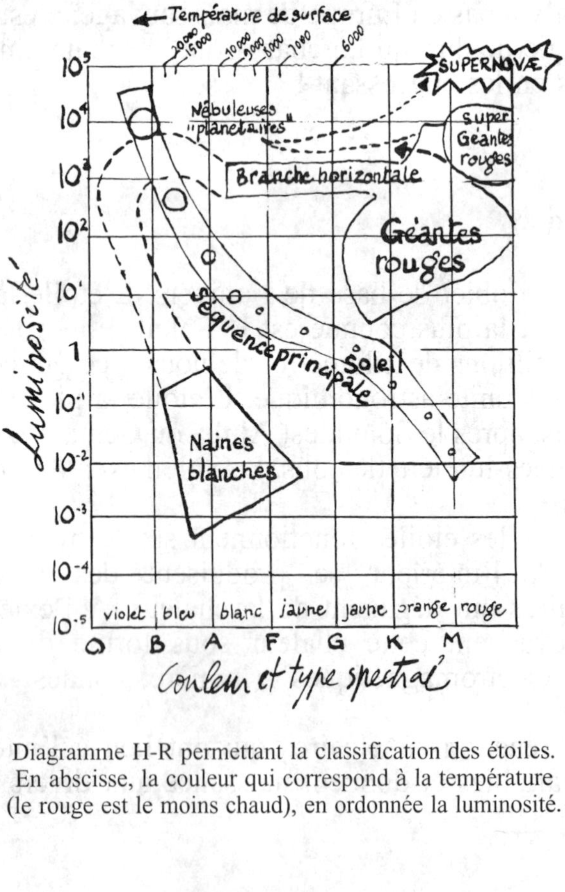

Diagramme H-R permettant la classification des étoiles. En abscisse, la couleur qui correspond à la température (le rouge est le moins chaud), en ordonnée la luminosité.

Cette classification a été proposée indépendamment par deux astronomes, l'un danois, Ejnar Hertzsprung, l'autre américain, Henry Norris Russell, en 1913. Le diagramme qui traduit cette classification s'appelle (H-R).

D'un point de vue purement descriptif, ce diagramme (H-R) se compose d'une grande bande diagonale sur laquelle se place la quasi-totalité des étoiles, et qu'on appelle pour cela *séquence principale*. Puis, dans les « deux coins », on trouve les étoiles plus rares. En bas, de petites étoiles peu actives mais chaudes : les naines blanches. En haut, de grosses étoiles froides, mais d'une intense activité : les géantes rouges. Notre soleil, étoile banale s'il en est, se place sur la séquence principale, dans une position tout à fait banale.

Pour comprendre cette classification et en même temps comprendre l'évolution d'une étoile, il faut faire appel à la physique nucléaire. On l'a dit, le cœur de l'étoile est le siège de réactions nucléaires. Ces réactions sont en fait à l'origine de la fabrication des éléments chimiques qui composent l'univers, les étoiles, les plantes, les roches, les êtres vivants, vous, moi. Notre matière vient des étoiles. Nous ne sommes que des poussières d'étoiles. Cette fabrication de la matière, des éléments chimiques, s'appelle **nucléosynthèse**, ce qui signifie : synthèse des noyaux atomiques (*voir* : NUCLÉOSYNTHÈSE).

Il suffit pour l'instant de savoir que la synthèse d'un élément de masse élevée demande plus d'énergie pour « allumer le feu » que celle d'un élément de masse plus faible.

Car ces réactions nucléaires ont une curieuse propriété. Il leur faut une certaine énergie pour démarrer, mais une fois « allumées », elles dégagent beaucoup plus d'énergie qu'il n'en a fallu pour les faire démarrer. Comme lorsqu'on allume un réservoir d'essence ! Les réactions nucléaires sont les sources d'énergie des étoiles, énergie qui se dissipe par émission de lumière (et d'autres radiations).

Décrivons maintenant l'épopée stellaire : la vie et la mort d'une étoile.

Pour une étoile, tout va commencer dans l'espace froid et dilué où se trouvent des atomes, molécules et grains solides errant dans le vide. Sous l'effet de la force de gravité, ces nuages (extrêmement dilués) vont se rassembler petit à petit. Ils formeront bientôt une grosse boule gazeuse. Cette boule va s'échauffer par suite des chocs entre les éléments qui la constituent. Lorsque la température est assez élevée, des réactions nucléaires vont se déclencher. Une étoile est née. Mais à quelle température faut-il arriver pour déclencher ces réactions nucléaires ? A peu près un million de degrés. Mille fois mille degrés !

Et quelle est cette réaction nucléaire ? La plus simple : celle qui permet à 4 noyaux d'hydrogène (1 proton chacun) de fusionner pour donner le second élément : l'hélium (2 protons, 2 neutrons).

L'hydrogène est de loin l'élément chimique le plus abondant de l'univers (parce qu'il est le plus simple). La réaction de fusion de l'hydrogène est celle qui demande la température d'allumage la plus basse. Il est donc assez « normal » que cette réaction nucléaire soit la plus répandue dans l'univers. C'est la réaction stellaire la plus banale, celle qui se produit dans les étoiles de la séquence principale – dont fait partie le Soleil.

Si cette réaction nucléaire est unique, pourquoi y a-t-il sur le diagramme dont nous parlions plus haut une séquence principale, et pas un seul point ? Une réaction nucléaire, une étoile. Ce serait normal. Pourquoi une seule réaction, mais beaucoup d'étoiles différentes ?

Parce que ces étoiles sont de masses différentes. Plus les étoiles sont grosses, plus elles brûlent vite leur combustible nucléaire, plus elles brillent, plus elles sont chaudes.

Après avoir brûlé tout – plus exactement : la majorité – de son hydrogène, transformé en hélium, l'étoile située sur la séquence principale va évoluer. Elle va se contracter en son centre et se dilater sur ses bords, devenant ce qu'on appelle une géante rouge. Dans le cœur des géantes rouges, les atomes d'hélium vont fusionner pour fabriquer le carbone, l'oxygène, le silicium, le soufre. Puis, l'étoile va évoluer encore.

L'évolution de ces géantes rouges varie suivant leur masse. Les plus grosses vont exploser : ce sont les supernovae, qui dispersent ainsi leur matière dans l'univers. Symétriquement, les restes – les cendres – vont se concentrer, devenir très petits, mais très denses. Ce seront tantôt des pulsars, tantôt des trous noirs. D'autres étoiles, les petites, auront une mort moins « glorieuse », elles vont se rabougrir et finir sous forme de petites étoiles, les naines blanches, en bas à gauche du diagramme H-R.

Hubert Reeves, *Patience dans l'azur*, Seuil, 1988.

Evolution (des espèces)

La théorie de l'évolution des espèces affirme que tous les êtres vivants dérivent d'un ancêtre commun, et donc sont parents les uns des autres. Les espèces vivantes peuvent donc être classées à partir d'un arbre.

Cette théorie est attribuée à Charles Darwin. Qui dit « évolution » pense « Darwin ». Pourtant, encore une fois, sans nier l'énorme contribution de Darwin dans cette aventure, il ne faut pas déformer la réalité et oublier Lamarck.

Le premier qui affirma l'unité du vivant et l'idée d'évolution des espèces est en effet Jean-Baptiste Lamarck (*voir* : LAMARCK). On justifie cet « oubli » en développant, en gros, cet argument : « Oui, mais il s'était lourdement trompé sur le mécanisme, il croyait à l'hérédité des caractères acquis. Il pensait que la girafe avait un long cou parce que à force d'essayer d'attraper les feuilles des grands arbres africains, de génération en génération, leur cou s'était progressivement allongé. » Or ce mécanisme-là est faux. On a montré que, si on coupe la queue des souris, les bébés souris naissent avec une queue normale.

Le hic, c'est que Darwin croyait la même chose... Il croyait, lui aussi, à l'hérédité des caractères acquis. Mais il y ajoutait, comme facteur essentiel, la compétition entre espèces. Compétition pour la nourriture, compétition pour les femelles. Cette compétition conduit à la sélection des plus aptes, des meilleurs. Malheureusement, s'il est parfaitement exact que Darwin a développé cette idée, elle n'est pas de lui ! Elle a été développée par Malthus (le malthusianisme, vous connaissez...) et Darwin l'a adoptée et adaptée.

C'est Darwin lui-même qui est à la source de l'injustice. Car il n'a cessé d'écrire dans ses livres que sa théorie n'avait rien de commun avec Lamarck, que ce dernier n'avait rien compris. Faut-il suivre Darwin dans cette indélicatesse ? Car sa théorie ne contenait pas tous les éléments qui la constituent aujourd'hui.

Certes, Darwin a apporté deux éléments essentiels : la sélection naturelle et donc l'adaptation. La nature sélectionne les plus aptes, les mieux adaptés à leur milieu, et laisse dépérir les moins aptes. Mais il ignorait tout de la manière dont cette sélection – adaptative – se transmettait de génération en génération. Pourtant il aurait pu trouver un début d'explication s'il avait lu les travaux de Mendel publiés en 1865 !

La démarche intellectuelle décisive dans le développement de la théorie de l'évolution va être de se rapprocher de la génétique, dans tous ses aspects. Les mécanismes de transmission génétique et l'aspect statistique de cette dernière avec la génétique des populations.

Dans cet esprit, un homme va apporter un élément capital : au début du XXe siècle, le Hollandais Hugo De Vries. C'est lui qui découvre l'existence des mutations, facteur essentiel de l'évolution des espèces.

En effet, ce sont les mutations, fruit du hasard (?), qui créent les nouvelles espèces. A partir de cette création, la sélection naturelle « choisit » les espèces les mieux adaptées à la recherche de nourriture et à la compétition sexuelle.

Ce sont elles qui triomphent, qui s'imposent, qui survivent.

A la même époque, Weissman montre que l'hérédité des caractères acquis est un concept faux. C'est à la même époque aussi que naissent un certain nombre de concepts essentiels pour la génétique comme ceux de gènes et de chromosomes et qu'à l'aide de ces concepts on redécouvre et explique les lois de Mendel de 1865.

Prend alors naissance la théorie qu'on appelle le néodarwinisme, et dont on peut résumer ainsi l'essence.

Les mutations font apparaître de nouveaux individus et de temps en temps de nouvelles espèces « mutantes », dont les caractéristiques changent constamment.

Dans cette diversité, la sélection naturelle « choisit » ceux qui sont les plus adaptés, les plus aptes à survivre au cours de la compétition interespèces et interindividus. L'évolution a lieu suivant le couple mutation-sélection. Ce que Monod appellera le hasard et la nécessité.

Au début du XXe siècle, Morgan et Müller vont montrer lors d'études sur la drosophile que les rayons X provoquent des mutations. Les mutations ne sont donc peut-être pas uniquement le fruit du hasard. Refait alors surface l'idée qu'il pourrait y avoir des facteurs externes qui « orienteraient » les mutations. Pourtant, cette idée va disparaître et on va se rallier à l'idée dite neutraliste de l'évolution suivant laquelle les mutations sont uniquement le fruit du hasard.

On va même avoir tendance à accroître le rôle du hasard en découvrant que la nature a sélectionné parfois des caractères qui ne sont pas forcément les plus adaptés. Dans les caractères qui sont sélectionnés entre mutants, tous ne sont pas nécessairement un « progrès ». Ainsi, la séparation homme/chimpanzé est caractérisé par la perte chez l'homme de l'os qui se trouve dans le pénis du chimpanzé et des grands singes (et du chien). Est-ce un progrès ?

Car le second point qui est important dans la théorie darwinienne, c'est que cette sélection naturelle, naturelle donc forcément bonne, en choisissant les plus aptes, aurait été un facteur de progrès. L'évolution serait une longue histoire du progrès biologique. On est aujourd'hui beaucoup plus circonspect sur ce type de sujet.

Cette théorie de l'évolution qui avait été combattue avec la dernière énergie par toutes les Eglises du temps de Darwin, et notamment lorsque ce dernier avait publié son livre sur l'origine de l'homme, ne va pas être acceptée davantage sous la forme du néodarwinisme.

La théorie de l'évolution continue à notre époque encore à être la cible de toutes les attaques religieuses, attaques ouvertes ou déguisées. Les attaques ouvertes portent sur le fait que l'on connaît peu de « mégamutations » capables de faire apparaître des espèces nouvelles, les attaques larvées c'est par exemple l'effort constant des religions pour éviter qu'on enseigne la théorie de l'évolution dès la classe de sixième dans les collèges et qu'on considère qu'il faut réserver cela pour les classes de terminale.

Lorsque nous avons entrepris la rénovation de la grande Galerie de l'évolution, on l'a appelée pendant longtemps la Grande Galerie.

Aujourd'hui, l'idée qu'il y ait une « parenté » entre les espèces n'est plus discutée. Le pape Jean-Paul II lui-même, pourtant pas très progressiste, a reconnu qu'il y avait une évolution des espèces. A un détail près. C'est qu'il admet bien sûr que la création du premier être vivant a été l'œuvre de Dieu (nous n'avons aucun argument scientifique ni pour le contredire ni pour l'appuyer !). Et que lors de la transition singe-Homme, Dieu est intervenu.

Une autre théorie très à la mode aux Etats-Unis aujourd'hui et qui gagne même les universités, où certains professeurs (de mathématiques !) proposent de l'enseigner, c'est la théorie dite du « projet intelligent ». L'évolution des espèces n'y est nullement niée, mais elle est supposée être guidée par la main de Dieu qui oriente à sa guise les « mégamutations ». C'est un débat qui a lieu dans l'Etat du Maryland. Dans d'autres Etats comme l'Arkansas ou le Minnesota, les positions sont plus extrêmes. On nie purement et simplement la théorie de l'évolution, on revient à la théorie du créationnisme de la Bible et on demande que cette théorie soit enseignée comme une réplique plausible à la théorie de l'évolution ! Et 60 % des adolescents américains ne croient pas à la théorie de l'évolution !

Pourtant, depuis la découverte de l'ADN et des mécanismes moléculaires de la génétique, il n'y a plus aucun doute. Les êtres vivants ont tous une origine commune ! Le fait que tous les êtres vivants possèdent l'ADN est déjà un argument diriment.

L'ADN est une molécule si complexe avec des milliards de milliards d'atomes, assemblés suivant une logique si minutieuse, qu'il est impossible que cette molécule ait pu prendre naissance indépendamment en plusieurs endroits de l'univers.

Le phénomène de mutation lui-même apparaît comme logique, normal. Son mystère disparaît. Comment, dans un processus aussi compliqué que la copie des séquences d'ADN par l'ARN puis le transfert dans le ribosome puis la fabrication des protéines, ne se produisait-il pas des erreurs dues au hasard (mais aussi peut-être à d'autres causes qu'on connaît encore mal) ? La mutation, c'est l'accident dans la machinerie moléculaire. Et l'accident peut être bénin ou grave, conduisant à faire varier quelques caractères chez les individus ou à créer de nouvelles espèces.

La paléontologie est venue apporter une nouvelle précision importante, qui pourrait peut-être devenir essentielle. Eddredge et Gould, deux paléontologistes américains, ont en effet remarqué que suivant les archives géologiques, l'apparition des nouvelles espèces et la disparition des anciennes ne se faisaient pas d'une manière régulière, continue, mais par phases d'accélération brutale. Ils ont appelé cela l'« évolution ponctuée ». Leur théorie reçut un accueil poli, mais ne convainquit guère les biologistes : les archives géologiques ne sont pas continues, et on peut toujours arguer que des pans entiers manquent.

Mais cette idée a été explicitée grâce aux études portant sur la disparition des dinosaures et la crise crétacé-tertiaire (*voir* : EXTINCTION DES ESPÈCES). Il est désormais établi avec beaucoup de précision, notamment par les études de Raupp, que l'évolution s'est faite par sauts.

On observe ainsi une « explosion » au début du cambrien : un nombre colossal d'espèces apparaît. Une crise vient ensuite réduire le nombre d'espèces ; puis c'est une nouvelle expansion ; une nouvelle crise... Vincent Courtillot a bien montré que ces crises étaient dues à de gigantesques éruptions volcaniques, qui font régner sur la Terre des conditions terribles pendant plusieurs milliers d'années.

S'agissant des espèces, on peut tirer de ce qui précède deux conséquences importantes, et se poser une question.

La première conséquence concerne les mécanismes de la sélection naturelle. Les espèces qui survivent ne sont pas celles qui étaient le mieux adaptées aux conditions normales, mais celles qui étaient le mieux adaptées aux conditions de crise. La sélection naturelle favorise les « révolutionnaires », les « inoxydables » !

Seconde conséquence : la diversité des espèces vivantes ne s'est pas accrue constamment au cours des temps géologiques ; elle s'est accrue par pulsions, et a diminué par crises. Ainsi, Jay Gould pense que toutes les grandes lignées d'êtres vivants que nous connaissons aujourd'hui étaient présentes dans le cambrien (*voir* : BURGESS).

L'évolution des espèces vivantes est donc un fait scientifique avéré, incontestable, comme le sont les lois de la chute des corps ou de la théorie électromagnétique de Maxwell.

A-t-on pour autant tout compris ? Certes non et du travail sérieux reste à accomplir.

D'abord, on ne sait pas comment la vie a commencé.

Comment ces molécules d'une extraordinaire complexité que sont l'ADN, l'ARN ou les protéines ont-elles pris naissance ? Jusqu'à ce jour les expériences de laboratoire n'ont pas permis d'apporter de réponses satisfaisantes.

Et puis comment se reproduisent ces « mégamutations » qui font passer d'une espèce à l'autre ? S'agit-il de plusieurs « petites étapes » qui se succèdent très vite ? S'agit-il d'un méga-accident moléculaire ?

Autre question sans doute aussi agaçante. Si les ères géologiques sont ponctuées par l'apparition de nouvelles espèces, ne pourrait-il y avoir des mutations produites par les irradiations de rayons cosmiques qui seraient très intenses à l'occasion des inversions du champ magnétique terrestre ? Rien n'est totalement clair.

L'évolution des espèces vivantes reste un sujet de recherche passionnant deux cents ans ou presque après Lamarck !

François Jacob, *La Logique du vivant*, Gallimard, 1976.

W. Purves, G. Horians, H. Heller, *Le Monde du vivant*, Flammarion, 2000.

Charles Auffray et Albert Jacquard, *Dictionnaire de la biologie*, Flammarion, 1998.

Vincent Courtillot, *La Vie en catastrophes*, Fayard, 1995.

Expérimentation (expérience)

On dit souvent que l'expérimentation est, en science, le complément de la théorie. Une expérience consiste dans un premier temps à fabriquer une situation concrète, réelle, mais dans laquelle on contrôle et mesure une partie des paramètres. Puis, dans un second temps, à observer et mesurer – si c'est possible – la variation des paramètres que l'on veut étudier.

Lorsque Galilée fait descendre ses billes le long de ses plans inclinés, mesure le temps que met une bille à parcourir une longueur donnée en fonction de l'angle du plan incliné, il expérimente. Lorsque Mendel croise ses différentes sortes de pois pour en observer la descendance, il expérimente. Lorsque Weisman coupe la queue des souris et les fait se reproduire pour savoir si la mutilation se transmet de génération en génération, il expérimente.

L'expérience se fait donc toujours à partir d'une idée théorique, d'un modèle qui lui sert de cadre, mais sans que la réponse obtenue corresponde nécessairement à la question posée. Ainsi, lorsque Becquerel expérimente pour comprendre si les rayons X ont leur origine dans la photoluminescence, il va finalement découvrir tout autre chose – à savoir, la radioactivité.

Parfois, l'expérience est préparée pour découvrir de nouveaux phénomènes.

Ainsi, les sciences expérimentales que sont la physique, la chimie, la biologie consistent-elles à alterner expériences et confection de modèles théoriques (mathématiques ou non).

Certaines sciences se développent sans pouvoir faire appel à l'expérience. Ce sont par exemple l'astronomie, les géosciences ou l'écologie. Leur démarche consiste à alterner l'observation et la confection de modèles.

Très récemment est apparu un nouveau type d'expérimentation : l'expérimentation numérique. On utilise les ordinateurs pour simuler une situation complexe, puis on calcule les résultats en faisant varier successivement les paramètres du système. Cette expérimentation est utilisée par toutes les disciplines, y compris les sciences d'observation. On peut ainsi intégrer dans l'ordinateur des données correspondant à des phénomènes qui se produisent pendant des milliards d'années, sur des systèmes de dimensions énormes, dans des conditions de température et de pression colossales.

Cette expérimentation numérique est très utile, mais elle est moins riche que l'expérimentation naturelle. En effet, l'ordinateur peut certes générer des résultats imprévus, mais il ne peut combiner et calculer que les équations qu'on a programmées...

Extinction des espèces

La nature et le nombre des espèces vivantes ont varié tout au long des temps géologiques. C'est d'ailleurs cette variation qui a permis de définir les ères et les étages géologiques.

La naissance des nouvelles espèces est expliquée par la théorie des mutations ; mais la disparition des anciennes, quelle en est la cause ?

Depuis le XVIIIe siècle, deux théories s'opposent.

La première est celle du gradualisme, défendue par les tenants de la théorie de l'évolution : Lamarck, Darwin, Wallace, etc. Pour eux et leurs successeurs, les espèces disparaissent car elles subissent la compétition pour la vie (nourriture, occupation de l'espace, taux de reproduction) avec les nouvelles espèces et, étant moins bien adaptées, elles périclitent : les individus diminuent en nombre, et l'espèce disparaît. C'est l'idée du dernier des Mohicans !

La seconde théorie, proposée par Cuvier au XIXe siècle, est celle des catastrophes. Périodiquement, il y aurait sur terre de gigantesques catastrophes qui élimineraient les individus de certaines espèces ; les autres espèces, moins affaiblies, seraient quant à elles destinées à survivre. Ainsi, les faunes et les flores auraient été renouvelées tout au long des temps géologiques.

Après un premier succès vers les années 1815-1820, notamment parce que cette idée de catastrophe rappelait le Déluge de la Bible, la théorie des catastrophes a été balayée, éliminée, « ringardisée » par le triomphe de la théorie de l'évolution. La génétique des populations, avec force calculs, donna le coup de grâce aux catastrophes. La disparition des espèces était une conséquence somme toute assez simple de la sélection naturelle.

Dans les années 1970, deux professeurs de Berkeley, Luis et Walter Alvarez, le père et le fils – le premier, prix Nobel de physique, le second, géologue –, cherchent un sujet pour travailler ensemble. Ils décident de s'attaquer à un problème fameux : la disparition des dinosaures à la fin du crétacé, il y a 65 millions d'années. Car les dinosaures et d'autres espèces, comme les ammonites, ont disparu brutalement à la limite crétacé-tertiaire.

Les Alvarez décidèrent donc d'étudier avec soin les strates qui marquent la transition crétacé-tertiaire.

Leur idée de départ était que la disparition était due à une crise majeure. Mais de quel type ? En analysant les minces couches d'argile situées à la limite du crétacé-tertiaire, ils découvrirent que ces couches étaient extraordinairement enrichies en iridium (un métal peu abondant à la surface terrestre, mais beaucoup plus abondant dans les météorites). Ils en déduisirent que la Terre avait été l'objet d'un impact de météorite (ou de comète) qui avait excavé des tonnes de matières et empoussiéré le ciel, provoquant un hiver de plusieurs dizaines d'années.

Cette crise climatique avait sinon anéanti, tout au moins décimé les dinosaures.

Dès que cette hypothèse est apparue, une seconde hypothèse a été proposée, elle aussi basée sur l'existence d'une crise climatique. La cause seule de la crise changerait. Il ne s'agirait pas de météore ou de comète, mais tout simplement de la gigantesque éruption volcanique qui a eu lieu il y a 65 millions d'années et qui a couvert de lave basaltique un tiers de la surface de l'Inde. Nous parlons des trapps du Dekkan. Jason Morgan, le père de la tectonique des plaques, et Chuck Officer sont les auteurs de cette proposition.

Cette hypothèse va être adoptée, puis travaillée et documentée, par le Français Vincent Courtillot. Ce dernier va s'évertuer à dater avec soin les éruptions du Dekkan, et surtout à montrer qu'elles ont duré 300 000 ans et non pas 10 millions d'années comme on le pensait auparavant. Vu le volume de lave, il s'agit bien d'une éruption gigantesque qui a pu projeter dans l'atmosphère des tonnes de poussière, produisant un hiver permanent comme a pu le faire l'impact.

Impact ? Eruption ? Les arguments s'échangent avec vigueur, mais sans pugnacité ni agressivité.

Au moment où la communauté scientifique s'apprête à déclarer un match nul, un coup de théâtre est annoncée. On découvre au Mexique, au Yucatan, une structure circulaire souterraine qui ressemble à un cratère d'impact. On fore, on détermine son âge : 65 millions d'années. On étudie son environnement, ses influences... Pas de doute, c'est bien l'impact recherché par les Alvarez qui, entre-temps, ont été rejoints par une confrérie nombreuse.

A ce moment, l'éruption volcanique paraît condamnée. C'est alors que, généralisant le problème, Courtillot s'intéresse aux autres époques où la paléontologie a noté des extinctions massives d'espèces. A chaque fois, il découvre que celles-ci ont été synchrones avec des éruptions volcaniques gigantesques semblables à celle du Dekkan. C'est le cas, par exemple, de la transition permien-trias, époque d'un des plus grands épisodes de disparition d'espèces, qui coïncide avec la mise en place des gigantesques trapps de Sibérie.

L'hypothèse volcanique semble plus générale que celle de l'impact.

Alors ? Se serait-il produit, il y a 65 millions d'années, une extraordinaire coïncidence entre une éruption volcanique et la chute d'une comète ?

Le problème n'est aujourd'hui pas tranché. Mais pour ce qui nous concerne, peu importe. Dans un cas comme dans l'autre, la disparition des espèces s'est produite majoritairement, ou tout au moins s'est accélérée fortement, à la suite de crises. Par une pirouette de l'histoire, Cuvier et Lamarck, ennemis acharnés, sont réconciliés. Il y a évolution – mais il y a aussi catastrophes. Ce sont les circonstances exceptionnelles qui ont sélectionné les plus aptes, les plus adaptés.

La sélection naturelle s'est exercée brutalement au cours des crises. L'évolution n'est pas un processus automatique où, tous les cent ans, se produirait une gigamutation avec naissance d'une nouvelle espèce. C'est un processus discontinu, avec des périodes d'évolution lente et des périodes d'évolution rapide.

Comme pour les sociétés humaines, qui alternent évolutions et révolutions.

Ff

Faraday Michael (1791-1867)

Si le mot génie peut être utilisé pour un scientifique, il s'applique sans aucun doute à Faraday. Sans avoir fait d'études poussées, cet apprenti relieur est devenu l'un des géants de la physique – sans doute le plus imaginatif. Avec un faible bagage mathématique, il fut le véritable fondateur de ce qu'on appelle le domaine de l'électricité, en découvrant la notion de champ (électrique et magnétique). Un champ électrique est un espace dans lequel existe une force potentielle capable d'agir sur une charge électrique qui s'y trouverait. Cette force ne s'exprimera que si on introduit effectivement la charge électrique. Mais elle est là, latente, prête à s'exprimer.

Cette idée de « champ » va être ensuite étendue à toutes les forces à distance, que ce soient les forces magnétiques ou de gravitation. Elle deviendra centrale en physique, et sera traduite mathématiquement par Maxwell. Mais le concept théorique fondamental est de Faraday.

La seconde contribution majeure de Faraday est d'avoir fabriqué le premier générateur d'électricité moderne et le premier moteur électrique. Il est le véritable initiateur de l'ère électrique, de la révolution électrique.

Rappelons comment on fabriquait l'électricité, avant lui. Ce fut d'abord la machine électrostatique – une roue avec des balais. On créait le courant en multipliant le frottement (comme celui de l'ambre sur la peau de chat). Puis ce fut la pile électrique d'Alessandro Volta. Pour obtenir des courants électriques un peu intenses, il fallait additionner de nombreuses piles, ce qui coûtait très cher. La machine de Faraday est basée sur la rotation d'une boucle électrique dans un champ magnétique qui crée un courant. Elle va révolutionner non seulement la physique, mais aussi l'industrie. Faraday en avait d'ailleurs l'intuition.

Visitant le laboratoire de Faraday et demandant, à propos d'une expérience qu'on lui montrait : « A quoi ça sert ? » – question typique de ministre non scientifique –, Gladstone s'entendit répondre : « Rassurez-vous, monsieur le ministre, vous pourrez bientôt lever des impôts sur cette découverte ! »

A partir de là, Faraday étudia les matériaux susceptibles de conduire l'électricité. Il distingua les matériaux solides conducteurs des non-conducteurs. Il étudia la conduction dans les liquides et découvrit, en même temps que le Suédois Berzelius, mais indépendamment de lui, les lois de l'électrolyse. Il commença même des expériences de décharge électrique dans les gaz raréfiés, dont on sait qu'elles allaient être à l'origine de la révolution atomique.

Michael Faraday occupa un poste dans cet institut de recherche typiquement britannique qu'on appelle la Royal Institution, qui n'a aucune obligation si ce n'est de développer la science et de la faire connaître. Il y donnait chaque année, à Noël, une série de conférences grand public que suivait le Tout-Londres. C'était, paraît-il, un pédagogue exceptionnel.

Curieusement, il n'eut pas d'élèves – ou, plutôt, il eut le monde entier comme disciples.

Faraday ? Une légende ! Les Français, dont la tendance est de n'admirer que les élégants utilisateurs de mathématiques, ne le savent toujours pas !

Pourtant, le grand Maxwell qui réalisera la grande synthèse mathématique de l'électromagnétisme disait : « Je n'ai pas voulu étudier les aspects mathématiques de l'électricité avant d'avoir bien assimilé les découvertes de Michael Faraday, car ce sont elles qui contiennent la vérité. »

Faille

Une faille est une surface de discontinuité dans l'écorce terrestre, mettant en contact brutal des structures rocheuses qui ne sont pas en continuité géologique. Une faille est le résultat de deux phénomènes : une cassure et un décalage. Les *lèvres* de la faille sont les deux surfaces en vis-à-vis le long de la faille ; le *rejet* de la faille mesure le décalage entre les deux « côtés », les deux compartiments.

Il y a des failles dont les mouvements relatifs sont verticaux, et d'autres où ils sont horizontaux. Mais en général, les mouvements sont une combinaison des deux.

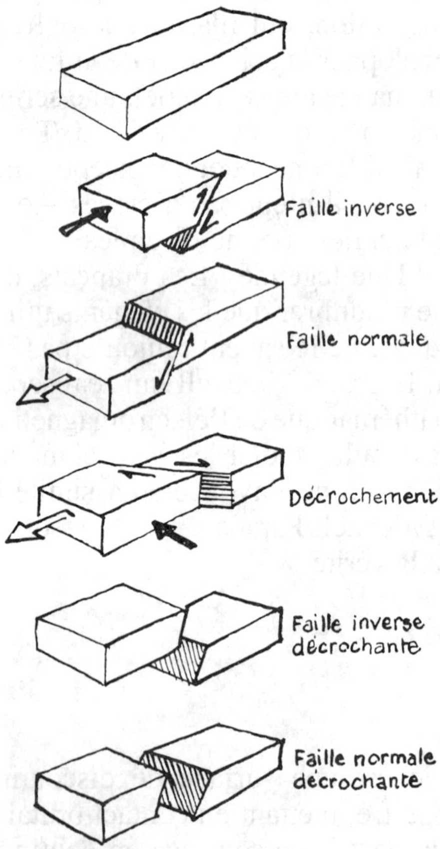

Différents types de failles, d'après M. Mattauer.

On distingue les failles normales et les failles inverses. Les failles normales se forment lorsque l'écorce terrestre est en extension, les failles inverses lorsqu'il s'agit d'une compression. Si le mouvement est horizontal, on parle de décrochement.

Il existe des failles à toutes les échelles, du centimètre à la centaine de kilomètres. C'est dire la généralité du phénomène de cassure de l'écorce terrestre.

Parfois, l'existence d'une faille se traduit dans le relief, car un compartiment est plus érodable que l'autre. Mais, très souvent, l'érosion tend à égaliser les dénivelés. Néanmoins, on repère très bien les failles à partir des photographies d'avion ou de satellites.

En ce qui concerne les décrochements, lorsque le compartiment situé en face s'est déplacé vers la droite, c'est une faille dextre, sinon c'est une faille senestre. Ainsi, le métro est senestre, la ligne de Sceaux est dextre !

Les failles sont les structures géologiques les plus générales et les plus importantes. Quand j'étais jeune géologue, mon professeur énonçait volontiers cet aphorisme : « La faille est la tectonique du pauvre. » C'était amusant, mais faux et même idiot. La faille est la structure tectonique la plus importante, plus encore que les plis !

Les failles traduisent la manière dont l'écorce terrestre et les formations rocheuses réagissent à une mise sous tension. Elles commencent par se déformer, puis, lorsque la tension dépasse une certaine valeur, elles cassent, de manière à annuler la tension.

Ainsi, la géométrie des grandes failles est le reflet de la tectonique des plaques. En se déplaçant, les plaques tectoniques créent des tensions qui ne se libèrent que par des ruptures. Les failles sont des éléments constitutifs importants des frontières des plaques.

On sait que les frontières des plaques sont de trois types : les **dorsales,** où se crée le plancher océanique ; les **zones de subduction,** où il s'enfonce dans l'intérieur de la Terre ; et enfin les **failles transformantes** qui raccordent les deux autres types de structure. Certaines failles transformantes servent de relais aux dorsales, d'autres, aux zones de subduction, d'autres enfin raccordent une zone de subduction à une dorsale.

Les zones de tension des plaques provoquent des ruptures par saccades, et réactivent ainsi les failles en étendant leurs dimensions. Or chaque fois qu'une faille casse, c'est un séisme qui a lieu. Petit séisme pour les petites failles, gros séisme pour les grandes failles. La relation est double : la cassure crée le séisme, les séismes se localisent sur les failles.

Les failles se concentrent autour des frontières de plaques, actuelles ou anciennes. Par exemple, les zones anciennes de suture où deux continents sont entrés en collision. La carte des grandes failles est donc aussi la carte des zones sismiques. Une nouvelle discipline est apparue, la paléoséismologie, qui consiste à étudier les failles et à reconstituer leur activité passée, leurs saccades. Ces études sont aujourd'hui précieuses pour tenter de prédire les séismes en établissant des rythmes, des séquences à l'échelle des millénaires.

Ainsi, l'étude des séismes ayant eu lieu au Moyen-Orient grâce aux registres des administrateurs romains, puis des responsables religieux musulmans, a permis de mettre en évidence des constances d'activité, mais aussi des alternances. Ainsi, pendant les cinq premiers siècles du millénaire, la zone libanaise était calme alors que la zone anatolienne subissait sans arrêt des séismes. Pendant les six siècles suivants, ce fut l'inverse. Puis, de 1100 à 1200, elles furent actives ensemble. Depuis le XIIIe siècle, la zone libanaise est sismiquement calme et c'est l'Anatolie qui recommence à tuer par ses séismes.

Claude ALLÈGRE, *Les Fureurs de la Terre*, Odile Jacob, 1987.

Maurice MATTAUER, *Monts et merveilles*. Hermann, 1999.

Fermi Enrico (1901-1954)

Fermi fut l'un des géants de la physique moderne, et l'un des derniers physiciens à être à la fois théoricien de talent et expérimentateur hors pair. Il est l'auteur d'une contribution fondamentale de la mécanique statistique, que l'on appelle statistique de Fermi-Dirac. Il fut à l'origine de la découverte du neutrino et de la force nucléaire qu'on appelle faible. En 1942, il construisit la première pile atomique produisant de l'électricité. Il est donc le père de l'énergie atomique pacifique.

Après des études à Pise, il fonda à Rome un groupe très actif qui manqua de peu la découverte de la fission nucléaire, alors qu'il étudiait lui aussi l'action des flux de neutrons sur l'uranium. Il reçut le prix Nobel en 1938. Profitant de la cérémonie de remise du prix à Stockholm il s'échappa de l'Italie fasciste et rejoignit les Etats-Unis où dès lors il enseigna.

Après la guerre, il devint professeur à Chicago, où

il laissa un souvenir de légende. Voici une anecdote parmi bien d'autres. Lors d'un séminaire, Maria Goepfer présente sa tentative pour construire un modèle de noyau atomique suivant un modèle en « couches » imité de l'atome, et elle conclut sur son échec. « Avez-vous essayé de tenir compte du couplage spin-orbite ? » lui lance Enrico Fermi. Maria répond par la négative.

A la fin du séminaire, la jeune physicienne suivit Fermi dans son bureau pour parler à loisir de ce fameux couplage spin-orbite. Mais Fermi reçut un coup de téléphone, qui s'éternisa. Maria Goepfer entreprit alors de faire sur ses genoux le calcul du fameux couplage spin-orbite. Lorsque Fermi raccrocha, Maria Goepfer, qui avait fini son calcul, lui dit, très excitée : « Ça marche ! » Elle lui proposa aussitôt de signer l'article qu'elle allait écrire sur le modèle en couches de noyau. A quoi Fermi répondit : « Non, madame, les professeurs d'université sont payés pour faire des remarques pendant les séminaires. »

En 1963, Maria Goepfer reçut le prix Nobel de physique pour ce travail. Lors de la remise du prix, elle déclara : « J'ai gagné ce prix en vingt minutes grâce à Enrico Fermi ! »

Emilio SEGRÉ, *Les Physiciens modernes et leurs découvertes*, Fayard, 1984.

Fission nucléaire

La fission est une réaction nucléaire qui se produit sur les noyaux atomiques très lourds sous l'influence de flux de neutrons. Ces derniers, qu'aucune charge électrique ne repousse, pénètrent le noyau et le cassent en deux fragments inégaux, libérant par la même occasion, chose capitale, d'autres neutrons qui, à leur tour, vont provoquer plusieurs autres fissions de plusieurs noyaux voisins, et ainsi de suite. La fission est donc une réaction en chaîne, qui s'autoentretient.

En général, on induit artificiellement la fission d'isotopes comme l'uranium 235 ou le plutonium 239 en les bombardant à l'aide de neutrons pour ensuite en récupérer l'énergie. Car chaque cassure de noyau se fait en dégageant de la chaleur, ce qui, par accumulation, produit une quantité de chaleur considérable.

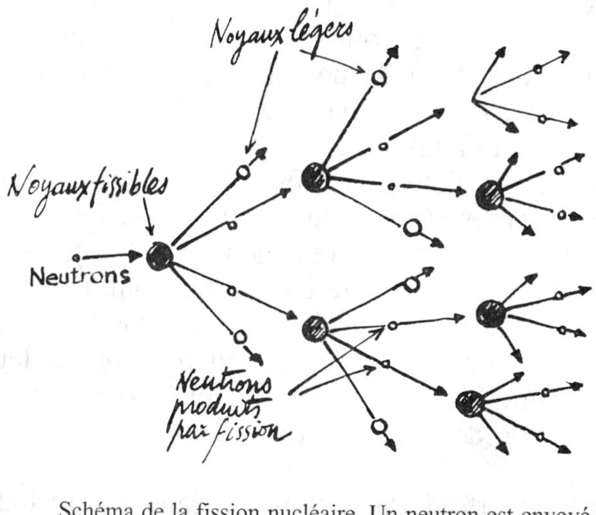

Schéma de la fission nucléaire. Un neutron est envoyé sur un noyau cible qui se casse, émet de nouveaux neutrons qui cassent un nouveau noyau, et ainsi de suite.

Si l'on se met dans les conditions où le processus s'amplifie, s'accélère, la fission conduit à une gigantesque explosion. C'est le principe de la bombe atomique classique, celle qu'on a lancée sur Hiroshima et Nagasaki et qui a mis fin à la Seconde Guerre mondiale.

Si, en revanche, on se met dans les conditions où les réactions s'enchaînent sans s'emballer, on produit de la chaleur qui peut chauffer de l'eau et donc faire tourner des turbines et produire de l'électricité. C'est le principe des réacteurs nucléaires. Précisons-le tout de suite : il est beaucoup plus difficile de se mettre dans les conditions de l'explosion que dans celles du réacteur. Un réacteur nucléaire, une centrale, ne peut pas se transformer spontanément en bombe atomique. L'accident de Tchernobyl n'était pas une bombe atomique accidentelle, c'était une explosion « classique », c'est-à-dire de la vapeur d'eau qui fait exploser le couvercle d'une cocotte-minute, affectant une centrale nucléaire, laquelle contenait par définition des produits radioactifs dont la dissémination dans l'environnement est dangereuse.

Un terroriste doté d'un très solide bagage scientifique (les temps récents nous ont appris, hélas, que cette espèce existait !) aurait bien du mal à transformer une centrale nucléaire en bombe atomique. Mais le matériau de base reste le même, et avec d'autres méthodes, d'autres techniques, on peut par ailleurs fabriquer une bombe, d'où les efforts pour éviter la dissémination des matières fissiles.

La découverte de la fission nucléaire est attribuée aux Allemands Otto Hahn et Fritz Strassmann. En fait, il serait juste d'y associer Lise Meitner et Otto

Frisch, car si les expériences ont été faites par Hahn et Strassmann, l'interprétation est due à Lise Meitner et Otto Frisch. Ce sont eux qui ont suggéré aux premiers l'expérience décisive et son interprétation.

Hahn et Strassman travaillaient sur les effets que pouvaient produire les neutrons (particules électriquement neutres, donc très pénétrantes) bombardant des noyaux d'uranium. Systématiquement, ils observaient comme résultat la présence de baryum – dont la masse est à peu près la moitié de l'uranium (138, contre 238 !). Ce qui était parfaitement incompréhensible.

Otto Hahn écrivit tout naturellement à Lise Meitner, sa collaboratrice habituelle, qui avait dû fuir l'Allemagne après l'Anschluss car elle était juive. Elle s'était réfugiée en Suède. Son neveu Otto Frisch s'était lui aussi réfugié en Scandinavie.

Lise Meitner et Otto Frisch eurent alors l'idée que la présence de baryum signifiait peut-être que le noyau d'uranium se cassait en deux. Mais si c'était vrai, il devait y avoir de nombreux débris dont beaucoup radioactifs. Ils suggérèrent donc de les identifier. Ce que firent Hahn et Strassmann, qui trouvèrent notamment le technétium, dont la masse du noyau ajoutée à celle du baryum redonne celle de l'uranium, conformément à ce que Meitner et Frisch avaient prévu. Puis, ils découvrirent toute une série d'éléments chimiques dont l'addition des masses atomiques deux par deux était égale à 238, la masse atomique de l'uranium.

En fait, la communauté scientifique était mûre pour la découverte de ce phénomène.

Le groupe italien d'Enrico Fermi avait failli le découvrir. Ils avaient fait l'expérience décisive, mais l'avait mal interprétée comme le raconte Emilio Segré. Le groupe français de Frédéric et Irène Joliot étaient eux aussi sur la piste, et il s'en fallut de peu qu'ils ne trouvent le résultat avant les Allemands.

Les physiciens théoriciens réalisèrent immédiatement que s'il y avait cassure du noyau, cette cassure libérait plusieurs neutrons et que ces neutrons pouvaient créer, à leur tour, une réaction en chaîne. A partir de là, on pouvait fabriquer soit une bombe d'une puissance inimaginable, soit, si on l'on savait modérer, domestiquer le processus, fabriquer une immense chaudière qu'on appelle aujourd'hui improprement pile ou réacteur nucléaire.

C'est incontestablement Enrico Fermi, émigré aux Etats-Unis après la remise de son prix Nobel, qui fut le moteur actif de ces recherches, réalisant la première pile atomique en 1942. En France, l'équipe Joliot, qui n'était ni inactive ni sans talent, fabriqua à son tour une pile nommée Zoé, mais seulement après la guerre. Les théoriciens, notamment les Hongrois américains comme Leo Szilard et Eugène Wigner, l'Autrichien Viktor Weisskopf, le grand Niels Bohr lui-même, sans oublier Fermi, avaient tous prédit les réactions en chaîne de fission avec les deux variantes, douce et explosive. Explosive, c'est-à-dire une bombe. Une bombe atomique !

Il restait à démontrer « expérimentalement » le phénomène.

La bombe atomique était, à ce moment de notre histoire, un enjeu très brûlant. La fission avait été découverte par des Allemands ; personne ne doutait que Hitler allait pousser les recherches dans cette direction. Le monde scientifique était tétanisé. Pourtant, les responsables politiques restaient inertes.

On a beaucoup ecrit que le déclenchement des recherches américaines avait été provoqué par une lettre, puis une entrevue d'Einstein avec Franklin Roosevelt. Pure légende (*voir* : EINSTEIN). C'est Churchill qui, poussé par les physiciens anglais et notamment Chadwick, convainquit Roosevelt de lancer le projet Manhattan... et la machine américaine se mit en marche.

Dans une base ultrasecrète située au cœur du désert du Nouveau-Mexique, Los Alamos, l'Amérique rassembla la plus extraordinaire concentration de scientifiques de premier plan, de techniciens et d'ingénieurs qu'on ait jamais vue.

Sous la responsabilité du général Grooves et la direction scientifique de Robert Oppenheimer, ils se lancèrent dans le grand défi : fabriquer une bombe atomique avant Hitler. En trois ans, c'était fait – avec les conséquences que l'on connaît : l'horreur à Hiroshima, Nagasaki d'un côté, la fin de la guerre de l'autre. La course aux armements ensuite, puis l'équilibre de la terreur – qui, jusqu'ici, a évité une troisième guerre mondiale. Chacun peut juger. Chacun peut définir où était le bien et le mal !

L'énergie nucléaire est donc une conquête du savoir humain ?

Pas si sûr. Jugez un peu. En 1973, en contrôlant la composition isotopique de l'uranium que l'on avait importé de la mine d'Oklo, au Gabon, puis enrichi, le Commissariat à l'énergie atomique découvrit qu'il contenait moins d'uranium 235 que prévu. Etait-ce un dérèglement du processus d'enrichissement ?

Comme on peut s'en douter, ce fut le branle-bas de combat pour détecter l'origine de l'anomalie. C'est ainsi qu'on découvrit le pot aux roses : le coupable était l'uranium naturel d'Oklo, qui avait une concentration exceptionnellement faible en uranium 235. On chercha les produits de fission – l'équivalent du baryum et consort, les fameux éléments « complémentaires » de Hahn et Strassmann... et on les trouva tous. Ainsi, la nature avait réalisé elle-même un réacteur nucléaire il y a 2 milliards d'années ! On sait, depuis, que ce réacteur a fonctionné par pulsions successives, ponctuées de refroidissements.

On s'est évidemment aussitôt mis à chercher s'il n'y aurait pas d'autres mines d'uranium présentant le même phénomène. On n'a rien trouvé. Il est vrai que dans les mines connues, les zones les plus riches en uranium ont déjà été exploitées ! Le réacteur naturel d'Oklo reste donc unique... pour l'instant.

Mais il prouve à lui tout seul qu'en matière nucléaire, l'homme a été devancé par la nature ! L'énergie nucléaire est un phénomène naturel. De quoi laisser pantois certains écologistes !

Emilio SEGRÉ, *Les Physiciens modernes et leurs découvertes*, Fayard, 1984.

François DE CLOSETS, *Ne dites pas à Dieu ce qu'il doit faire*, Seuil, 2004.

Fleuves

Un fleuve est une rivière qui se jette dans la mer. Ce qui fait son immense intérêt scientifique, c'est que le fleuve se trouve à la fin d'un long processus de collecte de l'eau continentale.

En effet, l'eau de pluie ruisselle sur les pentes et, tout en coulant, interagit avec le sol. Le résultat de cette interaction est la naissance d'un réseau fluviatile qui ressemble étrangement aux réseaux de nervures d'une feuille d'arbre. En fait, ce réseau s'est auto-organisé de manière à minimiser la dépense d'énergie pour transporter l'eau de pluie à la mer, c'est-à-dire à minimiser le frottement de l'eau sur le sol. Ce réseau est une structure fractale self-similaire.

Au cours de son trajet continental, l'eau agit sur les continents en altérant les roches et en les érodant. Elle le fait d'une part par action chimique, en dissolvant les éléments ; d'autre part par action mécanique, en transportant les résidus de cette altération chimique sous forme de particules. L'érosion mécanique n'a lieu qu'à l'époque des grosses pluies et des grandes crues.

Un fleuve se caractérise par son bassin versant ; toute l'eau qui tombe sur cette zone et qui ruisselle se retrouve dans le fleuve (une partie de l'eau de pluie s'évapore, une autre partie s'infiltre).

L'intérêt géologique de l'étude d'un fleuve, c'est qu'en analysant l'eau et les particules qu'il transporte, on peut faire un bilan de l'érosion sur tout le bassin versant – une moyenne sur des milliers de kilomètres carrés en une seule mesure. On peut ainsi identifier la nature des roches qui ont été érodées, leurs proportions respectives, et les conditions de leur érosion. C'est le programme qu'avec mon laboratoire nous avons réalisé depuis quinze ans, en utilisant les mêmes méthodes qui nous avaient permis de comprendre l'histoire du manteau terrestre avec le secours des isotopes et des éléments en trace.

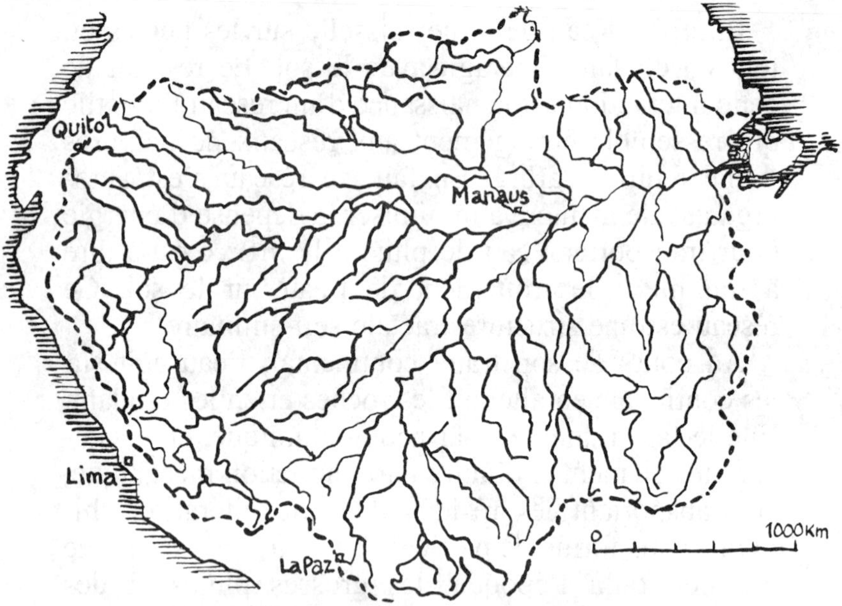

Schéma du réseau fluviatile de l'Amazone.
Plus grand bassin hydrologique du monde.

Les réseaux fluviatiles jouent un rôle majeur dans les processus géologiques, car ce sont eux qui charrient les matériaux érodés du continent vers les océans.

Ce transport n'est pas identique pour tous les fleuves. Il dépend du climat, de la pluviosité et de l'importance des reliefs sur lesquels tombe la pluie.

Fluide

Un fluide est un matériau qui se déforme continûment sous l'effet de forces externes. L'archétype du fluide est le liquide qui coule. Mais les gaz aussi sont des fluides, et l'intérieur de la Terre se déforme lui aussi comme un liquide, si on prend comme unité de temps le million d'années.

La mécanique des fluides est une merveilleuse science dont, aujourd'hui encore, toutes les subtilités ne sont pas maîtrisées (*voir* : TURBULENCES).

Une des propriétés essentielles d'un fluide est sa *viscosité*, c'est-à-dire la force que les éléments de fluide en mouvement exercent les uns sur les autres.

Un fluide peu visqueux (l'eau, l'alcool) coule bien. Un fluide visqueux (l'huile, le miel) coule mal. La viscosité s'oppose à l'écoulement. L'énergie se dissipe en frottements plutôt qu'en mouvements. Cette viscosité n'est pas une propriété invariante du fluide : elle varie avec la température. Plus la température augmente, plus le fluide est déformable, plus la viscosité diminue.

La mécanique des fluides est une discipline de la physique extrêmement bien étudiée, et qui obéit à des lois assez complexes.

Par exemple, on constate que, lorsqu'un fluide s'écoule dans un tuyau (ou un canal, ou un fleuve), tant que la vitesse d'écoulement n'est pas trop grande, les filets de fluide sont parallèles – ceux qui sont proches des parois s'écoulant moins vite que ceux du centre. Lorsque la vitesse du fluide augmente, il se crée des tourbillons de forme complexe. Ce système est devenu turbulent. Là encore, la viscosité intervient dans ces phénomènes comme un paramètre cardinal.

Un autre paramètre important est, bien sûr, la densité du fluide. Un gaz ne se comporte pas de la même manière qu'un liquide.

La température est un paramètre important car lorsqu'elle augmente, elle diminue la viscosité et la densité du fluide.

Un phénomène particulièrement important dans la physique des fluides est le phénomène de *convection* (*voir* : CONVECTION). Lorsqu'on chauffe un fluide par le bas, la partie chauffée s'élève (car elle est plus légère), ce qui induit des mouvements dans l'ensemble du fluide.

La convection existe aussi bien dans la casserole d'eau qu'on chauffe par le bas que dans l'atmosphère, chauffée par le sol qui « réfléchit » les rayons du soleil.

Elle existe aussi dans le manteau terrestre, la chaleur résulte de la désintégration des éléments radioactifs qu'il contient, pourtant en faible quantité. Cette convection est à l'origine de la tectonique des plaques.

Aujourd'hui, grâce à l'usage des ordinateurs, on peut calculer quasiment tous les écoulements des fluides, si bien que la mécanique des fluides a pris un nouvel essor. Pour étudier les phénomènes naturels, mais aussi les phénomènes industriels.

Cette discipline est en effet fondamentale pour construire des avions ou des voitures, c'est également un élément essentiel de la chimie industrielle, depuis celle du pétrole jusqu'à celle des plastiques ou des produits chimiques fondamentaux. La circulation du sang dans les veines et artères relève, elle aussi, de la mécanique des fluides.

Sur le plan académique, pendant longtemps la mécanique des fluides est restée aux mains des mathématiciens, et donc confinée à des spécialistes. Depuis une vingtaine d'années, les physiciens se sont emparés du sujet et lui ont donné une nouvelle et salutaire vigueur en y introduisant l'observation et l'expérimentation.

Force

Voilà encore une grandeur physique dont la définition n'est pas immédiate ni simple !

Aristote croyait qu'une force était ce qui crée le mouvement. Cet objet est au repos, il ne subit aucune force. Je lui applique une force – par exemple de poussée : il sera mis en mouvement.

Galilée puis Newton vont montrer que cette « évidence » est fausse. Par exemple, aussi surprenant que cela paraisse, un objet en déplacement rectiligne à vitesse constante (« uniforme ») ne subit aucune force. S'il ne lui arrive aucun accident, s'il n'y a ni frottement ni résistance du milieu, il poursuit sa droite éternellement, avec toujours la même vitesse...

En fait, la force est la grandeur qui *modifie* le mouvement : soit en intensité (vitesse), soit en direction. Elle ne crée pas le mouvement, elle crée la *modification* du mouvement.

Ainsi, si un corps est en mouvement rectiligne uniforme, et que je lui applique une force dans la direction de son mouvement, il accélère. Si, en revanche, j'applique une force perpendiculairement à son mouvement, le corps change de direction.

Il y a des forces de divers types : force mécanique, force électrique, force magnétique, etc. Pourtant, les physiciens modernes ont établi que dans la nature il n'existe que quatre types de forces fondamentales.

La **force de gravitation,** celle qu'a découverte Newton, qui provoque une attraction entre deux corps pesants et est proportionnelle au produit de leurs masses et à l'inverse du carré de la distance entre ces masses (ou, plus exactement, leur centre de gravité)

La **force électromagnétique**, celle qui régit les interactions entre corps chargés électriquement, au repos ou en mouvement.

A l'intérieur du noyau de l'atome on a découvert deux nouveaux types de forces : l'interaction forte et l'interaction faible.

L'interaction forte est celle qui maintient ensemble les particules du noyau malgré le fait que les protons, étant chargés positivement, devraient se repousser donc faire éclater le noyau. Il n'en est rien, donc une force doit agir.

L'interaction faible est plus difficile à expliquer. Disons qu'elle intervient lorsqu'un neutron devient un proton ou *vice versa* lors de désintégrations ou de réactions nucléaires.

Ces quatre forces ont des caractéristiques très différentes tant pour leur portée (distance où elles agissent) que leur intensité relative (voir le tableau).

Propriétés des forces fondamentales

Force	*Portée*	*Intensité relative*
Forte	10^{-5} m	1
Electromagnétique	Infinie	7×10^{-3}
Faible	10^{-17} m	10^{-5}
Gravitationnelle	Infinie	6×10^{-39}

Vers la fin des années 1960, trois physiciens théoriciens, Steve Weinberg, Aldus Salam et Sheldon Glashow, proposèrent une théorie unifiant la force électromagnétique et la force faible. Quelques années plus tard, l'italien Carlo Rubbia et son équipe confirmèrent expérimentalement la théorie. Ils reçurent tous le prix Nobel de physique.

En 1973, Sheldon Glashow et Howard Georgi allèrent un pas plus loin. Ils montrèrent que les interactions forte et faible sont deux aspects d'une seule et même force. C'est ce qu'on appelle le GUT (*Grand Unified Theory*).

L'idée générale, c'est qu'il n'y a qu'une seule force de type électromagnétique, mais qui se manifeste sous plusieurs aspects suivant les circonstances. Mais personne n'a réussi à unifier la gravitation avec la force électromagnétique.

Les physiciens cherchent désespérément la grande unification des forces. Il existerait dans l'univers une force unique, qui se manifesterait de diverses manières suivant les circonstances. Et s'il y avait deux forces distinctes qui organisent l'univers et qui agissent différemment ?

On sait que, depuis Newton et sa découverte, on cherche à comprendre le mécanisme des forces à distance. Quel est le lien entre deux masses qui s'attirent ? Newton lui-même trouvait l'idée des forces à distance absurde ou mystérieuse (suivant les époques). Pour ce qui concerne l'électromagnétisme, on sait que l'interaction se fait par l'intermédiaire d'ondes (ou de particules puisqu'en mécanique quantique, c'est la même chose) qui se propagent dans le vide à la vitesse de la lumière, mais pour la gravité ? Ceux qui croient à l'unité des forces supposent comme c'était l'idée d'Einstein qu'il existe des « gravitons » qui transmettent l'interaction de gravité. Mais malgré des observations astronomiques indirectes, on cherche toujours la démonstration expérimentale du graviton.

Et si l'univers était organisé à partir de deux forces distinctes ? Irréductibles l'une à l'autre ?

Quoi qu'il en soit, ces deux forces sont de grandeurs très différentes. Le rapport entre la force électrique et la force de gravitation dans un atome d'hydrogène où un électron (une charge négative) tourne autour d'un proton (une charge positive) est de l'ordre de 10^{39} (1 suivi de 39 zéros !). La force électrique est donc gigantesque. Si cette réalité n'apparaît pas plus nettement, c'est qu'en général les systèmes sont électriquement neutres, ou presque !

En prenant exemple sur ce qu'ils ont compris des forces nucléaires fortes ou faibles, les physiciens pensent qu'à une certaine échelle, toutes les forces sont de même nature, mais se diversifient lorsqu'on augmente ladite échelle. Peut-être. Mais peut-être pas. C'est vrai que la physique a toujours progressé en unifiant les concepts, mais est-on sûr que ce principe s'étende à l'unification entre la gravité et les autres forces ? Einstein y a consacré sans succès la fin de sa vie, et, depuis, beaucoup de physiciens aussi. Peut-être que la théorie des cordes dont c'est l'une des justifications le permettra-t-elle ? Peut-être pas ?

Fossiles

Les fossiles sont des reliques d'animaux et végétaux aujourd'hui disparus. Ils constituent les archives de l'évolution de la vie sur la Terre. La science qui les étudie est la paléontologie.

Les fossiles se présentent la plupart du temps sous la forme de roches, coquilles ou squelettes pétrifiés.

Plus rarement, ce sont des insectes pris dans l'ambre de la Baltique ou dans les tourbières. Plus rarement encore, il s'agit de mammouths congelés dans la glace de Sibérie. Les fossiles sont les témoignages de la vie des époques anciennes, mais sont-ils des témoignages fiables ?

Lorsque des espèces vivantes meurent, il y a deux possibilités. Soit elles meurent à la surface des continents, et leurs restes sont détruits, dissous et dispersés par l'érosion. Soit elles meurent dans un milieu où leurs restes peuvent être conservés. C'est le cas pour les animaux qui meurent dans la mer ou dans les lacs. Leur dépouille tombe au fond, et elle est recouverte de sédiments qui la protègent de la destruction. C'est également le cas pour les animaux qui meurent englués dans une tourbière, une vasière ou dans les sables mouvants.

Lorsque les restes des animaux ou des végétaux sont enfouis, leurs parties organiques sont détruites ou transformées. Dans les cas favorables, elles sont transformées en charbons. En général, elles sont détruites, même si, parfois, la forme de la bête ou de la plante a laissé son empreinte dans l'argile qui l'entoure.

Les squelettes, faits de phosphate, et les coquilles, faites de calcaire, sont en général conservés. Intacts ? C'est la question que l'on doit se poser dans chaque cas. Est-ce la matière minérale primitive, ou a-t-elle été transformée au cours des vicissitudes de l'histoire géologique ?

Car il faut bien réaliser que ces témoignages fossiles ont traversé non pas les siècles, non pas les millénaires, mais les millions d'années. Ça paraît incroyable. A tel point que le grand Voltaire lui-même, si perspicace par ailleurs, affirmait que les coquilles fossiles qu'on trouvait dans les calcaires du Poitou étaient des coquilles d'huîtres jetées par les pèlerins allant à Saint-Jacques-de-Compostelle. Léonard de Vinci, lui, avait compris l'importance des fossiles pour reconstituer le passé et il fut l'un des premiers scientifiques à le faire.

Quoi qu'il en soit, toute utilisation des fossiles doit être précédée d'une discussion sur les conditions de préservation. Soulevons quelques-unes des questions.

Si les fossiles les plus anciens que l'on trouve datent de 530 millions d'années (le cambrien), ne serait-ce pas parce que, avant, les conditions de préservation étaient plus difficiles, les êtres vivants alors n'ayant pas de carapaces ni de squelettes propres susceptibles d'être conservés ? Néanmoins, on a découvert en Australie, à Ediacara (*voir* : EDIACARA), puis en Namibie et dans le Sud marocain ce qui semble être des empreintes d'êtres vivants datant de 650 millions d'années. On se demande donc s'il n'aurait pas pu y avoir, bien avant l'« explosion cambrienne » (*voir* : BURGESS), une vie florissante d'êtres déjà bien organisés.

Seconde question : on trouve beaucoup de charbons, et donc de fossiles végétaux, à l'époque dite carbonifère (320-260 millions d'années). Est-ce parce que cette époque a été particulièrement favorable à la préservation des restes organiques rapidement enfouis et à l'abri de l'érosion ? Ou est-ce parce qu'elle était particulièrement luxuriante et riche en végétaux multiples, en particulier en fougères ? Ou, hypothèse à ne jamais négliger, est-ce pour ces deux raisons à la fois ?

D'une manière plus générale, le développement plus ou moins grand des faunes et flores, que nous indiquent les fossiles, représente-t-il l'état de la biosphère à cette époque, ou témoigne-t-il seulement des conditions exceptionnelles de préservation de cette époque ? Lorsque nous recevons un message, ne s'agit-il que d'un, parmi tant d'autres émis, qui nous est seul parvenu ? Ou s'agit-il d'un message unique ? Combien d'informations sont détruites par le temps ? Les associations de plantes et d'animaux fossiles, qu'on appelle en termes savants les « thanatocénoses », sont-elles représentatives des faunes et flores passées réelles qu'on appelle « biocénoses » ?

Quoi qu'il en soit, en science, on fait avec ce qu'on a. Alors, tout en étant vigilant sur la signification qu'on doit donner aux observations, on utilise les fossiles tels qu'on les trouve – et avec les travaux d'excavation de plus en plus nombreux, on en trouve de plus en plus. Les travaux publics sont les meilleurs auxiliaires de la paléontologie !

Il existe aujourd'hui des êtres vivants de toutes tailles depuis les bactéries, les algues, les protistes jusqu'aux éléphants. De même, il existe de très gros restes fossiles comme ceux des dinosaures, mais il existe aussi des fossiles de taille plus modeste comme les coquilles de mollusques et aussi beaucoup de fossiles minuscules qu'on ne peut voir qu'au microscope et qu'on appelle microfossiles. Comme chez les êtres vivants actuels, les microfossiles sont beaucoup plus nombreux et ont beaucoup plus de chance d'être conservés que les gros fossiles. C'est pourquoi la micropaléontologie est une division fondamentale de la paléontologie.

Quel est l'intérêt des fossiles ? Il est double : géologique et biologique.

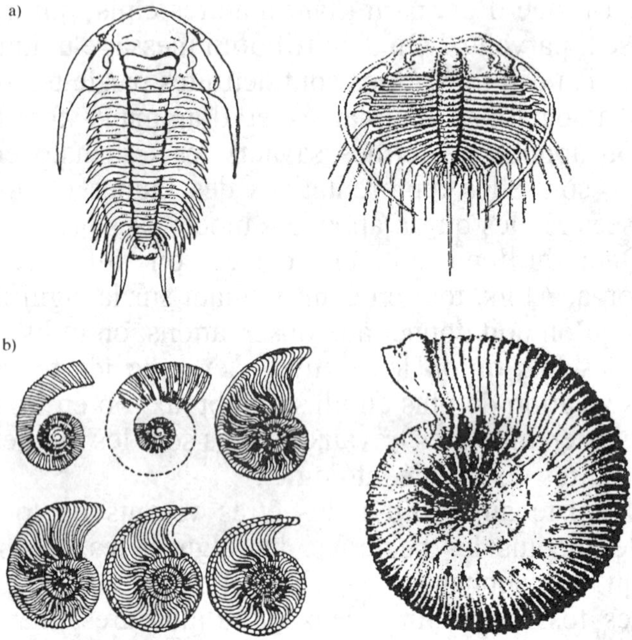

Deux fossiles type :

a) Trilobites : ceux-ci vivaient au début des temps fossilifères. 540-250 millions d'années.

b) Les ammonites type (divers enroulements) : elles vivaient à l'époque secondaire à partir de 250 millions d'années et ont disparu il y a 65 millions d'années,

C'est à l'aide des fossiles que William Smith en Angleterre, Guettard et Lavoisier en France, ont inventé la stratigraphie, c'est-à-dire la caractérisation des strates géologiques (*voir* : DATATION). Les fossiles (macrofossiles et microfossiles) permettent de dater les terrains, car leurs formes et leur nature évoluent et l'on peut affecter une date à chaque changement. Mais les fossiles permettent aussi de reconstituer les milieux anciens. Si on trouve des huîtres fossiles, c'est qu'on était près du rivage ; si on trouve des foraminifères, lesquels vivent en pleine mer, c'est qu'on était au large ; si on trouve des coraux, c'est de lagon qu'il s'agissait.

D'un point de vue biologique, ce sont les fossiles qui permettent de suivre l'évolution des espèces avec, bien sûr, toujours cette lancinante question : la succession est-elle réellement conservée ? Si l'on n'a pas tous les chaînons intermédiaires, disait Darwin, on n'a que des archives partielles.

Pourtant, récemment, c'est l'étude des fossiles qui a permis de clarifier la question de la disparition des espèces avec le fameux problème de la disparition des dinosaures, des ammonites et des foraminifères à la fin de l'ère secondaire (*voir* : EVOLUTION, EXTINCTION DES ESPÈCES, DINOSAURES, etc.). On a en effet montré que la sélection naturelle, qui sélectionne les espèces les plus aptes à survivre, se produit principalement au cours de périodes de crise. Autrement dit, les espèces qui survivent sont celles qui sont le mieux adaptées à survivre aux révolutions !

Nous avons décidé de faire figurer ici quelques fossiles emblématiques : l'un parmi les plus anciens, les dinosaures, les ammonites, les trilobites. Ils marquent les grandes étapes de l'évolution ou, plus exactement, les plus spectaculaires.

TRILOBITES

Ce sont les plus anciens animaux dont on ait une connaissance aussi complète.

Les trilobites sont des arthropodes, cousins des insectes, des araignées et des scorpions. Ils sont apparus il y a 570 millions d'années, c'est-à-dire au début du cambrien. Dépourvus de squelette, ils avaient une carapace externe comme celle des scorpions ou des insectes. Ils vivaient dans la mer près des rivages, dans des environnements boueux, ce qui explique leur excellent état de conservation. L'animal actuel qui leur ressemble le plus est la limule, qu'on trouve facilement sur les plages de Cape Cod aux Etats-Unis.

Le corps des trilobites était pourvu de dix pattes qui leur permettaient de se déplacer assez vite sur le sol sous-marin. Ce qui est sans doute le plus remarquable, c'est qu'ils étaient dotés d'yeux à facettes, chaque facette étant un dioptre connexe qui permettait de corriger les aberrations et de focaliser très bien les images. Leur taille pouvait varier de 5 ou 6 à 30 centimètres.

Les trilobites ont vécu de – 570 à – 225 millions d'années, c'est-à-dire pendant toute l'ère primaire ; mais la période où ils furent le plus abondants, répartis en de nombreuses espèces, va du cambrien (– 570 millions d'années) au nien inférieur (– 370 millions d'années).

Au cours de cette période, leurs formes ont évolué. On verra sur la planche ci-contre deux exemples de trilobites, l'un cambrien, l'autre dévonien. J'aime beaucoup ces fossiles. Chaque fois que je les regarde, je suis ému de voir à quel point, il y a 570 millions d'années, la vie était déjà si complexe, bien organisée et si élégante.

570 millions d'années !

AMMONITES

Mollusques qui vécurent dans la mer au cours de l'ère secondaire (220-65 millions d'années). Leur forme enroulée en fait d'excellents éléments décoratifs.

Les ammonites ont disparu brutalement il y a 65 millions d'années, en même temps que les dinosaures et sans doute pour les mêmes raisons. Bien adaptées à leur milieu, elles ont été incapables de s'adapter à la révolution climatique de la fin du crétacé et ont disparu brutalement sur tout le globe en même temps.

Fourier Joseph (1768-1830)

Préfet de l'Isère sous Napoléon Ier (mais déjà professeur à l'Ecole polytechnique), Joseph Fourier fut l'un des plus féconds physiciens-mathématiciens. Il est dans la lignée des Newton, des Laplace et, plus tard, des Poincaré ou Heisenberg.

Fourier s'attaque à un problème important : la propagation de la chaleur (qu'il prend d'ailleurs pour un fluide, mais peu importe). Il cherche à traduire mathématiquement l'observation simple que chacun a pu faire, suivant laquelle la chaleur se propage du chaud vers le froid. Il établit ainsi une équation qui, pour la nuit des temps, s'appellera « équation de Fourier ». C'est une équation qu'on appelle *différentielle*, c'est-à-dire qu'elle décrit le phénomène dans un très court instant, sur une très courte distance (on dit *infinitésimale*).

Il faut obtenir l'équation la plus générale, qui devra être capable de décrire la propagation de la chaleur dans les conditions les plus variées. Car la chaleur se transporte parfois dans une sphère (c'est la Terre qui se refroidit), à travers un plan (c'est le refroidissement de votre appartement à travers les fenêtres)... Le réchauffement peut être brutal, soudain, ou au contraire progressif, continu. Bref, les situations sont multiples. Comment trouver une méthode universelle qui « marche » pour tout ?

Fourier a alors une idée extraordinaire. Il sait calculer la propagation de la chaleur dans un cas simple : en supposant que la source de chaleur est alternativement chaude et froide, les intervalles de temps étant à peu près égaux (en mathématiques, on dit : si la perturbation est de type sinus X). Alors il a l'idée folle d'affirmer que toute courbe, aussi compliquée soit-elle, peut être représentée par l'addition de courbes sinus et cosinus (le complément du sinus). Ces différents sinus ayant bien sûr des caractéristiques différentes.

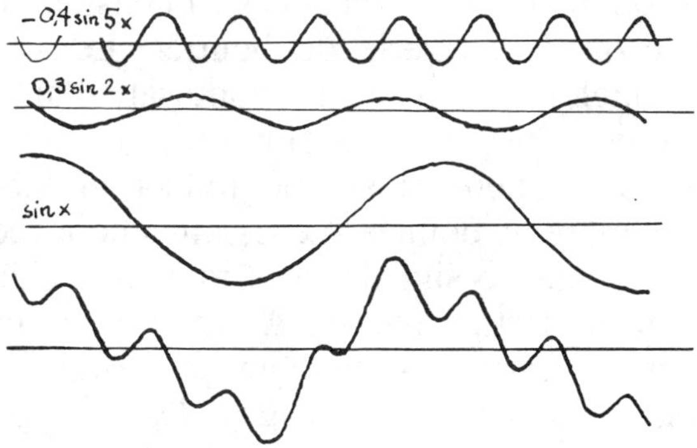

Décomposition en série de Fourier La courbe du bas est la superposition des trois courbes du haut.

Cette idée qu'une courbe quelconque soit équivalente à une somme de sinus et cosinus reçoit d'abord un accueil glacial de l'Académie des sciences, où sont regroupés les meilleurs mathématiciens du moment, et non des moindres : Legendre, Lagrange, Laplace, rien que du « beau monde ». Mais les « grands matheux » vont se rendre compte assez vite que le préfet (mais déjà académicien !) a mis la main sur une mine d'or.

Car il a raison, Fourier. Toute fonction est décomposable en séries qu'on appellera désormais « de Fourier ». Et cette idée, qui va avoir de multiples applications et prolongements, se révélera avec le temps comme une découverte extraordinaire pour les mathématiques et pour la physique.

Essayons d'en expliquer les raisons.

Dans le traitement du signal, tout d'abord. Imaginons une courbe complexe traduisant un signal qui se déroule dans le temps. Pour échantillonner ce signal correctement, il faut des milliers de points, donc des milliers de couples de données (intensité, temps). Décomposons-le en série de Fourier. Le signal se réduit à quelques coefficients traduisant l'amplitude et la fréquence des diverses sinusoïdes de la série de Fourier. On obtient ainsi une réduction fabuleuse dans le nombre de données nécessaires pour reconstituer à coup sûr ce signal ; ce sera plus facile de le stocker ou de le transmettre. A partir de là, on peut améliorer, combiner, additionner, etc. Bref, faire en sorte que des signaux, des images, des sons, puissent être transmis dans un minimum de temps avec un minimum de moyens. Par exemple, transmettre des images à l'aide d'un fil de cuivre du téléphone ou par microradio sur un téléphone portable !

Sans Fourier, il n'y aurait pas de société de l'information.

La seconde application, plus fondamentale sans doute, est peut-être moins simple à bien appréhender, mais plus philosophique, plus profonde. Au fond, que nous dit Fourier du point de vue des mathématiques ? C'est-à-dire de la représentation symbolique du réel. En gros, ceci : si vous êtes astucieux, vous pouvez remplacer un problème compliqué par l'addition de problèmes simples. C'est ce qu'on appellera, en termes savants, la *décomposition en valeurs propres*. Cette idée sera à l'origine de bien des développements des mathématiques modernes, mais, à y réfléchir, c'est le cœur de la science.

Sans parler des innombrables applications directes de sa théorie de la propagation de la chaleur. Laquelle donnera naissance, plus tard, et avec les mêmes équations, à la théorie de la propagation de la matière, par ce qu'on appelle la *diffusion*.

L'université scientifique de Grenoble, l'une des toutes premières de France, a eu raison de se baptiser Joseph-Fourier : c'est une excellente université, qui porte le nom d'un scientifique exceptionnel.

Fractales

Cette notion essentielle a été introduite en sciences en 1975 par Benoît Mandelbrot, sans doute l'un des scientifiques les plus controversés de son temps et qui, pourtant, a joué un rôle fondamental. Une structure fractale est une structure caractérisée par ce qu'on appelle une **similarité d'échelle** (similaire ne veut pas dire identique). Les structures sont similaires quelle que soit notre échelle d'observation. Leurs dimensions

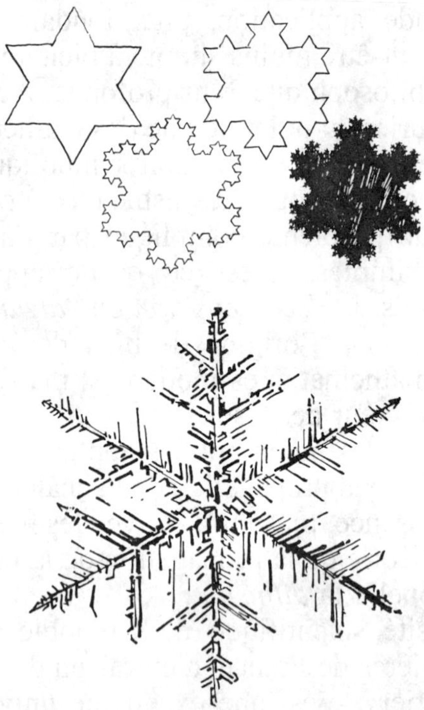

Exemples simples de structure fractale. L'un construit, l'autre naturel.
a) L'île de Koch. Elle est construite à partir d'une étoile à six branches en rajoutant à chaque fois un triangle sur une ligne droite.
La dimension du périmètre est égale à 1,26.
b) Cristaux de glace, montrant leur structure en étoile à partir d'une étoile à six branches.

sont fractionnelles. Elles ne sont ni 1 (la ligne), ni 2 (la surface) mais par exemple 1,5, ni 3 (le volume) mais par exemple 2,3.

Prenons l'exemple classique de fractale : le tracé d'une côte. A toutes les échelles, la structure est faite de festons, avec des avancées sur la mer et des golfes. Le golfe en question peut aussi bien être une petite crique que la rade de Marseille : si l'on dessine le tracé d'une côte et qu'on le montre à un observateur extérieur, il sera incapable de déterminer l'échelle du dessin, 10 kilomètres, 1 kilomètre, 1 000 kilomètres. Un nuage est aussi une structure fractale : vu d'un satellite, d'un avion, ou de tout près, le nuage a toujours l'air d'une structure ballonnée, mais dont les limites sont floues.

On peut aussi construire géométriquement une structure fractale. Prenons un triangle équilatéral. Ses trois côtés sont égaux. Divisons chaque côté en 3. A l'aide de la partie centrale, construisons un autre triangle équilatéral plus petit, et cela sur chaque côté. Puis, répétons l'opération... Quelle que soit l'échelle d'observation, l'objet présentera la même structure « étoilée » spécifique.

On peut aussi construire un objet fractal à partir d'un segment de droite. On le divise en 3, on enlève le segment du milieu. Puis on recommence avec les deux segments intacts, et ainsi de suite. On obtient une structure self-similaire.

On peut aussi construire un objet fractal en « volume ».

Ce qui caractérise un objet fractal, c'est sa dimension. Chacun de nous a été habitué à penser en termes de dimensions entières. Un point a une dimension nulle, une ligne a 1 dimension, une surface 2 dimensions, un volume 3 dimensions. Les objets fractals, eux, ont des dimensions fractionnaires. Un chou-fleur est un exemple type d'objet fractal ; si on coupe des morceaux de chou-fleur, on est incapable de dire quelle est l'échelle en ne se fiant qu'à la forme. C'est un volume, mais plein de trous ; il occupe l'espace un peu comme un volume, mais aussi un peu à la manière d'une surface pliée. Sa dimension est donc intermédiaire entre 2 (celle d'une surface) et 3 (celle d'un volume).

On pense que dans la nature, beaucoup de formes sont des fractales : montagnes, nuages, côtes, feuilles d'arbre, réseau fluviatile, mousses, cristaux liquides, poumons, réseaux de neurones, galaxies, etc., et qu'elles ne peuvent être traitées que suivant de nouvelles méthodes. Celles-ci sont encore en plein développement, mais certaines sont déjà au point et changent notre manière de concevoir la nature.

Fusion nucléaire

La fusion nucléaire se produit lorsque deux noyaux atomiques fusionnent pour en donner un seul, qui est plus lourd. La fission, c'est la cassure du noyau atomique, la fusion c'est l'inverse, c'est l'addition de deux noyaux. Cette réaction nucléaire dégage une grande quantité d'énergie. C'est ce type de réaction qui a lieu dans les étoiles. Elle leur fournit l'énergie, et, en même temps, elle fabrique les éléments chimiques (*voir* : NUCLÉOSYNTHÈSE).

Ainsi, par exemple, dans le Soleil, deux atomes d'hydrogène fusionnent pour donner naissance à de l'hydrogène lourd (appelé deutérium). Le deutérium fusionne ensuite avec un, puis deux nouveaux noyaux d'hydrogène, pour finalement donner de l'hélium – de masse 4. Dans des étoiles plus grosses, le carbone fusionne avec l'hélium pour donner de l'oxygène, etc.

Ces réactions nucléaires, s'il est vrai qu'elles dégagent beaucoup d'énergie, ont elles-mêmes besoin d'énergie pour être déclenchées. L'homme a utilisé la fusion pour fabriquer la bombe terrifiante qui s'appelle bombe H. Il voudrait utiliser cette réaction pour produire de l'énergie électrique, mais il n'y arrive pas. La fission s'est laissée apprivoiser par la fusion !

On cherche en effet à élever la température d'un gaz d'hydrogène, de manière à déclencher la réaction. Mais pour cela, il faut monter la température à un million de degrés ! Se pose alors une question : dans quel récipient faire une telle réaction ? Tous les matériaux portés à ces températures sont détruits, transformés en mélanges gazeux. On a donc eu l'idée de confiner le mélange gazeux dans un champ magnétique et de le laisser ainsi flotter en l'air ou plutôt dans le vide. Ce gaz ionisé surchauffé pourrait alors déclencher les réactions de fusion

Un grand projet international a été conçu, appelé Tokamak, avec comme outil de base ce confinement magnétique. Malheureusement, en quarante ans, on n'a pas obtenu de résultats véritablement probants. Les difficultés techniques s'avèrent considérables, peut-être impossibles à maîtriser.

C'est pourquoi les Etats-Unis ont réduit progressivement leur participation financière : de majoritaire, elle est devenue symbolique. C'est pourquoi j'ai attaqué l'ambition de la France d'installer un nouveau Tokamak à Cadarache, en Provence (projet ITER), à un moment où la France est endettée et où les crédits pour la recherche sont insuffisants.

Les Américains, pour leur part, recherchent d'autres voies pour réaliser la fusion nucléaire à moindre coût. Mais malgré des résultats intéressants, comme ceux réalisés en miniature dans les cristaux pyroélectriques, ils n'ont pas, eux non plus, trouvé le secret pour domestiquer la fusion nucléaire.

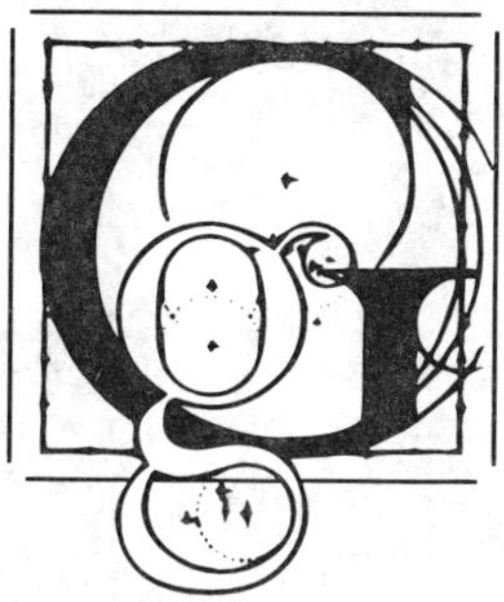

Gaia

Gaia est le nom de la Terre, en grec. Mais c'est aussi celui d'une théorie, ou, pour être plus précis, d'une hypothèse de travail émise par l'Anglais Lovelock, théorie plus populaire que scientifiquement prouvée.

L'idée de Lovelock est que la surface terrestre est un système où la vie (l'ensemble des êtres vivants de la biosphère) et les éléments physiques (température, humidité) sont « automatiquement » en équilibre. S'il se produit une modification du système physique, la biosphère dans son ensemble réagit en induisant des modifications dans le système physique, de manière à ce qu'il revienne à ses anciennes valeurs.

Ainsi, supposons que le rayonnement solaire augmente ; la biosphère va produire plus de vapeur d'eau dans l'atmosphère, et ainsi la température de la surface n'augmentera pas trop. Supposons que les volcans dégagent un surplus de gaz carbonique dans l'atmosphère. Comme ce gaz, *via* l'effet de serre, est l'un des responsables de l'augmentation de la température, la photosynthèse des plantes vertes va s'accélérer, absorber plus de gaz carbonique, produire plus de matière vivante et diminuer la teneur en gaz carbonique, donc la température de la surface terrestre.

Dans l'océan, qui, ne l'oublions jamais, représente les deux tiers de la surface du globe, le rôle de la biosphère est le fondement même de la chimie de l'océan. En effet, ce sont les cent premiers mètres de la surface, là où pénètre la lumière, là où a lieu la photosynthèse, où la matière vivante se fabrique, qui jouent le rôle central dans les comportements des éléments chimiques. Seuls les organismes vivants sont capables de précipiter le carbonate de calcium pour former des squelettes et des coquilles, retirant du même coup le gaz carbonique (la formule chimique du carbonate de calcium CO_3Ca peut être composée comme l'addition d'une molécule de CO_2 et d'une « molécule » d'oxyde de calcium).

Or cette activité organique dépend de la photosynthèse, donc de la lumière, et de la température, donc du climat. Elle subit le climat et joue en retour sur le climat. Ces derniers mécanismes sont connus depuis longtemps. Mais, chose nouvelle, Gaia l'étend à toute la biosphère et fait jouer aux bactéries – catalyseurs ou acteurs dans beaucoup de réactions chimiques naturelles – un rôle essentiel.

Par exemple, la forêt équatoriale joue un double rôle vis-à-vis de l'équilibre du gaz carbonique. D'une part, les feuilles vertes, par la photosynthèse, absorbent du gaz carbonique. Mais à l'inverse l'humus, fait de feuilles mortes, de mousses et d'herbes qui pourrissent, constitue, grâce à l'oxydation de la matière organique par les bactéries, une source de gaz carbonique. Au bout du compte, on ne sait pas vraiment ce qui l'emporte. Dans le schéma Gaia, l'importance relative des deux phénomènes est modulée par la teneur globale du gaz carbonique de l'atmosphère, et donc la température, pour retrouver l'équilibre.

C'est par cet équilibre biosphère-atmosphère que, d'après Lovelock, la vie se maintient à la surface de la Terre depuis plus de trois milliards d'années. D'une part, bien sûr, en s'adaptant, mais, d'autre part, en limitant l'ampleur des fluctuations des conditions qui règnent à la surface. On évoque beaucoup le rôle des bactéries et aujourd'hui beaucoup de géochimistes travaillent pour comprendre le rôle des bactéries. Sont-ce des catalyseurs indispensables aux réactions géochimiques de surface ? Où sont-elles des fabricants de matière gazeuse ou solide ? Sans doute les deux, on le sait. Mais leur activité ou leur abondance est-elle liée au climat directement ? Gaia est une hypothèse.

Séduisante et peut-être même vraie. Malheureusement, sauf en ce qui concerne la photosynthèse, on n'a pas accumulé les éléments factuels qui permettraient de la faire passer au rang de théorie véritable et solide.

C'est un sujet d'étude, une idée..., séduisante et élégante – et c'est déjà beaucoup !

Galaxies

Une galaxie est une société d'étoiles. Autrement dit, une structure « organisée » qui comprend des milliards d'étoiles. Notre galaxie s'appelle la Voie lactée. Notre Soleil est une étoile parmi les milliards d'étoiles qui la composent. Il n'est pas au centre. Il occupe une place quelconque, banale. Il y a des milliards de milliards de galaxies dans l'univers. La plus proche de la Voie lactée est la galaxie d'Andromède, qui se trouve à deux millions d'années-lumière de nous.

Pourtant, jusqu'au début du XXe siècle, on ne connaissait pas l'existence des galaxies. Ce n'est qu'avec l'avènement des télescopes géants californiens, celui du mont Palomar et surtout celui du mont Wilson, que l'on commença à distinguer aux confins de notre galaxie des structures cosmiques bizarres, vaguement nuageuses. On les appela les nébuleuses. Une vive controverse eut lieu au sujet de la nature de ces nébuleuses. Pour certains, il s'agissait de nuages qui enveloppaient notre Voie lactée. Pour d'autres, c'était de la matière éjectée par notre galaxie. C'est Edwin Hubble qui, le premier, montra vers 1920 que la structure d'Andromède était semblable à celle de notre galaxie. Il s'agissait donc d'une autre galaxie, à côté de la nôtre. Après quoi, les progrès de l'observation aidant, on découvrit des milliers, puis des millions, puis des milliards de galaxies.

Elles sont toutes organisées autour d'un grand disque qui tourne très vite sur lui-même. Certaines ont des formes spirales avec deux bras. D'autres sont plus désorganisées, plus massives. Naturellement, plus on s'éloigne, moins on distingue les détails des galaxies. Dès que l'on dépasse quelques centaines de millions d'années-lumière, les galaxies deviennent des points brillants, puis, plus loin encore, des lueurs blafardes. On a la même impression, en avion, lorsqu'on s'éloigne d'une grande ville. Les structures s'estompent, et finalement la ville n'est plus qu'un point lumineux, qui s'éteint petit à petit dans le lointain.

La grande découverte qui a marqué l'étude des galaxies, dans les années 1920-1930, est due au même Edwin Hubble. Il montra en effet que plus les galaxies sont lointaines, plus elles s'éloignent de nous rapidement. Comme si « elles étaient parties » d'un même point en même temps, et qu'elles se soient éloignées avec des vitesses variables. Les plus rapides étant aujourd'hui les plus lointaines. Cette observation donna lieu, d'abord, à la théorie de l'expansion de l'univers, puis elle fut utilisée pour appuyer la théorie du big bang.

Ce qui, aujourd'hui, reste un sujet de débat, c'est la manière dont se sont formées les galaxies (*voir* : BIG BANG, ÂGE DE L'UNIVERS).

Les recherches récentes (récent est un mot qu'on devrait pourtant bannir du dictionnaire, car tout change si vite en science) tendent à faire jouer à des trous noirs gigantesques le rôle d'« organisateurs de galaxies ». Ce qui semble clair, c'est qu'au centre de notre galaxie, il y a un trou noir autour duquel tournent des myriades d'étoiles (lorsqu'elles s'approchent trop, elles sont avalées par le trou noir).

L'histoire des galaxies, c'est l'un des grands sujets de la science en marche.

Galilée

J'ai beaucoup écrit sur Galilée. Non que je sois, à proprement parler, un spécialiste de Galilée – au sens où peut l'être l'historien des sciences qui a épluché les textes principaux, enquêté sur les détails de sa vie, examiné avec soin sa correspondance. Mais je crois avoir lu assez de littérature à son sujet pour m'être fait une opinion sur ce personnage fascinant et sur l'histoire à laquelle il s'est trouvé mêlé. J'en ai tiré des conclusions un peu différentes de l'image d'Epinal qu'on nous assène généralement. J'ai donc été amené à écrire un livre de fiction où j'étais censé être l'avocat de Galilée lors de son procès [1], puis le scénario d'un film de télévision [2]. Je ne souhaite pas répéter ici tout ce que j'ai pu écrire à ce sujet. Ce sera donc un « Galilée digest ».

Galilée, à mon sens, n'a pas été un personnage extraordinaire que du point de vue scientifique. Il le

1. *Si j'avais défendu Galilée*, Plon.
2. *Galilée ou l'amour de Dieu* (réalisateur J.-D. Verhaegue).

fut davantage encore par sa personnalité rayonnante, avec ce côté non conventionnel qui, de tout temps, fascine et irrite. Son père le destine à être médecin, il s'intéresse vite à la science et délaisse la médecine. Etudiant, il sort de l'université de Pise sans diplôme. Pourtant, trois ans plus tard, sur la recommandation des plus grands mathématiciens d'Italie, la même université l'embauche comme professeur.

Est-ce pensable aujourd'hui ? Avec nos règlements, nos thèses, habilitations, listes d'aptitude et *tutti quanti*, pourrions-nous recruter comme professeur quelqu'un qui n'a pas de titre ? Dans une université américaine, sans doute. En France, sûrement pas. Sinon, on pourrait embaucher comme professeurs de littérature nos grands écrivains, comme le font les Américains !

Professeur à Pise, Galilée y reste peu, car il reçoit une offre plus intéressante de la part de l'université de Padoue, l'université de la sérénissime république de Venise. Il devait avoir sacrément établi sa réputation de professeur, pour recevoir une telle offre !

Son séjour à Padoue fut sans aucun doute le plus productif, le plus rayonnant, le plus sympathique aussi de la vie de Galilée. Il dira lui-même plus tard : « Pourquoi ai-je quitté Padoue ? » Une question pertinente s'il en est.

C'est à Padoue qu'il réalise ses expériences sur la chute des corps et qu'il établit le résultat extraordinaire suivant lequel la vitesse de chute dans le vide ne dépend pas de la masse. C'est à Padoue qu'il invente ses expériences à l'aide des plans inclinés, et qu'il pose les fondements de la méthode scientifique faite d'observations quantitatives et de formalisation mathématique. Il y découvre aussi la trajectoire parabolique d'un objet lancé horizontalement (tir de canon) ; par là même, il invente la composition des mouvements et, intuitivement, la notion de vecteur.

C'est à Padoue qu'il va non inventer, mais perfectionner la lunette, qui deviendra grâce à lui astronomique : c'est à Padoue qu'il observe les satellites tournant autour de Jupiter, les cratères de la Lune et les millions d'étoiles du ciel... Il fabrique un microscope, il étudie la résistance des matériaux, la manière dont s'applique le principe d'Archimède, etc.

Période de fécondité scientifique extraordinaire, mais aussi période où il fait éclater ses extraordinaires dons pédagogiques. Il devient rapidement le professeur le plus aimé de ses élèves, formant des dizaines de disciples, dont certains habitent chez lui et participent à ses expériences ou à ses observations. En ce sens, il préfigure le travail scientifique moderne qui se fait le plus souvent en équipe.

Pourtant, en 1610, il quitte Venise et Padoue pour Florence, où il devient philosophe et mathématicien du grand-duc de Toscane Cosme de Médicis. Dès l'arrivée à Florence, les ennuis commencent. Car ses collègues de l'université l'acceptent très mal. Il est vrai que son amitié affichée avec le grand-duc ne l'incite pas à une modestie qu'il n'a guère naturellement. Mais il se met à commettre des imprudences, lui qui avait jusque-là été si prudent dans ses relations avec l'Eglise. Alors qu'à Padoue il enseignait concurremment la théorie de Ptolémée, qui met la Terre au centre du monde, et celle de Kopernik, qui y met le Soleil, il s'enhardit : dans ses cours comme dans ses conversations privées, il prend nettement position pour le système de Kopernik. L'Eglise gronde. Des dominicains n'hésitent pas à dénoncer en chaire ses audaces (la mobilité de la Terre semble en contradiction avec quelques passages de la Bible pris au sens littéral) : « Hommes de Galilée, pourquoi regardez-vous le Ciel ? » dira l'un d'eux en pleine messe.

En 1616, à Rome, le Sacré Collège lance une procédure pour discuter des théories sur le système solaire. On évoque souvent cet épisode comme le « premier procès de Galilée ». En fait, le nom de Galilée n'est pas prononcé. Mais lui, malgré les conseils de Cosme, se précipite à Rome. Il veut, lui le grand Galilée, convaincre l'Eglise du bien-fondé du système héliocentrique. Personne ne l'écoute, ou presque. Il n'est pas convoqué par le Saint-Office. A la fin, on condamne les œuvres de Kopernik, on interdit qu'elles soient enseignées – mais nulle mention de Galilée.

Il retourne à Florence, ulcéré de n'avoir pas été consulté. Malheureusement, Cosme meurt et la régence est assurée par sa mère, une bigote reconnue. Alors que Galilée sent son crédit s'affaiblir, que ses ennuis de santé s'accumulent, qu'il devient aigri et irascible, fatigué, usé par les épreuves de la vie, Maffeo Barberini est élu pape. Celui qu'il a rencontré en 1616 auprès de Paul V est depuis devenu presque un ami, et surtout un admirateur. Il a envoyé son neveu Francisco à Pise étudier auprès de Galilée, il lui a dédié un poème, bref, il existe entre ces deux hommes presque du même âge, et tous deux Toscans, une très grande sympathie.

Galilée va à Rome. Le nouveau pape, qui a pris le nom d'Urbain VIII, le reçoit sept fois, s'affiche avec lui dans les jardins du Vatican, affirme son amitié et son estime et lui commande un livre pour exposer concurremment les deux systèmes du monde. Ce livre, le *Dialogue*, va être le prétexte du procès Galilée. On présente souvent le procès Galilée comme une opposition entre le savant qui avait raison et une Eglise défendant l'obscurantisme, entre le rationalisme et la foi aveugle. Il n'en est rien. Fidèles au concile de Trente qui avait validé le point de vue de Thomas d'Aquin, suivant lequel la science était une manière de mieux connaître Dieu, fidèles à l'esprit de leur fondateur, les Jésuites discutaient l'argumentaire de Galilée en faveur du système héliocentrique. Galilée avait trois arguments forts :

1. L'observation des satellites de Jupiter qui suggérait, par analogie, que les petits astres tournaient autour des gros, et non l'inverse.

2. L'observation des phases de Vénus, qu'on expliquait mal avec une théorie géocentrique. Ces variations d'éclairement suggéraient fortement que Vénus tourne autour du Soleil.

3. Enfin, le principe de relativité, qui invalidait les expériences faites sur la Terre pour nier la rotation de la Terre sur elle-même. Parce que Galilée avait compris qu'un corps placé sur la Terre se déplace avec elle, il pouvait répondre à ceux qui pensaient, par exemple, que si la Terre tournait sur elle-même, un boulet tiré dans le sens du mouvement de la Terre devait parcourir une plus longue distance qu'un boulet tiré en sens contraire. Cela dit, l'expérience très simple qui prouve le mouvement de la Terre, celle du pendule de Foucault (*voir* : PENDULE DE FOUCAULT), Galilée n'y pensa pas. (Cent cinquante ans plus tard, Foucault nota que Galilée, expert en pendules, avait pourtant tous les éléments pour faire lui-même l'expérience.) En revanche, la théorie de Galilée sur les marées était totalement fausse, et il refusait de parler de l'argument de Kepler sur les orbes de Mars.

Les Jésuites, eux, défendaient la théorie de Tycho Brahé suivant laquelle le Soleil tournait autour de la Terre, toutes les planètes tournant autour du Soleil. Cette théorie avait pour elle de tout expliquer et de calculer les meilleurs éphémérides, bien meilleurs que ceux de Kopernik. Et puis, au moins, elle n'était pas en contradiction avec la Bible ! Elle ne butait que sur un seul problème : les orbes de Mars (*voir* : KEPLER).

En ce qui concerne la cohérence entre le modèle et l'observation, Galilée n'était donc pas franchement le mieux placé. Et je ne parle pas des comètes : alors que les Jésuites affirmaient, à juste titre, que leurs trajectoires étaient au-delà de la Lune, Galilée prétendait qu'il s'agissait de phénomènes atmosphériques !

Sur le plan de la forme, le *Dialogue* ne prenait pas vraiment parti entre Kopernik et Ptolémée. Trois personnages dissertaient : l'un défendait Ptolémée, l'autre Kopernik, le troisième incarnait le juste milieu. Mais il était de notoriété publique que Galilée défendait Kopernik, et sans doute cela transparaît-il dans la verve de Salviati en face de Simplicio, défenseur de Ptolémée (et d'Aristote).

On connaît la suite. Galilée, apeuré et fatigué, abjura. Et cette abjuration, loin de le libérer, lui a valu une séquestration à vie. Galilée risquait-il la condamnation à mort, comme Bruno ? S'il avait défié le tribunal comme le fit Bruno, sans doute ; mais en abjurant, il ne risquait pas la peine capitale, qui ne fut même pas évoquée. Enfin, question ultime et capitale dans le cadre qui nous préoccupe : cette condamnation fut-elle dommageable pour la science ? Sur ce point, la réponse est un immense NON. Le procès Galilée fut une aubaine pour la science. Car, dans l'imaginaire collectif, le procès de Galilée est analogue, sur le plan symbolique, au procès de Jésus-Christ. Chacun est un martyr de la vérité. En l'occurrence, Galilée est celui qui a défendu l'indépendance de la démarche scientifique et qu'on a injustement condamné. C'est grâce à ce procès que la théorie héliocentrique et la réfutation de la physique d'Aristote a triomphé si vite en Europe. C'est grâce au procès de Galilée que l'Eglise se montrera désormais très prudente dans ses rapports avec la science.

Enfin, d'un point de vue pratique, c'est la séquestration de Galilée qui va lui donner le temps d'écrire un magnifique livre, dans lequel il rassemble toutes ses découvertes faites à Padoue et qu'il n'avait jamais pris le temps de publier : le *Discours concernant deux sciences nouvelles* est un ouvrage fondateur de la mécanique.

Pour la science, le procès Galilée fut tout bénéfice ! Si immoral que cela puisse paraître.

Génétique

La génétique est la science qui étudie la reproduction des êtres vivants. Ce terme a été proposé par l'Anglais Bateson en 1900. On a coutume de faire remonter la naissance de la génétique à la découverte des lois de Mendel en 1866. Des lois (*voir* : MENDEL) qui restèrent ignorées pendant trente ans... Et dont la « découverte » fut extraordinairement compliquée !

Mendel avait introduit l'idée de « facteurs héréditaires » allant par paires. L'un venant du père, l'autre de la mère. Vers la fin du XIXe siècle, l'utilisation du microscope permit l'exploration de la cellule, unité fondamentale du vivant découverte par Virchow (vers 1860). Weisman (dans les années 1880) propose alors qu'un matériel chimique contenu dans le noyau de la cellule soit le porteur de l'hérédité cellulaire. Il apporte un élément nouveau : la distinction fondamentale entre le *soma* et le *germen*, c'est-à-dire la part d'un individu qui meurt avec lui *(soma)* et la part qui peut se transmettre à ses descendants *(germen)*.

Puis trois botanistes, Hugo De Vries, Erich von Tchermak et Carl Correns, redécouvrent ensemble – vers 1900 – les lois de Mendel. Tous trois travaillent sur les plantes, mais on étend assez vite ces lois aux animaux. Dans sa vision de la reproduction, De Vries apporte une nouvelle idée. D'après lui, les porteurs de l'hérédité se transmettraient par des croisements, et ces porteurs pourraient eux-mêmes subir des modifications brutales dues au hasard : les mutations, qui permettraient d'expliquer l'évolution des espèces.

Vers 1905, Boveri et Sutton proposent la **théorie chromosomique de l'hérédité**, fondée sur leurs observations de la reproduction cellulaire. On admet que l'hérédité est portée par les chromosomes. Chaque chromosome porte un ensemble de caractères qui se transmettent d'une génération à l'autre. Les chromosomes sont associés par deux. Ils se séparent, puis se réassortissent, lors de la reproduction. De là vient le brassage des caractères héréditaires, puisqu'un chromosome vient du père, l'autre de la mère. Enfin, près de cinquante ans après les expériences de Mendel, le Danois Johannsen invente en 1909 le mot « gène » pour désigner l'unité élémentaire de l'hérédité, celle qui porte un ou deux caractères, ainsi que les mots « génotype » et « phénotype ».

Parmi les pionniers de la génétique, on compte Francis Galton, cousin germain de Darwin. En 1883 (un an après la mort de Darwin), Galton crée un nouveau mouvement : l'eugénisme, dont le programme consiste à appliquer les lois de la génétique à l'amélioration de la race humaine. Sélectionner les meilleurs reproducteurs, pour améliorer la race. N'est-ce pas le progrès ? Et les cercles de gauche s'enthousiasment pour le projet : il n'y aura plus de malades, plus de handicapés, plus de faibles d'esprit incapables de travailler, plus de criminels non plus... Bref, c'est un programme pour améliorer la société !

C'est ainsi qu'aux Etats-Unis, le professeur Davenport se lance dans un ambitieux programme de recherche destiné à identifier les tares héréditaires – crétinisme, violence naturelle, etc. Ses premiers résultats vont s'appliquer aux immigrants. On classe les immigrants. Les mieux, les plus convenables, sont les Suisses et les Japonais ; en milieu de tableau : les Chinois, les Scandinaves, les Français, les Italiens. Les moins acceptables sont les Mexicains, les Turcs, les Bulgares, et bien d'autres encore, parmi lesquels les Irlandais. Le professeur Davenport propose d'établir des quotas d'immigration fondés sur ces critères « objectifs et scientifiques » – les fameux quotas dont on reparle aujourd'hui.

Rapidement se développa aux Etats-Unis un large mouvement autour de l'eugénisme. Deux branches se distinguèrent : l'eugénisme positif, qui consiste à encourager les plus doués et les plus beaux à procréer ; l'eugénisme négatif, qui vise à empêcher les moins « adaptés » de se reproduire. Dans l'histoire de l'eugénisme positif, on trouve les deux fondatrices du Planning familial, Marie Stopes en Angleterre et

Margaret Sanger aux Etats-Unis · « Plus d'enfants pour les aptes, moins pour les inaptes. »

Quant à l'eugénisme négatif, il donne lieu à des événements tragiques.

Les choses commencent en 1899, lorsqu'un jeune du nom de Dawson consulte un médecin carcéral, Harry Sharp. Le problème de Dawson était la masturbation compulsive. La masturbation était considérée à l'époque comme une manifestation de dégénérescence globale. Sharp applique ce qu'il pense être la solution : la vasectomie. Et il veut en faire un principe. Pourquoi ne pas pratiquer la vasectomie dans les prisons ? En 1907, l'Etat de l'Indiana promulgue une loi permettant de stériliser « les criminels, idiots, violeurs et imbéciles ». Trente Etats vont emboîter le pas à l'Indiana. Mais cette idée gagna l'Europe, et la stérilisation des prisonniers se pratiqua aussi en Suisse et en Scandinavie ! Puis, bien sûr, cette théorie gagna l'Allemagne. Hitler en fit l'une des bases du IIIe Reich – « scientifiquement prouvée », écrivit-il. On sélectionna les grands blonds qui devaient se reproduire. Un bon SS devait avoir un enfant tous les ans ! Eugénisme positif.

L'eugénisme négatif eut des résultats autrement terribles. Certaines races étant statistiquement déficientes, il fallait les éliminer. Et comme la vasectomie était chère et inutile, on la remplaça par le génocide. Ainsi que l'écrit fort bien James Watson [1], le découvreur de l'ADN : « Les conséquences ultimes de l'eugénisme furent une tragédie pour l'humanité. » Cette horrible déviance aura marqué à jamais la génétique dans la conscience collective. Et elle explique très

1. James Watson, *ADN, le secret de la vie*, Odile Jacob, 2003.

largement la méfiance qui entoure aujourd'hui les manipulations génétiques. Des savants, avec leur théorie, leurs statistiques, ont déclenché l'apocalypse hier. Pourquoi pas demain ?

La grande étape suivante dans la compréhension de l'hérédité sera le déchiffrement de la structure de l'ADN par Watson et Crick. Pourtant, dans l'intervalle, la génétique, qui s'est difficilement remise de l'eugénisme, n'est pas restée inerte. Thomas Morgan, après s'être opposé avec vigueur à l'eugénisme, dénonçant une théorie sans support scientifique, fonde une école destinée à approfondir les lois de Mendel, notamment par l'étude du mécanisme des mutations. L'animal de référence sur lequel il expérimentait était la fameuse drosophile, ou mouche du vinaigre. Morgan améliora grandement notre compréhension des lois de Mendel et établit le lien conceptuel entre la génétique, la sélection naturelle et les mutations. Autrement dit, il faisait le lien entre Darwin et Mendel – sans pour autant chercher à identifier chimiquement les gènes, ni la manière dont ils pouvaient induire l'hérédité. Génétique et théorie de l'évolution se rejoignaient.

Un peu plus tard se développa une nouvelle génétique fondée non plus sur la drosophile, mais sur les bactéries, et plus précisément *Escherichia coli*. Le colibacille de votre tube digestif remplaçait la mouche du vinaigre comme matériel génique. Pourquoi ? Pour la même raison qui avait d'abord poussé à utiliser la drosophile : la mouche se reproduit vite, et le colibacille encore plus. En outre, le colibacille est une bactérie, il est donc physiologiquement très simple.

Le groupe travaillant sur la génétique bactérienne, et dont les deux leaders étaient Max Delbrück à Caltech et Salvador Luria au MIT, avait ainsi un objectif nouveau. Il s'agissait de percer le secret de la transmission héréditaire, mais cette fois à l'échelle des molécules. La biochimie faisait son entrée en génétique. Parce qu'ils utilisaient comme marqueur un virus infectant la bactérie et qu'on appelle bactériophage, on les appela le « groupe du Phage ». C'est grâce à leurs travaux, qui préparaient intellectuellement le terrain pour la suite, que la découverte de l'ADN a pu être exploitée si rapidement du point de vue génétique.

Vint ensuite l'aventure de l'ADN et de la biologie moléculaire sur laquelle nous ne nous étendrons pas, puisqu'elle est traitée dans un autre article (*voir* : BIOLOGIE MOLÉCULAIRE). L'étape suivante a été celle des manipulations génétiques – un mot bien mal choisi, tant il sous-entend des pratiques douteuses (*voir* : GÉNIE GÉNÉTIQUE). Mais, entre-temps, la génétique était sortie de son isolement : elle était devenue le pilier central de la biologie.

Qu'est-ce que la propriété essentielle des êtres vivants ? Se reproduire. L'ADN est devenu le symbole de la vie. La génétique est la discipline centrale de la biologie.

Génie chimique

C'est la science qui étudie comment on peut industriellement fabriquer des composés chimiques. Autrement dit, celle qui a pour objet de permettre le passage du laboratoire de chimie à l'usine chimique.

Prenons un exemple simple déjà ancien. Lorsque, dans un creuset de laboratoire, on a découvert qu'en fondant un minerai de fer, on séparait le métal de la motte terreuse, on n'avait pas pour autant fabriqué un haut fourneau. Il restait à le concevoir – quelle taille, quel matériau, quel rendement en attendre, etc. Il a fallu des années d'essais, de calculs, de tâtonnements, d'expériences, pour concevoir les hauts fourneaux et les laminoirs actuels. C'était du génie chimique.

Lorsqu'on a découvert, au laboratoire, comment on pouvait polymériser certaines molécules organiques pour fabriquer ce qu'on appelle les plastiques, on n'avait pas pour autant résolu la fabrication industrielle. Il a fallu inventer les réacteurs, concevoir comment mélanger les produits, à quelle vitesse les faire réagir pour les séparer, les extraire, etc. Le génie chimique est une science non seulement utile, mais très complexe et très complète, qui associe la chimie avec la physique, la mécanique des fluides, la physique des matériaux, l'optimisation des rendements, le calcul du coût économique d'une opération, etc.

Le génie chimique, dont l'essor ne date que d'une trentaine d'années, pose beaucoup de questions originales et a bien sûr un intérêt économique considérable.

Génie génétique

Le génie génétique est une discipline qui relève de la technologie (*voir* : TECHNOLOGIE), puisqu'il consiste à essayer de modifier artificiellement le génome d'un être vivant et à fabriquer ainsi des « êtres vivants de synthèse ».

Les débuts du génie génétique datent des années 1972-1973, lorsque divers chercheurs – Arber, Kornberg, Boyer et Cohen – vont montrer qu'en utilisant certaines bactéries, on peut couper l'ADN en des points bien définis, puis coller les bouts d'ADN à d'autres séquences d'ADN. Enfin, troisième phase, cet ADN nouveau peut se reproduire comme un ADN naturel. Découpage, collage, copiage sont les trois opérations fondamentales du génie génétique. Dès que ces techniques se développèrent, une crainte se fit jour. Et si, en manipulant ces séquences d'ADN, on fabriquait un virus foudroyant ? Les biologistes n'étaient-ils pas en train de jouer aux apprentis sorciers ?

En février 1975, à Asilomar, les 140 meilleurs scientifiques du monde entier travaillant sur l'ADN se réunirent pour fixer des règles de précaution. Un moratoire fut décidé. Seuls quelques laboratoires équipés avec des salles étanches étaient autorisés à expérimenter. Mais ça ne suffit pas à calmer les esprits. Ainsi, le maire de Cambridge (Massachusetts), Alfred Velluci, partit en guerre contre les manipulations génétiques et pour interdire l'expérimentation. Le hic, c'est que Harvard et le MIT, deux des centres de recherche les plus importants sur le sujet, se trouvent à Cambridge ! Heureusement, certains hommes politiques, et notamment le sénateur Ted Kennedy, prirent la défense des scientifiques. Avec les précautions recommandées à Asilomar, les recherches purent reprendre. En 1979, n'ayant constaté aucun incident sérieux, on autorisa la poursuite des expériences...

Et cette discipline prit un essor considérable, avec une importance économique qui s'accroît chaque jour.

Le génie génétique, parce qu'il permet de faire se reproduire artificiellement au sein de populations bactériennes, aussi bien des gènes d'animaux, de végétaux... ou d'homme, que des gènes bactériens, a permis pour la première fois d'isoler à grande échelle et de purifier des gènes provenant des organismes supérieurs (appelés « eurcaryotes » parce que, contrairement aux micro-organismes, leurs gènes sont à l'intérieur d'un noyau ; les micro-organismes étant des procaryotes !).

Grâce à ce procédé de purification artificielle des gènes « eucaryotiques », on a pu commencer à parfaire l'analyse physico-chimique de ces derniers, à démontrer qu'ils sont morcelés (!), contrairement à ceux des bactéries, et à tenter de les utiliser à l'état pur en quelque sorte pour guérir des maladies génétiques (thérapie génique).

On en a également fait des sortes de sondes moléculaires qui permettent de déceler à l'époque du fœtus les maladies graves ou les infirmités.

Génome

Ce mot est non seulement à la mode, mais il est central dans toute la biologie moderne. Comme beaucoup de mots se croisent et s'entrecroisent, entre ADN, chromosomes, gènes, cellules, etc., c'est peut-être ici l'occasion de clarifier un peu tout cela.

Les gènes sont les portions des molécules d'ADN qui portent l'information génétique, c'est-à-dire les informations nécessaires à la fabrication d'un individu. Ils sont constitués par des morceaux d'ADN, donc par des séquences de nucléotides. Ces gènes sont séparés les uns des autres par des séquences de nucléotides qui n'ont aucun rôle dans l'hérédité et qu'on appelle l'ADN non codant (ce qui veut dire qu'elles n'obéissent pas aux règles du code génétique). Les gènes eux-mêmes sont constitués par la succession de deux types de séquences :

— Les exons, qui portent l'information génétique, et les introns, qui jouent le rôle d'une ponctuation sans traduction héréditaire. A leur extrémité se trouvent des séquences non codantes et qui jouent un rôle clé dans leur fonctionnement.

— Les doubles hélices d'ADN sont donc constituées par des séquences de nucléotides dont les unes ont un rôle dans l'hérédité des gens et dont les autres n'en ont pas (ADN non codant).

Les doubles brins d'ADN sont enrobés d'une enveloppe de molécules essentiellement de nature protéinique et cette structure constitue le chromosome.

Les chromosomes vont par paires. Un chromosome vient du père, un chromosome vient de la mère. Il y a donc deux séries de gènes, l'un d'origine paternelle, l'autre d'origine maternelle. Ces deux gènes de même type, mais portés par deux chromosomes différents, s'appellent allèles. Lorsque l'un des deux s'exprime toujours, on le dit dominant (le gène de couleur des yeux marron est dominant par rapport au gène des yeux clairs). La plupart du temps, c'est le hasard qui détermine l'expression d'un allèle ou de l'autre. C'est pour cela que nous avons tous des caractères qui viennent de la mère et des caractères qui viennent du père, mais que ces caractères ne sont pas nécessairement identiques pour nos frères et nos sœurs.

L'ensemble des gènes constitue le génome, mais,

par extension, le génome, c'est l'ensemble de l'ADN d'une espèce ou d'un individu. Le génome d'un être vivant est distribué dans toutes ses cellules puisque l'ADN existe dans toutes les cellules, pelotonné dans les noyaux cellulaires.

Le mot « génome » doit sa célébrité en grande partie au programme « Génome humain » qui, pendant les dix ans qu'il a duré, a charrié avec lui des espoirs un peu chimériques. Ce programme avait un but bien défini : établir la séquence des nucléotides des 23 paires de chromosomes humains. Avec un objectif : comprendre l'homme, comprendre sa physiologie, détecter les causes de ses maladies. L'idée technique initiale était simple, mais difficile et surtout longue à réaliser. Jean Dausset (prix Nobel de médecine en 1980), l'un des promoteurs du programme, pensait qu'il durerait un siècle. Il fallait en effet sectionner les chromosomes en fragments, puis analyser un à un chaque fragment pour décoder les fameuses suites AGCTGC... Cela sur des fils d'ADN d'une longueur inimaginable. Il faut en effet savoir que les chromosomes humains sont classés d'après leur longueur : le chromosome 1 contient 250 millions de paires de bases, et les chromosomes 21 et 22, seulement 50 millions ! Or pour pouvoir analyser un fragment d'ADN, il faut disposer de quantités suffisantes de ce fragment.

On comprend donc pourquoi Jean Dausset pensait que cela prendrait un siècle. Mais c'était compter sans les progrès de la science. Le premier pas décisif fut accompli par Kary Mullis avec le procédé PCR, qui permettait de multiplier à loisir l'ADN qu'on voulait étudier. Le second fut l'utilisation de l'informatique et de la robotique, qui permit d'accélérer les analyses. Du coup, on réalisa le projet en dix ans !

Mais on s'aperçut alors que l'essentiel restait à faire : identifier le rôle de chaque séquence de nucléotides, et surtout celles dont une déficience causait les maladies génétiques. Pour cela, il fallait comparer les séquences des individus sains à celles des malades, et identifier les différences qui étaient la cause de la maladie. Ce travail gigantesque en est à son tout début. Peut-être est-ce cette étape qui prendra un siècle !

Toutefois, des résultats fondamentaux ont d'ores et déjà été obtenus. Les gènes codant – les exons – ne représentent que 2 % de l'ADN. Le reste, ce sont les séquences non codantes ou les introns, ou des séquences d'ADN répétées un grand nombre de fois, notamment près des extrémités des chromosomes. Pour tous ces segments apparemment « inutiles », il faut être prudent car certains pourraient jouer un rôle par exemple dans le repliement des molécules d'ADN au sein des chromosomes.

Les mutations (changements plus ou moins étendus dans la séquence chimique) peuvent affecter indifféremment exons et introns. Puisque les introns ne sont pas des éléments codants, leurs mutations auront dans l'ensemble moins d'effets que les mutations affectant les exons, mais ce n'est pas toujours le cas. Certaines mutations d'introns interfèrent avec les réarrangements biochimiques qu'accompagne le fonctionnement du gène. Les individus d'une même espèce ont presque toujours les mêmes dispositions d'exons et d'introns dans leurs chromosomes. Ils pensent en revanche se distinguer par la nature des mutations qui y résident. Lorsqu'il s'avère nécessaire de procéder à l'identification d'un individu par l'étude de son ADN (empreintes génétiques), on analyse la distribution d'une douzaine de « séquences répétitives en tandems » *(Short Tandem Repeats)* : la probabilité pour que leur distribution le long de l'ADN soit la même chez deux individus non apparentés, pris au hasard, est de $1/10^{12}$... Chez des individus d'une même fratrie, elle est de 1/40 000.

Comme la sélection naturelle sélectionne les gènes très efficacement, ceux qui jouent un rôle essentiel ne subissent que peu de variations – sinon, ils risqueraient de ne plus fonctionner. En fait, l'essentiel des mutations concerne les séquencess d'ADN non codantes. Les différences entre individus aussi... Chaque individu est génétiquement unique, exons, introns, séquences non codantes, mais les variations entre individus sont encore plus nombreuses parmi les introns et l'ADN non codant que parmi les exons ; c'est pourquoi l'ADN non codant est utilisé dans la technique d'identification par empreintes génétiques.

Les introns et l'ADN non codant ne sont pas si inutiles que ça !

Géochimie

La géochimie est l'étude de la Terre avec un regard de chimiste.

La première préoccupation du géochimiste est d'obtenir la composition chimique des diverses entités qui constituent la Terre : les minéraux, les roches, les eaux, les gaz, les glaces. A partir de là, on cherche à calculer la composition chimique des grands réservoirs terrestres : croûte, océan, rivière, manteau, noyau, et enfin à estimer la composition chimique de la Terre entière. La réalisation d'un tel programme se heurte à deux difficultés, l'une technique, l'autre théorique.

Première difficulté : sur terre, il y a 92 éléments chimiques. Or, dans tous les milieux, les 92 éléments chimiques sont présents, mais à des concentrations très variables. Le développement de la géochimie a donc été étroitement lié à celui de la chimie analytique, qu'elle a ensuite dépassée.

L'analyse de n'importe quel objet géochimique – continent, roche ou minéral – montre que l'essentiel de la masse est représenté par trois, quatre ou même six éléments chimiques. On appelle ces éléments les éléments « majeurs ». Il s'agit toujours de la douzaine d'éléments en tête du tableau de Mendeleieff, auxquels il faut ici ou là ajouter le fer. Mais il y a aussi les oligoéléments dont les teneurs se mesurent en partie par million (ppm) – c'est-à-dire gramme par tonne – ou ppb (partie par billion) ou même ppt (partie par trillion).

Pour pouvoir analyser de telles teneurs, on se doute qu'il faut posséder des techniques analytiques extrêmement performantes, et il a donc fallu du temps pour que ces analyses soient possibles.

La deuxième difficulté, théorique celle-là, est plus sérieuse. Les matériaux dont nous disposons pour nos analyses proviennent tous des cent kilomètres les plus proches de la surface, alors que le rayon de la Terre est de 6 400 kilomètres. Comment déterminer la composition des zones profondes de la Terre, alors qu'on ne possède pas d'échantillons de ces zones ? L'exercice paraît relever de la magie.

Et, pourtant, on connaît la composition de la Terre et de ses enveloppes à un ou deux pour cent près ! Où est le tour de passe-passe ?

En fait, on a recours à trois méthodes distinctes, dont on cherche constamment à recouper les informations.

Première méthode : la traduction des mesures géophysiques en termes chimiques (vitesse des ondes sismiques, champ de gravité, chaleur dégagée par la Terre). On calibre en laboratoire les propriétés physiques des divers matériaux en fonction de leurs composants chimiques, puis on compare ces données aux observations. Ainsi, on peut constater que la vitesse des ondes sismiques au centre de la Terre n'est guère compatible qu'avec le fer métallique.

La deuxième méthode utilise les météorites. Ces roches, dont l'âge est voisin de celui de la Terre, constituent des témoignages des matériaux qui existaient à cette époque. On suppose en effet que les roches qui ont composé la Terre devraient avoir quelques analogies avec ces météorites.

La troisième méthode est de considérer qu'il existe des relations d'abondance, des corrélations entre les concentrations relatives des divers éléments chimiques, relations dépendant de la volatilité, de l'association avec le fer, ou de la tendance à se concentrer dans le magma (et donc à être plus facilement transférés vers la surface).

On établit à partir de là un jeu à corrélations multiples qui permet de proche en proche de cerner la réalité et de tester les divers résultats obtenus.

Dans cette quête, trois résultats, non intuitifs, ont émergé.

Le premier, c'est que l'importance d'un élément comme « informateur d'origine » n'a rien à voir avec son abondance. Ainsi, les oligoéléments, ceux dont l'abondance se mesure en partie par million (ppm) ou partie par billion (ppb) sont plus discriminants que les éléments majeurs, car leurs variations sont plus importantes.

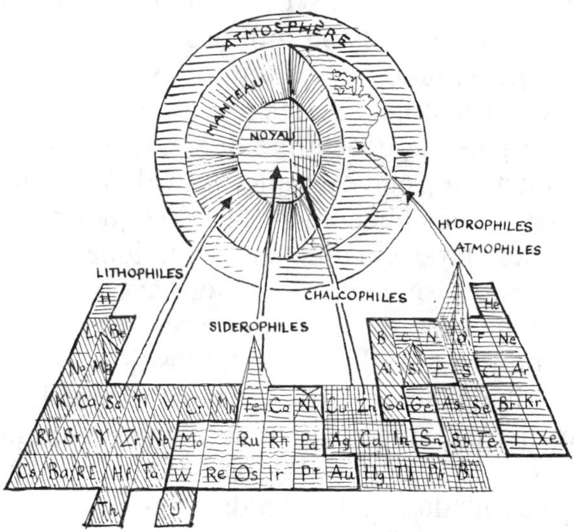

Le tableau de Mendeleieff dans lequel on rassemble la classification des éléments chimiques avec des colonnes et des lignes. En regard, sur une coupe de la Terre, on montre comment les familles d'éléments se répartissent à divers endroits de la planète, entre atmosphère et hydrosphère (éléments à droite), partie silicatée (éléments de gauche) et entre les deux éléments qui vont se loger dans le noyau. Lipophiles aiment la terre, sidérophiles aiment le fer, chalcophiles aiment le soufre (en fait, le cuivre), hydrophiles et atmophiles aiment l'eau et l'atmosphère.

Le deuxième met en évidence l'importance des familles géochimiques, qui ne se recoupent pas exactement avec les familles de Mendeleieff purement chimiques, mais qui montrent que l'organisation de la Terre en ses diverses structures-noyau de fer-nickel, manteau et croûte silicate, océan, atmosphère – obéit à une logique chimique.

Enfin, troisième conclusion : les isotopes sont des indicateurs irremplaçables. A l'aide de l'analyse de quelques isotopes contenus dans quelques milligrammes de roche, on a reconstitué le paysage de la Terre il y a 3 milliards ou millions d'années.

Cette géochimie établissant les compositions chimiques des objets terrestres a évidemment été complétée par une géochimie dynamique. Cette dernière s'intéresse, par exemple, à la description chimique des grands phénomènes géologiques examinés comme des processus physico-chimiques : volcanisme, érosion, sédimentation, formation de l'océan ou de l'atmosphère, etc. Elle essaie également de décrire comment les diverses compositions chimiques que constituent les roches se transforment les unes dans les autres. Son programme d'étude est simple : comprendre tout depuis la formation des éléments chimiques lors du big bang et dans les étoiles jusqu'à la pollution des océans et des villes !

On comprendra que l'étude de telles réactions chimiques ait nécessité le développement de méthodes assez complexes. A quand peut-on fixer l'émergence de la géochimie qui, aujourd'hui, a envahi peu ou prou toutes les géosciences ?

Les premiers livres de géochimie sont dus au Russe Vernadsky, publié en 1920 en France, puis de l'Allemand Viktor Goldschmidt, publié en 1939.

Mais c'est après la guerre que s'est développée la géochimie, notamment avec le développement des méthodes d'analyses chimiques fondées sur les diverses spectroscopies et l'utilisation des isotopes dont l'outil le plus important est le spectromètre de masse, l'outil qui permet de peser les atomes !

Géologie

Au sens large, la géologie est l'étude de la Terre ; au sens plus restreint et moderne, c'est l'étude de l'histoire de la Terre.

La démarche scientifique qui consiste à observer les structures (roches, minéraux, plis, failles...) pour en tirer des conclusions quant à leur genèse a débuté avec l'Ecossais James Hutton en 1798, et la publication de son livre *Theory of the Earth*. Après des débats houleux où va s'impliquer l'Eglise anglicane (elle préfère en effet la théorie neptunienne de Werner, car cette dernière inclut le Déluge), cette géologie scientifique va s'imposer. Ce triomphe sera ponctué par le livre de l'Anglais Charles Lyell, *Principles of Geology*, en 1830.

Cette démarche initiale a mis en évidence l'existence de deux types de roches. Les roches *ignées*, qui viennent de l'intérieur du globe sous forme de magmas – comme le granite ou les basaltes. Les roches secondaires (on dit *sédimentaires*) qui proviennent de l'altération des premières. La genèse de ces deux types de roches se situe à diverses étapes d'une séquence de phénomènes qui se répètent indéfiniment dans le temps et que l'on appelle cycles géologiques

Premiers, les magmas s'injectent dans la croûte terrestre. D'après Lyell, cette injection plisse les roches et crée les reliefs (montagnes plissées). Puis, l'érosion use ces reliefs, transporte les produits d'érosion vers l'océan où ils se sédimenteront en couche. Et le cycle recommence. Ainsi l'histoire de la Terre est-elle constituée par la succession de ces cycles qui se répètent à l'infini sans qu'on sache s'il y a eu un début et s'il y aura une fin ! Tout comme la rotation des planètes...

Le facteur temps joue un rôle essentiel en géologie, car de petits phénomènes opérant sur de grandes durées peuvent avoir des effets considérables (ex. : érosion des montagnes). Un temps qui, à notre échelle humaine, parait presque intemporel... Car il faudra longtemps, le début du XXe siècle, en fait, pour que l'homme ait une conscience exacte de la durée des époques géologiques.

L'idée de temps, et donc d'histoire, va s'imposer avec l'étude des fossiles.

Au début du XIXe siècle, William Smith en Angleterre, Lavoisier et Guettard puis Cuvier en France, vont fonder ce qu'on appelle la *stratigraphie.*

On savait depuis longtemps qu'une strate qui en recouvre une autre est plus jeune qu'elle – Nicolas Steno et Léonard de Vinci l'avaient déjà écrit. Dans une séquence sédimentaire, le temps se déroule du bas vers le haut. Mais les premiers stratigraphes ajoutent cette observation : certains fossiles sont caractéristiques d'une série de couches sédimentaires, et cette présence se suit latéralement sur de grandes distances. Ils montrent ensuite que d'autres fossiles, caractéristiques d'autres strates sédimentaires, leurs sont antérieurs ou postérieurs. Ils dressent ainsi un catalogue des fossiles caractéristiques, autrement dit une séquence de fossiles. Cette séquence se retrouve à l'identique dans le bassin de Paris et le bassin de Londres, puis, de proche en proche, dans tous les bassins sédimentaires, y compris outre-Atlantique.

On a donc un enregistrement du déroulement du temps sous forme d'une succession de fossiles et de strates sédimentaires.

L'étape suivante va consister à diviser ces séquences géologiques en époques. Ces grandes divisions seront appelées les *ères*. On parle d'ère primaire, secondaire, tertiaire, quaternaire. Puis, à l'intérieur des ères, on va définir des étages. L'ère primaire en comprend six : cambrien, ordovicien, silurien, dévonien, carbonifère, permien. L'ère secondaire, trois : trias, jurassique, crétacé. L'ère tertiaire, quatre : éocène, oligocène, miocène, pliocène.

A l'aide de cet outil, on va donc pouvoir dresser des cartes géologiques. Lavoisier et Guettard furent les pionniers de cet exercice, qui va faire apparaître une complication. Car toutes les strates sédimentaires ne sont pas sagement superposées comme dans les grands bassins que sont ceux de Londres ou de Paris. Souvent, elles sont coupées par des surfaces de discontinuités : les failles, et parfois elles sont plissées et tordues, par exemple dans les montagnes comme les Alpes et les Pyrénées.

Ainsi, la stratigraphie va donner naissance à la tectonique (mot de même racine qu'archi*tect*ure), qui est l'étude de la structure de l'écorce terrestre. On attribue sa fondation à Léonce Elie de Beaumont, qui fut l'élève de Cuvier et lui succéda au Collège de France. La cartographie géologique des zones plissées est évidemment beaucoup plus difficile, car il faut reconstituer des structures qui vont se révéler de plus en plus complexes. Témoin la découverte des fameuses nappes de charriage dans les Alpes, ou des terrains plissés.

Ainsi, le développement de cette géologie s'est fait suivant une séquence logique. L'origine des roches, l'enregistrement du temps par les strates, la structure de l'écorce terrestre.

Lorsque, jeune étudiant, je me trouvai projeté dans cette géologie classique, je fus pourtant frappé par un fait : son désintérêt pour l'aspect théorique, la recherche des causes, l'origine de la Terre, son âge, son évolution. On accumulait des observations, on tentait de les structurer, mais sans support théorique ; la démarche était descriptive et ne menait nulle part. La seule tentative théorique était celle dite des *géosynclinaux* qui, bien que timide, était rejetée par la majorité des géologues comme trop simpliste. La géologie classique avait dissocié l'observation de la théorie ; elle avait donc coupé le fil conducteur de la démarche scientifique.

Mais il y avait à cela une explication. Les débuts de la géologie avaient en effet été marqués par des polémiques violentes avec l'Eglise anglicane.

Primo, l'idée que la formation des reliefs avait son origine dans la montée des magmas donnait au Diable le rôle de constructeur. Dieu – le ciel – avait quant à lui celui de détruire, d'éroder ! Intolérable.

Secundo, Hutton puis plus tard Lyell affirmaient que l'histoire de la Terre s'était déroulée sur des millions, des milliards d'années, peut-être plus, sans qu'on puisse imaginer un début. Cela contredisait la genèse du monde en six jours décrite par la Bible. Cette opposition s'amplifia encore lorsque Charles Darwin prétendit que les fossiles variaient suivant l'époque, par suite du mécanisme d'évolution des espèces. Sacrilège. A la suite de ces remous, qu'on peut situer en gros dans la première moitié du XIXe siècle, les géologues s'étaient peu à peu réfugiés dans la pratique d'une géologie opérationnelle, descriptive, sans théorisation. « La géologie a coupé ses liens avec l'astronomie, elle y a gagné en sérieux et en calme », disait Charles Lyell.

C'était d'autant plus vrai que cette géologie se révélait économiquement efficace. On traçait des routes, on creusait des canaux, on trouvait des minerais, puis du charbon, puis du pétrole, puis de l'eau souterraine. Pourquoi se poser trop de questions ? La profession de géologue était, de surcroît, largement verrouillée par des scientifiques profondément croyants qui n'avaient pas l'intention de perturber leur tranquillité par des conflits entre leurs pratiques scientifiques et leurs croyances religieuses. La pratique du terrain, souvent austère et pénible, leur donnait une bonne conscience de chrétiens ! Cette attitude a perduré jusque vers les années 1960, et c'est celle que j'ai connue comme étudiant puis jeune chercheur. On avait prestement enterré la théorie de la dérive des continents de Wegener, car elle venait semer le trouble. La géologie n'était pas une discipline de spéculations : c'était une science solide, fondée sur l'observation de terrain.

Cette belle sérénité allait être bouleversée par l'introduction des méthodes de la physique et de la chimie pour étudier la Terre. Le big bang, c'est en effet la détermination de l'âge de la Terre et de l'échelle absolue des temps géologiques. On réalise soudain que la géologie classique avec ses fossiles et sa cartographie ne représente qu'un neuvième de l'histoire de la Terre, cette Terre qui a un âge, donc une origine.

Le second bouleversement de l'histoire de la géologie aurait dû être provoqué par le développement du paléomagnétisme sous l'impulsion de l'Anglais Keith Runcorn (1922-1995) et de ses élèves, car il montrait que la dérive des continents de Wegener était une réalité. Son succès fut hélas mitigé, mais son travail préparait la révolution future, car les jeunes esprits mûrissaient. Ils sentaient qu'il y avait un potentiel extraordinaire, encore inexploré.

L'explosion de la géologie classique eut lieu avec deux événements indépendants, mais concomitants.

Ce fut d'une part l'avènement de la théorie de l'étalement des fonds océaniques – deux tiers du globe dont on ne savait pas grand-chose jusqu'alors ; d'autre part l'exploration de la Lune, puis des planètes, qui posait la question de la Terre comme « une planète parmi ses sœurs ».

Ainsi, en moins de trente ans, la géologie avait multiplié son domaine temporel par neuf, son domaine géographique par trois ! De nouvelles disciplines étaient venues se joindre, se substituer parfois aux anciennes : géologie isotopique, paléomagnétisme, paléoclimatologie, océanographie géologique, géochimie, géophysique...

Mais cela, c'est une autre histoire !

Géophysique

Cette science a une double face : d'une part, la géophysique utilise les méthodes physiques pour étudier la Terre ; d'autre part, elle recherche quels processus physiques sont à l'origine des processus naturels.

On divise la géophysique en deux sections :

— La géophysique externe, qui s'intéresse aux enveloppes fluides de la Terre : atmosphère et océans.

— La géophysique interne, qui travaille sur l'intérieur du globe, sur la Terre solide.

La géophysique externe est divisée en météorologie d'une part – science qui travaille sur la troposphère et se préoccupe de comprendre la manière dont s'élabore le temps qu'il fait, et en science de la haute atmosphère. Cette dernière est une science très différente, car, contrairement à ce qui se passe dans la troposphère, les molécules ou les atomes sont partiellement ionisés dans la stratosphère, et encore davantage dans l'ionosphère. La discipline physique qui est au cœur de la météorologie est la mécanique des fluides pour la théorie et l'optique pour les observations. Elle a fait des progrès substantiels ces dernières décennies grâce à l'utilisation des satellites d'observation et des ordinateurs, même si certains ont tendance à confondre leurs simulations avec la réalité et oublient que le critère ultime, c'est l'observation et les faits naturels. La géophysique de la haute atmosphère est très proche de la physique car les atomes et molécules sont partiellement ou totalement ionisés, formant ce qu'on appelle un plasma. Elle avait une importance essentielle avant l'ère des satellites car on transmettait les signaux radio en les réfléchissant sur l'ionosphère dont on devait connaître propriétés et fluctuations. Aujourd'hui on passe à travers et l'activité scientifique a beaucoup décrû.

La géophysique interne étudie traditionnellement quatre domaines.

Le magnétisme terrestre. Il s'agit de comprendre le magnétisme naturel terrestre. Le champ magnétique terrestre a deux composantes : l'une interne, au niveau du noyau fluide terrestre ; l'autre externe, qui est un champ induit par l'interaction entre le vent solaire et la très haute atmosphère ionisée appelée ionosphère (elle relève donc quant à elle de la géophysique externe). Le magnétisme terrestre a un prolongement historique : le paléomagnétisme (*voir* : PALÉOMAGNÉTISME).

La gravimétrie. Depuis Newton, cette science étudie le champ de gravité terrestre, c'est-à-dire la manière dont la Terre attire des objets par gravité. Aujourd'hui, une grande partie de la gravimétrie se fait grâce aux satellites, en déterminant exactement les fluctuations de leurs orbites.

La séismologie étudie à la fois le mécanisme des tremblements de terre et la propagation des ondes sismiques (ondes de type acoustique). L'étude de cette propagation permet de connaître la structure interne de la Terre et, aujourd'hui, d'en faire des images tridimensionnelles. On appelle cela la tomographie sismique.

La géothermie s'intéresse à la manière dont la chaleur interne du globe s'échappe vers la surface. Elle est fondée sur la mesure de l'augmentation de la température avec la profondeur et s'appuie sur la théorie de Fourier.

Ces disciplines sont les sous-disciplines traditionnelles de la géophysique.

Mais depuis vingt ans, deux autres chapitres ont été ouverts, plus ou moins liés.

La tectonophysique est l'étude physique des mécanismes suivant lesquels les roches se plissent et se cassent pour donner naissance aux chaînes de montagnes. L'objet est donc analogue à celui des géologues. Ce qui diffère, ce sont les méthodes et les objectifs. Car le tectonophysicien cherche à utiliser les données expérimentales afin de calculer quelles sont les forces nécessaires pour édifier les montagnes, et quelle est leur distribution à toutes les échelles.

La géodynamique a pour ambition d'expliquer les mouvements internes du globe et la manière dont ces mouvements induisent les grands phénomènes de surface – tectonique des plaques, séismes et volcans.

De plus, il y a la géophysique de surface dont les deux principales branches sont l'hydrologie, l'océanographie physique et la glaciologie. Ce sont les disciplines qui étudient les processus liés au cycle de l'eau. Elles sont très liées à la météorologie avec laquelle elles ont généré la climatologie.

Elles sont aujourd'hui en pleine renaissance grâce aux techniques spatiales.

La géophysique interne touche pratiquement à tous les domaines de la physique, sauf l'optique (l'intérieur du globe n'est pas transparent !). La géophysique externe, elle, fait largement appel à l'optique et aux ondes radio. Sans doute la géophysique est-elle la discipline dans laquelle l'utilisation abusive de l'ordinateur a fait le plus de dégâts, notamment en géodynamique, en géomagnétisme et en climatologie.

On y voit s'affronter, d'une part, une communauté majoritaire dépourvue d'imagination, qui s'en remet aux équations de base de la physique et à des ordinateurs de plus en plus gros pour penser à sa place et qui ne découvre pas grand-chose, et, d'autre part, une communauté plus petite, fidèle à la philosophie des pionniers de la physique, qui cherche à déchiffrer les phénomènes naturels avec le secours des concepts découverts ces dernières années – chaos, fractales... Ses membres ne méprisent pas l'ordinateur, ils l'utilisent même comme un outil, mais ils pensent seulement qu'ils ne remplacent pas la compréhension physique des problèmes. Ce sont eux qui sont le germe du progrès.

Comme la première communauté est majoritaire, la géophysique stagne depuis une quinzaine d'années. En tout cas, c'est mon avis.

Géosciences

Donner un nom à une discipline scientifique est une opération délicate. Le nom peut trouver son origine dans l'objet étudié par la science (on dit *cristallo*graphie), ou la méthode utilisée par cette science (on dit *radio*cristallographie). On dit « optique », de *ops* qui signifie « vue » en grec. Mais il y a aussi l'optique *quantique*. Le succès d'un nom, son acceptation et sa diffusion, dépendent de facteurs psychosociologiques qui traversent la communauté employant le mot.

Ainsi, quelles que soient leurs spécialités, les scientifiques qui étudient la vie se reconnaissent désormais tous dans le nom « biologie », et ils acceptent tous d'être appelés biologistes. Le mot inventé par Lamarck pour désigner les sciences du vivant est admis à l'unanimité, et nul n'a été tenté d'imposer à sa place le mot de « biosciences » ou de « biotique »

Dans les sciences de la Terre, il n'en va pas de même. A l'origine, le nom de cette discipline était le symétrique du mot *bio*logie : *géo*logie. Pourtant, l'ensemble des scientifiques de la Terre ne se reconnaissent pas dans cette appellation. Car sous le vocable de « géologie » s'est développée une discipline tournée vers la reconstruction de l'histoire de la Terre, avec comme méthode principale l'observation, et comme outils essentiels la classification des roches, l'usage des fossiles et la cartographie, l'étude de la structure de la croûte terrestre. La géologie s'est affirmée aussi bien dans le domaine de la recherche fondamentale que dans celui des applications. La recherche des charbons, des minerais, du pétrole, de l'eau, s'est d'abord fondée sur des méthodes élaborées par la géologie.

La géologie s'intéressait aux pierres, la biologie aux végétaux et aux animaux. Ces deux sciences formaient ce qu'en France on appelait les « sciences naturelles » et, depuis Buffon, elles s'étudiaient ensemble.

Au cours du temps, d'autres approches de l'étude de la Terre se sont distinguées. La **géographie** est sans doute l'une des plus anciennes, si on la fait remonter à des « savants » comme Hérodote. Elle se donne comme objet de décrire la surface de la Terre avec ses reliefs et ses plaines, ses mers et ses fleuves. L'établissement de cartes précises a été l'un de ses buts. Au XIXe siècle, la géographie faisait encore partie de la géologie, comme on peut le constater dans les livres d'Alexandre de Humboldt ou Elisée Reclus, par exemple. Elle s'en est séparée car avec le temps, l'aspect humain, démographique, économique est devenu prépondérant, et la géographie s'est rattachée aux humanités (on dit en France « sciences humaines »).

La seconde branche qui s'est détachée du tronc commun a été la **géophysique**. Elle consiste à étudier la Terre avec les moyens de la physique – c'est-à-dire la mesure quantitative et les méthodes mathématiques. Cette science était à l'origine fille de l'astronomie. Les méthodes traditionnelles de la géophysique sont l'étude du champ de gravité et de ses variations, l'étude du champ magnétique terrestre et l'étude de la propagation des ondes sismiques. Elles caractérisent aujourd'hui la géophysique dite « interne », celle qui a permis de définir la structure de la Terre (voir *infra*).

Mais il existe aussi une **géophysique externe** et de surface, qui s'intéresse aux enveloppes fluides externes de la Terre. Elle comprend l'océanographie, l'hydrologie et la météorologie qui étudient respectivement l'océan, les fleuves et l'atmosphère. L'appellation « météorologie » regroupe en fait la météorologie à proprement parler et la climatologie.

Les géophysiciens ne veulent pas être confondus avec les géologues. Leurs méthodes sont quantitatives, ce sont des physiciens et ils refusent d'être considérés comme des collectionneurs de roches ou de fossiles et des explorateurs de montagnes. Le développement de la géophysique sérieuse date du début du XXe siècle, même si les expéditions de Maupertuis et de Bouguer pour mesurer le méridien, l'aplatissement de la Terre et les variations du pendule ont eu lieu au XIXe siècle. (La Terre étant aplatie à l'équateur, la longueur d'un pendule dont la période est une seconde varie selon la latitude.)

Plus tardivement s'est développée la **géochimie**. On appelle ainsi la science qui étudie la manière dont les éléments chimiques se répartissent dans la Terre, et les causes de cette répartition. La géochimie s'intéresse à la naissance de la Terre, aux processus chimiques qui sont à l'origine de la fabrication des matériaux terrestres et de leur destruction. En ce sens, on peut dire que la géochimie a été précédée par la minéralogie, cette science spécialisée dans l'étude des minéraux et qui, depuis le début du XXe siècle, recourt abondamment aux méthodes de la physique (optique, rayons X).

Les minéralogistes pas plus que les géochimistes ne se reconnaissent dans le vocable « géologie ».

Pendant longtemps, l'éclatement de ces disciplines a correspondu à une véritable dispersion des sujets d'intérêts. Dès lors, les rassembler sous une appellation unique n'avait pas d'objet. Tout a changé à partir des années 1970. A ce moment se sont produites trois grandes révolutions.

La première a été l'essor de la planétologie. L'homme est sorti de sa planète. Il a rapporté des roches de la Lune, il a envoyé des sondes spatiales photographier, mesurer, cartographier, répertorier les caractères physiques et chimiques des planètes. La Terre s'est trouvée située parmi les autres planètes. On a pu faire la différence entre ses caractéristiques particulières et ce qui était vrai pour toutes les planètes en général. Tout naturellement, des questions qu'on avait perdues de vue, comme l'origine de la Terre, sont ainsi revenues à l'ordre du jour. Notre planète est devenue un sujet d'étude en soi, avec une globalité qu'on avait un peu oubliée pendant un siècle.

La seconde révolution a été la tectonique des plaques. La vieille théorie de la dérive des continents proposée par Wegener en 1910 a resurgi, mais, cette fois, avec une description beaucoup plus précise grâce aux observations géophysiques et aux méthodes de datation par la radioactivité. La répartition des séismes, des volcans, des chaînes de montagne, la géographie des continents et des océans, tous ces aspects variés de la planète Terre se sont retrouvés rassemblés dans un schéma global.

La paléontologie, le paléomagnétisme, la géochimie se sont mis à collaborer, réunissant leurs méthodes afin de résoudre un certain nombre de problèmes communs. La distinction entre géophysique, géologie, géochimie, paléontologie, géographie est restée valable pour ce qui concerne les méthodes et les techniques d'étude ; mais les objectifs de ces disciplines se sont rapprochés. Cela s'est traduit par l'élaboration commune de livres et de programmes d'enseignement, et l'organisation de réunions scientifiques et de congrès.

La troisième révolution a été liée aux questions d'environnement. Il y eut d'abord le problème du plomb émis par les antidétonants ajoutés à l'essence, puis la question de l'influence du gaz carbonique sur le climat (le fameux effet de serre), puis la pollution des mers, la détérioration de la couche d'ozone en Antarctique, les équilibres naturels entre atmosphère-biosphère-lithosphère-hydrosphère... L'« écologie » et la « climatologie » émergent, et se retrouvent associées aux sciences de la planète. D'autant plus que chaque jour se confirme une idée essentielle : celle du rôle important joué par le volcanisme dans le déterminisme du climat, ce qui signifie donc que la dynamique de l'intérieur de la Terre a sans doute quelque rapport avec les évolutions externes.

Mais ces disciplines ne peuvent pas être absorbées par le mot géologie.

Pour rassembler le tout, on a donc créé le mot **géosciences.** J'ai personnellement été l'un des promoteurs et défenseurs de ce mot qui tend désormais à s'imposer dans les instituts divers (sociétés savantes, domaines de prix scientifiques, etc.). Je ne doute pas, pour ma part, que petit à petit un corpus se dégagera de ces domaines divers, avec comme points communs la chimie, la mécanique des fluides, les échelles de temps et d'espaces emboîtés, les fractales, les phénomènes d'instabilité, l'observation et l'expérimentation numérique. Mais cela prendra du temps !

A moins que le vieux vocable « géologie » ne finisse par transcender son contenu historique pour s'imposer par symétrie avec « biologie »...

Germen (par opposition à soma)

L'opposition entre germen et soma, proposée par August Weismann dans les années 1880, a joué un rôle essentiel dans la compréhension des mécanismes de l'hérédité. Le germen, dans un être vivant, est ce qui va se transmettre aux descendants. Ce sont les cellules sexuelles, qui contiennent chacune non pas 23 paires de chromosomes, mais 23 chromosomes non appariés.

Le soma, ce sont toutes les autres cellules : celles des organes, de la peau, etc. Elles contiennent toujours des paires de chromosomes. Le soma, c'est ce qui est apparent, mais périssable. Soma et germen sont séparés, ce qui interdit toute hérédité des caractères acquis. Si vous êtes victime d'une mutilation à la suite d'un accident, cette mutilation n'apparaîtra pas chez vos enfants.

Mais, réciproquement, ce qui se passe au niveau du germen des parents n'apparaîtra que dans le soma des enfants. Sur le soma des parents, ça n'aura aucune influence. Pour qu'il y ait transmission héréditaire, il faut qu'une cellule germinale agisse sur une cellule germinale, et, de plus, de la même espèce. Si vous mangez des testicules de taureau, vous n'acquerrez aucun caractère du taureau. S'il avait une tare héréditaire, vous n'en seriez pas atteint pour autant. Le pollen d'OGM de maïs ne modifiera pas les salades ou les choux-fleurs que vous cultivez. Il ne peut que féconder une fleur de maïs.

Glaciations

Le climat de la Terre a changé dans le passé. Nous en avons acquis la certitude en étudiant ces archives géologiques climatiques que sont les carottes de sédiments marins et les carottes de glace prélevées dans les calottes polaires. La Terre est passée par une alternance de périodes chaudes et de périodes froides (tout est relatif, bien sûr). Nous sommes dans une période chaude, l'holocène. La dernière période glaciaire s'est terminée il y a 15 000 ans, assez brutalement.

Au cours des derniers millions d'années, il y a eu sept périodes de réchauffement alternant avec sept périodes glaciaires.

A ces « grandes » périodes se sont superposés des événements « brefs » (d'une durée d'environ mille ans) au cours desquels se sont produits des réchauffements brutaux. Ces épisodes sont bien visibles dans les « archives » de l'hémisphère nord, et peu visibles dans celles de l'hémisphère sud.

Mais d'où sort ce scénario ? Quelles sont ces archives du passé ?

C'est une longue histoire, que nous ferons courte. En 1837, un jeune professeur de Neuchâtel, le paléontologue Louis Agassiz, prononça le discours d'ouverture du congrès de la société géologique suisse. Il y annonçait que dans le passé, il y avait eu des périodes glaciaires, et que le continent européen avait été recouvert très largement de glaciers. Il n'avait pas inventé la théorie : convaincu par un collègue suisse, J. De Charpentier, il avait élaboré à partir de là une théorie très structurée. Et il était un extraordinaire orateur, enthousiaste et vivant.

Ses arguments pour la théorie glaciaire étaient simples. Premier argument : on trouve jusqu'à Lyon des blocs énormes, striés, qui ne peuvent avoir été charriés que par des glaciers – on en voit aujourd'hui au front des glaciers alpins. Second argument : les vallées creusées par les rivières ont une forme en V, alors que les glaciers creusent des vallées en forme de U. Or on trouve des vallées en forme de U un peu partout dans le Jura, loin des glaciers actuels. Le Jura a donc été dans le passé une montagne glaciaire.

Dans un premier temps, la théorie d'Agassiz provoqua une hostilité générale. La théorie admise à l'époque pour expliquer l'existence de blocs glaciaires était d'admettre que lors du Déluge, des icebergs avaient dérivé très au sud, laissant déposer ces blocs ! Au premier rang des contradicteurs, on trouvait le géologue français Elie de Beaumont, le fondateur de la géologie. Et, avec lui, tous les grands géologues de l'époque, dont les deux Anglais Charles Lyell et William Buckland, ou les Allemands Léopold von Bush et Alexandre de Humboldt.

Pourtant, en quelques années, Agassiz retourna la plupart des géologues, à l'exception d'Elie de Beaumont.

On en était à l'idée d'une période glaciaire. Se posait alors le problème de la cause des glaciations. Pourquoi le climat de la Terre était-il plus froid hier qu'aujourd'hui ?

Le premier à oser une explication fut, en 1842, un

Français, Alphonse Adhémar. Il posa en effet la bonne question, et donna la bonne direction de réponse. Pourquoi le climat peut-il changer ? Parce que le rayonnement reçu du Soleil peut varier. Adhemar porta son attention sur l'inclinaison de l'axe de rotation de la Terre par rapport à un plan de rotation autour du Soleil. Cette inclinaison, on le sait, est à l'origine des saisons. Mais il y a aussi le fameux effet connu sous le nom de « précession des équinoxes », décrivant le fait que la position des équinoxes sur l'ellipse varie lentement. Cette rotation des équinoxes se produit avec une période de 22 000 ans. A partir de là, Adhemar conclut qu'il devait y avoir une série de périodes glaciaires divisées en deux : celles qui avaient lieu dans l'hémisphère nord, les autres, dans l'hémisphère sud.

James Croll reprit la théorie, mais cette fois il porta son attention sur la variation de la forme de l'orbite. C'est une ellipse. Mais, par suite de l'attraction des autres planètes, surtout Jupiter, et du satellite de la Terre, la Lune, l'ellipse s'allonge plus ou moins. La période de cette élongation que l'astronome Urbain Le Verrier mit dix ans à calculer (il n'y avait pas d'ordinateurs à cette époque, tout se faisait à la main) le conduisit à estimer que la dernière glaciation avait eu lieu il y a 240 000 ans. Il concluait à une alternance de périodes froides et chaudes, et aussi qu'il y avait des glaciations d'hémisphère sud et des glaciations d'hémisphère nord.

Ces deux approches théoriques (même si Adhémar d'une part, Croll et Le Verrier d'autre part avaient tous deux faux du point de vue quantitatif) eurent un immense mérite : elles parlaient de *périodicité*. Les géologues étaient invités à rechercher dans les archives du passé, c'est-à-dire les couches géologiques, non pas une période glaciaire, mais des périodes glaciaires alternant avec des périodes chaudes. C'est John Geikie, géologue écossais, qui montra que, effectivement, les signes glaciaires alternaient, dans les séquences sédimentaires, avec des fossiles caractéristiques de climats tempérés, voire chauds.

Après des années de travail, les géologues affirmèrent qu'il y avait eu dans la période quaternaire quatre glaciations. L'étape suivante va avoir comme héros un mathématicien serbe du nom de Milutin Milankovitch. Ce dernier va tenir compte de tous les facteurs qui font varier l'ensoleillement de la Terre : la précession des équinoxes, la variation de l'excentricité, mais aussi la variation de l'angle de rotation de la Terre avec la perpendiculaire au plan de rotation périsolaire. Tous les facteurs en même temps ! Tâche difficile, surtout lorsqu'on fait les calculs à la main. Arrivé au terme de ce travail, Milankovitch émet une idée nouvelle : les périodes glaciaires n'ont pas pour origine une insolation moins importante en hiver, mais en été. Car alors, autour des pôles, il n'y a pas de débâcle, et les glaciers deviennent permanents.

Avec l'aide d'un climatologue allemand, Köppen, et du gendre de ce dernier, un nommé Alfred Wegener (le même !), il établit une courbe prédisant dans le temps les périodes glaciaires et interglaciaires.

Il faudra près de cinquante ans pour démontrer que ses prédictions étaient exactes. Il faudra, en fait, que la géologie isotopique se développe, permettant d'une part de dater les « carottes » sédimentaires prélevées dans les océans, et d'autre part de déterminer les paléotempératures à l'aide des isotopes de l'oxygène. On confirmera ensuite cela grâce aux couches de glace de l'Antarctique qui, elles aussi, constituent des archives du climat.

On a découvert par la suite des phénomènes encore plus extraordinaires. On savait, depuis les années 1960, qu'il y avait eu une grande glaciation voici 650 à 700 millions d'années. Mais on s'est aperçu que les traces glaciaires existaient jusqu'à l'équateur de cette époque ! Du coup, on a bâti une théorie qui affirme que la Terre a été entièrement glacée. On appelle cela le *snow ball Earth*. La Terre, entièrement gelée, ne se serait réchauffée que grâce aux volcans qui auraient percé la glace, émettant dans l'atmosphère beaucoup de gaz carbonique. Comme il n'y avait pas d'océan (il était gelé) pour absorber le gaz carbonique en formant des calcaires, l'effet de serre serait devenu vénusien et aurait fait fondre la glace !

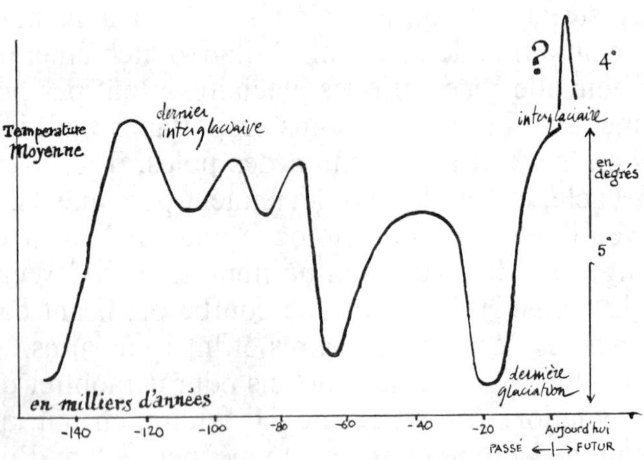

Fluctuations de la température moyenne du globe montrant l'existence de périodes glaciaires et interglaciaires et l'interrogation du futur. L'échelle est en milliers d'années.

Un adage commun aux sciences humaines et aux sciences géologiques dit que « l'étude du passé est la clé pour prédire l'avenir ». Que peut-on prévoir pour le futur ?

Aujourd'hui, on est dominé par la crainte d'entrer dans une période ultrachaude à cause de l'activité humaine et des émissions de gaz carbonique qui lui sont liées. Alors, les périodes glaciaires ne sont pas à l'ordre du jour.

Mais c'est là ne se fier qu'aux apparences. Ce que nous apprennent les archives géologiques, c'est que les changements climatiques peuvent survenir brutalement, très brutalement, car le système climatique (*voir* : CLIMAT) est caractérisé par une grande instabilité. Donc, tout est possible. Réchauffement – ou, à l'inverse, refroidissement provoqué par une réaction inversée du système climatique. On ne sait pas. L'influence de l'homme sur le système climatique provoque de grandes instabilités, cela paraît certain ; mais le système climatique est lui-même capricieux... Alors, il faut être prudent dans les prédictions.

H

Hasard

« Le hasard est un mot destiné à cacher notre ignorance », disait le grand probabiliste Emile Borel (1871-1956). Est-ce vrai, ou y a-t-il dans la nature des comportements qui, intrinsèquement, n'obéissent à aucun déterminisme ?

Lorsqu'on lance une pièce en l'air et qu'on spécule sur le fait de savoir si elle va retomber en montrant pile ou face, il semble bien que le résultat soit réellement indéterminé, qu'il n'y ait aucun moyen de prédire le résultat de l'expérience.

Certains, évidemment, prétendront qu'en connaissant les petits détails qui règlent ma façon de lancer, ainsi que les lois hydrodynamiques qui s'appliquent à l'atmosphère, on pourrait connaître le résultat. Difficile de s'en persuader. Vu le nombre de paramètres qui interviennent dans cette expérience, il paraît assez naturel d'attribuer le résultat au seul fait du hasard.

Cette idée que le hasard soit en lui-même une propriété de l'univers a été exploitée très profondément par la mécanique quantique, dont toutes les lois sont des lois de hasard. Pour les « puristes » de cette théorie, aucune loi déterministe ne pourra jamais expliquer les mouvements des électrons au niveau de l'atome. C'est contre cette idée du hasard intrinsèque que s'érigeait Einstein avec sa fameuse phrase « Dieu ne joue pas aux dés ».

En face de cela, les études modernes sur le chaos ont remis à l'honneur les travaux de Poincaré. Ce dernier a montré que les trajectoires décrites par des lois parfaitement déterministes pouvaient donner naissance à des mouvements très variables. Une section de ces mouvements dans un plan perpendiculaire donne une suite de points répartis apparemment au hasard. Dans ce cas, le hasard est un aveu d'ignorance ! Mais on peut hardiment généraliser et dire que le monde quantique est un monde à qui il manque une ou deux dimensions, qu'il est une projection, ou encore une moyenne, et que les lois déterministes existent à une échelle moindre. C'est un sujet de débats.

Si l'on s'en tient aux faits, c'est-à-dire aux théories scientifiques actuelles, il y a deux types de hasard. Le hasard déterministe, qui n'est qu'une illusion ignorante. Le hasard intrinsèque, qui échappe à toute rationalisation. Les transitions de l'un à l'autre sont possibles. Voilà un vrai débat mathématique et philosophique pour les générations futures. Dieu joue-t-il aux dés ?

Heisenberg Werner (1901-1976)

C'est l'un des héros de la mécanique quantique. Il fit sa thèse à Munich sous la direction d'Arnold Sommerfeld. Il inventa en 1925 avec son ami Pauli ce qu'on appela alors la « mécanique des matrices », première version de ce qui deviendrait la mécanique quantique.

En 1927, il découvrit le célèbre principe d'incertitude suivant lequel, à l'échelle microscopique, on ne peut pas mesurer avec précision à la fois la localisation et la vitesse d'une particule. Si l'on augmente la précision sur l'une, on augmente l'erreur sur l'autre, et vice versa.

Pendant la guerre, il se rallia semble-t-il au régime nazi et dirigea le programme de construction d'une bombe atomique allemande. Le fit-il par patriotisme, par ralliement à l'idéologie nazie ou sous la contrainte ? Il perdit en tout cas beaucoup de prestige dans l'affaire, d'autant qu'on découvrit à la fin de la guerre que ce programme était très médiocre, bien loin de celui qu'avaient réussi les Américains !

Hélium

L'hélium est le second élément chimique après l'hydrogène dans l'univers. Son noyau est composé de 2 protons et 2 neutrons, et il est entouré de 2 électrons.

Dans l'univers, l'hélium est essentiellement le fruit de deux processus. Le premier est le big bang, qui a fabriqué avec l'hydrogène un peu d'hélium et un peu de lithium. L'autre est la chaîne de réactions nucléaires qui se produisent dans les étoiles de la séquence principale (*voir* : ÉTOILE) comme notre Soleil. A partir de l'hydrogène, elles fabriquent de l'hélium. Cette synthèse est compliquée, mais c'est elle qui, en dégageant de l'énergie, assure la survie de notre Soleil – donc notre survie. Les rayons solaires qui chauffent notre atmosphère et nous permettent de vivre sont directement le résultat de la synthèse de l'hélium au cœur du Soleil, source d'énergie et donc de lumière.

Et si la synthèse s'arrêtait ? Elle le fera dans 5 milliards d'années environ, lorsqu'elle aura épuisé son combustible nucléaire. Le Soleil se transformera alors en une étoile plus grosse et plus rouge.

L'hélium est également produit par les désintégrations radioactives mettant en jeu des rayons, c'est-à-dire l'émission de noyaux d'hélium par un atome radioactif. Cet élément est en faible abondance sur Terre, mais il est important dans l'univers, car c'est le noyau le plus stable. Ainsi, le carbone C12, ce sont trois atomes d'hélium assemblés ; l'oxygène O16, ce sont quatre atomes d'hélium assemblés, etc Deuxième élément après l'hydrogène, l'hélium est une « brique » essentielle dans la fabrication des éléments chimiques. Il a été découvert par le chimiste anglais Ramsay en 1895, en étudiant un minerai d'uranium, la clévéite, vingt-huit ans après que les astronomes Janssen et Lockyer eurent supposé son existence en observant la couronne solaire.

Hergé

Pourquoi faire figurer le créateur de Tintin dans ce dictionnaire ? Parce qu'il a été un extraordinaire vulgarisateur de la science et cela de manière diverse.

D'abord il a écrit deux magnifiques volumes, *Objectif Lune* et *On a marché sur la Lune*. Imaginez : *Objectif Lune* date de 1953, quatre ans avant le premier spoutnik ! Plus d'une décennie avant le premier pas d'Armstrong, c'était extraordinaire ! Et beaucoup plus réaliste que Jules Verne... Les fusées, le paysage lunaire, l'équipement des astronautes, tout y est. Bien sûr, les Dupontd circulent sur la Lune comme s'il y avait de l'oxygène, mais enfin...

C'est avec de tels ouvrages qu'on fait aimer la technologie spatiale.

Sans doute Hergé s'était-il beaucoup renseigné auprès de personnes qui travaillaient dans le secteur aéronautique, mais tout de même il a si bien imaginé ce que les astronautes Armstrong et Aldrin allaient rencontrer quinze ans plus tard que c'est assez saisissant. D'ailleurs, je me souviens du soir où j'ai vu Armstrong posé son pied sur la Lune, j'étais très ému, mais je n'étais pas surpris. J'avais lu *Tintin*. Et puis, bien que cela n'ait rien à voir avec la science, cette réplique merveilleuse des Dupontd, ayant fait part au capitaine Haddock de l'existence de deux traces de pas sur la Lune, traces que le capitaine avait bien sûr attribué aux deux policiers, ils lui répondirent : « Impossible car il y a deux traces et nous sommes seuls ! » C'est bien sûr à partir de cette séquence qu'Hergé donna le titre à son volume. Alors, bien sûr, les grincheux diront qu'Hergé a ridiculisé la science avec les excentricités du professeur Tryphon Tournesol, sa surdité, ses inventions invraisemblables, son inattention. Ressentir cela serait penser que le personnage de la Castafiore contribue à salir l'image des divas d'opéra ou que le personnage de M. Rastapopoulos est une satire sévère d'Aristote Onassis. Je crois au contraire que Tournesol, pardon, le professeur Tournesol est éminemment sympathique et donc qu'il contribue à renforcer une bonne image du scientifique certes un peu distrait et ésotérique, mais au fond, n'est-ce pas ainsi que sont les scientifiques ? Les modèles ? Einstein ? Poincaré ? Tout cela est bien. Hergé méritait de figurer dans le *Dictionnaire amoureux*. J'ai lu ses livres en tant qu'enfant, adulte, père, grand-père et je les ai chaque fois adorés !

Himalaya

C'est la plus haute chaîne de montagnes du monde.

Bien sûr, chacun pense immédiatement à l'Everest (altitude 8 848 mètres), aux expéditions de sir Edmond Hillary et du sherpa Tien Tsing, à l'expédition française avec Maurice Herzog, Louis Lachenal – les doigts gelés, les disputes, etc. Il y a aussi cet extraordinaire alpiniste que fut le professeur de mathématiques autrichien Meissner, qui conquit en un an, en 1978, les sept sommets de plus de 8 000 mètres de l'Himalaya, sans oxygène. L'Himalaya est un sujet de rêve pour les alpinistes. Mais nous sommes ici pour parler sciences.

D'un point de vue géologique, l'Himalaya est aussi la plus grande, la plus extraordinaire montagne du monde. Elle est en effet le produit de la collision continentale Inde-Asie. L'Inde, montant vers le nord – conséquence de la tectonique des plaques –, rencontre l'Asie. L'Inde « monte » vers le nord à la formidable vitesse de 25 centimètres par an !

Pour un continent à la dérive, c'est un record (ou presque). Aussi le choc avec l'immense bloc asiatique est-il grandiose. Deux immenses masses continentales : l'Inde, l'Asie, qui s'affrontent ! On peut imaginer que le résultat sera spectaculaire. Il le sera. Au nord, il donnera naissance au Tibet, cet immense plateau dont l'altitude moyenne culmine à 5 000 mètres. Mais, victime de la collision qu'elle vient de provoquer, l'Inde va elle-même se casser, et un bourrelet va prendre naissance par redoublement de la croûte continentale. Le bourrelet, c'est l'Himalaya.

Cette collision aura des conséquences énormes sur la géologie de l'Asie, provoquant des tremblements de terre jusque dans la région de Pékin, ou expulsant le bloc constitué par l'Indochine, comme l'a montré le géologue français Paul Tapponnier.

Les circonstances de la vie ont fait que j'ai eu à négocier, puis à mettre en œuvre, l'accord sino-français qui a permis en 1980-1981-1982 d'explorer géologiquement la zone Himalaya-Tibet à l'aide des méthodes modernes des géosciences. C'est de cette coopération qu'a émergé notre vision géologique moderne de cette zone. Je décrirai sans doute un jour cette aventure extraordinaire. Ces longs mois de négociations difficiles avec des Chinois qui ouvraient leurs frontières pour la première fois à des scientifiques étrangers ; cette expédition sur le terrain avec près d'une centaine de scientifiques travaillant à plus de 5 000 mètres ; la découverte de ce Tibet dont on parle beaucoup à tort et à travers – car en vérité, ce que réclament les bons esprits reviendrait à établir une théocratie féodale qui n'a rien à voir avec l'allure sympathique du dalaï-lama...

Bref, nous avons beaucoup appris scientifiquement, mais aussi humainement.

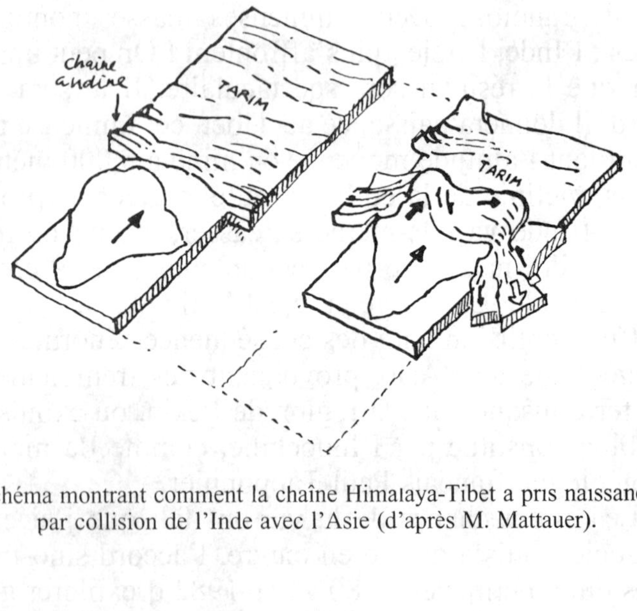

Schéma montrant comment la chaîne Himalaya-Tibet a pris naissance par collision de l'Inde avec l'Asie (d'après M. Mattauer).

Histoire des sciences

C'est une discipline scientifique essentielle, tant pour les historiens que pour les scientifiques. Comprendre l'origine des découvertes scientifiques, la démarche qui les a inspirées, en les replaçant dans le contexte historique où elles ont été faites : voilà qui est indispensable pour comprendre la marche du progrès scientifique.

Comme l'a fort bien démontré le grand historien anglais Arnold Toynbee, la science est le véritable moteur du progrès des civilisations. Les guerres, les révolutions, les conquêtes, les défaites ont certes été importantes, mais les changements de civilisation ont résulté finalement des changements dans les techniques, eux-mêmes conséquences des découvertes scientifiques. Témoins la machine à vapeur, l'électricité avec la lampe d'éclairage, le pétrole, le transistor – pour ne rien dire de la découverte du fer ou de la roue...

Et pourtant, l'histoire des sciences est une discipline fort négligée. Sans doute parce qu'il est difficile d'avoir une double formation d'historien et de scientifique. Pratiquée avec une approche synthétique, l'histoire des sciences est riche d'enseignements pour la science d'abord, pour l'histoire, pour la philosophie comme pour la sociologie. Plus pointue, au cas par cas, elle est essentielle pour qui veut comprendre la démarche scientifique.

La science proprement dite – corpus de connaissances et de méthodes, tel que nous le concevons aujourd'hui – n'existe que depuis Galilée, c'est-à-dire le début du XVIIe siècle. Mais le créateur de la science moderne n'est pas le Galilée de la lunette astronomique, ni celui du procès légendaire de 1633. C'est le Galilée première manière, celui d'avant 1600 : le professeur de l'université de Padoue qui expérimente et théorise, établissant les lois de la chute des corps, le principe d'inertie et la première notion de relativité. C'est cette combinaison-là, théorie + observation et expérience, qui est le diptyque fondateur de la science A Galilée, et exactement à la même époque, il faut associer Kepler. Lui aussi combine observations et théorisation pour établir les lois qui régissent le mouvement des planètes. C'est là le début de la science au sens plein.

Certes, il y a quelque chose d'arbitraire à faire coïncider le début de la science moderne et le début du XVIIe siècle. Après tout, on pourrait aussi dire que Claude Ptolémée et son modèle géocentrique du mouvement des planètes, ou Archimède et sa loi de l'hydrostatique, avaient déjà combiné observation et théorie ! C'est vrai, mais leur démarche était restée isolée. Ils n'avaient guère été imités [1].

A partir de Galilée, c'est toute la science qui va essayer de se construire en observant, en théorisant, en essayant de découvrir les lois de la nature. Les successeurs immédiats s'appellent Huygens, Pascal, Hooke, Newton, Leibniz, etc. La science ne s'arrêtera plus. Galilée et Kepler sont les premiers maillons d'une chaîne continue.

Nous distinguerons donc une période pré-historique (avant le XVIIe siècle) et une période historique. En les évoquant, nous devons toujours garder à l'es-

1. En matière d'antériorité, distinguer ceux qui avaient vu juste mais sont restés ignorés et les précurseurs, germes d'une lignée.

prit deux données essentielles. D'une part, l'histoire se lit « à l'envers » : c'est à la lueur des faits actuels que l'on juge le passé. Wegener est un pionnier aujourd'hui à cause de la tectonique des plaques ; il y a trente ans, c'était pour beaucoup de géologues un doux rêveur. Oswald Avery et ses collaborateurs, qui avaient montré en 1944 que les gènes étaient constitués d'ADN, étaient considérés comme d'honnêtes chercheurs, sans plus, jusqu'au moment où Watson déclara qu'il avait cherché la structure de l'ADN parce qu'il croyait aux travaux du groupe Avery sur ce sujet. Et ainsi de suite. Second point, on a toujours tendance à raisonner sur le passé en minimisant les voyages et les contacts existant entre civilisations. Souvenons-nous : César, déjà, envoya un ambassadeur en Chine. Les voyages étaient certes plus longs et plus difficiles, mais ils étaient déjà nombreux, bien avant Colomb ou Magellan.

La préhistoire des sciences est une époque très riche en découvertes. C'est en outre au cours de cette période que se construisit petit à petit l'esprit de la science. La cristallisation galiléenne ne sort pas du néant.

On sait aujourd'hui – et on le découvrira de plus en plus – que la Chine et l'Inde ont été des foyers scientifiques au moins aussi importants que la Grèce en ce qui concerne les nouvelles découvertes et la compréhension de divers phénomènes naturels.

Mais leurs découvertes ont été assimilées, digérées par les Grecs. La science est née en Occident, et c'est là qu'elle s'est développée. (A ce propos, le miracle grec, celui des écoles d'Asie Mineure puis d'Athènes, ne doit pas faire oublier la période la plus faste, celle d'Alexandrie sous les Lagides.)

Premier constat : il n'y a pas une science chinoise, ou indienne, qui se développerait sur des principes différents : il y a une science universelle. Et aujourd'hui, la Chine rattrape son retard en apprenant la science occidentale et en acceptant sa démarche. L'Inde fait de même. Elle se développe plus vite ici ou là, mais toujours sur les mêmes principes formalisés qu'en Occident. Or cette science occidentale s'est toujours réclamée de la Grèce, même si beaucoup d'auteurs récusent son originalité. Les Grecs n'ont rien inventé, à part peut-être quelques théorèmes de géométrie, entend-on dire. Comme on entendra plus tard dire que les Arabes n'ont rien inventé.

Il n'empêche : les Grecs et les Arabes ont été des acteurs clés, essentiels dans l'émergence de la science. A supposer qu'ils n'aient rien créé comme nouveaux principes, nouvelles lois, nouveaux concepts (ce qui est discutable), ils ont inventé l'action de rassembler les savoirs épars en des touts cohérents « Un tas de briques n'a jamais fait une maison », disait Poincaré. La science, ce sont des découvertes des lois de la nature rassemblées en un tout cohérent. Tel fut l'apport essentiel de l'Occident, et d'abord de la Grèce puis des Arabes. L'effort de synthèse, essentiel.

Second constat : il semble bien que l'organisation rationnelle à des fins exclusives d'applications concrètes tue, à terme, la créativité scientifique. La Chine en est le meilleur exemple.

Jusqu'au XIIe siècle, la Chine, en effet, a été très en avance scientifiquement et surtout technologiquement sur l'Occident. Mais à partir du VIe siècle, les empereurs ont entrepris de structurer le pays – en fait, de le bureaucratiser –, et ils vont ralentir puis arrêter l'élan de la science chinoise. Ils ont ainsi, entre autres, créé les premiers établissements destinés à développer les applications des sciences (on parlerait aujourd'hui d'« instituts de recherche »). Mais il n'y avait aucune place pour des activités de recherche fondamentale ; le questionnement sur le monde n'existait pas. « La société est plus importante que le cosmos », dit Confucius. Peut-être a-t-il raison. Quoi qu'il en soit, le résultat est là : la science utilitaire étouffe lentement la science. Lorsque aucune théorie englobante, aucun paradigme n'est construit, la science peu à peu s'étiole et s'essouffle. La vraie motivation de la science, c'est le besoin qu'a l'homme de comprendre le monde qui l'entoure et ses origines, d'où il vient... à défaut de savoir où il va !

Second exemple de cette attitude, dans un contexte très différent : Rome. Les Romains ont inventé le droit et la police au sens moderne du terme. Ce sont des organisateurs rationnels de la société. Ils organisent tout : l'armée, l'agriculture, la société, l'empire et même les dieux à qui on fait appel « en tant que de besoin » comme on dit au Conseil d'Etat. Les techniques sont utiles, surtout si elles s'appliquent aux arts militaires. Quant à la science et à la philosophie héritées des Grecs, on les respecte, on les admire, on les enseigne même, mais on ne les développe pas. (En ce sens, on peut dire qu'en France l'Ecole polytechnique, créée à l'origine avec un idéal grec, est devenue de plus en plus romaine !) Rome laissera derrière elle un champ de ruines scientifiques. Oui, je sais, il y a Lucrèce, ses intuitions en mécanique des fluides et sa première approche du rationalisme. Soit. Mais au total, un homme seul, c'est peu, pour la science romaine.

Sans les Arabes, l'apport grec eût été perdu. Mais la science arabe a disparu pour les mêmes raisons – avec, dans le rôle des Romains, les Turcs. Eux aussi sont des organisateurs de société et friands d'exploiter les découvertes technologiques. Eux aussi ont hérité d'une science très vivante : la science arabe. Comme les Romains, ils sont amateur de culture et d'art. Faute, toutefois, d'un intérêt pour la philosophie naturelle qui dépasserait le Coran, les Turcs vont liquider la science arabe en deux siècles.

Bien sûr, l'exploitation des découvertes scientifiques du point de vue technologique est indispensable aux progrès de la société. Elle en est même le moteur. Mais sans une démarche de réflexion et de recherche plus fondamentale en parallèle, l'innovation stagne. Voilà le message de l'Histoire. Un message fort à méditer. L'Homme et ses angoisses restent la seule véritable inspiration de la science.

Autre enseignement de l'histoire des sciences : l'efficacité extraordinaire du système universitaire dans le développement et la diffusion de la science. Le premier exemple vient de Grèce, avec Athènes et ses deux universités, l'« Académie » de Platon puis le « Lycée » d'Aristote, qui furent des pépinières de talents. Ce fut aussi le cas en « Grèce » d'Asie Mineure. Vient ensuite Alexandrie, deux siècles plus tard, où des écoles avec maîtres et disciples se sont développées.

Au XIIe siècle, c'est le tour de l'Europe avec la vague de créations d'universités : Paris, Oxford, Bologne, etc.

Ce sont bien les universités qui ont été le berceau de la démarche scientifique. Galilée, puis Newton, puis bien d'autres, ont été des professeurs d'université, et c'est dans une ambiance universitaire qu'ils ont fait leurs découvertes. En fait, si la science s'est développée en Europe et pas ailleurs, ce n'est pas un coup de chance, comme le pensait Einstein ; c'est la conséquence de la structuration d'un réseau universitaire extrêmement efficace.

Les leçons de l'histoire des sciences viennent donc étayer les résultats des études comparatives américaines entre *National Labs* et universités : en matière de recherche et de création, la structure universitaire est plus efficace que la structure en instituts isolés consacrés à la seule recherche.

Les causes de ce rôle extraordinaire des universités dans le développement de la science sont multiples.

Tout d'abord, le système d'enseignement nécessite une organisation, une mise en perspective des connaissances. Si le nom d'Aristote est si longtemps resté dans la science, c'est qu'il a écrit des livres synthétiques qui d'un côté rassemblaient le savoir, et de l'autre servaient de point de départ à la discussion, à la remise en cause, au progrès.

Encore aujourd'hui, le rôle d'un professeur d'université faisant son cours n'est pas de répéter un savoir appris dans sa jeunesse, mais d'expliquer un savoir en permanent devenir dont il est lui-même acteur. La recherche est donc indissolublement liée à l'enseignement universitaire. Les universités américaines comme Harvard, le MIT ou Caltech sont recherchées par les étudiants parce que les professeurs qui y enseignent sont de grands chercheurs et qu'on y apprend la « science qui se fait ».

De ce double rôle recherche/enseignement découle la seconde raison du succès des universités dans le développement de la science : par définition, les universités fabriquent le fil d'Ariane du savoir. Les élèves formés aux derniers savoirs vont à leur tour modifier ce savoir, en le critiquant ou en le prolongeant, et ils vont ainsi apporter de nouveaux éléments à une chaîne ininterrompue.

Si Archimède avait enseigné dans une université à Syracuse, la science aurait peut-être gagné un millénaire dans son développement ! Galilée était un professeur éminemment populaire auprès des étudiants – même s'il avait été lui-même un étudiant guère populaire auprès des professeurs...

Le troisième point est une conséquence du second : ces universités ont été construites pour commenter la Bible, c'est-à-dire un ouvrage qui prétend décrire l'histoire du monde et pose donc des questions fondamentales sur la nature, sa structure, son organisation, ses lois, etc. C'est autour de cette trame théologique que va s'organiser le continuum universitaire.

Ce rôle prépondérant des écoles de pensée au sein d'institutions universitaires se comprend bien lorsqu'on examine le cheminement des découvertes scientifiques.

D'abord, soulignons qu'il y a peu de discontinuités brutales. Contrairement à l'image d'Epinal du chercheur réfléchissant seul dans son réduit et, soudain illuminé, découvrant la relativité – eurêka, j'ai trouvé ! –, les choses ne se passent pas ainsi. Il y a toujours des prédécesseurs et des successeurs. Il y a Newton parce qu'il y a eu Galilée avant, et Newton le dira et l'écrira. Newton met bout à bout les deux contributions majeures de Galilée, la chute des corps et les mouvements de la Lune. Les successeurs de Newton qui ont façonné la mécanique telle qu'on la connaît aujourd'hui s'appellent Hamilton, Laplace, Coriolis...

Les discontinuités, quant à elles, sont souvent la conséquence de découvertes « techniques ». Ainsi, la découverte de la pile électrique par Alessandro Volta en 1799 est le signal du départ des études sur l'électricité avec Oerstedt, puis Faraday, Ampère, Maxwell. Le phénomène électrique était pourtant connu depuis les Grecs, mais on ne savait pas générer l'électricité de manière continue. C'est Oerstedt, qui, en observant l'influence du courant électrique sur une aiguille aimantée (1819), lance véritablement la civilisation moderne, tout au moins la révolution de l'énergie électrique, dont le génie créateur est Michael Faraday. De même, le développement de l'ordinateur est lié à la découverte du transistor, etc.

D'ailleurs, il arrive souvent que plusieurs individus travaillent indépendamment sur le même sujet et parfois fassent les mêmes découvertes au même moment. Young et Fresnel pour la lumière, Hooke et Newton pour la loi de la gravitation, Darwin et Wallace pour l'évolution, Basov et Townes pour le laser, Morgan et Mc Kenzie pour la tectonique des plaques. Cela montre que les sujets scientifiques mûrissent et, qu'à certains moments, les idées sont « dans l'air ».

La science est bel et bien une aventure collective, en aucun cas une série d'idées géniales qui s'additionnent. Quant au contexte historique, son rôle est déterminant beaucoup plus par l'état d'esprit qui règne dans la société de l'époque que par l'influence de besoins techniques auxquels on s'efforcerait de répondre. Les découvertes techniques sont souvent les conséquences de recherches fondamentales dont le but est *a priori* très éloigné.

Lorsque Edison invente la lampe électrique moderne, ce n'est pas en cherchant à améliorer la bougie ou le bec de gaz, c'est en exploitant les découvertes fondamentales de Faraday sur l'électricité. Lorsque Hertz découvre les ondes radio, c'est en se souvenant des idées théoriques de Maxwell sur les ondes électromagnétiques. Et Marconi ne fera qu'exploiter cette découverte. Lorsque Bardeen, Brattain et Schockley découvrent le transistor, ce n'est pas pour construire des ordinateurs, c'est pour comprendre la manière dont certains corps conduisent plus ou moins bien le courant électrique (semi-conducteurs).

Sans recherche fondamentale, pas de progrès techniques. Nous l'avons déjà vu à grande échelle pour la Chine ou la Turquie. Cela posé, il faut aussi que des scientifiques ou ingénieurs aient l'idée d'exploiter les découvertes de base, évidemment.

Les progrès de la science sont donc dus à l'association recherche fondamentale-recherche technologique, couple indissociable, tout comme observation et théorie sont indissociables dans la recherche scientifique, qu'il s'agisse de recherche fondamentale ou technologique.

En ce qui concerne le climat intellectuel propice au développement scientifique, on se posera évidemment la question des religions. Dans mon livre *Dieu et la Science*, sans doute ai-je surpris en parlant du rôle positif de la Bible.

Car on m'objectera le procès de Galilée, les attaques de l'Eglise contre Darwin et la théorie de l'évolution... Et Aristarque déjà, à Alexandrie, accusé d'impiété pour avoir proposé un système héliocentrique ! Sans oublier Averroès, exilé à Marrakech pour s'être interrogé sur l'origine du monde. La conclusion logique semble être que les religions ont été des obstacles au développement scientifique.

Mais une réflexion plus profonde s'impose, et il convient de considérer le problème au deuxième degré. Il faut tout d'abord distinguer dans la religion deux entités distinctes : le clergé, les prêtres, les Eglises, d'une part ; le dogme, la croyance, de l'autre.

Le clergé et les organisations religieuses se sont opposés à la science de tout temps, sous toutes les latitudes. La science, en effet, met en doute leurs savoirs, donc leur pouvoir. Mais dans le même temps, la volonté de garder un contrôle sur le savoir, donc le pouvoir, a conduit les Eglises à encourager la recherche scientifique. Rappelons-nous la phrase de Mahomet : « Recherche le savoir... jusqu'en Chine s'il le faut. » Rappelons-nous le concile de Trente validant les idées de Thomas d'Aquin sur le savoir, ou la création du collège romain par les Jésuites à Rome au XVIe siècle. Et les rabbins encourageant les jeunes juifs à devenir scientifiques, à l'époque moderne ! Incontestablement, il y a là une continuité d'attitude.

Mais il ne faut pas oublier, à l'inverse, Bernard de Clairvaux prônant l'ignorance pieuse. La foi ne nécessite pas le savoir, au contraire. Témoin l'attitude des mollahs chiites iraniens aujourd'hui, ou celle des Eglises baptistes aux Etats-Unis, récusant la théorie de l'évolution ou l'âge de la Terre à 4,55 milliards d'années.

Pour ce qui est de la croyance elle-même, il ne fait pas de doute que l'inclusion de théories sur l'origine du monde, l'affirmation de l'existence de lois de la nature ont favorisé l'interrogation, donc la recherche scientifique. C'est vrai chez les Grecs, ça l'est surtout pour les religions du Livre, que ce soit l'islam ou, surtout, le christianisme. On crée la Sorbonne et l'université d'Oxford pour réfléchir sur la Bible et, quelques années plus tard, on y débat sur la physique d'Aristote. *A contrario*, les Chinois, dont les religions n'invitent guère à ces réflexions, n'iront jamais écrire des livres synthétiques sur les connaissances scientifiques, et leur science s'étiolera. On l'a dit.

Ma conclusion, qui surprendra sans doute, c'est qu'au total, la Bible et les religions qui en sont issues auront été un ferment pour le développement de la science – y compris dans les phases régressives. Le procès Galilée n'a pas étouffé la théorie héliocentrique, il l'a diffusée dans toute l'Europe ! Il lui a donné la plus grande publicité possible. Les ennemis d'Averroès, le scandale suscité en Espagne par ses théories, sa disgrâce et l'autodafé de ses livres en 1197, un an avant sa mort, ont été le point de départ des études sur Aristote dans l'Occident chrétien.

Intéressons-nous à présent à la manière dont la science moderne a progressé, depuis sa naissance dans les mains de Galilée et de Kepler.

La science progresse d'abord par un processus de rassemblement des connaissances éparses en des touts cohérents.

Prenons la physique. Galilée établit la loi de la chute des corps ; en même temps, Kepler établit les lois de fonctionnement du système solaire. Cinquante ans plus tard, Newton synthétise ces deux théories en une vision unique, cohérente, grâce à la loi fondamentale de la mécanique et à celle de la gravité. L'idée que les découvertes scientifiques sont immédiatement admises en vertu de leur logique elle-même est naïve. Toutes les découvertes scientifiques ont du mal à s'imposer, et elles n'y parviennent qu'après de dures batailles (parfois provisoirement perdues).

Les lois de Newton, qui pourtant « se démontrent mathématiquement », seront violemment combattues en France par l'Académie des sciences à laquelle appartenait pourtant le grand Huygens. Maupertuis sera exclu de l'Académie pour avoir osé continuer à défendre le newtonianisme, et il devra se réfugier auprès de Frédéric II en Prusse

Newton lui-même, pourtant découvreur des interférences lumineuses, refusera la théorie des ondes pour la lumière.

Einstein publie la théorie de la relativité restreinte en 1905, puis celle de la relativité générale en 1916. Mais lorsqu'il vient en France, en 1922, pour donner une série de conférences au Collège de France sur l'invitation de Paul Langevin, il ne rencontre qu'hostilité chez les scientifiques français qui refusent la relativité du temps et l'accusent d'être un propagandiste allemand dont le but est de polluer la jeunesse française !

L'idée de Lamarck sur l'évolution des espèces est refusée, malgré la conversion de Geoffroy Saint-Hilaire. Darwin la reprend, l'argumente avec l'aide de Walcott, elle est encore refusée. En 1960, à la Sorbonne, elle était encore contestée..

Les découvertes de Mendel seront ignorées pendant cinquante ans avant d'être redécouvertes. Il en ira de même pour la dérive des continents de Wegener

La résistance des milieux scientifiques aux idées nouvelles est telle que Max Planck écrira ces mots surprenants : « En science, on ne convainc personne. Les opposants meurent et les novateurs imposent leurs idées. »

Alors, on s'interroge : comment peut-on former des scientifiques, des chercheurs, des professeurs, sans un solide enseignement d'histoire des sciences ? Comment un jeune chercheur peut-il dépasser les obstacles psychologiques, sociologiques et scientifiques qui se dressent sur la route d'un vrai novateur s'il n'a pas connaissance des faits que nous avons trop brièvement rappelés ? S'il s'imagine que la création, parce qu'elle est géniale, est acceptée automatiquement par la communauté scientifique ravie ? S'il ne sait pas qu'il fallut cinquante ans pour que les travaux de Mendel ou de Wegener soient reconnus, s'il ne sait pas que, en mathématiques mêmes, les travaux de Joseph Fourier ont été raillés et considérés comme faux dans un premier temps, que ceux d'Henri Poincaré sur le comportement chaotique ont été redécouverts soixante-dix ans après ? S'il pense que l'opinion immédiate de la communauté scientifique est le gage du succès, il ne fera pas de grande innovation. A l'inverse, l'hostilité de la communauté n'est pas gage de vérité ; toutefois, si elle est immédiatement et unanimement conquise, il est rare que ce soit par une grande découverte ! Bref, tout cela doit être apprécié en connaissance de cause. Le génie est une longue patience et une école de courage intellectuel !

Ce que l'histoire des sciences nous apprend aussi, c'est que la progression se fait en alternant phases de synthèse et phases de développement, de diversification.

Regardons la physique. Les découvertes de Galilée d'une part et Kepler d'autre part, nous l'avons vu, sont réunies par Newton avec sa loi liant la force et l'accélération. C'est la phase de synthèse. A partir de là, Laplace, Lagrange et Hamilton vont développer la mécanique ; ensuite, Navier et Stockes vont la généraliser aux fluides en y intégrant les découvertes d'Archimède, puis de Pascal, sur les propriétés des fluides à l'état statique.

Du côté de la lumière, il en va de même. Newton propose la théorie dite corpusculaire avec l'idée des grains de lumière. Huygens, puis, de manière plus documentée, Young et Fresnel affirment que la lumière est une vibration. Les deux théories donnent naissance à deux optiques. D'une part, l'optique géométrique, dans laquelle les grains de lumière se propagent en ligne droite : c'est celle des instruments d'optique. D'autre part, l'optique qu'on appelle ondulatoire et qui explique les phénomènes d'interférence, de diffraction et de polarisation.

L'optique se développera suivant ce dualisme jusqu'à l'avènement de la mécanique quantique, qui montrera que la lumière est à la fois formée par des ondes et des particules. C'est une période de synthèse, d'unification. Elle va être suivie par une phase de développement dont le point de départ est l'invention du laser, suivie par l'émergence de ce qu'on appelle l'optique quantique, en plein essor aujourd'hui.

En ce qui concerne l'électricité, le développement va obéir à des règles analogues. Pierre Pélerin de Maricourt au XIIIe siècle, Gilbert au XVIIe, découvrent les lois du magnétisme. L'électricité, quant à elle, va se développer après la découverte de la pile électrique par Volta, avec notamment Oerstedt, qui découvre l'effet d'un courant sur une aiguille aimantée. Puis Ampère et Faraday vont faire la synthèse entre électricité et magnétisme. Maxwell va solidifier la théorie, mais, surtout, il va lui adjoindre la lumière et, à partir de là, développer la théorie des ondes électromagnétiques.

Elle inclura des phénomènes qui, à l'époque de la théorie, n'étaient pas encore connus : les ondes radio découvertes par Hertz, ainsi que les rayons X découverts par Roëntgen et expliqués par von Laue.

Lorsque la synthèse de la mécanique quantique va émerger, la nature de la lumière sera comprise (dualité onde/particule – en l'occurrence le photon), ainsi que son interaction avec les électrons de la matière, et on va développer un nouveau chapitre de la physique : les relations lumière-matière.

Laissons à présent la physique – qui, pourtant, va connaître une autre grande synthèse, celle de la relativité – pour la biologie.

Lamarck, puis Darwin, inventent la théorie de l'évolution ; Mendel, peu après, invente la génétique. Mais c'est à la fin du XIXe siècle que De Vries, puis Weisman, puis Morgan, vont faire le lien entre les deux et permettre l'émergence du néodarwinisme – avec comme moteur essentiel les mutations.

Et la biologie cellulaire va se développer. Avec la découverte des chromosomes, le lien avec la génétique va se faire.

Mais, d'une manière quasi indépendante, on va créer la biochimie, très proche de la chimie.

Et puis tout cela va se rassembler, trouver sa cohérence globale avec la découverte de la structure et du rôle de l'ADN. C'est la phase de synthèse.

Elle sera bien sûr suivie par une phase de différenciation, où les nouveaux concepts vont transformer l'embryologie, les neurosciences, la médecine, l'immunologie et donner naissance aux biotechnologies et au génie génétique.

Que doit en conclure un jeune chercheur désireux d'apporter une contribution importante ? Qu'il faut s'intéresser aux frontières entre disciplines différentes. C'est vers les frontières que naissent les nouvelles disciplines, les nouveaux paradigmes.

Enfin, dernier enseignement qui se dégage de l'histoire des sciences : la postérité simplifie outrageusement la marche de la science, en mettant en relief les « héros » et en ignorant les autres. De tout temps, même lorsque le nombre de scientifiques était beaucoup moins élevé, la science a été une aventure collective. Sur un sujet donné, même si la contribution de quelques-uns est plus importante que celle d'autres, souvent un contributeur non retenu par l'histoire a en fait joué un rôle déterminant. Citons Becquerel, pour la radioactivité, qui sera éclipsé par les Curie ; Avery, pour l'ADN, qui tombera dans les oubliettes de l'histoire ; le Canadien Morley, qui avait découvert l'expansion des fonds océaniques, mais dont l'article a été refusé... Deux ans plus tard, Vine et Matthews publiaient le même résultat et on autorisa alors seulement Morley à publier avec son collègue Larochelle, après les Anglais ! Pete Wyllie, Anglais lui-même, écrira dans son livre les anomalies magnétiques de Vine et Matthews ou la manière dont Morley a été « volé » par l'« establishment ».

Je ne parle pas ici de l'indélicatesse dont nous parlerons ailleurs, mais de l'histoire réécrite par la loupe déformante de la postérité. Il est évidemment normal de simplifier, de ne pas retenir tous les détails ; mais il faut savoir que cette simplification, sans doute inévitable, cache une complexité sous-jacente plus riche. C'est encore plus vrai pour les périodes récentes. Dans l'aventure de la mécanique quantique, il y a trente participants essentiels, même si l'histoire insiste sur Bohr, Schrödinger, Heisenberg, Dirac et parfois Pauli. Dans l'aventure de la biologie moléculaire, il y a au départ vingt ou trente personnes, et pas seulement Crick et Watson...

Au total, que doit retenir un jeune chercheur de l'histoire des sciences ?

1. Que le moteur de la recherche est la curiosité, et pas l'utilité. L'utilité comme unique motivation tue la science. L'idéal, c'est la combinaison curiosité-utilité, fondamental-appliqué.

2. Les découvertes se font le plus souvent aux frontières, aux lisières d'un domaine de savoir.

3. Plus une découverte est importante, moins elle est facilement acceptée. Etre un bon chercheur, c'est avoir le courage de défendre ses idées, surtout lorsqu'elles sont minoritaires. Le consensus n'a jamais fait avancer la science.

Histoire naturelle

Il y a déjà près de cinquante ans, mon père, professeur de lycée, me déclarait un soir : « Enfin, nous avons réussi. Désormais on ne nous appellera plus professeurs d'histoire naturelle, mais professeurs de sciences naturelles. »

Etrange fascination que celle exercée par le mot « sciences ». Et pourtant, quel beau nom : histoire naturelle... Beau nom non seulement parce que Buffon écrivit ses dix-neuf volumes sous ce titre – ce fut, je le rappelle, le « best-seller » du siècle –, mais parce que la perspective historique est essentielle si l'on veut comprendre le monde dans lequel nous vivons.

Nous – l'Homme, l'humanité, la Terre, la vie, le système solaire, la galaxie, l'univers – sommes tous le produit d'une histoire. Or cette histoire n'avait rien d'inévitable. Elle a été dominée constamment par une notion qu'instinctivement nous refusons (à tort) car elle sent l'irrationnel : la contingence.

La vie était improbable ? Elle fut. Une planète hospitalière pour la vie était une chance improbable ? Elle fut. Comment à travers ce monde complexe l'agglomérat de galaxies, d'étoiles et de matière étranges brillantes et noires donna naissance à notre monde ?

D'où venons-nous ? Pourquoi est apparu sur Terre un être pensant capable de comprendre le monde ? Le mystère de la création reste entier. Les physiciens théoriciens actuels qui ont décidé de rejoindre les mathématiciens dans les espaces abstraits et imaginaires nous disent que l'univers existe dans un espace à 11 dimensions, voire plus – 26 pour la théorie des « supercordes ». Nous vivrions nous-mêmes dans un espace réduit, où nous serions condamnés à une inexorable marche du temps, mais ce serait une illusion ; dans l'espace complet, le temps pourrait être remonté. Les théoriciens ont beau nous dire que notre monde est une illusion, un particularisme regrettable de leur espace à 11 dimensions, il est hélas la chape d'airain pour nous !

Revenons à l'histoire naturelle, la vraie – celle qui,

pour nous, part du big bang, se poursuit avec la formation des premières galaxies, des premières étoiles, avec les processus de synthèse des éléments chimiques dans les étoiles et les supernovae, avec la formation de nuages interstellaires formés de gaz et de poussières. Tout cela dura 5 ou 7 milliards d'années.

Et puis, dans un coin de la galaxie que nous appelons la Voie lactée, la plus proche de la galaxie d'Andromède, s'est formée une étoile – certes banale pour l'univers, mais essentielle pour nous : le Soleil.

Cela se passait il y a exactement 4,567 milliards d'années. Autour de cette étoile Soleil se sont agglomérées des planètes, lentement, progressivement, qui toutes (sauf Uranus, dont l'axe de rotation est presque parallèle au plan de l'écliptique) tournaient dans le même sens et dans le même plan autour du Soleil.

Ces planètes ont pris naissance peu à peu en agglomérant les poussières, les petites billes, les balles, bref tous ces objets que l'on appelle les planétésimaux (*voir* : ACCRÉTION).

Cette accrétion de la Terre a duré 156 millions d'années. De 4 566 à 4 400 milliards d'années.

A la fin de cette époque, l'intérieur de la Terre a partiellement fondu, sous l'effet des impacts gigantesques qu'elle subissait. De cette fusion partielle ont résulté deux phénomènes essentiels. La différenciation du fer, qui va tomber au centre et constituer le noyau ; l'échappement des gaz vers la surface, pour donner naissance à l'atmosphère et à l'océan. Parmi ces gaz, deux vont dominer : le gaz carbonique (abondant comme sur Vénus) et l'eau.

Ainsi, parmi les planètes, il en est une, la nôtre, qui a présenté des caractères particuliers extraordinaires. D'abord, la présence de l'eau. Ce composé très abondant est en effet le facteur chimique fondamental de notre planète. Sans eau, pas de vie : la matière vivante, c'est 85 % d'eau. Sans eau, pas d'activité géologique : le fameux cycle érosion, transport, sédimentation, lui-même guidé par le cycle de l'eau – évaporation, transport, pluie –, est le fondement de l'histoire géologique. C'est aussi par l'eau que l'atmosphère terrestre, d'abord riche en gaz carbonique, a purgé ce gaz et l'a transformé en calcaires. Or cette eau n'existe en abondance ni sur Vénus ni sur Mars. La Terre semble avoir bénéficié de circonstances planétaires particulières pour avoir droit à la présence d'eau.

Dès que la température est devenue plus clémente, sur cette Terre primitive, la vie est apparue. Une vie certes modeste – quelques cellules bactériennes, des algues. Mais c'est de ces êtres vivants primitifs que « tout est parti ».

Alors, sur cette planète, se sont fabriqués des océans et des continents. Les continents, soumis à la tectonique des plaques, ont dérivé. Et dans ces océans et sur ces continents s'est développée la vie.

Et la vie a évolué... Depuis les espèces primitives puis l'émergence des plantes capables de maîtriser la photosynthèse grâce à ce composé chimique particulier qu'on appelle la chlorophylle. D'une atmosphère riche en gaz carbonique, on est passé à une atmosphère purgée de son gaz carbonique, piégé dans les calcaires, et riche en oxygène, produit de la photosynthèse et permettant la respiration jusqu'à fabriquer des êtres organisés qui apparaissent brutalement dans les schistes de Burgess et puis plus tard, beaucoup plus tard, l'émergence de l'homme. On connaît à peu près le déroulement du film, mais on en ignore le pourquoi !

Claude Allègre, *Introduction à une histoire naturelle*, Fayard, 2001.

Homo

Homo sapiens sapiens, Homo erectus, Homo afarensis... Autant de noms qui s'égrènent, et dont on ne sait plus très bien comment ils se classent. Homo, c'est l'homme ; Homo sapiens sapiens, c'est nous, l'homme bipède qui parle, qui pense, qui fabrique des objets, qui a une morale (?).

Cet Homo sapiens sapiens (comme si une fois n'était pas suffisante !) existe depuis 35 000 ans. Les autres Homo, c'était avant. Et avant encore, il y avait l'australopithèque, notre ancêtre. Derrière tout cela, il y a l'éternelle question. A quel moment l'Homme pensant a-t-il émergé ?

On va de surprise en surprise.

Ces recherches sur nos ancêtres sont extrêmement difficiles : il y a peu de reliques, et les techniques n'ont rien d'évident – essayez de déterminer, grâce à la forme du bassin, si vous êtes face à un squelette de singe ou d'homme ? Essayez de déduire de la forme d'un crâne s'il s'agit ou non d'un homme qui se tenait debout et qui parlait !

Dans ces affaires, il y a deux noms omniprésents : homme et singe. Etait-ce un homme ou un singe ? Quel est le rapport généalogique entre l'homme et le singe ? Mais d'abord, qu'est-ce qu'un homme, au sens des paléontologues ?

On admet que cinq caractères distinguent les hommes des grands singes.

L'homme marche sur deux jambes ; l'homme parle ; l'homme partage sa nourriture avec ses semblables ; l'homme vit dans des campements organisés ; l'homme chasse des animaux de grande taille. Chacun de ces caractères, pris isolément, peut se retrouver chez diverses espèces, mais l'ensemble est le propre de l'homme. Pour différencier l'homme du singe et déterminer leur degré de cousinage, il existe une méthode plus récente, directement dérivée de la biologie moléculaire. Elle consiste à étudier les molécules des êtres vivants, et à mesurer leur plus ou moins grande proximité. Au début, on partait des protéines, mais depuis l'ADN s'est imposé.

L'ADN humain contient deux milliards de nucléotides, mais seulement 2 % contiennent les gènes et portent donc l'information génétique. 98 % ne portent pas le message transmis de génération en génération. Mais en se multipliant lors des reproductions sexuées, cette partie « inactive » n'en subit pas moins des mutations. Des mutations qui, elles, ne sont pas choisies, triées par la sélection naturelle, et qui s'accumulent ainsi au cours des générations successives.

Ces mutations constituent donc une excellente carte d'identité de chaque humain. On peut faire un catalogue des cartes chromosomiques des hommes fossiles et vivants, les comparer, mesurer leur plus ou moins grande différence et dessiner un arbre de proximité. On peut aussi, en partant de quelques espèces bien datées par les paléontologues et en supposant un rythme constant des mutations, élaborer une horloge moléculaire. Suivant la différence dans la signature génétique, suivant la « distance génétique » entre l'individu ou l'espèce étudié et l'espèce de référence, on en déduit un âge de séparation.

Deux axes doivent être distingués dans ces recherches. D'une part, celles qui portent sur les ossements fossiles – elles sont très délicates, car l'état de conservation n'est pas toujours parfait ; d'autre part, celles qui portent sur les divers individus des « races » humaines – beaucoup plus faciles à mener, expérimentalement.

Les anthropologues moléculaires ont utilisé une astuce réellement « géniale ». Des morceaux d'ADN existent dans les mitochondries des cellules. Chaque mitochondrie contient 15 000 ou 20 000 bases (nucléotides) – à raison de 1 000 mitochondries par cellule. Or cet ADN vient exclusivement de la mère, car seul l'ovule contient déjà les mitochondries. Le spermatozoïde, lui, ne va jouer de rôle que pour la fabrication de l'ADN génétique, celui du noyau. L'ADN mitochondrial est donc une généalogie par les femmes !

Et les hommes ? Pour avoir une généalogie par les hommes, il suffit d'étudier l'ADN du chromosome Y, le fameux chromosome mâle qui impose son sexe lorsqu'il est en présence du chromosome X (femelle).

XX = femelle XY = mâle

On possède donc une généalogie des variétés humaines par les femmes et par les mâles. A partir des recoupements multiples entre ces deux techniques, on a pu établir un certain nombre de résultats qui semblent solides, et qui ne sont pas susceptibles d'être remis en question par la découverte imprévue d'un petit os.

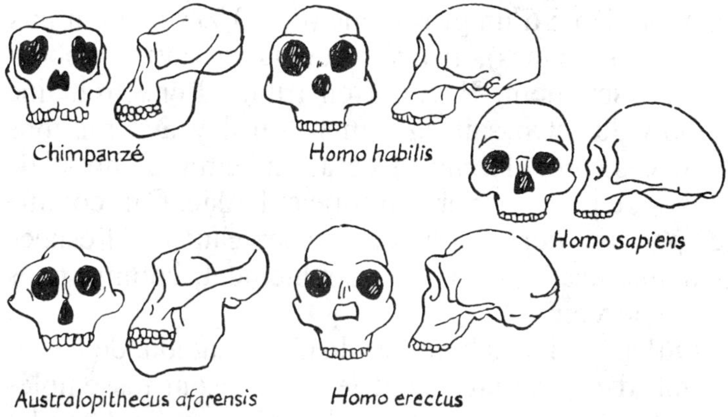

Crânes des divers spécimens qui sont utilisés
pour reconstituer l'origine de l'homme, d'après R. Leakey.

Notre arbre généalogique s'est diversifié une première fois il y a 15 millions d'années. Une lignée a conduit aux grands singes d'Asie, autrement dit à l'orang-outan ; l'autre a produit les ancêtres des grands singes africains (gorille, chimpanzé) et de l'homme.

Il y a 5 millions d'années, cette seconde lignée s'est différenciée. Une branche va produire les grands singes africains, gorilles et chimpanzés ; l'autre donnera naissance aux australopithèques puis à l'homme.

Entre 5 et 2 millions d'années, c'est la période où vivait l'ancêtre de l'homme, l'australopithèque (Lucy était un australopithèque). Il avait un crâne plus petit que l'homme et marchait tantôt debout, tantôt sur les mains et les pieds, un peu comme le chimpanzé et le gorille. La manière dont les australopithèques se sont différenciés est un sujet de débat. Ce qui semble faire l'unanimité, c'est qu'une lignée s'est éteinte, et que l'autre a donné naissance à la lignée Homo.

Ce que nous savons aussi, c'est qu'il y a 2 millions d'années vivait Homo erectus, et que c'était déjà un homme. Doté d'un gros crâne (de 50 % supérieur aux australopithèques), il avait adopté la station debout – d'où son nom. Il vivait en tribus d'une trentaine d'individus. On sait également qu'il y a 2 millions d'années, cet Homo erectus a émigré hors de l'Afrique pour gagner l'Europe et l'Asie. Car, comme le pensait déjà Darwin, le berceau de l'espèce humaine est l'Afrique. Et doublement, comme nous allons le voir.

Qu'en est-il des hommes de Cro-Magnon, de Néandertal, d'Arago, etc., dont les restes sont rassemblés sous le vocable de néandertaliens ? Comment se placent-ils dans l'Histoire ? Ces « hommes » vivaient il y a 135 000 à 50 000 ans sur un vaste territoire, l'Europe occidentale, l'Asie, l'Afrique. Ils étaient plus primitifs qu'Homo sapiens, mais plus avancés qu'Homo erectus. Les spécialistes les appellent les « sapiens archaïques ». A partir de là, deux théories s'affrontent pour l'émergence de l'homme moderne.

Pour les uns, tous les néandertaliens auraient évolué simultanément, se seraient rencontrés, interfécondés, et ces évolutions parallèles auraient finalement toutes donné Homo sapiens. Dans l'autre théorie, la plus probable, les néandertaliens se seraient éteints (comme une partie des australopithèques avant eux). Homo sapiens serait né en Afrique récemment, il y a 30 000 ou 50 000 ans. Puis il aurait émigré et envahi le monde. On a ainsi pu établir une carte de ces migrations. On a aussi pu faire un arbre de différenciation des diverses populations humaines.

Cette théorie s'appelle « Out of Africa ».

Nous serions ainsi doublement originaires d'Afrique. Adam et Eve étaient des Africains. Pas si éloignés de nous !

Yves COPPENS, *Le Singe, l'Afrique et l'Homme*, Fayard, 1983.

Richard LEAKEY, *Les Origines de l'homme*, Flammarion, 1985.

Hooke Robert (1635-1703)

N'eût été Isaac Newton, Robert Hooke eût sans doute été honoré comme un savant tout à fait éminent, peut-être même l'un des plus importants de l'Histoire. En Angleterre, les péripéties des relations entre Hooke et Newton sont connues des élèves dès l'université. Partout ailleurs dans le monde, Robert Hooke est presque un inconnu. Tout juste une formule de Hooke traîne-t-elle dans les manuels traitant des propriétés des matériaux.

Or Robert Hooke fut un scientifique extraordinaire. Il fut le premier, avant Newton, à construire un télescope à miroir. Il fut le premier à appliquer la loi de l'attraction universelle en inverse du carré de la distance pour expliquer le mouvement des planètes autour du Soleil et les trajectoires elliptiques qu'avait observées Kepler. Hooke avait compris que la force créait l'accélération ; lui aussi avait décomposé le spectre solaire en couleurs. Il avait fait les premières expériences d'interférence et défendait l'idée que la lumière était une vibration, alors que Newton penchait pour l'idée de grains de lumière.

Il est le créateur de la théorie de l'élasticité – le seul domaine où Newton n'a pas étendu sa gloire.

Ce qu'on sait encore moins, c'est qu'il fut un biologiste éminent. Il construisit lui-même un microscope avec lequel il examina les plantes et décrivit des structures qu'on identifierait bien plus tard comme des cellules. Il fut aussi un pionnier de la géologie, étant l'un des premiers à utiliser les fossiles pour reconstituer les paysages passés.

Loin de chercher à tout s'approprier, il admirait Newton, admettait sa supériorité intellectuelle et son habileté mathématique, et aurait voulu être son ami. Il lui écrivait, pour lui conter ses découvertes, des lettres touchantes d'élégance morale et de naïveté.

Newton, en revanche, le pilla copieusement, l'ignora, le méprisa. Alors que Hooke était l'un des fondateurs de la Royal Society, Newton devenu président de cette institution fit enlever les portraits de Hooke dans le hall d'entrée (*voir* : NEWTON).

Voilà un savant à réhabiliter ! Et d'abord, un nom à connaître... Saluons ici les scientifiques niçois, qui ont eu le courage d'appeler leur maison des sciences « Robert-Hooke ».

Hubble Edwin (1889-1953)

C'est sans doute l'un des plus grands astronomes de tous les temps. Il a fait ses découvertes en tirant parti de la mise en service des deux télescopes géants de Californie, Palomar et surtout Wilson (terminé en 1917). Parmi des centaines de découvertes importantes, Hubble en a fait deux plus fondamentales que les autres.

1. C'est lui qui a découvert l'existence des galaxies, ces sociétés d'étoiles organisées comme un tout. Dans les années vingt, les astronomes se disputaient sur l'origine de ce qu'ils appelaient des nébuleuses, des accumulations de gaz et de poussières dont certaines avaient des formes en spirale. En 1925, Hubble utilisa la brillance des étoiles à intensité variable, les céphéïdes, pour estimer la distance d'une nébuleuse appelée alors M31. Il situa cette nébuleuse hors de la Voie lactée, à 800 000 années-lumière de la Terre. En fait, il s'agissait de la galaxie d'Andromède, que des mesures ultérieures positionneront à 2 millions d'années-lumière.

2. C'est lui encore qui découvrit que les galaxies s'éloignent de nous, et que les plus éloignées sont aussi les plus rapides. C'était la première observation qui appuyait l'idée du big bang et de l'expansion de l'univers. Pourtant, Hubble, profondément croyant, refusa toute sa vie de spéculer sur ce sujet. Il connaissait bien sûr les travaux de Friedmann et de Lemaître, il rencontra ce dernier en Californie avec Einstein, mais il refusa toujours d'inclure ces théories dans l'interprétation de ses découvertes. Il s'était déjà trop approché de Dieu !

Ce n'est que justice que le premier télescope spatial ait été baptisé de son nom, car c'est lui qui a « débouché l'horizon ».

Humboldt Alexandre de (1769-1859)

Explorateur et scientifique allemand, il a exploré en naturaliste l'Amérique du Sud (1804-1826). Son œuvre majeure est son livre *Cosmos*, en deux volumes, dans lequel il rassemble et approfondit les idées qu'il a enseignées sur la géographie physique (climatologie, géologie générale, géographie des plantes, races humaines).

Humboldt est un savant qui, un peu à la manière de Buffon, aspire à écrire une synthèse sur la nature tout en réalisant une œuvre littéraire. On le considère parfois comme le père de l'écologie, tant il a cherché à étudier les populations vivantes dans leur milieu naturel. Il est plus simplement un naturaliste comme il en existait encore au XIXe siècle, doublé d'un géographe qui n'hésite pas à expliquer les évolutions de l'histoire humaine à l'aide des données géographiques. Francophile (sa mère est française), il séjournera souvent à Paris, se liant avec tous les savants français de cette époque, notamment Arago. Il cherche, dans son texte, à faire émerger une philosophie des sciences fondée sur l'observation. C'est l'un des grands noms des sciences naturelles du début du XIXe siècle.

La lecture de son livre offre une bonne synthèse sur ce qu'on savait de la Terre – son origine, sa géologie, sa minéralogie, mais aussi son peuplement animal, végétal et humain – aux environs de 1830.

Huygens Christian (1629-1695)

Ce scientifique hollandais a beaucoup séjourné en France. En effet, lorsque Colbert crée l'Académie des sciences (alors royale) en 1666, il invite Huygens (à prix d'or, dit-on) pour donner une impulsion d'excellence à sa nouvelle institution. Huygens est un physicien qui a travaillé dans beaucoup de domaines, contribuant à faire émerger les méthodes fondées sur l'observation et le langage mathématique.

Surnommé à l'époque l'« élégant Hollandais », il jouissait d'une réputation extraordinaire. Même Newton, qui ne ménageait pas ses sarcasmes contre ses contemporains, le respectait. C'est tout dire. Huygens participa à tous les grands débats de la physique de son temps, et dans chacun d'eux sa contribution fut importante. Si, comme c'est en général le cas en science, on s'en tient à ses contributions originales majeures, trois d'entre elles ont particulièrement marqué le développement des sciences.

La première, la plus connue peut-être, est d'avoir affirmé que la lumière était une vibration – contrairement à Newton, qui penchait pour une nature granulaire. A partir de là, il inventa une construction géométrique suivant laquelle chaque point d'un trajet de lumière était lui-même la source d'une onde.

Young et Fresnel, avec leur théorie ondulatoire de la lumière, donnèrent raison à Huygens, et sa construction est encore enseignée aujourd'hui.

Mais pour être équitable, il convient de souligner que Huygens concevait la lumière comme un équivalent du son : pour lui, il s'agissait d'une onde qui se propageait par compression d'un milieu appelé l'« éther ». Ce fameux éther, qui fera couler beaucoup d'encre jusqu'à Poincaré et Einstein ! Or la lumière est une onde à propagation transversale, c'est-à-dire qu'elle vibre perpendiculairement à la direction de propagation.

Prophète, peut-être... Mais prophète imparfait, du moins en ce qui concerne la lumière !

Sa deuxième contribution universellement reconnue est d'avoir formulé correctement le mouvement circulaire, et en particulier la force centrifuge. Il eut à ce sujet un échange fructueux avec Descartes.

Mais sans doute sa contribution la plus éclatante, d'un point de vue pratique, fut-elle son étude des battements du pendule. Il eut en effet l'idée de l'utiliser comme mesure du temps, ce qui devait le conduire à inventer les horloges à dégagement. Galilée avait évoqué la question, mais ne l'avait jamais vraiment résolue. C'est Huygens qui le fit.

Sans vouloir ternir en rien sa gloire, signalons tout de même qu'il fut un adversaire des théories de Newton sur la gravitation, et que sur ce point il avait tort. De ce fait, il entraîna la France dans une attitude négative qui fut néfaste au progrès scientifique de notre pays.

Hydrogène

C'est le premier des éléments chimiques, le plus abondant dans l'univers. C'est aussi le plus simple : son noyau est formé d'un seul proton autour duquel tourne un seul électron. L'hydrogène a été fabriqué lors du big bang. C'est à partir de l'hydrogène primitif qu'ont été synthétisés les autres éléments chimiques qui constituent le tableau de Mendeleieff.

Dans l'univers, l'hydrogène est partout. Moléculaire (H_2) ou combiné avec d'autres atomes sous forme de méthane (CH_4), d'ammoniac (NH_3), ou d'eau (H_2O), il constitue l'essentiel des espaces interstellaires, l'essentiel des étoiles, l'essentiel de la composition des planètes géantes. Sur terre, en revanche, l'hydrogène n'est pas l'élément le plus abondant : c'est justement parce que la masse des planètes telluriques n'est pas capable de le retenir qu'il s'est échappé dans l'espace. Certes, on le trouve sous forme d'eau (H_2O), mais rien de comparable à son abondance dans les planètes géantes !

L'hydrogène a une importance considérable en chimie, mais peut-être plus encore en biologie, car il forme ce qu'on appelle les liaisons hydrogène. Un atome d'hydrogène lié à un atome électronégatif (un oxygène, par exemple) interagit avec un autre atome électronégatif proche, qui peut appartenir ou pas à la même molécule, jusqu'à se « partager » entre ses deux voisins.

Cela donne lieu à une liaison chimique importante (elle joue en effet un rôle essentiel dans la manière dont l'ADN se structure ou dont les protéines se replient), mais qui a comme propriété de se défaire très vite lorsqu'on augmente la température.

Ainsi, la fameuse réaction PCR destinée à dupliquer l'ADN est-elle fondée sur cette vulnérabilité.

Dernier éclairage sur l'hydrogène : la pile à hydrogène.

La réaction $H_2 + 1/2\ O_2 = H_2O$ est exothermique, autrement dit elle dégage de l'eau et produit de l'énergie. Pourquoi ne pas faire fonctionner des moteurs avec cette énergie ? Après la civilisation du carbone – pétrole et pétrochimie –, va-t-on assister, dans vingt ou trente ans, à la civilisation de l'hydrogène – eau, moteur à explosion ou pile à hydrogène ?

Car utiliser l'hydrogène c'est l'objectif des piles à combustible... Sans doute, ces piles seront des éléments essentiels pour produire demain de l'énergie. Mais ce ne sera pas si simple. Il faut apprendre à stocker l'hydrogène qui est un gaz explosif lorsqu'il est en présence d'oxygène. Si on veut utiliser cette énergie pour remplacer l'essence dans les voitures, il faut mettre en place un réseau de distribution de l'hydrogène. Ce qui ne sera pas simple. Alors pourquoi ne pas garder la technologie du moteur à explosion et provoquer la synthèse de l'eau, comme on fait « exploser » l'essence ? Il semble qu'on ne sache pas maîtriser cela. Mais demain ? Nous serons peut-être dans vingt ou trente ans dans la civilisation de l'hydrogène. Peut-être ?

Hydrologie-Hydrogéologie

Ce sont les sciences qui s'intéressent aux mouvements de l'eau sur terre. L'hydrologie concerne l'eau qui coule à la surface. Ruissellement, formation du réseau fluviatile, fleuves sont du ressort de l'hydrologie. On parle d'hydrogéologie dès lors que l'eau pénètre le sous-sol, et que pour connaître son acheminement il faut connaître la structure géologique. Mais cette distinction est très largement arbitraire.

L'écoulement de l'eau se fait de plusieurs manières. Elle s'écoule, ruisselle à la surface, sous l'action de la pesanteur. Dans la croûte terrestre, elle s'écoule soit en se frayant un chemin dans les pores des roches – on parle alors d'écoulement en milieu poreux –, soit en formant de véritables rivières souterraines, lorsqu'en pays calcaire elle a dissous les roches et taillé des chenaux et des cavités.

Dans la propagation à la surface, l'eau de pluie ruisselle sur les pentes, mais ce ruissellement s'auto-organise pour donner naissance aux réseaux fluviatiles. Ces derniers, qui ressemblent aux nervures des feuilles ou aux structures des poumons, sont des exemples de fractales (*voir* : FLEUVES).

Le contact eau-roche a un rôle géologique fondamental, car il constitue l'essence même du phénomène d'érosion. C'est cette érosion qui rabote les montagnes et les transforme en plaines. Mais c'est aussi le ruissellement de l'eau qui est à l'origine du développement des sols, c'est-à-dire de roches altérées sur lesquelles poussent des végétaux qui, en retour, retiennent la matière et l'empêchent d'être évacuée sous forme de particules.

L'érosion est un phénomène fascinant. Tout commence par la chimie : l'eau ronge la roche en dissolvant quelques éléments chimiques. La roche désagrégée transformée en granules va pouvoir être transportée sous forme de particules, de limons ou de sables. Cela ne se produira que lors des crues ou des fortes eaux.

Mais c'est sa propriété d'auto-organisation qui rend l'érosion fascinante. Dans un premier temps, en effet, l'eau coule sur les pentes rocheuses de manière désordonnée, lisse, uniforme, en de multiples microfilets parallèles. On dit qu'elle *ruisselle*. Puis elle commence à s'organiser en petits rus. Ces rus sont dus aux hétérogénéités du sol, elles-mêmes fruits du hasard. Ces rus s'assemblent en torrents, et petit à petit se crée un réseau fluviatile qui évacue l'eau. La nature de ce réseau est fractale, et des lois très précises gouvernent le fonctionnement de ce système, comme l'a montré d'une manière prémonitoire l'ingénieur américain Robert Horton en 1948.

Mais une autre partie de l'eau va s'infiltrer dans le sol et le sous-sol. Elle ira imprégner les roches poreuses et constituera, dans les premières centaines de mètres sous nos pieds, des nappes phréatiques. Ce sont ces nappes qui sont à l'origine des sources des fleuves et rivières, mais ce sont aussi elles qui constituent des réserves d'eau pour l'homme.

Jusqu'à présent, le cycle de l'eau était à peu près à l'état stationnaire : l'eau qui venait remplir les nappes égalait à peu près l'eau qui s'en échappait. Mais là encore, l'homme a interféré avec ce cycle naturel, car il consomme de plus en plus d'eau pour des raisons domestiques, industrielles ou agricoles. Il en consomme, et il en pollue. La démographie aidant, l'homme menace aujourd'hui l'équilibre hydrique de la planète. L'eau devient un produit rare – surtout l'eau propre.

Le XXIe siècle sera le siècle de l'eau. L'hydrologie deviendra donc une science essentielle. Peut-on encore éviter la catastrophe – à savoir le manque d'eau potable généralisé ? La réponse est oui. Nous avons aujourd'hui les méthodes pour nettoyer l'eau et pour la stocker dans les profondeurs, pour recharger les aquifères en hiver et les pomper en été. Encore faut-il s'organiser et ne pas attendre des canicules asséchantes avec des milliers de morts avant d'agir.

Pour l'instant, nous prêchons dans le désert !

II

Identification génétique

Il n'y a plus un seul roman policier, aujourd'hui, qui ne parle de test ADN pour identifier un coupable, meurtrier ou violeur. L'ADN est entré dans la vie de tous les jours par la porte de la police ! L'idée est simple. On prélève un échantillon de sang, de peau, de sperme, de salive, par exemple, pour les cas les plus courants. On analyse un bout d'ADN et on obtient ainsi une signature spécifique d'un individu. Il faut ensuite comparer cette signature à celle des suspects et identifier le coupable.

Cette idée de signature spécifique de chaque individu peut surprendre : les gènes sont en gros identiques dans une même espèce, même si chaque individu a ses propres variantes (« Tous cousins, tous différents », proclamait une remarquable exposition d'André Langaney au musée de l'Homme). Ces variantes sont en effet minimes.

En fait, le génome humain ne contient que 3 % d'exons, c'est-à-dire de constituants « utiles » de gènes ; le reste est composé d'introns et d'ADN non codants, ces nucléotides « inutiles » qui, eux, ont enregistré d'innombrables mutations. Les résultats des mutations portant sur l'ADN non codant se sont accumulés avec le temps sans être éliminés : sans effets sur les individus, ils ne sont en effet pas soumis à la sélection naturelle. Ainsi, comme chaque individu résulte de croisements spécifiques uniques, cette spécificité se traduit plus particulièrement au niveau de l'ADN non codant. La signature individuelle est extrêmement facile à détecter. On disait que l'ADN non codant ne servait à rien ; il sert à détecter les criminels, c'est déjà pas si mal !

L'identification génétique à des fins de police judiciaire a débuté grâce au travail d'Alec Jeffreys, mais elle a gagné ses lettres de noblesse en 1998 grâce au cas de Lamont Anderson, en Virginie. Injustement condamné en 1982, il fut en effet libéré grâce aux empreintes génétiques et à un procès en révision.

Puis il y eut une période de doute, suite à quelques erreurs, le fameux cas Castro, puis le célèbre procès de la star de football américain O.J. Simpson n'y fut pas étranger. La méthode n'était-elle donc pas fiable ? En termes de justice, une méthode qui n'est pas fiable à 100 % doit être rejetée. On ne peut rendre une justice statistique ! Les erreurs venaient du fait que les quantités d'ADN prélevées étaient trop petites. Les techniques alors utilisées ne permettaient pas toutes les analyses et tous les contrôles indispensables.

Tout a changé avec la découverte de la méthode PCR qui permet de multiplier un bout d'ADN autant que l'on veut, et donc de disposer d'autant de matériel que nécessaire pour faire correctement tous les tests.

Aujourd'hui, la méthode des tests ADN est sûre à

presque 100 % (sauf tricherie et substitution de produits, bien sûr.) Du coup, on enseigne la génétique moléculaire dans les écoles de police ! Nicole Le Douarin est persuadée qu'une des raisons du succès est le fait que la séparation des divers éléments de l'ADN à l'aide de la technique de l'électrophorèse représente à la fin comme une série de barres sur la feuille de résultats. En somme, c'est un code-barre ! Ce que tout le monde admet comme irréfutable.

Mais cette identification génétique ne se cantonne plus à la police criminelle. On utilise aussi cette technique pour réaliser des tests de paternité – ce qui n'est pas sans risques. Ainsi, une récente étude affirmait que 20 % des enfants n'avaient pas pour père celui que l'on croyait ! J'ai tendance à refuser cette idée... Mais ?

On imagine les dégâts que de tels tests pourraient occasionner s'ils étaient généralisés et si cette étude, faite sur un échantillon plus ou moins représentatif, reflétait la société.

En France, ces tests sont interdits sauf autorisation judiciaire, mais en Belgique ils sont libres... Ethique, éthique.

Image(s)

C'est une banalité de dire que nous vivons dans la civilisation de l'image. Télévision, ordinateurs : on déplore que l'image accapare l'attention de beaucoup d'entre nous, et qu'elle substitue souvent l'impression suggestive et fugitive à la réflexion interrogative. Ce qu'on sait peut-être moins, c'est que la science est, elle aussi, baignée dans la civilisation de l'image.

En médecine, l'image a pendant longtemps été synonyme de rayons X. Aujourd'hui, on fait des images avec les scanners à ultrasons, avec la résonance magnétique nucléaire, avec la caméra à positrons, sans négliger pour autant les rayons X eux-mêmes, dont la technique s'est considérablement améliorée avec l'image 3D. La médecine en est bouleversée.

L'astronomie est le royaume de l'image, depuis que Galilée a pointé sa lunette vers le ciel. Dès qu'on a eu l'idée de mettre des plaques photographiques aux foyers des télescopes, on a réalisé des images du ciel – des planètes, des étoiles, des galaxies. Mais aujourd'hui, on va plus loin encore : on fait des images de synthèse en combinant les informations obtenues par diverses longueurs d'onde sur divers télescopes et ce, à toutes les échelles. On vient de photographier une planète hors du système solaire, une exo-planète.

En sciences de la Terre, la sismologie est aujourd'hui traduite en images. La tomographie sismique est utilisée aussi bien pour construire une image de l'intérieur de la Terre que pour obtenir des images des réservoirs de pétrole. Imagerie par satellite, imagerie radar des séismes ou des volcans, mais aussi de la surface de l'océan, du fond de l'océan. Imagerie des courants marins par ultrasons, etc. L'image est partout.

L'étude des matériaux n'est pas en reste depuis la microscopie électronique, le microscope à effet tunnel, le microscope à balayage, jusqu'aux images des répartitions chimiques à l'échelle du millimètre obtenues par les appareils qu'ont inventés Raymond Castaing et ses élèves. En science, aujourd'hui, tout est image ou presque. A cela, deux causes.

La première est universelle · le pouvoir de pénétration des diverses sortes d'ondes a été étendu à tous les niveaux. Ces ondes peuvent être divisées en deux catégories, ondes mécaniques et acoustiques d'une part, ondes électromagnétiques d'autre part.

L'utilisation de ces ondes à des fins d'imagerie a été rendue possible par les progrès de la physique du solide du côté des capteurs, mais surtout par l'avènement des ordinateurs, en particulier des micro-ordinateurs, transportables et surpuissants, capables de traiter simultanément (ou presque) des millions d'informations.

La seconde est psychophysiologique. L'œil est l'organe de l'homme qui dit le vrai. Pourquoi ne pas faire appel à lui ?

Ce développement de l'imagerie – et j'ai oublié volontairement ou non des secteurs entiers – a des conséquences scientifiques extraordinaires. Que seraient les neurosciences sans l'imagerie ? Mais il a aussi tendance à orienter nos réflexions sur des « évidences visuelles » qui sont parfois trompeuses, soit qu'il y ait des artefacts, soit que le pouvoir de résolution soit insuffisant.

L'autre raison, c'est que les scientifiques sont comme tout le monde : ils peuvent se laisser impressionner par la beauté d'un graphique, l'harmonie des couleurs. Or il y a danger, car la surpuissance des ordinateurs, les méthodes de traitement d'images, l'utilisation de trame de couleurs peuvent produire des artefacts séduisants. Ce fut le cas récemment en sismologie, où des structures assez secondaires ont été amplifiées par l'abus de couleurs forcées. C'est bien sûr le cas chaque fois qu'il s'agit de modèles synthétiques ou résultant purement d'un calcul. Et pourtant, ils évoquent puissamment ce qui pourrait être une réalité... qui n'existe pas, bien qu'on la voie.

Il ne faudrait pas que la science tombe dans la fascination de l'image. La civilisation de l'image scientifique est une révolution extraordinaire, mais dans laquelle il faut raison garder ! Ici plus encore qu'ailleurs. L'œil est essentiel, mais il est aussi sensible aux illusions... comme les mirages.

Immunologie

C'est peut-être la discipline la plus fascinante de la biologie. Mais mon enthousiasme n'ayant pas amplifié ma compétence d'un facteur dix, j'y consacrerai trop peu car le sujet mériterait des pages et des pages. Les animaux, et en particulier l'homme, possèdent un système complexe qui a pour finalité de défendre l'organisme contre les agressions de substances ou de molécules étrangères. Chez l'homme, ce système est constitué par les *lymphocytes* qui génèrent des *anticorps*. Ces anticorps sont capables de distinguer « le soi du non-soi », ce qui appartient à l'individu de ce qui lui est étranger, puis de combattre les intrus en les détruisant.

Ainsi le système immunitaire est-il constitué par un dispositif de veille composé d'une grande variété de molécules « sentinelles » (10 à 100 millions de molécules différentes). Ces molécules sont dotées d'une capacité de reconnaissance étonnante. Elles peuvent distinguer, sur 10 000, deux molécules de protéines ne différant l'une de l'autre que par un seul motif moléculaire !

L'intrus une fois identifié comme tel, les lymphocytes réagissent en fabriquant des anticorps qui vont se loger sur des sites spécifiques de la molécule intruse et la détruire ou l'inactiver. Ce qui est encore plus extraordinaire, c'est que le système va multiplier rapidement les anticorps spécifiques, précisément adaptés à la molécule étrangère. Ainsi, pendant le temps de l'agression (de l'infection), le système immunitaire va être dominé par ces anticorps spécifiques.

Imaginons un système de défense formé par des tanks, des avions, des bateaux, des sous-marins, des satellites et qui, après avoir reconnu l'agresseur, est capable de multiplier, par exemple, le nombre d'avions si l'attaque est aérienne (ou le nombre de sous-marins si l'attaque est maritime)... Une fois l'attaque terminée, le système fait disparaître ces avions (ou ces sous-marins) et la proportion des divers types de défenseurs est ramenée à la normale.

Ce mécanisme de défense est donc basé sur un processus chimique de reconnaissance moléculaire. Un processus si « subtil » qu'il est capable de reconnaître des virus, des bactéries, mais aussi des cellules d'un autre individu (lors des greffes, c'est lui qui provoque les rejets), ou encore une molécule inconnue nouvellement synthétisée par les chimistes.

On sait désormais que ces mécanismes de défense ne font pas uniquement appel aux anticorps, mais également à des cellules « tueuses », les lymphocytes T, qui à la fois reconnaissent et tuent les intrus.

Les difficultés que rencontre le système immunitaire concernent les virus. Ces derniers, qui sont des morceaux d'ADN ou d'ARN, peuvent en effet muter et se transformer, déjouant ainsi le système de défense comme le ferait un leurre. D'autres, comme le virus du sida, détruisent les lymphocytes T. Voilà toute la difficulté. Ce qu'on cherche aujourd'hui, c'est à stimuler le système immunitaire, par des moyens chimiques ou biologiques.

L'immunologie est une discipline-clé de la médecine moderne.

Inde

A force de lire ici ou là que l'Inde ancienne, celle d'Ashoka ou même celle des Moghols, avait peut-être fait beaucoup de découvertes avant l'Occident, j'ai voulu en avoir le cœur net. Profitant de voyages en Inde et de contacts avec les scientifiques indiens, j'ai essayé de faire le point sur ce sujet. Ce que j'ai trouvé, c'est une contribution fondamentale en mathématique. La numérotation de base 10 avec le zéro, la résolution des équations du troisième degré, divers théorèmes de géométrie : tout cela a été inventé par les Indiens, les Arabes ayant été les vecteurs de ces découvertes.

Pour le reste, rien de clair ne m'est apparu. Les Indiens croyaient aux atomes, mais qu'en ont-ils fait ? Très en retard sur Aristote, ils pensaient que la Terre était plate. Ils ont pratiqué l'alchimie, mais sans succès particulier. En fait, il semble que la science indienne traditionnelle ait peu avancé, car elle s'est engluée dans de multiples considérations religieuses.

En ce qui concerne la période moderne, l'Inde va

peser lourd dans le développement de la science. D'une manière assez spectaculaire, ce pays, dont l'organisation a été imprégnée par l'influence soviétique, a dégagé des priorités. Trois priorités nationales.

La première est le nucléaire. L'Inde a aujourd'hui la bombe atomique. Si elle ne développe pas davantage les centrales, c'est qu'elle a peur du risque sismique.

La deuxième est la biologie moléculaire, secteur dans lequel les laboratoires indiens tiennent une place internationale éminente.

Enfin, la troisième priorité est évidemment le software informatique. Bengalore est devenue la capitale du software de grande qualité et pas cher, mais Hyderabad n'est désormais pas très éloigné.

L'Inde se prépare à ajouter une quatrième priorité . les sciences de l'eau, de sa gestion et de son approvisionnement. Les laboratoires français sont associés à cet effort.

Dans tous ces domaines, les laboratoires indiens et les scientifiques qui y travaillent sont de niveau international. L'existence d'une importante diaspora scientifique a évidemment joué un rôle dans cet essor. Beaucoup d'Indiens travaillent et prospèrent en Amérique, mais ils se souviennent de leur patrie et l'aident à sortir du sous-développement. D'un point de vue scientifique, c'est fait. On doit d'ores et déjà tenir compte de l'Inde dans la communauté scientifique internationale, et l'essor devrait se poursuivre !

Indélicatesse (scientifique)

En science comme en technologie, une notion très importante est la priorité des découvertes. Qui a découvert le premier ceci ou cela ?

Bien sûr, cette quête de la priorité peut paraître un peu puérile à l'honnête homme du XXIe siècle, qui aura compris que les progrès de la connaissance sont souvent des continuum dans lesquels les rôles exacts des uns et des autres sont assez difficiles à identifier. Pourtant, c'est ainsi. Le découvreur scientifique, c'est celui qui a trouvé le premier.

Du coup, le premier principe de toute étude scientifique est d'établir l'inventaire bibliographique de ce qui a déjà été fait sur le sujet. C'est la base même de l'éthique d'un scientifique. Pour des raisons d'efficacité, d'abord : il n'est peut-être pas utile de refaire ce que d'autres ont déjà fait. Pour des raisons d'honnêteté ensuite : il n'est pas admissible de s'attribuer les découvertes faites par les autres. Et l'on diminuerait beaucoup l'ardeur et l'acharnement des chercheurs scientifiques si l'on rendait les découvertes anonymes. Désolé pour les purs esprits, mais c'est ainsi.

Cela se traduit de façon évidente dans le domaine économique – l'économie s'empare toujours de tout ! – dès lors que l'on parle de breveter une découverte. Le découvreur est celui qui, le premier, fait la démarche de déposer le brevet. Ceux qui ont trouvé la même chose que lui, de manière indépendante, n'ont plus le droit de le faire, ni donc d'être rémunérés pour leur découverte. Les scientifiques sont aussi sensibles que les journalistes aux « scoops »... C'est pourquoi, lors d'une publication scientifique, l'éditeur contrôle soigneusement la bibliographie pour vérifier si les priorités des découvertes ont été respectées. Comme on s'en doute, lorsque celles-ci ne sont pas majeures, il y a souvent un imbroglio donnant lieu à des disputes parfois homériques.

Tout cela pour dire que l'honnêteté dans la reconnaissance des antériorités est un principe de base de la recherche scientifique.

On n'en est que plus choqué de constater que parmi les savants éminents, ceux qui ont laissé une empreinte dans l'Histoire, dans la conscience collective, ceux qui figurent dans le Panthéon universel, certains ont frisé la malhonnêteté.

En voici quelques exemples, qui ne prétendent ni à l'exhaustivité ni à la complétude.

Sir Isaac Newton, le grand Newton, celui qu'on a enterré comme un roi à Westminster, celui qui a fondé la mécanique et révolutionné l'optique, le grand Newton lui-même s'est conduit de manière inadmissible.

Avec Hooke d'abord, qui avait « découvert » bien des choses avant lui : la loi en inverse du carré des distances, le fait que les planètes obéissent à cette loi, la décomposition des couleurs de la lumière, etc. A la mort de Robert Hooke, Newton fit enlever ses portraits de la Royal Society, alors qu'il en était le fondateur. Avec Flamsteed, l'astronome royal à qui il déroba de nombreuses observations à son insu, l'empêchant ensuite de publier. Avec Leibniz bien sûr, à qui il disputa à tort le calcul intégral. Revendication qui va faire prendre aux mathématiques anglaises trente ans de retard, car l'approche newtonienne était – sans parler d'antériorité ! – beaucoup moins élégante et pratique que celle de Leibniz. Newton osa faire juger Leibniz par un « tribunal » de la Royal Society, lequel tribunal était désigné par le président de la Royal Society... un certain Isaac Newton !

Mais c'était le grand Newton !

Passons à Descartes. Lui n'a pas de prédécesseur ! Il prétend dans ses écrits avoir tout inventé par la seule puissance du raisonnement et du doute méthodique ! En mathématique, il pillera sans vergogne François Viète, Pierre de Fermat et quelques Italiens ; en physique, il a dérobé la loi de la réfraction à Snell. La seule chose qu'il ait inventée seul, c'est sa théorie des tourbillons, ce qui est une pure plaisanterie qui a éloigné la science française de la mécanique newtonienne pendant trente ans. Mais c'est le grand Descartes ! N'êtes-vous pas cartésien ?

Antoine Lavoisier, quant à lui, a inventé la chimie. Rien ne se crée, rien ne se perd, tout se transforme ! Dans son traité de chimie fondamentale, il oublie tous ceux qui l'ont précédé, et son ouvrage n'est que le rassemblement de leurs travaux, sans référence aucune. Il sera guillotiné... Mais c'est le grand Lavoisier.

Et Charles Darwin, l'inventeur de la théorie de l'évolution, de la sélection naturelle, de la lutte pour la vie ? Charles Darwin, dans ses écrits, a fait bien pire que d'ignorer Lamarck, son grand prédécesseur : il n'a cessé de le nier, de le critiquer, proclamant que ce qu'il développait pour sa part n'avait rien à voir avec la théorie lamarckienne de l'évolution, ce qui est faux, archifaux. Mais, il faut bien le dire, il a réussi : il a « liquidé » Lamarck dans l'esprit des gens. Même des Français ! Pourtant ces comportements ne sont pas universels. Ainsi l'histoire de la physique moderne est une saga certes non dépourvue d'angles et d'épines mais dans laquelle le comportement des scientifiques est tel qu'on le rêve.

Becquerel, mis sur la piste de la radioactivité par Poincaré, accueille à bras ouverts Pierre et Marie Curie, donnant naissance à un « trio magique » – hélas de trop courte durée. C'est de l'extraordinaire coopération entre Ernest Rutherford, expérimentateur de génie, et Niels Bohr, prince des théoriciens, que va naître la découverte de la structure moderne de l'atome. Et parmi les créateurs de la mécanique quantique, si les échanges furent parfois vifs, la piraterie fut rare. Les Heisenberg, Schrödinger, Pauli, Born, Jordan, Fermi, Dirac ont développé cette architecture admirable ensemble, montrant bien que la science est une entreprise collective faite de fortes individualités, même si Schrödinger et Heisenberg se détestaient et si Pauli énervait tout le monde par son arrogance. Ce qui n'a pas exclu bien sûr la compétition acharnée entre équipes ou individus.

Autre exemple : le développement de la biologie moléculaire à partir de la découverte de la structure de l'ADN. Certes, Crick et Watson ont bénéficié des clichés de rayons X de Maurice Wilkins et Rosalind Franklin. Mais ils ne les ont pas lésés, et il est clair que les deux cristallographes n'auraient pas exploité la double hélice comme l'ont fait Watson et Crick. Et puis, dans les développements ultérieurs, où pourtant une compétition acharnée s'est développée entre Cambridge, l'Institut Pasteur, Harvard, Caltech et d'autres universités, on ne peut dire que le travail des uns et des autres n'ait pas été reconnu. On vit même des prix Nobel de biologie écrire au comité Nobel afin de réclamer une reconnaissance – tardive – pour Max Delbrück et Salvador Luria, les leaders de ce qu'on a appelé le « groupe du Phage »

Bien sûr, ici ou là, il y eut des disputes d'antériorité sur tel ou tel aspect. Mais jamais personne ne fit table rase des contributions des autres pour ramasser tout seul la mise. Les indélicatesses mineures ont existé, mais aussi désagréables qu'elles aient pu être pour ceux qui en ont été victimes, elles n'ont pas défiguré l'histoire de la science, ni mis dans l'ombre beaucoup de personnalités essentielles (quelques-unes toutefois).

Et c'est ainsi que la science avance en général. Mais ne fallait-il pas dénoncer les indélicatesses qui sont à la base d'une vision fausse, celle d'une science se réduisant à quelques individus géniaux en petit nombre – et qui, à eux seuls, seraient source de progrès ?

Répétons-le, l'aventure scientifique est une aventure humaine collective : parmi beaucoup de contributions, quelques-unes, rares, sont majeures, et il convient de les honorer – mais sans les isoler du contexte et de leur communauté.

Influx nerveux

Le premier processus de la propagation de l'influx nerveux est celui qui fait circuler cet influx d'une extrémité d'un neurone à l'autre ; il est de nature électrique. Le second a pour fonction de faire communiquer les neurones entre eux. Il est chimique, et plus rarement électrique.

On sait depuis longtemps qu'il existe un rapport entre l'électricité et l'influx nerveux. Au XIXe siècle, alors que la physique de l'électricité était encore balbutiante, Galvani avait déclenché les contractions de pattes de grenouilles en reliant certains de leurs nerfs à une pile électrique. Vers la fin du siècle, le physicien Helmholtz avait établi que les nerfs étaient le siège de signaux électriques qui se propageaient à la vitesse de 50 mètres à la seconde (son père ne l'avait pas cru !). Vers 1930, l'Allemand Hans Berger avait montré, à l'aide d'électrodes posées sur la peau du crâne, que le cerveau émettait des signaux électriques. Il avait même constaté que cette activité électrique, faite de successions d'impulsions, était corrélée avec le degré d'attention du patient. Ce n'est que beaucoup plus tard qu'à l'aide de micro-électrodes plantées dans les parois des neurones on a déchiffré, puis compris, la signification de ces signaux électriques.

On a d'abord découvert que chaque neurone est le siège de signaux électriques « spontanés », au rythme de 10 à 50 par seconde. Ainsi, le réseau de neurones crépite à tout instant de ces impulsions multiples, et c'est la somme de ces crépitations qu'avait enregistrée Hans Berger. Mais les impulsions électriques induites de l'extérieur peuvent aussi se propager dans le neurone.

L'enregistrement des signaux nerveux a permis de montrer que ces derniers se propagent comme des ondes électriques solitaires, dont la durée ne dépasse pas quelques millisecondes, et dont la vitesse de propagation est de 50 à 100 mètres/seconde (on est loin des 300 000 kilomètres/seconde de la vitesse de la lumière !).

L'amplitude de ces impulsions nerveuses est de l'ordre du dixième de volt, et elle reste constante tout au long de la propagation du signal, sans s'atténuer.

Ce n'est donc pas la « taille » de l'impulsion qui distingue tel ou tel signal. Une grande ou une petite émotion ne se traduisent pas par un signal plus ou moins grand. De même, une information concernant une couleur ou une odeur sera véhiculée par une impulsion électrique d'intensité égale.

Le mécanisme exact de propagation de l'influx nerveux dans les neurones a été compris grâce aux travaux de Hodgkin et Huxley en 1959. Ces deux Anglais ont tiré parti du fait que les calmars ont des nerfs gigantesques pour effectuer des expériences décisives sur le fonctionnement des membranes de leurs cellules nerveuses.

Ils ont ainsi découvert que les signaux électriques sont la conséquence des mouvements des ions[1] sodium et potassium, dont les concentrations sont différentes à l'intérieur et à l'extérieur de la cellule. A l'intérieur du neurone, le potassium est plus concentré qu'à l'extérieur, et le sodium, moins. Lorsque le neurone est excité, des ions sodium rentrent et des ions potassium sortent. Ainsi peut naître une impulsion électrique de 100 millivolts. A partir de là, cette impulsion se propage le long de la membrane à la vitesse de 50 à 100 mètres/seconde, comme l'avait vu Helmholtz. Ils ont reçu pour cela le prix Nobel de physiologie et médecine.

L'énergie nécessaire à cette propagation du signal électrique est fournie par une réaction biochimique. Comme dans beaucoup de mécanismes cellulaires, cette énergie est portée par la molécule d'ATP. Dans

1. Rappelons que les ions sont des atomes ayant perdu ou gagné des électrons ; ils sont donc chargés électriquement : les uns positivement (ce sont les cations), les autres négativement (ce sont les anions).

le cas des cellules nerveuses, l'enzyme-pompe coupe la molécule d'ATP et récupère son énergie de liaison pour assurer son propre fonctionnement. En résumé, la propagation de l'influx nerveux dans les neurones est un phénomène électrochimique de membrane contrôlé par les enzymes.

Entre les neurones, l'influx nerveux se propage de manière chimique. L'extrémité du neurone émet une substance chimique qui diffuse et réagit avec une autre molécule du neurone récepteur. Cette transmission chimique s'effectue en deux temps : au niveau des terminaisons de l'axone, l'arrivée d'un signal électrique déclenche l'ouverture de canaux qui libèrent une molécule spécifique appelée neuromédiateur. Le plus connu de ces neuromédiateurs est l'acétylcholine. Libérée par la synapse, celle-ci diffuse vers un autre neurone. Mais pour être reçue, acceptée par ce neurone, il faut la présence d'une molécule extrêmement spécifique dont la structure est « complémentaire » de celle de l'acétylcholine : le récepteur de l'acétylcholine. Cette substance a été découverte par Jean-Pierre Changeux à la suite d'expériences utilisant le poisson électrique gymnote [1] dont les décharges électriques sont si fortes qu'il libère d'énormes quantités d'acétylcholine et de son récepteur. Celui-ci est une de ces molécules « spéciales » formées autour d'un canal ionique qu'elles peuvent ouvrir ou fermer. Ce faisant, elles laissent passer ou

1. Le gymnote décharge des impulsions électriques de 0,5 ampère d'intensité et 600 volts. Trois décharges tuent un homme. Son système nerveux, qui comprend 1 milliard de synapses, est une véritable culture de synapses qu'on peut traiter chimiquement pour en extraire les divers composés chimiques.

non les ions potassium et sodium. Ainsi, le processus de transmission électrochimique s'amorce dans le neurone adjacent. L'influx nerveux se propage de la sorte, de neurone à neurone.

Certains médiateurs ouvrent des canaux à ion sodium, d'autres à ion potassium, à ion calcium, mais aussi à ion chlore qui, lui, à l'inverse des trois ions précédents, porte une charge électrique négative. Cela permet de comprendre pourquoi certains aiguillages du réseau neuronal s'activent, et d'autres pas. Les neurotransmetteurs remplissent ainsi un rôle essentiel dans le déclenchement de telle ou telle rafale d'influx nerveux ou, au contraire, dans leur inhibition. Supposons un neurone recevant plusieurs messagers de neurones différents. L'un d'eux *ouvre* des canaux à sodium, les deux autres ouvrent des canaux à chlore, un quatrième contrôle des canaux à calcium. Lorsqu'on dit « ouvre » ou « contrôle », cela s'entend : par l'intermédiaire des couples de neurotransmetteurs/récepteurs. A chaque moment, le neurone va faire une addition. Si les charges négatives l'emportent sur les charges positives, il ne transmet pas de signal ; si c'est l'inverse, il déclenche une impulsion nerveuse.

Voilà donc un modèle très simplifié, une règle arithmétique qui permet de comprendre comment, à chaque nœud du réseau neuronal, la combinaison des informations peut se faire. Quelques lumières pour comprendre un système dont on ne sait pas grand-chose tant il est complexe.

La découverte des mécanismes de la transmission de l'influx nerveux par les neuromédiateurs chimiques a constitué une étape fondamentale pour la compréhension du fonctionnement du système nerveux.

D'abord, elle explique pourquoi certaines substances chimiques agissent sur le système nerveux et sur le psychisme : par exemple, pourquoi le fumeur a l'impression de mieux réfléchir ou écrire avec une cigarette. La structure chimique de la nicotine ressemblant étrangement à l'acétylcholine, elle peut se fixer sur le même type de récepteurs. Son absorption stimule les fonctions cérébrales. Elle les stimule anormalement, de façon plus forte et plus continue que dans les processus physiologiques normaux ; d'une part, les récepteurs ainsi stimulés se « fatiguent », fonctionnent moins bien ; et il faut de plus en plus de nicotine pour retrouver les sensations des premières cigarettes ; c'est l'accoutumance, qui pousse le fumeur à fumer de plus en plus. D'autre part, des systèmes dépendant d'autres médiateurs, tel la dopamine, liée à la sensation de plaisir, s'activent. C'est la dépendance, qui conduit le fumeur à ne plus pouvoir s'arrêter de fumer.

On comprend aussi pourquoi le venin de cobra ou le curare, poison fabriqué par les Indiens d'Amazonie, tuent en paralysant les muscles du poumon et du cœur. Ces substances ont une structure chimique qui bloque le récepteur de l'acétylcholine, et donc la transmission des influx nerveux. C'est aussi pourquoi certaines drogues perturbent le système nerveux, inhibent le plaisir ou, au contraire, le stimulent, améliorent la vue ou rendent aveugle. Elles agissent sur de multiples neurotransmetteurs : à l'acétylcholine, il faut ajouter d'autres petites molécules comme le glutamate, la dopamine, la noradrénaline, le gaba[1], et jusqu'à des molécules très simples comme l'oxyde d'azote (NO), etc.

1. Le gaba est l'acide gamma-amino-butanoïque $C_4H_9O_2N$.

Chaque fois, la reconnaissance des spécificités moléculaires des récepteurs donnés entre en ligne de compte pour tel ou tel type de neurones. Ainsi se constitue une chimie moléculaire des relations synaptiques. Elle étudie l'un des éléments les plus fondamentaux du fonctionnement du cerveau, car c'est dans ces carrefours chimiques que se déterminent les aiguillages, les distorsions, les arrêts du fonctionnement cérébral. La complexité de ce fonctionnement apparaît de jour en jour plus grande, dans la mesure où les connexions potentielles du réseau neuronal se trouvent amplifiées par la variabilité des types de communications chimiques.

Cette chimie du cerveau s'impose aujourd'hui de plus en plus. Par exemple, on incline à penser que la maladie de Parkinson est due à la dégénérescence de certaines cellules fonctionnant avec un médiateur appelé la dopamine. De fait, l'injection de cette substance a un effet de compensation qui atténue les effets de la maladie. On tente une opération similaire sur une autre maladie neuronale, celle d'Alzheimer, en utilisant l'acétylcholine ; le succès est encore limité. On soigne aussi les dépressions nerveuses grâce à des produits chimiques ; les résultats sont souvent incontestables [1].

Tous ces cas prouvent l'importance de la neurochimie, mais indiquent aussi qu'on est loin d'avoir déchiffré l'ensemble du fonctionnement de l'usine chimique cérébrale.

1. D. Widlöcher, *La Logique de la dépression*, Fayard, 1995

Information (théorie de l')

Le mot « information » est sans aucun doute l'un des mots les plus à la mode aujourd'hui, non seulement dans le monde de la science et de la technologie, mais aussi dans celui des médias – et dans le monde tout court. Il n'y a guère que celui de « communication » – avec lequel, d'ailleurs, il est associé – pour le dépasser. Pourtant, peu de gens savent que ce mot a une définition scientifique bien précise et qu'il existe une théorie de l'information dont le père est Claude Shannon, un ingénieur américain mort en 2001. Cette théorie est partie d'une préoccupation extrêmement concrète qui concernait les télécommunications. Comment transmettre de la manière la plus économique, et avec le minimum de fautes, des signaux électriques et électromagnétiques à travers l'Atlantique ?

Shannon, ingénieur en télécommunication, n'envisageait que l'aspect technique de la transmission du message, refusant de prendre en compte la signification de ce dernier. Il part donc de la notion d'indétermination. Une réponse à une question est d'autant plus incertaine, indéterminée, que le nombre de réponses possibles est grand. Si on vous demande quel est le résultat d'un lancer de pièce de monnaie, l'incertitude n'est guère que de deux. S'il s'agit non plus d'une pièce mais d'un dé, l'incertitude est cette fois de six. Le second problème est plus incertain que le premier.

Et l'information, dans tout cela ? La quantité d'informations obtenue par une observation, une expérience, est proportionnelle à l'incertitude de départ. Ainsi, l'information que l'on obtient par le résultat du pile ou face est trois fois moindre que celle obtenue par le jet de dés. Dans la pratique, évidemment, c'est plus compliqué : toutes les solutions possibles ne sont pas également probables, il faut donc pondérer le résultat par les probabilités qu'on a de découvrir telle ou telle solution.

Bref, Shannon a défini rigoureusement une *quantité* d'informations. A partir de là, il a pu définir l'*unité* d'information. La plus courante est le bit : la quantité d'information qu'on obtient lorsqu'on a le résultat d'une expérience avec deux possibilités, 0 ou 1. Sur cette base, on va pouvoir codifier en langage binaire le stockage et la transmission de l'information, puis définir la capacité d'une voie de transmission, la vitesse de transmission de l'information, le coût financier de chaque unité d'information, etc., et ce d'une manière précise, mathématique.

Après les télécommunications, la théorie de l'information est devenue la base pour la construction des ordinateurs, pour mesurer la capacité de leur mémoire, l'estimation de leur vitesse, etc.

Mais l'information s'étend à bien d'autres domaines. Ainsi, dès la découverte de l'ADN va se poser la question du code génétique et de l'information génétique qu'il contient et transmet. Les divers processus génétiques – ARN messager, fabrication des protéines, etc. – sont autant d'instructions, donc de transfert d'information. On dit simplement que les gènes portent l'information génétique.

Autre exemple. Qu'est-ce qu'apprendre ? C'est diminuer l'indétermination que l'on avait sur tel ou tel sujet. Apprendre, c'est choisir. Qu'est-ce qu'observer ? C'est acquérir de l'information, et donc diminuer l'indétermination que l'on avait avant d'observer. Il est possible de mesurer, donc de comparer tout cela à l'aide des notions développées dans la théorie de l'information. Mesurer l'apprentissage, mesurer l'observation...

On peut donc étudier ainsi le cerveau et son fonctionnement, de même que le codage secret, et donc le cryptage et le décodage. Ce dernier secteur est aujourd'hui en pleine expansion, car il répond à un besoin de confidentialité non seulement militaire, mais aussi commercial ou même privé. Fabriquer des téléphones mobiles cryptés ou des fax cryptés, voilà des objectifs très actuels, partiellement atteints avec la théorie de l'information.

D'autre part, on a fait le lien entre l'information, la quantité d'informations et une notion de thermodynamique appelée *entropie*. L'entropie mesure le désordre d'un système. Pour gagner de l'information, il faut faire diminuer l'entropie du système. A l'inverse, lorsque l'entropie augmente, c'est que l'on a perdu une partie de la connaissance du système.

N'est-ce pas extraordinaire d'avoir à sa disposition une théorie, un concept aussi universel qui permet la mesure, donc l'appréciation des capacités de stockage d'un ordinateur, qui s'applique aussi à la reproduction des cellules vivantes, à la thermodynamique des systèmes aussi bien qu'à la manière de penser ou de communiquer ? Parler pour ne rien dire, c'est parler sans que l'indétermination de la connaissance de votre interlocuteur diminue ! L'efficacité d'un enseignant, c'est la quantité d'informations qu'il réussit à faire entrer dans le cerveau de ses élèves, mais aussi la manière dont il va apprendre à ces derniers à manipuler l'information et à maximiser son obtention tout en diminuant le coût !

Réfléchissez un peu...

Inné-Acquis

Qu'est-ce qui, chez nous, est inné – c'est-à-dire donné à notre naissance – et qu'est-ce qui est acquis – par notre travail, par nos apprentissages ?

Ce débat est à la fois scientifique, philosophique et politique. Il faut donc le traiter avec soin et sans dogmatisme.

Partons des neurosciences. Le cortex cérébral, où se localise la pensée, est constitué d'un immense réseau de neurones interconnectés. Pour donner une idée de sa complexité, il suffit de savoir qu'il y a un milliard de connexions dans un volume de cortex gros comme une tête d'épingle. Comment fonctionne ce réseau de neurones, comment nous rend-il capable de mémoire ? On suppose généralement aujourd'hui que l'apprentissage (l'acquis) crée dans cet écheveau des connexions qui permettent de fabriquer des images mentales, des graphes neuronaux. Ces « graphes neuronaux » fonctionnent d'autant mieux qu'ils sont constamment activés et utilisés. Les connexions et circuits de connexion non utilisés se dégradent. Donc, l'apprentissage est essentiel pour le fonctionnement cérébral ; c'est l'apprentissage, et lui seul, qui conditionne le cerveau. Aucune image cérébrale n'est génétique !

D'autre part, on sait que tous les bébés naissent avec des milliards de milliards de connexions ; beaucoup dégénéreront faute d'être stimulées, formées et entretenues. Il y aurait donc chez tous les individus assez de connexions pour apprendre n'importe quoi : ce serait l'apprentissage qui ferait tout ! En bref, les hommes naissent neurologiquement égaux, c'est l'acquis qui fait ensuite la différence.

Une telle théorie ne peut évidemment qu'enthousiasmer les gens de gauche, dont toute l'action a toujours été guidée par l'idée que l'inné n'existe pas, que les hommes sont tous égaux, et pas seulement en droit. Pour eux, tout est uniquement une question d'apprentissage.

Mais est-ce vrai ?

N'y a-t-il pas dans les connexions, dans la teneur en neurotransmetteurs, des facteurs contrôlés par les gènes ? Autrement dit : n'y a-t-il pas des gens que la génétique prédispose à être plus intelligents ou plus imaginatifs que d'autres ? La naissance ne joue-t-elle pas un rôle dans l'intelligence ?

Inné-acquis, le rôle respectif des gènes et de l'apprentissage : voilà un beau débat, et nous avons maintenant tous les éléments pour le résoudre... scientifiquement parlant.

Institut de physique du globe de Paris

J'ai passé dans cet institut l'essentiel de ma vie scientifique. Il a pour vocation l'étude de la Terre, avec les méthodes de la physique et de la chimie. Il entretient en particulier des réseaux d'observatoires sismologiques, magnétiques, volcaniques (et autrefois météorologiques).

Lié à l'université, mais distinct d'elle, il bénéficie de l'apport inestimable des étudiants sans subir les vicissitudes, les turbulences de la vie universitaire, et il en évite partiellement la bureaucratie. Quand je dis que j'y ai passé ma vie scientifique, ce n'est pas tout à fait vrai. J'ai fait un petit peu plus. J'ai dirigé cet institut pendant dix ans et pendant cette période, il est devenu l'un des quatre centres d'excellence du monde en sciences de la Terre – avec Cambridge (G.-B.), Caltech, le MIT (Etats-Unis) et Canberra (Australie).

Si nous avons réussi cela, c'est d'abord parce que nous avons travaillé en équipe, ensuite parce que nous avons refusé l'endogamie et que notre recrutement a été ouvert. Je n'ai été dans cette aventure que le catalyseur ou peut-être aussi le découvreur de jeunes talents. Ce que nous avons fait, d'autres peuvent le faire dans d'autres domaines en France, à condition de ne pas penser qu'à sa seule carrière, mais aussi à former et faire évoluer les plus jeunes de talent.

Une générosité un peu absente aujourd'hui dans les jeunes générations de professeurs d'université et qui explique le non développement d'autres disciplines où la France ne manque pourtant pas de talents (ne citons pas de noms !).

Interférences lumineuses

C'est sans doute l'une des notions les plus importantes en physique.

La découverte des interférences lumineuses est attribuée à Thomas Young, mais on s'est aperçu ensuite que Descartes et Newton avaient sans doute réalisé, eux aussi, des interférences, sans bien comprendre de quoi il s'agissait.

L'expérience est la suivante : on perce deux petits trous rapprochés dans un écran opaque, et on éclaire cet écran avec une source lumineuse. Deux pinceaux lumineux vont sortir des deux trous. On place à la suite de cet écran un deuxième écran, et l'on observe la zone éclairée par les deux pinceaux de lumière.

Que voit-on ? D'une part, que chaque zone éclairée est bien plus grosse que la source lumineuse – on attendrait deux points, on a deux taches. D'autre part, que la zone de recouvrement des deux taches, au lieu d'être uniformément plus brillante, se présente comme une série de cannelures, des raies noires alternant avec des raies effectivement très brillantes. Comment cela est-il possible ? Lumière + lumière devrait donner beaucoup de lumière ! Or, en fait, lumière + lumière donne tantôt du brillant, tantôt de l'obscur. Le brillant, on comprend ; mais l'obscur ? C'est comme si on disait que blanc + blanc = noir...

En fait, si l'on admet que la lumière est une pulsation, autrement dit une vibration, et qu'elle se propage en ayant des « hauts » et des « bas », alors tout s'explique. Sur l'écran, lorsque deux vibrations lumineuses arrivent, l'une provenant de la première fente, l'autre de la seconde, il se peut que ces deux vibrations soient « en phase » – autrement dit, que l'une et l'autre soient dans leur maxima. « Plus » s'ajoutant à « plus » égale deux fois plus : on a une tache brillante. Mais il se peut aussi que les deux vibrations soient en sens opposé, l'une à son maximum, l'autre à son minimum. Les deux lumières se détruisent alors. Cette expérience va permettre à Young de confirmer l'idée que la lumière est une vibration. Mieux encore : il va calculer les caractéristiques de cette vibration, ce qu'on appelle sa longueur d'onde.

Faisant l'expérience avec des lumières de diverses couleurs, Young va découvrir qu'elles n'ont pas la même longueur d'onde, qu'elles ne vibrent pas de la même façon, et donc que les franges d'interférences sont décalées. Le résultat est alors irisé. Tout cela complétera les expériences de Newton sur les couleurs, et l'essence même de la lumière finira ainsi par être comprise – d'abord par Augustin Fresnel, puis par James Clerk Maxwell.

Intuition

On appelle « intuition » la capacité qu'ont certaines personnes d'anticiper le futur d'une manière apparemment irrationnelle. Dès lors, peut-on parler d'intuition scientifique ? D'aucuns protesteront qu'avec de telles idées, on bascule dans le subjectif, dans l'« ascientifique ». Et pourtant, contrairement à ce que certains manuels laissent croire, la science ne se réduit pas à une pure logique : « Donc... par conséquent... il s'ensuit que... etc. »

La science est un tâtonnement perpétuel à la recherche de la vérité, comme un promeneur dans une forêt touffue qui cherche la clairière et se cogne sans arrêt aux arbres. Dans cette quête, l'intuition joue évidemment un rôle. Sans pouvoir argumenter, sans avoir même de démarche à proposer, il arrive souvent que l'on « sente » que telle hypothèse permettrait d'avancer, ou que telle mesure devrait donner tel résultat – souvent peu conforme aux idées reçues. Alors seulement, on entreprend la démarche scientifique.

C'est en général en se fiant à leur intuition que les chercheurs choisissent tel sujet de recherche plutôt que tel autre. Sans doute l'intuition est-elle alimentée par la connaissance du problème, par un savoir inconscient qu'on a du mal à formuler. Le total n'en donne pas moins une impression d'irrationnel.

Je ne suis pas qualifié pour analyser la structure de l'intuition, dans laquelle rentrent tout à la fois l'expérience et la hardiesse. Je peux en tout cas affirmer ceci : l'« esprit de géométrie » n'est pas le moteur unique de la démarche scientifique !

Et je rappelle le mot de Balzac : « Le génie c'est l'intuition – le reste ce n'est que le talent. »

Ion(s)

Un ion est un atome (ou une molécule) qui a gagné ou perdu un électron. Du coup, contrairement à l'atome, il n'est plus électriquement neutre. Par attraction électrique, il attire les ions de signe contraire et repousse ceux de même signe.

Il y a des ions positifs qu'on appelle **cations**, et des ions négatifs qu'on appelle **anions**.

Un ion est dit « simple » lorsqu'il s'agit d'un atome qui a perdu ou gagné un électron. Lorsqu'il s'agit d'assemblage polyatomique, on parle d'ion complexe, comme par exemple $(SO_4)^{2-}$ ou $(NO_3)^-$, ion sulfate et nitrate.

On note Na^+ (ion sodium) l'atome de sodium qui a perdu un électron, et qui a donc un excès de charges positives. On note Cl^- (ion chlorure) l'atome de chlore qui a gagné un électron. Ion Na^+ et l'ion Cl^- peuvent, par attraction électrostatique, se lier fortement l'un à l'autre, si bien qu'à l'état solide ils forment le composé que vous connaissez tous : NaCl, le sel de cuisine – en termes savants, le chlorure de sodium.

Ce qu'a découvert le jeune chimiste suédois Svante Arrhenius au début du XXe siècle, c'est que lorsqu'on dissout NaCl dans l'eau, on fabrique des ions Na^+ et Cl^- qui deviennent libres. L'eau affaiblit le lien électrique qui assurait la cohésion du sel de cuisine et libère les ions. Ces ions une fois libérés vont bien sûr être sensibles au champ électrique.

Ainsi, si on plonge deux fils électriques reliés à une pile dans une solution salée, les ions Na^+ iront vers la borne négative, et les ions Cl^- vers la borne positive, qui dégagera du chlore gazeux. C'est le phénomène de l'électrolyse, que Faraday et Berzelius avaient mis en évidence avant le travail d'Arrhenius à la fin du XIXe siècle. Ce dernier présenta comme thèse la théorie dite des ions. Dans un premier temps, l'université la lui refusa. Elle finit par l'accepter. Deux ans plus tard, on lui décernait le prix Nobel de chimie !

Les ions jouent un rôle essentiel en chimie. Ils sont la base de l'électrochimie, et donc de la fabrication des piles électriques dans lesquelles on fait l'inverse de l'électrolyse : ce n'est plus le courant électrique qui provoque un déplacement des ions, c'est la formation des ions (par l'action d'un composé dit oxydant sur un composé dit réducteur) puis leur déplacement qui créent le courant électrique. Les ions se déplacent dans la pile, les électrons qu'ils captent ou reçoivent circulent dans un circuit extérieur et y créent un courant électrique. C'est peut-être là que se situe la réserve d'énergie de la voiture de demain...

La découverte de la pile électrique est due à Alessandro Volta (1745-1827). Découverte essentielle : pour la première fois, on pouvait produire un courant électrique d'une manière commode ! La pile électrique, celle que vous utilisez tous les jours, c'est le royaume des ions.

Isotopes

L'atome (*voir* : ATOME) est formé par un noyau entouré d'électrons. Le noyau, qui contient la quasi-totalité de la masse de l'atome, est composé de protons chargés positivement et de neutrons électriquement neutres.

Protons et neutrons ont des masses voisines.

Comme le proton est chargé positivement une fois, que les électrons sont chargés négativement une fois, et que l'atome est électriquement neutre, le nombre de protons est égal au nombre d'électrons. Ce nombre (A) correspond à un élément chimique donné. Ainsi, A = 1 correspond à l'hydrogène ; A = 6 au carbone, etc.

Pour un même élément chimique, donc ayant un nombre de protons fixe, le nombre de neutrons du noyau peut varier. On obtient ainsi diverses variétés d'un même élément chimique : les isotopes de l'élément. Ainsi, l'oxygène a trois isotopes, respectivement de masse 18, 17 et 16. Tous les atomes d'oxygène ont en effet 8 électrons et 8 protons, mais ils peuvent avoir 10, 9 ou 8 neutrons, correspondant aux trois isotopes mentionnés. Les isotopes d'un même élément chimique ont les mêmes propriétés chimiques puisqu'ils ont le même nombre d'électrons, mais des propriétés chimiques différentes lorsqu'elles dépendent de la masse.

On peut mesurer l'abondance de chaque isotope

dans un élément chimique naturel à l'aide d'un appareil appelé le *spectromètre de masse*. Pour un même élément chimique naturel, la proportion relative des isotopes varie. L'étude de ces variations isotopiques a donné lieu à un développement scientifique extraordinaire et elle a renouvelé entièrement la géologie.

Les variations isotopiques des éléments chimiques naturels sont dues à trois phénomènes physiques.

— La **radioactivité** (*voir* : RADIOACTIVITÉ). Un nucléide se transforme en un autre nucléide. Un isotope d'un élément chimique se transforme en un autre isotope d'un autre élément chimique. Exemple : le rubidium de masse 87 se désintègre et donne naissance au strontium 87 – un neutron s'est transformé en proton. Le samarium 147 se désintègre en néodyme 143.

— Les **réactions nucléaires naturelles**. L'espace est parcouru d'un puissant faisceau de particules ionisées. On appelle ce rayonnement *rayonnement cosmique galactique*. Il parcourt l'espace à des vitesses considérables, voisines de la vitesse de la lumière. Lorsqu'il rencontre la matière, ce rayonnement entre en collision avec elle et provoque des réactions nucléaires, c'est-à-dire des transformations de noyaux en d'autres noyaux. Ainsi, le rayonnement reçu par la haute atmosphère donne lieu à des flux de neutrons qui, eux-mêmes, entrent en collision avec l'azote 15 pour donner naissance au carbone 14. D'autres réactions nucléaires se produisent par suite de la désintégration de l'uranium naturel.

— Enfin, les **réactions chimiques et certains phénomènes physiques ont des conséquences sur les compositions isotopiques**. Les isotopes d'un même élément chimique ne se comportent pas tout à fait de la même façon. Ainsi se produit ce qu'on appelle un fractionnement isotopique. Le rapport d'abondance de deux isotopes varie et en retour ces variations peuvent être utilisées pour étudier les mécanismes des phénomènes eux-mêmes.

En général, les variations isotopiques naturelles sont extrêmement faibles. Elles se mesurent en pour mille, pour dix mille et même en quelques parties par millions. Ainsi a-t-il fallu inventer des techniques d'une précision exceptionnelle pour mesurer ces variations. C'est à partir de ces techniques que s'est développée ce qu'on appelle la géologie isotopique.

La composition isotopique d'un élément est un code qui, lorsqu'on sait le lire, raconte l'histoire géologique du matériau qui le porte : son âge, son origine, la manière dont il s'est conservé au cours du temps, la température à laquelle il s'est formé...

Les isotopes sont des traceurs des phénomènes géologiques, mais des traceurs historiques. C'est à partir d'eux qu'on a bâti la chronologie radioactive ou *radiochronologie* (tout le monde connaît le carbone 14), la paléoclimatologie qui reconstitue nos climats passés, et ce sont aussi les isotopes qui ont permis de retracer l'histoire des structures terrestres, la manière dont elles se sont formées, l'histoire primitive du système solaire, etc.

Isotopique (géologie)

La géologie isotopique a bouleversé les sciences de la Terre, autant que la biologie moléculaire a modifié la biologie. Mais d'une manière différente.

La géologie isotopique est la discipline qui utilise les analyses isotopiques pour déchiffrer les énigmes géologiques. C'est donc une discipline qui plonge au cœur des atomes pour parcourir des milliers, des millions ou des milliards d'années. Elle utilise les techniques les plus élaborées de la physique nucléaire pour résoudre les problèmes de la géologie traditionnelle. Surtout, elle dépasse et étend le questionnement de la géologie traditionnelle, et en particulier dans le temps et l'espace.

En somme, c'est l'infiniment petit à l'assaut de l'infinité du temps.

La géologie isotopique a d'abord permis de dater les terrains géologiques, mettant à profit les modifications isotopiques créées par la radioactivité.

Avant ce qu'on appelle la datation radioactive, on savait qu'on pouvait classer les terrains en ères : primaire, secondaire, tertiaire, quaternaire, elles-mêmes subdivisées en étages (par exemple trias, jurassique, crétacé pour l'ère secondaire), chacune de ces périodes étant à son tour sous-divisée. Cela, grâce aux fossiles contenus dans les terrains. Mais on n'avait aucune idée de la durée de ces périodes, que ce soit dans l'absolu ou comparativement.

La chronologie radioactive va bouleverser notre vision du temps géologique. D'abord en montrant que les terrains sans fossiles – les plus anciens, ceux que les géologues étudiaient peu, pas ou mal – représentaient les 4/5 de l'histoire de la Terre – cette Terre dont on a d'ailleurs évalué l'âge à 4,55 milliards d'années, l'ère primaire représentant 220 millions d'années, contre un ou deux millions d'années pour l'ère quaternaire.

Le temps étant le paramètre essentiel en géologie, cette science est devenue tout à coup quantitative.

Tout à coup ? A quel moment s'est produit ce déclic ?

Curieusement, le déclic s'est produit avec un grand retard. Dès les premières années de la découverte de la radioactivité, Pierre Curie et Ernest Rutherford ont compris qu'il y avait là un extraordinaire outil chronologique pour la géologie.

Ils en ont proposé les fondements, chacun de son côté. Mais l'application pratique des principes s'est avérée difficile, car les techniques de mesure n'étaient pas assez bonnes. Beaucoup d'isotopes radioactifs intéressants sont présents dans les roches à de très faibles teneurs. Il faut être capable d'analyser leur composition isotopique, c'est-à-dire la composition intime de leurs atomes, pour pouvoir déterminer l'âge d'une roche ou d'un minéral.

Or cette capacité technique n'a été pleinement maîtrisée qu'à partir de l'après-guerre, vers les années 1950. Depuis les années 1930-1935, quelques déterminations d'âges géologiques avaient été réalisées sur des minerais d'uranium, mais on n'y croyait pas vraiment. Pourtant, ces déterminations n'étaient pas si mauvaises que cela, comme on l'a montré par la suite. Mais le scepticisme était la règle. Ainsi, lorsque je fis mes études de géologie dans les années 1955-1960, nous n'apprenions pas l'échelle absolue des temps géologiques !

La datation des terrains a donc été la première pierre de la géologie isotopique, comme la structure de l'ADN a été celle de la biologie moléculaire. De même que pour cette dernière science, le développement de la géologie isotopique va être lié aux progrès technologiques – en l'occurrence, cet appareil qu'on appelle spectromètre de masse et qui permet de « peser » les isotopes d'un élément chimique.

Après la datation, le second épisode a été celui de la détermination des températures du passé. Cela fut obtenu à l'aide des isotopes de l'oxygène des carbonates. La proportion des deux isotopes 16 et 18 reflète la température de la mer dans laquelle ils se sont formés. Ce fut donc le grand bond en avant pour la paléoclimatologie, mais on a été bien au-delà lorsqu'on s'est aperçu que les rapports isotopiques étaient des traceurs naturels pour les phénomènes géologiques.

Mais d'abord, qu'entend-on par traceurs ? On parle de la traçabilité des aliments : quel rapport ?

Un traceur est un moyen pour reconstituer le « trajet historique » d'une entité ; c'est ce qui laisse une trace de ce trajet, comme le Petit Poucet laissait derrière lui de petits cailloux. On utilise les traceurs par exemple pour savoir comment se répand de l'eau dans le sous-sol. Pour cela, on injecte un colorant en un point, et on mesure où et quand il ressort. En médecine, on injecte un produit radioactif dans le bras, et on suit à la trace le trajet de ce produit. La biologie moléculaire marque elle aussi des molécules avec un atome radioactif pour étudier comment elles se transforment, se cassent, se dégradent, ou fabriquent de nouveaux assemblages.

L'étude de certains rapports isotopiques, de certains éléments chimiques naturels extraits des roches, des minéraux, des océans, des sédiments, permet de reconstituer leur histoire, de déterminer leur origine. Pour cela il suffit de très peu de patience. Quelques nanogrammes. Un milliardième de gramme de strontium permet de révéler l'histoire complexe d'une roche si on sait lire sa composition isotopique. Et comme on a dix éléments qui peuvent jouer le même rôle, chacun avec ses particularités, donc que l'on peut comparer, soupeser, interpréter. C'est un jeu à la Sherlock Holmes. Rassembler les indices pour reconstituer le passé de la Terre... il y a des millions d'années, voire des milliards d'années. Dans cette quête, les isotopes fournissent des indices irremplaçables.

Ainsi, on peut reconstituer la structure des zones profondes de la Terre et leur évolution depuis l'origine de la planète ; mais aussi la manière dont l'atmosphère s'est créée, son histoire, comment les continents se sont formés tout au cours des temps géologiques en extrayant leur substance du manteau, ou encore comment les différents océans du monde échangent leurs eaux superficielles et profondes.

Cette aventure de la géologie isotopique s'est déroulée depuis les années 1970. J'y ai participé avec passion, beaucoup de satisfaction aussi, et j'ai la faiblesse de penser que j'ai contribué à diverses avancées de cette discipline.

Mais l'histoire ne s'arrête pas là ! L'analyse isotopique des météorites a permis de reconstituer l'histoire des éléments chimiques depuis leur genèse dans les explosions de supernovae jusqu'à la manière dont les planètes se sont formées, l'apparition des roches, leur répartition, leur rôle dans le relief.

Le territoire de la géologie s'est donc extraordinairement dilaté vers l'astrophysique. Les études ont contribué à construire une nouvelle discipline qu'on appelle la cosmochimie et qui s'appuie sur les observations astronomiques et sur les mesures isotopiques faites sur les matériaux terrestres et extraterrestres.

Avec l'analyse des isotopes des éléments naturels on explore l'histoire de la matière depuis sa formation dans les étoiles jusqu'à la pollution des villes d'aujourd'hui. Avec pratiquement les mêmes techniques et les mêmes méthodes de raisonnement.

On ne s'étonnera pas si, après avoir pratiqué cette discipline pendant plus de quarante ans, je reste fasciné par elle et par le fait que souvent ce qu'on crée, en sciences, vous dépasse vous-même !

J

Jacobs P. E. (1904-1987)

D'abord artiste lyrique, puis dessinateur, Jacobs est l'un des plus célèbres auteurs de bande dessinée de l'école belge. Il commença par participer au dessin de *Flash Gordon*, puis, remarqué par Hergé, il collabora à sept albums de Tintin, dont le célèbre *Temple du Soleil.* Son œuvre la plus célèbre, à juste titre, est la série des *Blake et Mortimer*, dont le premier numéro paraît en 1946 dans le *Journal de Tintin*. La science et la technologie sont au cœur de ces albums, avec une philosophie conquérante. C'est de la science qu'il faut attendre le progrès. Voilà la philosophie.

Le Secret de l'espadon, c'est l'invention extraordinaire de cet avion invulnérable qui sauve le monde libre ; *La Marque jaune* est presque une anticipation sur les progrès des neurosciences modernes (nous n'y sommes pas, heureusement). Dans *Le Secret de la grande pyramide*, c'est d'égyptologie fondamentale qu'il s'agit, et c'est aussi très bien. Quant à *SOS météore*, c'est la modification artificielle du climat et nous y sommes.

A une époque où certains doutent de la science,

P. E. Jacobs a été un de ses grands défenseurs ! J'aime beaucoup ses livres.

Jalousie

Ce sentiment détestable est aussi répandu chez les scientifiques que dans le reste de la population humaine. Ni plus ni moins. Il y crée les mêmes ravages qu'ailleurs.

Jésuites

Les Jésuites ont généralement mauvaise presse chez les scientifiques. C'est un tort, car ils ont joué un grand rôle dans le développement de la science en Occident. N'oublions pas que, lorsque Ignace de Loyola a créé la Compagnie de Jésus en 1534 à Paris, c'était pour faire contrepoids aux Dominicains dans la lutte contre l'hérésie.

Au lieu de préconiser la contrainte et le châtiment comme le fit la Sainte Inquisition, les jésuites veulent convaincre par la raison. Pour cela, il leur faut s'approprier le savoir et montrer que les lois de la nature existent parce que Dieu les a inventées. Convaincre plutôt que contraindre. D'où leur intérêt, dès cette époque, pour l'enseignement, mais pour un enseignement strict et exigeant (ne dit-on pas encore aujourd'hui à un adolescent rebelle à l'étude : « J'aurais dû te mettre chez les Jésuites », symbole d'une éducation stricte et sérieuse ?), mais aussi pour la recherche.

Ils éliminent toutes les contradictions qui peuvent naître entre sciences et religion par des raisonnements que d'autres trouveront spécieux, voire hypocrites. Comme le célèbre cardinal Bellarmin qui dira à Galilée : « Nous pouvons travailler sur les idées de Kopernik, mais à condition que vous n'affirmiez pas qu'elles sont vraies. Si ce ne sont que des hypothèses de travail, il n'y a pas péché, puisqu'il n'y a pas affirmation d'une vérité !

Fidèles successeurs de saint Thomas d'Aquin, ils considèrent que découvrir les lois de la nature, c'est se rapprocher de Dieu. Ils fondent donc en 1551 une université moderne, alliant l'originalité du Collège de France qui vient alors de naître en France et la rigueur d'une université classique tournée vers la théologie : le Collège romain. Cette université dispense un enseignement moderne : théologie, certes, mais aussi mathématiques, astronomie, physique. Galilée sera un ami du Collège romain et sera d'ailleurs le premier docteur *honoris causa* du Collège. Il est vrai qu'ensuite, les Jésuites vont poursuivre Galilée devant l'Inquisition et obtenir sa condamnation en 1633. Mais ça ne diminuera pas leur intérêt pour la science, au contraire.

Outre Clavius, ami de Galilée, hélas mort avant les événements de 1633, citons quelques scientifiques jésuites célèbres : Angelo Secchi, le « père » de l'astrophysique, Pierre Lejay, l'un des fondateurs de la gravimétrie, et bien sûr Pierre Teilhard de Chardin, grand paléontologue auquel son statut de jésuite ferma les portes du Collège de France.

Joliot Frédéric (1900-1958) et Irène (1897-1956)

Irène et Frédéric Joliot étaient respectivement la fille et le gendre de Pierre et Marie Curie.

Ils commencèrent leur carrière comme assistants de Marie Curie. Après sa mort, ils continuèrent leurs recherches. Ils découvrirent la radioactivité artificielle, ce qui leur valut le prix Nobel de chimie en 1935. Frédéric construisit la première pile atomique française, Irène fut secrétaire d'Etat à la Recherche dans le gouvernement du Front populaire en 1936.

A la Libération, Frédéric fut haut-commissaire à l'Energie atomique. Son équipe et lui avaient eu les premiers l'idée d'utiliser l'énergie fournie par les désintégrations atomiques de manière pacifique. C'est Frédéric Joliot qui, scientifiquement, bâtit le CEA en y attirant une grande quantité de jeunes extrêmement brillants.

Mais Frédéric Joliot était aussi un militant politique convaincu, membre du bureau politique du PCF. En 1950, au moment où les relations entre la France et l'URSS étaient un peu tendues, il déclara de façon hasardeuse que la bombe atomique qu'essayait de construire la France ne serait jamais utilisée contre l'URSS. Il fut limogé immédiatement de son poste au CEA.

Irène, quant à elle, fut la première femme secrétaire d'Etat – à la Recherche dans le gouvernement du Front populaire. Elle faillit être mon professeur de radiochimie, mais elle mourut un an avant que je ne suive ce certificat.

Irène et Frédéric moururent tous deux de cancers

provoqués par les irradiations puissantes qu'ils avaient reçues dans leur jeunesse, comme était morte d'ailleurs Marie Curie.

Joule James Prescott (1818-1889)

Fils d'un riche brasseur anglais, scientifique amateur qui n'eut aucune position officielle, Joule a pourtant contribué à développer la thermodynamique en même temps que Carnot ou Julien Robert Mayer. A vingt-trois ans, il établit la loi de ce qui deviendra l'effet Joule, l'échauffement d'un conducteur parcouru par un courant électrique. Puis il multiplia les expériences montrant l'équivalence entre la chaleur et le travail mécanique ; par exemple, il montra que l'élévation de température d'une masse d'eau dans laquelle tourne une roue à palettes entraînée par un poids qui descend dans l'air, à l'extérieur de la cuve, est proportionnelle au travail de ce poids (la force de pesanteur multipliée par le déplacement du poids) ; de même, l'élévation de température d'un gaz comprimé est proportionnelle au travail du piston (la force exercée sur le piston multipliée par son déplacement). Joule porta les derniers coups à la vieille théorie du calorique (la chaleur conçue comme un fluide qui s'écoule du chaud vers le froid) pour créer l'idée moderne d'énergie, qui peut être d'origine calorique, mécanique, électrique, etc. En reconnaissance, on appela l'unité de travail le joule.

Un joule est le travail effectué par 1 newton se déplaçant de 1 mètre. Le newton est la force qui s'exerce sur un objet de 1 kilogramme, dont l'accélération est 1 mètre par seconde.

Ainsi, le travail effectué par un objet de 1 kilogramme tombant de 10 mètres est égal à m (masse), g (accélération pesanteur 10 m/s^2), multiplié par la distance parcourue, 10 mètres. Soit : 100 joules.

K

Kelvin lord William Thompson (1824-1907)

Lord Kelvin est un immense scientifique écossais, qui joua un rôle important dans la fondation de la thermodynamique. En collaboration avec Joule, il fixa la première échelle absolue de température. C'est pourquoi l'unité de mesure de la température absolue est désormais le kelvin (*voir* : TEMPÉRATURE) : 0 °C = – 273 Kelvins.

Lorsqu'il devint lord Kelvin, il était déjà le pape de la physique anglaise. Utilisant la théorie de la chaleur de Joseph Fourier, il s'attaqua au problème de l'âge de la Terre et du Soleil et déclara qu'ils avaient l'un et l'autre 100 millions d'années. Les géologues, surtout Charles Lyell et Charles Darwin, lui opposèrent une farouche résistance, affirmant que la Terre était beaucoup plus vieille. Ils avaient raison.

En 1905, peu avant sa mort, Kelvin assista à une réunion scientifique où le jeune Ernest Rutherford annonça l'âge de certaines roches – supérieur au milliard d'années. On raconte que Rutherford, effrayé de contredire le « pape », avait divisé le chiffre expérimental par deux : en fait, l'âge mesuré dépassait 2 milliards d'années ! Lord Kelvin ne dit rien...

Kepler Johannes (1571-1630)

Ne me demandez pas la nationalité de Kepler : l'Allemagne et la Tchéquie se le disputent ! C'est l'un des plus grands scientifiques de tous les temps. « Coincé » entre Kopernik et Galilée, il est un peu moins connu qu'eux du grand public alors qu'il devrait l'être tout autant. Sa grande contribution est d'avoir énoncé les lois qui régissent la rotation des planètes autour du Soleil, et donc d'avoir formulé le modèle explicatif du système solaire.

Ce sont les **lois de Kepler**.

Les planètes tournent autour du Soleil, décrivant des ellipses dont le Soleil est l'un des foyers. Ces planètes tournent en restant dans un plan, le plan de l'écliptique, et elles tournent toutes dans le même sens. Lorsque les planètes, tournant sur leur orbite, s'approchent du Soleil, elles accélèrent ; lorsqu'elles s'en éloignent, elles ralentissent. La surface balayée par leur rayon (la droite passant par leur centre et celui du Soleil) est constante au cours du temps. Les périodes de rotation des planètes dépendent de l'éloignement du Soleil : plus elles sont éloignées, plus elles tournent lentement. Les planètes tournent sur elles-mêmes, et leur axe de rotation est quasi perpendiculaire au plan de l'écliptique. Le sens de rotation est (sauf exception) le même que le sens de révolution autour du Soleil. En regardant par-dessus le plan de l'écliptique, c'est le sens contraire à celui des aiguilles d'une montre.

Ces lois seront expliquées et mathématiquement démontrées par Newton cinquante ans après Kepler.

Mais on doit aussi à Kepler un traité d'optique et diverses contributions mathématiques originales.

Son aventure fait partie de la légende des sciences. Kepler est recruté par Tycho Brahé en 1600 pour expliquer le mouvement de la planète Mars qui, vu de la Terre, est très complexe. Il comprend alors que c'est la Terre qui tourne autour du Soleil comme l'a dit Kopernik, et non l'inverse comme l'enseigne et le défend l'Eglise. Tycho Brahé n'est pas d'accord. Mais à sa mort, il laisse à Kepler toutes ses observations sur les planètes, qui sont les meilleures du monde. Kepler va alors calculer toutes les trajectoires (à la main, bien sûr) et expliquer ce que l'on voit de la Terre.

Contemporain de Galilée, Kepler cherchera à collaborer avec lui, mais il se heurtera à une fin de non-recevoir. Contrairement à Galilée, il n'eut pas d'ennuis avec les ecclésiastiques. Protestant, il travaillait pour l'empereur Rodolphe, lui-même catholique très puissant, et il évita tout ce qui pouvait apparaître comme une provocation vis-à-vis des différentes Eglises.

Kimberlite

C'est un appareil rocheux de type volcanique très particulier. Il a la forme d'un cylindre rempli d'un mélange de roches à la fois dures et friables, dont l'origine est profonde, et qui se sont mises en place à des vitesses supersoniques, lors d'une explosion.

Ces roches ont la propriété de contenir des diamants, c'est-à-dire une variété de carbone qui se forme à haute pression. Le lieu de référence de ces roches est la ville de Kimberley, en Afrique du Sud – d'où leur nom.

Il ne faut pas croire que les diamants abondent. Il y a un cristal de 1 à 3 millimètres toutes les deux ou trois tonnes de roches. Pour obtenir un diamant de joaillerie, il faut trier dix tonnes de déblais ! Ces simples chiffres suffisent à montrer la difficulté de prospection et d'exploitation. Il s'agit en fait de prospecter les ruisseaux, dans lesquels on trouve en alluvions des pyroxènes, puis, plus haut, des grenats, et encore plus en amont, quelques diamants. A partir de là, on recherche l'appareil volcanique d'où proviennent ces alluvions, puis il faut extraire et broyer beaucoup, beaucoup de roches !

C'est pourquoi, dans l'Afrique du Sud de l'apartheid, on employait beaucoup de mineurs noirs pour extraire les diamants, car l'Afrique du Sud est le premier producteur du monde de diamants. Mais on trouve des kimberlites un peu partout dans le monde, notamment en Russie, au Liberia, au Brésil et au Canada.

Kopernik Nikolas (1473-1543)

Moine polonais dont, à mon avis, la renommée est outrageusement supérieure au mérite. Qu'a fait Kopernik ?

« Il a découvert et formulé que c'est la Terre qui tourne autour du Soleil, non l'inverse. » Faux ! Ce modèle avait été proposé par Aristarque de Samos (–310/–230), et Pythagore et Platon l'avaient déjà plus ou moins envisagé.

« Oui, mais il a proposé un modèle simple de l'ensemble ! » Faux encore. Le système de Kopernik, comme celui de Ptolémée, mettait en jeu des cercles auxiliaires, et il était tout aussi complexe.

« Mais peut-être alors l'a-t-il démontré ? » Nullement. Les éphémérides qu'il a calculées à l'aide de son modèle étaient de moins bonne qualité que celles de Tycho Brahé, et même de Ptolémée.

« Il a eu le mérite de proposer cette théorie alors qu'elle était contraire aux enseignements de l'Eglise, laquelle suivait aveuglement Aristote. » Faux encore. Kopernik, moine vivant confortablement au milieu des évêques, a caché sa théorie toute sa vie. Il fallut la visite de Rhetius, un jeune protestant qui publia un résumé de la théorie, pour que Kopernik se décide à publier son œuvre *De Revolutionibus*. Juste avant sa mort.

Alors pourquoi est-il si célèbre, au point que certains parlent de révolution copernicienne ?

Parce que Kepler, le véritable découvreur de la mécanique céleste, et Galilée, l'inventeur de la lunette astronomique, se sont référés à Kopernik. Jusque-là, son œuvre n'avait suscité aucun intérêt de la part de l'Eglise. Seuls Luther et son disciple Melanchton l'avaient énergiquement condamnée. C'est seulement au cours d'un procès qui eut lieu en 1616 que les œuvres de Kopernik ont été condamnées, interdites et détruites par l'Eglise catholique.

Certes, Kopernik a joué un rôle historique, mais pas plus important que Nicolas Oresme en ce qui concerne la chute des corps. Son œuvre a sans doute réveillé une vieille idée qu'avait déjà développée Aristarque, mais le génie, ce n'est pas lui. C'est Kepler qui, rompant avec le mythe du cercle considéré comme trajectoire « divine » (y compris par Galilée), proposa l'ellipse, envoyant aux orties les engrenages de roues multiples censés expliquer le mouvement des planètes.

Lamarck (1744-1829)

De son vrai nom, Jean-Baptise de Mouet, chevalier de Lamarck. Le véritable inventeur de la théorie de l'évolution des espèces, c'est lui. Darwin lui a volé toute la gloire d'une manière très injuste, même si sa contribution fut elle-même admirable.

Lamarck est à l'origine un botaniste. Un botaniste actif, intelligent, imaginatif – et critique. Ainsi, il n'est pas prêt à avaler la classification de Linné, qu'il trouve rigide et trop mécaniste.

Les hasards de la carrière universitaire lui font présenter sa candidature au poste de professeur de zoologie des invertébrés au Muséum. Bien que ses travaux ne comportent pas véritablement de contributions zoologiques majeures, il est élu. Ceux qui l'élisent reconnaissent son intelligence et souhaitent qu'il la mette au service de la zoologie, comme il le fit pour la botanique.

Comme tout professeur, il doit préparer son cours. Et il réfléchit. Dans le règne végétal qu'il connaît si bien, les barrières entre espèces sont ténues – il a critiqué Linné pour ses barrières trop étanches. Dans son nouveau domaine, le règne animal, il se met à comparer les caractères des invertébrés, vers, mollusques, crustacés, insectes, arachnides. Un scorpion est-il un insecte ou une arachnide ? Quelle différence y a-t-il entre une écrevisse et une sauterelle ? Les coraux sont-ils des animaux ou des végétaux ? Et les anémones de mer ?

A cet état de sa réflexion, il fait un pas décisif : il invente en 1802 le mot **biologie**, mot fondateur. Souvent, les mots nouveaux sont des cache-misère, de la poudre aux yeux, le strass d'une vacuité de concepts. Combien de philosophes modernes ont cru qu'en inventant un mot, ils inventaient un concept ?

Mais là, c'est autre chose : le mot porte un message immense. Ce message, c'est qu'il y a une discontinuité fondamentale entre le monde du minéral, de l'inanimé et le monde vivant, et que ce dernier a sa logique propre. Et qu'il existe une continuité entre les plantes et les animaux !

A partir de là, il va développer sa théorie du transformisme, de l'évolution des formes des êtres vivants, depuis les plus simples jusqu'aux plus complexes.

Il publiera ses idées, d'abord dans ses discours d'ouverture de l'an VIII (1800), de l'an X (1802), de l'an XI (1803), mais, surtout, dans son livre majeur, la *Philosophie zoologique* (1809). Elles seront immédiatement combattues par Georges Cuvier, le maître incontesté de l'histoire naturelle de l'époque, qui le persécutera toute sa vie et poussera même la cruauté jusqu'à prononcer à l'Académie un éloge funèbre ridiculisant le pauvre Lamarck évidemment hors d'état de répondre. L'Académie, outrée, ne publiera cet « éloge » qu'après la mort de Cuvier lui-même. Lamarck finira d'ailleurs dans la misère, abandonné de tous.

Le seul de ses contemporains à défendre ses idées fut Geoffroy Saint-Hilaire, qui s'opposa à Cuvier au cours de joutes oratoires célèbres. Victime indirectement de la vindicte de Cuvier, Lamarck n'aura pas droit à une rue à son nom autour du Jardin des plantes, comme en ont les autres naturalistes (Buffon, Cuvier, Geoffroy Saint-Hilaire, Jussieu, etc.) Il n'aura qu'une longue rue dans le XVIIIe arrondissement. Heureusement, la IIIe République lui fera édifier une statue au Jardin des plantes.

Il est vrai que sa contribution à l'idée d'évolution a été également niée avec hargne et constance par Darwin lui-même. Pour réfuter l'antériorité de Lamarck, ce dernier ira jusqu'à puiser dans les arguments émis par Cuvier sans avoir vraiment compris (et lu) l'œuvre de Lamarck lui-même. Cuvier était contre l'idée de l'évolution des espèces ; Darwin voulait seul l'avoir inventée. Pris entre deux feux, l'opposition de l'un et le manque d'élégance de l'autre, Lamarck n'a pas eu la reconnaissance qu'il méritait.

Génie de la biologie, Lamarck a aussi publié un tissu d'âneries en chimie, s'opposant à la « révolution chimique » de Lavoisier, ou encore en géologie où, comparé à celui de Hutton, son travail fait figure de retardataire. *Nobody's perfect*.

Mais avoir eu l'idée de l'évolution des espèces, ce n'est pas si mal !

Langage

Le langage spécifique employé par les scientifiques dans leurs articles est comme la langue d'Esope : c'est la meilleure et la pire des choses !

Lorsque la science invente des termes précis pour traduire précisément de nouveaux concepts en évitant toute ambiguïté, ils sont irremplaçables et indispensables.

Lorsque les scientifiques écrivent des articles dans une langue resserrée et concise, leur style pourrait avantageusement faire école ailleurs.

Lorsque, en revanche, la science invente un jargon superflu qui masque souvent une incompréhension du phénomène lui-même, de sa nature, de ses causes, elle se rend à elle-même le plus mauvais service qui soit.

La création de vocabulaire savant et inutile n'est pas une tendance nouvelle : Molière la dénonçait déjà pour la médecine – domaine où, il est vrai, sévit toujours la manie du jargon. Certains scientifiques se gargarisent de mots savants, sous prétexte, bien sûr, de précision. Cette pratique a pour conséquence de fabriquer une confrérie et d'exclure ceux qui ne comprennent pas le code. C'est évidemment condamnable et dérisoire. Mais c'est une réalité, hélas. Tout comme il est vrai qu'une bonne expression écrite ou orale joue un rôle essentiel dans la diffusion d'une idée, d'une théorie ou d'une découverte. Ou qu'un article bien écrit va dominer la littérature sur le sujet au détriment d'autres articles peut-être antérieurs, mais plus difficiles à assimiler.

Elément essentiel, donc, de la vie scientifique, le langage employé dans les articles ou les livres scientifiques ne doit jamais être autre chose que le vecteur d'une expérience, d'une théorie, d'une observation ou d'une conjecture. Il ne doit pas être le rideau de fumée sémantique servant à masquer une ignorance de fond qu'on ne veut pas avouer.

Venons-en à présent à ce qui est le langage essentiel des sciences physiques, à savoir les mathématiques. Galilée disait déjà : Dieu a créé les lois de la Nature, et ces lois s'expriment dans le langage des mathématiques – il aurait pu dire de la géométrie, car il refusait l'usage de l'algèbre !

David Ruelle, physicien théoricien moderne, affirme que le but de la physique est de traduire les observations et expériences de la nature en langage mathématique. Je crois pour ma part qu'il ne s'agit pas d'un but, mais d'un moyen. Le but est de comprendre, et la traduction en équations ne signifie pas toujours que l'on a compris ! C'est d'ailleurs l'erreur commise par beaucoup d'enseignants en physique, qui confondent explication et manipulations d'équation, c'est-à-dire concret et abstrait.

Pour la physique, qui est une science pivot, le langage mathématique est essentiel, c'est incontestable. Il permet une économie d'expression, une compaction d'informations qui n'a aucun équivalent. Il n'est donc pas question de nier cette réalité. Pourtant, cet usage du langage mathématique dans les sciences physiques n'est pas sans danger. Comme certains philosophes qui pensent que tout est langage, certains physiciens théoriciens finissent par penser que les mathématiques sont l'essence des choses. Sous prétexte d'élégance, ils multiplient à loisir les jongleries mathématiques, les développements abstraits, en oubliant qu'en science, « seules l'expérience, la confrontation avec le réel ou son explication » sont fécondes.

Des pans entiers de la physique sont ainsi encombrés de développements mathématiques superflus, qui n'aident en rien à comprendre la Nature.

Cette pratique, qui a, hélas, envahi l'enseignement secondaire, n'est pas pour rien dans l'éloignement de jeunes esprits de la physique. A l'inverse, elle explique aussi l'attraction qu'exerce cette discipline sur d'autres esprits dont l'agilité mathématique ne compense malheureusement pas la stérilité dans le domaine des idées ou la compréhension du réel.

Langage littéraire – chez des auteurs comme Buffon, il l'était vraiment –, langage mathématique... La science utilise aussi un autre type de langage : celui des signes. Autrement dit le dessin, le graphique ou le schéma. Dans chaque cas, le signe doit être l'expression d'une idée. Il est alors le secours essentiel à la pensée.

Apprendre le langage des sciences, c'est apprendre les trois formes de langage. Pendant longtemps, on a privilégié l'apprentissage du langage mathématique, surtout en France. Depuis quelque temps, on enseigne le « langage » fondé sur les schémas. Cela traduit une évolution de la science, qui se préoccupe de plus en plus de phénomènes complexes dont la compréhension nécessite des schémas et des commentaires subtils.

Ceux qui, sous prétexte de l'efficacité « déraisonnable » des mathématiques en physique, croiraient que la science se réduit à un langage se tromperaient lourdement[1]. Mais ceux qui croiraient que la science peut se développer sans langages spécifiques et sans mathématiques seraient également dans l'erreur.

Je déteste le jargon, les abstractions mathématiques

1. Titre d'un célèbre article d'un grand physicien théoricien, Eugène Wigner : « Le pouvoir déraisonnable des mathématiques en physique. »

inutiles. J'admire le style clair et les mathématiques limpides. Mais, comme Maurice Allais, je n'ai jamais pensé que le langage, donc les mathématiques, constituait l'essence de la science. C'est pour l'avoir cru qu'un certain nombre d'économistes ont cru que l'économie était une science.

Terminons ce commentaire sur le langage par cette délicieuse citation de Michael Faraday qui a été le grand génie de la physique expérimentale et qui écrivait à Maxwell, l'homme qui avait traduit ses idées de manière mathématique, mais les avait aussi développées, prolongées et amplifiées d'une manière extraordinaire :

« Il y a une chose que j'aimerais vous demander. Lorsqu'un mathématicien, engagé dans l'étude d'actions et de résultats physiques, est arrivé à ses conclusions, celles-ci ne peuvent-elles pas s'exprimer en langage commun de manière tout aussi complète, claire et définitive que dans des formules mathématiques ? Si oui, ne serait-ce pas une aubaine pour des personnes telles que moi qu'elles soient exprimées ainsi, traduites hors de leurs hiéroglyphes de façon à ce que nous puissions y travailler avec des expériences. Je pense qu'il doit en être ainsi car j'ai toujours trouvé que vous arriviez à me transmettre une idée parfaitement claire de vos conclusions, qui, bien qu'elles ne me permettent pas de comprendre entièrement les étapes de votre processus, m'en donnent les résultats ni en deçà ni au-delà de la vérité, et si clairs qu'à partir d'eux je peux penser et travailler. Si cela était possible, ne serait-il pas bon que les mathématiciens qui travaillent sur ces sujets nous donnent des résultats dans cet état, exploitable, utile et populaire, en plus de la forme qui leur est propre ? » Diderot, plus direct, disait à Euler, le grand mathématicien suisse : « Les mathématiques sont un écran entre la nature et l'esprit. » C'est exagéré, mais pas toujours faux !

Langue

La langue véhiculaire de la science moderne est l'anglais. C'est ainsi ! Jusqu'au XIXe siècle, c'était le latin. Les congrès sont en anglais, les publications internationales sont en anglais.

Un certain nombre de nationalistes irréalistes ont mené une bataille pour imposer aux scientifiques français de publier en français – le sommet fut la fameuse loi Toubon. Ce fut un échec total.

Pourquoi les Français imposeraient-ils leur langue alors que les Allemands – dont la langue fut celle de la physique de la fin du XIXe siècle et du début du XXe siècle –, les Espagnols – qui représentent la seconde langue occidentale la plus parlée, les Japonais, les Italiens, les Chinois et les Indiens publient en anglais, y compris dans leurs propres revues ?

Que cette prééminence de l'anglais soit liée à la puissance américaine et surtout à son extraordinaire production scientifique, voilà qui n'est pas douteux. Mais s'il y avait un combat à mener pour empêcher cela, c'est il y a deux siècles qu'il fallait s'y employer, pas aujourd'hui !

Indubitablement, la prééminence de l'anglais nous handicape dans la compétition scientifique internationale. Chaque fois que nous soumettons un article pour publication, les référents anglophones nous font des remarques désagréables sur la qualité de notre anglais , lorsqu'au cours d'un congrès ou d'un colloque, nous sommes engagés dans une discussion polémique un peu vive, une plaisanterie typiquement anglaise lancée au milieu du débat peut nous déstabiliser.

Tout cela est vrai. Mais quelle est la solution ? Publier en français ? J'ai tenté cette stratégie dans ma jeunesse, influencé par la propagande gaulliste d'alors. Résultats ? Tous mes articles publiés en français qui avaient quelque valeur ont été « piratés », republiés en anglais par des auteurs américains qui ont bénéficié du même coup de l'antériorité officielle. Récemment, un jeune mathématicien français, Laurent Lafforgue, médaille Fields, a écrit un article pour dire que les mathématiciens, eux, publiaient en français et étaient lus par leurs collègues étrangers ! Sous-entendu qu'ils étaient un exemple à suivre. Il a simplement oublié de préciser que les mathématiques s'expriment dans un langage symbolique universel international, et donc que le problème des publications mathématiques n'a rien à voir avec celui des sciences. Que connaît-il des autres sciences ? Pas grand-chose à lire ce qu'il écrit un peu partout !

Conséquence de cet état de fait : l'anglais scientifique perd inexorablement sa pureté linguistique, se transformant en un volapük à fand anglophone. Mais c'est ainsi que se développe la science... C'est pourquoi dans tous les corps de sciences avancées, nous apprenons aux élèves à parler anglais, à écrire en anglais, à lire en anglais. Et quelques nostalgiques pourront bien faire passer toutes les lois qu'ils voudront, ils n'y changeront rien.

Tout ce qu'ils obtiendront, c'est de handicaper un peu plus les scientifiques français dans la très difficile compétition internationale !

Laser

Le mot laser est devenu un nom commun dans notre vocabulaire. C'est en fait un acronyme qui signifie : *Light Amplification by Stimulated Emission of Radiation* (amplification de lumière par émission stimulée de radiations).

Cette technique repose sur une utilisation astucieuse des relations lumière-matière telles que nous les avons esquissées, notamment à l'article quantique. Supposons un électron situé sur un niveau d'énergie excité. Il est donc en situation instable et prêt à retomber spontanément vers un niveau d'énergie inférieure plus stable.

Eclairons alors l'atome avec une lumière dont la longueur d'onde, l'énergie, correspond exactement à la différence d'énergie entre le niveau excité et le niveau stable. Cette lumière donne à l'électron excité la petite impulsion, la pichenette nécessaire pour le faire retomber à son niveau d'énergie stable. L'énergie nécessaire pour donner à l'électron cette pichenette est très faible, et la lumière incidente ne s'en trouve pas affectée. C'est l'émission stimulée (prévue par Einstein vingt ans avant qu'on la redécouvre). Mais en tombant sur le niveau d'énergie inférieur, l'électron va émettre lui aussi de la lumière, dotée des mêmes caractéristiques, des mêmes longueurs d'onde que le rayonnement incident.

On avait un rayon lumineux éclairant l'atome ; il sort de l'atome un rayon deux fois plus intense. On a ainsi amplifié la lumière.

Supposons maintenant qu'on éclaire non pas un atome, mais toute une série d'atomes excités, dont tous les électrons se trouvent sur des niveaux d'énergie supérieurs. Eh bien, le phénomène va se répéter : chaque atome va émettre sa lumière, en même temps. A partir d'une petite quantité de lumière à l'entrée, on va obtenir une grande quantité de lumière à la sortie. Toutes ces lumières ayant les mêmes caractéristiques vibrent toutes en phase, et sont toutes orientées dans la même direction.

Voilà donc ce qu'est un laser : un rayon de lumière cohérent, puissant et directif.

Mais bien sûr, pour réaliser cela, il y a un préalable, un passage obligé : il faut être capable de faire passer les électrons d'une grande quantité d'atomes sur des niveaux d'énergie inférieurs. Pour y parvenir, il faut mettre en œuvre la technique dite du *pompage optique* découverte par Alfred Kastler au laboratoire de l'Ecole normale supérieure.

On éclaire une première fois les électrons pour leur insuffler une énergie supérieure au niveau où on veut les envoyer (donc avec une lumière *ad hoc*). Ces électrons vont sauter un peu plus haut, puis spontanément retomber sur le niveau d'énergie souhaité. Ils y resteront assez longtemps pour qu'on puisse les éclairer par une autre lumière et ainsi provoquer l'amplification stimulée.

En fait, c'est après un séjour estival au laboratoire de Kastler pour apprendre à réaliser le pompage optique que l'Américain Charlie Townes inventera, en 1958, le laser.

Lorsqu'il recevra le prix Nobel en 1964, en même temps que les Soviétiques Bassov et Prokhorov, Townes aura l'élégance de dire que sans le travail de Kastler, il n'aurait pu réaliser le sien. On décernera le prix Nobel à Kastler deux ans après.

Lavoisier Antoine Laurent (1743-1794)

Il est considéré comme le fondateur de la chimie. Sa contribution est souvent résumée par la formule célèbre : « Rien ne se perd, rien ne se crée, tout se transforme. »

Son apport à la chimie peut être schématisé ainsi. Lavoisier distingue les corps simples et les corps composés. Il montre qu'on peut d'une part *analyser* les corps composés et les décomposer en corps simples, d'autre part, à l'inverse, les *synthétiser*. Il réalise la synthèse de l'eau (avec explosion). C'est l'amorce de la distinction atomes/molécules. Il affirme que tous les corps peuvent se présenter dans trois états : solide, liquide, gazeux, suivant les conditions dans lesquelles ils sont placés. Cette intuition – car il n'en a pas vraiment les preuves – se révélera réellement prophétique.

Il semble que le déclic de sa pensée sur les mécanismes de la chimie ait été provoqué par ses expériences sur l'oxydation à l'air du soufre, du phosphore, du plomb. Il observa en effet que ces matériaux étaient plus lourds après oxydation qu'avant. Il en déduisit que les corps simples s'étaient donc liés avec un composant de l'air qu'il identifiera et appellera oxygène. Pesée, balance : Lavoisier introduit la mesure en chimie, mesure des masses avec des balances de précision, mesure des volumes gazeux. etc. Tout cela sera la base de son *Traité élémentaire de chimie* publié en 1789.

Malheureusement, Lavoisier était aussi un fermier général (collecteur d'impôt). Le 8 mai 1794, le tribunal révolutionnaire condamne 21 fermiers généraux et les exécute sur la place de la Révolution (actuelle place de la Concorde) l'après-midi même. Terrorisés, les savants qui avaient des responsabilités politiques, comme Carnot, Monge, Fourcroy et Guyton de Morveau, refusèrent d'user de leur influence pour défendre Lavoisier, ou, au mieux, ne firent que de timides tentatives.

On raconte que Lavoisier aurait demandé quelques jours supplémentaires pour achever le travail qu'il était en train de faire, et que le terrible Fouquier-Tinville lui aurait répondu : « La République n'a pas besoin de savants. » Les historiens contestent cette version.

Ce que l'on peut reprocher à Lavoisier, c'est d'avoir ignoré le travail d'autres scientifiques à qui il a « emprunté » une partie de leurs idées : Becher, Stahl, Pierre Macquer, Duhamel du Monceau, Davy, Margraff, Pott et surtout l'Anglais Boyle, véritable découvreur des éléments On peut aussi regretter qu'il n'ait pas intégré dans son système la notion d'atomes – ce que fera Dalton quelques années plus tard.

Liaisons

La matière est faite d'unités distinctes. En ordre croissant d'échelle, ce sont les particules élémentaires, les atomes, les molécules... Mais comment ces « unités » sont-elles liées entre elles pour donner à la matière cette allure continue qui longtemps a masqué l'existence des atomes ?

Réponse : par les forces de liaison. Forces de liaisons *chimiques* pour associer entre eux les atomes ou les molécules, *atomiques* pour lier entre elles les particules qui forment l'atome.

Au niveau du noyau, les protons et neutrons sont liés grâce à la force nucléaire forte. En fait, le lien entre particules élémentaires se fait par échange de particules (ce qui, du point de vue quantique, est équivalent à une énergie de liaison).

La liaison chimique, elle, se fait par l'intermédiaire des électrons des atomes. Les atomes échangent ou mettent en commun des électrons, et cet échange ou cette mise en commun assure la solidité de l'édifice.

En fait, il faut distinguer les liaisons ioniques, celles qui assurent généralement la cohésion des cristaux et sont dues à l'attraction d'ions de charges électriques opposées, les liaisons covalentes qui interviennent généralement dans les molécules, et s'expliquent par la mise en commun d'électrons entre atomes, et les liaisons faibles, qui sont en général des interactions physiques. C'est notamment le cas de la liaison dite hydrogène, si importante en biologie, qui peut être décrite comme une interaction entre dipôles électriques, ou par la mise en commun non pas d'un électron, mais d'un atome d'hydrogène entre deux atomes électronégatifs, deux oxygènes le plus souvent. (Par exemple, c'est la rupture des liaisons hydrogène qui permet de séparer les deux brins de l'ADN.)

Ces liaisons chimiques mettent en jeu de l'énergie de type électromagnétique. Pour les rompre, il faut donc donner aux constituants une énergie qui fera vibrer les atomes (ou molécules) avec une telle amplitude qu'ils casseront la liaison.

Mais pour créer des liaisons, il faut aussi fournir

de l'énergie, car, au début, les nuages électroniques des atomes, composés de charges électriques négatives, ont tendance à se repousser. Il faut donc franchir cette barrière d'énergie. On ne peut vaincre cette répulsion que de deux façons : soit en donnant de l'énergie (donc en élevant la température), soit en utilisant des intermédiaires qui peuvent se lier provisoirement aux deux composants, puis les rapprocher et les associer. Ces substances intermédiaires, ces marieurs moléculaires, s'appellent des **catalyseurs**.

Les plus célèbres de ces catalyseurs sont les enzymes.

Car dans le règne du vivant, on ne peut guère élever la température : les enzymes sont donc indispensables pour toutes les réactions biologiques. C'est pourquoi on prend tant de soin à expliquer comment ils se synthétisent dans les ribosomes de chaque cellule.

Linné Carl von (1707-1778)

Il est souvent appelé « le prince des botanistes ». Ce Suédois, professeur à Uppsala, est l'auteur de la première classification des plantes vraiment acceptée. Il y joignit un système de nomenclature dans lequel figurent le mot « espèce » et le mot « genre ». Ces deux catégories sont restées, moyennant quelques modifications dans leur définition. Son livre culte, *La Philosophie botanique*, eut, dit-on, une grande influence sur Jean-Jacques Rousseau. Reposant sur la hiérarchie des caractères, sa classification, bien que fixiste, fut une étape qui permit à Lamarck (à l'origine grand botaniste, rappelons-le) de rebondir pour développer ses idées sur l'évolution des espèces vivantes en critiquant la classification de Linné.

Linné connut un succès international extraordinaire pour l'époque. Un peu partout se créèrent des sociétés « linnéennes » destinées à l'étude des espèces vivantes botaniques, mais aussi animales, selon la méthode du naturaliste, c'est-à-dire l'observation de la nature.

Il est hélas devenu bien souvent le symbole d'une botanique archaïque, figée, se cantonnant à un catalogue. Pourtant, rappelons-nous qu'avant Linné c'était le chaos – une énumération de plantes plus ou moins bien nommées, sans aucun effort sérieux pour y mettre de l'ordre. En classant les plantes, en indiquant comment on devait classer les animaux, en essayant de définir une hiérarchie de caractères, Linné a fait pénétrer les sciences du vivant dans le domaine scientifique. Il a ouvert la voie aux recherches futures et, notamment, à celles portant sur l'évolution.

Logistique (loi)

La loi logistique est en train de remplacer la loi exponentielle dans beaucoup de formulations des phénomènes naturels. Dans la loi exponentielle, lorsque le coefficient est positif, le résultat augmente très vite et sans limite. C'est ainsi qu'en appliquant une loi exponentielle à la reproduction des bactéries, on obtient des masses de matière vivante de plus en plus importantes et qui deviennent même irréalistes. La loi exponentielle est la loi qui croît le plus vite. Souvent trop vite !

La loi logistique est apparue lorsque des mathématiciens comme Volterra ou Lotka, cherchant à modéliser la croissance des populations animales, ont compris qu'il fallait mettre un facteur limitant à la croissance.

Mathématiquement (il est ici difficile d'y échapper), la loi exponentielle s'écrivait :

$$\frac{dN}{dt} = RN$$

N étant le nombre d'individus, R un coefficient de proportionnalite ; la loi exponentielle exprime que la variation (la « dérivée ») de N en fonction du temps, autrement dit la vitesse relative d'accroissement de N, est une constante.

La loi logistique s'écrit : $\frac{dN}{dt} = k^* (A - N)N$

k étant proportionnel au taux d'accroissement maximal et A la valeur limite atteinte.

La loi logistique traduit le fait que la croissance de la population varie en fonction du nombre d'individus de la population ; au début l'accroissement est fort (et la loi logistique équivaut presque à la loi exponentielle) ; lorsque le nombre d'individu augmente, la croissance diminue et une valeur limite est atteinte : on atteint une asymptote. Un exemple concret. Une population des bactéries. Elle se reproduit d'abord très vite au rythme de la division cellulaire mais, lorsque le nombre d'individus est élevé, la nourriture, qui est limitée, manque et toutes ces bactéries ne peuvent plus se reproduire, faute d'énergie ; le taux de reproduction chute et tendra à s'annuler. On atteint finalement une population avec un nombre constant d'individus.

Cette loi est aujourd'hui utilisée pour modéliser les divers phénomènes de croissance, qu'ils concernent des populations, des cristaux, la croissance du noyau de la Terre ou des continents, etc. Mais aussi le développement économique, démographique, etc.

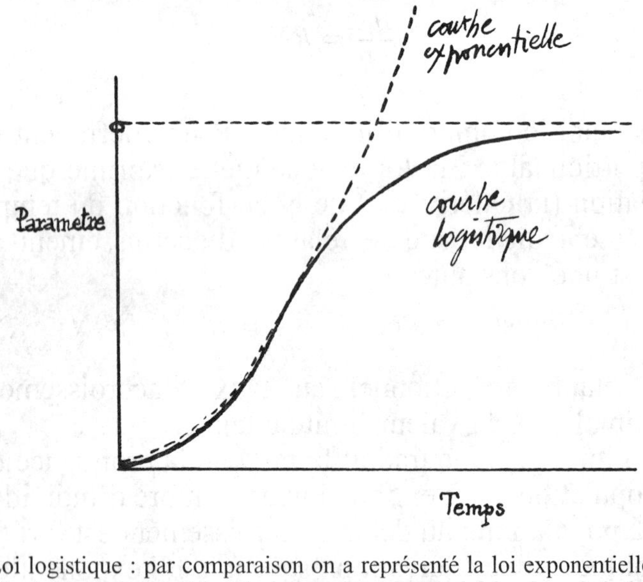

Loi logistique : par comparaison on a représenté la loi exponentielle. La loi logistique est la loi réaliste. Peut-être la loi la plus générale de la nature.

Lois de la nature

Tout le développement scientifique est fondé sur le postulat qu'il existe des lois de la nature.

Jean Perrin, grand prix Nobel français de physique – un peu oublié, hélas ! –, dit que la science consiste « à découvrir les principes simples cachés par la complexité du réel ». « Simples et non simplistes », précise Einstein. A quoi Steve Weinberg, l'un des grands théoriciens de la physique des particules, ajoute : « Ce qui est intéressant dans l'étude des systèmes complexes, c'est de découvrir les lois simples. »

Autrement dit, sous l'apparence de complexité inextricable que nous offre la nature se cachent des lois simples qu'il faut découvrir. La complexité résultant quant à elle soit de fluctuations autour des principes directeurs, soit de la combinaison, ou de la superposition, de plusieurs lois naturelles simples.

Tout chercheur qui tend sans nécessité à compliquer une interprétation va à l'encontre de la démarche scientifique. Pourtant, hélas, ils sont nombreux à fonctionner avec le fameux adage : « Pourquoi faire simple quand on peut faire compliqué ! » car il est plus facile de compliquer l'explication d'un phénomène que de la simplifier !

L'existence de lois de la nature pose en elle-même une question d'ordre philosophique difficile. Newton, interprétant les expériences de Galilée, découvre la loi d'attraction universelle en inverse du carré de la distance. Cette loi, assez simple, n'a pas été modifiée depuis. Lorsque Pierre Curie et Ernest Rutherford ont proposé une décroissance exponentielle pour la loi de la radioactivité, on aurait pu penser qu'il s'agissait d'une première approximation qui serait un jour complexifiée. En fait, elle a été vérifiée pour toutes les désintégrations, que leur période radioactive soit inférieure à une seconde ou de l'ordre du milliard d'années.

Comment se fait-il que la nature obéisse à des lois simples ?

Les croyants (Galilée, Newton, Einstein l'étaient) répondent : parce qu'il y a un Dieu qui a fixé les règles du monde. D'une manière plus abstraite, les non-croyants disent : s'il n'y avait pas de règles simples, le monde ne serait pas. Ce serait le chaos.

La question se pose aujourd'hui pour la biologie et les géosciences. Ces domaines sont-ils eux aussi régis par des lois simples enfouies dans l'apparent complexe comme le disait Jean Perrin ? Ou bien les phénomènes biologiques et géologiques sont-ils tellement compliqués, imbriqués, combinés, qu'ils n'obéissent à aucune loi simple ?

De nouveaux concepts comme le chaos, les fractales, sont des outils qui permettent, semble-t-il, d'aborder les phénomènes naturels avec la même capacité de simplification que le firent les mathématiques du XIXe siècle. Est-ce vraiment le cas ? Peut-être. Peut-être pas.

Voilà quelques interrogations que je tenais à soulever, sans pour autant prétendre y apporter une réponse quelconque. Surtout en si peu de lignes !

Lumière

C'est sans doute le phénomène physique qui a le plus fasciné l'homme depuis ses origines. Le fait que les astres du ciel brillent la nuit a conduit à imaginer que la lumière était le messager des dieux...

On pensa d'abord (en particulier les philosophes de la Grèce antique) que la lumière était constituée de petits projectiles, les idoles, qui se propageaient en ligne droite. Le rai de lumière qui passe par une porte entrouverte, la construction de l'image que nous renvoie un miroir : autant d'évidences de la nature corpusculaire de la lumière. Eh bien, cette vision est exacte. La lumière est constituée par un flux de particules sans masse que l'on appelle des photons. Mais l'histoire ne s'arrête pas là.

Au XVIIe siècle, l'Anglais Robert Hooke et le Hollandais (habitant alors Paris) Christian Huygens proposèrent une autre manière de concevoir la lumière Selon eux, il s'agissait d'une vibration – une onde se propageant en ligne droite. L'argumentation en faveur de la nature ondulatoire de la lumière est un peu plus compliquée que celle en faveur de la théorie corpusculaire.

Lorsqu'on éclaire une fente devant laquelle on a placé un écran, on constate que la tache de lumière sur l'écran est beaucoup plus large que la fente. Comment expliquer cela, si la lumière est faite de petits grains qui se propagent en ligne droite ? Par contre, si c'est une onde, ce phénomène dit de diffraction s'explique plus facilement. Il est analogue à ce qu'on peut voir avec des ondes qui se déplacent sur l'eau et se heurtent à un obstacle : les bords de la fente se comportent comme des sources secondaires qui réémettent la lumière dans toutes les directions.

Newton découvrit en outre un phénomène nouveau qui allait renforcer cette idée. En éclairant une lentille de verre posée sur un miroir du côté bombé, il constata l'existence sur le miroir d'une alternance de cercles noirs et de cercles colorés irisés. L'interprétation d'un tel phénomène, en partant du principe d'une lumière corpusculaire, n'est pas évidente. Le premier, Robert Hooke suggéra qu'avec des ondes on pouvait bâtir une explication. Newton proposa une théorie astucieuse fondée sur des particules [1], mais, à l'époque, elle ne convainquit personne.

Au XVIIIe siècle, la véritable explication de ce phénomène a été donnée d'abord par un Anglais du nom de Thomas Young, l'un des plus grands scientifiques de tous les temps, et par un jeune Français du nom d'Augustin Fresnel. Leur explication tient en un mot : **interférence**. Un concept clé de la physique (*voir* : INTERFÉRENCE LUMINEUSE).

Une vibration, c'est l'alternance de hauts et de bas suivant un rythme (*voir* : VIBRATION). Supposons que l'on superpose deux vibrations ayant le même rythme. Si les hauts et les bas des deux vibrations coïncident, ils vont s'additionner. Les hauts seront très hauts, les bas seront très bas. La vibration est renforcée.

Si, au contraire, les hauts et les bas des deux vibrations sont décalés – si, par exemple, un haut de la vibration (1) coïncide avec un bas de la vibration (2) et un bas de la vibration (1) avec un haut de la vibra-

1. Voir l'article de G. Lochak, « Huyghens, Newton et la lumière », *Revue du Palais de la Découverte*, n° 24, juillet-août-septembre 1996, p. 41.

tion (2) –, alors les deux vibrations s'annulent. Il n'y a plus ni haut ni bas · il n'y a plus de vibration.

Si la lumière est une onde, il est possible d'imaginer des expériences, des montages expérimentaux dans lesquels la superposition de la lumière à la lumière produit, de façon alternée, des franges noires et brillantes : lumière plus lumière donne tantôt lumière, tantôt obscurité. L'une des expériences les plus convaincantes fut celle des fentes de Young ou des miroirs de Fresnel. La lumière est donc incontestablement une vibration.

Mais on a également dit qu'elle était composée de grains minuscules : où est la vérité ? Avant de donner la réponse à cette question, faisons un détour par quelque chose que tout le monde connaît : les couleurs.

C'est Newton qui, de la manière la plus claire, a montré que la lumière était constituée de couleurs. Violet, indigo, bleu, vert, jaune, orange, rouge.

Pour cela, il a fait passer la lumière blanche à travers un prisme de verre, ce qui l'a décomposée en rayons de couleurs différentes ; puis il a mis sur le trajet des rayons colorés un prisme semblable au premier, mais renversé : à la sortie du second prisme, la lumière était blanche. Il confirma cela en peignant les sept couleurs sur un disque et en faisant tourner le disque : ce dernier apparaît comme blanc. Alors, comment interpréter les couleurs ?

Pour ceux qui soutiennent la théorie des grains lumineux, c'est simple. Il y a des grains de couleurs différentes qui se propagent avec des vitesses légèrement différentes dans le verre, et qui sont donc plus ou moins déviés lors du passage de l'air au verre.

Pour ceux qui défendent la théorie des ondes, les

diverses couleurs correspondent à diverses vibrations dont la longueur d'onde – l'espacement entre deux « hauts » consécutifs – est variable suivant la couleur. La vitesse de propagation dans le verre est, là aussi, différente. Cela explique que lorsqu'on réalise des expériences d'interférences avec de la lumière blanche, les zones blanches soient irisées.

Dans une théorie comme dans l'autre, on admettait que la lumière se propageait avec une certaine vitesse, et que cette vitesse variait suivant les milieux traversés. Mais comment mesurer la vitesse de la lumière ?

Galilée avait tenté de le faire à l'aide d'un échange de signaux entre l'île de Murano et Venise. Tout ce qu'il avait pu conclure, c'est qu'elle était très rapide

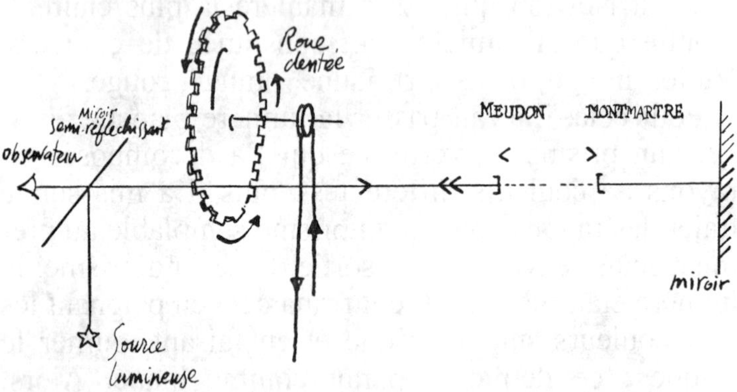

Schéma théorique illustrant l'expérience d'Hippolyte Fizeau pour mesurer la vitesse de la lumière. Le principe est que le rayon qui a pu passer par un créneau à l'aller est arrêté au retour par la dent produisant donc un noir dans l'œil. La vitesse de rotation de la roue dentée et la distance entre deux créneaux mesurent l'intervalle de temps. Ce qu'il faut apprécier, c'est que la distance entre le miroir et l'œil était celle de Montmartre à Meudon.

La vitesse de la lumière fut mesurée en 1849 par Hippolyte Fizeau grâce à une expérience extraordinaire. Il aligna deux lunettes, l'une située à Meudon, l'autre à Montmartre, à 8 kilomètres et demi. Grâce à une lampe très intense, il envoya un rayon lumineux de la première lunette dans la seconde. Il avait remplacé l'oculaire de cette dernière par un miroir réfléchissant. La lumière parcourait donc 17 kilomètres (quelle patience lui fallut-il pour réaliser l'alignement !).

Devant la lunette émettrice, Hippolyte Fizeau plaça une roue dentée. Il la fit tourner de plus en plus vite, jusqu'à ce qu'il ne perçoive plus de lumière. Cela signifiait qu'un créneau de la roue interceptait le retour du faisceau qu'avait laissé passer le trou immédiatement précédent. A partir de la vitesse de la roue, on pouvait facilement calculer le temps qu'il avait fallu à la lumière pour passer dans le créneau et être arrêtée par la crête suivante, et donc sa vitesse. Fizeau trouva 315 000 kilomètres par seconde.

A l'échelle de la vie courante, c'est une vitesse considérable, énorme, qui donne une impression d'immédiateté. Ainsi, lorsque nous voyons un éclair, ce sont souvent des secondes qui s'écoulent avant que ne nous parvienne le bruit du tonnerre. C'est que la vitesse du son dans l'air, elle, est de 300 mètres à la seconde...

Mais à l'échelle de l'univers, tout change. Pour les étoiles lointaines, il faut des millions d'années avant que leur lumière ne nous parvienne. On a d'ailleurs défini les distances astronomiques avec ce concept. On parle d'année-lumière : c'est la distance parcourue par la lumière en une année. Faisons un calcul approximatif : 300 000 km par seconde = $3{,}10^5$ km/s.

Combien de secondes dans une année ? Environ $3{,}10^7$. Multiplions $3{,}10^5$ par $3{,}10^7$. Nous obtenons $9{,}10^{12}$ km. Sachant qu'un milliard, c'est 10^9, une année-lumière, c'est à peu près dix mille milliards de kilomètres...

Donnons quelques chiffres pour calibrer notre vertige. Pour parcourir la distance Terre-Soleil, soit 146 millions de kilomètres, la lumière met 8 minutes. La planète la plus lointaine de notre système, Pluton, est située à 5 heures-lumière. L'étoile la plus proche de nous, Alpha du Centaure, est déjà à 3 années-lumière. Il y a des galaxies, à l'autre bout de l'univers, qui sont à 10 milliards d'années-lumière...

La vitesse de la lumière est donc immense, certes – mais finie. C'est une vitesse indépassable. Rien ne peut aller plus vite que la lumière.

Après ce long détour, revenons à la question que nous avons laissée en suspens, celle sur laquelle Newton et Huygens se sont disputés : la lumière est-elle formée de particules ou d'ondes ?

Albert Einstein, le premier, proposa une réponse synthétique : la lumière est faite à la fois de particules – les photons – et de vibrations. C'est Docteur Jekyll et Mister Hyde. Tantôt la lumière se manifeste comme onde, tantôt elle se manifeste comme corpuscule.

Mais il s'agit là d'une vibration très spéciale. Pendant longtemps, on a cru que l'espace, et même le « vide », étaient remplis d'une substance évanescente : l'éther. Invisible, indétectable, l'éther n'avait comme propriété que de transmettre les vibrations lumineuses.

Or l'éther n'existe pas. La vibration lumineuse ne se propage pas dans une matière comme peut le faire la vibration sonore, elle se propage dans le vide, et la vibration est perpendiculaire à la propagation. C'est ce qu'on appelle une vibration *électromagnétique*. Invisible, impalpable, cette vibration se propage indépendamment de tout support. Rien ne vibre, rien ne se déforme, et pourtant elle se propage. Mais dès que cette vibration rencontre la matière, elle va interagir avec elle. Elle va échanger de l'énergie avec la matière.

Divers cas peuvent se produire. Soit toute l'énergie de la vibration est absorbée par la matière : celle-ci va alors s'échauffer, et la lumière sera absorbée. Soit une partie de l'énergie va être absorbée, et la lumière va traverser la matière, mais avec une vitesse moindre. La perte d'énergie ralentit la vibration. Le corps est dit transparent – c'est le verre, ou l'eau.

La vitesse de propagation est constante dans le vide, mais ce n'est pas vrai dans d'autres milieux. Les diverses couleurs se distinguent en effet par la fréquence de leurs vibrations, donc par leurs vitesses de propagation dans les milieux non vides. Leurs longueurs d'ondes sont variables ; l'interaction avec la matière va être différente. Du coup, les diverses couleurs vont se propager avec des vitesses différentes. D'où la décomposition de la lumière par un prisme.

Voilà pour la description en tant qu'onde.

En tant que faisceau de particules, la lumière est composée d'un flux de photons. Ces particules sont sans masse, sans charge électrique, mais non sans énergie. Les photons réagissent avec la matière, en échangeant de l'énergie, mais pas n'importe comment. Cette énergie est ce qu'on appelle *quantifiée*. Elle ne s'échange que par paquets, par *quantas* comme on dit. Pour aller plus loin, il faut entrer dans un grand chapitre de la physique moderne : les relations entre lumière et matière. On ne peut parler de l'une sans parler de l'autre. *Voir* : QUANTIQUE (MÉCANIQUE).

Dans la structure intime de la matière, qu'il s'agisse d'atomes ou de molécules, l'énergie est quantifiée ; autrement dit, elle ne peut prendre que certaines valeurs. Une bonne image est une échelle avec ses barreaux. Pour pouvoir monter ou descendre, il faut passer d'un barreau à l'autre. Entre les deux, il n'y a rien, il y a le vide. Dans la matière, il en va de même. L'énergie d'un atome est divisée en une série de niveaux, de barreaux d'échelles. Ces niveaux sont remplis ou non d'électrons (*voir* : ATOMES).

Pour passer d'un niveau à l'autre, il faut que l'électron acquière exactement l'énergie qui lui permet de le faire. Or qui peut fournir à l'électron de l'énergie en bonne dose pour franchir un barreau de l'échelle ? Réponse : la lumière. Un photon peut donner l'impulsion nécessaire à l'électron. Mais, pour cela, il faut que la vibration qu'il porte ait une propriété bien précise. Il faut que la fréquence de vibration, multipliée par une certaine constante (la constante de Planck), soit égale exactement (le mot *exactement* est essentiel) à l'énergie dont il a besoin pour changer de niveau.

Ainsi, suivant la matière concernée, ce sera tantôt le rouge, tantôt le vert, tantôt le violet qui sera utilisé (on dit absorbé).

Ce comportement de la lumière est décrit aujourd'hui avec précision par le formalisme de la mécanique quantique (*voir* : MÉCANIQUE QUANTIQUE). Dans ce modèle, la lumière est à la fois une onde et une particule, c'est la synthèse entre la vision de Newton et celle de Huygens ! On retrouve encore la lumière à l'origine de la théorie de la relativité, lorsque Einstein comprit que la vitesse de la lumière dans le vide est une vitesse limite qui ne peut être dépassée. Et aussi ce lien entre l'énergie de la matière et la masse, qu'exprime le fameux E = mc2, c étant la vitesse de la lumière...

La lumière est peut-être un messager des dieux, mais elle est assurément l'une des clés de la physique moderne.

Richard FEYMANN, *Lumière et matière : une étrange histoire*, Interéditions, 1987.

Lune

La Lune est le satellite unique de la Terre. Elle tourne autour de la Terre en 27 jours, 7 heures, 43 minutes, et elle tourne sur elle-même avec la même période. La particularite de cette double rotation, c'est que la Lune présente de ce fait toujours la même face à la Terre.

Cette face lunaire fut observée d'une manière détaillée par Galilée dès 1609 à l'aide de sa lunette astronomique. A cette époque, on croyait que la Lune était un astre lisse et bien sphérique. Galilée constata que sa surface était au contraire extrêmement accidentée, qu'il y avait des grandes dépressions – il les appela mers – et aussi des régions escarpées – que tout naturellement il appela montagnes. L'amélioration des moyens d'observation permit d'être plus précis que Galilée : on constata que les dépressions étaient criblées de cratères et que les montagnes étaient, elles aussi, très bosselées.

Les scientifiques se posèrent alors une question : ces cratères lunaires étaient-ils d'origine volcanique, ou étaient-ce les traces d'impacts d'objets ayant heurté, bombardé la Lune ?

Puis l'intérêt des scientifiques pour notre satellite faiblit. Les astronomes explorateurs d'univers sont toujours tentés par les objets les plus lointains, et la Lune, c'était un peu près... Seul Harold Urey, prix Nobel de chimie, fondateur de la cosmochimie, était fasciné par la Lune. Il pensait en effet qu'elle recelait des secrets sur la formation de la Terre. C'est lui qui fut l'initiateur du programme Apollo, dont le jour J restera dans les annales de l'humanité.

Le 21 juillet 1969, l'astronaute Neil Amstrong pose le pied sur la Lune. Ce sera le départ du programme d'exploration lunaire. Chez les Américains, il sera réalisé par des hommes, avec comme nom de code « Apollo », et un coût de 30 milliards de dollars sur cinq ans. Côté soviétique, ce seront des robots, avec un nom de code « Luna » et un coût inconnu. Ces expéditions ont permis de prendre des photographies de près, et surtout, bien sûr, de ramasser et de rapporter des échantillons de roches, des « pierres de Lune ».

Pour moi, l'aventure lunaire fut à la fois un émerveillement et une initiation ; comme tous les scientifiques de mon domaine, je connaissais les spéculations d'Urey et j'assistai à cette incroyable aventure avec un intérêt passionné. Et puis, il y eut bientôt ma participation à ce programme, que je n'aurais osé imaginer quelques années plus tôt ! Ce fut la sortie de l'anonymat pour mon équipe de géochimie, et la découverte d'un type de science que je déteste : une science de la vitesse, de la médiatisation, du stress, de la compétition impitoyable. Il fallait aller vite, obtenir des résultats rapidement, interpréter les données avant qu'on ait pu réfléchir sérieusement, chercher la découverte sensationnelle aussitôt médiatisée, le tout dans une ambiance de compétition internationale féroce. Toute erreur d'analyse était sanctionnée par l'exclusion du programme.

Ayant été labellisés comme l'un des meilleurs laboratoires du monde et le meilleur d'Europe pour la qualité de nos mesures, nous avons pu, ensuite, réaliser d'autres contributions sur les roches terrestres et les météorites. Je ne veux donc pas cracher sur une aventure qui, finalement, a été une aubaine pour la jeune géochimie française. Oublions la désillusion et l'amertume naïve d'avoir découvert que la science est aussi une affaire d'hommes aussi âpres au gain (ici intellectuel) que les marchands !

Cette exploration lunaire dans laquelle, au bout du compte, nous avons joué un rôle relativement modeste, nous a permis de bien connaître la Lune. C'est aujourd'hui clairement établi : les cratères sont dus aux impacts de météorites. Les mers sont plus jeunes que les montagnes. Ces dernières ont 4,4 à 4,5 milliards d'années, alors que les mers (gigantesques coulées de basaltes créées par des impacts colossaux) se sont formées entre 3,7 et 3,2 milliards d'années. Depuis lors, la lune est un astre mort, sans eau, sans atmosphère, rien.

Quel a été l'intérêt de l'exploration humaine ? Comme on n'a trouvé ni trace de vie ni métaux précieux, on pourrait estimer qu'on a dépensé en pure perte les 30 milliards de dollars. En fait, comme Urey en avait l'intuition, la Lune nous a appris comment les planètes s'étaient formées.

Comment la Lune s'est-elle formée ? Réponse : à partir de la Terre. Un gigantesque impact a arraché des matériaux de la Terre il y a environ 4,5 milliards d'années, ces matériaux se sont rassemblés en une grosse boule pour donner la Lune.

Car les cratères d'impact sont le témoignage des morceaux de roches, des protoplanètes qui se sont agglomérés pour donner la Lune. Plus les cratères sont grands, plus les projectiles étaient gros. En comptant les cratères et en datant les diverses régions lunaires, on a pu établir que la chute de ces objets errants était très intense il y a 4,5 milliards d'années, et qu'elle a décru très vite. Ainsi, plus généralement, on a pu se faire une idée de la façon dont se sont formées les planètes : par accrétion (*voir* : ACCRÉTION).

Connaître nos origines valait-il 30 milliards de dollars ?

Lyssenko Trofim (1898-1976)

Lyssenko était un technicien agricole soviétique n'ayant jamais fait d'études supérieures qui commença sa carrière en affirmant, vers 1927, avoir trouvé des méthodes pour créer de nouvelles variétés de plantes et pouvoir sauver ainsi l'agriculture soviétique alors en déroute. Il lança l'idée de la vernalisation du riz (une technique pratiquée aux Etats-Unis depuis 1850)

Donné en exemple de l'homme nouveau soviétique, issu du peuple, non pourri par la culture bourgeoise, qui montre bien que la science peut être réinventée grâce à la seule culture du Parti, il s'enhardit. Il affirme alors qu'il peut faire naître de nouvelles variétés végétales. Il inventa le blé à plusieurs épis censé augmenter les rendements, mais qui, en fait, les fait baisser. Il transforme le blé d'hiver en blé de printemps en le refroidissant. Et il affirme que ces transformations sont génétiquement transmissibles. Pour cela, on manipule les chiffres pour affirmer que les lois de Mendel sont fausses.

Staline n'y voit que du feu et le félicite publiquement. Lyssenko, c'est le « mandarin aux pieds nus », le génie crée par l'Union soviétique.

Il prétend alors que ce qu'ont dit Darwin et Mendel sont de fausses théories, bourgeoises. Darwin défend l'idée de concurrence entre espèces pour sélectionner les plus adaptées. Lyssenko prétend que les espèces ne se font concurrence que dans le méchant monde capitaliste, mais que dans le monde naturel, les espèces coopèrent. C'est d'après lui le milieu qui crée l'évolution.

Naturellement, les scientifiques soviétiques et notamment certains académiciens (hélas pas tous !) réagissent. On dépêcha un grand mathématicien pour étudier les résultats statistiques de Lyssenko, il montra que les lois de Darwin étaient statistiquement vraies. On le traita d'incapable. Les généticiens russes réagirent. Leur leader, Nicolaï Vavilov, fut arrêté en 1940. Il mourut au goulag. Les autres devinrent plus prudents.

Staline mort en 1953, le Kremlin ne rompit pas pour autant avec Lyssenko ! Khrouchtchev continua à le soutenir. C'est sous l'ère Brejnev que prit fin l'aventure.

Ce qui est extraordinaire, c'est que dans les années 1960, lorsque je faisais mes études, d'éminents biologistes français, membres du Parti communiste (je tairai leur nom pour leur famille), nous enseignaient que, certes, les lois de Mendel étaient probablement vraies, mais qu'il fallait regarder de plus près parce que les recherches de Lyssenko posaient de « redoutables questions ».

Le courage de Jacques Monod fut, à cette époque, de rompre avec le Parti communiste dont il se sentait proche pour affirmer son soutien aux théories de Mendel et de Darwin !

Staline était un dictateur, certes, mais il était aussi un ignorant en sciences comme hélas trop de responsables politiques !

M

Magma(s)

Un magma est un liquide constitué par des roches fondues. C'est ce qui sort par les cheminées des volcans. Les températures des magmas terrestres vont de 800 °C à 1 200 °C. Il y en a eu dans un passé très lointain qui ont atteint 1 600 °C.

Contrairement à une opinion trop répandue, ces magmas ne constituent pas l'intérieur de la Terre. Nous ne vivons pas sur un océan de magma ! Si des magmas naissent dans les volcans, c'est que des roches profondes, très chaudes, sont remontées brutalement vers la surface. Cette décompression a provoqué la fusion, car la pression maintient les atomes compacts et la baisse de pression les libère.

Le liquide ainsi formé est plus léger que le solide environnant et donc il monte suivant le principe d'Archimède et pour cela il se créé un chemin vers la surface en écartant les roches et donne naissance aux volcans.

Parfois, les magmas n'atteignent pas la surface. Ils s'arrêtent en profondeur et là, dans les poches de magmas qu'ils constituent et qu'on appelle chambres magmatiques, ils refroidissent lentement, donnant alors naissance à des roches à gros cristaux. Les granites se forment de cette dernière façon. Les granites sont des magmas qui proviennent de la fusion de la croûte terrestre (alors que les basaltes viennent du manteau plus profond) et qui n'atteignent pas la surface et cristallisent en profondeur, lentement, ayant le temps de laisser cristalliser des gros cristaux de quartz et de feldspaths.

Magnétisme

C'est sans doute la propriété physique la plus fascinante et la plus mystérieuse pour les profanes.

Depuis longtemps, on connaît la propriété qu'ont certaines pierres d'attirer les particules de fer et de prendre toujours, si elles sont libres de se mouvoir, la même orientation par rapport à la direction nord-sud. Ces pierres étant particulièrement nombreuses près de la ville de Magnésie en Grèce, on leur a donné le nom de magnétite, et on a appelé magnétisme le phénomène correspondant. Les propriétés de ces pierres magnétiques ont été étudiées dès la Grèce antique, et on attribue au grand Thalès lui-même les premières études « sérieuses » sur la question. Il ne nous reste que quelques bribes de ses travaux.

Les Chinois semblent avoir été très en avance sur l'Occident dans ce domaine, puisqu'ils connaissaient la boussole à l'époque de Jésus-Christ. Mais on n'en sait pas plus.

Le premier grand pas, tout au moins en Occident, a été accompli au XIIIe siècle par un Français totalement inconnu, Pierre Pélerin de Maricourt. C'est lui, en effet, qui découvrit quelques propriétés fondamentales des aimants.

Un aimant naturel présente deux pôles appelés nord et sud, parce qu'ils sont attirés l'un vers le nord, l'autre vers le sud, si l'on pose l'aimant sur un liquide. C'est le principe même de la boussole. Si on met en présence deux aimants, les pôles de même nature se repoussent, ceux de nature différente s'attirent. Lorsqu'on coupe un aimant en deux, on n'isole pas pour autant un pôle de l'autre : les deux barreaux présentent à nouveau chacun un pôle nord et un pôle sud.

Lorsqu'on chauffe un aimant, au-dessus d'une certaine température, il perd ses propriétés magnétiques. Ce phénomène qu'étudièrent bien plus tard Pierre Curie et son frère Jacques, à la fin du XIXe siècle – on parle de température de Curie –, était connu de William Gilbert au XVIIe siècle.

Les aimants ont aussi la propriété extraordinaire de créer autour d'eux un espace dans lequel la limaille de fer s'oriente en ailes de papillon. Pour faire l'expérience, il suffit de saupoudrer une feuille de papier de limaille de fer et de placer un aimant sous la feuille Vous verrez !

Cet espace d'influence de l'aimant, qu'on appelle aujourd'hui le champ magnétique, a lui aussi été découvert par Pierre de Maricourt. C'est peut-être incroyable, mais c'est ainsi ! Pourtant, ses travaux sont restés presque inconnus – ou peut-être ont-ils été volontairement ignorés. Tant et si bien que chacun a l'habitude de faire commencer l'étude du magnétisme avec William Gilbert, médecin de la reine Elizabeth Ire, auteur du fameux traité *De Magnete* en 1600. Un traité qui a beaucoup fasciné Galilée.

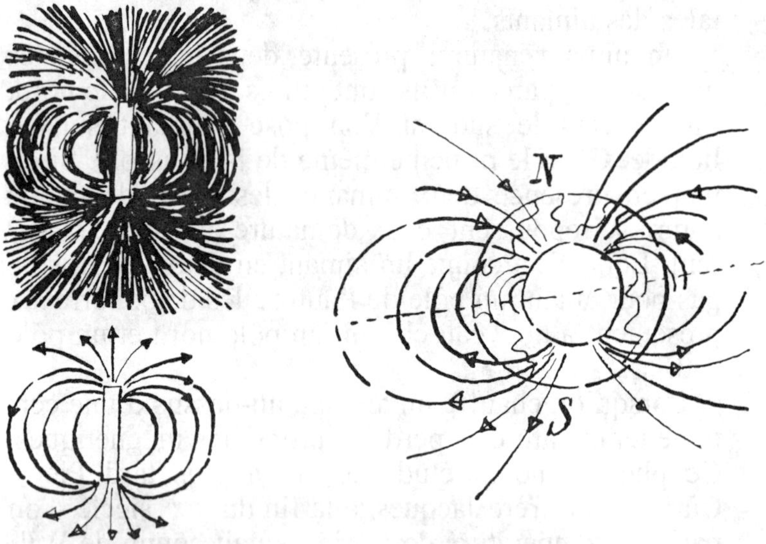

A droite, on voit la distribution de la limaille de fer posée sur un papier sous lequel on a mis un barreau aimanté. En dessous, on a dessiné des lignes de force du champ magnétique (virtuel). A gauche, on a dessiné le champ magnétique à la surface de la terre, qui a une distribution analogue à ce que ferait un barreau aimante mis en son centre et orienté nord-sud.

La grande contribution originale de Gilbert, qui a refait toutes les expériences de Maricourt, est d'avoir compris que l'intérieur de la Terre se comportait comme un gigantesque aimant avec un pôle nord et un pôle sud. Il fit le lien entre la fameuse expérience de l'aiguille aimantée et la répartition des forces qui, autour de la Terre, orientent la boussole. C'est un apport évidemment considérable.

Gilbert découvrit aussi que l'axe magnétique nord-sud coïncidait, mais pas exactement, avec l'axe de rotation terrestre. On appelle aujourd'hui l'écart entre les deux axes la déclinaison.

Le pas suivant va être fait par Andrée Marie Ampère (1775-1836). L'expérience d'Oersted avait montré qu'un courant électrique était capable de faire dévier la boussole : Ampère y vit la preuve qu'à l'intérieur des substances aimantées il existait de petits courants électriques qui se combinaient pour créer à l'extérieur une force magnétique. Cette théorie ne sera vraiment complétée et validée qu'au XXe siècle par les Français Pierre Weiss et son élève Louis Néel. Louis Néel recevra pour cela le prix Nobel de physique en 1970. Pierre Weiss était mort depuis longtemps. Ainsi, il est reconnu aujourd'hui que le magnétisme des substances solides est d'origine électronique.

En ce qui concerne le champ magnétique de la Terre, on a compris après la Seconde Guerre mondiale qu'il était créé par le noyau de la Terre et les mouvements de fluide en son sein. Composé de fer liquide animé de mouvements turbulents, ce dernier se comporte en effet comme une dynamo auto-entretenue. Ce champ magnétique d'origine interne est complété par un champ magnétique externe créé dans la haute atmosphère par l'interaction des particules venant du soleil avec les gaz terrestres transformés eux-mêmes en ions (on appelle un gaz ionisé un plasma) et qui sont à l'origine des fluctuations journalières du champ magnétique.

La compréhension profonde du champ terrestre est encore aujourd'hui un sujet de recherches, mais le mot « magnétisme » est désormais remplacé par le mot « électromagnétisme ». Car on sait à présent que l'électricité et le magnétisme sont indissolublement liés (*voir* : ÉLECTROMAGNÉTISME) et que le magnétisme n'est qu'un effet relativiste de l'électricité !

Masse

La masse d'un corps mesure la propriété de ce corps de s'opposer à sa mise en mouvement. Il est plus difficile de mettre en mouvement un éléphant qu'une souris, parce que sa masse est plus grande. La masse mesure la capacité à l'inertie. C'est pourquoi Newton écrira que lorsqu'on exerce une force sur un corps, son accélération est d'autant plus forte que sa masse est plus petite, c'est la masse d'inertie.

Mais la masse c'est aussi la mesure de la quantité de matière contenue dans un corps donné. Cette matière obéit à une autre loi de Newton. Elle attire les autres matières (masse) suivant une loi inversement proportionnelle au carré de leur distance. C'est pourquoi la Terre attire toute masse suivant une force qu'on appelle gravité (le poids d'un corps, c'est sa masse que multiplie l'accélération de la pesanteur).

On a donc deux définitions de la masse. C'est Einstein avec sa théorie de la relativité générale qui montrera que les deux définitions de la masse sont identiques, masse d'inertie et masse gravitique sont identiques.

Newton, en fait, avait supposé cela sans bien le justifier si ce n'est que c'est grâce à cela qu'il avait justifié le résultat de Galilée suivant lequel la chute d'un corps ne dépend pas de sa masse.

D'un côté, la Terre attire le corps en fonction de la masse, de l'autre, la masse résiste au mouvement, donc la masse intervient dans l'action et dans la réaction et s'élimine.

Mais Einstein (et Poincaré) dans la relativite restreinte avait établi que masse et énergie étaient équivalentes suivant la célèbre relation $E = mc^2$.

La matière stocke de l'énergie, ce qui ne surprend pas celui qui sait que la matière c'est beaucoup de forces de liaisons, de cohésion. Donc, leur transformation en énergie (avec perte de masse) n'est pas si étrange que cela paraît au premier abord.

Et pourtant, c'est à partir de ce principe qu'on fabrique des bombes ou de l'électricité nucléaire (au choix !)

Mathématiques

Les mathématiques sont-elles une science ? Kant répondait non seulement par l'affirmative, mais prétendait que toute discipline qui n'utilise pas les mathématiques comme langage n'est pas une vraie science. Pour lui, la chimie et la biologie n'étaient pas des sciences ! Auguste Comte pensait à peu près la même chose ! Aujourd'hui, on est bien sûr plus nuancé et même plus éloigné de ces idées.

La démarche mathématique appartient à la science au sens commun du terme. D'ailleurs, dans toutes les académies des sciences du monde, il y a une section de mathématiques. Donc, ne chinoisons pas pour savoir si les mathématiques sont de nature scientifique ou pas. Posons la question un peu autrement.

Les mathématiques sont-elles une science naturelle ? C'est là que la question devient un sujet de polémique.

Beaucoup de mathématiciens, et non des moindres, pensent que les mathématiques préexistent à l'esprit humain, qu'elles sont une transcendance de l'univers. Les tenants de cette idée pensent donc que les mathématiciens découvrent des propriétés de la nature et ne les inventent pas. Le grand mathématicien français Jean-Pierre Serre pense même que les mathématiques appartiennent aux sciences expérimentales sous le prétexte qu'avant de chercher à démontrer un théorème, le mathématicien fait des « expériences » en étudiant des cas simples, des cas particuliers.

Bien sûr, depuis l'avènement des ordinateurs, on met en route une expérimentation numérique qui permet de tester ses idées par des essais nombreux et systématiques.

Cela suffit-il à démontrer que les mathématiques sont une science naturelle ?

A l'opposé de cette vision se situe celle des spécialistes des neurosciences pour qui les mathématiques sont des créations de l'esprit humain, des inventions de logiques préfabriquées.

Après avoir inventé un système à l'aide de quelques principes, le mathématicien explore et découvre les propriétés du système dont il n'a pas même imaginé la réalité lors de son invention. Cette démarche n'est-elle pas identique à celle de l'ingénieur électronicien ou informaticien qui, après avoir inventé un nouvel ordinateur, explore toutes ses propriétés. C'est ainsi que la recherche informatique découvre des propriétés insoupçonnées d'une machine, qui, bien sûr, n'est pas naturelle et a été entièrement fabriquée, inventée par l'homme, mais dont il ne connaît pas pour autant toutes les propriétés. C'est aussi la démarche du chimiste qui « invente » de nouvelles molécules, de nouveaux objets dont il ne connaît pas les propriétés et qu'il va petit à petit découvrir, quitte à les modifier à leur tour, etc.

Pour le mathématicien, n'en est-il pas de même ?

Bien sûr, on pense immédiatement à l'invention des nombres entiers puis à la découverte des opérations – addition, soustraction, multiplication, puis, étape décisive et difficile, la division. A partir de là, les nombres premiers, les nombres irrationnels, les nombres positifs, négatifs, le zéro, les racines, donc les nombres imaginaires en résultent...

Le mathématicien explore un monde créé par d'autres esprits humains avant lui.

Cette analogie avec l'informatique et la chimie semble donc suffisante pour régler le problème sur la nature des mathématiques. Les mathématiques sont une technologie de l'abstraction. Ce sujet a fait l'objet d'un débat célèbre entre deux professeurs du Collège de France, le mathématicien Alain Connes, prix Crafoord, médaille Field, tenant des mathématiques immanentes, et le spécialiste des neurosciences Jean-Pierre Changeux pour qui les mathématiques sont une construction neuronale. Ce débat n'apportera aucune réponse, chacun campant sur ses positions.

Bien sûr, pour le croyant en Dieu, l'idée que les mathématiques constituent le langage de Dieu est très naturelle et donc appuie l'idée des mathématiques sciences naturelles. Pour le non-croyant, la position est difficile à défendre comme je l'ai fait remarquer très souvent à quelqu'un qui fut mon ami, le mathématicien Laurent Schwartz, qui défendait la même position que Connes tout en se déclarant athée.

Ma tendance est bien sûr de suivre Jean-Pierre Changeux (ou le spécialiste de cognitique Stanislas Dehaine pourtant mathématicien d'origine) et de considérer que les mathématiques sont de merveilleuses inventions de l'esprit humain, à la fois langage et outils de raisonnement dont la puissance est inégalée. J'ai du mal à croire qu'il y a 4,5 milliards d'années, quand la Terre se formait, flottaient dans l'air les nombres imaginaires ou les équations différentielles !

Le physicien américain Eugène Wigner, prix Nobel de physique, a même écrit un article sur la puissance déraisonnable des mathématiques et un autre physicien théoricien américain, Murray Gell-Mann, l'inventeur des quarks, prix Nobel lui aussi, qualifie les mathématiques de discipline « supranaturelle », c'est-à-dire englobant et surplombant les sciences de la nature, mais, précise-t-il, différentes et n'y appartenant pas.

Tous ces raisonnements seraient imparables pour expédier les mathématiques dans le cerveau, s'il n'y avait la géométrie.

La géométrie n'est-elle pas directement issue de l'observation de la Nature ? Sur bien des points, le développement de la géométrie ressemble à celui de la physique. La construction des figures géométriques avec des instruments comme la règle, le compas, le cercle gradué en degré. N'est-ce pas la méthode expérimentale typique ?

C'est de la physique !

Mais depuis François Viète, puis Pierre de Fermat et René Descartes, la géométrie est devenue algèbre. Les courbes, les surfaces, les volumes sont devenus des équations.

Et la géométrie s'est fondue au milieu des mathématiques. Pourtant, est-ce si différent du cas de la physique théorique ? Nul doute là-dessus, les mathématiques constituent certes un langage commode pour la science qui permet une expression compacte et rigoureuse. Mais les mathématiques c'est beaucoup plus que cela pour les sciences et notamment pour la physique, c'est un moyen de raisonnement puissant, surpuissant disait Wigner. L'algèbre et l'analyse sont deux techniques irremplaçables pour pratiquer la science. Alors les mathématiques constituent-elles une science à part ou un outil pour faire de la science ? Le mathématicien est-il un scientifique ou quelque chose de plus ? Ecoutons l'avis de deux très grands mathématiciens et la manière dont ils définissent eux-mêmes les plus grands mathématiciens.

Alexandre Grothendick, l'un des plus grands mathématiciens du siècle, mais aussi l'un des plus étranges sur le plan humain : « Ce sont les intermédiaires entre les Dieux et les Hommes. »

A l'opposé, écoutons Vladimir Arnold, grand mathématicien russe, prix Crafoord qui enseigne à l'université de Dauphine six mois par an : « Ce sont les gens qui permettent aux physiciens de dépenser moins d'argent. »

Comme on le voit, chez les mathématiciens eux-mêmes, les avis sont partagés.

Une autre manière d'aborder le problème sur la nature des mathématiques est de se demander si les problèmes que les mathématiques ont résolu étaient posés par les sciences de la nature et l'observation ou résultaient d'un développement interne des mathématiques ?

Nul doute que la géométrie résulte de notre volonté de décrire les figures, les lignes, les surfaces et les volumes qu'on rencontre dans la nature, que le calcul différentiel et intégral a été créé pour les besoins de la mécanique, que Fourier développa sa décomposition en série pour résoudre le problème de la propagation de la chaleur et qu'il en est ainsi de beaucoup de questions.

Récemment encore, le développement des ondelettes ou celui du chaos, qui ont donné tant de résultats en mathématiques, résultent de problèmes posés respectivement par un ingénieur sismologue et par un météorologue.

Faut-il en conclure que les mathématiques « pures » se développant hors des sciences naturelles sont stériles ? Les mathématiciens dans une large proportion prétendent aujourd'hui le contraire et développent une mathématique autonome. D'autres font remarquer que cette démarche est loin d'être aussi féconde que celle des mathématiciens d'antan lorsqu'ils résolvaient les grandes questions de la physique !

Je me garderais bien de me mêler de ce débat tout en pensant que lorsque le langage mathématique s'éloignera de la physique, il deviendra une langue sans usage, une langue morte !

Ce que j'en retiens, c'est que les mathématiques ne sont pas une discipline qui se confronte avec le réel avec l'observation de la nature et que par contre y existent les notions de vrai et de faux de manière absolue et donc que la mathématique n'est pas une science de la nature, c'est une discipline à part. Le mot « supranaturel » de Gell-Mann me convient. J'en tirerai deux conclusions.

L'une, générale, c'est qu'il ne faut pas confondre enseignement scientifique et l'enseignement des mathématiques. Les secondes ne sauraient se substituer aux premières. Et c'est là la faute majeure faite dans l'enseignement scientifique français.

L'autre, plus focalisée, c'est que je ne traiterai dans

ce livre qu'incidemment des termes mathématiques, uniquement dans le cas où ils sont des outils immédiats pour les sciences de la nature (essentiellement l'algèbre ou les fractales). Si je classais les mathématiques dans les sciences au sens où je les entends, c'est qu'elles seraient uniquement des outils ou des prolongements pour la physique. Certains mathématiciens me le reprocheraient.

Les mathématiques appliquées sont des méthodes (et des techniques) essentielles pour la science. Leur place est bien sûr au cœur de la science. Mais l'essentiel des mathématiques pures sont des exercices de l'esprit, certes difficiles et sans doute jubilatoires pour les praticiens, mais ne relèvent pas de la science à proprement parler, qui a pour objet de découvrir les lois de la nature.

En terme d'académie, les mathématiques pures devraient relever de l'Académie des inscriptions et belles-lettres ! Ou, mieux, de celle des beaux-arts, à côté de la musique, comme les considéraient déjà les Grecs.

Matière

La matière est constituée par du vide ! Voilà ce qu'il faut d'abord retenir et qui, j'en suis sûr, en surprendra plus d'un !

En effet, la matière est constituée par un assemblage d'atomes. Or un atome c'est un noyau très petit qui porte toute la masse (ou presque) entouré par un « nuage » de quelques électrons qui se déplacent dans un immense espace autour du noyau. Fixons les idées, si le volume d'un atome, disons de carbone, était aussi gros qu'une sphère ayant 100 kilomètre de rayon (la distance de Paris à Orléans), le noyau aurait un diamètre de deux mètres et six électrons gros comme un ballon se déplaceraient dans la sphère de rayon Paris-Orléans ! Voilà ce qu'il faut comprendre, ce sont les mouvements des électrons et le lien avec le noyau qui constituent la matière. La masse, c'est la somme des minuscules (mais très denses) noyaux atomiques.

Il existe trois états de la matière : solide, liquide, gazeux.

Dans l'état solide, les atomes sont liés d'une manière rigide et donc le solide n'est pas déformable (tout au moins dans les échelles de temps petites). Dans l'état liquide, les atomes sont liés, mais de manière lâche. Le liquide est déformable, il coule. Dans l'état gazeux, les forces entre atomes (ou entre molécules) sont faibles, les unités élémentaires sont libres. Les gaz occupent tout l'espace qui leur est offert.

Le passage solide/liquide s'appelle la fusion, le passage inverse liquide/solide s'appelle solidification. Le passage liquide/gaz s'appelle évaporation, l'inverse s'appelle liquéfaction. Le passage direct solide/gaz s'appelle sublimation. Le passage gaz/solide s'appelle condensation.

Lorsqu'on a affaire à un corps pur, le passage solide/liquide liquide/gaz se produit pour une pression donnée à une température bien définie. La cristallisation de l'eau a lieu à 0 °C comme la fusion de la glace. La vaporisation de l'eau a lieu à 100 °C comme la liquéfaction. Tout cela à la pression atmosphérique, c'est-à-dire celle qui règne à la surface de la Terre. Lorsque la matière est constituée par un mélange de corps purs comme une roche est un mélange de minéraux, les fusion, solidification, vaporisation, etc., sont des processus complexes.

Ces processus obéissent à des règles bien définies Mais nous n'avons pas l'ambition d'écrire un traité de physique ici...

Maxwell James Clerck (1831-1879)

Le XIXe siècle britannique connut l'éclosion de deux génies de la physique : Michael Faraday, l'expérimentateur de génie, et James Clerck Maxwell, le théoricien.

Maxwell était écossais. Après ses premières études à Edimbourg, il alla à Cambridge où il fut un étudiant très brillant (contraste avec Newton ou Einstein, mais analogue à Poincaré, comme quoi la réussite scolaire n'a pas de rapport, ni dans un sens ni dans un autre, avec le génie scientifique). Sa première contribution scientifique fut de réaliser la première photographie en couleurs : un tissu écossais ! Mais ce qui le rendit immortel, ce sont bien sûr deux contributions fondamentales à la physique : la naissance de la physique statistique qu'allaient continuer Boltzmannnnnn et Gibbs et surtout la théorie électromagnétique.

En 1856, il donne l'interprétation mathématique de la théorie de Faraday sur les champs de force, mais c'est en 1864 qu'il écrivit son œuvre majeure qui traduit les relations qui existent entre électricité et magnétisme, relations qu'avait déjà débrouillées Ampère, mais que Maxwell développe autour de la théorie des champs. A cette occasion, il fait une découverte fondamentale : il montre que lorsqu'on fait varier l'intensité d'un courant électrique, on doit générer des ondes. Ce sont les ondes électromagnétiques. Ces ondes à cette époque paraissent magiques, car invisibles et physiquement incompréhensibles. Qu'est-ce qui vibre ? Maxwell répond : l'éther. Calculant la vitesse de ces ondes à l'aide de sa théorie, il trouve une valeur voisine de la vitesse de la lumière que vient de mesurer Fizeau. La lumière est une onde électromagnétique ! Personne ne le croit, bien sûr.

Ce n'est que sept ans après sa mort prématurée que Hertz détectera en 1886 les ondes radio et établira la réalité de la théorie de Maxwell.

Entre-temps, Maxwell avait apporté une autre contribution fondamentale à la physique avec son calcul sur la théorie cinétique des gaz et l'expérience de la pression d'un gaz dont l'article fondamental date de 1866.

Maxwell est sans doute l'un des « génies de la physique ». Il faut le ranger dans le même club que Newton, Bohr, Rutherford et Einstein... et Faraday !

Méiose et Mitose

Ce sont les deux formes de reproduction des cellules vivantes. L'une est liée à la reproduction sexuée (méiose), l'autre (la mitose) est la division cellulaire.

Elles sont également importantes d'un point de vue biologique.

Lors de la **mitose**, c'est-à-dire lorsqu'une cellule se divise pour donner deux cellules, le noyau de la cellule initiale anticipe le processus. On sait que le noyau contient les chromosomes, que chaque chromosome est formé de deux brins d'ADN enroulés ensemble – c'est la fameuse double hélice – et que les chromosomes vont deux par deux. Le couple chromosomique est donc constitué de quatre brins d'ADN associés deux à deux.

Grâce au mécanisme de la réplication de l'ADN, on va assister à un dédoublement des chromosomes. Chaque paire de chromosomes va se dissocier, chaque brin va se dupliquer, s'apparier à son complémentaire et migrer à l'intérieur de la cellule pour former l'ébauche de deux nouveaux noyaux cellulaires. La cellule va alors pouvoir se couper et donner naissance à deux nouvelles cellules qui, génétiquement, seront donc identiques, avec les mêmes chromosomes formés des mêmes séquences ADN.

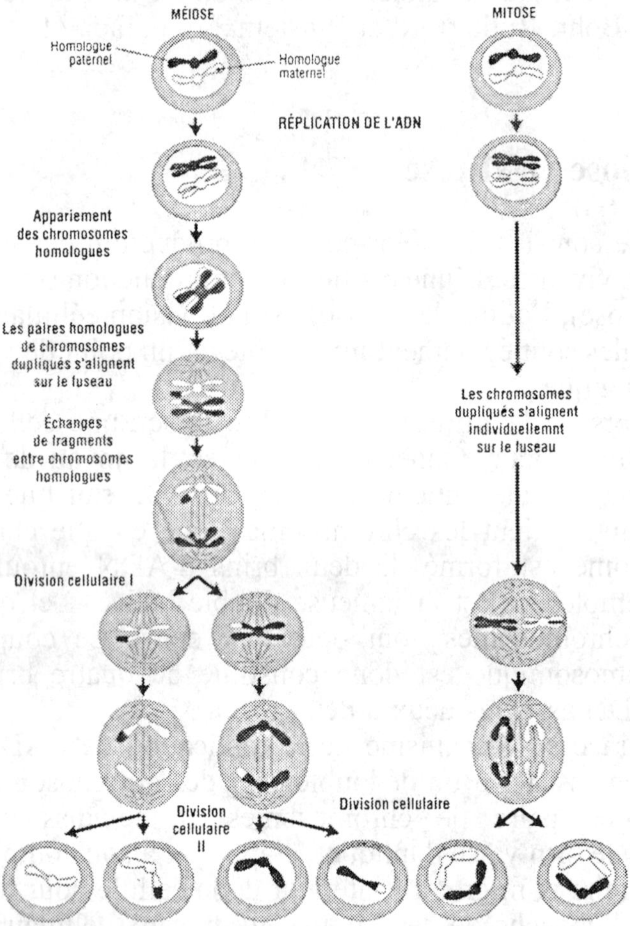

Figure 10.1
Schéma montrant la division cellulaire, d'après N. Le Douarin.
À gauche, dans le cas de la reproduction sexuée (méiose).
À droite, dans le cas de la reproduction cellulaire (mitose).
Les chromosomes sont les objets allongés, formés chacun par une double hélice.

Figure montrant la division cellulaire. A gauche, la reproduction sexuée, méiose, à droite, la reproduction cellulaire, mitose.
D'après N. Le Douarin.

La **méiose**, elle, nécessite la présence de deux types de cellules : des cellules reproductrices mâles (gamètes mâles ou spermatozoïdes) et des cellules femelles (gamètes femelles ou ovules).

Chaque gamète ne contient que la moitié des chromosomes de l'individu. Au lieu de posséder les paires de chromosomes, il ne possède qu'un chromosome de chaque paire. Les spermatozoïdes sont obtenus à partir de spermatocytes qui eux possèdent le matériel génétique complet. Un spermatocyte, comme pour la mitose, commence par dupliquer son matériel génétique, puis se divise en quatre spermatozoïdes possédant chacun un seul jeu de chromosomes. Les ovules naissent des oocytes, selon un processus un peu différent, mais le résultat est le même : les ovules ne contiennent, pour chaque chromosome, qu'un seul brin de chaque chromosome de l'oocyte. Ce processus s'appelle la division réductionnelle.

Lorsque la fécondation se produit, chaque chromosome du spermatozoïde va s'associer avec un chromosome analogue de l'ovule pour redonner des paires de chromosomes. Mais cette fois, dans chaque paire, un chromosome vient de la cellule mâle, un autre vient de la cellule femelle. La cellule formée, l'œuf, a donc un patrimoine génétique différent des spermatocytes et oocytes de ses parents. La reproduction sexuelle permet ainsi une plus grande variabilité, les fils ou filles ne sont pas la reproduction exacte de leurs pères ou mères respectifs, d'autant plus que des échanges entre simples brins chromosomiques peuvent se produire au moment de la division réductionnelle. Pour cette raison, la méiose possède donc un avantage certain pour l'évolution des espèces ; c'est peut-être l'origine de la sexualité !

Puis l'œuf fécondé va se diviser à son tour, mais par mitose. Il donnera ainsi naissance à un embryon.

Mendel Johann-Gregor (1822-1884) et lois de

La génétique, science qui se préoccupe de l'hérédité, a été créée par un moine tchèque ayant fait le vœu de chasteté. Etait-il tenaillé par les affres de la reproduction ou du désir ? Nul ne le dit, ni sans doute ne le sut. Quoi qu'il en soit, ce n'est pas par le biais humain que Mendel s'intéressa au problème, mais par celui des plantes, moins riche en tentations pour un moine.

Fils de fermier, Mendel est un familier de la culture, de l'hybridation et de la plantation. Dès sa jeunesse, il a été intrigué par le problème de la reproduction. Devenu moine, il obtient l'autorisation de cultiver quelques plantes dans le jardin du monastère. Son idée : comprendre les lois qui régissent la reproduction des plantes. Il choisit les pois comme sujet d'expérience. Il y a diverses variétés de pois ; comme son père, il décide de les hybrider, c'est-à-dire de les faire se féconder entre variétés différentes. Mais dans cette expérimentation, il va introduire une véritable méthode scientifique.

D'abord, il choisit des critères d'observation simples. Par exemple, la couleur.

Ensuite, au lieu de travailler sur quelques échantillons, il décide de faire ses expériences sur des dizaines d'hybridations, donnant naissance à des centaines de cas. On peut parler de méthode statistique avant l'heure.

Il établit alors ses fameuses lois.

Soit une hybridation de pois jaunes et de pois verts. Les hybrides de première génération ont des caractères identiques. Par exemple, tous les pois sont de couleur jaune. Alors qu'en seconde génération, 1/4 seront verts, 3/4 jaunes.

Mendel en conclut qu'il y a deux facteurs héréditaires : le vert et le jaune, et que le caractère jaune domine lorsqu'il est en présence du vert.

En dégageant cette loi grâce à ses expériences, Mendel a fait le pas décisif, celui qui, beaucoup plus tard, conduira à la découverte de l'ADN. Il fait entrer la génétique dans la science quantitative en affirmant que la génétique obéit aux lois du calcul des probabilités.

Pourtant, lorsque en février 1865 Mendel présente ses travaux à la Realschule de Brno, il n'a aucun succès. Il faudra attendre près de cinquante ans pour qu'ils soient redécouverts par De Vries et Correns indépendamment.

Mendeleïev Dimitri-Ivanovitch (1834-1907)

C'est sans doute le chimiste le plus célèbre après Lavoisier. C'est lui qui a classé les éléments chimiques en un tableau cohérent, logique, sur la simple base de leurs propriétés chimiques. Plus tard, l'explication de cette classification sera un triomphe des théories modernes sur la structure électronique de l'atome.

Or cette classification qui l'a rendu célèbre, il l'a réalisée en un jour, un seul jour, le 17 février 1869 (le

1er mars de notre calendrier). Du moins en ce qui concerne une première version, car ce n'est qu'en 1871 qu'il proposa le tableau à douze lignes et huit colonnes, ancêtre de celui que nous utilisons aujourd'hui.

Mendeleïev constata que, lorsqu'on classait les éléments chimiques par masse atomique croissante, les propriétés chimiques évoluaient progressivement d'un terme à l'autre pour brutalement se modifier avant de reprendre une seconde progression lente et ainsi de suite. Il distingua ainsi des lignes qu'il écrivit les unes en dessous des autres. Il constata alors que toutes les lignes commençaient par des éléments aux propriétés chimiques très semblables. Ainsi, la première colonne était celle des alcalins (le lithium, le sodium, le potassium...) qui donnent les bases bien connues : soude, potasse et lithine. Ces métaux alcalins ne peuvent se lier qu'à un seul autre atome. La seconde colonne était celle du béryllium et du bore, des alcalinoterreux qui peuvent se lier à deux atomes monovalents pour donner une molécule neutre (dichlorures par exemple). Et ainsi de suite... A la fin de chaque ligne, la dernière colonne regroupait des éléments qui se ressemblaient, mais dont les propriétés étaient toutes différentes des alcalins et que l'on appelle les halogènes (le chlore, le brome sont des halogènes qui donnent naissance aux acides chlorhydrique ou bromhydrique).

Mendeleïev est tellement persuadé de la justesse de sa classification qu'il prédit l'existence d'éléments non encore découverts qu'il appelle « eka ». Il prédit l'eka aluminium (ce sera le gallium) ; l'eka silicium (ce sera le germanium), etc. Pour bien comprendre : eka-aluminium signifie l'élément voisin de l'aluminium, dont la case restait vide dans le tableau initial.

La découverte des gaz rares par Rayleigh et Ramsay en 1892-1895 ajoutera une colonne à la classification périodique. Le tableau de Mendeleïev, actualisé avec les nouvelles découvertes d'éléments ci-dessus, est l'instrument de base de tout chimiste

Météorites

Ce sont les pierres qui tombent du ciel. Cette réalité, qu'avait déjà observée Pline l'Ancien, semblait impossible aux premiers scientifiques du XVIIIe siècle. Comment une pierre dense, lourde, pouvait-elle venir du ciel, léger et gazeux ?

Ainsi Thomas Jefferson, troisième président des Etats-Unis, pouvait-il dire, alors qu'une météorite était tombée à York : « Je préfère croire que les Yankees sont des menteurs plutôt que d'admettre que des pierres tombent du ciel. »

Le débat qui animait les cercles savants et académiques du Vieux et du Nouveau Monde fut scellé par une mission que conduisit Jean-Baptiste Biot près du village de L'Aigle où une pluie de météorites était tombée. Il fallut se rendre à l'évidence : des pierres tombaient du ciel.

L'étude de ces anciennes pierres nous a apporté depuis lors des informations extraordinaires sur nos origines et sur l'histoire primitive du système solaire. Ce sont les échantillons de matière les plus précieux que nous possédions. Plus précieux encore que les échantillons lunaires rapportés par les astronautes, bien que moins chers. Les météorites contiennent tant d'informations sur nos origines que certains les considèrent comme des messages de Dieu.

Les météorites sont les plus vieux objets que nous connaissions. Leur âge, facilement déterminé par les méthodes de datation radioactives, est de 4,57 milliards d'années. C'est un caractère commun à toutes les météorites. Souvenons-nous que les plus vieilles roches terrestres ont 4 milliards d'années ! Par ailleurs, certaines météorites ont une composition chimique très voisine de celle du Soleil. Les météorites sont donc les témoins de ce qui se passait il y a 4,57 milliards d'années, lorsque le Soleil naissait et que le système solaire prenait forme.

Ce qui ajoute à l'intérêt de ce témoignage primitif, le seul que nous ayons, c'est la variété de ces météorites. Certaines sont faites de fer métallique, ou plutôt d'un alliage de fer et nickel. D'autres sont, au contraire, des laves basaltiques comme nous en connaissons sur Terre. D'autres enfin sont formées pour partie de fer, pour partie de silicates semblables à ceux qui constituent le manteau terrestre. Elles peuvent représenter les restes d'une protoplanète qui aurait été cassée avec, au centre, le noyau de fer, à la surface, les roches volcaniques, et, entre les deux, les roches à olivine.

Une autre catégorie très spéciale est faite d'un agglomérat de petites sphérules qu'on appelle chondre. Ce sont les chondrites. Constituées par un mélange de fer métallique et de silicates analogues à ceux qu'on trouve sur la Terre, elles sont le témoignage d'une matière très primitive. Mais les plus anciennes sont les chondrites carbonées.

Celles-là sont voisines de la composition chimique du Soleil. Elles nous renseignent sur l'histoire très primitive – sur cette nébuleuse solaire chaude au bord de laquelle se sont condensées les particules solides qui allaient s'agglomérer pour donner naissance aux planètes – sur les processus responsables de la composition chimique des planètes, etc.

Mais dans les météorites carbonées, on a découvert d'autres trésors : de minuscules minéraux que, grâce à l'analyse ponctuelle, on a pu identifier comme des grains interstellaires bien antérieurs au système solaire. L'analyse isotopique de ces grains nous parle des étoiles, des supernovae, des géantes rouges, car ils sont les produits, les témoins de ces objets et de leurs histoires.

Alors les météorites sont-elles des messages de Dieu ?

Rien n'interdit de le croire...

Milankovitch Milutin (1878-1958)

Astronome yougoslave qui proposa, pour expliquer les cycles glaciaires-interglaciaires observés lors de l'ère quaternaire, la théorie dite astronomique du climat terrestre. Cette théorie est fondée sur l'existence de trois phénomènes liés à la rotation de la Terre. L'un concerne l'inclinaison de l'axe de rotation de la Terre par rapport au plan de l'écliptique (plan de rotation autour du Soleil), l'autre concerne les variations de l'excentricité de l'ellipse que parcourt la Terre autour du Soleil, et le troisième, la précession des équinoxes – le fait que le périhélie, point de la trajectoire terrestre le plus proche du Soleil, se déplace au cours du temps. Par suite de phénomènes divers liés à l'attraction qu'exercent les autres planètes sur la Terre, ces trois paramètres qui règlent la rotation terrestre varient au cours du temps, avec des périodes caractéristiques mais différentes.

Or l'ensoleillement de la Terre, qui est le paramètre essentiel du climat à sa surface, dépend de l'épaisseur d'atmosphère que doivent traverser les rayons lumineux venant du Soleil. Si les inclinaisons des rotations varient, la température varie.

Cette théorie a été longtemps discutée, et même niée, jusqu'aux années 1970. L'étude des fluctuations des rapports isotopiques ($^{18}O/^{16}O$), des tests de foraminifères fossiles aussi bien que des couches de glace des calottes polaires a permis de retrouver exactement les rythmes prédits par Milankovitch, et que les ordinateurs modernes ont permis de calculer avec une plus grande précision.

Militaires (science appliquée aux activités)

Faut-il que le scientifique accepte de travailler pour les militaires ? Faut-il que le scientifique utilise son savoir pour tuer les gens ? En a-t-il le devoir, le droit ?

Cette question est aussi vieille que les scrupules qui étreignirent Archimède lors du siège de Syracuse, quand le tyran Hiéron, son ami, lui demanda de mettre son génie scientifique au service de la défense de sa patrie. Il hésita, mais devant la menace romaine, il se décida à construire des bombardes en utilisant les propriétés du levier, fabriquant des catapultes bien plus puissantes que celles que l'on connaissait alors. Puis il conçut ses fameux miroirs paraboliques géants qui, paraît-il, mettaient le feu aux trirèmes romaines. Il le paya de sa vie – tué par un soldat romain.

Ces scrupules, Robert Oppenheimer les connut aussi, en 1948, après avoir dirigé scientifiquement le projet Manhattan et construit la première bombe atomique américaine. Quelle était la responsabilité du scientifique dans les massacres d'Hiroshima et Nagasaki ?

Pourtant, l'aventure avait été glorieuse. A l'origine, il y avait d'abord eu une démarche d'Einstein et de ses confrères physiciens, les émigrés hongrois Wigner et Szilard, pour alerter le président Roosevelt. Les Allemands, découvreurs de la fission nucléaire, étaient sans doute en train de construire une bombe fondée sur la fission induite... Ce fut Winston Churchill, lui-même alerté par le physicien anglais Chadwick, qui convainquit le président américain de la nécessité de mettre au point une bombe atomique.

A partir de là se développa le projet Manhattan dont le but était de fabriquer une bombe atomique avant les Allemands.

C'est cette bombe qui mit fin à la Seconde Guerre mondiale, mais au prix du sacrifice de centaines de milliers de vies japonaises.

Après Hiroshima, beaucoup de scientifiques ayant

participé au projet Manhattan seront écartelés entre la fierté scientifique et le remords. C'est ainsi que Robert Oppenheimer va refuser de diriger les recherches pour construire la bombe H, celle qui est basée sur la fusion nucléaire. Cela lui vaudra d'être accusé par un autre grand physicien, Edward Teller, Hongrois émigré, d'être si ce n'est un agent, du moins un sympathisant soviétique. Oppenheimer sera arrêté, un procès aura lieu, il sera relaxé.

Cet épisode va laisser une blessure dans la conscience des physiciens. On verra naître des mouvements tels que celui de la responsabilité des scientifiques qu'animera jusqu'à sa mort le grand physicien américain Viktor Weisskopf, professeur au MIT, ancien directeur du CERN de Genève. Ou encore le mouvement Pugwash, plus engagé, avec comme objectif le refus des scientifiques d'aider les militaires.

Symétriquement, toutes les organisations militaires du monde vont réaliser l'extrême importance de la science dans la guerre moderne et lancer des programmes de recherche, s'entourant des conseils des scientifiques les plus éminents. Citons par exemple le Comité Jason, aux Etats-Unis, qui réunissait les plus grands physiciens dans une sorte de conseil informel de la recherche militaire. La France elle-même va créer un organisme de recherche militaire (DRME), qui cherchera à orienter les recherches des laboratoires universitaires tout en organisant des centres de recherche fermés.

Cet effort gigantesque en termes financiers va être très fructueux sur les plans scientifique et technologique. Les ordinateurs et toute l'électronique moderne en sont le résultat, et Internet est né du projet de construire un réseau de communications militaires qui ne puisse pas être interrompu. Le développement des lasers, lui aussi, est un sous-produit de cet effort...

Il ne fait donc pas de doute que la recherche scientifique militaire a permis des développements essentiels. Et pour cause : les budgets mis en jeu sont beaucoup plus importants que ceux qu'on consacre à la recherche fondamentale ! Faut-il pour autant participer à cet effort – au nom du patriotisme et de la défense contre les méchants ?

Le biologiste Axel Kahn raconte souvent cette histoire tragique. Fritz Haber, grand chimiste allemand, inventeur de la fabrication des nitrates qui vont sauver l'agriculteur du début du XXe siècle en lui permettant de disposer d'engrais abondants et à bon marché, accepte par patriotisme de travailler en 1914 pour l'armée allemande. C'est ainsi qu'il invente les gaz toxiques – le gaz chloré d'abord, puis le terrible gaz moutarde qui va tuer des milliers de gens. Sa femme, indignée, lui reprocha cette action avant de se suicider. Il n'en accepta pas moins le grade de capitaine pour service rendu à la patrie – il en était d'ailleurs très fier. Mais en 1936, il ne dut sa survie qu'à la sollicitude d'amis qui l'aidèrent à fuir l'Allemagne nazie... car il était juif ! Le patriote allemand était placé devant ses contradictions...

Un biologiste de talent peut-il aujourd'hui travailler à la fabrication de virus susceptibles de provoquer des épidémies mortelles ? Personnellement, je m'en sentirais incapable. Je pourrais en revanche sans problème collaborer avec les militaires pour construire des satellites d'observation ou des procédés de brouillage des transmissions.

Or cette position n'est-elle pas confortablement hypocrite ? Certains diront que les satellites d'observation ne serviront pas seulement à se protéger, mais aussi à larguer des bombes sur l'ennemi !

Et derrière tout cela se lève une question plus fondamentale qui m'a toujours rendu perplexe vis-à-vis des mouvements dits de responsabilité scientifique. Le scientifique est-il un supercitoyen ? Sous le prétexte qu'il maîtrise un savoir, a-t-il le droit de décider seul d'une action de défense de la communauté ? A l'inverse, le scientifique est-il responsable de la bombe atomique ? N'est-ce pas plutôt le politique qui est responsable ?

Collectivement, cette question est sérieuse. Individuellement, elle est plus simple. De la même manière qu'on peut admettre l'objection de conscience, il est tout à fait loisible à un individu de refuser telle ou telle action, d'accepter ou non de faire bénéficier la société, l'armée, de ses savoirs et de son talent. Le débat est là entre lui et lui.

Comme c'était déjà le cas pour Archimède, au siège de Syracuse – avant qu'il meure d'avoir dit oui.

Minéralogie

C'est la science qui étudie les minéraux. La minéralogie a connu son heure de gloire au milieu du XIXe siècle. Les minéralogistes établissaient le catalogue des minéraux connus ainsi que leurs caractéristiques chimiques et géométriques. Car les minéraux sont des cristaux naturels et sont donc caractérisés par une symétrie externe traduisant une symétrie interne, comme l'avait compris l'abbé Haüy. Et puis, les rayons X sont arrivés. Pénétrant au cœur des minéraux, ils ont permis de déterminer la structure interne, la symétrie fondamentale. Complétés par l'analyse chimique, ils ont permis de tout révéler, de tout déshabiller.

On connaît aujourd'hui à peu près tous les minéraux naturels, toutes les compositions chimiques, les couleurs, les défauts. Du coup, le nombre de chercheurs et donc de professeurs d'université en minéralogie décroît dangereusement... « Dangereusement », car les minéralogistes, comme les botanistes, comme les zoologistes, sont indispensables à la science.

Il est important pour la formation des géologues et plus encore des géochimistes ou des mineurs de connaître les minéraux, leurs propriétés physiques et chimiques, de savoir les reconnaître, etc. Qui enseignera cette discipline demain ?

Mais il y a aussi souvent des problèmes plus généraux qui ne se résolvent que grâce à l'identification de tel ou tel minéral qui indique des conditions de température et de pression lors de sa genèse. Qui possédera ce savoir ?

Il nous faut des minéralogistes et pas seulement pour s'occuper des magnifiques collections de minéraux.

Le minéralogiste ? Encore une « espèce » à protéger !

MIT (Massachusetts Institute of Technology)

C'est peut-être aujourd'hui l'université la plus célèbre du monde. Elle est située à Cambridge (Massachusetts) près de Boston, dans la même ville que la non moins célèbre université Harvard.

Cette université a pour caractéristique de combiner recherche fondamentale et recherche appliquée de haut niveau (comme son alter ego et rivale Caltech, sur la côte ouest). Le MIT compte autant de prix Nobel que de grands ingénieurs ayant fait des découvertes décisives.

Son activité scientifique s'est traduite par l'implantation d'une série d'entreprises de haute technologie le long d'une route qui fait le tour de l'agglomération de Boston et qu'on appelle la route 128. Ce fut une Silicon Valley avant la lettre. Cette université est essentiellement scientifique, avec un petit département humanités – où enseigne le célèbre linguiste Noam Chomsky – et un gros département d'économie – qui accumule les prix Nobel dans cette discipline.

Le nombre d'étudiants est de 10 000, répartis à peu près également en *undergraduate* et *graduate*.

Je suis personnellement très attaché au MIT, car j'ai eu la chance d'y enseigner à l'époque où son département de sciences de la Terre était le meilleur du monde. J'y ai donc noué des contacts scientifiques extraordinaires.

Aujourd'hui, le MIT est menacé par son succès.

En effet, le développement de l'innovation américaine se fait à partir de start-up, petites entreprises péri-universitaires exploitant les découvertes faites dans l'université. Ces start-up sont plus ou moins financées par les professeurs eux-mêmes, mais aussi par les grandes entreprises qui rachètent à prix d'or celles qui s'avèrent profitables. Beaucoup de thèses sont financées par les grandes entreprises. Cette symbiose entre la recherche académique et le secteur privé, par certains côtés, est exemplaire et hautement bénéfique pour l'économie du Massachusetts et de l'Amérique.

Mais, d'un autre côté, certains professeurs passent trop de leur temps comme hommes d'affaires, négligeant leurs étudiants. Ces derniers, qui paient des droits d'inscription, se plaignent donc de la situation. Dans certains départements, des clauses de confidentialité des résultats de recherches sont imposées par les industries qui financent – procédé incompatible avec l'esprit de libre échange intellectuel qui est le fondement du système académique. On voit éclater des conflits d'intérêt entre professeurs, entre thésards et professeurs, qui finissent parfois au tribunal. L'université tend à fixer des règles d'éthique, mais comment les faire respecter lorsque le contrevenant est une grande vedette scientifique qui contribue à la gloire du MIT ?

Le MIT n'est pas le seul endroit où ces problèmes se posent – Stanford est dans la même situation –, mais il y a là un danger.

Et pourtant, il importe de préserver la coopération avec l'industrie ! Comme toujours, les équilibres sont difficiles à trouver !

Modèle

La notion de modèle joue un rôle essentiel en sciences. On parle du *modèle* d'atome de Bohr, du *modèle* de l'ADN ou du code génétique, du *modèle* d'atmosphère destiné à prévoir le temps, etc.

Un modèle est une représentation simplifiée du monde réel. La simplification permet de raisonner et de comprendre le fonctionnement du système naturel représenté. Ce n'est pas une description pure et simple : le terme de modèle implique la mise en évidence de relations fonctionnelles entre les éléments du modèle.

L'élaboration d'un modèle se fait progressivement, au cours de l'étude d'un phénomène physique ou biologique, en expliquant petit à petit les diverses observations. Il faut considérer le modèle comme un objet intellectuel plastique qu'on doit modifier au fur et à mesure de nouvelles observations, dès lors qu'elles ne peuvent s'expliquer par le modèle. Toute la science est faite de modèles.

Savoir si le modèle décrit la réalité du monde, ou s'il n'est qu'une image neuronale du monde fortement déformée par la limitation de nos capacités intellectuelles... Eternelle question !

Molécule(s)

Lorsqu'ils abordent la chimie pour la première fois, les élèves des lycées ont tendance à mal distinguer l'atome de la molécule. Qu'ils se rassurent, avant eux, les meilleurs chimistes du monde eux-mêmes se sont disputés à ce sujet pendant trente ans au début du XIXe siècle. Dalton (1766-1844), celui qu'on appela le prince des chimistes, refusait la notion de molécules. Pour lui, il n'y avait que des atomes, plus ou moins complexes.

A l'opposé, Avogadro (1776-1850) et Gay-Lussac (1778-1850), travaillant sur des composés gazeux, ne considéraient que des molécules, elles aussi plus ou moins simples.

Avogadro et Gay-Lussac avaient montré que les composés gazeux se forment en obéissant à des lois très strictes. Leurs volumes suivaient des proportions définies. Un volume d'azote et trois volumes d'hydrogène se combinent pour donner un volume d'ammoniac (NH_3).

En 1811, Avogadro complète ce travail en affirmant que tous les gaz, pris dans les mêmes conditions de température et de pression, contiennent le même nombre de particules de ce gaz. Il appelle ces particules les molécules. Quel que soit le gaz, un volume de ce gaz, à pression et température donnée, comprend un nombre invariable de molécules. Ainsi, un volume de 22,4 litres à la pression d'une atmosphère et à la température de 0 °C contient N soit $6{,}023 \times 10^{23}$ molécules - le nombre d'Avogadro. N molécules constituent une « mole », unité élémentaire de la matière.

Mais Avogadro tombe alors sur une difficulté. Si l'on mélange 1 litre d'oxygène et 2 litres d'hydrogène, on obtient 2 litres d'eau. Or une mole d'oxygène et deux moles d'hydrogène devraient donner une mole d'eau. Pourquoi n'obtient-on pas un seul litre, une seule mole d'eau ?

En fait, l'hydrogène et l'oxygène sont chacun à l'état de molécule « diatomique » H_2 et O_2 et l'eau a pour formule H_2O. La réaction s'écrit alors :

$$2\ H_2 + O_2 \qquad\qquad 2\ H_2O$$

2 volumes 1 volume 2 volumes

Une mole d'oxygène gazeux (donc deux moles d'oxygène atomique) et deux moles d'hydrogène gazeux (donc quatre moles d'hydrogène atomique) donnent donc bien deux moles d'eau. Ce n'est pas facile à comprendre ? De fait, il fallut un certain temps aux chimistes du XIXe siècle pour faire la différence entre molécules et atomes.

Ce n'est qu'au congrès de chimie de Karlsruhe en 1860, après la mort des protagonistes, que le problème fut réglé !

Les atomes contiennent un seul noyau. Ce sont les composants élémentaires des éléments chimiques. Ce sont les lettres de l'alphabet chimique.

Les molécules sont des assemblages d'atomes. Ce sont les mots de la langue chimique. La chimie manipule les molécules. Elle les synthétise, en assemblant des atomes, puis des motifs moléculaires. Elle les transforme en remplaçant un atome par un autre, un motif moléculaire par un autre, etc.

Dans cette construction moléculaire qui ressemble à un jeu de Lego, trois facteurs interviennent. Bien sûr, la nature des atomes qui participent à la molécule. Pour les molécules du vivant, c'est toujours les mêmes carbone, hydrogène, azote, phosphore, oxygène, plus rarement soufre. Pour les molécules industrielles, on puise plus largement dans la réserve d'éléments que constitue le tableau de Mendeleieff.

Ensuite, le nombre d'atomes. Il y a des molécules à deux atomes CO oxyde de carbone, H-Cl acide chlorhydrique, à trois atomes CO_2 gaz carbonique, H_2O eau et d'autres construites avec des millions d'atomes. Comme les protéines ou certains plastiques.

Troisième facteur essentiel : la structure. L'agencement des atomes dans l'espace constitue de véritables sculptures, et cette structure est essentielle pour comprendre les propriétés chimiques et physiques de la molécule.

Souvent, le remplacement d'un seul atome par un autre suffit à changer totalement les propriétés chimiques des molécules, même si cette molécule comprend plusieurs milliers d'atomes !

Ce qui est aussi fascinant, c'est que le tout (la structure de la molécule) est totalement différent de l'ensemble des atomes qui le constituent. Par exemple, deux molécules comportant les mêmes atomes peuvent avoir des structures et des propriétés totalement différentes. Ces molécules une fois formées constituent une entité autonome ayant ses propriétés bien spécifiques. Car dans une molécule, les liaisons entre les atomes sont fortes, solides. Elles sont constituées par la mise en commun d'électrons appartenant à chacun des deux atomes liés. On appelle cela la liaison *covalente*.

Les molécules les plus simples ont des dimensions extrêmement petites, de 10 à 100 angströms (un angström = un dix milliardième de mètre). Alors comment connaît-on leur forme, leur structure ? Aucun microscope, même électronique, ne peut voir à cette échelle !

On utilise pour cela des méthodes indirectes que

l'on appelle méthodes *spectroscopiques*. Ce mot revient souvent, que signifie-t-il ?

La molécule, comme l'atome, appartient au monde de l'infiniment petit ; elle obéit donc aux règles de la mécanique quantique. Ainsi, chaque molécule a une énergie quantifiée, en barreaux d'échelle. L'espacement des barreaux reflète la composition et la structure de la molécule. On éclaire la molécule. Cette dernière va absorber « les couleurs » dont la fréquence (traduite en énergie) correspond à l'intervalle entre deux « niveaux d'énergie » de la molécule. La molécule utilise cette énergie pour faire passer des électrons dans des niveaux d'énergie supérieurs.

Après l'interaction avec la molécule, la lumière va ressortir avec des couleurs différentes de la lumière d'entrée. Cette lumière, analysée grâce à un prisme, présentera un spectre. Or – c'est complexe mais fascinant – à l'aide de ce spectre optique, on peut reconstruire la structure de la molécule, lorsqu'on connaît la nature des atomes qui la composent !

Le chimiste est donc dans une position extraordinaire : il peut inventer des molécules en remplaçant un atome, en ajouter d'autres, en enlever, etc. Comme il a une boîte à outils de 92 atomes différents, sa possibilité de création est infinie. Nous l'avons déjà dit : un chimiste, c'est un sculpteur de l'infiniment petit. La chimie des molécules, c'est le royaume de la diversité et de la créativité.

Rien ne limite *a priori* l'imagination du chimiste moléculaire, ni son goût pour l'esthétique !

Peter ATKINS, *Molécules au quotidien*, InterEditions.

Molle (matière)

La matière molle est un état qui n'est ni vraiment solide ni vraiment liquide. Elle n'est pas véritablement un solide, car elle se déforme durablement, comme le fait un liquide ; pour autant, elle ne coule pas véritablement. Lorsqu'on la met dans un récipient, sa surface n'est pas à proprement parler une horizontale.

Que sont ces matières ? Ce sont des solutions de polymères, des cristaux liquides, des colles, des gommes, des peintures, des pâtes à modeler, des argiles imbibées d'eau, etc.

Les progrès de la physique statistique ont permis de développer une étude rationnelle de ces matières où se combinent théorie et expérience. On peut calculer leur viscosité, leur élasticité, le pouvoir d'attraction de leurs surfaces, etc.

Cette étude de la matière molle, à la limite de la physique et de la chimie, a de nombreuses applications pratiques. Les cristaux liquides, qui sont utilisés dans l'affichage numérique ou les écrans de télévision, en sont un exemple. Mais il y a aussi les colles, dont les progrès ces dernières années sont considérables, au point que lorsqu'on colle deux morceaux de bois et qu'on les casse, la fracture ne se fera pas à la cicatrice du collage. Citons également les peintures : c'est grâce à la physique des matières molles qu'on a trouvé la meilleure façon pour qu'elles s'étalent, etc.

Ce qui est extraordinaire, c'est que l'étude de cette matière a donné naissance à des lois rigoureuses et générales, comme celles qui régissent les solides ou les liquides traditionnels.

C'est une magnifique physique qui est aujourd'hui en plein essor, et où la limite entre théorie et technologie n'existe pratiquement pas.

Monod Jacques (1910-1976)

Il y a beaucoup de Monod dans le monde scientifique, médical, artistique ou même politique. Ils sont tous plus ou moins cousins. C'est la tribu protestante des Monod. En sciences, il y a Théodore, l'explorateur aux pieds nus, le naturaliste de légende. Pourtant, le plus grand de tous, c'est Jacques, l'un des créateurs de la biologie moléculaire.

Jacques Monod commence une carrière scientifique dans des conditions difficiles. Il s'intéresse à la génétique et après un stage à Caltech dans le laboratoire du maître d'alors, Morgan, « le roi de la drosophile », il s'intéresse aux bactéries. Pourquoi ? Parce que ce sont des organismes simples et qu'elles se reproduisent vite. Malheureusement, en France, les bactéries n'intéressent personne ou presque, tout au moins dans le monde universitaire. Ce ne sont ni des plantes ni des animaux !

Pourtant, aidé par son cousin Georges Tessier, l'un des zoologistes reconnus en France, il entreprend une thèse sur la reproduction des bactéries, mais, très rapidement, il fait le lien entre la génétique et la chimie, en s'intéressant aux bactéries ; et ce lien, c'était le fonctionnement de la cellule, la manière dont elle consommait l'énergie et comment elle utilisait cette énergie pour se reproduire.

Il fut accueilli à l'Institut Pasteur dans le laboratoire d'André Lwoff, l'un des rares laboratoires français travaillant sur les bactéries, dans un grenier, dit la légende.

Et puis, ce fut la rencontre avec François Jacob, jeune médecin, blessé à la guerre, qui ne pouvant exercer son métier de médecin avait décidé de faire de la recherche.

Il constitue un groupe actif, qui, rapidement, s'intègre dans la communauté scientifique internationale qui prépare la révolution de la biologie moléculaire.

Et lorsque Crick et Watson découvrent l'ADN, le groupe français est prêt à se lancer dans l'aventure.

Le reste est connu. Les découvertes essentielles. Le prix Nobel Monod-Jacob-Lwoff en 1966. Ce qu'on sait moins, c'est que le monde universitaire français est resté jusque dans les années 1970 hostile à cette nouvelle biologie. Certains l'appelaient par dérision « la biologie monoculaire ».

Monod fut battu plusieurs fois aux élections de professeur en biologie à la faculté des sciences. On lui préféra d'illustres inconnus (c'est arrivé à d'autres !). Il n'aboutit que grâce aux chimistes qui l'élirent professeur de biochimie avec l'aide discrète du doyen Zamansky qui s'inquiétait des rumeurs persistantes de prix Nobel possibles pour Monod. Il ne fut jamais élu à l'Académie des sciences même après son prix Nobel (sans doute ne faisait-il lui-même aucun effort pour cela !).

Devant ces péripéties, il ne faut pas s'étonner si Jacques Monod avait une attitude un peu cassante et hautaine vis-à-vis d'une communauté scientifique française qui l'avait si mal traité ! Lorsqu'il reçut le prix Nobel, il fit une déclaration provocatrice : « C'est un prix Nobel américain ! », faisant allusion aux crédits qu'il avait reçus de la National Science Fondation américaine et qu'il n'avait pas reçus des organismes français ! Du coup, le général de Gaulle refusa de le recevoir.

Jacques Monod fut aussi un scientifique engagé à gauche. Résistant, il fut communiste à la Libération, mais rompit avec le Parti communiste au moment de l'affaire Lyssenko. Généticien de talent, il ne fit pas passer le sectarisme avant la vérité scientifique. Il devint un ami de Pierre Mendès France, Jean Daniel, puis, plus tard, fit la connaissance de François Mitterrand.

En 1968, il fut sur les barricades, s'interposant entre la police et les étudiants. Il avait émis des idées pertinentes sur les nécessaires réformes de l'université, dont on ne tint aucun compte.

Malheureusement, il mourut en 1976, victime d'un cancer, alors qu'il aurait pu jouer un rôle politique important lors de l'arrivée de la gauche au pouvoir en 1981.

Jacques MONOD, *Le Hasard et la Nécessité*, Seuil, 1973.

Montagnes

Dans le langage courant, une montagne est un ensemble rocheux dont l'altitude dépasse, disons, 1 000 mètres. Pour le géologue, une chaîne de montagnes est un ensemble rocheux plissé. Lorsque cet ensemble est jeune, cela se traduit par des reliefs importants (les Alpes, l'Himalaya) ; mais lorsque l'âge est ancien, les reliefs peuvent être faibles, voire inexistants. C'est le cas du Massif central, de la Bretagne, vestiges des chaînes de montagnes primaires datant de 290 à 420 millions d'années.

Il y a des reliefs importants qui ne sont pas des montagnes. Ainsi, la chaîne des Puys, ensemble de volcans alignés, n'est pas une montagne, pas plus que le sommet de Mona Loa à Hawaï, qui culmine pourtant à 5 000 mètres. En revanche la Bretagne, pourtant peu élevée, est au sens géologique une chaîne de montagne... C'est aussi le cas du Grand Nord canadien, pourtant plat et de faible altitude, dont l'âge de formation est de plus de 2 milliards d'années.

On parle d'âge. Mais de quel âge s'agit-il ?

L'âge de référence d'une montagne est celui de l'époque où les mouvements tectoniques plissent les roches, l'âge des plissements. C'est ce qu'on appelle en terme savant l'*orogenèse* (genèse des reliefs). Puisqu'il y a plissement, c'est qu'il y a raccourcissement de l'écorce terrestre. Une montagne est donc une zone de raccourcissement de l'écorce terrestre.

Associé à ce vaste phénomène se produit toujours la naissance des granites, ainsi que la transformation des roches, qu'on appelle métamorphisme. Ce qui veut dire qu'aux plissements de l'écorce terrestre sont associés les phénomènes de transfert de chaleur.

Alors comment se produit la formation des montagnes ?

Deux possibilités.

Premièrement, lorsque au cours de la tectonique des plaques, deux continents, ou deux morceaux de continent, entrent en collision. Par exemple, quand le continent indien, autrefois collé à Madagascar et à l'Afrique, migre vers le nord à partir de 70 millions d'années, et qu'à 40 millions il rencontre le continent asiatique, il se produit une gigantesque collision. De cette collision va naître l'Himalaya, et la surrection du Tibet.

De même, lorsque l'Afrique est entrée en collision avec le sud de l'Europe s'est créée la grande chaîne alpine, dont les volutes traduisent le tracé tourmenté des côtes avant la collision. Les montagnes sont donc le témoignage des accidents survenus lors du ballet des continents !

Mais il existe un autre type de montagnes, situées en bordure des continents, là où le plancher océanique s'enfonce dans le manteau suivant le schéma de la tectonique des plaques. Ces montagnes naissent de la double conjonction d'un resserrement de la fosse et de l'injection de magma vers la croûte. L'exemple type de ces montagnes très allongées, comme des lanières, est la cordillère des Andes, qui borde l'ouest du continent sud-américain.

Ce que l'on connaît moins, et qui pourtant est très important, est le devenir d'une montagne jeune. Elle est usée par l'érosion, mais cette usure provoque un mouvement de remontée, comme un bateau remonte lorsqu'on le décharge. Pendant cette remontée, l'érosion va continuer à jouer un rôle, à raboter la montagne. Ainsi, lorsque la montagne sera usée et que son relief sera quasi nul, ce qui affleurera à la surface sera le cœur de la montagne, qui était situé 20 à 30 kilomètres sous le sommet au moment du paroxysme, de l'élévation maximum de la montagne.

Ce double mécanisme érosion + élévation est un véritable forage, qui nous apprend de quoi est fait le cœur de la croûte continentale ; à savoir, de granites. C'est-à-dire de roches ordinaires qui ont fondu et se sont lentement refroidies.

On comprend donc que la formation des montagnes, qui combine plissements et formation de massifs de granites, soit un mécanisme grandiose pour la géologie. L'étude des chaînes de montagnes constitue à l'intérieur de cette science un chapitre essentiel appelé la tectonique. Le mot vient d'un ancien mot, architectonique, signifiant « études des structures ». Architecte d'un côté, tectonique de l'autre sont les descendants de ce mot.

Morgan Thomas H. (1866-1945)

Thomas Morgan fut le créateur de la génétique moderne, c'est lui qui rassembla en un tout cohérent et logique l'ensemble des observations qui s'étaient accumulées au début du XXe siècle et qui y ajouta une contribution personnelle très importante. Morgan, c'est pour les biologistes synonyme de drosophile.

La drosophile est une petite mouche du vinaigre dont la propriété essentielle est de se reproduire de manière sexuée mais avec une vitesse extraordinaire. C'est donc un matériel de choix pour celui qui veut étudier comment les caractères se transmettent de générations en générations, autrement dit pratiquer la génétique.

Au début du siècle, on connaissait les chromosomes comme support de l'hérédité, on savait que chez les plantes il y avait des mutations comme l'avait montré le Hollandais De Vries et bien sûr on avait redécouvert les lois de Mendel. Mais Morgan va aller plus loin. Il va utiliser les notions de chromosomes, de gènes et de mutation. Morgan va en faire une synthèse magistrale en développant une théorie chromosomique de l'hérédité. Après avoir montré que les mutations existent aussi chez les animaux, il postule que les « gènes », briques élémentaires de la transmission héréditaire, sont répartis sur les chromosomes. Aux observations multiples qu'il répète, précises et solidifiées, il ajoute trois éléments essentiels.

L'un c'est qu'au moment de la reproduction cellulaire, les chromosomes se croisent et donc se mélangent. C'est à ce moment que se produit le grand brassage héréditaire.

Il montre qu'on peut, expérimentalement, construire des cartes chromosomiques, c'est la démarche première de ce qu'on appellera plus tard le déchiffrement du génome qu'on fera alors à l'échelle moléculaire, et donc que les chromosomes, portant plusieurs gènes, les caractères de certains individus sont en général liés entre eux.

Enfin, et ce n'est pas la moindre chose, il ıdentifie les chromosomes sexuels, ceux qui déterminent le sexe, et montrent que certains caractères sont liés au sexe, génétiquement.

Enfin, plus tard dans sa vie, il essayera avec son élève Müller de provoquer des mutations en exposant les drosophiles à divers rayonnements.

Morgan, c'est le père de la génétique classique.

Comme on établit souvent la filiation Galilée-Newton-Einstein pour la mécanique, on pourrait presque dire qu'il y a la filiation Mendel-Morgan-Watson pour la génétique.

Mutation

Une mutation est une variation brutale des caractères héréditaires conduisant à une nouvelle espèce biologique. Ce mécanisme a été découvert par le Hollandais De Vries au début du XXe siècle. Reproduisant les expériences de Mendel, ce dernier a en effet observé l'apparition de nouveaux caractères, inconnus dans l'ascendance.

Les mutations ont été expliquées par la découverte de l'ADN et des mécanismes moléculaires de transmission de l'hérédité. Ce sont des accidents qui se produisent à l'échelle moléculaire, lors des phénomènes de copie des gènes. Comme il y a des milliards d'atomes en jeu lors de ces phénomènes, on conçoit facilement que quelques atomes, ou des bouts de nucléotides, soient mal copiés ou mal fabriqués.

C'est là un des éléments essentiels de la théorie moderne de l'évolution, le mécanisme de choix pour la théorie de Darwin. C'est en effet la mutation, cet « accident de copie », qui crée les nouvelles espèces, parmi lesquelles la sélection naturelle conserve les plus « aptes » à se procurer de la nourriture ou à se reproduire.

Dans le langage courant, on utilise le mot de mutation pour parler d'un changement brusque, brutal, non explicable par les phénomènes passés afférents.

N

Nanosciences

Un nanomètre, c'est 10^{-9} mètre, soit dix angströms. L'angström est l'unité de longueur employée pour mesurer les atomes, les molécules. Les nanosciences sont donc les sciences qui se font à l'échelle de quelques atomes, de quelques molécules.

Notons qu'entre le millimètre et le nanomètre, il y a un facteur d'un million – de même qu'entre la distance Lille-Perpignan et un mètre... Etudier des phénomènes millimétriques et nanométriques, ce n'est donc pas du tout la même chose.

Les nanosciences sont le produit de trois lignes de développement : la recherche dirigée vers la miniaturisation des ordinateurs ; l'invention du microscope à effet tunnel et ses dérivés ; l'optique quantique développée autour du laser. Elles combinent les techniques de la microchimie avec les fondements mêmes de la mécanique quantique. Elles apportent d'ailleurs à cette dernière une confirmation éclatante : jusqu'ici, en effet, toutes les observations sont en accord avec la théorie, dont elles permettent en outre de préciser bien des aspects.

Les nanosciences sont un champ en plein développement qui mobilise des milliers de chercheurs dans des directions variées. Je n'aurai pas la prétention, dans ce dictionnaire, d'en faire une présentation complète. Je me contenterai donc d'en évoquer quelques « saveurs » et, à partir de là, d'ouvrir quelques perspectives en essayant de faire comprendre les enjeux, les méthodes aussi bien que les extraordinaires difficultés.

Lorsque j'étais ministre, j'ai transformé mon enthousiasme en action en créant un réseau national de recherches sur les nanosciences dont le centre est à Grenoble.

Pourquoi développe-t-on les nanosciences ?

La motivation première vient de l'*informatique*.

Suivant la célèbre loi de Moore (*voir* : ORDINATEUR, TRANSISTOR), l'informatique ne cesse de se miniaturiser, de manière à assembler de plus en plus de transistors.

La fabrication des circuits imprimés se réalise grâce à la vieille technique du pochoir. On crée un masque (parfois de manière très compliquée) puis, à l'aide de ce masque, on fabrique toute une série de circuits imprimés avec des milliers de transistors. La technique du pochoir est évidemment un peu plus complexe que le simple tampon qu'on appose sur les lettres, mais le principe de base est le même.

L'objectif est de fabriquer des circuits de plus en plus petits. Donc des masques de plus en plus petits.

Pour descendre en taille, on va utiliser les possibilités de l'optique. Par exemple, on grave un complément de circuit, puis on le projette à l'aide d'une lentille qui rapetisse le motif. On obtient donc un masque plus petit. C'est de la lithophotogravure.

Mais la longueur d'onde de la lumière et les phénomènes de diffraction qui lui sont associés vont mettre une limite au rapetissement. Les rayons ultraviolets ont en effet des longueurs d'onde de 250 nanomètres. On ne peut guère sculpter en deçà de 150 nanomètres sans être gêné par les phénomènes de diffraction.

Alors, on essaie d'utiliser l'ultraviolet lointain (longueurs d'onde 10 à 70 nanomètres) ou les rayons X (0,1 à 10 nanomètres). Mais ces rayonnements sont difficiles à guider, à focaliser, etc. Malgré tout, on progresse...

Toujours dans le but de progresser en informatique, les nanosciences vont aussi s'inspirer de la *biologie* et de la *chimie*.

Lorsqu'on observe les systèmes vivants, on constate en effet qu'ils sont capables de manipuler et de stocker des milliards de milliards d'informations. C'est le cas, par exemple, des brins d'ADN qui portent l'information génétique, ou des réseaux de neurones de notre cerveau.

Pourquoi ne pas essayer de fabriquer des ordinateurs inspirés par les systèmes biologiques ? Ce qui caractérise ces systèmes biochimiques, c'est qu'ils se fabriquent, s'assemblent spontanément. Ils « s'auto-organisent » (voir le numéro spécial de *Pour la science*, « Les nanosciences », Belin) Il s'agirait donc de réaliser l'auto-organisation de structures moléculaires en induisant, en dirigeant cette « auto-organisation ».

La chimie la plus adaptée à ce type d'études est la chimie supra-moléculaire dont Jean-Marie Lehn est l'un des créateurs et le grand maître. Cette chimie tire parti du fait qu'il existe deux types de liaisons chimiques : les liaisons fortes et les liaisons faibles.

Les liaisons fortes sont celles qui lient les divers atomes dans une molécule. Ces liens sont créés par la mise en commun d'électrons. Ce type de liaison est difficile à casser. Les liaisons faibles, elles, sont de nature électrique. L'une des plus célèbres est la liaison hydrogène, qui peut se représenter par le partage d'un atome d'hydrogène entre deux atomes électronégatifs proches (*voir* : LIAISONS). Les deux brins d'une molécule d'ADN sont liés entre eux de cette manière. C'est parce que cette liaison est faible que l'on peut séparer les deux brins lors des phénomènes de reproduction. La chimie supra-moléculaire est basée sur ce principe. Elle manipule des assemblages constitués de plusieurs molécules liées entre elles par des liaisons faibles – qu'on peut donc casser ou unir facilement. En utilisant des ions de métaux et des molécules organiques adaptées, les chimistes peuvent aussi réaliser des supra-molécules tout à fait spéciales. On a ainsi fabriqué des transistors moléculaires dans lesquels les mouvements des molécules se réduisent à deux positions.

Chemin faisant, en réalisant ces synthèses, on s'est aperçu que l'on pouvait aussi fabriquer des « moteurs moléculaires » avec, par exemple, des anneaux de molécules bougeant les uns par rapport aux autres, ou des hélices tournant comme des tire-bouchons. Là encore, l'inspiration a été biologique. L'exemple a été non pas l'ADN, mais l'ATP (adénosine triphosphate), la molécule qui stocke l'énergie et la donne aux cellules pour leur permettre de vivre. Elle transforme de l'énergie électrique en énergie chimique et vice versa. C'est un exemple pour tous les « mécaniciens moléculaires ».

Voilà pour les motivations et les directions de recherche.

Seconde question : comment étudier ce « nanomonde » ?

Le **microscope à effet tunnel**, dont la découverte est due à Binning et Rohrer, du laboratoire de recherche IBM de Zurich (elle leur a valu le prix Nobel en 1986), est fondé, comme son nom l'indique, sur... l'effet tunnel.

Typique de la mécanique quantique, cet effet fut découvert par Robert Oppenheimer et Georges Gamow vers 1930. Lorsque des particules (électrons, par exemple) sont enfermées dans un puits d'énergie, quelques-unes peuvent échapper à cette contrainte. Comme si des prisonniers étaient enfermés derrière des murs très hauts que l'on ne peut franchir par un simple saut ; quelques-uns d'entre eux parviendraient malgré tout à sortir... en passant à travers les murs !

Ainsi, les électrons des atomes situés à la surface d'un solide, retenus par les atomes du solide, ne peuvent s'échapper. Toutefois, quelques-uns, en petit nombre, y parviennent. Ils le font d'autant mieux si on promène à la surface du solide une pointe métallique extrêmement effilée qui se termine par un seul atome. Reliée à un circuit, la pointe, en se promenant sur la surface, va recevoir quelques électrons (et donc un courant pourra passer) lorsqu'elle sera proche d'un atome. On a ainsi pu faire une véritable photographie des atomes répartis sur une surface !

Mais on a été plus loin : avec des tensions électriques convenables, on peut même arracher un atome du solide, puis le promener, le déplacer, en utilisant le fait que lorsque deux atomes sont proches, ils se repoussent par répulsion de leurs nuages électroniques. Avec ces instruments, on dispose donc de micromanipulateurs de surface.

La seconde technologie est fondée sur le **laser**. On sait en effet fabriquer des lasers d'une puissance gigantesque, dont les pinceaux sont extrêmement fins, et qui peuvent être pulsés au rythme de la femtoseconde (c'est à dire 10^{-15} secondes).

Ces instruments permettent des expériences extraordinaires. On peut manipuler, faire bouger un atome, on peut lui donner de l'énergie de façon contrôlée, on peut le refroidir ou le réchauffer.

Aussi incroyable que cela paraisse, on peut faire aujourd'hui de la spectroscopie (la même dont Bohr utilisait les résultats pour bâtir son modèle d'atome) sur une seule molécule, sur quelques atomes ! On est ainsi en mesure de déterminer les structures fines de tous les assemblages moléculaires que les chimistes peuvent inventer... On est même capable d'étudier le spectre optique d'une seule molécule ou même d'un seul atome. On peut observer les relations lumière-matière, l'un des fondements de l'électrodynamisme quantique, à l'échelle d'un seul atome !

Naturellement, toutes les techniques de préparation et d'études peuvent être combinées. On essaie de fabriquer des molécules en forme d'hélice qui conduiraient le courant électrique et seraient donc des solénoïdes miniatures. Va-t-on créer un mini-champ magnétique ?

Ces expériences vont amener à affiner le modèle de la mécanique quantique. Jusqu'à présent, en effet, elles ont toutes pu être interprétées avec le paradigme de la mécanique quantique et le dualisme ondes-particules. Mais on commence à voir apparaître de nouveaux phénomènes. Sans remettre en cause le principe d'incertitude de Heisenberg, on constate qu'à l'intérieur d'un atome ou d'assemblages d'atomes, il y a une certaine cohérence entre les ondes quantiques, qui, finalement, déterminent un comportement global. Mais dès que l'on se trouve face à un grand nombre d'atomes, et donc que l'on passe aux échelles supérieures, on découvre une décohérence et donc le caractère indéterminé de la mécanique quantique disparaît par effet statistique. Mais dans ce secteur, il reste beaucoup à faire et tout est loin d'être compris : comment se produit la décohérence, quelle est la limite supérieure pour qu'un système reste quantique ?

Les spécialistes de ce nouveau domaine d'étude si excitant, où chimie et physique sont quasiment confondues, pensent que ces expériences vont forcément déboucher sur l'émergence de nouvelles théories quantiques. Mais nous n'en sommes encore qu'au début, à l'accumulation de faits, de résultats, d'expériences, et la mécanique quantique donne pour l'instant toutes les clés nécessaires !

Toutes ces recherches suscitent des espoirs qui, parfois, frôlent la science-fiction. Le premier est d'arriver à l'extrême miniaturisation des ordinateurs sans remettre en cause la logique binaire fondée sur le transistor. Le deuxième, plus hypothétique, est de mettre au point l'ordinateur chimique. Certains émettent des doutes sur sa faisabilité. Un des grands atouts de l'informatique moderne, disent-ils, est le caractère peu onéreux et fiable du transistor. Les molécules, elles, sont fragiles, chères et subissent des fluctuations. Pourra-t-on maîtriser cela ? Le troisième est d'arriver à créer des moteurs moléculaires – avec tous les débouchés biologiques que cela ouvrirait. On pourrait par exemple entrer dans le système sanguin et le nettoyer de tous les dépôts, on irait dans le cerveau détruire une à une les cellules malades, etc.

J'ai pour ma part la conviction que ces recherches vont donner des résultats extraordinaires, sur le plan tant théorique que pratique. Mais les réelles perspectives sont encore difficiles à discerner aujourd'hui.

Vraisemblablement, comme toujours en science, il y aura un déclic, une expérience clé, un modèle révolutionnaire, et toutes ces recherches prendront du coup une cohérence...

Les nanosciences sont sans doute le secteur le plus excitant des sciences physiques d'aujourd'hui.

Numéro spécial de la *Revue pour la science* « Les nanotechnologies », Belin éditeur.

Neurosciences

Depuis quinze ans, ces sciences ont fait un bond prodigieux, grâce à l'association d'approches multiples. Du coup, l'ancienne trilogie « neuroanatomie, neurophysiologie, neurochimie » s'est fondue en un seul vocable : « neurosciences ». Les progrès qu'accomplissent ces sciences peuvent révolutionner non seulement notre vie, mais surtout notre manière de la concevoir – je veux dire de penser. Ce sont elles qui poseront demain les problèmes d'éthique les plus sérieux et les plus profonds.

Certes, les neurosciences n'ont pas encore trouvé le modèle fédérateur qui devrait leur permettre de véritablement « exploser », ce modèle qui fera converger l'étude neurologique du « fonctionnement » et les études du « comportement » – en y incluant les sciences humaines : psychologie, linguistique, voire sociologie... Cela étant, les progrès récents sont si impressionnants qu'elles constituent d'ores et déjà une science majeure dont les acquis modifient radicalement un certain nombre d'idées reçues, plus ou moins populaires ou « intuitives ».

Le premier résultat des neurosciences modernes est l'extraordinaire complexité du cerveau, qui exclut toute approche analytique du type « pas à pas », réductionniste. On a compris le neurone donc on a compris le cerveau !

Le cerveau est constitué par une association intégrée de cellules très particulières : les neurones.

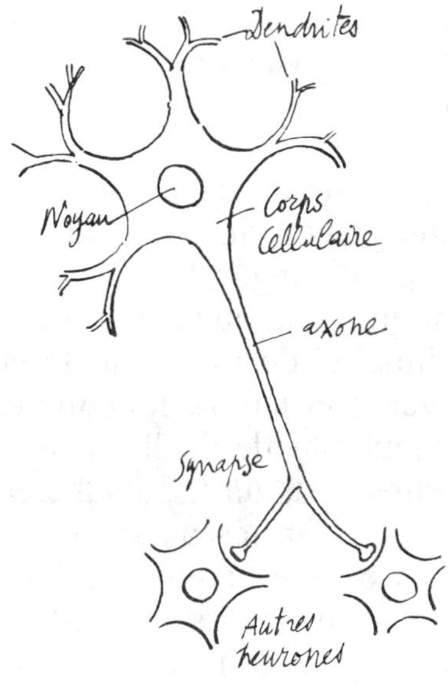

Schéma d'un neurone.

Les neurones ont une propriété physiologique qui les distingue de toutes les autres cellules vivantes : ils se reproduisent essentiellement lors de la phase embryonnaire et pendant l'enfance. Lorsque les cellules nerveuses d'un adulte sont détruites, par accident ou tout simplement du fait de la vieillesse, elles ne se régénèrent qu'en proportion extrêmement faible.

Ces cellules nerveuses ne sont pas toutes identiques ; elles ont des formes, des fonctions variées... Mais toutes sont peu ou prou faites sur le même modèle : un corps central cellulaire, le soma, d'où partent d'un côté une série de filaments anastomosés, les dendrites, de l'autre un prolongement étiré, l'axone, qui se subdivise à son extrémité.

Schématisé, un neurone ressemble à un squelette d'arbre allongé dont les dendrites seraient les branches, l'axone le tronc, avec à l'extrémité des racines, mais des racines très souples. Comme toute cellule, la cellule nerveuse possède un noyau et ne peut entretenir son activité que grâce à une certaine consommation d'énergie. Ce qui distingue le neurone d'une cellule ordinaire, c'est que, sauf aux stades de la jeunesse, la machinerie cellulaire n'est pas orientée vers la reproduction, mais vers son activité fonctionnelle.

L'autre particularité des cellules nerveuses, c'est qu'elles ne forment pas un tissu adhérent comme les autres cellules, mais un réseau soutenu, porté par un support d'autres cellules dites cellules gliales[1]. Les terminaisons d'axones se « raccordent » aux dendrites d'autres neurones pour constituer les synapses. C'est

1. Les cellules gliales semblent jouer un rôle metabolique, alors que les neurones jouent un rôle de transmetteurs d'informations. En somme, les cellules s'occupent de l'intendance, les neurones de la communication.

par ces synapses que se passe la communication entre neurones. Chaque neurone est en contact avec quelques milliers de voisins et, par réseau interposé, en communication potentielle avec des milliards d'autres neurones.

Voilà donc un réseau de fils très ramifié, dont il faut de surcroît apprécier la dimension. Dans le cortex cérébral d'un animal supérieur, c'est-à-dire dans la zone fondamentale des cerveaux « évolués » (le nôtre, par exemple), il existe à peu près cent milliards de neurones, ce qui correspond à un million de milliards de connexions possibles. Soit, dans le seul volume d'une tête d'allumette, un milliard de connexions possibles !

Précisons bien que ces connexions ne sont pas fixées. Les neurones ne sont pas liés entre eux rigidement. Ils le sont par des relations de *contiguïté*, et non de *continuité*. Cela est fondamental, car ces liens confèrent au réseau neuronal la propriété d'adaptabilité. Autrement dit, le réseau de neurones est touffu, dense, multiforme, fractal, peut-être, mais il jouit de connexions flexibles. En ce qui concerne son degré de complexité, Gerald Edelman affirme que rien ne lui est comparable dans tout l'univers, y compris l'univers lui-même !

Dans ce réseau de neurones circulent des informations : celles reçues et « interprétées » qui proviennent du monde extérieur : visuelles, auditives, tactiles... ; celles transmises aux divers organes du corps : cœur, poumons, muscles... ; enfin les informations sécrétées par le cerveau lui-même et restant dans le cerveau : les rêves, les pensées, les théories, l'« inconscient »...

Ces informations sont véhiculées par un système

électrico-chimique : l'influx nerveux (*voir* : INFLUX NERVEUX).

Le réseau neuronal du cerveau est connecté par les nerfs aux divers organes du corps : au cœur et aux poumons, dont il règle les rythmes par des automatismes vitaux ; aux muscles des membres auxquels il donne des instructions volontaires ou réflexes de contraction ou de relaxation ; aux organes des sens : yeux, oreilles, nez, peau, par lesquels il reçoit les sensations du monde extérieur. On distingue le système ***afférent***, qui apporte au cerveau des informations, et le système ***efférent***, qui, à l'inverse, transmet aux organes les instructions venant du cerveau. L'un et l'autre fonctionnent avec des nerfs qui sont des agglomérations d'axones accolés.

Il est intéressant de noter que le nombre de nerfs qui partent du cerveau vers les organes périphériques qu'il contrôle ou qu'il « écoute » est faible, comparé au nombre de connexions neuronales dans le cerveau lui-même. Ils mettent en jeu moins de circuits neuronaux. Ainsi, on peut presque dire que le cerveau est essentiellement en contact avec lui-même, et que ses connexions extérieures sont beaucoup plus limitées. On comprend dès lors pourquoi les études sur tel ou tel mécanisme particulier – vision, audition, contrôle du rythme cardiaque – sont beaucoup plus avancées que les études sur le fonctionnement du cerveau lui-même. Plus avancées parce que moins difficiles !

Le cerveau transmet ses instructions aux organes, ou reçoit d'eux des informations, par les mêmes mécanismes que la connexion neuronale : signaux électriques relayés par des médiateurs chimiques. Ainsi, un nerf arrive près d'un muscle où il décharge, en cas de besoin, un jet de médiateur chimique dont l'action consiste à contracter ce muscle. A l'inverse, l'œil ou l'oreille transmettent au cerveau les informations qu'ils reçoivent, sous la forme de signaux électriques.

Comment fonctionne le cerveau ?

Avant d'entrer dans les détails, il nous faut lever une hypothèque . celle de l'analogie cerveau/ordinateur. Certes, le cerveau reçoit des informations du monde extérieur, les enregistre, les code, les traite, les analyse, puis réagit à son tour à ces impulsions. Il utilise une fonction de mémoire, des règles de « calcul », un code et un décodage, c'est-à-dire un véritable langage interne. Il est donc tentant de le considérer comme notre ordinateur individuel. Et après tout, puisque le cerveau de l'homme a fabriqué l'ordinateur, pourquoi ne l'aurait-il pas fait naturellement à son image ? Cette analogie est intellectuellement séduisante, mais elle est malheureusement fausse, comme nous allons le voir.

D'abord, la vitesse de circulation de l'information est très différente. Dans un ordinateur, les informations circulent à des vitesses de plusieurs milliers de kilomètres/seconde. Dans le cerveau, l'influx nerveux se propage au mieux à 100 mètres/seconde. Or si ordinateur et cerveau travaillent tous deux très vite dans les exercices de reconnaissance (reconnaître un arbre, une automobile, etc.), le second est pourtant beaucoup plus rapide que le premier...

La deuxième différence est que le cerveau ne contient pas de programme préétabli qui ordonne à tel neurone ou tel embranchement de faire ceci ou cela

Il n'y a pas de centre qui organise l'information ; le cerveau est un système auto-programmé. Souvenons-nous que le cerveau humain, tel qu'il est, résulte du processus évolutif et de son facteur essentiel, la sélection naturelle.

Troisième point : la mémoire du cerveau n'a rien à voir avec celle d'un ordinateur. La mémoire d'un ordinateur est composée d'une série d'éléments qui stockent une information sous forme de 0 et de 1. Lorsqu'on en a besoin, l'ordinateur lit cette information. Dans le cerveau, personne n'a jamais mis en évidence des neurones qui auraient des positions ouvertes ou fermées et qui stockeraient de l'information. Au surplus, la cartographie cérébrale ne distingue pas d'un côté une zone de la mémoire et de l'autre une zone de la pensée. On calcule, parle, réfléchit et enregistre dans les mêmes zones du cerveau. La mémoire n'est pas un organe autonome avec « entrées » et « sorties » !

Enfin, dernière différence avec les ordinateurs, le « câblage », c'est-à-dire le réseau de neurones, n'est pas fixe ; il est souple, malléable, il évolue au cours de la vie.

Les objets mentaux. Venons-en aux idées que se font les neuroscientifiques modernes du fonctionnement du cerveau.

Certes, elles ne sont pas définitives, elles diffèrent suivant les auteurs, mais il se dégage tout de même des modèles modernes une trame générale, que ce soit chez Changeux, Edelman, Zeki, ou Damasio.

A la base de tout, les idées de réseau et de « graphe de représentation » proposées par Jean-Pierre Changeux.

Considérons d'abord l'exemple de la vision. Lorsqu'on voit un objet, cette vision déclenche des signaux électriques codés dans les zones de réception de la rétine. Ces signaux se propagent dans les réseaux locaux et définissent une certaine figure de connectivité, un « graphe » composé de l'ensemble des neurones qui s'activent sous l'effet de ce stimulus (ou plusieurs graphes si plusieurs zones sont affectées). Ce graphe est *l'image neuronale* de l'objet. Ce n'est pas un concept éthéré « flottant dans l'air », mais un véritable objet neuronal, il a une réalité physique attestée par les connexions qui le forment.

Un autre objet visionné va « dessiner » un autre graphe neuronal, etc. Ainsi, ce ne sont pas les neurones qui codent tel ou tel objet, c'est le graphe, le réseau de connexions « activé » par les divers objets.

Précisons tout de suite une autre propriété des circuits nerveux : contrairement à la pile Wonder, ils s'usent si l'on ne s'en sert pas ! Plus un circuit neuronal est utilisé, moins il « s'encrasse », plus il est en état...

Quand un graphe neuronal se forme pour traduire l'existence d'un objet, les éléments de ce circuit sont actifs. Si on les sollicite une seconde fois, l'objet mental se crée encore plus vite, car les circuits qui constituent son graphe ont déjà été en fonction.

Ainsi s'établit le phénomène de mémoire. Est-il amplifié par un rapprochement entre synapse et récepteur ? Peut-être. Est-il stabilisé par un rapprochement des synapses de la zone réceptrice ou par un renforcement des mécanismes émetteur/récepteur médiateurs chimiques ? Sans doute, car il existe bien un phénomène de stabilisation des circuits mémorisants. On comprend ainsi pourquoi mémoire et pensée prennent forme dans les mêmes zones du cerveau.

La mémoire est le renforcement, la pérennisation

de la pensée par la stabilisation des circuits neuronaux.

Tirons-en tout de suite une conséquence importante. La mémoire n'est pas innée. Elle se fabrique et s'entretient. Certains individus ont peut-être des mécanismes chimiques particuliers qui stabilisent mieux que chez d'autres individus leurs graphes neuronaux, mais on peut aussi penser que, par l'apprentissage, d'autres peuvent acquérir cette même faculté. Lorsqu'on vieillit et que la mémoire devient infidèle, un bon moyen pour la maintenir est d'apprendre des poèmes par cœur et de se les réciter périodiquement Je garantis l'efficacité de la méthode !

La pensée. Comment passer de ces objets mentaux issus du réel à des objets mentaux inventés, imaginés ? Le cerveau humain a cette propriété extraordinaire de pouvoir synthétiser une pensée. Il ne se contente pas d'analyser une sensation externe et d'en « tirer les conséquences », ce que font déjà les animaux ; il invente des situations, il crée des objets mentaux. Là encore, les théories modernes permettent de répondre. A partir du moment où le cerveau peut fabriquer des graphes neuronaux traduisant des « objets réels » (« objets » visuels, olfactifs ou sensoriels), pourquoi des morceaux de graphes ne se combineraient-ils pas pour synthétiser un concept original ? Partant ainsi du réel, pourquoi le cerveau ne pourrait-il pas fabriquer des « graphes neuronaux » synthétiques n'ayant aucune correspondance dans le réel, donc abstraits ?

Le langage entre bien dans ce modèle : acquisition des mots, des verbes, combinaisons pour donner des syntaxes, variabilité des langues, tout cela peut s'expliquer par les graphes neuronaux, sans pour autant donner raison, au contraire, à la théorie de Chomsky fondée sur l'idée de programmation et l'analogie avec l'ordinateur.

On voit qu'il y a là un début de réponse à l'énigme de la pensée « abstraite » qui, notons-le, part toujours du réel, qu'il s'agisse de musique, de fiction ou de mathématiques. Le réel permet de fabriquer les graphes neuronaux primaires ; la combinatoire neuronale construit à partir de ces graphes de nouveaux graphes bien réels dans le cerveau, mais fictifs par rapport au monde extérieur. La pensée abstraite est une recombinaison de la perception du réel.

La pierre angulaire est ici la réalité physique des objets mentaux, concept essentiel pour Changeux. Une expérience fondamentale a été menée par Shepard et Judo pour la mettre en évidence. On fabrique sur ordinateur un objet dans l'espace, un volume que l'on présente à un sujet. Puis on fait tourner l'objet ; il se présente donc sous une nouvelle face, un nouvel angle. On demande au sujet de le reconnaître. On le tourne encore. On demande au sujet de le reconnaître derechef, et ainsi de suite. On constate qu'il y a une relation mathématique entre la mesure de l'angle dont on a fait pivoter l'objet et le temps que le sujet met à le reconnaître. Le sujet fait lui aussi tourner l'objet dans sa tête. Il modifie la structure de son graphe !

La notion de graphe neuronal est certainement plus complexe que quelques connexions dessinées en tel ou tel endroit du cerveau. Sans doute diverses zones enregistrent-elles en même temps, communiquent-elles entre elles, « se contrôlent-elles » ; les contrôles par parallélisme sont probablement multiples, ainsi les informations sont recoupées et regroupées.

Certaines théories développent des modèles quelque peu différents des graphes neuronaux et parlent par exemple de « cartes neuronales » (Edelman), ou de groupes de neurones liés, etc. Il y a là assurément des différences dans le détail du fonctionnement, mais l'idée générale demeure au fond identique.

Epigenèse. Cette élaboration des objets mentaux par la réalisation de graphes neuronaux doit être comprise dans la dynamique du développement de l'individu. C'est là qu'interviennent les mécanismes de l'épigenèse.

On suppose que, durant la période où le cerveau se développe, c'est-à-dire dans l'enfance, le réseau neuronal se modifie considérablement. Certaines cellules naissent, mais d'autres meurent. Des connexions disparaissent, d'autres se forment. Cette mise en place des circuits neuronaux est le résultat de l'apprentissage. Parmi toutes les connexions possibles, le jeune cerveau sélectionne celles qu'il utilise, et laisse mourir celles qui ne servent pas. Apprendre, c'est éliminer, dit Jean-pierre Changeux. Ainsi se produit une véritable sélection naturelle darwinienne par l'usage : les plus utiles survivent, les autres meurent.

Des observations terribles corroborent ce constat. Un enfant dont les yeux ont été obturés pendant ses deux premières années sera aveugle toute sa vie [1]. Un enfant perdu dans la jungle et retrouvé à l'âge de douze ans (c'est Mowgli !) ne pourra plus jamais apprendre à parler [2]. L'apprentissage est donc décisif

1. C'est le cas par exemple lorsque le cristallin est opaque à la naissance (ambliopie fonctionnelle). On sait aujourd'hui qu'il faut rapidement opérer l'enfant souffrant de ce handicap.

2. Ces exemples « classiques » sont aujourd'hui mis en question par certains.

pour la formation du cerveau, comme il sera essentiel pour son maintien en état. Dans le célèbre débat entre inné et acquis, on peut affirmer aujourd'hui que, sans négliger le rôle de l'inné, celui de l'acquis est fondamental.

Le rêve. Grâce au travail de Michel Jouvet[1], le rêve livre à son tour ses secrets. On sait désormais que le sommeil est indispensable à l'homme comme au chat, animal fétiche des neurologues : sans sommeil, ils meurent. Cette période est utilisée par l'organisme pour éliminer toutes les toxines créées par cette immense usine chimique qu'est le cerveau. On sait qu'elle est divisée en périodes de vrai sommeil (où le cerveau marche au ralenti, ce qu'on vérifie électriquement), et périodes de faux sommeil (ou sommeil paradoxal) où le cerveau fonctionne et où l'on rêve. Le rêve est la formation autonome d'objets mentaux, de graphes synthétiques

Rien d'étonnant, dès lors, s'il y a des rêves réalistes et d'autres fantaisistes. Et l'on peut comprendre que lorsqu'on se réveille d'un sommeil paradoxal, le réveil soit facile ; qu'en revanche, lorsqu'on « casse » le sommeil profond, on se lève du mauvais pied.

On s'approche là de la manière dont s'élabore la pensée, et les prochaines années vont nous en apprendre plus grâce aux techniques d'imagerie.

Ces techniques permettent de repérer les zones du cerveau qui consomment de l'énergie (donc brûlent de l'oxygène) au moment de l'activité cérébrale.

Aujourd'hui, on pense atteindre prochainement une résolution de 30 000 neurones, ce qui correspond

1. Michel Jouvet, *Le Sommeil et le Rêve*, Odile Jacob, 1992.

peut-être à une unité élémentaire de la pensée, une seule pensée ! Alors, le déchiffrage du cerveau est peut-être pour demain.

On connaîtra bientôt les zones où se localisent la pensée, le plaisir musical ou le plaisir sexuel. On pourra alors artificiellement les stimuler !

Neutrino

Le neutrino est une particule très étrange. Il est électriquement neutre – il n'interagit pas avec les charges électriques, donc quasiment pas avec la matière. Sa masse est nulle – ou quasi nulle, c'est un sujet aujourd'hui encore discuté. Sa découverte s'est faite en deux temps.

En 1914, James Chadwick, le découvreur du neutron, remarque que dans un certain phénomène radioactif appelé radioactivité (dans le noyau, un neutron se transforme en proton, et un électron est expulsé), l'énergie des électrons expulsés est variable. Chaque mesure donne une valeur différente, tantôt grande, tantôt petite. Il y a donc des électrons expulsés qui n'obéissent pas à la sacro-sainte loi de conservation de l'énergie !

Bohr, qui défend l'idée que la microphysique n'a rien à voir avec la macrophysique, en conclut que la loi de conservation de l'énergie ne s'applique pas – un point c'est tout.

Mais les physiciens sont sceptiques.

Wolfgang Pauli, professeur à l'Ecole polytechnique de Zurich (l'école d'ou est sorti Einstein), émet alors une hypothèse : il existerait une particule de masse et de charge quasi nulle, mais ayant une certaine énergie, qui serait émise en même temps que l'électron. Il juge cette idée tellement hardie qu'il ne la publie pas, se contentant de l'exprimer dans une lettre envoyée à un groupe de collègues. Mais un physicien italien, Enrico Fermi, prend cette hypothèse très au sérieux, et, en 1933, il baptise cette particule « neutrino », ce qui signifie « petit neutron ».

Les neutrinos n'interagissant pas avec la matière, il est très difficile de les détecter. La manière de détecter expérimentalement les neutrinos a été imaginée par le physicien italien Bruno Pontecorvo. L'idée était simple : il s'agissait de réaliser une réaction nucléaire inverse de la radioactivité. Le neutrino fut découvert en 1956 par Fred Reines et Clyde Cowan, donc vingt-trois ans après son baptême par Fermi – et Reines obtint le prix Nobel pour la découverte du neutrino en 1995, soit soixante-deux ans après ! En 1962, un trio de chercheurs américains, Leon Lederman, Melvin Schwarz et Jack Steinberger, montra qu'il existait au moins deux espèces de neutrinos, découverte qui leur vaudra aussi le prix Nobel de physique en 1988.

Mais la chasse aux neutrinos ne s'arrête pas là. On a cherché à déterminer le nombre de neutrinos éjectés par le soleil, afin de tester les modèles nucléaires élaborés pour ce dernier. Malgré un échec relatif, on a donné le prix Nobel de physique à Davis, auteur de cette expérience.

On a montré que des neutrinos avaient été émis lors de l'explosion de la supernova enregistrée le 23 février 1987, qui a eu lieu il y a 160 000 ans dans le grand nuage de Magellan

Aujourd'hui, certains physiciens voudraient créer une astrophysique des neutrinos. En effet, le destin de notre univers pourrait dépendre de la masse de ces particules, aujourd'hui inconnue...

Le neutrino est sans doute la particule qui fascine le plus le monde de la physique, car il est le symbole de la physique des hautes énergies, qui échappe à notre perception ordinaire.

Neutron

Le neutron est, avec le proton, l'un des constituants essentiels du noyau des atomes. A la différence du proton, dont il a à peu près la même masse, il est électriquement neutre. D'où son nom.

Dans les livres ou les dictionnaires, vous lirez que le neutron a été découvert par l'Anglais Chadwick, qui reçut pour cela le prix Nobel.

En fait, la découverte est un peu plus compliquée. L'expérience fondamentale fut réalisée à Paris par Irène et Frédéric Joliot. Ce dernier bombarda avec des rayons X une feuille de beryllium derrière laquelle on avait mis une feuille de paraffine. Il constata que la feuille de paraffine émettait des protons très énergiques. Quelle était la radiation émise par le beryllium et qui extrayait des protons de la paraffine ?

Irène et Frédéric Joliot furent incapables d'interpréter correctement leur expérience et d'identifier le neutron. Ils se lancèrent dans des hypothèses assez compliquées et finalement fausses.

A Cambridge, l'équipe d'Ernest Rutherford, le découvreur du noyau, cherchait quant à elle une particule neutre complémentaire du proton. Etait-ce la présence d'électrons qui annulait la charge des protons ? C'était l'opinion admise. Mais lorsque Joliot publia son résultat, Chadwick comprit tout de suite. Il refit l'expérience en la modifiant un peu et soumit un article court, mais convainquant, annonçant la découverte du neutron.

Lorsqu'en 1935 James Chadwick reçut le prix Nobel de physique, Irène et Frédéric Joliot eurent sans doute un petit pincement au cœur. Heureusement, le comité Nobel avait eu l'élégance de leur attribuer la même année, lors de la même cérémonie, le prix Nobel de chimie pour la découverte de la radioactivité artificielle.

La chance ne sourit qu'aux esprits qui y sont préparés, disait Pasteur.

Newton Isaac (1642-1727)

Dans le panthéon de la science, c'est peut-être l'homme dont le génie a été le plus unanimement salué. Il est LE scientifique par excellence. Mathématicien, physicien, expérimentateur-théoricien, il est tout. Personne, sans doute, à part Einstein, n'a été reconnu de son vivant et après sa mort au point où le fut Isaac Newton. Pourtant, ni sa vie ni même son parcours scientifique ne sont si limpides que cela. Mystères de la popularité !

Isaac Newton est né à Woolthorpe en 1742, l'année de la mort de Galilée. Etudiant moyen, il est tout de même admis à l'université de Cambridge où il manifeste des dons épisodiques, mais exceptionnels, pour les mathématiques. Il devient *fellow* (étudiant) dans l'un des plus prestigieux collèges de Cambridge : Trinity (aujourd'hui le plus riche).

En 1665, la peste ravage l'Angleterre. Newton se réfugie chez lui, à Woolthorpe, et il semble bien qu'il va réaliser là une série de découvertes majeures. J'écris « il semble bien », car le jeune Newton a des pratiques scientifiques très curieuses. Il ne publie pas ses travaux. Il travaille, il prend des notes et, de temps en temps, il écrit à des amis en leur confiant le résultat de ses recherches – mais en leur demandant de ne pas les divulguer !

Dans cette période, il semble qu'il ait mis en équations les découvertes de Galilée sur la chute des corps, qu'il ait découvert la loi de l'attraction universelle, le mouvement de la Lune et – il le prétend du moins – le calcul intégral. Mais tout cela reste étonnamment flou, faute d'une publication en bonne et due forme.

Revenu à Cambridge, il échappe à l'obligation de devenir prêtre qui était faite aux *fellows* pour avoir le droit d'enseigner, et devient tout de même professeur. Preuve incontestable qu'il devait impressionner ses interlocuteurs scientifiques par son érudition et sa capacité à dominer les connaissances de la physique de cette époque. Mais Isaac Newton était d'un caractère renfermé, méfiant - certains disent timide, d'autres irascible et hautain. Il s'isolait des jours entiers dans son logement à Trinity College, soit pour y dévorer des dizaines de livres scientifiques ou théoriques, soit pour s'adonner à l'une de ses passions secrètes : l'alchimie. Car Newton, qu'on a donné avec Descartes comme le symbole du rationalisme, est aussi un alchimiste – ce qui, pour beaucoup, symbolise (à tort) l'obscurantisme médiéval...

A cette époque où il occupe la chaire prestigieuse de Cambridge, dite chaire Lucas, l'intérêt de Newton va surtout aux mathématiques. Il a lu Descartes, et cette lecture l'a subjugué. Car si Descartes a raconté beaucoup d'âneries en physique, en astronomie-géologie et en biologie, il a été un remarquable mathématicien, exprimant les courbes en équations, transformant la géométrie en algèbre.

Newton est fasciné. Mais très vite, semble-t-il, il dépasse Descartes, car il a le don – propre aux grands scientifiques – de tout simplifier, de distinguer l'essentiel des détails. Ce qui se traduit par une extraordinaire clarté d'exposition. Son livre culte, les *Principia*, en est un exemple éblouissant.

Jusque-là, Newton était resté un jeune professeur doué à Cambridge ; à partir de 1666, sa carrière va changer, il va devenir une personnalité nationale. L'Angleterre sort alors d'une période particulièrement riche de son histoire, celle d'Olivier Cromwell, du sacrifice de Charles Ier, de la recréation du Parlement, puis du retour des Stuart et, avec eux, de la religion catholique. Newton est un hérétique. Certes, il croit en Dieu, organisateur de l'Univers, créateur des lois de la nature ; mais il trouve les religions ridicules, en particulier les religions catholique et anglicane. La Sainte Trinité, cette idée de trois dieux en un – le Père, le Fils et le Saint-Esprit – lui paraît particulièrement absurde. Pour lui, il y a Dieu. Un Dieu unique. Et la seule parole qui vaille, c'est lorsqu'Il a dit : « Aime Dieu », « Aime les hommes ». Isaac Newton est théologiquement un Juif primitif ! Mais il est anglican, membre du collège de la Trinité (un comble !) et donc il se tait. Preuve que ce n'est pas un illuminé.

C'est surtout un ambitieux. C'est ainsi qu'il va exhumer un à un ses travaux anciens, en écrasant ses concurrents ou ses devanciers comme Robert Hooke ou l'astronome Flamsteed. Puis il rédige ses *Principia*, grand livre de science. Il entre alors dans une dispute homérique avec Leibniz, revendiquant la priorité de l'invention du calcul intégral – là encore, il va faire preuve d'une férocité et d'une inélégance sans pareil. Devenu président de la Royal Society, il use et abuse de sa position pour dénigrer Leibniz, allant jusqu'à organiser un simulacre de procès qui se conclut par une condamnation de ce dernier pour plagiat. Ce qui est faux.

Ensuite, Newton va devenir député de l'université de Cambridge au Parlement, puis directeur de la Monnaie (c'est lui qui inventera les cannelures tracées sur la tranche des pièces de monnaie, afin d'éviter qu'on ne les use pour récupérer l'or). Dans ses fonctions officielles, il se comportera comme un ambitieux sans scrupules, n'hésitant pas à utiliser sa nièce et le charme de celle-ci pour sa carrière.

Il sera enterré en grande pompe et inhumé à Westminster. Voltaire fera le déplacement avec Emilie du Châtelet.

Nier Alfred (1911-1994)

Ce fut le pionnier de l'application des isotopes aux sciences de la Terre. Il développa les techniques essentielles. Il posa les bonnes questions.

En 1938, alors qu'il fait son stage postdoctoral à Harvard, il construit en six mois un spectromètre de masse (nos élèves aujourd'hui ne peuvent pas imaginer qu'un jeune homme sortant de sa thèse puisse construire lui-même un spectromètre de masse !) et à l'aide de cet appareil va faire des découvertes extraordinaires.

D'abord, il découvre l'isotope 235 de l'uranium. Dans une lettre brève, Enrico Fermi lui écrit, le félicite et ajoute : « Cela pourrait avoir des conséquences importantes ! » L'uranium 235, c'est en effet toute l'énergie nucléaire.

Puis il mesure la composition isotopique de minerais de plomb de diverses origines et trouve que ces compositions varient considérablement. L'interprétation de ces variations sera le point de départ de la géologie isotopique.

Puis il est engagé dans le projet Manhattan où il mettra au point les techniques d'enrichissement de l'uranium 235.

Au sortir de la guerre, il mettra au point les méthodes de chronologie géologique potassium, argon et rubidium strontium et il construira le premier spectromètre de masse capable de mesurer les minuscules variations de composition isotopique de l'oxygène qui vont permettre de déterminer les températures du passé.

Ensuite, il va travailler sur les météorites et l'exploration planétaire.

Il découvrira que les météorites de fer soumises à l'incessant rayonnement cosmique galactique vont être le siège de réactions nucléaires dont les produits vont permettre d'estimer pendant combien de temps eut lieu cette irradiation.

En 2000, la Nasa se préparait à déposer des appareils scientifiques sur la planète Mars. Le spectromètre de masse miniaturisé était destiné à mesurer la composition chimique et isotopique de l'atmosphère martienne. Malheureusement, un an avant la mission, le spectromètre de masse ne fonctionnait pas. On fit appel à Nier alors âgé de 70 ans. En moins d'un an, il conçut un nouvel appareil, le fit construire et, le jour J, il mesura impeccablement la composition de l'atmosphère martienne ! Il mourra à 80 ans accidentellement, en pleine activité scientifique et en pleine forme physique puisqu'il pratiquait encore le ski de descente !

Puis-je ajouter quelques notes plus personnelles ?

Al Nier était un homme généreux, plein d'entrain, toujours prêt à encourager les scientifiques plus jeunes. Alors que nous le considérions tous comme une légende vivante, il venait discuter de problèmes scientifiques avec une simplicité que seuls les « très grands » savent pratiquer.

Il vint passer trois mois à Paris dans mon laboratoire où il nous donna des conseils techniques très judicieux (malgré son âge, il était au courant des progrès technologiques les plus récents).

Après sa mort, l'université du Minnesota décida de créer une conférence Nier, annuelle. J'eus l'honneur d'être invité à prononcer la première de ces conférences et puis-je dire, comme Chateaubriand, que cette invitation « a chatouillé dans mon cœur l'orgueilleuse faiblesse ».

Nobel (prix)

Le prix Nobel est le nec plus ultra des prix scientifiques. Il fut créé en 1895 par Alfred Nobel qui, comme chacun sait, avait acquis sa fortune en inventant la dynamite.

Les premiers prix furent octroyés en 1901.

En physique, le premier lauréat fut Wilhelm Röntgen, suivi en 1902 de Hendrik Lorentz et Pieter Zeeman ; en 1903 Henri Becquerel le partagea avec Pierre et Marie Curie. En chimie, le premier prix fut Van't Huff, en 1902 Fischer, en 1903 Svante Arrhenius, tous des monuments de la chimie. En physiologie et médecine, le premier prix fut donné à Emil von Behring, un savant un peu oublié aujourd'hui, inventeur du sérum contre la diphtérie qui, à l'époque, tuait beaucoup d'enfants. En 1904 ce fut Ivan Pavlov, en 1905 Robert Koch, disciple et rival de Pasteur ; en 1906 les deux pionniers rivaux de la neurologie, Camillo Golgi et Ramon y Cajal se partagèrent le prix. Depuis lors, il est octroyé chaque année

Les prix Nobel de physique et de chimie sont décernés par l'Académie des sciences de Suède après un appel d'offres international. Celui de physiologie et médecine est décerné par le Karolinska Institute.

En 1968 la banque de Suède a financé un nouveau prix Nobel, celui d'économie. Il est décerné aussi par l'Académie des sciences de Suède.

Il y a aussi un prix Nobel de littérature et un prix Nobel de la paix, décernés par la Norvège. Ce dernier paraît un peu étrange. Un prix de la paix sous le nom du découvreur de la dynamite ! Enfin, ce n'est pas le sujet de ce livre et la rédemption est toujours souhaitable.

Les prix Nobel sont annoncés la deuxième semaine d'octobre et décernés le 10 décembre à Stockholm, date de la mort d'Alfred Nobel. Pierre et Marie Curie refusèrent de recevoir le prix à cette date car ils donnaient des cours à l'université de Paris et ne voulaient pas laisser leurs étudiants ! Ils reçurent leur prix en février.

Le nombre de récipiendaires pour un même prix est limité à trois. Lorsqu'il y a plusieurs lauréats, le prix est partagé de manière égale ou inégale. Si, avec le recul temps, on examine les attributions des prix Nobel, la performance des comités successifs semble assez remarquable. Bien sûr, on peut s'interroger : pourquoi aucun prix Nobel de physique pour Rutherford ? Pourquoi un seul prix Nobel pour Einstein alors que Bardeen en a reçu deux ? Pourquoi aucun prix Nobel pour Georges Gamow ? Pourquoi ne pas avoir ajouté Dikey au prix Nobel de Penzias et Wilson ?

Mais ces erreurs furent mineures au regard des succès remportés par les lauréats. Alors c'est vrai, aujourd'hui beaucoup (pas tous !) des prix Nobel de physique sont souvent moins « glorieux » que les anciens. Ils couronnent trop souvent des découvertes faites il y a trente ou trente-cinq ans et le poids de la physique théorique des hautes énergies reste trop élevé.

Pour ceux de chimie, on peut regretter une tendance à la confusion avec celui de médecine. Même si le poids des déterminations de structure est plus faible, des pans entiers de la chimie minérale ou des matériaux restent ignorés.

Pour la biologie, à l'inverse, il y a chaque année

l'embarras du choix tant cette discipline est active ce qui explique sans doute la tendance au cannibalisme sur le prix de chimie !

Au total, on peut dire que, si certains ont été injustement oubliés, ceux qui ont reçu le prix Nobel le méritaient

Ce n'est pas le cas de toutes les distinctions scientifiques ou littéraires !

Nucléosynthèse

C'est sans nul doute l'une des plus belles théories scientifiques qui aient vu le jour après la Seconde Guerre mondiale. Elle explique la genèse des noyaux atomiques, donc l'origine des éléments chimiques dans l'univers.

La théorie de la nucléosynthèse rassemble dans un tout cohérent les résultats des expériences de physique nucléaire, les observations astronomiques, et enfin l'abondance relative des éléments chimiques et des isotopes que l'on a observée dans l'univers. Elle a valu le prix Nobel de physique à Willy Fowler, et le prix Crafoord d'astronomie à Salpeter et Fred Hoyle.

Cette théorie répond à la vieille question des alchimistes : d'où viennent les éléments chimiques ? Comment se sont-ils formés ?

Les éléments chimiques se forment par des réactions nucléaires qui fournissent l'énergie des étoiles – énergie qu'elles dissipent en rayonnements, lumineux et autres. Pour fabriquer des éléments chimiques, changer le plomb en or, les malheureux alchimistes avaient recours à des flammes, avec des énergies de quelques milliers d'électronvolts, des températures de quelques centaines de degrés. Or pour réaliser leur rêve, il faut des énergies de l'ordre du milliard d'électronvolts, des températures de millions, de milliards de degrés ! Ces situations, on ne les trouve que dans les étoiles...

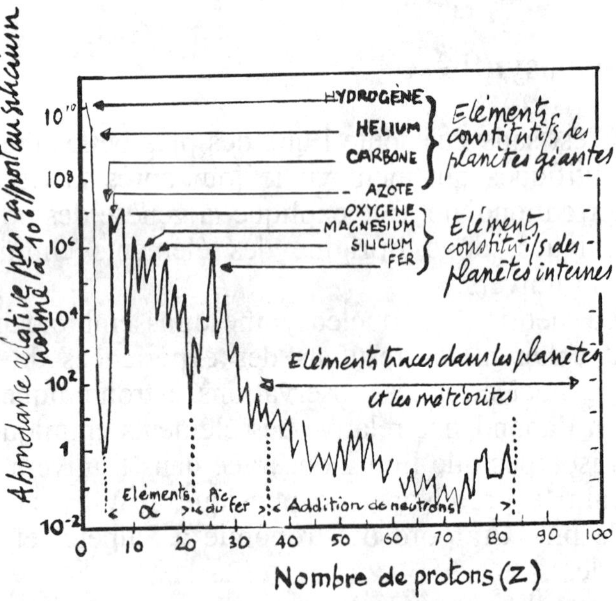

Courbe d'abondance des éléments chimiques dans l'univers
Chaque élément est caractérisé par son nombre de protons (donc d'électrons) Z et les abondances sont en logarithme avec, par convention, l'unité pour le silicium. On voit que l'élément le plus abondant est l'hydrogène, qu'en gros (à part le « trou » lithium ; béryllium, bore), les éléments sont d'autant moins abondants qu'ils sont plus lourds mais qu'à cette tendance se superpose une fluctuation en dents de scie correspondant aux éléments où Z est pair ou impair.

L'existence de réactions nucléaires dans les étoiles fut évoquée par Eddington, mais elle ne sera vraiment admise qu'un peu avant la Seconde Guerre mondiale.

L'idée que les étoiles fabriquaient des éléments chimiques a pris véritablement corps lorsque l'astronome Merill découvrit près d'une étoile la présence de technicium. Or le technicium est un élément chimique qui n'a pas d'isotope stable... Tous sont radioactifs. Tous se détruisent par désintégration. Donc. s'il y a du technicium, c'est qu'il s'en fabrique dans le voisinage – dans l'étoile proche.

La grande théorie de la nucléosynthèse sera réalisée par Margaret Burridge, Jeff Burridge, Willy Fowler et Fred Hoyle dans un article célèbre qu'on appelle B^2FH. Ils y expliquent comment à partir de l'hydrogène se fabrique l'hélium, puis, à partir de l'hélium, le carbone, l'oxygène, etc. Tout cela, par la fusion des noyaux atomiques – la fabrication des noyaux lourds, quant à elle, se faisant par l'ajout de neutrons. Cet article de « recettes de cuisine nucléaire » est encore valable aujourd'hui dans ses grandes lignes.

Ce qui est étonnant, c'est qu'à la même époque, un jeune astrophysicien quasi inconnu, Al Cameron, avait développé à peu près la même théorie, mais sans la publier, se contentant de l'exposer dans des séminaires et des conférences. On lui reconnaît pourtant aujourd'hui la copaternité de la nucléosynthèse...

Lire le remarquable livre d'Hubert Reeves, *Patience dans l'azur*, Seuil, 1981.

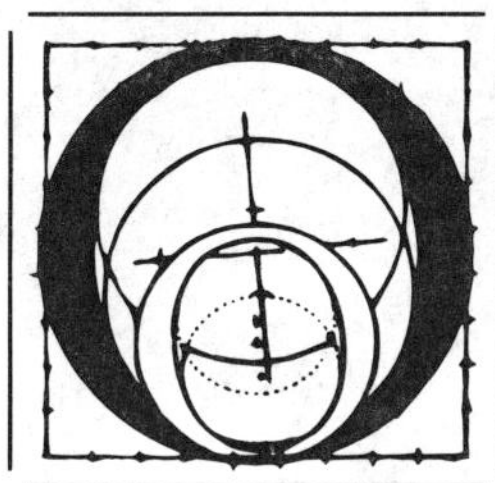

Observation

C'est la base, le fondement de toutes les sciences (et je dirais presque de toutes les activités humaines).

Observer n'est en rien une attitude passive, comme on le croit trop souvent. Observer, ce n'est pas non plus décrire exhaustivement et en vrac ce que l'on a sous les yeux avec tous les détails, toutes les précisions, les couleurs, les formes et les structures. Observer, c'est extraire de ce que l'on voit ce qui est signifiant. Il n'y a pas d'observation, au sens scientifique du terme tout au moins, sans un support théorique, sans un schéma intellectuel de référence. Einstein disait (avec raison) : « C'est la théorie qui nous dit ce qu'il faut observer. »

On ne doit pas en déduire pour autant que l'observation a pour seule fonction de confirmer les idées théoriques présupposées. Si l'observation n'était que cela, elle serait stérile ! Or c'est elle qui est la source du progrès.

Lorsque Galilée tourna pour la première fois la lunette qu'il venait de construire vers le ciel, il avait un schéma théorique de référence dans l'esprit. Il croyait, suivant les idées de son temps, que le ciel était une voûte sur laquelle étaient fixées quelques étoiles, que la Lune était un astre entièrement lisse et que Jupiter était une planète isolée de l'univers.

Or il découvre des milliers d'étoiles avec des brillances variables qui, immédiatement, donnent au ciel une profondeur. Il découvre que la Lune est bosselée, et que Jupiter est entourée de quatre satellites qui tournent autour d'elle. Il s'agit bel et bien de *découvertes*, car le schéma théorique initial s'en est trouvé totalement modifié. Si des planètes suivent Jupiter dans son mouvement, pourquoi la Lune ne pourrait-elle suivre la Terre ? (C'était l'un des arguments principaux des adversaires du mouvement de la Terre.) C'est à partir de là qu'a commencé à être remise en question la vision du ciel selon Aristote

Pour en rester à Galilée : ayant observé que le gland tombait plus vite que la feuille de chêne, Aristote en avait conclu que la chute des corps dépendait de la masse. C'est avec cette idée de base que Galilée entreprit ses propres observations. Ce qui lui permit d'identifier la cause de l'erreur d'Aristote et d'établir que dans le vide, tous les corps tombent à la même vitesse, quelle que soit leur masse.

De même, c'est en observant les animaux et les plantes, c'est-à-dire en dégageant pour chacun les caractères essentiels – la faculté de se reproduire, de grandir, de s'adapter à son milieu... –, que Lamarck eut l'idée de l'évolution des espèces. Idée qui fut ensuite reprise, mieux argumentée et développée par Charles Darwin.

On cite souvent l'expérimentation comme l'une des méthodes fondamentales de la science. L'expérimentation n'est rien d'autre qu'une *observation* organisée et encadrée. La phase d'observation est essentielle. Si on ne sait pas bien observer, on passe à côté des résultats. Savoir observer, c'est remarquer un détail important, signifiant ; c'est aussi, c'est surtout faire le lien avec une réflexion théorique pour la conforter ou l'infirmer.

Lorsqu'on montre aux enfants comment observer, c'est ce mécanisme intellectuel d'identification des faits signifiants qu'il faut leur apprendre. Prenons par exemple l'observation des animaux : on va leur donner le réflexe de compter les pattes, leur position, leur couleur. Les insectes en ont six, les araignées en ont huit, les mammifères en ont quatre. On observera les yeux. On se demandera si l'animal a un squelette ou pas, etc. Pour les plantes, on distinguera celles qui ont des fleurs de celles qui n'en ont pas, puis on regardera la forme et l'implantation des feuilles, etc.

Malheureusement, depuis une vingtaine d'années, dans un mouvement d'intellectualisation assez stérile et pour tout dire stupide, on a peu à peu supprimé à l'école, au collège et au lycée l'apprentissage de l'observation. J'ai entendu un responsable pédagogique de l'Education nationale affirmer que l'observation était stérile puisqu'elle ne faisait que confirmer la théorie ; et d'après lui, si on ne la confirmait pas, ce n'était pas de la science, mais de la pêche à la ligne, une démarche empirique sans signification !

C'est une véritable catastrophe pour la formation des esprits. Du temps de Jules Ferry, 85 % des élèves vivaient à la campagne : l'observation était pour eux un exercice familier, qu'il s'agisse des plantes, des animaux, des rivières, du ciel... Mais aujourd'hui, 80 % des enfants sont citadins, et rien ne leur est moins familier que l'observation de la nature.

La démarche scientifique consiste à observer puis à théoriser, l'expérimentation étant la combinaison des deux. Réhabiliter l'observation dans l'enseignement est donc indispensable, si l'on veut préserver la présence de la France dans un monde scientifique en pleine expansion – Chine, Inde, Brésil, Corée, Taïwan, etc.

Que devient un chef d'entreprise, s'il ne sait pas observer l'état de son personnel ? Que peut faire un ingénieur s'il ne sait pas observer le comportement des machines qu'il a construites ? Peut-on réussir dans la vie sans être observateur ?

Observatoires

Ce sont des lieux destinés à observer et à enregistrer les phénomènes naturels. La notion d'observatoire est sans doute née avec l'astronomie.

On connaît des observatoires astronomiques antiques à Sumer et Babylone, en Inde antique comme en Chine antique. Au fur et à mesure que les moyens d'observation se sont développés, les observatoires sont devenus des lieux où se concentraient les instruments les plus perfectionnés et les plus gros.

Les observatoires astronomiques se sont installés de préférence dans des régions arides et au sommet des montagnes, pour minimiser l'influence de l'atmosphère et du climat. L'observatoire le plus célèbre est sans doute celui du mont Wilson, en Californie. C'est là que Hubble réalisa ses observations fondamentales sur l'existence et l'éloignement des galaxies, dans les années 1930. Il existe des centaines d'observatoires astronomiques de par le monde, avec des télescopes de plus en plus gros et des techniques de plus en plus élaborées.

Après les astronomes, ce sont les physiciens du Globe – les géophysiciens – qui ont installé des observatoires. Il y a d'abord les observatoires magnétiques, destinés à enregistrer le champ magnétique terrestre et ses fluctuations. L'observatoire magnétique national est situé à Chambon-la-Forêt, près d'Orléans. Il y a aussi les observatoires sismologiques, qui enregistrent les tremblements de terre et permettent de les localiser ainsi que d'estimer leur puissance. On en compte des milliers de par le monde. Une centaine d'entre eux, particulièrement performants, sont organisés en réseau.

Enfin, les derniers venus sont les observatoires volcaniques qui, à l'aide de capteurs divers, mesurent l'activité des volcans et permettent de prévoir leurs réveils et leurs éruptions. La France entretient trois observatoires volcaniques, parmi les mieux équipés du monde, à la Réunion, en Guadeloupe et en Martinique. J'ai été l'un des responsables de ces installations de qualité.

Le travail dans les observatoires est ingrat et fastidieux. Il requiert compétence scientifique, soin et abnégation, même si l'informatique a aujourd'hui simplifié bien des tâches. Mais ces observatoires sont d'une immense utilité, aussi bien en géophysique qu'en astronomie.

Un nouveau type d'observations géophysiques est en train de se mettre en place. Elles se feront depuis l'espace, grâce à des techniques en plein développement comme l'interférométrie radar ou la détection électromagnétique. On pourra ainsi surveiller les crues, les éruptions volcaniques, les raz de marée, les cyclones, le niveau de la mer, le débit des fleuves, les incendies de forêts, et même les séismes ! Les stations au sol ne seront que des stations de calibration, destinées à étalonner les mesures venues de l'espace.

Les observations pourront, plus globalement, porter sur l'ensemble de la planète. Observer la Terre de l'espace pour la comprendre, pour prévenir les catastrophes naturelles... Quel beau programme que va mettre en place l'ONU sur la proposition du français José Achache !

Occam Guillaume d' (av. 1300-1349)

L'Anglais Guillaume d'Occam était professeur de théologie au début du XIVe siècle. Il édicta un principe qui est l'un des fondements de la science : « *Pluralitas non est ponenda sine necessitate* » (« La pluralité ne doit être envisagée qu'en cas de nécessité »). Pour expliquer quelque chose, il est inutile d'introduire plus de notions que nécessaire. Et lorsque deux explications d'un phénomène existent, il faut choisir la plus simple. « Il faut couper au plus juste. »

Einstein ajoutera : « Il faut faire la théorie la plus simple, mais qui ne soit pas simpliste. »

Il s'est malheureusement développé une confrérie informelle « antioccamiste » qui ravage la science, et dont la devise pourrait être : « Pourquoi faire simple quand on peut faire compliqué ? »

Océan

L'océan, composé d'eau, recouvre les deux tiers de la surface du globe. C'est sans aucun doute la structure non organique (non vivante) la plus spécifique de notre Terre. Il n'existe pas d'océan sur les autres planètes du système solaire. Les étendues liquides qu'on a découvertes sur le satellite de Saturne, Titan sont composées de méthane, pas d'eau.

L'eau de l'océan n'est pas pure : elle contient des sels dissous dans la proportion de 36 grammes par litre. Cette eau salée est légèrement plus dense que l'eau des rivières, qu'on qualifie d'eau douce. Sa masse spécifique est de 1,02 contre 1 pour l'eau pure. L'eau des rivières contient 10 à 20 milligrammes par litre de sel dissous. Jusqu'au milieu du XIXe siècle, les scientifiques pensèrent naïvement que l'eau de mer s'était peu à peu salée tout au long des temps géologiques par suite de l'évaporation continue de l'eau douce. C'est à la fois vrai et beaucoup plus compliqué que cela.

Lorsqu'on compare la composition des éléments chimiques dissous dans l'eau de mer et dans diverses eaux de rivière, on constate qu'il n'y a pas de correspondance. Dans l'eau de mer, c'est le chlorure de sodium qui domine, dans l'eau douce, c'est le bicarbonate de calcium. Pourtant, ce sont bel et bien les fleuves qui apportent les sels à la mer, et l'océan est bel et bien sujet à une évaporation intense ! Alors ? Lavoisier l'a bien dit : « Rien ne se perd, rien ne se crée ! » Il se passe tout simplement que l'océan a lui-même une activité chimique propre, dont l'acteur essentiel est... la vie. La vie florissante et foisonnante qui se développe dans les cent premiers mètres de la surface de l'océan ! Cette biologie est d'abord et avant tout celle du plancton, végétal et animal – le plancton animal se nourrissant du végétal. Il y a bien sûr aussi les algues, les poissons, etc.

Le plancton végétal utilise pour sa photosynthèse le rayonnement solaire, qui ne pénètre pas au-delà de 100 mètres de profondeur. C'est donc dans cette zone de surface qu'a lieu l'activité principale de l'océan. D'autant plus que l'interaction de la surface de l'océan avec l'atmosphère donne naissance à des courants de surface, à des vagues, à des tourbillons, qui mélangent, brassent et uniformisent ces cent premiers mètres d'eau.

L'orientation de ces courants obéit à une logique complexe dans laquelle intervient la direction des vents, mais aussi la rotation du globe, dont le rôle est essentiel. Alors que la rotation de la Terre se fait vers l'est, c'est-à-dire dans le sens contraire des aiguilles d'une montre, beaucoup de courants marins tournent dans le sens des aiguilles d'une montre. C'est le résultat logique du faible frottement qui existe entre l'océan et la terre solide.

La carte des courants marins illustre clairement cette complexité. Pour résumer, les courants de surface résultent de la combinaison de l'action de l'atmosphère (moteur), de la rotation du globe, mais aussi de la géométrie des bords imposée par la terre solide (forme des continents, topographie des fonds marins avec notamment les dorsales océaniques, les chaînes de volcans et les plateaux continentaux).

Et le fond de l'océan ? L'océan profond, le domaine du mystérieux capitaine Nemo de Jules Verne, comment se comporte-t-il sans lumière, sans vie (ou presque) et isolé de la tourbillonnante atmosphère ? Il constitue pourtant l'essentiel du volume de l'océan, puisque sa profondeur va de 500 mètres à 5 000 mètres !

Lorsqu'on s'enfonce dans l'océan, l'obscurité règne, puisque la lumière ne pénètre plus. La température décroît très vite pour atteindre, dès 800 mètres, 4 °C. La pression, quant à elle, augmente d'une atmosphère tous les dix mètres. A mille mètres, elle est de 100 atmosphères, à 5 000 mètres, de 500 atmosphères.

Comment est cette mer profonde ? Est-elle stagnante, ou animée de mouvements ? Communique-t-elle avec la surface ? A-t-elle la même composition chimique ?

Oui, il existe des courants profonds. L'eau de mer salée et froide « tombe » en effet au fond de l'océan en deux points du globe : au sud du Groenland et au nord du continent antarctique. Un courant de fond descend donc l'Atlantique, il se renforce dans l'Atlantique sud par l'adjonction des eaux antarctiques, il passe par le détroit de Magellan ; de là, une branche va migrer vers l'océan Indien, l'autre dans le Pacifique. Dans le Pacifique et l'océan Indien, mais aussi dans l'Atlantique sud, les eaux profondes remontent à la surface. Avec beaucoup de circonvolutions, elles retournent vers le sud du Groenland ou le nord de l'Atlantique pour replonger vers les abysses...

On a comparé ce mouvement des masses d'eau de la surface vers la profondeur à un tapis roulant. On a mesuré la durée d'un cycle : à peu près 2 000 ans. Ainsi, les Vikings voguant vers l'Amérique en l'an 1000 ont navigué sur des eaux qui sont aujourd'hui au fond du Pacifique !

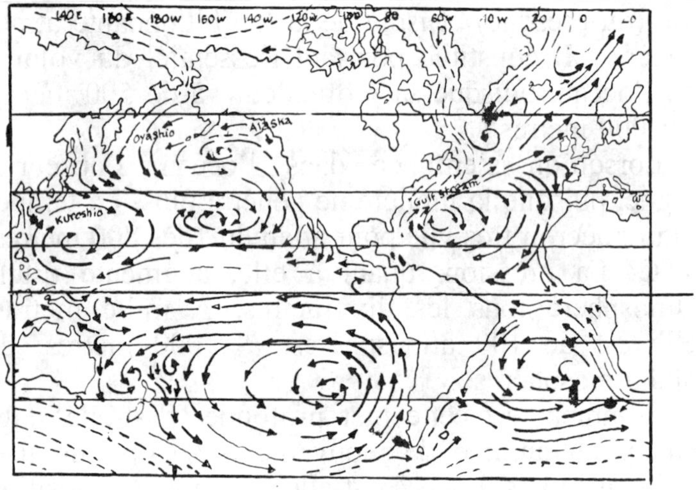

Distribution des courants de surface des océans.
On verra que dans l'hémisphère nord les courants tournent dans le sens des aiguilles d'une montre et l'inverse dans l'hémisphère sud.
On a là l'influence directe de la fameuse force de Coriolis.

Les zones où les eaux des profondeurs remontent vers la surface portent en anglais un beau nom : *upwelling*, à quoi correspond plus platement en français le mot *remontée*. Ces remontées d'eaux profondes sont d'autant plus intéressantes que les eaux en question ont une composition chimique différente des eaux de surface.

En effet, les organismes qui vivent près de la surface fabriquent des coquilles ou des squelettes, constitués soit par du carbonate de calcium, soit par de la silice. Lorsque les animaux ou les végétaux meurent, leur cadavre et leurs sécrétions rocheuses tombent au fond. Ils y apportent donc des éléments chimiques essentiels à la vie : carbone, azote, phosphore... Ces éléments se dissolvent en tombant et enrichissent les eaux profondes en éléments nutritionnels. Lorsque les eaux profondes remontent à la surface le long de côtes comme celles du Pérou ou d'Afrique, ce n'est pas bon pour la baignade, car les eaux sont froides, mais c'est une aubaine pour la pêche. La forte présence des éléments nutritionnels – azote, phosphore, carbone – provoque en effet le développement du plancton végétal, et, à partir de là, toute la chaîne alimentaire suit. C'est pourquoi l'apparition d'un phénomène comme El Niño est une catastrophe pour les pêcheurs.

Voilà l'océan présenté en quelques mots.

Il faut néanmoins préciser que l'océan joue un rôle essentiel dans la fixation de ce phénomène mystérieux qu'est le climat.

Il agit de deux manières. D'abord, il constitue un réservoir de gaz carbonique. Ce dernier se dissout en effet dans l'océan (particulièrement bien lorsque l'eau est froide) et donc le tapis roulant contribue à stocker en profondeur une grande quantité de ce gaz. Toute modification du rythme du « tapis roulant » de la circulation profonde modifiera la teneur en gaz carbonique de l'atmosphère. Or le gaz carbonique est l'agent numéro un de l'effet de serre... La deuxième action de l'océan tient à son inertie thermique. Etant lent à réagir aux fluctuations thermiques de la surface, il constitue un régulateur dans les variations climatiques. Cet océan est donc une merveilleuse machine, un merveilleux modérateur pour la planète Terre.

Raison de plus pour le garder en l'état.

Or l'activité humaine met l'océan en danger. D'abord, à proximité des côtes, où elle pollue. La plus importante de ces pollutions est celle des hydrocarbures, qui détruisent tout parce qu'ils empêchent la mer de respirer. Halte aux hydrocarbures, au laxisme de la communauté européenne, au lobbying pétrolier ! La pêche industrielle constitue elle aussi un danger en détruisant l'équilibre biologique. En faisant disparaître certaines espèces, elle perturbe en effet gravement la chaîne alimentaire et les équilibres écologiques.

L'un des objectifs pour l'avenir doit être : « Sauvons l'océan ! » Pas de pollution, une pêche mieux régulée !

Voilà une belle priorité, pour ceux qui en cherchent...

OGM (organisme génétiquement modifié)

Ce sigle est devenu le symbole de l'« ignorance écologique », encouragée par la perversité démagogique de José Bové qui, lui, sait à quoi s'en tenir[1] Sans réécrire l'éternel argumentaire, résumons-le.

L'idée que la manipulation du génome puisse présenter quelque danger n'est pas idiote, *a priori*. On se reportera à l'article GÉNIE GÉNÉTIQUE où nous avons tenté d'expliquer cette peur légitime.

Mais l'idée que les OGM de maïs ou de peuplier puissent constituer une quelconque menace est aujourd'hui du domaine du fantasme. Il n'existe pas une seule évidence, jusqu'à présent, qui aille dans ce sens. On sait en revanche avec certitude que les OGM permettront demain de se passer d'insecticides – lesquels, eux, sont toxiques –. sans doute aussi de

1. Son père est membre de l'Académie d'agriculture.

réduire l'usage d'engrais, la consommation d'eau des plantes, etc. Combattre aujourd'hui les OGM sous le prétexte que ce n'est pas « naturel », c'est bloquer les progrès de l'agriculture pour les pays qui en ont le plus besoin. Ou plutôt, c'est exclure la France de ce domaine de recherches pratiquées dans le monde entier.

Prenons, pour fixer les idées, l'exemple du maïs transgénique. Suivant une technique désormais classique, pour protéger le maïs de l'action redoutable de la chenille du papillon Pyrale, on pulvérise par hélicoptère des insecticides. Les champs voisins en profitent évidemment aussi, surtout lorsqu'il y a du vent. Les producteurs de maïs ont introduit dans le génome du maïs un gène qui sécrète une partie de l'insecticide qui tue la Pyrale. Plus d'insecticide, plus de pulvérisation. Reste à savoir si le gène est toxique. On a étudié depuis longtemps la toxicité du produit tueur de Pyrale sans déceler aucune action sur l'homme. Par ailleurs, en ingérant le maïs, l'homme ne développe pas l'expression interne du gène ! Soma et germen sont deux composants des organismes totalement séparés.

On fait alors porter la critique ailleurs. Le maïs transgénique ne va-t-il pas « contaminer » toutes les plantes autour ? C'est oublier l'un des fondements de la biologie – qui sert d'ailleurs à définir l'espèce : la fécondation n'a lieu qu'entre individus de même espèce. Un pollen de maïs ne peut féconder ni les salades, ni les roses, ni même le blé, et comme il n'y a pas de maïs sauvage en Europe, l'environnement ne sera pas contaminé

D'ailleurs. il y a le gène terminator. N'a-t-il pas été conçu pour interdire la reproduction des plantes transgéniques et obliger les paysans à acheter les semences chez les grandes multinationales ? Le gène terminator, le mal nommé, a précisément pour fonction d'empêcher la dissémination des plantes transgéniques si elles s'avéraient dangereuses.

Et de toute manière, les paysans préfèrent acheter leurs semences, car leur efficacité est quatre fois supérieure à ce qu'ils obtiendraient par repiquage !

Dans le cas du maïs transgénique, les craintes ne sont donc fondées sur aucune donnée objective.

Doit-on pour autant conclure que tous les OGM agricoles sont par principe sans danger ? Nullement. Il ne faut pas passer d'un extrême à l'autre, basculer de l'émotion irraisonnée à l'optimisme béat et inconscient. Chaque expérimentation d'OGM doit être examinée en tant que telle, des précautions doivent être prises, des tests effectués. Il existe pour cela des comités d'experts, qui font leur travail avec cet objectif. Le danger, aujourd'hui, ne vient pas de l'agriculture ; il se situe au niveau militaire. Car il ne fait pas de doute que dans des laboratoires de recherche militaire, on cherche à fabriquer des OGM vecteurs de terribles maladies ou déclencheurs d'épidémies de virus effroyables. Mais de ceux-là, on ne parle pas ! C'est comme le nucléaire : on manifeste contre le nucléaire civil en oubliant l'effroyable danger que constitue l'arsenal nucléaire ! On manifeste contre les OGM des paysans en oubliant le danger du terrorisme biologique !

Les OGM se situent dans une longue tradition qui commence avec les premières cultures humaines. Dès les débuts, l'homme a croisé les plantes, les animaux, sélectionné des lignées, recroisé : bref, il a toujours fait des manipulations génétiques. Sauf qu'elles étaient plus lentes. Quant à la nature elle-même, avec les phénomènes de mutation et de reproduction sexuée, elle manipule les génomes depuis 3 milliards d'années ! Et elle n'a pas obtenu que des réussites. N'a-t-elle pas « inventé » les épidémies ? Attention au culte « païen » du naturel : c'est naturel, donc c'est bien, c'est artificiel, c'est dangereux.. Chaque chose doit être examinée sur ses seules propriétés, sans naïveté scientifique, sans opposition systématique.

Les OGM dûment contrôlés offrent, répétons-le, des espoirs considérables. Les plantes légumineuses fixent et assimilent l'azote de l'air (grâce aux bactéries fixatrices d'azote, les rhizobiums, qui développent des nodosités sur leurs racines). En revanche, de nombreuses plantes n'ont pas cette propriété, d'où l'usage d'engrais sous forme de nitrates. Il pourrait être intéressant de développer la technique des OGM qui assimilent l'azote de l'air et donc rendent inutiles les nitrates. On peut aussi penser à développer des plantes qui consomment peu d'eau et résistent à la sécheresse plus de six mois. D'obtenir des chênes qui poussent aussi vite que les peupliers. D'inclure tous les vaccins d'enfants dans la banane, etc.

En prenant toutes les précautions nécessaires, les OGM constituent une perspective extraordinaire pour l'avenir de l'humanité. A condition d'être vigilant – mais sans peur devant le progrès.

Oldham Richard Dixon (1858-1936)

Oldham est le fondateur de la sismologie.

En 1883, l'Anglais Milne avait affirmé que les ondes émises par un séisme peuvent être enregistrées en n'importe quel point de la Terre. En 1889, le 17 avril exactement, von Reben Pascwitz enregistre à Potsdam à l'aide d'un pendule très précis la vibration résultant du tremblement de terre qui avait eu lieu à Tokyo quelques heures auparavant. Frappé par cette découverte, Oldham, alors géologue au service géologique des Indes, construit un sismographe et entreprend d'enregistrer et d'étudier les séismes. A partir de 1897, il accumule les observations et commence à observer des régularités sur ces « gris-gris » trépidants que sont les sismogrammes

En 1900, il montre que tous les séismes émettent des ondes de divers types. Les ondes (P) qui arrivent les premières, les ondes (S) qui arrivent ensuite. Il suspecte que les ondes (P) sont des ondes de compression alors que les ondes (S) sont des ondes de « cisaillement » En 1906, il découvre l'existence d'un noyau solide au centre de la Terre. Puis il invente la méthode pour déterminer le foyer d'un séisme à partir des enregistrements en trois stations. En 1906, il publie l'article fondateur de la sismologie.

Son travail eût mérité le prix Nobel de physique. Malheureusement, son travail a eu lieu au moment de la révolution sur la structure de l'atome !

Ondes

La notion d'onde est sans doute l'une des plus intéressantes que les physiciens aient découvertes. L'onde, en effet, n'est pas une propagation de la matière, mais la propagation d'un mouvement. La matière ne fait que bouger sur place.

L'expérience traditionnelle consiste à prendre une corde, l'attacher à un bout, la tendre, puis lui imprimer une brusque impulsion. La corde se déforme, et l'on voit la déformation se propager. On dit qu'une onde se propage.

Chaque élément de la corde fait un mouvement de bas en haut, mais aucun mouvement latéral. Par contre, la déformation, elle, se déplace latéralement.

Dans ce cas précis, le déplacement de bas en haut puis de haut en bas, puis de bas en haut, qu'on appelle une « vibration », est perpendiculaire à la propagation, au déplacement.

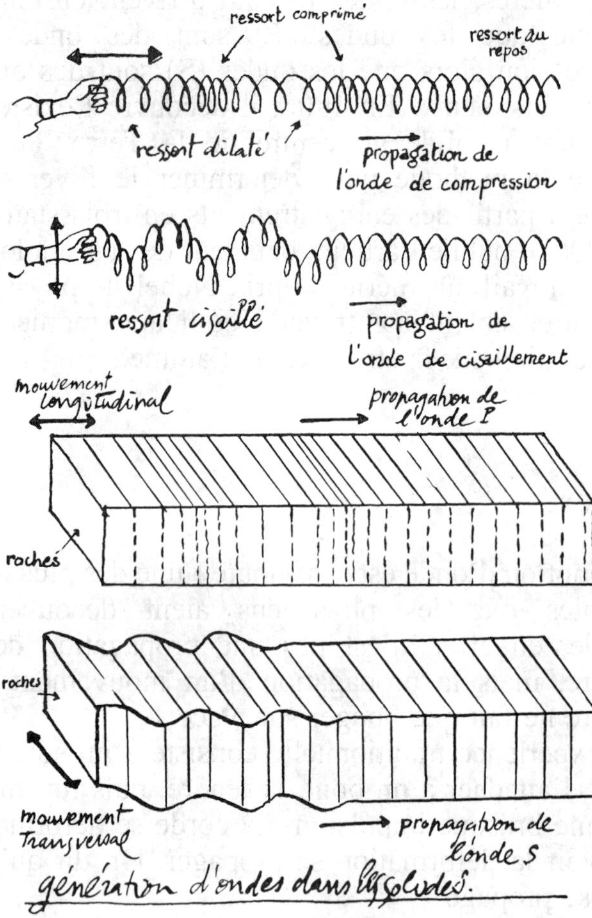

Dessin montrant la propagation d'ondes de compression (A), de cisaillement (B), d'après P. Bernard. Les ondes sismiques, P et S, sont de ces deux types.

Mais la vibration peut aussi se faire dans le même sens que le déplacement. Au lieu d'une corde, prenons un ressort. Fixons-le à un bout. Comprimons-le brusquement à l'autre bout : on verra la compression se déplacer (on dit se propager) le long du ressort.

On dit dans ce cas-là que la vibration, c'est-à-dire le mouvement de va-et-vient du ressort, est une vibration *longitudinale* (dans la direction de la longueur).

Encore une fois, ce n'est pas la matière qui se propage : la matière reste sur place dans un mouvement de va-et-vient. Cette idée que la secousse seule se propage se comprend bien si l'on prend l'exemple des séismes. Les séismes émettent des ondes, des vibrations, qui se propagent dans la Terre à la vitesse de 20 000 à 30 000 kilomètres/heure. Il est bien clair que lorsqu'on reçoit une vibration d'un séisme qui a eu lieu à 5 000 km, la matière n'a pas franchi cette distance en quinze minutes !

Parfois, les impressions sont trompeuses. Lorsqu'on observe les vagues près des côtes, en voyant l'eau déferler sur la plage, on a tendance à penser que l'onde est bien un déplacement fluide. En fait, le déplacement de matière n'a effectivement lieu que quand la vague se « brise » parce que la profondeur est trop basse. A ce moment précis, l'eau se déplace en effet latéralement pour échouer sur la plage.

Naturellement, cette vibration se propage avec une certaine vitesse que l'on mesure.

La plus célèbre des ondes se propageant grâce aux vibrations de matière est le son. Le son est une onde de matière. Il est plus rapide dans les solides que dans les gaz, car les atomes y sont plus proches et transmettent mieux leurs vibrations à leurs voisins. Dans l'air, la vitesse du son est de 300 mètres par seconde. Les ondes sismiques, émises par un tremblement de terre, sont des ondes de même nature que le son, mais beaucoup plus rapides.

A côté des ondes mécaniques, il existe une autre catégorie d'ondes, beaucoup plus mystérieuses quant à leur nature : les ondes électromagnétiques.

Ces ondes se propagent sans support matériel dans l'espace, mais aussi dans le vide. Mais alors, qu'est-ce qui vibre ? C'est une structure invisible de l'espace qu'on appelle le « champ électrique », à laquelle est associé un autre champ, le champ magnétique. Difficile à comprendre et à admettre, cette propagation invisible, sans support matériel concret ! Si difficile que pendant longtemps on a imaginé que l'espace était rempli d'une substance mystérieuse, servant de support à la propagation des ondes : l'éther. C'est Einstein, avec sa théorie de la relativité, qui mit fin à la croyance en l'éther. Le mystère de cette propagation n'a pas disparu pour autant.

La vibration électromagnétique la plus connue est la lumière. En prenant pour exemple la lumière, on peut dégager les propriétés fondamentales de ces vibrations électromagnétiques. Elles interagissent avec la matière ; ainsi, la lumière agit sur notre pupille et nous donne l'impression lumineuse. Elle agit également sur certains instruments qui mesurent son intensité. Plus simplement, elle transporte de l'énergie, et donc elle communique de cette énergie à la matière, qu'elle chauffe. Les rayons de soleil chauffent notre peau, lors même que nous sommes dans la neige par moins dix degrés. Les ondes de votre four à micro-ondes chauffent aussi la matière, assez efficacement...

Autres ondes électromagnétiques que vous connaissez : les ondes radio. Contrairement à ce que l'on croit parfois, elles ne transportent pas le son. Le son est transformé en onde électromagnétique et se trouve codé. L'onde électromagnétique se transporte et, au point d'arrivée, elle est retransformée en vibration mécanique – c'est-à-dire en son – grâce à un microphone.

Ondes électromagnétiques eux aussi, les rayons X traversent notre corps et échangent de l'énergie avec les diverses structures traversées. Du coup, lorsqu'on les fait réagir ensuite avec un écran fluorescent, l'image obtenue reflète les diverses interactions que ces ondes électromagnétiques ont eues avec les différents organes du corps.

Pourquoi ces ondes – lumineuses, radios, rayons X – dont nous venons d'affirmer qu'elles sont de même nature portent-elles des noms différents, et ont-elles des effets différents ?

Parce qu'elles diffèrent effectivement les unes des autres sur un point : leur fréquence de vibration. La fréquence, c'est le nombre de vibrations par seconde.

L'unité de vibration – une vibration par seconde – s'appelle le hertz, du nom du scientifique allemand Hertz qui, à la fin du XIXe siècle, a expérimentalement montré l'existence des ondes électromagnétiques. Celles-ci avaient été prévues théoriquement par un scientifique écossais très célèbre, James Clerck Maxwell, professeur à Cambridge.

La longueur d'onde est la distance parcourue par l'onde pendant une période ; la période est l'inverse de la fréquence – c'est le temps minimal au bout duquel le signal reprend la même forme, si l'onde est périodique.

En ce qui concerne les ondes électromagnétiques, leur vitesse de propagation dans le vide est constante et à peu près égale à 300 000 kilomètres par seconde.

Mais à partir de cette constante, il existe une grande variabilité dans les longueurs d'ondes et des fréquences associées.

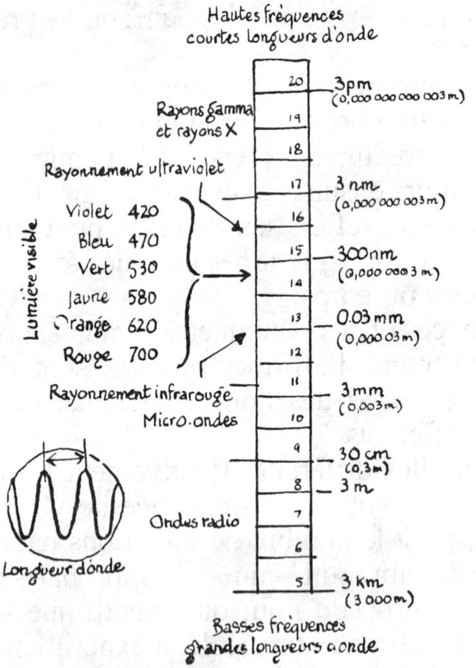

Nomenclature des ondes électromagnétiques.

Les rayons X ont de très petites longueurs d'onde : 10^{-15} mètres.

La lumière a une longueur d'onde de 10^{-6} mètres.

Une fréquence de 93,9 mégahertz correspond à une longueur d'onde de 3,19 mètres – c'est le domaine des ondes radios.

La mécanique quantique a donné une interprétation de la nature des ondes électromagnétiques. En fait, il s'agit d'une double nature : ce sont à la fois des ondes, des vibrations « immatérielles », et des paquets de particules, les photons, qui n'ont pas de masse (*voir* : MÉCANIQUE QUANTIQUE).

Comme on l'a dit, les ondes électromagnétiques interagissent avec la matière, ce qui ralentit leur vitesse. Mais pour qu'une interaction se produise, il faut que la longueur d'onde de l'onde électromagnétique soit du même ordre que la structure de la matière avec laquelle elle va réagir. Ainsi, les rayons X permettent d'étudier la structure des cristaux à l'échelle de l'angström ; à l'opposé, les ondes radio traversent les murs sans s'affaiblir car leurs longueurs d'onde sont très supérieures à l'épaisseur des murs. La différence de longueurs d'onde qui caractérisent les diverses couleurs de la lumière explique qu'elles traversent le verre à des vitesses différentes, que leur angle de réfraction soit différent, et donc finalement qu'on puisse décomposer la lumière blanche en ses couleurs à l'aide d'un prisme.

La vitesse des ondes électromagnétiques étant beaucoup plus grande que la vitesse du son, on peut tirer parti de cette différence dans de nombreux cas.

Ainsi, il est possible de prévenir par téléphone (onde électromagnétique) de l'arrivée d'un tsunami, qui est une onde mécanique se propageant dans la mer à 800 kilomètres/heure, et qui met donc 2 heures pour traverser l'océan Indien et 4 heures pour traverser le Pacifique.

Lorsque, par temps d'orage, vous « voyez » un éclair (c'est-à-dire le signal lumineux de la foudre) comptez les secondes : quand vous entendrez le tonnerre (c'est-à-dire le signal sonore de la foudre), vous n'aurez plus qu'à multiplier le nombre de secondes par 300 mètres pour connaître la distance où la foudre est tombée. Deux éclairs successifs vous permettront ainsi de savoir si la foudre se rapproche ou s'éloigne de vous !

Ordinateur

La révolution scientifique et technique de la seconde partie du XXe siècle est incontestablement le résultat de l'émergence de l'ordinateur. En sciences, l'ordinateur permet « tout », ou presque. Avec lui, on peut gérer les appareils scientifiques les plus compliqués, enregistrer les résultats, les dépouiller, faire les calculs correspondants, enregistrer en continu les données des satellites, celles des gros accélérateurs linéaires, etc. C'est aussi un instrument de calcul incomparable, évidemment. Il permet de faire en une journée des calculs qui auraient pris trois siècles à une escouade de mathématiciens.

L'ordinateur a ainsi donné naissance à une nouvelle méthode scientifique : l'expérimentation numérique. On imagine telle ou telle situation complexe impossible à reproduire en laboratoire – par exemple, le climat de la Terre, ou l'évolution de quatre populations animales interagissant, ou le mouvement exact des planètes, en tenant compte des interactions entre toutes les planètes, etc. On fait les calculs à l'aide des lois physiques connues, et on observe les résultats selon qu'on fait varier tel ou tel paramètre.

Ce type d'expérience a beau être moins féconde que l'expérience véritable, elle a l'immense mérite de permettre l'étude de phénomènes inaccessibles à l'expérimentation, en raison de leurs dimensions naturelles ou de leur complexité. Les phénomènes géologiques se sont déroulés sur des millions et milliards d'années, les phénomènes astronomiques se déploient sur des milliards d'années-lumière : comment les reproduire ? Impossible. Eh bien, avec l'ordinateur, on peut fabriquer des modèles et simuler leur comportement. L'ordinateur est l'une des clés de la science moderne !

Qui a inventé l'ordinateur ? Comment et quand s'est-il développé ?

En 1913, un ingénieur du MIT, Vannevar Bush, met au point un calculateur mécanique. Juste avant la Seconde Guerre mondiale, d'autres calculateurs sont inventés ici et là, par Zuse en Allemagne, Couffinal en France, Stibitz et Aiken aux Etats-Unis. Ces calculateurs sont électromagnétiques et fondés sur le code binaire.

Le grand saut va être effectué par John Atanassof, ingénieur américain d'origine bulgare. En 1939, l'ordinateur qu'il fabrique n'est pas électrique, mais électronique. Il fonctionne suivant le code binaire et contient déjà les structures d'un ordinateur moderne : mémoire, compilateur, opérateur.

Ce bijou de technologie va être ignoré de tous, jusqu'au moment où a lieu aux Etats-Unis un retentissant procès opposant deux sociétés pionnières qui essaient de développer des ordinateurs électroniques et s'accusent mutuellement de plagiat : Sperry Rand et Honeywell. Cette dernière société révèle que l'ordinateur construit par Sperry Rand est une copie de celui d'Atanassof et que le leur s'en est lui aussi inspiré. Appelé à témoigner au procès, Atanassof reçoit donc la juste paternité de l'ordinateur moderne. La guerre éclate. Les militaires américains et anglais vont utiliser des ordinateurs pour l'espionnage, puis, plus tard, pour fabriquer la bombe atomique.

En 1942, le mathématicien anglais Alan Turing réalise une seconde génération d'ordinateurs appelés

« Colossus ». Cet ordinateur va rapidement gagner ses lettres de noblesse, en permettant aux Alliés de « casser » le code secret allemand. Malheureusement, après la guerre, alors que Turing a acquis une avance considérable dans la conception des ordinateurs, il est condamné en 1952 pour homosexualité.

Les lois anglaises de cette époque étaient si stupides et barbares qu'il fut condamné par les tribunaux à être « stérilisé ». Turing, humilié, torturé, déprimé, atteint dans son intimité, se suicide en croquant une pomme empoisonnée[1]. Ce génie de l'informatique a subi un sort tragique en raison d'un obscurantisme comparable à celui dont furent victimes Averroès ou Galilée... trois cents ans plus tard ! Il faut le savoir.

Parallèlement, les Américains ne perdaient pas de temps. Pour les besoins du projet Manhattan à Los Alamos, ils ont fabriqué un ordinateur Colossus amélioré. Mais le succès a été limité. C'est en 1950 qu'ils vont réussir à mettre au point le premier « gros » ordinateur, l'Eniac II (*Electronic Numerical Integrator and Computer*). La paternité en revient à deux ingénieurs, John Mauchly et Prosper Eckert, et à un brillant mathématicien, John von Neumann. De cette association date la division désormais classique entre « hardware » et « sofware ». Le rôle de von Neumann va être déterminant. C'est lui qui va inventer les premiers codes, la première programmation. Plus important encore, il va avoir l'idée des diverses utilisations possibles de cet appareil que l'on qualifie tantôt d'ordinateur, tantôt de calculateur – ce qui souligne bien ses deux fonctions : d'une part stockage et classement d'informations, d'autre part calculs mathématiques.

1. Laurent Lemire, *Alan Turing : l'homme qui a croqué la pomme*, Hachette Littératures, 2004

A partir de là, dans divers pays vont se développer des recherches actives soutenues par diverses industries. Et va s'engager une bataille de principes : faut-il construire des ordinateurs à code binaire – ou, au contraire, des ordinateurs analogiques, c'est-à-dire reproduisant à l'aide de l'électronique les diverses courbes utiles au calcul ?

L'ordinateur binaire va l'emporter très vite pour deux raisons : la première est l'invention du transistor, la seconde est d'ordre économique. En effet, fabriquer un composant fondé sur le oui-non tolère une erreur de conception de plus ou moins 25 %. En revanche, un composant capable de prendre 10 valeurs différentes demande une précision de plus ou moins 2 %. C'est beaucoup plus cher ! Le code binaire l'a donc emporté. A partir de là, l'ordinateur s'est développé au même rythme que le transistor (*voir* : TRANSISTOR), avec, toutefois, une discontinuité fondamentale : l'invention par Apple de la souris, qui a permis le rapport direct homme-machine. Nous ne sommes plus loin aujourd'hui des machines commerciales à reconnaissance d'écriture et obéissant aux commandes vocales. Elles existent déjà à l'état de prototypes.

Où s'arrêtera-t-on ? Verrons-nous les ordinateurs communiquer directement avec notre cerveau ?

Oresme Nicolas (1320-1382)

Evêque de Lisieux, il fut aussi un savant, professeur à la Sorbonne. Nous le mentionnons parce qu'apparemment il avait compris la loi de la chute des corps avant Galilée. En tout cas, il eut le premier l'idée de tracer des graphiques représentant l'évolution d'une grandeur physique (position, vitesse, etc.) en fonction du temps, préalable indispensable aux progrès de la mécanique puis de la physique tout entière. Ces premiers graphes apparaissent dans son *Traité de la latitude des formes*.

Oresme avait aussi compris que la Terre tournait sur elle-même, opinion qu'il défendait avec les « nominalistes parisiens », notamment ses maîtres Buridan et Albert de Saxe. Son nom est inconnu ou presque aujourd'hui. Il mérite pourtant qu'on le considère comme l'un des pionniers du préscientifique.

Oxygène

C'est l'élément chimique n° 8 dans le tableau de Mendeleïev. Ses atomes ont donc 8 électrons dont 6 sur leur « couche » périphérique, capables d'interagir chimiquement. 4 sont regroupés en doublet, dont deux sont célibataires et peuvent se lier à d'autres atomes et former des composés chimiques, des molécules.

A l'état naturel, la molécule d'oxygène est O_2, plus exceptionnellement O_3 l'ozone.

L'oxygène a la propriété de s'unir facilement avec d'autres atomes pour les « oxyder » et donner naissance à des... « oxydes ». Oxydant le fer, il donne de la rouille, qui est donc un oxyde de fer. On trouve cela dans tous les cours de leçons de choses... Ou plutôt, on trouvait, car ils n'existent plus !

Cette propriété est particulièrement importante en ce qui concerne le carbone. L'oxygène est avide de carbone et forme avec lui, lorsque la réaction est complète, du gaz carbonique CO_2 [1] tout en dégageant beaucoup de chaleur. Cette liaison carbone-oxygène est une *combustion*. Lorsqu'on brûle du charbon, du bois ou du pétrole, on fabrique du gaz carbonique et on dégage de l'énergie qui va entretenir la flamme et permettre le chauffage (si la combustion est incomplète, il se forme du CO qui est un gaz très asphyxiant, c'est le danger des poêles mal réglés).

Mais lorsque les tissus vivants associent leur carbone avec l'oxygène transporté par le sang ou la sueur, c'est aussi une combustion ! Elle est plus lente et discrète, mais c'est elle qui va fournir l'énergie nécessaire aux êtres vivants. Les êtres vivants ont donc tous besoin d'oxygène, même les plantes vertes.

Arrêtons-nous un peu sur ces dernières, dont le rapport avec l'oxygène est très particulier. A l'aide d'une enzyme très particulière, la chlorophylle, et des

1. Plus rarement, il donne le composé CO, l'oxyde de carbone, qui est un gaz très toxique car il cherche à s'emparer de l'oxygène du sang pour se transformer en l'espèce chimique stable CO_2.

rayons lumineux, les plantes vertes cassent la molécule de gaz carbonique, assimilent le carbone pour fabriquer de la matière vivante et rejettent de l'oxygène. Ce sont des producteurs d'oxygène libre, on appelle ce processus la photosynthèse.

Mais même le jour, lorsque la photosynthèse a lieu, la plante verte respire aussi. De l'oxygène est produit, de l'oxygène est consommé. De jour, le bilan est positif pour le dégagement d'oxygène, la nuit c'est l'inverse ; le jour, la photosynthèse l'emporte sur la respiration, la nuit, en l'absence de lumière, la plante ne fait que respirer.

L'atmosphère terrestre contient 20 % d'oxygène. C'est le second élément après l'azote. Pourtant, cette situation ne date guère que de deux milliards d'années. Avant cette période, elle était composée de gaz carbonique CO_2 et d'azote.

Le gaz carbonique a disparu, enfoui dans les formations rocheuses sous forme de calcaire, CO_3Ca. L'oxygène, lui, est apparu comme produit de la photosynthèse des algues primitives. Il a atteint sa teneur actuelle il y a 600 millions d'années, puis il s'est établi un équilibre et, depuis, la teneur en oxygène de l'atmosphère est restée à peu près constante autour de 20 %.

Ce n'est qu'à partir de 2 milliards d'années qu'ont pu apparaître les animaux, qui ne peuvent assimiler le carbone de l'air et ont besoin d'oxygène pour obtenir de l'énergie (en brûlant leur carbone). Ce furent d'abord les herbivores, puis les carnivores, plus gourmands en énergie.

A partir de là, les continents sont devenus verts (végétaux) et rouges (oxydation du fer). L'oxygène a donc introduit une discontinuité dans l'histoire de la Terre.

Ce qu'on sait moins, c'est que l'oxygène est le constituant numéro un des pierres et de la Terre jusqu'à 2 900 kilomètres de profondeur. Les silicates, composants fondamentaux des roches, sont constitués par un empilement d'atomes d'oxygène entre lesquels se logent des « petits » atomes de silicium et de magnésium...

Nous vivons dans une oxysphère !

Ozone

L'ozone (O_3) est une molécule constituée par trois atomes d'oxygène. Ce qui est une sorte d'anomalie, car la molécule d'oxygène habituelle est faite de deux atomes d'oxygène, O_2. C'est donc une sorte d'« oxygène oxygéné ».

Jusqu'à il y a vingt ans, à part les spécialistes, personne ou presque ne se souciait de l'ozone. Depuis, l'ozone est devenu une préoccupation majeure pour l'humanité – non sans confusion. Car on mélange souvent la destruction de la fameuse couche d'ozone de l'Antarctique, située à 40 kilomètres d'altitude, et les alertes à l'ozone en période de chaleur – qui traduisent au contraire l'excès de teneur en ozone au sol.

Le bon sens citoyen s'interroge : « Alors, l'ozone, c'est bon ou c'est mauvais ? Pourquoi s'inquiète-t-on tantôt de sa destruction, tantôt de sa production ? » Y a-t-il trop ou pas assez d'ozone ? Il y a là deux problèmes à bien distinguer.

Dans l'atmosphère au sol, celle qu'on respire, l'ozone est toxique. Comme il s'agit d'un composé instable de l'oxygène, il a en effet tendance à libérer l'un de ses atomes d'oxygène et à oxyder n'importe quoi. En particulier la matière vivante... Oxyder veut dire détruire. N'oublions pas que brûler, c'est oxyder. L'ozone irrite nos yeux, nos muqueuses, nos poumons. Un excès d'ozone dans notre atmosphère de tous les jours, celle que nous respirons, est à éviter. C'est pourquoi il y a, l'été, des alertes à l'ozone. Pour quelle raison l'été ? Parce que cet ozone est fabriqué par des réactions chimiques complexes stimulées par le rayonnement solaire. On appelle ces réactions photochimiques. Elles sont produites à partir des gaz des voitures, donc principalement en ville, mais aussi dans les régions agricoles utilisant beaucoup d'engrais.

On fait bien de déclencher des alertes. Ce serait encore mieux si elles étaient préventives, ce qui est scientifiquement possible !

La couche d'ozone antarctique, c'est tout à fait autre chose. Cette couche est située à 35-45 kilomètres d'altitude. Qu'entend-on par « couche » ? Il s'agit d'un domaine où la concentration en ozone est de 8 parties par millions – alors que dans la basse atmosphère, elle est inférieure à la partie par million. Ça ne semble pas grand-chose. Cette couche joue pourtant un rôle essentiel pour les équilibres terrestres. Elle absorbe en effet les rayons ultraviolets du soleil.

Or cette absorption a une double conséquence.

D'abord, elle réchauffe la zone à 35-40 kilomètres d'altitude. Ce réchauffement crée une barrière entre d'une part l'air « du dessous », qui constitue la troposphère, le royaume de la météo, et d'autre part l'air « du dessus », à savoir la stratosphère, la haute atmosphère où l'air est stratifié. Sans couche d'ozone, cette division n'existerait pas. L'atmosphère serait sans doute brassée, mélangée.

Ensuite, elle protège les êtres vivants des rayons UV qui multiplieraient sans cela les mutations aussi bien que les cancers de la peau.

Or, dans les années 1980, les scientifiques constatèrent qu'au-dessus de l'Antarctique, la couche d'ozone s'amincissait. On disait alors qu'elle se déchirait. Il se trouve qu'en 1974, deux scientifiques américains, Sherley Rowlands et Mario Molina, avaient montré que des composés chlorés appelés CFC ou fréon détruisaient l'ozone en laboratoire. On ne mit pas longtemps à démontrer que c'étaient bien ces composés qui étaient la cause de la destruction de la couche d'ozone. Cela valut le prix Nobel de chimie à Rowlands et Molina.

Après un combat épique, on a finalement banni la fabrication des CFC alors utilisés dans les réfrigérateurs et les pulvérisateurs. Depuis, la couche d'ozone antarctique semble ne plus se déchirer !

C'était la grande saga de l'ozone...

G. Mégie, *L'Ozone, l'équilibre rompu*, CNRS, 1990 ; *Stratosphère et couche d'ozone*, Masson, 1992.

Pp

Paléomagnétisme

Chacun d'entre nous sait depuis William Gilbert que le champ magnétique qui règne à la surface de la Terre est l'équivalent du champ que créerait un immense aimant longiligne, situé vers le centre de la Terre et orienté nord-sud.

Ce qui est moins connu, c'est que l'intensité de cet aimant – l'intensité du champ magnétique – varie. Elle varie à l'échelle du jour, du mois, de l'année, du siècle, mais aussi à des échelles plus longues. De temps à autre, le champ magnétique change totalement d'orientation, il s'inverse. Oui, il s'inverse. Le pôle sud devient le pôle nord, et vice versa. La boussole perd le nord !

En est-on sûr ? Est-ce fréquent ? Comment sait-on cela ? Parce que le champ magnétique terrestre s'enregistre, se fossilise dans certaines roches qui en gardent la mémoire et enregistrent donc le champ magnétique passé, celui qui a existé pendant le passé géologique

Comment est-ce possible ? Parce que les roches contiennent des minéraux qui sont eux-mêmes de petits aimants : les magnétites. Or les aimants s'attirent. Ces magnétites subissent donc l'action du champ magnétique terrestre : leurs pôles sud sont attirés par le pôle nord terrestre, et vice versa. Lorsque les laves volcaniques cristallisent et se figent, les magnétites s'orientent suivant le champ magnétique du moment. Elles font de même lorsque, dispersées après l'érosion par les fleuves et les vents, elles se déposent au fond de la mer au cours de la sédimentation : elles s'orientent préférentiellement dans la direction du champ magnétique, puis lorsque la roche se forme, les orientations se figent.

Or en mesurant l'aimantation des roches qui se sont ainsi formées tout au long des temps géologiques et que l'on sait dater, on constate que le champ magnétique terrestre s'est inversé à diverses époques du passé avec une fréquence moyenne mais irrégulière de trois fois par million d'années.

Pourquoi ? Parce que le noyau terrestre, qui est la source du champ magnétique, a un comportement capricieux ! On a répertorié ces inversions, on les a datées, classées, et parce que leur fréquence est irrégulière, on dispose là d'un puissant moyen de datation géologique mais le paléomagnétisme va bien au-delà.

Les études des champs magnétiques anciens ont donné des résultats étonnants. Ainsi, en mesurant le champ magnétique fossile des laves volcaniques du Dekkan, province qui constitue le tiers de l'Inde, on s'est aperçu avec surprise que l'inclinaison du champ magnétique fossile sur le plan horizontal correspondait à celle qui existe aujourd'hui au niveau de Madagascar ! On a découvert ainsi que l'Inde avait parcouru 6 000 kilomètres vers le nord, entre 65 et

40 milliards d'années, pour entrer en collision avec l'Asie. C'est la dérive des continents, que le paléomagnétisme permet de mettre en évidence. Il permet d'étudier ce phénomène avec précision (*voir* : TECTONIQUE DES PLAQUES), notamment ce qui concerne la manière dont les continents se sont morcelés et rassemblés tout au long des temps géologiques.

Après ces découvertes éclatantes, le paléomagnétisme n'a fait que croître et embellir. Il est devenu une pierre angulaire des géosciences.

Peut-être les Français pourraient-ils se souvenir qu'en 1905, c'est un Français, Bernard Brunhes, qui découvrit les inversions du champ magnétique terrestre et fonda ainsi le paléomagnétisme.

Paléontologie

C'est la science qui étudie les fossiles, c'est-à-dire les restes d'êtres vivants ayant existé autrefois et que l'on trouve pétrifiés dans les roches – plus rarement dans l'ambre (insectes) ou dans la glace (mammouths).

La paléontologie dans son ensemble est une discipline passionnante, qui a permis de reconstruire l'évolution des formes vivantes au cours des temps géologiques. Mais pour exister, la paléontologie a besoin de fossiles ; or ces derniers sont rares. Les premiers fossiles existent depuis 660 millions d'années, dans les assemblages qu'on appelle les « formes de type Ediacara » (du nom local australien où elles ont été découvertes la première fois) (*voir* : EDIACARA). Avant cette date, les fossiles ne sont que des accumulations d'algues (stromatolithes) ou des signes assez énigmatiques. Toutefois, les premiers fossiles bien identifiés, aux formes bien définies dont on ne discute pas l'origine vivante datent de 540 millions d'années, la base du Cambrien (*voir* : BURGESS). Les plus abondants de ces fossiles sont les trilobites (*voir* : FOSSILES). La majorité des fossiles sont d'origine continentale. Il s'agissait d'animaux et de plantes qui vivaient les uns en milieu aquatique, les autres lacustres ou aériens, mais tous étaient sur les continents et ont été préservés avec eux. Quelques séries sédimentaires anciennes sont d'origine marine, mais de mers peu profondes à la bordure des continents.

Les reliques de la vie des grands océans que nous pouvons désormais trouver grâce aux forages océaniques datent seulement des derniers 200 millions d'années. Les fonds océaniques antérieurs à cette date sont en effet ré-engloutis dans le manteau.

Il en va des fossiles comme de l'écologie – mais cela est vrai à la puissance trois ou quatre : les espèces fossiles sont d'autant plus abondantes, donc faciles à trouver, qu'elles sont petites. En écologie, les « grosses bêtes » sont beaucoup plus rares que les petites ! Mais en paléontologie s'ajoute un autre facteur : les grosses bêtes sont plus facilement détruites – en tout cas leurs restes dispersés – que les petites. Autrement dit, lorsqu'on combine les deux conditions, il ne faut pas s'étonner que la paléontologie des « grosses bêtes » – dont l'homme fait partie – soit un exercice difficile car les reliques sont rares.

La grande lacune de la paléontologie, que soulignait déjà Darwin, est le caractère épars et aléatoire des vestiges. Il est rare que les espèces de transition, les mutants de première génération, soient conservés. L'étude de l'évolution à partir de cette discipline en est rendue souvent difficile, les données contenant beaucoup de blancs.

La paléontologie n'en fournit pas moins des contributions essentielles.

Le grand succès de la paléontologie moderne, c'est d'avoir permis de découvrir que la vie se développait par saccades, ponctuées de grandes catastrophes climatiques. Finalement, le nombre d'espèces sur Terre n'a pas augmenté continuellement depuis le cambrien. Pourquoi la vie, qui progressait cahin-caha depuis trois milliards d'années, a-t-elle brutalement explosé il y a 540 millions d'années ? Pourquoi, à cette époque, les principaux embranchements étaient-ils déjà présents ? Comment les espèces se sont-elles développées et pourquoi ont-elles de temps à autre été partiellement décimées ? Comment l'homme est-il apparu ?

Particules élémentaires

Aucun physicien ne niera que le fondateur de la physique des particules a été Ernest Rutherford.

Avec ses élèves, il a inauguré l'exploration de la matière d'une manière un peu brutale : en la cassant sous l'effet de collisions de particules. L'équipe de Rutherford utilisait des noyaux d'hélium (les rayons X) lancés à des énergies de quelques MeV (millions d'électronvolts) ; aujourd'hui, les énergies employées atteignent les cent milliards d'électronvolts (100 GeV). Mais le principe reste le même : on bombarde la matière à l'aide de projectiles lancés à grande vitesse ; sous l'impact, cette dernière se brise, et on examine les morceaux. Un peu comme un adolescent qui casse un réveil matin avec un marteau pour voir ce qu'il contient et comment il marche. La démarche des physiciens est à peu près aussi brutale, et pour reconstituer ensuite la structure et le fonctionnement interne de la matière, ils sont à peu près dans la même situation que l'adolescent devant le réveil brisé en mille morceaux.

Rutherford, lui, avait exploré la structure d'une feuille d'aluminium, découvrant le noyau atomique et l'existence du proton dans les noyaux. Quelques années plus tard, dans le même laboratoire, l'adjoint de Rutherford, James Chadwick, découvrit le neutron, de masse presque identique au proton mais électriquement neutre (*voir* : NEUTRON).

Dans le même temps, on montra que ce neutron n'était pas un proton dont la charge aurait été annulée par un électron, mais une particule à part entière, différente. On montra aussi qu'il n'y avait pas d'électrons dans le noyau, et que donc, lorsqu'un électron était émis lors de la radioactivité, c'était une création *ex nihilo* : un neutron se transformant en proton donne naissance à un électron qui est éjecté.

Pendant une longue période, on a donc considéré que la matière contenait trois particules élémentaires : le neutron et le proton, constituants essentiels du noyau, et l'électron, tournant autour d'un noyau et chargé négativement. Puis, petit à petit, on a commencé à penser qu'il y avait peut-être d'autres particules.

Energie d'un électron	Longueur d'onde
1 milliélectronvolt (meV)	39 nanomètres (nm)
1 électronvolt (eV)	1,2 nanomètre (nm)
1 kiloélectronvolt (keV)	39 picomètres (pm)
1 mégaélectronvolt (MeV)	0,88 picomètre (pm)
1 gigaélectronvolt (GeV)	1,2 femtomètre (fm)
1 téraélectronvolt (TeV)	0,001 femtomètre (fm)

En vertu du principe de correspondance de la mécanique quantique, chaque énergie correspond à une longueur d'onde. La réciproque est que, pour explorer des distances de plus en plus courtes, il faut dépenser plus d'énergie. Voici le tableau de correspondance pour un électron.

Paul Dirac, en faisant la théorie relativiste de l'électron, prédit qu'il devait exister une particule de même masse que l'électron, mais dont la charge électrique était inverse. En 1932, Carl Anderson découvrit cet électron positif, qu'on appelle positron, en examinant les effets produits par les rayons cosmiques dans la haute atmosphère.

Auparavant, en 1930, pour satisfaire la loi de la conservation de l'énergie lors d'une désintégration, Wolfgang Pauli avait « inventé » une particule sans masse (ou de masse presque nulle) ni charge qu'on baptisa le « neutrino » (*voir* : NEUTRINO).

Puis, en 1937, Carl Anderson intervint à nouveau et découvrit dans les rayons cosmiques une autre particule aux propriétés étranges : le muon.

Tout cela sans bien savoir comment ces particules se situaient dans la « zoologie » atomique.

C'est dans les années 1925-1930 que la mécanique quantique a acquis ses lettres de noblesse, en l'occurrence le statut de théorie pour étudier l'infiniment petit.

Après avoir expliqué l'atome et ses propriétés liées au comportement des électrons, les théoriciens commencèrent à s'intéresser au noyau atomique, en admettant que les mêmes outils devraient avoir la même efficacité.

Ils commencèrent à poser les questions essentielles. Quelles forces retenaient ensemble les composants du noyau ? Les protons étant chargés positivement devraient se repousser électriquement et faire exploser le noyau. Or cela ne se produit que s'il y a un trop grand déséquilibre entre le nombre de protons et le nombre de neutrons !

A partir de ce questionnement simple va s'écrire, surtout après la Seconde Guerre mondiale, un chapitre extraordinaire de l'histoire des sciences : l'exploration du noyau atomique. Une aventure dans laquelle expériences et théories vont se compléter admirablement. Car depuis Rutherford, les techniques expérimentales ont beaucoup évolué.

Les expériences vont se réaliser dans des laboratoires géants, constitués par des tunnels circulaires de plusieurs kilomètres de rayon, dans lesquels on lance les unes contre les autres des particules – protons, électrons, ou ions variés – à des vitesses proches de la vitesse de la lumière, enregistrant les résultats dans des appareils à la frontière des technologies les plus récentes. Les énergies mises en jeu sont considérables car comme le tableau l'indique, plus on veut voir petit plus il faut taper fort.

En regard vont se développer des théories de plus en plus élaborées intégrant mécanique quantique, électrodynamique et relativité dans un formalisme mathématique de plus en plus complexe.

Ce qu'il faut bien comprendre, c'est que, puisqu'on est dans le monde quantique, les particules sont aussi des ondes et obéissent au principe d'incertitude de Heisenberg. Mais comme on est également dans le domaine relativiste où masse et énergie se transforment l'une en l'autre, les liaisons entre les particules peuvent être décrites comme résultant d'un « champ d'interaction » (forte, faible) ou d'un échange de particules, en l'occurrence un type de bosons (ces particules « sauvages » qui n'obéissent pas au principe de Pauli). Du coup, on va découvrir un nombre considérable de particules et, faute de comprendre d'où elles sortent, on va chercher à les classer.

Rutherford avait dit : « En science, il n'y a que deux choses, la physique ou la collection de timbres », classant dans cette catégorie les sciences naturelles ! Il faut bien constater que la physique des particules élémentaires, dont il fut l'initiateur, ressemble par beaucoup de points à une collection de timbres ou à un herbier. L'activité principale des physiciens des particules a été de classer les particules comme Linné avait classé les plantes. Sauf qu'ils l'ont fait à grand renfort de techniques mathématiques très « sophistiquées » et de théories de plus en plus complexes mais la démarche est la même ; ayant cassé les noyaux menu, ils ont classé les morceaux !

Passons sur une aventure où la physique des hautes énergies a beaucoup tâtonné et où, pourtant, elle a accumulé les prix Nobel dont un scientifique extérieur à la discipline comme moi peut légitimement se demander s'ils étaient tous véritablement justifiés ! Venons-en à quelques résultats essentiels.

Aujourd'hui, il existe deux types de particules élémentaires, les **quarks** et les **leptons,** qui sont à la base de la classification des particules.

Il y a six types de quarks dont chacun a trois « couleurs ». Ce qui fait dix-huit quarks. Ces six quarks sont groupés par deux. Ils ont comme propriété essentielle de ne pas exister à l'état libre, ils n'existent que prisonniers au sein des hadrons, particules qui subissent l'interaction forte.

Les quarks sont donc les constituants des hadrons, dont on connaît des centaines, et qui sont eux-mêmes divisés en **baryons** et **mésons**. Les baryons sont formés de trois quarks ; les mésons, d'un quark et d'un anti-quark. Les plus célèbres des baryons sont le proton et le neutron.

Les leptons sont des particules plus légères. Il existe six leptons répartis en trois groupes ayant chacune son neutrino : neutrino électron, neutrino muon, neutrino tau. Il y a donc trois catégories de neutrinos.

Pour se lier entre elles, les particules échangent une particule ; lorsqu'elles brisent cette liaison, elles libèrent les particules. Ainsi, pour comprendre tel ou tel type d'association de particules, on fait la chasse aux autres particules, à celles qui assurent les liaisons : les **bosons**.

Après la chasse au boson W, la chasse au boson de Higgs est ouverte.

On commence à s'y perdre, et j'avoue que je retrouve la complexité rébarbative des catalogues de fossiles qu'on devait apprendre par cœur lorsque j'étudiais la géologie. On a beau me dire que derrière tout cela, il y a des théories puissantes et nouvelles, élégantes de symétrie, des lois de conservation subtiles et la perspective de l'unification des forces, on a beau me raconter que c'est la quintessence de la physique, je reste pour ma part, en tant que non spécialiste, un peu dubitatif.

Vu l'attirail mathématique extrêmement compliqué et difficile à maîtriser (l'Américain Steve Weinberg a écrit un livre d'enseignement sur l'électrodynamique quantique en deux volumes, chacun faisant six cents pages) pour aboutir à un véritable « zoo » de particules à l'arrivée, on peut avoir des doutes sur l'efficacité de l'entreprise – en tout cas, sur l'économie de pensée de la démarche

Toutes ces particules qu'on s'efforce de classer sont-elles réelles, ou s'agit-il d'artefacts produits dans les collisions gigantesques qui ont lieu au cœur des accélérateurs de particules ? Pour reprendre l'image de l'enfant qui casse le réveil, n'a-t-on pas fabriqué des particules qui ne sont créées que par l'expérience ?

Ces expériences très chères sont-elles utiles ?

On me répond oui. Les spécialistes me disent que cela permet de « décrire le big bang ». Laissons de côté ce qu'a de prétentieux le mot « décrire ». Mais est-ce une priorité de « décrire » *ex nihilo* le scénario du big bang ? Alors qu'on ne connaît même pas son âge (situé autour de 13 milliards d'années) avec précision ?

Je suis rassuré de lire que d'éminents physiciens théoriciens américains ont posé à peu près les mêmes questions, lorsque l'Amérique a envisagé de construire un immense accélérateur de particules au Texas. Le projet a d'ailleurs été abandonné.

J'en reviens à Rutherford : la physique, oui ; mais la collection de timbres m'intéresse moins.

Je vais plus loin, et je m'interroge.

Si la nature est aussi compliquée, faut-il l'étudier ? Surtout lorsque ces études se chiffrent en milliards de dollars... N'y a-t-il pas mieux à faire – même pour répondre aux questions posées ? Le fait que la communauté des physiciens des particules soit représentée par des scientifiques à l'intelligence remarquable – y compris dans le domaine de la publicité –, et qu'on ait accumulé une armée de prix Nobel sur ces sujets me paraît davantage relever des stratégies de composition du comité Nobel que d'une garantie absolue.

En tout cas, cela ne suffit pas à me convaincre qu'il y a des lois et des structures simples encore inconnues à découvrir. Je reste interrogatif et je le dis. Il y a tant à comprendre sur le fonctionnement des organismes vivants, du cerveau, de la Terre ou de l'univers, qu'il faut s'interroger sur le rapport résultats/coûts de la physique des particules.

Malgré tout, lorsque la vie m'a mis en situation de peser sur les orientations scientifiques, j'ai défendu les crédits du CERN de Genève. Pourquoi ? Parce que la physique des hautes énergies, même si on s'interroge sur ses résultats propres, continue à fournir des résultats collatéraux importants.

L'emblème est évidemment Internet – le web a été inventé par les chercheurs du CERN – mais c'est plus général que cela. La physique expérimentale a permis le développement d'une technologie exceptionnelle, et les cadres qui sont sortis du CERN pour occuper des postes dans l'industrie y ont joué des rôles importants, apportant tout l'esprit d'innovation et d'excellence technologique du CERN.

Sur le plan théorique, il en est de même. Diverses méthodes mathématiques originales (la plus connue des physiciens étant la technique dite du groupe de renormalisation) ont profité à toute la physique.

Et puis, même si j'ai des réserves sur les résultats obtenus, même si je suis agacé par le tam-tam médiatique organisé pour recueillir des fonds, je sais au fond de moi que le but poursuivi est l'un des grands buts de l'humanité : comprendre la matière.

Il faut juste dire à ces spécialistes qu'à l'avenir, leurs recherches devraient se poursuivre dans des limites budgétaires raisonnables, et ne pas mettre en péril toutes les autres disciplines scientifiques ! Les techniques spatiales ont réussi à réduire les coûts d'un facteur cinq ou dix. Pourquoi la physique des particules n'en ferait-elle pas autant ?

Pascal Blaise (1623-1662)

« La France, c'est l'Auvergne et quelque “chose” autour », disait Pascal. Ce Cermontois fier de l'être a sans doute été l'un des plus grands scientifiques de l'histoire de l'humanité. La légende dit que Blaise Pascal fut d'abord un libertin tout autant qu'un joueur invétéré, avant de devenir un savant éblouissant, enfin un penseur religieux et, pourrait-on dire, presque bigot. J'ai pendant longtemps eu des « réticences lacunaires » vis-à-vis de Pascal. J'avais été influencé par les jugements de Condorcet et de Valéry. Libertin ? Excellent joueur ? Passe encore. Croyant ? Acceptable. Mais bigot ? Difficile à associer à l'homme de science ! Et puis j'ai lu et j'ai découvert l'œuvre scientifique, et même la vie tout court, de Pascal. Je l'avoue, j'en fus ébloui.

Pascal fut un génie qui donna les premiers coups de pioche dans le domaine des mathématiques du hasard.

Il ne prononça le mot *probabilité* que dans les *Pensées*, mais il fut le fondateur du calcul des probabilités. Il contribua aussi à fonder ce qu'on appelle désormais la *combinatoire* et, indépendamment du calcul intégral, participa à en tracer le chemin. Mais ce qui retient toute notre attention, c'est sa contribution à la physique. On peut dire qu'il fut, après Archimède et son fameux principe, le créateur de la *statique des fluides.* C'est ainsi qu'en démontrant que la pression d'un fluide terrestre ne dépend que de la hauteur du fluide qui le surmonte, quelle que soit la direction, il expliqua avec clarté le fameux *principe d'Archimède.*

C'est lui encore, exploitant l'expérience de Torricelli, qui montra que *la pression atmosphérique varie avec l'altitude.* C'est lui enfin qui, après une interminable querelle, établit l'existence du *vide.*

Comme Archimède, dont l'œuvre présente beaucoup de similitudes avec la sienne, il fut aussi un ingénieur. Il inventa et même construisit la première *machine à calculer* ; il imagina le premier système de transport public à Paris : les *carrosses à cinq sols*, lesquels fonctionnèrent de 1662 à 1677, sur des lignes en étoile et une ligne de ceinture, comme seront organisées bien plus tard les premières lignes d'autobus.

Evidemment, les « rationalistes » lui reprocheront cette nuit du 23 novembre 1654 au cours de laquelle il fut touché par la foi, conversion que Condorcet qualifia de fanatique.

Je ne suis pas un spécialiste de la pensée religieuse, mais ce que j'ai appris me paraît suffisant pour réfuter l'idée d'un Pascal manichéen et simpliste, savant d'abord, fanatique religieux ensuite. Pascal est resté un esprit scientifique toute sa jeune vie – n'oublions pas qu'il meurt à trente-neuf ans alors qu'il travaillait à ses théorèmes sur les coniques. Ses écrits théologiques sont nourris d'expériences de pensée dont la logique s'inspire totalement de la méthode scientifique, à savoir fondée sur de solides observations. Même si certaines de ces expériences de pensée sont discutables.

Les procès faits par les rationalistes aux croyants ressemblent parfois, dans leurs excès mêmes, à ceux de l'Inquisition. C'est le travers dans lequel, me semble-t-il, est tombé Condorcet. Pascal, même dévot, reste un précurseur des Lumières.

Ses positions sur les relations entre foi et science me paraissent équilibrées. Il dit qu'il faut dissocier la science et la foi, que la foi ne peut procéder du raisonnement – comme on ne démontre pas l'existence de Dieu, non plus son inexistence. La foi doit être compatible avec le savoir et la raison. Pascal combat l'idée d'une tutelle de l'Eglise sur la science, attitude qu'il juge « tyrannique ». Janséniste, il discute, comme personne avant lui, la question de la prédestination et du libre arbitre, de la grâce et de la liberté, de l'inné et de l'acquis.

Tout cela me semble définir une attitude que l'on qualifierait aujourd'hui de progressiste, sûrement plus progressiste que celle des Jésuites qui, pourtant, étaient à cette époque l'aile marchante de l'Eglise dans la conquête du savoir.

Pascal me semble en tout cas être un scientifique d'une stature supérieure à Descartes qu'il jugeait *inutile et incertain.* Encore une opinion que je partage avec lui. Lisez Pascal et faites comme moi : éliminez vos préjugés.

Pasteur Louis (1822-1895)

Pasteur, le « saint laïque » comme on l'appelle. Peut-on en parler sans tomber dans la banalité ? Peut-on ne pas en parler sans risquer les foudres aussi bien « cocardières » que « pastoriennes ».

Héros de la République, Pasteur est un paradoxe de l'histoire car ses opinions politiques le poussaient à vénérer l'autorité, à estimer que les révolutions et les révoltes troublaient l'ordre public et que, finalement, l'Empire était la meilleure solution. Cet engagement, cette admiration même pour Napoléon III lui vaudra l'inimitié de l'autre « saint laïque » que fut Victor Hugo.

Pasteur fut pourtant sanctifié par la IIIe République. Il le fut de son vivant avec une célébration grandiose de son soixante-dixième anniversaire en 1892 en Sorbonne en présence du président de la République Sadi Carnot, il le fut dans sa mort avec des obsèques natio-

nales, comme Hugo, mais il le fut plus encore peut-être dans l'image d'Epinal qu'on a construit autour de cet homme symbole du savant pur produit de l'ascenseur social républicain. Fils de tanneur, petit-fils de serf, il a gravi tous les échelons de la réussite.

Normalien, professeur d'université, membre de l'Institut, mais aussi bourgeois aisé grâce à ses brevets et dit-on aux largesses impériales, rien ne lui a été refusé. Alors, bien sûr, sa carrière scientifique est éblouissante, même si, sans doute, on lui attribue plus de découvertes qu'il n'en a réellement faites lui-même. Mais le bilan est impressionnant.

Jeune chimiste, c'est lui qui résout la difficile question dite des racémiques et des acides tartriques droits et gauches (*voir* : SYMÉTRIE). Cette dissymétrie est peut-être l'une des clés de la vie comme le pensait Jacques Monod, lui-même ancien et glorieux pastorien.

Mais Pasteur, c'est bien sûr la découverte du rôle des microbes, ces minuscules êtres vivants qui sont transportés par l'air, sont invisibles à l'œil nu, se reproduisent vite et ont des effets considérables.

Son premier travail sur ce sujet sera sa célèbre polémique avec Félix-Archimède Pouchet sur la génération spontanée. Ceux qui trouvent que parfois les scientifiques d'aujourd'hui sont un peu rugueux et vifs dans leurs propos oraux ou écrits doivent se reporter aux débats entre Pasteur et Pouchet dont un certain nombre se trouvent dans les comptes rendus de l'Académie des sciences. Ils y découvriront ce qu'on peut qualifier de langage rude. Il est vrai que sur le fond M. Pouchet n'y allait pas de main-morte. Trouvant une souris dans un tas de linge propre, il concluait qu'elle y avait pris « spontanément » naissance ! Vous imaginez déjà les sarcasmes de Pasteur !

Bref, Pasteur montra que la génération spontanée n'existait pas et que le développement de microbes était la multiplication de souches transportées par le vent ou l'air.

A partir de là, il va s'intéresser à l'action des levures (qui sont, faut-il le rappeler, des champignons au sens biologique du terme). Il déclara faire ce travail sur la levure de bière par patriotisme, car les Allemands, qu'il n'aimait guère, fabriquaient une bière meilleure que la nôtre (n'est-ce pas toujours vrai ?). Il montra là les mécanismes de la fermentation des levures. Tout naturellement, il s'intéressa ensuite à la fabrication du vin. Tout cela lui procura des brevets qui améliorèrent sa situation financière. Il s'attaqua ensuite, à la demande de l'impératrice Eugénie, à la maladie des vers à soie et, là encore, identifia la source du mal.

Mais, bien sûr, sa gloire c'est la révolution qu'il introduisit en médecine, par sa théorisation de l'action pathogène des microbes (un mot inventé par un admirateur de Pasteur, Sedillot).

A partir de là, il va définir les méthodes et les procédures pour éviter les microbes et ce sera le début de l'hygiène et de la stérilisation des objets.

Et puis ensuite, bien sûr, ce sera la découverte et l'utilisation des vaccins.

Je ne sais pas quelle fut la part exacte de Pasteur lui-même dans tous ces développements. Il ne fait pas de doutes que Joseph Davaine, qui le premier en 1861 émit l'hypothèse de l'intervention des micro-organismes dans les maladies, que le médecin allemand Robert Koch, qui se disait disciple de Pasteur, mais qui lui fit une « concurrence » brillante (Koch le découvreur du bacille de Koch, l'agent de la tuberculose), que le vétérinaire Toussaint et ses propres élèves Chamberland et Roux ont joué des rôles importants dans l'explosion « pastorienne » de la microbiologie. Mais ce dont je suis certain, c'est qu'on doit à Pasteur deux contributions fondamentales qui ont joué un rôle central dans cette révolution : la première c'est d'avoir théoriser le rôle central des micro-organismes d'une manière générale (on sait aujourd'hui que ces micro-organismes sont tantôt des levures, tantôt des bactéries, tantôt des virus sur lesquels les précautions pastoriennes ne peuvent rien, pas plus d'ailleurs que les antibiotiques).

La seconde, c'est d'avoir développé et imposé par l'exemple la méthode expérimentale, avec observations et mesure, comme le fit en physiologie son contemporain et ami Claude Bernard.

Alors, bien sûr, il y eut surtout cette découverte qui illumine l'œuvre de Pasteur, l'invention des vaccins. Il va expérimenter sur le choléra des poules, le charbon des moutons avant de connaître le succès le plus extraordinaire sur la rage. Autrefois on apprenait à l'école primaire les épisodes fameux de la post-vaccination du petit Joseph Meister puis d'un jeune berger Jean-Baptiste Jupille et puis aussi, au milieu des succès qui s'additionnent, la mort de la jeune Louise Pelletier, traitée trop tard.

On a parfois écrit qu'aujourd'hui Pasteur aurait été poursuivi pour exercice illégal de la médecine. En fait, la loi sur l'exercice médical existait déjà, mais Pasteur s'associait lors de ses actions « humaines » avec des médecins patentés qui pratiquaient vaccinations ou prélèvements sanguins !

Le seul véritable échec qu'il ait connu, en dehors d'une candidature électorale dans le Gard, fut sa direction du secteur scientifique de l'Ecole normale supérieure.

Il avait été mis là pour encourager les normaliens à faire de la recherche et à devenir professeurs d'université.

Las, il s'y montra d'un autoritarisme féroce et un peu borné. On raconte qu'il interdisait aux normaliens de fumer (il était en avance sur son époque) et renvoyait de l'école les contrevenants ! qu'il exigeait que le lundi les normaliens mangent à la cantine du mouton aux haricots sous peine de sanction, etc.

Lorsque Sainte-Beuve dénonça l'interdiction dans les bibliothèques publiques des œuvres de Voltaire, de Rousseau et de Michelet considérées comme subversives, les élèves de l'Ecole normale appuyèrent cette protestation. Pasteur s'en offusqua et exclut même les plus actifs pour rebellion contre l'autorité.

C'en était trop ! Il fut lui-même démis de ses fonctions en quelques jours.

Mais que pèse cet échec en comparaison des millions de personnes sauvées grâce aux mesures d'hygiène, aux techniques de stérilisation – songez qu'à l'époque, comme le remarquait Claude Bernard, les chirurgiens se lavaient les mains après une intervention, pas avant ! – et, bien sûr, aux vaccins multiples qui seuls ont enrayé les terribles épidémies.

Et puis, Pasteur fut un défenseur extraordinaire de la science, et surtout de la science expérimentale. C'est lui qui installa le laboratoire au cœur de la démarche scientifique, qui plaida sans cesse auprès des autorités l'octroi de crédits pour la recherche et pour les universités.

Il créa l'Institut Pasteur avec le triple rôle de chercher, soigner et fabriquer des vaccins. Cet institut a joué un tel rôle dans le développement de la biologie française et mondiale que cette seule création aurait fait de Pasteur un géant de la science.

Sans ignorer les zones d'ombre, la patine élogieuse du temps, Pasteur est bien l'un des grands symboles de l'intelligence française. Je regrette de n'avoir pas réussi à mettre sa statue place de la Sorbonne avec celle de Victor Hugo à la place de celle d'Auguste Comte.

Annick Perrot, Maxime Schwartz, *Pasteur, des microbes au vaccin*, Casterman et Institut Pasteur, 1999.

Daniel Raichvarg, *Louis Pasteur : l'empire du microbe*, Gallimard, Découvertes Sciences et Techniques.

Patterson Clair (1922-1995)

Il fit toute sa carrière autour d'une seule technique : l'analyse des isotopes du plomb dans les objets naturels. Dans sa thèse, il fut le premier à déterminer l'âge de la Terre, aux environs de 4,55 milliards d'années. Il y expliqua également la manière dont les continents s'étaient développés, tout au long des temps géologiques.

En analysant les glaces du Groenland, il montra ensuite que la teneur en plomb augmentait très vite dans l'environnement depuis l'ère industrielle. Il fut à l'origine des lois qui, progressivement, interdisent le plomb dans l'essence, non sans avoir eu bien des difficultés.

Chercheur imaginatif, téméraire, il fit preuve dans sa carrière d'un courage remarquable. En 1955, alors qu'il venait de déterminer l'âge de la Terre, il fit une tournée dans les grandes villes des Etats-Unis pour exposer sa découverte. Il y rencontra une hostilité inouïe organisée par les Eglises protestantes. Celles-ci refusaient en effet l'âge scientifiquement déterminé et voulaient s'en tenir à l'âge biblique de quatre mille ans. Il fut menacé de mort. Il était vilipendé, menacé, bousculé. On lui conseilla d'interrompre sa tournée, il refusa.

Vingt ans plus tard, alors qu'il se battait pour faire interdire le plomb dans l'essence – se heurtant au puissant lobby de l'industrie du plomb qui « achetait » un à un les soi-disant experts –, on lui coupa ses crédits de recherche, on lui conseilla d'arrêter ses attaques et d'être plus discret. Il refusa net. L'université de Caltech, intelligente s'il en fut, lui permit de continuer, et il finit par gagner !

J'eus la chance de devenir son ami, bénéficiant d'une amitié chaleureuse et attentionnée, mais intransigeante sur un certain nombre de sujets scientifiques, donc l'« imbécillité » de certains médecins américains.

Pauling Linus (1901-1994)

C'est sans doute le chimiste le plus important et le plus célèbre du XXe siècle. Etudiant à Caltech, il travaille d'abord à déterminer les structures des composés chimiques et des minéraux à l'aide de la toute nouvelle technique d'alors, les rayons X, dont les maîtres sont à Cambridge et à Zurich.

Lorsque arrive la révolution de la mécanique quantique, il comprend très vite son importance pour la chimie. Il sait que la révolution vient d'Europe, il sait qu'elle se répand chez les physiciens. Alors, Pauling vient voir ce qui se passe chez les physiciens européens.

Il commence par travailler à Munich, chez Arnold Sommerfeld, où il côtoie Heisenberg et Pauli. Munich est le cœur de la révolution. Pauling va s'y imprégner de cette nouvelle approche, de cette mécanique réglant l'infiniment petit et qu'on appelle « quantique ». Ensuite, il passe par Göttingen et Copenhague, où il fréquente – trop peu à son goût – Bohr et Max Born. Puis il revient aux Etats-Unis, avec l'idée d'expliquer la chimie en se fondant sur les idées nouvelles. Car s'il est vrai que les physiciens ont compris l'atome, pour eux les molécules ne sont que des assemblages d'atomes. D'ailleurs, Bohr leur a indiqué le chemin, car son troisième article de 1913 traite des molécules.

Alors que la physique est faite de principes, de simplifications, d'unifications, la chimie, elle, est faite de subtilité, de diversité, de complexité et d'expérience. Et c'est là le génie de Pauling : il va non pas *appliquer*, mais *adapter* la mécanique quantique à la chimie. Tenant compte des faits d'observations que la chimie a accumulés, il va développer une approche faite de calculs simples, de principes de symétrie et de quelques idées nouvelles.

Il va ainsi inventer de nouveaux principes, les plus célèbres étant l'hybridation des orbitales atomiques et la mésomérie, qui permettent de décrire la structure électronique des molécules et, dans une certaine mesure, de prévoir leurs réactions. Il recevra pour cela le prix Nobel de chimie en 1954. D'autres chimistes américains continueront dans ce sens, mais il est le pionnier, celui qui a ouvert le sillon.

Pauling théorise ensuite le concept de liaison chimique. Il écrit un livre d'enseignement qui va donner à la chimie américaine un avantage décisif. On ne dira jamais assez le rôle décisif que jouent les bons manuels non seulement dans l'enseignement, mais dans la recherche, surtout aux périodes où émergent de nouveaux savoirs. De jeunes esprits vierges assimilent les nouvelles théories et peuvent à leur tour inventer, sans être inutilement encombrés de notions obsolètes. Les livres de Pauling seront la bible de l'enseignement universitaire de la chimie aux Etats-Unis. Ils seront traduits en France beaucoup trop tard, à une époque (les années 50) où certains professeurs de chimie contestaient encore la notion d'atomes – j'en suis témoin !

Et puis, Pauling comprend que le nouveau domaine à conquérir, pour la chimie, est la biologie. Collègue de Max Delbrück à Caltech, il fait partie des pionniers de la biologie moléculaire. Sa technicité en rayons X va lui permettre rapidement d'étudier les structures des composés biologiques en concurrence avec Cambridge. Avec son équipe, il détermine les structures de protéines importantes. Il propose les célèbres structures en hélices et en feuillets, très répandues parmi les protéines, et qui assurent leur fonctionnement.

C'est lui, encore, qui a l'idée d'une structure en forme d'hélice pour l'ADN (mais une hélice simple, pas encore la double hélice !). A cette époque, il est toujours à Caltech.

Parallèlement, Pauling s'investit avec passion dans l'actualité politique de son pays : on le voit s'engager contre l'expérimentation nucléaire et la mise au point de la bombe H, et prendre violemment parti contre McCarthy. Il rassemble de nombreux scientifiques américains. Immédiatement, les ennuis se multiplient, d'abord avec les militaires, puis avec le gouvernement américain qui le prive pour un temps de passeport. Le président de Caltech lui conseille la modération. Outragé, Pauling quitte cette université et émigre à Berkeley, en Californie – intransigeance oblige.

Il reçoit le prix Nobel de la paix en 1962. Quelques années plus tard, Américains et Russes décident d'arrêter les expériences nucléaires.

Linus Pauling va continuer son travail biologique, se passionnant cette fois pour la vitamine C, d'après lui médicament universel, dont il consomme 100 grammes par jour !

Il mourra à l'âge de 93 ans, attribuant sa longévite à la vitamine C.

Pèlerin de Maricourt Pierre (XIIIe siècle)

Pierre Pèlerin de Maricourt écrivit son *Epistola de magnete* en 1269, alors qu'officier du génie il participait dans l'armée de Charles d'Anjou au siège de la ville italienne de Luceria. Cette lettre était adressée à un gentilhomme picard, Siger de Foucancourt. On ne sait presque rien d'autre de lui. Il est possible qu'il ait rencontré Roger Bacon à Paris.

Cette lettre est si étonnante qu'Erwin Panofsky place Pèlerin de Maricourt en tête de sa liste de savants les plus notables du Moyen Age. On y trouve en effet une théorie de l'aimant qui ne sera surpassée que trois cent trente ans plus tard par le célèbre W. Gilbert, qui ne rend pas assez justice à Pèlerin pour les emprunts qu'il lui faits.

Pèlerin décrit d'abord la pierre d'aimant, et donne les critères qui permettent de reconnaître une pierre d'aimantation uniforme. Il découpe une sphère dans une bonne pierre d'aimant et étudie, à l'aide d'une aiguille aimantée, la force magnétique à la surface de cette *terrella.* Cela, trois cent trente ans avant Gilbert ! Il définit les méridiens magnétiques, ainsi que les pôles magnétiques où ils concourent. Il découvre que la force magnétique est verticale, et plus grande, aux pôles. Il est donc près d'avoir compris la notion de ligne de force. Il discute la manière d'aimanter une aiguille, un barreau, donne le nom de pôle nord à celui des pôles de l'aiguille, ou de la *terrella*, qui se dirige vers le nord géographique. Il ajoute que l'aiguille ne se dirige pas vers l'étoile polaire, mais vers le vrai pôle du ciel. Il avance une théorie de l'aimantation de la pierre d'aimant : « On doit supposer qu'une force pénètre les pôles de la pierre, venant non seulement de la partie nord, mais de la partie sud du monde... »

Il fait aussi une remarquable étude des propriétés des aimants brisés.

Mais bien qu'il ait construit une *terrella*, bien qu'il ait observé l'inclinaison de l'aiguille à la surface de celle-ci, il ne franchit pas le pas décisif : il ne comprend pas que la Terre elle-même est un grand aimant. Pour lui, la force qui oriente l'aiguille aimantée a son origine dans le ciel. C'est Gilbert qui fera le pas décisif dans cette direction.

La lettre de Pèlerin n'a pas été écrite à une époque où l'on ignorait tout de ces questions. Il mérite cependant d'être considéré comme le fondateur du magnétisme. Il le mérite d'autant plus qu'en pleine mode de l'orthodoxie aristotélicienne, il a plaidé pour une physique de l'expérience, qu'il a magnifiquement illustrée.

Pendule de Foucault

Deux cents ans après Galilée, en 1851, Léon Foucault a réalisé une expérience fondamentale démontrant que la Terre tournait sur elle-même.

Soit un pendule qui oscille. Foucault fait le postulat suivant : du moment que la masse du pendule n'est attirée que par la masse de la Terre concentrée en son centre (un théorème démontré par Newton puis redémontré par Gauss), le plan dans lequel oscille le pendule reste fixe. Mais la Terre tourne sur elle-même. Donc, si on trouve moyen de marquer au sol la trace du passage du pendule, on doit voir la trace tourner.

Foucault réalise son expérience en dessinant au sol un cercle constitué d'une crête de sable. A la verticale du centre du cercle, il suspend le pendule au dôme du Panthéon. Il constate que la trace laissée par le pendule en traversant le monticule de sable tourne au fur et à mesure que se déroule le jour.

En fait, pour que l'expérience soit totalement probante, il faudrait la réaliser au pôle nord. La trace du pendule tournerait alors en exactement vingt-quatre heures. Au Panthéon, l'explication est plus compliquée car il faut tenir compte du fait que le repère terrestre en rotation n'est pas un repère fixe, inertiel comme on dit dans le jargon de la physique.

On peut se poser une question : pourquoi Galilée, expert en pendule, et cherchant à démontrer la rotation de la Terre, n'a-t-il pas réalisé cette expérience ? Pourquoi a-t-il fallu attendre deux cents ans ?

La raison est que Galilée croyait que la Terre en rotation était un repère d'inertie et que le plan du pendule allait tourner comme la Terre. Encore prisonnier des conceptions antiques, Galilée pensait qu'un mouvement circulaire est parfait et n'a donc pas besoin qu'une force s'exerce pour se maintenir.

C'est Newton qui, le premier, va comprendre la différence fondamentale en matière de repère d'inertie entre un mouvement de translation uniforme et un mouvement de rotation uniforme.

L'un est un repère d'inertie et pas l'autre ! Un corps lancé en ligne droite à vitesse constante continuera éternellement son mouvement, en l'absence de toute force.

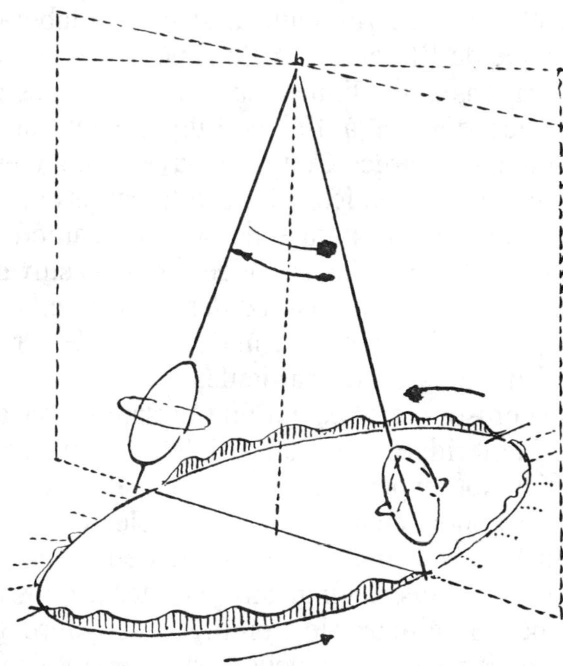

Pendule de Foucault.
Le pendule oscille dans un plan fixe. La Terre tourne de l'occident à l'orient. Donc, si on a mis au sol un cercle de tas de sable, les tas sont étalés au fur et à mesure du temps.

Michel Rival, *Les Grandes Expériences scientifiques*, Seuil, 1996.

Perrin Jean (1870-1942)

Ce grand physicien français, dont l'œuvre et l'influence furent en son temps considérables, est un peu oublié aujourd'hui.

En 1895, Jean Perrin, jeune assistant au laboratoire de physique de l'Ecole normale supérieure, démontre que les rayons cathodiques sont des particules chargées en les déviant à l'aide d'un aimant, puis en mesurant leur charge. Cette découverte était essentielle à un moment où les savants allemands et anglais se disputaient sur la nature des rayons cathodiques. Les Allemands défendaient l'idée d'ondes, suivant en cela la découverte par Hertz des ondes radio ; les Anglais, eux, s'en tenaient à l'opinion de Crookes pour qui il s'agissait de particules.

J. J. Thomson, le directeur du puissant labo Cavendish de Cambridge, avait lu l'article de Jean Perrin. Il reproduisit son expérience et, après quelques calculs, estima le rapport charge/masse de l'électron. Ce qui lui valut le prix Nobel en 1906. Heureusement, Jean Perrin l'obtint aussi, vingt ans plus tard, pour avoir déterminé par ailleurs le nombre d'avogadro grâce à une expérience astucieuse sur le mouvement brownien.

Jean Perrin ne fut pas seulement l'auteur de ces deux découvertes : il eut le courage d'écrire un magnifique livre sur les atomes au moment où la majorité des chimistes refusaient encore ce concept. Ensuite, il fonda ce qu'on appelle la chimie-physique, qui contribua à faire davantage pénétrer les idées et méthodes de la physique en chimie.

Il mourut à New York ou il s'était réfugié pendant la guerre.

Jean PERRIN, *Les Atomes,* Flammarion, 1991.

Pétrole

Le pétrole est un liquide organique naturel dont l'exploitation a permis la seconde révolution industrielle mondiale, liée à l'essor de l'automobile. Il se forme dans les milieux géologiques par une macération de matière organique enfouie dans le sous-sol pendant des millions d'années.

Ce liquide organique, souvent associé avec un gaz organique contenant principalement du méthane, se trouve dans des roches poreuses engagées dans des structures géologiques qui constituent un piège structural.

Cette association roche poreuse-piège de structure constitue le réservoir. En général, le pétrole ne s'est pas formé directement dans le réservoir, mais dans d'autres roches dites roches-mères. Il a ensuite migré, avant d'être piégé dans le réservoir. L'ensemble de ces processus se déroule dans les bassins sédimentaires.

Le pétrole s'exploite, comme chacun sait, à l'aide de forages. Le premier forage a été réalisé par le fameux colonel Drake en 1859 à Titusville (Pennsylvanie).

Ce qu'on sait moins, c'est que les Chinois avaient déjà inventé le forage, il y a plus de mille ans, à l'aide de tiges de bambous. Ils avaient foré à 1 100 mètres et trouvé du pétrole qu'ils utilisèrent pour... faire des feux d'artifice ! En l'absence de technologie des moteurs, ils n'avaient pas su l'exploiter économiquement. Dès lors qu'il n'y a ni automobile, ni électricité, ni pétrochimie, à quoi peut servir le pétrole ?

Aujourd'hui, il n'est quasiment utilisé que pour les moteurs à explosion et encore un peu pour les centrales électriques.

Comment réalise-t-on un forage ?

Dans une vision traditionnelle, le forage est un trou cylindrique vertical, dont la profondeur peut atteindre une dizaine de kilomètres. De nos jours, le forage est une opération complexe dans laquelle on peut orienter le « trou » comme on veut, le faire tourner, serpenter, creuser horizontalement, etc.

Le forage coûtant cher, les compagnies pétrolières ne veulent forer qu'à coup sûr. On a donc développé toute une panoplie de techniques géophysiques de prospection. Celles qui ont le plus progressé sont les techniques sismiques. On émet des ondes acoustiques dans le sol ou à la surface de la mer et, à partir de l'étude de leur réception, on reconstruit des images du sous-sol. La médecine ne procède pas autrement, avec les ultrasons de l'échographie. Grâce à l'utilisation de l'informatique, on peut aujourd'hui réellement imaginer le sous-sol.

On sait aussi où aller prospecter le pétrole. Les régions concernées sont les zones côtières, celles qui, à telle ou telle époque, ont connu un climat intertropical, celles où, la productivité végétale étant forte, la « matière première » future a pu s'accumuler. Dérive des continents aidant, la majorité des grands bassins sédimentaires et des marges continentales ont une potentialité pétrolière. Le bassin de Paris n'a pas dit son dernier mot, l'immense bassin de Taoudeni en Afrique de l'Ouest, le plus grand bassin du monde, n'a pas été exploré ; l'exploitation de l'Indonésie a à peine commencé... Tout cela nous laisse quelques espoirs... et quelque répit.

Mais c'est dans les grands deltas que nos espoirs de découvrir de nouveaux champs pétroliers sont les plus fondés. Situés dans les zones climatiques chaudes, ces deltas des grands fleuves, qui existent depuis des millions d'années, constituent des champs pétroliers d'une richesse extraordinaire. Le golfe du Mexique – delta du Mississippi –, l'Angola, le Zaïre, le Nigeria, le Venezuela, les deltas du Congo, du Niger, de l'Orénoque sont extrêmement prometteurs. D'autres le sont tout autant, et n'ont pas encore été véritablement explorés, à commencer par le plus grand de tous : l'Amazone. Là encore, les perspectives de réserves ne manquent pas.

Le troisième espoir est d'un autre ordre. Nous n'avons extrait que 50 % du pétrole qui existe en profondeur dans les champs exploités, en raison, notamment, des difficultés d'extraction. Le pétrole, en effet, n'est pas stocké dans des poches, comme on le décrit ordinairement : il imprègne des roches poreuses. Or pour extraire ce pétrole des roches poreuses, il faut le « pousser » à l'aide d'injections d'eau ou de gaz (certains pensent pouvoir stocker le gaz carbonique de cette manière). On essaie aussi de fracturer les roches pour favoriser l'évacuation, certains mettent le feu en profondeur pour que le pétrole, fluidifié par l'augmentation de température, soit poussé par la pression de gaz. On peut attendre beaucoup des progrès à venir pour la récupération du pétrole.

Pour terminer, un mot tout de même sur les coûts.

Le baril de brut se vend 100 dollars à Amsterdam... On nous explique que cette augmentation est due à la situation en Irak, aux difficultés de la société russe Ioukos et aux ennemis du président Chavez au Venezuela. Comment ne pas s'interroger, quand on connaît les prix de revient du baril : 3 dollars en Arabie, 6 au Mexique, 11 en mer du Nord ! Calculez donc les bénéfices des compagnies pétrolières...

Pourtant, une chose est claire : si on ne réduit pas d'une manière radicale la consommation de pétrole, en particulier pour les véhicules, nous en manquerons dans moins de trente ans. La Chine, l'Inde, la Corée, le Brésil, l'Indonésie se développent, et ces pays veulent du pétrole !

Philosophie (des sciences)

Les sciences et la philosophie sont comme un vieux couple qui, après de nombreuses années de vie commune, se serait séparé graduellement, au préjudice des deux. Car soyons clair : la philosophie coupée de la science, c'est-à-dire des connaissances contemporaines sur la nature, les origines, les mécanismes du cerveau, le fonctionnement de la vie, est un fruit sec répétant les mêmes antiennes. Mais la science coupée de la philosophie s'enfonce, elle, dans une mécanique opérationnelle et formelle qui l'éloigne petit à petit de ses perspectives transcendantales, le terme ultime étant le scientisme, suivant lequel la science se suffit à elle-même.

Tous les philosophes grecs étaient à la fois des scientifiques et des philosophes : Démocrite et Leucitte, Pythagore, Euclide, Platon et Aristote, Ptolémée et bien d'autres. On ne concevait pas de disserter sur le monde sans le connaître, pas plus qu'on n'aurait accepté de découvrir les lois du monde sans réfléchir et disserter sur leurs significations et les replacer dans le cadre de la pensée humaine. Du temps de Galilée, la science s'appelait philosophie naturelle, et lorsque Galilée quitta Padoue pour Florence, il insista pour que son titre soit « philosophe et mathématicien du grand-duc de Toscane ». Ses contemporains Descartes, Pascal ou Gassendi étaient philosophes et scientifiques à la fois. Dans la génération suivante, celle des Newton et Leibniz, la philosophie était toujours nourrie par la science. Et ce fut le cas pratiquement jusqu'à Kant – qui, ne l'oublions pas, est l'auteur d'une théorie sur l'origine du système solaire, dont certains fondements sont encore pertinents aujourd'hui. Voltaire lui-même fut l'un des grands défenseurs des théories de Newton en France, alors que l'Académie des sciences se raccrochait encore aux tourbillons de Descartes. Autour de la courageuse Emilie du Châtelet, traductrice de Newton, s'était formé un cercle de philosophes étudiant la science.

Puis cette tradition de lier philosophie et science s'est peu à peu effilochée.

Pourtant, en France, dans les années d'après guerre, on ne pouvait se présenter à l'agrégation de philosophie si l'on n'avait pas obtenu au moins un certificat universitaire de sciences. Et Bachelard et Canguilhem furent d'illustres représentants de cette alliance entre science et philosophie. Et il est vrai que dans la période récente, des philosophes des sciences ont pleinement intégré les deux approches dans leurs réflexions.

On pense évidemment à Karl Popper ou à Thomas Kuhn. Mais l'un comme l'autre sont devenus des spécialistes de la philosophie des sciences, des épistémologues, des théoriciens de la marche de la science. On connaît leurs concepts clés, celui de « falsification » pour l'un (« toute théorie qui n'est pas falsifiable n'existe pas »), celui de succession de « paradigmes » pour l'autre (« la science est une succession d'épisodes d'où émerge un nouveau paradigme qui alterne avec la période où on le développe et où on l'exploite »). On ne peut pas dire, en revanche, qu'ils aient ni éclairé ni influencé la réflexion philosophique sur la nature, comme leurs prédécesseurs.

Ceux qui ont le mieux tenté de le faire sont sans doute, en France, Michel Serres et Dominique Lecourt. Chacun, au demeurant, dans un style très différent. L'un comme l'autre cherchent à intégrer le résultat des sciences dans une philosophie globale.

A ces quelques exceptions près, la philosophie s'est détachée des sciences et de la réflexion sur la nature. C'est Husserl qui a sans doute fait le premier pas dans cette dissociation, tout en marquant la supériorité de la philosophie. Heidegger, lui, a été encore bien plus loin. Il est sans nul doute le philosophe le plus détesté chez les scientifiques.

D'autant plus que beaucoup de scientifiques lui reprochent ses engagements politiques. On connaît la phrase de Martin Heidegger : « La science ne pense pas ! » Il voulait dire par là que la démarche scientifique ne correspondait pas à sa définition de la pensée qui est celle de la distinction de l'être et des étants. Définition bien restrictive on l'avouera ! Lorsqu'on devient un partisan de l'idéologie nazie en 1933, qu'on ne l'abandonnera jamais, a-t-on le droit de décider qui pense ou pas et comment il faut penser ? Je ne crois pas pour ma part à la schizophrénie de l'intellectuel.

Pourtant, Heidegger a été le maître à penser de ces générations de philosophes, qui comme lui négligèrent, voire méprisèrent la science.

Certains, philosophes « d'origine », ont senti le danger de la réflexion sans substrat de nouveaux savoirs, sans apport de sang neuf, et se sont orientés autrement.

Ceux-là, comme Claude Lévi-Strauss, Raymond Aron, Pierre Bourdieu ou Jean-Pierre Vernant, ont ancré leurs réflexions philosophiques dans les progrès de ce qu'ils ont considéré comme de nouvelles sciences, les sciences humaines, que j'appelle les « humanités », dans un sens qui n'est pas celui de la tradition scolaire. Et quand je parle de « réflexions philosophiques », je pèse mes mots : n'est-ce pas Lévi-Strauss qui fut le porte-drapeau d'un mouvement de pensée aspirant à transcender toutes les activités intellectuelles – le structuralisme ?

En cela, ils ne faisaient que suivre les fondateurs de l'économie comme Adam Smith, John Stuart Mills, Jean-Baptiste Say, sans parler de Karl Marx ou même de Keynes, qui étaient aussi des philosophes et se revendiquaient comme tels.

Le mépris de beaucoup de philosophes pour les sciences humaines ne fait que traduire leur rejet de cette démarche qu'ils considèrent comme une trahison. Après tout, cette démarche a sa légitimité ; plutôt que dans la tradition occidentale, qui a inventé le progrès, elle se situe davantage dans la lignée des philosophes chinois qui, après Confucius, ont toujours considéré que la philosophie devait être tournée vers le bien-être et l'harmonie de la société, sans guère se soucier de l'exploration des lois de la nature.

Les scientifiques, quant à eux, ont certes tenté quelques incursions dans le domaine de la philosophie. Schrödinger, Wigner ou Bohr ont réfléchi sur la signification profonde de la mécanique quantique – y a-t-il une limite à ce que l'homme peut connaître, le monde est-il déterministe ou gouverné par le hasard, etc. –, Jacques Monod, Francis Crick ou Peter Medawar ont cherché à prolonger les enseignements de la biologie moderne... Mais je vois plutôt dans leurs réflexions de la philosophie pour scientifiques (ce n'est pas négatif !). La synthèse des connaissances actuelles en tous domaines reste à faire. Sans doute faudrait-il introduire un peu de philosophie dans les enseignements scientifiques, pour inciter les scientifiques à sortir de leur « prison opérationnelle » et à se former à la réflexion philosophique.

Nul doute qu'il y ait chez l'homme des caractères éternels. L'intelligence des Sumériens ou des Grecs n'était pas inférieure à la nôtre. Des sentiments comme l'amour, la jalousie, l'ambition, l'égoïsme, le besoin de beau, l'orgueil, l'angoisse devant la mort, ont existé depuis les premiers hommes jusqu'à nous, sans être vraiment altérés dans leur essence. C'est pourquoi les réflexions des philosophes grecs sur ces sujets gardent toute leur pertinence.

Mais croire que tous les produits de la réflexion humaine ont une valeur éternelle ne me paraît pas exact, même sur des sujets comme la morale. Du temps des Grecs, on trouvait normal d'avoir droit de vie ou de mort sur les esclaves ; aujourd'hui, c'est considéré comme barbare et criminel. Dans ces conditions, comment peut-on en rester aux réflexions des philosophes grecs sur l'univers, la pensée, l'hérédité, l'origine du monde et même Dieu, alors qu'ils ne savaient rien du big bang, des étoiles, des neurosciences, de l'ADN ou de l'exploration planétaire ?

Comment peut-on adopter entièrement la réflexion philosophique de Descartes ou d'Aristote, alors qu'ils se sont trompés sur à peu près tout en sciences de la nature ?

Qui pourrait prétendre qu'il n'y a pas une réflexion profonde à avoir sur les valeurs fondamentales en tenant compte des progrès de la science moderne ? Le sens de la vie, de la mort, ne s'en est-il pas trouvé modifié ? La manière dont on peut concevoir les religions ou Dieu ne sont-ils pas profondément changés ? Quand on entend des philosophes dire : « tout est langage », qu'est-ce que cela peut signifier sans substrat conceptuel, fondé sur des faits objectifs ? Une telle vision est aussi étrange que celle des physiciens théoriciens qui, fascinés par les mathématiques, oublient le réel et nous proposent des théories sans contrôle expérimental. Eux aussi croient que, sous prétexte que les mathématiques sont un langage, tout est langage. Peut-on se réclamer de Freud sans tenir compte des progrès des sciences de la cognition ? Les deux approches, d'ailleurs, étant tout à fait conciliables. Si l'on n'est pas trop rigide et trop définitif dans ses certitudes (que l'on sait pourtant éminemment subjectives et provisoires)...

Que le Big Bang soit, ou non, l'événement primitif, notre univers n'est pas celui d'Aristote, de ses sphères fixes et de son ciel immuable. Aujourd'hui se fait sentir le besoin d'un retour à la philosophie naturelle, à un renouveau de la pensée au sens le plus profond du terme qui prenne en compte pleinement les résultats de la science contemporaine.

Espérons que reviendra le « compagnonnage » de la philosophie et de la science !

Modestement, quand j'étais ministre j'ai confié à Dominique Lecourt le soin de concevoir et d'organiser un enseignement de philosophie des sciences pour scientifiques. Pour cela, nous avons créé cinq postes de philosophie par an et je crois savoir que le programme continue... Laissons faire le temps... c'est peu mais c'est un début.

Physique

La physique est la discipline reine de toutes les sciences. Elle a pour but de découvrir et d'expliquer les lois de la nature, et elle a très largement rempli son contrat.

Mais c'est aussi la plus fascinante et la plus mystérieuse des sciences, car elle explique le monde à l'aide de grandeurs dont elle ne comprend pas la nature ! Des grandeurs qui, sans être exactement définies, obéissent néanmoins à une logique très stricte. Sans connaître l'essence des choses, la physique en observe et en mesure les effets.

Elle a étudié l'électricité. Qu'est-ce que l'électricité ? On ne sait pas bien. C'est la propriété qu'ont des éléments de matière de petites dimensions de s'attirer ou de se repousser. Une baguette d'ambre frottée avec de la peau de chat attire de petites bandelettes de papier. Pourquoi ? On ne voit ni ne sent l'électricité. Pourtant, on en observe les effets, on définit les propriétés électriques, on établit des lois, on identifie les porteurs d'électricité : les électrons. Ils sont responsables de la cohésion de la matière, mais ils sont aussi à l'origine de l'émission des ondes de la télévision. On construit ainsi un monde avec une notion certes mal comprise, mais dont on maîtrise les lois des effets et les applications. Pour couronner le tout, cette électricité est à l'origine d'un non moins étrange phénomène : le magnétisme, qui est indissolublement lié à l'électricité « en mouvement » (au déplacement de charges électriques).

Autre force fondamentale, plus mystérieuse encore, étudiée par la physique : la gravité.

Deux corps pesants s'attirent avec une force inversement proportionnelle à leur distance de séparation élevée au carré. Pourquoi s'attirent-ils ? Comment le Soleil connaît-il mon existence et m'attire-t-il ? Comment cette force à distance peut-elle agir ? Newton lui-même, qui pourtant découvrit cette loi de la gravitation, trouvait absurde cette interaction à distance. Il n'empêche qu'on en mesure les effets et qu'on établit des lois.

L'une et l'autre de ces actions, électrique et gravifique, sont englobées dans une même notion encore plus obscure : l'énergie.

Qu'est-ce que l'énergie ?

Poincaré disait au début du siècle : « Le plus grand mystère de la physique, c'est la nature de l'énergie. » Cinquante ans plus tard, Feynman avouait qu'on n'avait guère progressé dans sa compréhension. Que connaît-on de l'énergie ? Ses transformations : le travail en chaleur et vice versa. On en a identifié les diverses formes : gravitationnelle, électrique, chimique. On connaît l'énergie potentielle et l'énergie cinétique. On sait aussi que l'énergie se conserve... Mais on ne sait pas ce qu'est l'énergie. Réfléchissez un peu : une grandeur qui se conserve, mais dont on ne sait pas ce que c'est !

Au moins, direz-vous, il y a la lumière. On sait bien ce que cela représente, concrètement, et c'est une notion fondamentale en physique. La lumière, on la voit : elle est blanche ou colorée, et en son absence, c'est le noir, l'obscurité. Elle se réfléchit sur les miroirs, elle est déviée par le verre, bref : on peut la manipuler, et on a l'impression de bien connaître sa nature.

La lumière est même si bien perçue par l'homme que pendant longtemps certains ont cru qu'il s'agissait d'une propriété de l'œil humain. Puis on a compris qu'il n'en était rien. On a lié la lumière et le feu (ce qui est loin d'être idiot). Puis on a progressé, et deux théories se sont opposées. L'une, défendue entre autres par Newton, faisait de la lumière un déplacement de corpuscules (les futurs photons). L'autre, défendue d'abord par Huygens puis par Young et Fresnel, donnait à la lumière une nature ondulatoire. Cette théorie sembla l'emporter à la fin du XIXe siècle, lorsque Maxwell montra que les ondes émises par les mouvements électriques étaient de même nature que la lumière. On affirma alors que la lumière était « une onde électrique ».

Au moment où l'on croyait avoir compris, patatras, l'effet photoélectrique interprété par Einstein, puis la mécanique quantique sont venus nous dire que la lumière – comme l'électron – était à la fois une particule et une onde. Dr Jekyll et Mr Hyde ! De plus, cette onde-particule a des propriétés bien singulières : on ne peut connaître parfaitement à la fois la position et la vitesse de la particule. Autrement dit, plus on cherche à caractériser la particule, plus on trouve l'onde. Du coup, la particule peut être à la fois ici et ailleurs. C'est le fameux principe d'incertitude de Heisenberg. Un comble !

Au bout du compte, cette lumière qu'on voit, qu'on observe, qu'on croyait bien cerner, se révèle n'être qu'un phénomène fugace qu'on ne peut comprendre.

Et pourtant, bien que pour qualifier l'état d'une particule-onde on utilise des expressions qui illustrent notre ignorance, telle : « densité de probabilité de présence », grâce à des calculs très précis on maîtrise l'industrie de l'électronique ou l'industrie nucléaire, voire la chimie et la technologie du laser.

Car en physique, si on ne comprend pas la nature profonde des phénomènes qu'on étudie et des grandeurs qu'on manipule, on n'en écrit pas moins des équations fort rigoureuses, on pose et on résout des problème précis et concrets.

Voilà bien le mystère de la physique.

De cela je voudrais tirer deux enseignements.

Premièrement, la physique n'est pas une affaire de « bon sens ». Si on n'apprend pas ses fondements, ses lois, ses principes, on en ignore tout. Le bon sens ordinaire peut même être lourdement trompeur. Ceux qui ne connaissent pas les bases de la physique sont des ignorants en science.

Deuxièmement, et c'est plus philosophique, il n'est pas nécessaire de définir une notion pour pouvoir l'utiliser d'une manière efficace. On dit parfois qu'une notion difficile est définie par l'ensemble de ses conséquences. Cette pirouette traduit bien la démarche scientifique.

Cela étant, quelles sont les grandes branches de la physique, aujourd'hui ?

La physique classique est toujours constituée par le même quatuor :

La *mécanique*, base de tout, qui étudie les effets des divers types de forces sur les corps pesants et solides ou fluides.

La *thermodynamique*, qui permet de comprendre les phénomènes chimiques ou physiques dans lesquels intervient la température comme élément essentiel.

L'*électricité et l'électromagnétisme*, construits autour des équations de Maxwell.

L'*optique*, enfin, est le dernier chapitre. L'optique, c'est l'étude de la lumière, de la propagation et du comportement des rayons lumineux. L'optique est aujourd'hui devenue une partie de l'électromagnétisme, mais l'optique géométrique – les lentilles, les loupes et leurs propriétés et montages – reste une discipline un peu à part.

A partir du milieu du XXe siècle, il fallut ajouter un chapitre supplémentaire que l'on a d'abord appelé « physique moderne ». Mais la modernité ne dure qu'un temps ! On l'a finalement baptisé « physique quantique ». C'est la physique de l'infiniment petit, celle qui est régie par les règles de la mécanique quantique. Les développements modernes ont amené une diversification de cette physique quantique. On divise aujourd'hui la physique quantique en trois spécialités : la **physique atomique,** la **physique nucléaire,** la **physique des particules**.

La *physique atomique* est celle qui étudie l'atome, c'est-à-dire les électrons externes. Elle est quasiment synonyme d'optique quantique.

La *physique nucléaire* s'intéresse au noyau atomique, mais au niveau d'une organisation formée de protons, de neutrons et de quelques particules annexes comme le neutrino. C'est elle qui étudie les processus de radioactivité.

La *physique des particules* (sous-entendu élémentaires) est celle qui casse le noyau pour en faire jaillir toute une série de particules ou de rayonnements (n'oubliez pas qu'à ces niveaux, c'est équivalent). Son but : développer des modèles sur la constitution intime de la matière à l'aide d'un formalisme hautement mathématisé qu'on appelle la chromodynamique quantique ou la théorie des cordes. Comme les expériences pour casser les noyaux se font dans des accélérateurs de particules où l'on atteint des énergies considérables, on parle parfois de physique des hautes énergies.

La *physique du solide* peut, d'une certaine façon, être rattachée à la physique quantique. Elle a connu un extraordinaire développement après la découverte du transistor. Pour donner une idée de cette croissance, disons simplement qu'il y a vingt ans, 50 % des physiciens français étaient des physiciens du solide...

Plus récemment s'est développée une physique que l'on appelle *physique de la matière molle* et qui étudie les cristaux liquides, les polymères, les liquides, etc.

Beaucoup de physiciens s'interrogent aujourd'hui : la physique est-elle finie ? A-t-on désormais compris l'essentiel ?

S'il existe un ralentissement notable des « grandes découvertes » en physique (on décerne des prix Nobel pour des découvertes faites il y a vingt ou trente ans !), il serait imprudent d'affirmer que la physique est finie, comme le fit si peu prophétiquement lord Rayleigh à la fin du XIXe siècle. Que sera le XXIe ?

Certes, les applications de la physique – ses concepts comme ses techniques – aux sciences de la nature semblent un secteur en pleine expansion, sans doute plus rapide que la physique fondamentale elle-même. Pour autant, certains secteurs de la physique moderne n'en connaissent pas moins des progrès extraordinaires, telles les nanotechnologies ou l'optique quantique. Vont-elles provoquer des révolutions ? La théorie des cordes sortira-t-elle du monde de l'esprit ?

La physique n'est pas finie, mais, à coup sûr, son champ de découvertes originales se réduit. A moins que...

Planètes

Les planètes ont été reconnues depuis les premières observations astronomiques comme étant les astres mobiles dans le ciel – par opposition aux étoiles, qui, elles, paraissent fixes. On a rapidement compris que les planètes étaient plus proches de la Terre que les étoiles.

L'observation à l'œil nu, puis à l'aide de télescopes, a permis de découvrir les neuf planètes du système solaire. On les divise en deux catégories. Il y a d'abord les planètes **internes**, également dites **telluriques,** qui sont les plus proches du Soleil. Ce sont, en ordre croissant d'éloignement par rapport au

Soleil : Mercure, Vénus, la Terre, Mars. Puis, en s'éloignant encore, on entre dans le domaine des planètes dites **géantes**, dont couleurs et tailles n'ont rien à voir avec les planètes internes : Jupiter, Saturne, Neptune, Uranus, Pluton.

Entre les planètes internes et les planètes géantes existe un espace très large dans lequel se trouvent concentrés des milliards d'objets rocheux dont le diamètre va du mètre à la centaine de kilomètres. Ce sont les astéroïdes.

On sait quelle longue bataille a opposé ceux qui croyaient que les planètes tournaient autour de la Terre, suivant une idée défendue par Aristote, et ceux qui, depuis Aristarque, pensaient qu'elles tournaient autour du Soleil. La vérité était dans le deuxième camp, mais il fallut attendre Kepler pour qu'en soit donnée la démonstration, et le procès de Galilée pour que cette vérité reçoive toute la publicité qu'elle méritait (*voir* : KEPLER, GALILÉE).

Depuis Kepler, on n'a fait que confirmer les lois qu'il avait découvertes. Newton effectua l'essentiel du travail en les démontrant mathématiquement à partir de la loi de la gravitation universelle. Par la suite, on n'a fait qu'apporter quelques raffinements, notamment en prenant en compte les perturbations introduites par les autres planètes.

La seconde révolution est venue des missions interplanétaires. Grâce à elles, on a pu étudier quasiment toutes les planètes du système solaire et leurs satellites. On les a approchées, photographiées sous toutes les coutures et toutes les longueurs d'onde, on a mesuré leurs champs de gravité, leurs champs magnétiques, la composition chimique de leurs atmosphères... C'est une grande aventure scientifique, dont on peut tirer quelques conclusions globales en quelques lignes.

Que nous a apporté l'exploration planétaire ?

Tout d'abord, elle nous a conduits à penser les planètes en termes de chimie et de processus, et pas seulement en termes de mécanique céleste à la Kepler. C'est bien là ce qu'avait souhaité Harold Urey (1893-1981), créateur de la planétologie moderne.

On sait que les planètes internes sont faites d'assemblages rocheux et de fer métallique, qu'elles sont entourées d'une pellicule gazeuse peu importante. Cette pellicule résulte d'un dégazage de la partie solide, et non de gaz qui auraient été retenus depuis les origines. Les atmosphères des planètes internes sont un phénomène secondaire, non primaire.

A l'inverse, les planètes géantes sont formées d'un petit noyau de roche autour duquel s'est agglomérée une atmosphère de gaz constituée d'azote, de méthane, d'hélium et d'hydrogène. Mais la pression au cœur de ces planètes est telle que ces gaz sont à l'état solide. Ces planètes géantes sont toutes pourvues d'anneaux de roches, structure qu'on croyait être l'exclusivité de Saturne, ainsi que d'un grand nombre de satellites rocheux ou (et) glacés.

Les deux processus qui ont émaillé le plus fréquemment l'histoire des planètes sont le volcanisme et le bombardement par des objets rocheux créant des cratères d'impact. La Lune est une bonne illustration de ce double processus.

Mais l'enseignement le plus important de tous, c'est qu'il n'y a de vie que sur la Terre. Aucune autre planète n'a accueilli la vie de la même manière, aucune autre planète n'est recouverte à sa surface de vastes étendues d'eau. Vie et eau, la planète bleue : voilà un enseignement majeur. Il est également clair qu'aucune planète du système solaire ne sera en mesure d'accueillir la vie. Si nous détruisons notre planète, aucune autre ne pourra faire office d'arche de Noé de l'espace !

Comment se sont formées ces planètes ?

Par accrétion (*voir* : ACCRÉTION) à partir d'une nébuleuse de gaz et de poussière qui s'est organisée en un disque. On est loin d'avoir tout compris dans ce processus, mais il vient de se produire une série de découvertes d'importance capitale à ce sujet. Les progrès de l'astronomie, en particulier infrarouge et ultraviolette, ont permis tout récemment de découvrir l'existence de planètes hors du système solaire. On a même réussi à obtenir l'image de l'une d'elles. Plus important encore peut-être, on a découvert l'existence d'étoiles jeunes (T. Tauris, Pictoris) autour desquelles se forment des planètes. On est donc sur le point de pouvoir « observer » la formation de planètes autour d'une étoile naissante...

Gardons-nous donc de trop spéculer : les découvertes nouvelles se succèdent, et les années futures vont nous en apprendre beaucoup. Mais toujours, cette question restera posée comme un leitmotiv : parmi ces « exoplanètes », y en a-t-il qui peuvent porter la vie ?

Voilà une science extraordinaire en marche, et qui nous réserve bien des surprises.

Poincaré Henri (1854-1912)

Henri Poincaré était un mathématicien-physicien, ces deux disciplines étant alors quasiment confondues. Il ne faut pas le confondre avec l'homme politique Raymond Poincaré qui était son cousin. Ce fut sans aucun doute l'un des plus grands scientifiques du début du siècle. L'égal d'Einstein, des Curie ou de Rutherford.

Elève brillant, premier à l'Ecole polytechnique, Poincaré a été un novateur dans de nombreux domaines des mathématiques, mais nous allons nous contenter de souligner sa contribution en physique.

Il fut avec Lorentz, et avant Einstein, l'un des fondateurs de la théorie de la relativité restreinte. C'est aujourd'hui incontestablement démontré. Il ne faut pas pour autant minimiser l'apport d'Einstein, qui fut original et décisif : Poincaré croyait en effet, à tort, à l'existence de l'éther, ce qui l'empêcha de franchir le pas qui allait définitivement créer une nouvelle conception du monde.

Poincaré fut en outre le grand-père de la théorie du chaos. En étudiant le mouvement à trois corps des planètes, il parvint à montrer que, dans certains cas, ce système très simple et parfaitement déterministe dans ses équations conduisait à des solutions chaotiques (*voir* : CHAOS). En d'autres termes : un faible changement de conditions à un moment donné pouvait provoquer d'énormes changements dans le comportement des planètes. Cela conduisit à une révolution dans le concept de stabilité. Pour que le système solaire soit stable, il n'était plus nécessaire que les planètes parcourent indéfiniment les mêmes trajectoires : il suffisait qu'elles ne s'écartent « pas trop » les unes des autres. Un nouveau bestiaire de fonctions mathématiques et de points singuliers, de cercles ou de spirales limites, de cols et de vallées, apparut.

Poincaré fut encore le créateur d'une nouvelle branche des mathématiques, la topologie, qui examine notamment la manière dont les surfaces se déforment – peut-on retourner une sphère sans la déchirer ? la transformer en cône, en tore (forme d'un pneu) ? Il étudia des géométries bizarres dans lesquelles la somme des angles d'un triangle formé de segments de droites est soit supérieure, soit inférieure à 180 degrés. Ces géométries exotiques ne tarderont pas à intéresser les physiciens, à la recherche de structures pour l'espace-temps. Poincaré écrivit quelques livres de réflexion et de vulgarisation qui restent des références et qu'on lira encore aujourd'hui avec grand profit, par exemple *La Science et l'Hypothèse* (1902).

Sa notoriété auprès du grand public devrait s'accroître dans les années futures. Henri Poincaré mérite d'intégrer le Panthéon.

Henri POINCARÉ, *La Science et l'Hypothèse,* Flammarion, 1968.

Pollution

Le terme de pollution, dans le contexte actuel, désigne le processus de modification chimique d'un milieu naturel causé par l'homme.

Les pollutions les plus fréquentes et les plus nettes sont les pollutions de proximité. Mais d'autres pollutions sont plus globales, régionales ou même mondiales, dès lors qu'on touche l'océan ou les gaz atmosphériques. Dans les pollutions de proximité, citons les pluies acides, dues aux fumées d'usines dégageant de l'oxyde de soufre. Lorsque ce dernier se combine avec la vapeur d'eau de l'atmosphère, il donne de l'acide sulfurique qui tombe avec la pluie et fait des dégâts variés sur la santé des plantes et des hommes. Les sources de pluies acides sont par exemple les usines canadiennes qui traitent les minerais de sulfure de nickel, ou les usines polonaises qui brûlent un charbon particulièrement riche en soufre.

Autre exemple : le brouillard californien, le *smog*. Il résulte de la condensation de l'eau sur les microparticules dégagées par les pots d'échappement des voitures. Citons encore la pollution à l'ozone qui se crée l'été à partir des gaz de voiture, ou du fait de réactions photochimiques impliquant les oxydes d'azote (qu'il ne faut pas confondre avec la déchirure de la couche d'ozone antarctique).

Il y a aussi les pollutions de rivière ou des nappes phréatiques par les rejets industriels, les lessives domestiques, les engrais agricoles ou les pesticides. Il y eut des pollutions radioactives, dans le passé, lorsqu'on vidait dans le Rhône des déchets des usines de Marcoule. Certaines pollutions sont dues à des accidents : on pense évidemment aux pollutions chimiques de Bophal (explosion d'une usine en 1984, près de vingt mille victimes à ce jour). Dans les pollutions à longue portée, il y a d'abord les pollutions par les hydrocarbures en mer, les plus graves étant consécutives à des accidents comme ceux de l'*Amoco Cadiz*, de l'*Exxon Valdez*, du *Torrey Canyon*..., mais les plus courantes étant le relargage des bateaux.

Enfin, il existe des pollutions planétaires, qui touchent essentiellement l'atmosphère. Les plus célèbres sont celles par le plomb, par les CFC, qui détruisent la couche d'ozone, et enfin par le gaz carbonique, principal responsable de l'effet de serre. Dans le passé, il y eut les pollutions radioactives par les explosions nucléaires dans l'atmosphère ou bien celle de la catastrophe de Tchernobyl.

En quoi ces pollutions concernent-elles la science ? D'abord, parce qu'elles sont toutes détectées par des méthodes scientifiques. Ensuite parce que les solutions, elles, ne relèvent que de la science.

C'est la science qui a démontré la nocivité de la pollution radioactive par les bombes, et l'engagement personnel de Linus Pauling a joué un rôle décisif dans l'interdiction de ces expériences. C'est parce que la science a trouvé un substitut au plomb comme antidétonant dans l'essence, un substitut au CFC dans les réfrigérateurs, que l'on a pu interdire petit à petit l'un et l'autre. Du coup, la déchirure de la couche d'ozone au-dessus de l'Antarctique se réduit.

D'un point de vue fondamental, la pollution modifie les cycles géochimiques naturels et empêche leur étude. Ainsi, nous ne pouvons pas étudier simplement le cycle naturel du plomb, car tout le plomb terrestre est pollué par le plomb anthropogénique. L'étude de tous les phénomènes chimiques liés au cycle de l'eau ne peut pratiquement plus être faite dans le Rhin, le Mississippi, le Yang Tsé, la Volga ou même la Seine. Il faut donc aborder cette question de la pollution chimique des milieux naturels avec détermination et sévérité, et obliger les industries à développer des technologies propres, car elles en ont encore les moyens techniques dans tous les cas. Il faut aussi mettre en place des réseaux de contrôle sur les rivières et dans toutes les nappes phréatiques. Là encore, on a tous les moyens techniques pour le faire.

Toutefois, il ne faut pas développer systématiquement une « psychose des pollutions » sans des études sérieuses d'épidémiologie. En particulier, on ne doit pas extrapoler aux faibles doses les résultats obtenus sur les fortes doses. C'est ce qu'on a fait pour la loi sur l'amiante.

A forte dose, la silice provoque la silicose : va-t-on interdire l'usage des plages sous prétexte qu'on respire de la silice dès qu'il y a du vent ? C'est pourtant le raisonnement qu'on a suivi à Jussieu pour l'amiante. On ne sait toujours pas à partir de quelles doses l'absorption de nitrates est dangereuse, ni quels effets précis provoquent les ingestions de dioxine chez l'homme.

A l'inverse, on tolère la pollution des mers par les hydrocarbures, tout en sachant pertinemment que cette pollution détruit le monde vivant de façon inexorable.

La pollution est un problème sérieux qu'il faut aborder avec des méthodes rigoureuses, sans laxisme ni peur irrationnelle.

Positivisme

C'est un mouvement dont les grands animateurs (j'allais dire gourous !) furent Auguste Comte (1798-1857), Ernest Renan (1823-1892) et Marcellin Berthelot (1827-1907). Ces zélotes se réclamaient du rationalisme le plus pur, le plus intransigeant. Chantres de la laïcité, ils s'affirmaient aussi contre la religion catholique. Revendiquant un rôle accru pour la science, ils prônaient la méthode scientifique dans la conduite des affaires de la société – Auguste Comte fut d'ailleurs l'inventeur du mot « sociologie ». Bref, ils pourraient être des exemples pour les penseurs de gauche modernes.

Las ! Ils ont piétiné, foulé au pied, massacré l'esprit même de la science. Jugez un peu. Jugez plutôt.

Ils refusent l'emploi du microscope pour les biologistes, car un instrument déforme la réalité ; pour la même raison, ils refusent le télescope pour les astronomes. Ils refusent aussi l'atome – Marcellin Berthelot, puissant ministre de l'Instruction publique puis président de l'Académie des sciences, va interdire le mot atome et son usage dans les cercles scientifiques pendant vingt ans... quelques années avant que Jean Perrin n'écrive son fameux livre *Les Atomes* (1913) ! Ils refusent le calcul des probabilités, car la nature ne peut être incertaine. Méprisant les sciences d'observation, Auguste Comte place tout en bas de son classement des sciences celles de la nature, car elles ne sont basées que sur l'observation. En haut de la pyramide, les mathématiques sont la seule science véritable. C'est depuis lors qu'elles sont le socle exclusif de notre enseignement scientifique. Il est vrai qu'au-dessus des sciences, Comte place la synthèse ultime du savoir dans la sociologie !

Quant à Ernest Renan, il prône la « religion de la science » avec ses prêtres, ses grands prêtres, ses rites, ses livres sacrés, le dogme, bref : une démarche en tout point contraire à la science.

Lorsqu'on parle de scientisme, c'est à cette clique qu'il faut se référer...

Ces illuminés ont fait perdre à la France vingt ans dans la compétition non seulement scientifique, mais aussi technologique et industrielle. Quand on pense que le « bon Jaurès », normalien un peu naïf, a assisté assidûment aux banquets dits républicains de cette secte, on en frémit. Car ici, ailleurs, maintenant, avant, toujours, le dogmatisme est l'antithèse de l'esprit scientifique !

Ministre, je n'ai pas pu faire enlever la statue d'Auguste Comte de la place de la Sorbonne. Tout au plus l'a-t-on tournée de 90 degrés !

C'est un regret...

Pression

La pression se définit en physique comme une force par unité de surface.

Ainsi, lorsque vous marchez avec des chaussures plates, vous imprimez au sol une pression. Lorsqu'une femme marche avec des chaussures à talons aiguilles dont le talon fait 1 centimètre carré de base, bien qu'elle ait la moitié de votre poids, elle exerce une pression à peu près 15 fois plus forte ! Si elle vous marche sur le pied, elle vous fera quinze fois plus mal qu'un homme avec ses grosses chaussures.

Les punaises qu'on enfonce dans les murs ne sont qu'une exploitation de cette idée de pression. Le pouce exerce une force sur 2 centimètres carrés de surface, mais la punaise exerce une pression sur le mur *via* une pointe de 1 millimètre carré. On a donc une pression vingt fois plus forte. Le même principe s'applique aussi à la tête d'un marteau, à un marteau-piqueur, etc.

Ainsi, la pression permet de multiplier (ou diviser) l'action d'une force.

Mais qu'en est-il lorsqu'on parle de la pression qu'exerce un gaz, par exemple sur les parois d'un récipient (le couvercle de votre casserole) ou d'un piston (l'un de ceux de votre voiture) ?

Un gaz est constitué par des millions de milliards de milliards de molécules qui s'agitent en permanence. Au cours de cette agitation, les molécules heurtent de temps à autre les parois. Elles exercent donc une force sur ces parois. Comme elles sont très nombreuses, cette force devient sensible à notre échelle. La pression est donc la somme de ces forces par unité de surface de paroi. Les minuscules forces à l'origine de la pression sont fonction de l'agitation des molécules.

Plus les molécules sont agitées, plus elles vont vite, plus les forces qu'elles exercent sont élevées. Or l'agitation des molécules est mesurée par une notion qui nous est familière : la température (*voir* : TEMPÉRA-

TURE). On arrive donc à cette idée que la pression d'un gaz augmente avec la température.

Mais naturellement, ces chocs sur les parois du récipient sont d'autant plus fréquents que le récipient est plus petit et qu'il contient plus de gaz. La pression augmente lorsque le volume diminue et que la quantité de gaz augmente.

Ce sont les lois qu'ont découvertes indépendamment le Français Mariotte et l'Anglais Boyle au XIXe siècle. On les appelle lois des gaz parfaits, car il s'agit de lois théoriques qu'il faut un peu modifier lorsqu'on se trouve face à des gaz réels.

Voyons à présent comment cette notion de pression s'applique à un fluide – à un liquide par exemple.

Ce qui caractérise un fluide, c'est qu'il est déformable. Il prend la forme du récipient qui le contient, il coule si on lui applique une force comme celle de la pesanteur. Du coup, à l'intérieur d'un fluide, la pression en un point donné est la même dans toutes les directions. Conséquence, découverte par Pascal : la force qu'exerce un fluide au repos en un point à la surface de la Terre ne dépend que du poids de fluide qui le surmonte. Autrement dit, la pression au sol qu'exerce un volume d'eau ne dépend que de la hauteur de l'eau, et pas du volume. Il en va de même pour l'air.

Lors d'une visite au barrage d'Assouan, un diplomate français me fit observer qu'il était remarquable qu'un petit barrage de 80 mètres de haut puisse contenir si facilement l'eau d'un lac de 300 kilomètres de long. Je lui répondis que la pression exercée sur la base du barrage n'était que celle d'un colonne d'eau de 80 mètres, et qu'un tube de 160 mètres de haut et de 1 centimètre carré de section exercerait une pression deux fois plus forte que celle qui s'exerce sur le barrage d'Assouan. Telle est la réalité du fluide.

L'une des illustrations les plus spectaculaires de cette propriété est sans doute la pression atmosphérique. Constituée de gaz soumis à l'attraction du centre de la Terre, l'atmosphère est un fluide dont la densité décroît avec l'altitude. En un point donné, ce fluide exerce à la surface de la Terre une pression qui est égale à la masse de toute la colonne d'atmosphère qui surmonte ce point. Cette atmosphère pèse sur la Terre. La pression atmosphérique est la grandeur de base de la météorologie. Quasi nulle au sommet de l'atmosphère, elle est voisine de un bar à la surface.

C'est le dernier élève de Galilée, Evangelista Torricelli (1608-1647), qui découvrit l'existence de la pression atmosphérique (*Voir* : TORRICELLI). L'histoire est intéressante.

Ancien élève et ami de Galilée, Castelli était devenu l'hydrologue du pape. A l'aide d'un système compliqué, il essayait de faire monter de l'eau à l'aide d'une pompe. Mais il avait beau faire, il ne parvenait pas à lui faire dépasser une hauteur de 10,4 mètres. Il s'ouvrit de son problème à Galilée, qui ne trouva pas de solution. Puis il en parla à Evangelista Torricelli. Celui-ci lui fit part d'une expérience étonnante. Il remplissait de mercure un tube fermé à une extrémité, puis il retournait le tube sur un bac à mercure. Le mercure descendait, jusqu'à ce que sa hauteur dans le tube fût de 76 centimètres. Le résultat était le même, quels que soient la longueur ou le diamètre du tube. Or le mercure pèse 13,7 fois plus que l'eau, et 76 cm × 13,7 = 10,4 mètres... C'est-à-dire, la hauteur maximum à laquelle Castelli parvenait à faire monter l'eau dans ses fontaines !

Pourquoi ? Parce que la pression de l'atmosphère est égale à celle qu'exercent 76 centimètres de mercure ou 10,4 mètres d'eau. La montée de l'eau était due à la pression atmosphérique, parfaitement déterminée et mesurable, et non à la fameuse « horreur du vide », comme le croyaient les aristotéliciens attardés – « La nature a horreur du vide ».

Quelques années plus tard, Pascal répéta l'expérience. Il eut l'idée de la faire d'abord à Clermont-Ferrand, puis au sommet du Puy-de-Dôme. Il s'aperçut que le niveau du mercure était plus bas. Il en déduisit que la pression atmosphérique variait avec l'altitude – nous avons dit pourquoi.

C'était le début de l'étude scientifique de l'atmosphère.

Protéines

Ce sont les molécules clés des processus biologiques. Contenant des millions d'atomes, ces macromolécules sont formées par l'association d'unités élémentaires : les acides aminés. Le nombre des acides aminés varie, suivant les protéines, d'une dizaine à quelques milliers.

Ce qui caractérise les protéines, c'est leur structure tridimensionnelle. Elles ont des allures extrêmement complexes, avec des enroulements moléculaires en hélice qui ressemblent à ces serpentins qu'on distribue dans les foires, ou encore des structures organisées en zigzag, en feuillets perpendiculaires...

La structure primaire d'une protéine est l'enchaînement de ses acides aminés ; la structure secondaire définit l'organisation locale, en hélice ou feuillets, par exemple ; enfin, la structure tertiaire correspond à la disposition globale des hélices et feuillets. Ce que la biochimie nous apprend, c'est que ces structures dites secondaires et tertiaires jouent un rôle important dans la réactivité chimique des protéines, et donc dans leur activité biologique.

Ainsi, toutes les semaines, la revue pluridisciplinaire *Nature* est « encombrée » par de longs articles consacrés à la détermination de structures de protéines. Il faut espérer que ce soit vraiment très important pour la biologie, étant donné le nombre considérable de chercheurs et de pages en couleurs que cela occupe...

Pulsar

La découverte des pulsars par l'équipe de radioastronomie de Cambridge est une histoire aussi extraordinaire que celle de la découverte de l'ADN. Elle s'est d'ailleurs produite à quelques centaines de mètres à peine, quinze ans après celle de l'ADN en 1967. C'est là un des succès de la réorientation que Bragg donna au Cavendish à la mort de Rutherford.

Une jeune étudiante en radioastronomie - ainsi appelle-t-on l'astronomie à l'aide des ondes radio –, Jocelyne Bell, cherchait à repérer dans le ciel des sources radio à variations rapides. Soudain, son enregistreur fut pris d'une frénésie toute particulière. Des signaux brutaux de 10 millisecondes arrivaient en rafales séparées par des intervalles réguliers, le tout au milieu de fluctuations erratiques. Le plus étonnant était la régularité du phénomène – une véritable horloge, les impulsions brèves étant séparées par une période d'une seconde un tiers. Jocelyne Bell fit part de son observation à son directeur de thèse, Anthony Hewish, et ensemble ils se mirent à essayer de comprendre.

Lorsqu'un phénomène imprévu apparaît sur un enregistreur, on commence évidemment toujours par se demander s'il ne serait pas dû à une cause artificielle : panne électronique, phénomène radio d'origine humaine – la tour de contrôle d'un terrain d'aviation, un radioamateur, etc.

Le lendemain, à la même heure, pointant la même direction du ciel, nos deux astronomes étaient au rendez-vous. Et le signal pulsait également ! Ils eurent l'idée de déterminer la distance de l'émetteur en modifiant la fréquence de réception. Comme la vitesse des ondes dans un milieu matériel varie avec la fréquence, ils purent calculer la distance. Elle était grande, très grande. L'émetteur était très éloigné de la Terre. En mesurant la fréquence des pulsations, ils constatèrent que l'impulsion arrivait toutes les 1,3373011 seconde, exactement.

Ils avaient découvert une horloge cosmique...

Une idée folle traversa les esprits des astronomes dans la célèbre université : on venait de découvrir l'existence de civilisations lointaines hors du système solaire, et les signaux si réguliers étaient émis par de « petits hommes verts » qui signalaient leur présence, du fond de l'univers.

Si c'était faux ils seraient la risée de tous les scientifiques, mais si c'était vrai ? *Star Trek*, le vaisseau spatial passant dans la nuit, était-il une réalité ?

Alors que les radioastronomes de Cambridge etaient plongés dans la plus profonde perplexité,

Jocelyne Bell eut l'idée de tourner le télescope vers une autre région du ciel. Elle découvrit un second signal périodique – mais cette fois, les impulsions étaient espacées de 1,2 seconde. Cela déclenchera bien sûr une grande curiosité et de nombreux radioastronomes se lancèrent dans la recherche de ces astres émettant des pulsations qu'on appela pulsars. Ainsi, on découvrit le pulsar Vela, qui tournait dix fois plus vite, et surtout le pulsar de la nébuleuse du Crabe, qui tournait à 30 impulsions par seconde, mais qui, à l'échelle du mois, ralentissait un peu, autrement dit émettait des pulsations plus espacées les unes des autres. Or la nébuleuse du Crabe est le reste d'une supernova que les Chinois ont observée en 1040. Et Vela est elle aussi située dans un reste de supernova... Il devait exister une relation entre pulsars et supernovae.

De ce lien naquirent les fondements de la théorie du pulsar... Passons au résultat.

Les pulsars appartiennent à une catégorie particulière d'étoiles, les étoiles à neutrons, qui sont des résidus des explosions de supernovae.

Au début, ces étoiles tournent très vite, puis elles ralentissent. Après 1 000 ans (Crabe), elles font 300 rotations par seconde, puis au bout de 20 000 ans (Vela) elles ne tournent plus qu'à une demi-seconde de période, enfin, après des millions d'années, elles tournent à 1 seconde et plus.

L'identification des pulsars comme des étoiles à neutrons a été proposée par l'astronome anglais Tomy Gold. Mais en fait c'était la confirmation d'une idée émise en 1934 sans grand support théorique par Walter Baade et Fritz Zwicky, deux astronomes travaillant en Californie.

Après la découverte des pulsars, les astrophysiciens s'attaquèrent à la théorie de l'étoile à neutron qui s'avéra difficile, mais on peut dire qu'après bien des péripéties, aujourd'hui, on comprend assez bien leur fonctionnement.

Pour clore cette histoire des pulsars, ajoutons une petite anecdote.

En 1974, deux radioastronomes de Cambridge, Ryle et Hewish, reçurent le prix Nobel de physique. Dans la citation de Hewish, le comité Nobel mentionna les pulsars. Fred Hoyle, l'une des gloires de l'astrophysique, qui dirigeait l'Institut d'astrophysique de Cambridge et détestait Hewish, écrivit une lettre publique au comité Nobel, dans laquelle il s'étonnait que le prix Nobel n'ait pas été décerné aussi à Jocelyne Bell.

Cette dernière répondit avec beaucoup d'élégance qu'elle avait certes découvert les pulsars, mais par hasard, et qu'elle n'en avait pas saisi toute l'importance. Pour preuve, son mémoire de thèse qui ne mentionnait les pulsars qu'en appendice. C'était son directeur de thèse, Hewish, qui avait mené l'enquête et méritait la reconnaissance.

Ainsi va la vie de la communauté scientifique.

Q

Quantique (mécanique)

C'est LA grande théorie physique de l'infiniment petit. L'infiniment petit, c'est-à-dire l'échelle des particules atomiques, des électrons, des neutrons, des protons et au-delà.

Car ces objets, dont les dimensions sont inférieures à 10^{-13} centimètres, n'obéissent pas aux règles habituelles de la physique, à la mécanique ordinaire inventée par Newton. Les lois qui les gouvernent sont étranges, et elles nous semblent complètement bizarres si on les examine avec notre solide bon sens nourri par l'expérience de tous les jours.

A ces échelles de l'invisible à l'œil nu, et même au microscope optique, ces particules sont à la fois des particules et des ondes. De notre point de vue à nous, pauvres observateurs, elles se comportent tantôt comme une onde électromagnétique – autrement dit une vibration –, tantôt comme des grains de matière. On se souvient de la dispute entre Newton, pour qui la lumière était faite de petits grains de lumière, et Huygens, pour qui elle était une vibration (idée que vont conforter Thomas Young et Augustin Fresnel).

Eh bien, ils avaient l'un et l'autre raison. La lumière est constituée par des photons, qui sont à la fois des grains de lumière et des vibrations. Mais d'autres particules plus « grosses » que le photon, comme l'électron ou même le neutron, sont, elles aussi, à la fois des corpuscules et des ondes. Elles peuvent produire des franges d'interférence, comme le fait si bien la lumière !

Mieux même : dans ce monde de l'infiniment petit, on ne peut pas localiser une particule-onde, la suivre, savoir où elle est, comment elle se comporte à tout instant. Elle peut être à la fois ici et ailleurs ! Ce qu'il est possible d'estimer, c'est une probabilité de présence. La particule a plus de chance d'être ici que là, là-bas qu'ailleurs, etc. Un peu comme si, cherchant un grand voyageur, vous vous entendiez dire : il y a une probabilité de 1/3 qu'il soit à Madrid, de 1/20 qu'il soit à Salamanque, de 1/50 qu'il soit à Valladolid, etc. Mais on ne sait pas où il est !

Pour renforcer encore l'indétermination s'ajoute un principe dû à l'Allemand Heisenberg : le « principe d'incertitude ». Son idée peut se résumer ainsi : en augmentant, par des mesures, notre connaissance de l'endroit où se trouve une particule, nous diminuons d'autant notre connaissance de sa vitesse. D'ailleurs, nous n'avons aucun moyen d'observer cette particule d'une manière objective, car toute tentative d'observation de l'infiniment petit perturbe l'infiniment petit lui-même. On ne peut observer qu'un système perturbé ! Difficile, pour les scientifiques qui se réclament de l'objectivité !

Toute cette belle théorie est traduite par un formalisme mathématique très élaboré dont le fondement est ce qu'on appelle l'équation de Schrödinger, du nom du physicien autrichien Erwin Schrödinger, qui la proposa. Mais comment sait-on qu'elle est « vraie », si on ne peut rien observer objectivement, et si on ne sait pas où sont les particules ?

En fait, les règles de comportement de la microphysique se traduisent par les comportements macroscopiques, c'est-à-dire ceux qu'on peut observer avec les moyens de la physique classique. En retour, bien des phénomènes observables peuvent s'expliquer avec le formalisme de la mécanique quantique.

Par exemple, les divers phénomènes d'optique, depuis les interférences jusqu'à l'émission de spectres spécifiques pour chaque élément chimique, sont tous compréhensibles à l'aide du formalisme quantique. Des phénomènes demeurés longtemps assez mystérieux, comme par exemple le fait que certains solides conduisent l'électricité alors que d'autres sont isolants, deviennent explicables grâce à la mécanique quantique. Elle permet aussi de comprendre pourquoi certains phénomènes présentent des comportements discontinus avec des seuils, et bien d'autres choses encore...

La mécanique quantique ne se « démontre » pas au sens classique du terme : elle se justifie par l'ensemble des phénomènes qu'elle permet d'expliquer. Et ce, avec une précision inimaginable – certaines constantes peuvent être calculées avec six chiffres après la virgule, conformément à leur mesure ! Son pouvoir prédictif n'a jamais été mis en défaut jusqu'ici.

Pour aborder les problèmes touchant au noyau de l'atome, il a fallu la compliquer. Ont émergé les théories de l'électrodynamique quantique, puis de la chromodynamique quantique, mais sans que jamais les principes de base ne soient remis en cause.

La mécanique quantique est née en 1930. Elle tire incontestablement son origine du modèle d'atome proposé par Bohr en 1913 (*voir* : BOHR). C'est lui qui fit le premier pas décisif, qui accomplit l'œuvre courageuse, en déclarant que les lois de la microphysique étaient différentes des lois de la macrophysique. Et qu'en microphysique, l'énergie variait de manière discontinue, comme les barreaux d'une échelle.

Ensuite, en 1923-1924, un jeune Français, Louis de Broglie, généralisa l'idée d'Einstein suivant laquelle la lumière était à la fois onde et particule. Dans une thèse soutenue un samedi matin à Paris presque en cachette, tant elle était révolutionnaire, il affirma que cette idée devait être vraie pour toutes les particules et établit une relation entre la masse de la particule et la longueur d'onde de l'onde associée. Les Américains Davisson et Germer, découvrant quelques années plus tard les phénomènes d'interférence pour les électrons, montrèrent qu'il ne se trompait pas.

Mais avant même cette éclatante confirmation, un groupe de jeunes théoriciens va entreprendre d'exploiter la théorie de De Broglie pour expliquer la structure de l'atome, reformulant la théorie de Bohr sur l'atome.

Il s'agit à Zurich d'Erwin Schrödinger et de Wolfgang Pauli, de Max Born à Munich, à Göttingen puis Leipzig, de Werner Heisenberg et Pascal Jordan à Göttingen et Copenhague et, à Cambridge, de Paul Dirac. La première mécanique quantique fut celle de Werner Heisenberg et Max Born, mais avec un formalisme complexe, utilisant les matrices. Schrödinger formula ensuite sa célèbre équation, fondement de tout. Elle va convaincre tout le monde, car sa formulation mathématique est plus familière aux physiciens.

Schrödinger utilise en effet les équations différentielles, comme celles dont s'est servi Maxwell pour expliquer les phénomènes électromagnétiques ; Heisenberg, lui, a recours aux matrices, que les physiciens de l'époque connaissent mal. Quant à Paul Dirac, il utilise les opérateurs linéaires. Mais vers 1930, Carl Eckart va montrer que toutes les approches sont équivalentes : seule la formulation mathématique diffère. C'est l'avènement de la mécanique quantique.

Elle va s'appliquer aux atomes, aux molécules, expliquant, on l'a dit, pourquoi certains solides conduisent l'électricité et d'autres non, la nature des spectres optiques, etc.

Le résultat le plus important, d'un point de vue culturel, est que dans le domaine microscopique (celui des atomes, mais aussi des particules élémentaires) l'énergie est *quantifiée*. Elle ne varie pas de manière continue comme dans le monde qui nous est familier, elle varie comme les barreaux d'une échelle. Une particule ne peut pas se trouver entre les barreaux ; elle tombe sur le barreau inférieur !

Pour passer d'un barreau à un autre, pour sauter d'un niveau d'énergie à un autre, il faut bien sûr que la particule reçoive de l'énergie. Mais pour réussir ce saut, il faut que cette énergie soit exactement égale à la différence d'énergie entre les barreaux. Ni trop, ni trop peu.

Comment transférer de l'énergie à une particule ?

C'est là que l'équivalence et la dualité entre les

ondes et les particules est essentielle. Une manière de fournir de l'énergie à une particule est de l'éclairer avec de la lumière (ou une tout autre radiation électromagnétique : rayons X, radio...). Cette lumière a une fréquence de vibration caractéristique, qui dépend de sa couleur. Elle transporte une énergie égale à sa *fréquence* que multiplie un facteur constant appelé *constante de Planck* en l'honneur de celui qui eut pour la première fois l'idée (et le courage) de quantifier l'énergie, constante habituellement notée (h). Cette fréquence doit être exactement égale à la division par h de la différence d'énergie correspondant au « saut » que l'on veut faire faire à la particule, particule qui sera par exemple l'électron de l'atome.

Si on éclaire un matériau constitué d'atomes dont les niveaux d'énergie externes sont séparés par une énergie correspondant à la couleur verte à l'aide d'une lumière blanche, la partie verte sera absorbée par les électrons de l'atome, sautant d'un niveau d'énergie à un autre et donc, par différence, la lumière qui sortira de la matière sera rouge (couleur complémentaire du vert). Mais que va-t-il se passer pour les électrons qu'on a fait passer sur le niveau d'énergie supérieur ?

Après un moment passé à l'état « excité », l'électron va retomber sur le barreau d'énergie inférieur. Or la différence d'énergie correspond à la couleur verte. La matière va donc émettre une couleur verte. Ainsi, par transmission, la lumière sera rouge, mais par réflexion, elle sera verte !

A partir de ce simple mécanisme, on comprend tout.

Cette quantification des états d'énergie de l'atome

permet d'expliquer les relations entre la lumière et la matière, la manifestation de la matière tantôt sous forme de particule, tantôt sous forme d'onde : c'est toute la physique quantique. Tous ces physiciens qui ont développé la mécanique quantique, ses aspects multiples, ses complications, recevront les uns après les autres une kyrielle de prix Nobel pleinement justifiés.

Après la guerre arrivera une nouvelle génération de physiciens qui, eux, ont appris la mécanique quantique à l'université. Ils vont entreprendre de la compléter, s'intéressant surtout à la physique du noyau, aux particules qui le composent, aux forces qui les lient entre elles. Ils développeront ainsi l'électrodynamisme quantique, puis la chromodynamique quantique. Tout cela est hautement mathématique et réservé aux spécialistes. Disons simplement que les héros de l'électrodynamique quantique s'appellent Feynman, Swinger, Tomonaga et Dyson, et que ceux de la chromodynamique ont pour nom Gell-Mann, Weinberg, Salam, Glashow, T'Hooft – qu'on me pardonne de ne pas tous les citer, et de faire des choix sans doute un peu arbitraires.

Ce qu'il y a à retenir, c'est que, depuis soixante ans, la mécanique quantique a résisté à tous les tests expérimentaux auxquels on l'a soumise. Elle est donc le modèle central de la physique microscopique. Pourtant, l'un de ses initiateurs, Albert Einstein, se rebella toujours contre l'idée que la matière ne puisse être décrite que par des probabilités. « Dieu ne joue pas aux dés... » Il supposait l'existence de variables cachées, responsables du caractère probabiliste. Mais des expériences précises, notamment celles faites par

Alain Aspect à Orsay, ont montré que les idées d'Einstein ne correspondaient pas aux observations.

Aujourd'hui, une ère nouvelle s'ouvre à la mécanique quantique. Les nanotechnologies permettent de manipuler les atomes, les électrons, les photons un à un. On va donc pouvoir examiner la réalité élémentaire de la mécanique quantique.

Mais saura-t-on jamais comment on passe de ces lois quantiques, probabilistes, aux lois du monde sensible, quant à elles déterministes ? On parle à ce propos de « décohérence » : mais qu'est-ce, au juste ? Un électron peut être dans deux endroits simultanément – pourquoi pas nous ? Quel est le principe théorique qui s'y oppose ?

Dans un débat avec les frères Bogdanov, Jean Guitton suggérait que seul le Christ pouvait avoir le don d'ubiquité !

Affaire à suivre.

Les Nanosciences : nanotechnologies et nanophysique, Belin, 2004

Quark(s)

Les quarks sont les particules les plus élémentaires qui constituent la matière. Il est impossible de les observer à l'état libre. On ne peut détecter les quarks que lorsqu'ils sont associés entre eux pour donner des particules élémentaires, comme le proton et le neutron. Pourtant, si on casse les particules pour les observer, ils disparaissent, s'évanouissent. On ne peut les « suspecter » que confinés, enfermés dans des

« particules cages ». Il n'y a pas de quarks libres, tout au moins dans le monde terrestre. Il n'y a que des quarks prisonniers !

On sait pourtant qu'il existe six espèces de quarks, chacune étant caractérisée par ce que l'on appelle une « saveur ». Ces saveurs sont notées u *(up)*, d *(down)*, s (*strangeness* ou étrangeté), c (*charm* ou charme), b (*beauty* ou beauté) et t *(top)*. L'autre propriété des quarks est leur « couleur » – il en existe trois : rouge, vert, bleu.

Toutes ces propriétés sont en fait des paramètres mathématiques auxquels on a donné des noms imagés. Les quarks s'associent suivant des règles compliquées à comprendre, mais finalement simples si on les considère du point de vue de leurs symétries. Difficile de relier tout cela à notre monde... Lorsqu'on dit que le proton est constitué par trois quarks : un *down*, deux *up*, ça ne signifie pas grand-chose pour nous. Mais si on dit qu'on les classe d'après la symétrie de leurs propriétés, on aperçoit une vague lueur... très vague.

	Première famille		Deuxième famille		Troisième famille	
	Particule	Masse	Particule	Masse	Particule	Masse
Leptons	Électron	0.00054	Muon	0,11	Tauon	1,9
	Neutrino de l'électron	$<10^{-8}$	Neutrino du muon	< 0,0003	Neutrino du Tauon	< 0,033
Quarks	Haut	0,0047	Charme	1,6	Top	189
	Bas	0,0074	Etrange	0,16	Bottom	5.2

Classification actuelle des particules élémentaires.
Avec les six types de quarks.

Ces ultimes (?) composants de la matière ont été inventés – ou découverts (?) – par deux théoriciens des particules, Murray Gell-Mann et George Zweig, travaillant indépendamment, mais l'un comme l'autre au California Institute of Technology à Pasadena. Tous deux cherchaient à expliquer en un modèle synthétique toute une série d'observations faites dans les expériences de physique des particules.

Le nom de quark a été emprunté par Murray Gell-Mann à James Joyce. Dans *Finnegan's Wake*, il est en effet mystérieusement question de « *three quarks for Muster Mark* »... Murray Gell-Mann a obtenu de l'Etat de Californie la permission de mettre sur la plaque d'immatriculation de sa voiture, au lieu des combinaisons de lettres habituelles, le mot QUARK. Au cas où on l'oublierait... Il a aussi obtenu le prix Nobel, en 1969.

Michel CROZON, *L'Univers des particules*, Seuil, 1999.

Steven WEINBERG, *Le Monde des particules : de l'électron aux quarks*, Belin, 1985.

Brian GREENE, *L'Univers élégant,* Robert Laffont, 2000.

Races

La notion de race est particulièrement difficile à cerner, car elle charrie avec elle tant de lourdes connotations qu'un mot mal pesé, une phrase mal agencée, peuvent avoir des conséquences terribles ou entraîner des contresens redoutables. C'est en effet au nom de la race que bien des désastres et massacres ont eu lieu, provoqués par ce sentiment humain détestable appelé « racisme ».

Pourtant, disons-le, sur le plan biologique, la notion de race n'existe pas. Seule existe la notion d'espèce. Cette dernière est définie par le critère de l'interfécondité. Deux individus de sexe opposé appartenant à une même espèce peuvent engendrer des individus qui, à leur tour, peuvent être féconds avec des partenaires d'une même espèce. Ainsi, deux chevaux, mâle et femelle, s'accouplent pour donner des chevaux qui, à leur tour, donneront des chevaux. En revanche, un cheval et un âne peuvent engendrer un mulet ou un bardot, mais ceux-ci seront stériles.

La biologie moderne a permis de préciser, de mieux comprendre ce qui définit l'espèce : pour que deux individus appartiennent à la même espèce, il faut au moins que leurs ADN aient le même nombre de gènes et soient de structure identique. Les hommes, qu'ils soient blancs, noirs, ou jaunes, peuvent se reproduire entre eux sans distinction. Ils appartiennent à la même espèce – ce qui n'est pas le cas des individus chimpanzés et orangs-outans, par exemple. Ce résultat a commencé à être admis par tous les naturalistes au XVIIIe siècle.

Si l'on se borne à une étude quantitative de l'ADN, il n'y a pas de races. La différence existant entre les génomes de deux Français pris au hasard est aussi grande que celle existant entre un Français et un Pygmée congolais !

Pourtant, il est vrai que chez les animaux apprivoisés par l'homme, des races existent. Races de chien, races de chats, de moutons ou de vaches. Sans être expert, on distingue très bien un chihuahua d'un labrador, une vache écossaise d'une Salers. Et s'il y en a chez les chats ou les chiens, il est difficile de réfuter l'idée qu'il y en a chez l'homme.

La différence fondamentale entre races et espèces est la barrière d'interfécondité qui existe entre les espèces.

Si l'on mesure un caractère phénotypique (par exemple, la présence, l'absence ou la forme caractéristique d'un os donné) sur un échantillon d'individus appartenant à plusieurs espèces différentes, on constate que ce caractère se répartit en trois classes distinctes. L'histogramme des fréquences aura trois maxima. On rejoint là le savoir traditionnel des naturalistes : l'espèce peut être décrite, caractérisée par une description physique.

En revanche, si on mesure la plupart des caractères phénotypiques sur un échantillon mélangeant plusieurs races, on obtiendra un continuum sans maxima distincts. En fait, il y a eu tellement d'interfécondations entre races qu'il n'existe pas deux individus possédant le même patrimoine génétique ; tout est mélangé. Du coup, définir les caractères d'une race relève de l'arbitraire total. Tout au plus peut-on dégager des tendances. Etablir des caractères distinctifs entre les Jaunes, les Noirs et les Blancs est une opération extrêmement difficile.

Mais en admettant même qu'il y ait des tendances, attribuer *a priori* une tendance à un individu sous prétexte qu'il est censé appartenir (notez la prudence) à telle ou telle race est une opération biologiquement absurde. D'autant plus absurde que les tendances en question sont souvent dues à des héritages culturels, à des environnements physiques – notamment climatiques – ou à des régimes alimentaires différents.

Le racisme est biologiquement dénué de sens. Prétendre prévoir le comportement, les capacités intellectuelles et morales d'une collectivité ou, plus absurde encore, d'un seul individu à partir de variations mineures et, pour la plupart, dénuées d'importance évolutive, dans l'ADN, est tout simplement idiot. Quelle discrimination par les gènes invoquer, quand on sait que les gènes des êtres humains, quelle que soit la prétendue « race » (c'est-à-dire la couleur de la peau), sont semblables à 99,9 % !

2 % seulement de l'ADN humain appartient au génome et est donc transcrit en protéines. 98 % des séquences sont soit non codants, soit des introns et n'ont aucune traduction, ni physiologique ni anatomique. Or lorsqu'on étudie l'ADN, comme c'est le

cas dans la technique des empreintes génétiques ou pour les analyses anthropologiques, les mutations qu'on observe concernent essentiellement les séquences non codantes et les introns, la partie inutile. Cela pour la bonne raison que les mutations qui touchent ces bouts d'ADN non codants étant sans effet sur l'hérédité, sans répercussion physiologique ou anatomique, elles n'ont aucune raison d'être supprimées par la sélection naturelle. Elles s'accumulent donc librement.

Si demain vous entendez dire : les analyses d'ADN ont montré que tel ou tel groupe humain a des signatures génétiques spécifiques caractérisées par telle ou telle fréquence de telle ou telle séquence d'ADN, il y a toutes les chances pour que ces statistiques portent sur les séquences non codantes et les introns, et elles indiqueront sans doute l'isolement d'un groupe humain. Cela n'a aucun rapport avec les caractères génétiques effectivement traduits de l'ADN et conférant des propriétés physiologiques différentes.

Outre qu'il est intolérable sur le plan moral et social, le racisme est donc incompatible avec les données de la biologie et de la génétique la plus moderne.

Cela étant dit, il est dommage que les interdits sociaux empêchent aujourd'hui les chercheurs d'étudier les relations spéciales qui pourraient exister entre la couleur de la peau et tel ou tel autre caractère, notamment biochimique. Je pense que de telles études permettraient de tordre définitivement le cou à des idées fausses qui, sinon, persisteront.

Radioactivité

Le mot « radioactivité » ne traduit pas véritablement ce qu'il désigne. La radioactivité est en effet le phénomène par lequel certains isotopes de certains éléments expulsent des particules de leur noyau, se transformant ainsi en un autre isotope d'un autre élément. L'expression *transmutation nucléaire*, qui par ailleurs existe, décrit mieux ce processus.

Alors, pourquoi « radioactivité » ? Parce que lors de cette transmutation, des rayons sont émis. Il existe trois types de rayonnements : les rayons γ, qui sont des photons ; les rayons β, qui sont des jets d'électrons, et les rayons α, constitués par des atomes d'hélium ionisés. Or, justement, c'est par ce phénomène secondaire – l'étude des rayons émis – que l'on comprit ce qu'était la radioactivité, et, finalement, que l'on découvrit la nature et la structure du noyau des atomes...

La radioactivité fut d'abord détectée par Henri Becquerel en 1896 (*voir* : BECQUEREL), puis véritablement découverte par Pierre et Marie Curie. C'est cette dernière qui inventa le mot de radioactivité. Tous trois ont reçu le prix Nobel de physique en 1903.

Quelle est la cause de la radioactivité ?

C'est l'instabilité de certains noyaux atomiques.

Le noyau des divers atomes est constitué par des assemblages délicats de protons et de neutrons (ou, plus intimement, de particules élémentaires appelées quarks). Si le nombre de protons ou de neutrons dépasse certaines bornes, le noyau devient instable.

Pour chaque élément chimique, le nombre de neutrons et de protons doit être compris dans des limites strictes. L'ensemble de ce domaine « possible » s'appelle la vallée de stabilité nucléaire. Situé hors de la vallée, un noyau se désintègre spontanément pour y retourner. C'est ce qu'on appelle la *radioactivité*.

Celle-ci peut être artificielle. Lorsqu'on réalise une réaction nucléaire, on génère un nouveau noyau atomique. Lorsque ce dernier est hors de la vallée de stabilité, il se désintègre. C'est la radioactivité artificielle découverte par Irène et Frédéric Joliot-Curie, et qui leur vaudra le prix Nobel de chimie en 1935.

Mais la radioactivité est d'abord un phénomène naturel. Ainsi, le carbone 14 est produit dans la haute atmosphère par réaction nucléaire. Le potassium 40 a été fabriqué dans une étoile lors de la nucléosynthèse, et il se désintègre depuis lors en produisant de l'argon 40 (l'essentiel de l'argon contenu dans l'atmosphère). Les isotopes de la famille des uraniums ou du thorium se désintègrent, eux aussi.

La radioactivité a été utilisée de diverses manières. D'abord en médecine, où l'on soumet des tumeurs à l'action de rayons émis par certains isotopes radioactifs. Ensuite en biologie, où l'on utilise les éléments radioactifs comme traceurs, par exemple dans le corps humain. Enfin, en géologie, où la radioactivité est le phénomène physique à la base de la chronologie isotopique (datation au carbone 14, mais surtout uranium-plomb, rubidium strontium), etc. (*voir* : ISOTOPES).

Rayons cosmiques galactiques

Le rayonnement cosmique galactique est essentiellement constitué par des ions positifs (noyaux d'hydrogène ou d'hélium), qui parcourent l'univers à des vitesses très élevées et dont les énergies se mesurent en Gev (milliards d'électronvolts).

Ces rayons cosmiques irradient tous les corps de l'univers, provoquant des réactions nucléaires. Ainsi, par réaction nucléaire avec l'azote de notre haute atmosphère, ils produisent du carbone 14 radioactif, utilisé pour dater les objets préhistoriques ou géologiques pas trop vieux.

Sur Terre, les rayons cosmiques sont déviés par le champ magnétique terrestre et semblent concentrer leur chute vers les pôles. Ils y provoquent l'ionisation de l'atmosphère, créant le processus complexe appelé « aurore boréale ». Les météorites lâchées dans l'espace sont soumises à ce rayonnement qui crée en leur sein par réactions nucléaires de nouveaux noyaux atomiques, dont certains sont radioactifs.

Ces rayons cosmiques ont été utilisés pour des expériences de physique des hautes énergies avant que les accélérateurs géants ne les surpassent.

L'origine de ces rayons cosmiques est assez mystérieuse. Depuis une dizaine d'années, on pense qu'il s'agit de particules éjectées par les explosions de supernovae, puis déviées par les champs magnétiques des étoiles, et qui circulent ainsi à très, très grande vitesse dans l'univers dans toutes les directions.

Réacteurs nucléaires

Le processus de base des réacteurs nucléaires est ce qu'on appelle la fission induite. Les noyaux d'uranium sont radioactifs, c'est-à-dire instables, mais avec une période de vie relativement longue. Ce sont les noyaux les plus lourds, les plus complexes de tous les éléments chimiques naturels.

Soumis à un flux de neutrons, certains d'entre eux, les uranium 235, ont pour propriété de réagir en deux temps : d'abord, ils absorbent un neutron, puis ils se cassent en deux, donnant naissance à deux noyaux de masse voisine et à quelques neutrons. Cette réaction nucléaire, qu'on appelle la *fission nucléaire*, libère une grande quantité d'énergie. Les uranium 235 sont dits « fissiles ».

Cette énergie a pour origine la disparition d'une partie de la masse, dont on sait depuis Einstein qu'elle est équivalente à de l'énergie. Pour évaluer cette quantité d'énergie, songeons qu'un gramme d'uranium dont tous les atomes subiraient la fission produirait une énergie équivalant à celle fournie par la combustion de 2,7 tonnes de charbon.

Mais l'intérêt de la fission ne s'arrête pas là. Comme des neutrons (deux ou trois) sont expulsés à grande vitesse au cours de la réaction, ceux-ci peuvent à leur tour induire une autre fission dans un atome d'uranium situé à proximité, et ainsi de suite. On obtient alors une *réaction en chaîne*.

Si tous les neutrons expulsés induisent une nouvelle fission, l'effet multiplicateur va être considérable ; il s'ensuivra une explosion. C'est le principe de la bombe atomique. Si un seul des neutrons expulsé

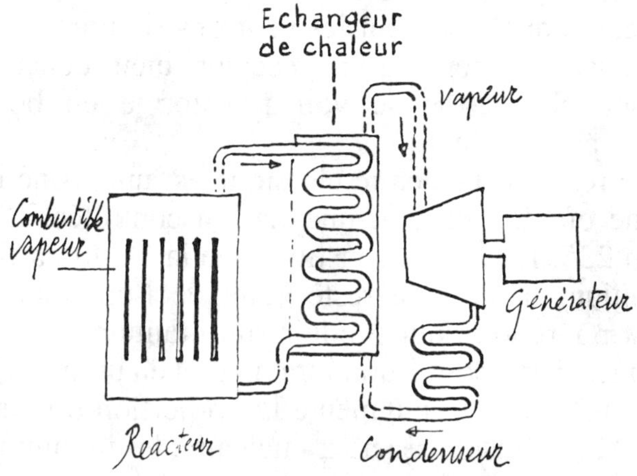

CENTRALE CLASSIQUE

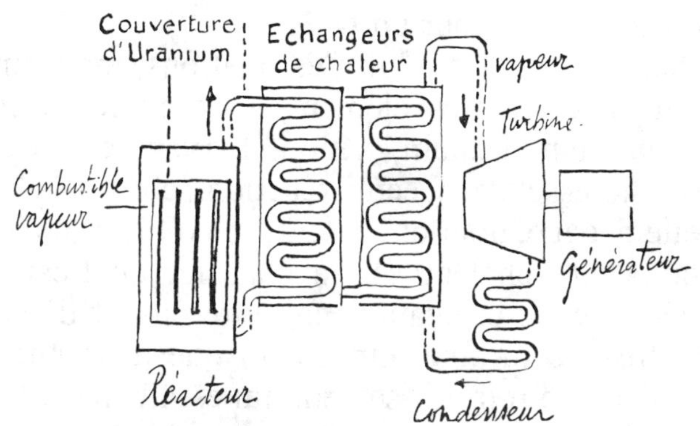

SURGÉNÉRATEUR

Réacteurs nucléaires de type classique et de type surgénérateur. On notera que l'eau qui sert à faire marcher les turbines n'a aucun contact avec les produits radioactifs.

est effectivement réutilisé pour induire une nouvelle fission, la réaction en chaîne sera contrôlée. C'est pourquoi on introduit dans le combustible nucléaire des corps qui absorbent les neutrons (le bore, le plus souvent), si bien qu'un réacteur bien conçu n'a aucune chance de se voir transformé en bombe, même par accident !

Un réacteur nucléaire classique est une usine thermique où l'on produit une fission contrôlée. L'uranium 235, fissile, ne constitue que la 1/140 partie de l'uranium naturel, le reste étant de l'uranium 238. C'est pourquoi, pour produire un uranium industriel, on enrichit d'abord l'uranium naturel en uranium 235, c'est-à-dire qu'on augmente la proportion d'uranium 235. Mais dans un réacteur nucléaire, les uranium 235 restent tout de même très minoritaires par rapport aux 238 (un U 235 pour trente U 238), contrairement à ce qui se produit dans la bombe, où la proportion est de douze U 235 pour un U 238.

Chaque fission produit des neutrons, mais surtout des noyaux d'autres éléments souvent radioactifs : iode, baryum, césium, xénon, baryon, etc. Ce qui nous intéresse dans cette réaction, c'est la chaleur qu'elle dégage, dont on tente de maximiser la récupération. Cette chaleur sert à chauffer de l'eau sous pression ; celle-ci chauffe un autre circuit d'eau qui alimente une turbine. On notera que dans une centrale, l'eau de refroidissement qui est libérée à l'extérieur n'est à aucun moment en contact avec les matériaux radioactifs, pas plus que celle qui fait fonctionner la turbine !

Les craintes parfois exprimées par des gens ignorant ce dispositif sont donc dénuées de fondement. Et les poissons élevés dans les eaux chaudes évacuées par des centrales ne peuvent pas non plus être radioactifs pas plus que les crocodiles de la ferme de Tricastin ! Comme on peut le voir, les précautions pour isoler les divers circuits sont grandes. Ces précautions sont nécessaires pour des raisons de sécurité, mais on les paie par un faible rendement sur le plan énergétique et par la possibilité d'un nombre élevé d'accidents de tuyauterie.

La technique des surgénérateurs est plus astucieuse, mais plus complexe. Le combustible est mixte : uranium 235 et uranium 238. Sous l'influence de réactions effectuées avec des neutrons beaucoup plus rapides, ce dernier isotope donne du plutonium 239, qui fissionne en dégageant de la chaleur, comme l'uranium 235. Cette réaction se produit déjà parfois dans les réacteurs classiques, mais elle est ici mise systématiquement à profit en augmentant le seuil d'énergie des neutrons incidents.

Ainsi, tout en produisant de la chaleur avec l'uranium 235, si l'on peut faire en sorte que les autres neutrons dégagés réagissent avec l'uranium 238, on reconstitue un combustible nucléaire (le plutonium) pendant que l'on en consomme un autre. Au lieu d'utiliser le peu répandu uranium 235, on brûle l'abondant uranium 238. Dans ces surgénérateurs, les rendements énergétiques de l'uranium sont multipliés par 60 ou 100 !

Les problèmes à résoudre pour réaliser un tel réacteur sont essentiellement d'ordre technique. La chaleur dégagée est en effet si grande que pour la transférer à l'eau des turbines, on ne peut plus utiliser de l'eau sous pression.

On se sert donc de sodium liquide. Or ce produit est corrosif et dangereux, et son utilisation pose beaucoup de problèmes. Par ailleurs, comme ce processus consomme 60 à 100 fois plus de produit fissile, il génère beaucoup plus de déchets radioactifs. Mais il multiplie aussi les réserves d'uranium par 100 !

C'est donc un procédé astucieux mais dangereux. Tant qu'on n'aura pas résolu tous les problèmes techniques qu'il pose, mieux vaudrait qu'il reste au stade expérimental.

La fission produit de la chaleur, mais aussi des débris, à savoir les deux noyaux de masse différente nés de la brisure du noyau cible – du « combustible » (uranium 235 ou plutonium 239). Beaucoup de ces noyaux sont radioactifs. Certains, de courte période, d'autres de période longue allant jusqu'au million d'années. C'est là le fameux problème des déchets qui se pose aux centrales nucléaires et pour l'énergie nucléaire en général.

Qu'en faire ? Les stocker et attendre ? Mais où ?

Au fond des océans, dans d'immenses containers ? Mais qui peut garantir leur étanchéité pour des centaines de millions d'années ? Dans le sol ? Mais le problème est analogue, car le sous-sol est parcouru d'eaux souterraines, parfois chaudes, salées et donc corrosives. Alors ?

Face à ce problème redoutable, diverses attitudes se sont fait jour.

Pour les uns, il faut stocker et ne pas s'en préoccuper : nos enfants trouveront sans doute des solutions. C'est une position qu'on peut considérer comme irresponsable, hyper-optimiste ou lâche, suivant ses convictions. Mais c'est, au fond, celle de beaucoup de responsables des activités nucléaires (pas tous !), même si, bien sûr, ils ne le disent pas franchement. Elle a pu se traduire, par exemple, par le choix de l'enfouissement profond (4 000 mètres) et du colmatage. Les déchets seraient enfouis, profondément, on ne les verrait plus ! Pourtant, rien n'empêcherait qu'ils soient remobilisés par un accident géologique, des eaux souterraines chaudes ou tout autre processus naturel.

Pour d'autres, il faut arrêter les centrales nucléaires, ce qui implique de supprimer leur production d'électricité. C'est l'attitude des mouvements écologistes. En Allemagne, ils ont réussi à faire voter l'abandon du nucléaire ; aux Etats-Unis, ils ont ralenti son développement. Mais cette position est tout aussi irresponsable que la précédente, si l'on ne précise pas sur quoi on va se rabattre pour produire l'électricité. Sur le charbon ou le pétrole ? *Quid*, alors, de l'effet de serre ? *Quid* du prix du baril !

L'attitude moyenne et raisonnable consiste, me semble-t-il, à dire que le nucléaire est malgré tout l'énergie actuelle la plus « propre », et à poursuivre parallèlement la recherche sur la destruction des déchets radioactifs – en particulier ceux à longue durée de vie. C'est techniquement possible, à condition de le vouloir. Du coup, il est impératif de stocker les déchets en sub-surface et de manière réversible, de manière à :

1) Les surveiller ;

2) Les retraiter lorsqu'on aura mis au point la technique. C'est la position qu'à quelques-uns nous avons fait triompher en France, contre l'« establishment » qui défendait l'enfouissement profond ! J'en suis fier.

Mais la recherche continue... et cette recherche est de fabriquer des réacteurs propres, c'est-à-dire des réacteurs qui détruiraient eux-mêmes les radioactivités à longue vie. Le problème serait alors résolu. On stockerait sur place les déchets et on les laisserait mourir en quelques dizaines d'années. Plus de transport, plus de retraitements ! La sécurité serait améliorée par un facteur 10 ! Appuyons ces recherches.

Reconversion (des scientifiques)

On parle généralement de reconversion pour les industries, pour les travailleurs. Dans le futur, nous dit-on, un travailleur aura à se reconvertir plusieurs fois à de nouveaux métiers. En vérité, cette question se pose désormais de manière aiguë pour de nombreux scientifiques.

La science a en effet accompli de tels progrès que quantité d'interrogations ont trouvé leur réponse. Des disciplines entières tombent en désuétude parce qu'on en a compris l'essentiel. Certes, il reste toujours ici et là des questions secondaires à résoudre, des détails à préciser. Mais d'autres, plus importants, dans d'autres domaines, appellent ailleurs les crédits et les moyens. Ainsi en est-il aujourd'hui de disciplines comme la minéralogie, la zoologie, la botanique, la stratigraphie, la physique de l'état solide, la mécanique, pour n'en citer que quelques-unes. Ces disciplines ont connu des heures d'opulence. En 1950, l'Allemagne comptait sans doute près de mille minéralogistes, et la moitié des physiciens du CNRS étaient physiciens des solides dans les années 1980.

Il faut se méfier de l'idée qu'une science est finie. On se souvient de lord Rayleigh déclarant à la fin du

XIXe siècle quelque chose comme : « La physique est finie, on a tout compris, il y a encore l'effet photoélectrique qui reste inexpliqué, mais c'est un détail. » Or l'explication de l'effet photoélectrique par Einstein allait justement être le déclic de la révolution quantique du XXe siècle, qui devait transformer la physique ! Restons prudents, donc.

Il n'empêche qu'aujourd'hui, un certain nombre de disciplines sont en déshérence. Or bien que les progrès à faire ne soient pas spectaculaires, nous avons besoin de spécialistes de ces sciences à des fins d'expertise et d'enseignement. Comment va-t-on les recruter, les justifier, les maintenir si on annonce (ou s'ils constatent) que leur discipline est en voie d'extinction ?

La seconde question, humainement plus importante, est de savoir ce que vont devenir les chercheurs qui sont en surnombre dans leur discipline.

Ainsi, lorsqu'on développa la technologie des satellites, les centaines de spécialistes de l'ionosphère qu'on avait en France en firent les frais. Au lieu de réfléchir les signaux sur les hautes couches ionisées de l'atmosphère, qu'on appelle ionosphère, et dont il fallait connaître les propriétés et les vicissitudes, on les transmettait désormais *via* les satellites... La technologie des communications mondiales était bouleversée. On n'avait quasiment plus besoin d'eux. Il fallut que la majorité d'entre eux effectue une reconversion totale. Certains devinrent météorologues, d'autres s'orientèrent vers la technologie et l'électronique, d'autres continuèrent tant bien que mal dans la même discipline, mais avec peu de moyens.

De même, lorsqu'il apparut que la physique du solide s'asséchait, la question de l'avenir des jeunes physiciens qui s'étaient lancés dans le domaine se posa. Pourquoi ne se mirent-ils pas à étudier d'autres spécialités de la physique ? Cette question qui paraît évidente au profane n'est pas vraiment pertinente, car la physique est aujourd'hui tellement compartimentée que les reconversions sont difficiles. Certains physiciens ont cherché à se reconvertir en biologie, la « science montante ». Peu ont réussi, car l'état d'esprit de la recherche en biologie est bien éloigné de la physique, et il faut au préalable avoir beaucoup appris avant de se lancer dans la recherche en biologie.

J'ai vu pour ma part bien des ambitions conquérantes brisées net ! Bien sûr, il y eut le cas de Max Delbrück, éminent spécialiste de la physique quantique, qui devint le père de la biologie moléculaire. Ou encore Seymour Benzer, l'auteur du premier transistor, qui devint un écologiste moléculaire de niveau mondial et reçut le prix Crafoord dans cette discipline. Sans parler de Francis Crick ou, plus indirectement, de Georges Gamow ou de Leo Szilard, physiciens éminents qui ont apporté des idées fécondes à la biologie. Hormis quelques illustres contre-exemples, au total, il y eut peu de succès dans ces reconversions.

Alors, comment préparer l'avenir ? Ne faudrait-il pas des cursus de première année universitaire moins spécialisés ? Ne devrait-on pas contraindre les physiciens à apprendre très tôt (le très tôt est essentiel) un peu de biologie ou de géosciences ? Voilà un sujet de réflexion pour l'avenir.

Quoi qu'il en soit, un jeune chercheur, aussi brillant soit-il, doit savoir que le domaine dans lequel il a entrepris ses recherches sera un jour terminé, et qu'il aura à se reconvertir. Vers une autre science ? Vers un autre métier ? Vers l'industrie ou le commerce ? La question doit être désormais posée avec beaucoup de sérieux à tous les jeunes qui s'engagent dans la recherche.

Mobilité des esprits, des carrières : cela veut dire culture générale scientifique et formation moins spécialisée. Mais ceci est une autre histoire...

Réductionnisme

On connaît le célèbre aphorisme de Jacques Monod : « Ce qui est vrai pour la bactérie est vrai pour l'éléphant ! » Aphorisme qui s'est d'ailleurs révélé inexact... Monod voulait dire que si l'on comprenait le fonctionnement de la cellule, élément constitutif de tout être vivant, on comprenait le principe fondateur de tous les animaux, y compris les animaux supérieurs.

Après trente ans de recherche sur les animaux supérieurs, il faut se rendre à l'évidence : le fonctionnement d'un éléphant est beaucoup, beaucoup plus compliqué que celui d'une bactérie, comme l'a bien dit Pierre Chambon dans sa leçon inaugurale au Collège de France.

Cette idée que la compréhension de l'infiniment petit était la clé pour connaître le monde sensible a animé la physique depuis le début du XXe siècle, avec l'élaboration de brillantes théories sur la structure de l'atome et des molécules, puis sur celle du noyau atomique. De fait, pour un certain nombre de propriétés, cette vision qui *réduit* la compréhension du macroscopique au microscopique a été extrêmement efficace.

Ainsi, la connaissance des structures atomiques a permis de comprendre les raies d'émission ou d'absorption optiques, celle de la structure électronique des atomes a permis de comprendre la liaison chimique, et donc la structure et la formation des composés chimiques. C'est la connaissance du comportement des électrons dans les solides qui a permis d'expliquer les observations de Benjamin Franklin puis de Michael Faraday sur la conduction et la non-conduction de l'électricité qui caractérise divers matériaux.

Il y a là un succès extraordinaire du réductionnisme.

De même, en astrophysique, la compréhension du fonctionnement des étoiles et de la fabrication des éléments chimiques n'a été possible que grâce aux résultats de la physique nucléaire.

En revanche, on peut bien vous donner toutes les propriétés quantiques des molécules d'eau, si on vous demande de prévoir comment l'eau va s'écouler, quelle sera la dimension des vagues lorsqu'elle sera agitée, vous en serez incapable.

De même, en chimie, la connaissance de la structure des polymères n'est pas suffisante pour prévoir la manière dont ils se déforment ou réagissent à l'action d'un champ magnétique, etc.

Les physiciens ont développé pour cela des méthodes de transfert d'échelle dont la plus célèbre a le nom un peu ésotérique de groupe de renormalisation.

En biologie, le réductionnisme semble triompher dans le domaine de la génétique. La connaissance des gènes permet en principe de prévoir les possibilités de descendance. Ainsi, les caractères dominants ou récessifs ont permis d'expliquer la transmission des yeux bleus, etc., et la découverte de l'ADN a ancré cette démarche au niveau de la molécule.

Pourtant, au-dessus des mécanismes de la génétique se superpose une biologie des systèmes. Ce peut être au niveau de l'organisme, voire de l'organe, considéré comme système dont les propriétés physiologiques ne sauraient être déduites de ses composants – le cerveau en constitue un magnifique exemple. Ce peut être, à un niveau encore supérieur, la mise en évidence d'interactions des individus entre eux et avec leur milieu, de l'existence d'un système écologique...

Expliquer l'infiniment petit qui le compose ne suffit souvent pas à expliquer un système. Nul doute que dans un certain nombre de cas, l'attitude réductionniste a donné des résultats spectaculairement brillants, mais la science ne saurait se cantonner à cette méthode.

On peut aujourd'hui se représenter la structuration des systèmes naturels comme obéissant à deux déterminismes opposés. L'un va des petites structures vers les grosses ; l'autre, au contraire, va des grandes structures vers les petites – le tout orientant le fonctionnement des parties.

C'est l'utilisation sans dogmatisme de ces deux approches complémentaires qui définit aujourd'hui la démarche scientifique.

Relativité

Relativité galiléenne

La théorie de la relativité prend ses racines chez Galilée (encore lui !).

On se rappelle l'expérience de l'homme qui, sur un bateau avançant à bonne allure, jette en l'air, verticalement, une balle. Où retombe-t-elle ?

Certains, à l'époque de Galilée, pensaient qu'en vertu du principe d'inertie, la balle était autonome par rapport au bateau, et donc que si le bateau était assez rapide, la balle retomberait en mer.

Galilée (après Giordano Bruno) réplique : « Non, pas du tout, la balle retombe aux pieds de celui qui l'a lancée dans le bateau. » Et il a raison. Pourquoi cela ?

Parce que la balle, comme tout ce qui se trouve sur le bateau, est entraînée par la vitesse du bateau (c'est la loi de composition des vitesses). Elle appartient au référentiel du bateau. Lorsqu'on la lance en l'air, sa trajectoire est verticale pour tout passager du bateau. Mais, à l'inverse, un observateur situé sur la berge voit la trajectoire de la balle dessiner une parabole.

La forme de la trajectoire de la balle dépend donc du lieu d'où on la regarde.

Ce principe qu'a énoncé clairement Galilée, notamment dans le fameux *Dialogue*, a été très difficile à comprendre et à admettre pour ses contemporains. Ceux-ci s'opposaient par exemple à l'idée de la rotation de la Terre en disant : si la Terre tournait, lorsque vous lâchez une balle de mousquet du dernier étage de la tour de Pise, elle devrait tomber plus loin vers l'ouest, puisque pendant le trajet la Terre se serait déplacée ! Or elle tombe au pied de la tour, preuve que la Terre est au repos. Mais l'argument ne troublait pas Galilée. Il poursuivit son raisonnement et affirma : « Il n'y a pas de repère absolu. Tout mouvement intervient par rapport à un référentiel choisi. »

Relativité restreinte

Chacun de nous a pu éprouver le sentiment de la relativité, par exemple dans un train à l'arrêt que croise un autre train. Lequel des deux trains est en mouvement ? Pour lever l'ambiguïté, il nous faut regarder à l'extérieur du système des deux trains en fixant par exemple une maison, ou un poteau.

Si nous nous trouvons dans un avion qui vole à vitesse constante, nous pouvons jongler avec deux balles de tennis comme nous le ferions à terre, nous mangeons comme nous le ferions à terre. En termes savants, on dira que les lois de la physique sont les mêmes dans tout repère inertiel. Ce ne serait plus vrai si l'avion accélérait ou tournait brusquement. Il faut qu'il suive un mouvement uniforme rectiligne. Un objet tournant n'est pas un repère inertiel[1]. C'est le premier principe fondateur de la relativité restreinte qu'énonce Einstein.

Le second principe est un peu plus difficile à admettre, mais si l'on fait confiance au raisonnement logique, en laissant de côté l'intuition, ce sera plus facile : Einstein affirme que dans tous les repères inertiels, la vitesse de la lumière est une constante universelle. Lorsqu'on marche sur un tapis roulant, on avance plus vite. Mais lorsqu'on envoie un faisceau lumineux depuis un tapis roulant, il n'arrive pas plus vite. Fascinant, non ?

1. C'est pour cela que Foucault a pu démontrer la rotation de la Terre.

Pour comprendre cela, il faut se souvenir que la lumière se propage dans le vide, sans support matériel, à une vitesse constante dans toutes les directions.

Imaginons l'expérience suivante. Deux avions à même altitude, allant en sens inverse, l'un à faible vitesse, l'autre à grande vitesse. Ils se croisent ; au moment où ils se croisent, ils déclenchent ensemble, du même point, un flash lumineux. Puis, continuant leur route, ils s'éloignent l'un de l'autre.

Si l'on veut mesurer la vitesse de la lumière, on aura tendance à penser que dans la mesure faite à partir de l'avion qui passe à grande vitesse, il faudra déduire la vitesse de l'avion de la vitesse de la lumière mesurée. Eh bien, il n'en est rien, puisque le flash a été émis par les deux avions en même temps. Pour mesurer la vitesse de la lumière dans l'avion qui vole lentement, nous n'avons besoin d'aucune correction non plus.

En fait, chaque avion a sa propre sphère de lumière qui se dilate avec le temps, puisque la lumière est une onde qui se propage. On peut arbitrairement décider qu'un des deux avions est immobile et que l'autre est mobile par rapport au premier. Pas mobile par rapport à un repère absolu, puisqu'il n'y en a pas !

La situation est totalement différente du cas de deux bateaux, dont l'un est au repos et l'autre en mouvement. Au moment où ils se croisent, on jette du bateau au repos (ou de celui en mouvement) une pierre dans l'eau. La chute de la pierre donne lieu à une onde qui se propage circulairement à partir du point d'impact dans toutes les directions. Bien entendu, après un certain temps, le bateau au repos se trouve toujours au centre des « ronds » alors que le bateau en mouvement rapide les a dépassés. Les deux bateaux ne sont donc pas dans la même situation que les deux avions par rapport à la lumière.

Quelle est la différence ?

La différence, c'est que, dans le cas des bateaux, l'onde a un référentiel fixe, qui est l'eau, et sa surface, qui est localisée. Et cela change tout. Par rapport à ce référentiel, il y a un bateau qui bouge et un autre qui est au repos. Les ondes, elles, se propagent relativement au référentiel qui est l'eau.

Encore une fois, dans l'espace, il n'y a pas de référence fixe, il n'y a pas de repère absolu par rapport auquel on pourrait déterminer ce qui bouge et ce qui est au repos. Tout est relatif. Dans l'espace, le mouvement est une convention par rapport à un repère *qu'on décide, arbitrairement.*

Le point fixe absolu n'existe pas. Et la vibration lumineuse ne fait vibrer aucun milieu matériel.

Le temps est relatif

Nous avons dit que la trajectoire d'une balle lancée verticalement sur un bateau n'était pas la même suivant qu'on l'observe du bateau et ou de la berge.

Lorsqu'on fait la même expérience avec un jet de lumière et un miroir placé en haut du mât, il en va de même. La trajectoire de la lumière vue du bateau est un aller-retour vertical. Vue de la berge, c'est un triangle (dont la base est minuscule, puisque la vitesse du bateau est de beaucoup inférieure à celle de la lumière).

Si l'on veut mesurer les distances parcourues par la lumière, on constate qu'elles ne sont pas les mêmes suivant qu'on les mesure du bateau ou de la berge – rappelez-vous, la vitesse de la lumière est toujours la même, il n'y a pas « composition des vitesses », comme dans le cas d'une balle. La distance parcourue, vue de la berge, est plus grande – c'est le triangle de petite base au lieu de l'aller-retour vertical. Or la distance, c'est la vitesse que multiplie le temps, donc la vitesse c'est la distance divisée par le temps. Pourtant, la vitesse de la lumière mesurée de la berge ou du bateau est la même.

La seule manière de s'en sortir, c'est d'admettre que le temps mesuré sur le bateau n'est pas le même que le temps mesuré sur la berge.

Le temps mesuré sur le bateau est plus court que le temps mesuré sur la berge.

Le temps n'est donc pas, comme on le croit dans la vie courante, une valeur absolue, mais une notion relative. Sa mesure dépend du repère qu'on choisit pour la mesurer.

Si on appelle l'intervalle de temps mesuré sur le bateau t_o, l'intervalle de temps mesuré de la berge pour l'expérience faite sur le bateau s'écrit

$$t = \frac{t_0}{\sqrt{1 - \frac{V^2}{C^2}}}$$

V = vitesse du bateau et C = vitesse de la lumière [1].

Naturellement, le temps se déroule toujours dans un sens, on ne peut espérer regarder dans le passé et cela pour une raison essentielle, c'est qu'aucun mobile ne peut avoir une vitesse supérieure à la vitesse de la lumière. La vitesse de la lumière, c'est

1. Pour un hors-bord qui atteindrait 100 kilomètres à l'heure, la vitesse de la lumière est si grande que la différence d'écoulement du temps est de l'ordre de 10^{-16} ! Un dix millionième ! Pas étonnant qu'on ne s'en aperçoive pas.

la vitesse indépassable ! Si on pouvait la dépasser, on pourrait remonter le temps...

On peut aussi montrer très simplement que lorsqu'on mesure une longueur, la longueur mesurée sur un mobile lorsqu'on se trouve sur le mobile est toujours inférieure à la longueur que l'on mesure en observant le mobile d'un point qu'on a décidé fixe.

Dilatation du temps, contraction des distances.

Là encore, on peut écrire une formule qui met en place ce fameux facteur

$$\sqrt{1-\frac{V^2}{C^2}}\ :$$

$$L = L_0\sqrt{1-\frac{V^2}{C^2}}$$

Mais, attention, tout cela, temps ou longueur, ne devient sensible, « visible » que lorsque la vitesse du mobile n'est pas trop éloignée de la vitesse de la lumière. Pour les vitesses ordinaires, l'expression $\sqrt{1-\frac{V^2}{C^2}}$ vaut pratiquement 1 et il semble donc que rien ne se passe : en fait, on ne peut rien observer. Pour un avion volant à 1 000 mètres à la seconde, cette expression est égale à 0 avec 11 fois le chiffre 9 après la virgule ; seule la douzième décimale a changé !

Mais si les conditions d'application sont si éloignées des situations courantes, comment peut-on vérifier expérimentalement la véracité de cette théorie ?

Masse et énergie

Avec une logique implacable, sans qu'il soit besoin de recourir à des mathématiques compliquées, on peut poursuivre le raisonnement et l'appliquer à la masse. La conclusion est immédiate : la masse d'un objet en mouvement (par rapport à un repère arbitraire) est supérieure à la masse au repos lorsqu'on la mesure par rapport à un repère supposé fixe. On peut en déduire vis-à-vis de l'énergie la fameuse formule, promise au succès médiatique que l'on sait : $E = mc^2$ où E est l'énergie, m la masse, et c l'éternelle vitesse de la lumière.

Cette équation établit non pas que la masse et l'énergie sont identiques, mais qu'il existe un lien si profond entre les deux que l'on peut espérer transformer l'une dans l'autre.

On cherchait quelle était la nature mystérieuse de cette grandeur qu'est l'énergie, on constate que de l'énergie est contenue, confinée dans la masse. C'est, on le sait, de cette formule que sortira l'énergie atomique. On détruit un peu de masse pour obtenir beaucoup d'énergie, grâce à cette fameuse vitesse de la lumière qui, élevée au carré, est un facteur énorme. Cette théorie de la relativité restreinte a été établie par les travaux successifs de Hendricks Lorentz, Henri Poincaré, puis, bien sûr, Einstein.

La relativité générale

C'est une théorie plus difficile à comprendre et qui demande pour bien l'expliquer le secours de mathématiques un peu compliquées.

Donnons-en ici la « saveur » sans nous lancer dans un exposé qu'on trouvera dans les excellentes références citées ci-dessous.

Tout part d'une observation simple que nous avons

tous faite. Nous sommes dans un ascenseur. Supposons que brusquement l'ascenseur accélère, celui qui se trouve dans l'ascenseur va se trouver plaqué vers le bas. Tout se passe comme s'il avait été attiré vers le bas, par exemple par l'attraction d'une masse.

On montre facilement que le phénomène serait identique si l'ascenseur était dans l'espace éloigné de toute source de gravité.

Einstein conclut de cela qu'il y a une parenté entre la masse (qui exerce la fameuse attraction de Newton sur tout autre masse) et l'accélération. A partir de là, Einstein montre que la présence de masse déforme ce qu'il appelle l'espace-temps. Cela va le conduire à montrer que la masse a une action sur la lumière. Ce résultat fut démontré par Arthur Eddington en 1916 grâce à des observations astronomiques faites pendant une éclipse de Soleil.

Cette théorie très puissante est aujourd'hui l'une des bases de la cosmologie et de l'astrophysique moderne et du repérage des voitures grâce au GPS.

Thibault Damour, *Si Einstein m'était conté,* Le Cherche-Midi, 2005.

Albert Einstein, *La Théorie de la relativité restreinte et générale,* Dunod, 2004 (nouvelle édition).

Responsabilité

Le scientifique a-t-il une responsabilité particulière dans la société ?

L'équipe de grands physiciens américains qui, sous la direction du général Grove, a conçu et fabriqué la bombe atomique à Los Alamos est-elle responsable des effroyables tueries d'Hiroshima et Nagasaki ?

Certains scientifiques, qui en sont convaincus, se sont regroupés après la guerre dans le mouvement Pugwash pour s'opposer à l'utilisation de la science à des fins militaires, s'interdisant de travailler pour les militaires. Si l'on va au bout de cette logique, Einstein aurait une lourde responsabilité en tant que découvreur de la relativité restreinte et de la fameuse formule $E = mc^2$ permettant la conversion de la masse en énergie.

En opposition avec cette attitude, d'autres scientifiques défendent l'idée que les physiciens de Los Alamos ne sont en rien responsables de la bombe. Les Etats-Unis ont décidé de fabriquer une bombe atomique – les physiciens, citoyens comme les autres, ont obéi, de même que les pilotes d'avion qui ont largué les bombes sur le Japon en 1945.

Après la guerre, en revanche, eut lieu une affaire très importante qui s'est terminée par un procès désormais célèbre : le « procès Oppenheimer ».

Robert Oppenheimer, l'un des physiciens les plus réputés aux Etats-Unis, fut le directeur scientifique du projet Manhattan. Après la guerre, l'idée vint aux physiciens de fabriquer une bombe mille fois plus puissante que celle d'Hiroshima – fondée non plus sur le processus de fission, mais sur une réaction de fusion (bombe dite à hydrogène, ou bombe H). Oppenheimer émit de vives réserves, protestant que ce serait là construire un engin de mort terrifiant. Il exprima le souhait de ne pas participer à son élaboration. Un autre physicien émigré hongrois, Edward Teller, fanatique de l'anticommunisme, l'accusa alors de retarder le développement de la bombe H. Poussant un peu loin le bouchon, il attribua les réticences d'Oppenheimer à un pacifisme motivé par des idées pro-communistes. C'était en pleine période de maccartisme. Un procès eut lieu contre Oppenheimer, qui en sortit sans condamnation formelle, mais brisé, deshonoré.

Une histoire un peu différente eut lieu en France. Peu après la guerre, la France créa le Commissariat à l'énergie atomique (CEA) et nomma à sa tête un prix Nobel éminent, Frédéric Joliot. Organisateur remarquable, spécialiste incontesté, Joliot sut faire du CEA une exceptionnelle machine de recherche. On développa d'abord des piles (la première fut baptisée Zoé) avec l'objectif de fabriquer plus tard des centrales.

Mais le gouvernement de la IVe République (et non de Gaulle, comme on a pu le dire) décida de construire une bombe atomique, sans le secours des Américains qui y étaient opposés. Frédéric Joliot lança le programme. Mais le brillant haut-commissaire était aussi un militant politique, membre du bureau politique du Parti communiste. Poussé ou non par ce dernier, il se laissa aller à prononcer un discours dans lequel il affirmait que la bombe atomique ne serait jamais utilisée par la France contre nos « grands amis soviétiques ». Il fut aussitôt limogé, et le CEA connut pendant quelque temps une véritable chasse aux sorcières contre tous ceux qui étaient suspectés de communisme.

Dans ces deux affaires, Oppenheimer et Joliot, on a estimé que les scientifiques étaient sortis de leur rôle. En fait, derrière ces prises de position s'opposent deux conceptions antagonistes.

Pour les tenants de l'« aristocratie scientifique », la science est le moteur de l'histoire. Les découvertes scientifiques sont au cœur du progrès économique, et ce sont elles qui transforment nos conditions de vie. Les scientifiques ont de ce fait une responsabilité particulière dans la société. Leur savoir leur impose de choisir, d'anticiper le futur et finalement de décider ce qui est bien et mal. Ils constituent une élite dont le savoir guide le monde, et dont la sagesse doit éclairer l'évolution de la société.

Cette idée a été brillamment défendue par le célèbre physicien américain Viktor Weisskopf et, d'un manière différente, par les créateurs de la biologie moléculaire, Francis Crick ou Jacques Monod. Tous insistent sur la nécessité pour les scientifiques de réfléchir sur le sens et l'utilité de leurs découvertes, de dépasser le simple aspect technique pour faire éclore un véritable humanisme scientifique. Des hommes comme Georges Charpak ou Jean-Pierre Changeux ne sont pas éloignés, aujourd'hui, de la vision de Weisskopf.

Diamétralement à l'opposé, d'autres considèrent que le « scientifique citoyen » n'a ni droit ni devoir particulier. C'est à la société, avec son système démocratique, de décider s'il faut faire des bombes ou pas, si telle découverte est utile ou pas, etc. Pour faire prendre en compte sa sensibilité, sa vision et son savoir, le scientifique doit participer aux « processus politiques » aux divers niveaux qui existent.

Dans l'ensemble des « processus politiques », il faut inclure la communication et l'éducation. Le scientifique doit participer activement à l'éducation, et faire comprendre à tous les citoyens les fondements et les enjeux des découvertes scientifiques. Sans information correcte, le débat démocratique n'existe pas.

Et c'est là qu'on voit la distinction entre les deux attitudes.

Aujourd'hui, on assiste à un débat sur les OGM qui ressemble à un dialogue de sourds.

D'un côté, les « écolos » claironnent le danger des OGM pour l'environnement, en alignant des âneries. Lorsqu'un producteur de salades biologiques affirme qu'il est contre les champs de maïs transgénique parce que cela risque de contaminer ses salades, c'est aussi bête que s'il disait : « Je ne veux pas de chien car j'ai peur qu'il engrosse mes poules ! »

De l'autre, les scientifiques qui expliquent, mais que personne ne comprend parce qu'on n'écoute même pas leurs arguments.

La démocratie ne peut pas être le règne de l'ignorance ! Si l'auteur de ces lignes défend obstinément l'attitude citoyenne pour les scientifiques, il n'en combat que plus fermement la dictature de l'ignorance, fût-elle déguisée en démocratie.

Cela posé, ce débat ne concerne que l'attitude collective des scientifiques dans la société. Sur le plan individuel, le problème se pose différemment. Un scientifique doit-il accepter ou non de travailler à fabriquer des armes ? Chacun peut répondre oui ou non. A froid, je suis sûr que pour la majorité, la réponse sera non, même avec des avantages matériels. Hors circonstances exceptionnelles, la majorité des biologistes refuseraient obstinément de travailler à fabriquer un virus capable de devenir une arme biologique mortelle. Mais, en temps de conflit, la question est moins simple. Faut-il laisser se développer le terrorisme biologique sans le combattre ? On connaît l'histoire du grand chimiste allemand Haber, inventeur du gaz moutarde par patriotisme (*voir :* MILITAIRE)...

Voilà, en tout cas, des questions à discuter avec les jeunes scientifiques.

Roche(s)

Dans un dictionnaire ordinaire, on vous dit qu'une roche est formée par l'assemblage de minéraux. Je corrigerai cette définition en vous disant qu'une roche est non pas un assemblage, ni un mélange, mais **une** *société de minéraux.* Ce qui implique que ces minéraux ne sont pas étrangers les uns aux autres, mais qu'ils forment une communauté avec une identité, une personnalité propre. Cette communauté, avec son histoire, c'est précisément la roche.

On vous dira ensuite que les roches se divisent en roches primaires (les granites, les basaltes) encore appelées roches endogènes – ou, pour employer un mot savant, roches ignées, « venant du feu » –, et en roches secondaires, encore appelées roches sédimentaires (grès, schistes, calcaires), secondaires parce qu'elles proviennent de la destruction d'autres roches plus anciennes. Enfin, il y a aussi les roches métamorphiques qui sont soit des roches primaires, soit des roches secondaires, mais qui ont été métamorphosées, transformées, dénaturées par l'action de la chaleur et de la pression.

Avec cela, vous savez tout sur les roches. C'est-à-dire que vous ne savez rien !

Car une roche, pour qui l'aime et la comprend, est un message. Les pierres ont un langage, elles nous disent leur histoire, le « langage des pierres », écrivait Roger Caillois. Voici un basalte sombre, avec de petits amas de minéraux verts qu'on appelle l'olivine. Ce basalte, que l'on ramasse en le cassant pour faire disparaître l'écorce d'érosion que la pluie et le temps ont rougie, nous dit ceci : ici, il y a 3 millions ou 3 milliards d'années selon son âge, il y avait un volcan, une montagne qui crachait du feu. Des coulées de lave en fusion atteignant des températures de 1 000 degrés s'écoulaient dans un paysage dévasté par les projections de pierres et de cendres. Puis, ces coulées de lave se sont refroidies, lentement, laissant les minéraux les plus « puissants » cristalliser. Ici, le minéral le plus « puissant » s'appelle l'olivine. Autour de lui, dans une pâte qui se refroidit assez vite, de petits cristaux de deux autres minéraux qu'on appelle pyroxène et feldspaths ont cristallisé. Et le quartz, me direz-vous ? C'est un minéral que je connais, pourquoi n'a-t-il pas cristallisé ? Réponse : parce que l'olivine déteste le quartz. Mise en présence de quartz, elle réagit avec lui, le détruit et le transforme en pyroxène.

Voilà une règle de la société des minéraux dans la catégorie basalte.

Si nous avions évoqué le granite, je vous aurais parlé du domaine où règne le quartz, où l'olivine est interdite, où l'eau circule, où vont se former les gisements de cuivre, de molybdène ou d'uranium. Je vous aurais dit qu'on était là à vingt kilomètres de profondeur, enfouis dans la croûte terrestre.

Et si nous jetions un coup d'œil à une roche secondaire ? Un calcaire ?

En son sein, avec un microscope, je verrais des coquilles d'animaux disparus. Si c'étaient des huîtres, je saurais qu'il y avait près d'ici le rivage d'une mer tiède ; si c'étaient des coraux, je verrais se déployer un paysage de lagon, etc.

Ainsi, ce langage des pierres, ces pierres qui parlent, permettent aux géologues de faire revivre le passé.

Et pourtant, ce ne fut pas sans mal. Lorsque l'Ecossais Hutton affirma que les basaltes et les granites étaient des produits fondus venant de l'intérieur du globe, et que les roches sédimentaires étaient produites par l'action de l'eau, on lui répliqua que c'était comprendre la nature à l'envers. Les profondeurs de la Terre, c'est l'enfer, le royaume du diable. Le ciel, c'est le domaine de Dieu (j'ai gagné le ciel ! dit-on) et c'est lui qui apporte la pluie et les richesses. Dire que c'est l'intérieur de la Terre qui fabrique les roches et que c'est la pluie qui les détruit pas l'érosion, c'est donner au diable le rôle de créateur et à Dieu, le rôle de celui qui détruit. C'est donc une théorie impie et absurde.

Il fallut beaucoup de temps pour dépasser cet interdit, découvrir la signification des restes animaux et végétaux qu'on appelle fossiles, dresser petit à petit l'inventaire des roches. Beaucoup de temps pour établir le code géologique suivant lequel chaque roche porte en elle-même un message fait d'indices que le géologue rassemble puis interprète pour, comme Sherlock Holmes, reconstituer le passé.

Et je n'ai pas parlé de la beauté de ces roches, ces éclogites vertes aux yeux grenats, ces labradorites bleutées dont une partie a servi à construire le tombeau de Lénine sur la place Rouge, ces laves cordées de Hawaï ou de la Réunion, qui nous disent qu'une coulée ne se fait pas sans contorsions...

J'espère que vous aimez les roches comme je les aime.

Rutherford Ernest (1871-1937)

C'est l'un des trois ou quatre scientifiques les plus importants du XXe siècle, l'équivalent de Niels Bohr, qui était aussi son ami très cher, d'Einstein ou des Curie. Lui qui détestait la chimie, affirmant : « En science, il n'y a que deux choses, la physique ou la collection de timbres », lui qui aurait mérité au moins deux prix Nobel de physique, on ne lui donna en 1908 qu'un prix Nobel... de chimie !

Sans doute que son franc-parler et son exubérante créativité lui avaient valu beaucoup d'ennemis.

Son premier travail important va être de débroussailler la radioactivité, en même temps que les Curie et en parallèle avec eux. Chemin faisant, il fera la première détermination d'âge géologique à l'aide de la radioactivité. Ensuite, et c'est bien sûr ce qui lui vaudra une célébrité éternelle, c'est lui qui découvre le noyau atomique. Pour ce faire, il invente une technique : bombarder une cible avec des particules et examiner le résultat. C'est le début de la physique du noyau, qui deviendra petit à petit la physique des hautes énergies. On cherche à « casser la matière » pour analyser les morceaux et comprendre de quoi elle est faite. Les accélérateurs géants comme celui du CERN sont les héritiers de Rutherford.

Avec Bohr, Rutherford va proposer le premier modèle « moderne » d'atome : un noyau au centre, des électrons tournant autour. C'est à partir de ce modèle, système solaire modèle réduit, que Bohr développera le sien et fera faire le pas décisif que l'on sait à la physique.

Assisté de ses nombreux élèves – Moseley, Chadwick, Boltwood, Geiger, Otto Hahn pour les plus connus, qui ont tous joué un rôle essentiel dans la découverte de la structure de l'atome –, Rutherford découvrit les réactions nucléaires et fit les premières estimations sur les énergies mises en jeu. Il a dirigé des quantités de thèses de futurs géants de la physique. Bref, c'était un homme extraordinaire qui finit sa vie honoré de tous. Nommé lord, il fut enterré à Westminster auprès de Newton.

Mais pourquoi diable ne lui a-t-on pas décerné le prix Nobel de physique, vers les années 1917-1920 ? Certains lauréats, comme Barkla (1917, caractérisation des éléments par les rayons X) ou Guillaume (1920, découverte de l'invar, alliage acier-nickel sans dilatation), n'ont pas laissé une trace impérissable. Rutherford méritait au moins deux prix Nobel de plus : un pour la découverte du noyau atomique, et un pour celle des réactions nucléaires !

S s

Satellite (artificiel)

La Lune est un satellite naturel de la Terre. Les satellites artificiels, eux, sont des objets technologiques envoyés par l'homme dans l'espace, et qui tournent autour de la Terre.

Pour mettre en orbite un satellite, il faut l'amener à une certaine altitude à l'aide d'une fusée. Une fois parvenu à l'altitude choisie, on lui impulse une certaine vitesse parallèle à la surface de la Terre. Si cette vitesse est bien calculée, l'attraction gravitationnelle que la Terre exerce sur le satellite le maintiendra en orbite autour de notre planète. Si elle n'est pas assez élevée, le satellite retombera sur la Terre, tout simplement !

C'est d'ailleurs ce qui se produit inévitablement lorsque le satellite est en orbite basse. En frottant contre l'air de l'atmosphère, sa vitesse diminue, et il finit par retomber sur la Terre, peu à peu. Un satellite de basse altitude a donc une durée de vie très limitée. Et il faut lui imprimer initialement une vitesse très grande. Cela revient donc très cher ?

Certes. Mais c'est grâce à ce type de satellite que

l'on peut photographier et observer la Terre avec un si grand soin. Cela plaît beaucoup aux militaires... mais aussi aux scientifiques ! L'océanographie, la géodésie, la géophysique, l'écologie, la météorologie, la climatologie, la géologie, toutes ces disciplines ne peuvent se passer des données obtenues par les satellites. Demain, un tiers des sciences de la planète relèvera du domaine spatial.

Et les orbites plus hautes ? Pour mettre un satellite en orbite élevée, le principe n'est pas tout à fait le même, car on s'efforce de minimiser la dépense de carburant en utilisant la force de gravitation terrestre. C'est ainsi que les ingénieurs multiplient les astuces en mettant à profit les lois de Newton.

On commence par lancer le satellite sur une orbite circulaire basse. Cette orbite est provisoire, c'est pourquoi on l'appelle « orbite-parking ». Puis on fait passer le satellite à une orbite elliptique, très allongée, qui va atteindre l'altitude de l'orbite circulaire désirée. Cette orbite elliptique est appelée « orbite de transfert ». Quand le satellite arrive à l'altitude voulue, on déclenche une fusée qui, agissant parallèlement à la Terre, va propulser le satellite sur son orbite finale circulaire.

On s'est rapidement aperçu qu'en lançant un satellite à 35 900 kilomètres de la Terre, sa vitesse atteignait 3,07 kilomètres par seconde, et qu'à cette vitesse et à cette altitude, il faisait le tour de la Terre en vingt-quatre heures.

Or vingt-quatre heures, c'est la période de rotation de la Terre. Le satellite va donc être vu à la même place depuis la Terre s'il est placé sur une orbite équatoriale. C'est ce qu'on appelle un satellite *géostationnaire* (la base des satellites de télécommunications).

On a beaucoup parlé de la « guerre des étoiles ».

L'idée était de mettre en place un réseau de satellites formant un bouclier étanche en vue de protéger l'Amérique. Objectif en lui-même scientifiquement et techniquement inatteignable, mais ce n'est pas le sujet ici.

A l'occasion de ce projet, diverses discussions ont agité les cercles politiques qui cherchaient à définir le meilleur système. La perspective d'avoir une sentinelle logée dans un satellite protégeant son pays en séduisit certains. D'autres s'attachèrent plutôt à l'idée de bombarder depuis l'espace les pays ennemis. Ce qui nécessite des fusées très puissantes pour échapper au mouvement naturel qui est, pour tout objet lancé hors du satellite, de suivre ce dernier. D'autres pensaient pouvoir développer des lasers de puissance. Mais ces lasers sont lourds et pas vraiment au point...

Une certitude : comme on l'a entrevu lors de la guerre du Golfe, les réseaux de satellites permettent de guider des missiles, de traiter les informations, de les transmettre, en ayant une vue générale de la zone de combats et même des territoires des pays belligérants.

Cette utilisation des satellites comme moyen de communication est bien sûr le fondement de la planète télévision, et même de la mondialisation.

Le satellite est devenu une banalité de la vie moderne. D'autant plus que les progrès de l'électronique permettent de les miniaturiser – on parle de pamplemousse ! Qui dit miniaturisation dit lancement possible de dix, quinze satellites avec une seule fusée ! Donc, diminution du prix par dix ou quinze.

De quoi diminuer par la même occasion les recettes des sociétés de lancement comme Ariane Espace...

Surtout que la technologie de lancement est désormais maîtrisée non seulement par les Américains et les Européens, mais par les Chinois, les Indiens, les Japonais, les Brésiliens et de multiples sociétés privées capables de lancer des fusées depuis des plates-formes marines.

Si l'espace interplanétaire restera toujours une activité chère réservée aux grosses structures, l'espace péri-terrestre va devenir, au contraire, une activité concurrentielle à la portée de beaucoup, avec des besoins de plus en plus importants et des prix de plus en plus bas.

Schrödinger Erwin (1887-1961)

L'un des créateurs de la mécanique quantique.

Né à Vienne, élève de Ludwig Boltzmannn, puis professeur à Zurich où il succède à Albert Einstein comme titulaire de la chaire de physique théorique, c'est lui qui, en 1926, exploite l'hypothèse émise par Louis de Broglie en 1924 : à toute particule serait associée une onde. Il traduit les concepts fondamentaux de la mécanique quantique dans un formalisme « ondulatoire » qui connaît un grand succès, car il est assez familier aux physiciens. Beaucoup plus, en tout cas, que les matrices de Werner Heisenberg, formalisme dont Schrödinger disait qu'« il le décourageait, voire même le dégoûtait ». Schrödinger invente donc une « équation d'onde » assez facilement manipulable, mais dont la signification profonde (liée à une probabilité de présence de la particule décrite) contient (ou dissimule ?) tous les problèmes conceptuels de la mécanique quantique. Schrödinger sera d'ailleurs troublé par l'interprétation probabiliste que vont donner Bohr et Heisenberg à la mécanique quantique et se retrouvera plutôt du côté d'Einstein dans le grand débat philosophique Einstein-Bohr.

Des formalismes mathématiques de la mécanique quantique inventés par Heisenberg et Schrödinger, Gamow dira : « C'est comme si on avait découvert l'Amérique simultanément par New York et Los Angeles. » Schrödinger fut récompensé par un prix Nobel partagé avec Dirac en 1933.

Schrödinger ne s'intéressait pas qu'à la physique. Son livre *Qu'est-ce que la vie ?*, publié en 1944, exercera une certaine influence sur de jeunes physiciens comme Max Delbrück ou Seymour Benzer, qui décideront alors de s'orienter vers la biologie. A partir de considérations purement théoriques, Schrödinger y prévoyait, bien avant la découverte de l'ADN, l'existence d'un code biochimique universel.

Fuyant les nazis, Schrödinger se réfugia pendant la guerre en Irlande, où il resta dix-sept ans, notamment à l'université de Dublin, puis revint en Autriche où il termina sa vie.

Sciences

Sans être philosophe, il m'a paru légitime d'essayer de définir ce qu'est la science dans un dictionnaire de la science – amoureux ou non. Ne serait-ce que pour fixer les frontières de l'ouvrage.

La science est la discipline intellectuelle qui a pour ambition de comprendre rationnellement la nature qui nous entoure, que ce soit le monde physique ou le monde biologique.

Pour ce faire, la science procède à l'aide d'une méthode désormais bien établie, et dont on fait remonter l'émergence à Galilée : l'alternance observation-modélisation théorique. Dans cette alternance, les deux termes sont indissociables.

Une observation n'a pas de sens, en soi, si elle n'est pas faite en référence à une base théorique, que celle-ci soit consciente ou non. L'observation objective absolue, qui fut une démarche très à la mode il y a quarante ans, et dont le principe était d'observer, de décrire, sans se référer à aucune théorie explicative sous prétexte d'objectivité, a conduit les sciences naturelles à la « logique de la collection de timbres », comme disait Rutherford.

Ce n'est qu'à partir de l'élaboration de modèles théoriques – théorie de l'évolution, lois de Mendel, loi de l'attraction universelle, tectonique des plaques – que la science a véritablement progressé. « On peut parfaitement examiner un objet pendant des années sans jamais en tirer la moindre observation d'intérêt scientifique. [...] Dans la démarche scientifique, c'est toujours la théorie qui a le premier mot », écrit François Jacob.

Mais la théorie seule conduit rapidement au cul-de-sac ou à l'erreur. Emilio Segré, prix Nobel de physique, écrit en écho : « Il est impossible de faire progresser la physique en restant au niveau théorique. Au bout de quelques pas, nous serions dans l'impasse. » Henri Poincaré, pourtant l'un des plus grands physiciens théoriciens ayant existé, partage ce point de vue : « L'expérience est la source unique de la vérité ; elle seule peut nous apprendre quelque chose de nouveau ; elle seule peut nous donner la certitude. »

Certes, la recherche théorique, surtout lorsqu'elle fait appel aux mathématiques, procure un plaisir intellectuel immense. On a l'impression de découvrir les secrets de la nature, et presque de les inventer. Pourtant, à elle seule et coupée du réel, elle devient très vite stérile. Nous en avons un exemple actuel avec la théorie des cordes, annoncée depuis trente ans comme la théorie qui unifiera la physique. Faute d'expériences, d'observations, elle développe des quantités de raisonnements et de calculs sans pour autant déboucher sur une vraie théorie physique.

Le diptyque observation-théorie a engendré une troisième démarche, fille des deux : l'expérimentation.

Cette démarche consiste à réaliser des observations organisées, planifiées à partir d'idées théoriques. Une expérience est conçue à partir d'une idée théorique, mais son résultat est le fruit de l'observation.

Quelles sont les limites du domaine de la science ?

Première limite : la technologie. En sciences, on *découvre* ; en technologie, on *invente* de nouveaux artefacts.

On fabrique un ordinateur, un nouveau matériau, une nouvelle espèce de maïs. Certes, en fabriquant un nouveau produit, on progresse dans la découverte de mécanismes intimes, mais la démarche première est celle de la fabrication. C'est le cerveau humain qui est l'élément premier, l'imagination est le fondement de l'action. En science, l'imagination joue un rôle aussi, mais autrement : on imagine un modèle pour traduire le réel. Car la science est l'invention de représentations qui permettent à notre cerveau de « comprendre » la nature.

Une fois un objet artificiel, un « artefact » réalisé, on n'en connaît pas pour autant les propriétés : on va donc les étudier, les découvrir. La démarche sera alors voisine de la démarche scientifique, pour ne pas dire qu'elle se confondra avec elle.

Seconde frontière : les mathématiques. Les mathématiques constituent le langage privilégié de la science, mais aussi son mode de raisonnement le plus efficace et le plus rigoureux. On peut dire qu'elles sont indispensables au développement de la science, de même que l'ordinateur aujourd'hui.

Pourtant, l'essence des mathématiques est différente de celle des sciences de la nature, car elles ne découvrent pas la nature (*voir* : MATHÉMATIQUE). Là encore, bien sûr, les limites sont floues, car la géométrie, science des formes, et peut-être aussi la topologie, partent d'observations, et leurs résultats théoriques peuvent être testés expérimentalement.

Troisième frontière : les « sciences humaines ». On regroupe sous ce terme l'économie, la sociologie, la psychologie, la linguistique, la géographie et l'histoire. C'est une appellation spécifiquement française : ailleurs, on appelle ces disciplines les « humanités ».

L'intitulé fut d'abord « sciences humaines », puis on l'a complété : « sciences humaines et de la société » – ce qui est peut-être un pléonasme. Bien qu'elles se réclament de la méthode scientifique, ces disciplines se distinguent des sciences, car le facteur humain, essentiel pour elles, empêche que le chercheur soit extérieur au système comme il l'est en sciences. L'observateur est par définition une part du système, avec ses préjugés, sa culture, sa situation sociale, son éducation, son histoire affective, etc.

L'économie a cru pouvoir se détacher des sciences humaines sous le prétexte qu'elle manipule des statistiques et emploie un arsenal mathématique compliqué. Pourtant, c'est peut-être l'une des disciplines les plus empreintes d'idéologie sous-jacente. Elle s'emploie justement à masquer ce caractère en utilisant un mode d'exposé pseudo-scientifique, alors qu'elle défend en vérité des idéologies. Ce fut le cas pour le marxisme, c'est le cas pour le libéralisme aujourd'hui.

Pour écarter l'économie de mon dictionnaire amoureux de la science, je ferai appel à l'un des princes de cette discipline, John Maynard Keynes lui-même, en citant le livre de Gilles Dostaler qui lui est consacré :

« Une première conviction, affirmée très tôt et constamment répétée, est que l'économie ne doit pas être confondue avec les sciences physiques. C'est une science humaine ou, pour reprendre une appellation ancienne, une science morale.

« Je veux aussi insister fortement sur l'idée que l'économie est une science morale. J'ai déjà indiqué qu'elle traite d'introspection et de valeurs. J'aurais pu ajouter qu'elle traite des motivations, des anticipations, des incertitudes psychologiques. [...] C'est comme si la chute de la pomme vers le sol dépendait des motivations de la pomme, de ce que cela vaut ou non le coup de tomber au sol, et de ce que le sol veuille bien que la pomme tombe, et des calculs erronés effectués par la pomme quant à la distance qui la sépare du centre de la Terre » (lettre à Harrod, 16 juillet 1938, JMK 14, p. 300).

Contre le monisme méthodologique auquel adhère la grande majorité de ses collègues, Keynes est convaincu du fait qu'on ne peut appliquer aux sciences morales les mêmes méthodes que celles qui sont utilisées dans les sciences physiques : « Il me semble que l'économie est une branche de la logique, une façon de penser ; et que vous ne repoussez pas assez fermement les tentatives à la Schultz d'en faire une science pseudo-naturelle [...] contrairement à ce que pense Robbins, l'économie est essentiellement une science morale et non pas une science naturelle. C'est-à-dire qu'elle fait appel à l'introspection et aux jugements de valeurs » (lettre à Harrod, 4 juillet 1938, JMK 14, p. 296-297).

Les sciences humaines sont donc à mettre à part, hors du périmètre des sciences *stricto sensu*. Certes, là encore, il y a des limites floues. La psychologie expérimentale est à la frontière avec les neurosciences, et des psychologues ont reçu des prix Nobel de physiologie et de médecine. Mais pour ce qui nous concerne ici, c'est hors champ.

Je n'ai rien contre les mathématiques ni contre les sciences humaines, au contraire ; je dis seulement que ce sont des activités intellectuelles distinctes des sciences de la nature. Ministre, j'ai créé un Conseil supérieur des sciences humaines, j'ai crée les Maisons des sciences de l'homme dans toutes les grandes villes universitaires – il n'y en avait qu'à Paris ! Je les ai organisées en réseau largement financé, à seule fin de dynamiser la recherche dans ce domaine qui est souvent mal traité. Et je ne regrette pas d'avoir plus fait pour elles que beaucoup de ministres pourtant plus bavards que moi sur le sujet.

Quant aux mathématiques, elles font partie de mes passe-temps intellectuels favoris, et j'ai introduit beaucoup de méthodes et de formalismes mathématiques dans ma propre discipline. J'ai aussi créé une direction des mathématiques autonomes à la direction de la Recherche universitaire, et j'ai rendu l'Institut Henri-Poincaré aux mathématiques.

Mais je refuse de les mettre dans la même rubrique que la physique, la chimie, l'astronomie, les sciences de la Terre ou la biologie. Les mathématiques sont des sciences « supranaturelles » comme dit Gell Mann, grand théoricien de la physique. Elles constituent une discipline à part. C'est pourquoi je récuse la vieille tradition en vertu de laquelle l'enseignement scientifique français les prend comme archétype des sciences, transformant l'enseignement de la physique en une série d'exercices de maths – souvent simplistes, d'ailleurs.

Séisme

Un séisme – « tremblement de terre » dans le langage commun – est une rupture qui se produit dans l'écorce terrestre.

Cette rupture émet des vibrations qui se propagent

à travers toute la Terre. On les met à profit pour étudier la structure interne de la planète. Ce qui est intéressant à noter, c'est que la quasi-totalité des séismes se produisent eux-mêmes sur des failles, c'est-à-dire d'anciennes ruptures de l'écorce terrestre. Mais ces failles se cicatrisant au cours du temps peuvent à leur tour casser ultérieurement...

Ce qui provoque les séismes, ce sont les mouvements des plaques tectoniques : en se déplaçant, elles induisent en effet des déformations, des tensions, qui ne se libèrent que grâce à une nouvelle rupture. Ainsi, la cartographie des foyers des séismes permet de dessiner les limites des plaques tectoniques.

La plupart des séismes se produisent près de la surface, dans les premiers vingt kilomètres de l'écorce. Pourtant, dans certaines zones, les foyers des séismes pénètrent jusqu'à 700 kilomètres de profondeur !

Ces zones, qu'on peut repérer par la présence de grandes fosses sous-marines (d'une profondeur supérieure à 8 000 mètres), sont celles où le plancher des océans, qui a été fabriqué au niveau des dorsales, replonge dans le manteau terrestre.

Les cassures liées aux séismes sont plus ou moins violentes ; il existe donc des gros tremblements de terre et des petits tremblements de terre. Plus la rupture est forte, plus l'amplitude du tremblement est grande. Pour mesurer la puissance des séismes, on a recours à l'étude des ondes (du tremblement) qu'ils provoquent. Un tremblement est un mouvement du sol qui, par exemple, monte et descend toutes les secondes, ou qui déplace alternativement le sol vers la droite et la gauche. Ce sont ces vibrations, ces tremblements alternatifs, qui détruisent les immeubles lors d'un tremblement de terre.

Naturellement, ces ondes s'atténuent lorsqu'on s'éloigne de la source, car toute vibration dissipe de l'énergie : en se déplaçant, le tremblement perd petit à petit son énergie.

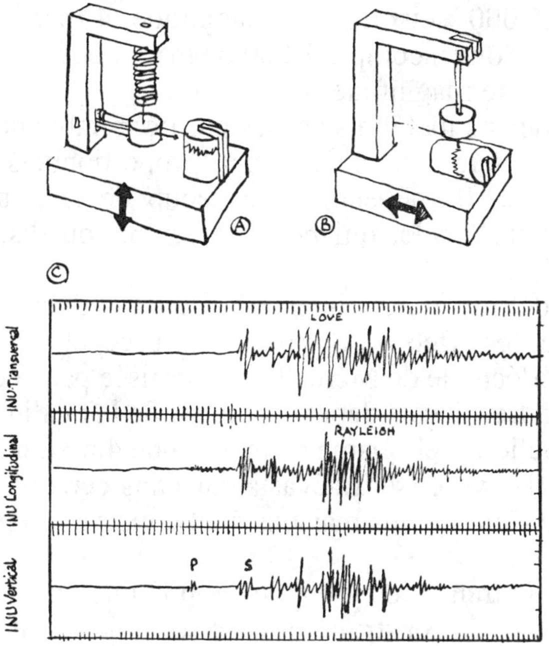

Sismographes et sismogrammes.
A gauche, sismographe vertical. Une masse est pendue à un ressort.
A gauche, sismographe horizontal. En bas, les enregistrements (sismogramme) lors d'un séisme.

Pour évaluer la puissance d'un tremblement de terre, on mesure l'amplitude de la vibration à une distance donnée de l'épicentre. Charles Richter a défini une échelle de grandeur qui va en pratique de 0 à 9, la *magnitude*. Cette échelle est géométrique, et chaque unité correspond à un facteur multiplicatif de

30. Ainsi, deux unités correspondent à une multiplication de l'énergie dissipée (et, pourrait-on dire, de la gravité des conséquences) par 900 (presque 1 000). On constate en pratique qu'il y a plus de petits tremblements de terre que de gros, beaucoup plus. Ainsi, pour 15 000 séismes de magnitude 4 par an en moyenne, on en compte 3 000 de magnitude 5, et seulement 2 de magnitude 8...

Les dégâts matériels causés par un tremblement de terre ne sont pas strictement proportionnels à la magnitude. Ils dépendent beaucoup de la structure géologique locale, qui peut concentrer ou disperser les ondes.

On définit donc l'intensité d'un tremblement de terre par les effets qu'il provoque... L'échelle d'intensité est l'échelle de Mercalli, modernisée par l'échelle MKSA. Les dégâts dépendent aussi de la qualité de la construction. Tel séisme de magnitude 4 n'aura aucun effet à Tokyo et sera dévastateur dans certains quartiers du Caire où les maisons sont construites en terre cuite.

Depuis trente ans, on a développé une technologie qui permet de construire des maisons, des immeubles résistant aux tremblements de terre (sauf s'ils atteignent 8 et plus), et qu'on appelle parasismiques.

Question : Peut-on prévoir les tremblements de terre ?

Seconde question : Qu'entend-on par prévoir ?

S'il s'agit de prévoir le lieu où les tremblements peuvent se produire, la carte des séismes permet une bonne localisation. S'il s'agit de prévoir la survenue d'un tremblement de terre avec une précision d'un demi-siècle, c'est encore possible avec certitude...

mais pas très intéressant pour les habitants des zones concernées. Si l'on se trouve dans une zone très active, on peut faire mieux et prévoir un tremblement de terre avec une incertitude de quelques années, comme on le fait aujourd'hui en Turquie ou en Chine.

Mais aujourd'hui, on ne peut faire mieux dans la précision. De même qu'on ne peut prévoir le temps à plus de trois jours. Pour la même raison, sans doute. Peut-être les séismes sont-ils intrinsèquement imprévisibles ?

Mais si les séismes sont des fléaux pour l'humanité – fléaux de plus en plus meurtriers, parce que la démographie galopante amène les hommes à occuper les zones les plus dangereuses –, ils sont aussi une aubaine pour les géologues. Les ondes qu'ils émettent sont en effet un moyen extraordinaire pour déchiffrer la structure interne du globe, suivant le même principe que celui du scanner médical.

Ces ondes, ces vibrations, se propagent à la vitesse de 20 000 à 30 000 kilomètres à l'heure pour les zones de surface. Elles mettent donc de 1 à 2 heures pour faire le tour de la planète ; certaines suivent la surface, d'autres traversent la Terre. On a installé sur tout le globe un réseau de sismographes, appareils destinés à enregistrer les séismes. Grâce aux données qu'ils fournissent, on reconstitue peu à peu une image interne de la Terre...

Pascal BERNARD, *Qu'est-ce qui fait trembler la Terre ?* EDP Sciences, 2003.

Shannon Claude (1916-2001)

Claude Shannon est le père de la théorie de l'information, qui est à la base de tout le système moderne de communication, des ordinateurs et de l'immense révolution informatique du numérique, dont nous ne connaissons pas la fin, ni sur le plan technique, ni sur le plan scientifique, ni, bien sûr, sur le plan économique. Car ce concept d'information transgresse les frontières des disciplines scientifiques et apparaît comme l'un des plus universels et des plus fondamentaux. Bien sûr, le mot « information » pas plus que l'idée d'information ne sont nés avec Shannon, mais il a capturé cette notion, l'a apprivoisée, et maîtrisée grâce à une définition précise traduite par une expression mathématique claire qui en fait une grandeur mesurable, comparable, combinable, etc.

Le point de départ de la réflexion de Shannon était très pratique. Ingénieur en télécommunications, élève du créateur de la cybernétique, Norbert Wiener, il se pose un problème simple : comment transmettre, au plus petit coût possible, un message radio ou électrique à travers l'Atlantique de manière qu'il ne soit ni altéré ni déformé ?

Il n'est pas, là encore, le premier à poser ce problème, mais, contrairement à ses prédécesseurs, il l'aborde dans toute sa généralité pour en faire le fondement d'une théorie générale de la communication. Pour cela, il va définir la quantité d'information contenue dans un message comme étant la chute du degré d'indétermination que provoque la réception du message. Il le fait sans s'intéresser au contenu du message, mais seulement à sa longueur et à ses éléments de structure. Le Français émigré aux Etats-Unis Léon Brillouin va rapidement montrer que la définition de Shannon est liée à la notion thermodynamique d'entropie, introduite par Clausius au XIXe siècle et que Boltzmannn identifiera à la mesure du désordre à la fin du même siècle.

L'information se trouve du coup liée à toute la machinerie de la physique statistique.

Mais Shannon continue dans sa voie. Après s'être intéressé au « bruit » qui perturbe le message, il s'attaque au code et à la réalisation du code optimal. Cela le conduit très naturellement au code binaire (code plus simple, plus rustique, mais plus robuste que le signal électrique modulé ou même que le morse). A partir de là, son travail va s'étendre au codage, à la cryptologie, c'est-à-dire au codage et au décodage des problèmes d'aujourd'hui, et pas seulement pour les militaires.

Au même moment, non loin de son bureau, dans le même centre de recherche de la compagnie Bell (qui avait le monopole du téléphone aux Etats-Unis jusqu'à son démantèlement), trois physiciens découvrent le transistor, qui va devenir le bras séculier, l'élément de base de toute la technologie de l'information binaire.

Extraordinaire coïncidence, car à partir de là démarre la révolution technologique de l'informatique.

Petit à petit, on s'est aperçu que la notion d'information est une notion fondamentale dans la science moderne : informatique, physique, neurosciences, génomique, linguistique, psychologie.

Claude Shannon avait-il prévu tout cela ? Certes non. Pas plus qu'Einstein n'avait prévu les centrales nucléaires – mais il avait construit les fondations de l'édifice à partir de quoi tout s'est bâti. Pourtant, il n'eut pas le prix Nobel, car il avait travaillé sur une grandeur qui n'appartient ni au monde physique, ni au monde chimique, ni au monde biologique, et qui pourtant les imprègne totalement.

Contrairement à ce que croient certains de nos collègues scientifiques, l'informatique est une vraie discipline, l'information est une vraie grandeur. Même si elle apparaît sous de multiples concrétisations physiques, elle les transcende toutes.

Silicium

L'élément silicium (symbole : Si) est situé dans le tableau de Mendeleieff au-dessous du carbone. Il appartient donc à la même famille chimique.

Le carbone est capable de se lier avec quatre atomes d'hydrogène pour donner le tétraèdre CH_4.

De la même manière, le silicium est capable de se lier avec quatre atomes d'oxygène pour constituer le tétraèdre SiO_4.

Le tétraèdre CH_4 est capable de s'unir à d'autres tétraèdres pour donner des composés organiques complexes, les macromolécules, ce qui fait de lui la base de la vie. Eh bien, de son côté, le tétraèdre SiO_4 est capable de se lier à d'autres tétraèdres pour donner naissance aux composés chimiques essentiels de la Terre, les **silicates,** qui forment des cristaux – c'est-à-dire des assemblages atomiques tridimensionnels.

Les principaux silicates s'appellent olivines, pyroxènes, amphiboles micas (argiles), fedspaths et quartz. L'association silicium-oxygène constitue l'ossature de la Terre, de la surface au noyau.

N'est-il pas frappant que dans cette colonne 4 du tableau de Mendeleieff se trouvent les deux éléments chimiques « organisateurs », le carbone organisateur de la vie, et le silicium organisateur de la Terre ? Ce dernier étant, en vérité, doublement organisateur puisque le silicium métal, contenant des impuretés qui le rendent semi-conducteur, est le constituant essentiel des transistors... et donc de l'informatique !

Sol

C'est la couche meuble qui recouvre la surface des continents. Le sol est le résultat d'une suite de processus complexes qui débutent par l'altération des roches sous l'action de l'eau. L'eau dissout des éléments chimiques, ce qui donne à la roche une texture granulaire. Puis, lors des orages, une partie des particules est transportée par l'eau de manière mécanique vers les océans.

Ce qui reste sur place, c'est le sol. Le plus souvent, le sol est stabilisé par le développement d'un tapis végétal et fréquemment feuillu. Cette présence de végétaux et d'eau va favoriser dans le sol une intense activité de bactéries et de champignons. Par exemple, certaines bactéries vont permettre la fixation de l'azote de l'atmosphère et le transformer en azote assimilable par les plantes, d'autres vont oxyder les matières organiques riches en carbone ou les composés riches en soufre.

Ainsi, le sol est à l'intersection de la lithosphère,

de la biosphère, de l'atmosphère et de l'hydrosphère. La nature et la composition des sols varient selon la nature de la roche altérée (qu'on appelle roche-mère), le climat, l'altitude, la latitude.

Les sols sont doublement précieux : d'eux dépendent non seulement l'agriculture, mais aussi les systèmes écologiques. Or l'utilisation abusive d'engrais et la surexploitation sont en train de réduire l'épaisseur des sols. Quand on sait qu'il faut 5 000 à 10 000 ans pour fabriquer un sol, on comprend pourquoi il y a lieu de s'alarmer...

La science qui étudie les sols s'appelle la pédologie.

Souches (cellules)

Les cellules souches font aujourd'hui l'objet d'une vive polémique, car elles concernent une entité au statut mal défini : l'embryon.

L'unité élémentaire de la matière vivante est la cellule. Les cellules s'associent pour donner les tissus, spécialisés dans une fonction précise et qui forment les organes. Ces tissus sont de nature variable : il existe des tissus osseux, des tissus du foie, etc. Chez l'homme, on compte deux cents types de cellules (donc de tissus) et cent milliards de cellules.

Mais les cellules ne se spécialisent que peu à peu, au fur et à mesure du développement de l'embryon et de l'enfant. Au départ, il n'y a qu'une cellule : l'œuf fécondé, c'est-à-dire l'ovule qui a fusionné avec le spermatozoïde. Cet œuf, qui renferme dans son noyau un mélange des ADN provenant du père et de la mère, va se diviser très vite. En deux, puis en quatre, puis en huit, puis en seize, etc. (*voir* : EMBRYON). Au bout de six jours, l'embryon est constitué de cent vingt-huit cellules. Cette multiplication cellulaire va se poursuivre, puis les cellules formées vont s'associer pour former des tissus et ces tissus des organes. Chez l'homme, le premier organe formé est le cœur, et il bat dès la troisième semaine !

Mais les cellules des premiers stades ne sont pas encore spécialisées, leur devenir n'est pas défini. Elles peuvent être à l'origine d'une lignée de cellules nerveuses aussi bien que musculaires, osseuses, etc.

Les toutes premières cellules peuvent même à elles seules donner un être humain (c'est ce qui se produit lorsque les deux premières cellules se séparent accidentellement et donnent naissance à des jumeaux). Pouvant donner naissance (« se différencier ») à des tissus de tous types, ces cellules sont dites *totipotentes*.

Quelques divisions de plus, et leur avenir s'est un peu restreint. Elles ne pourront donner que certains types de cellules : soit osseuses, soit sanguines, soit musculaires par exemple. On appelle alors ces cellules à l'avenir plus spécialisé *pluripotentes*. Puis, lorsque le spectre s'est encore réduit, elles deviennent *multipotentes*.

Enfin, dernier stade, les cellules spécialisées des tissus, elles, ne se reproduisent plus : elles fonctionnent, jouent un rôle, puis dégénèrent, meurent et sont éliminées. Chaque tissu possède des cellules souches capables de recréer par division cellulaire de nouvelles cellules différenciées. Mais en général, ces cellules souches tissulaires sont unipotentes : elles ne savent fabriquer qu'un certain type de cellules.

Depuis longtemps déjà, la médecine cherche à exploiter ces cellules souches pour guérir certaines maladies, en remplaçant les cellules malades par de nouvelles cellules « neuves » et « saines » fabriquées par les cellules souches. Pour cela, on prélève des cellules souches d'un donneur, et on les greffe sur le receveur malade.

Les deux greffes les plus répandues sont celles de la moelle osseuse pour soigner les maladies du sang ou les déficiences immunitaires, et puis, bien sûr, la greffe de peau des grands brûlés. Mais ces greffes posent le même problème que les greffes d'organes : celui du rejet. Souvent, le système immunitaire du malade reconnaît les tissus greffés comme étrangers (non-soi) et rejette la greffe.

Mais pour certaines maladies, notamment les maladies neurodégénératives liées à la disparition de certaines cellules nerveuses, il n'est pas possible de greffer des cellules souches provenant de donneurs. Par contre, les embryons, en particulier les embryons fabriqués pour les fécondations in vitro et non utilisés, sont riches en cellules capables de se différencier et de redonner le type de cellules endommagées ou manquantes. A-t-on le droit de les utiliser ? Faut-il autoriser les recherches qui permettront la mise au point de ces techniques, les interdire, les financer ? A-t-on le droit de créer des embryons en vue d'une greffe ? Parfois, il paraît possible d'utiliser des cellules présentes dans les cordons ombilicaux, ou des cellules souches adultes – nous ne connaissons pas encore toutes leurs possibilités ! Mais parfois, cela ne paraît pas possible. Alors ?

C'est actuellement l'enjeu de grands débats dans toutes les sociétés évoluées. Alors qu'on en est qu'au début et qu'un espoir immense est attaché à ces recherches, pourquoi les interdire ?

Spin

C'est une propriété fondamentale des particules élémentaires, plus ou moins liée à leur rotation sur elles-mêmes... à supposer qu'une particule soit assimilable à une petite bille pouvant tourner sur elle-même, ce qui est contraire aux conceptions quantiques et illustre la difficulté d'expliquer les concepts quantiques par des images tirées de notre monde ordinaire. Pourtant, c'est ainsi que procédèrent les pères de la physique quantique.

Partons d'un modèle d'atome simple, à savoir celui de Bohr dans lequel l'atome est un petit système solaire : au centre, le noyau (le Soleil), autour duquel tournent les électrons (les planètes). La rotation de l'électron autour du noyau a des conséquences importantes du point de vue électrodynamique, car l'électron est chargé électriquement, et donc cette rotation est équivalente à un courant électrique avec ses effets magnétiques conjugués.

A l'aide de ce modèle, Bohr avait expliqué les spectres lumineux obtenus lors des expériences de spectroscopie dans lesquelles on décomposait la lumière émise par la combustion de tel ou tel élément chimique.

Pourtant, dans ces expériences, certains aspects demeuraient inexpliqués. Lorsqu'on place un atome dans un champ magnétique, certaines raies spectrales sont dédoublées. C'est pourquoi deux jeunes Américains, Georges Uhlembeck et Samuel Goudsmit, introduisirent en 1925 une nouvelle notion, celle du ***spin*** de l'électron. Ils supposèrent qu'en plus de sa rotation autour du noyau, l'électron tournait sur lui-même, comme le font les planètes, et que cette rotation avait elle aussi des conséquences magnétiques.

Mais à cette époque, la physique théorique de l'atome est à un tournant. Elle a pleinement assimilé la notion de quantification – l'idée que l'énergie et les divers paramètres ne peuvent prendre que des valeurs discrètes –, mais elle n'a pas encore construit cette belle machine logico-mathématique que va devenir la mécanique quantique.

Dans une description semi-classique de l'électron, on distinguait deux cas. Celui où le sens de rotation de l'électron sur lui-même est le même que le sens de rotation autour du noyau : le spin est alors dit positif. Le cas inverse : il est alors dit négatif. Dans une description quantique qui a été développée par Dirac, le spin de l'électron ne peut prendre que deux valeurs discrètes : (+ ou –). Pauli va alors démontrer que, sur une même orbite, il ne peut y avoir que deux électrons de spin opposé plus $\frac{1}{2}$ et moins $\frac{1}{2}$ (principe d'exclusion de Pauli). Mais tout cela reste une description semi-classique...

En mécanique quantique, le spin va devenir un paramètre plus abstrait qui obéit à certaines règles et fait partie de la caractérisation d'une particule donnée. Cette notion de spin va être étendue à toutes les particules élémentaires (*voir* : PARTICULES ÉLÉMENTAIRES). Le principe de Pauli est une notion quantique qui va permettre de distinguer deux types de particules : les bosons (du nom du physicien indien Bose) et les fermions (du nom d'Enrico Fermi, grand physicien italien).

Les fermions sont des particules « civilisées », ils obéissent au principe d'exclusion de Pauli généralisé. Pas plus de deux particules dans une même case quantique. Les bosons sont des sauvages, ils se moquent de Pauli !, il peut y avoir plus de deux bosons dans une case quantique ! Et ces deux types de particules vont jouer des rôles fondamentaux en physique statistique quantique.

La notion de spin est essentielle en physique des particules, puisque toutes les particules, jusqu'aux quarks, ont un spin, toujours multiple de $\frac{1}{2}$, positif ou négatif

Supernova(ae)

La supernova est sans nul doute l'événement le plus spectaculaire du cosmos En une fraction de seconde, une grosse étoile explose, envoyant aux quatre coins de l'univers sa matière dont une partie importante s'est fabriquée lors de l'explosion.

Pendant ce bref instant, en effet, le cœur de l'étoile est porté à une température si élevée – des milliards de degrés – que les éléments chimiques les plus lourds peuvent se fabriquer. Ceux dont la masse atomique dépasse 60 – le rubidium, le strontium, les terres rares, le platine, l'or, l'uranium, le plomb, etc.

Mais cette supernova projette aussi un flux de particules chargées qui parcourent l'univers à des vitesses extravagantes : on appelle ce flux le *rayonnement cosmique galactique*. Ces particules, en arrivant sur Terre, sont déviées par le champ magnétique vers les pôles, où elles provoquent des phénomènes complexes comme les aurores boréales.

Ces explosions de supernovae donnent naissance à trois types de structures importantes en astronomie. Il y a d'une part les *nébuleuses*, nuages immenses de gaz et de poussière. La plus célèbre est sans doute la nébuleuse du Crabe. Il y a d'autre part des objets d'une extraordinaire densité. Ce peuvent être des *pulsars*, c'est-à-dire des étoiles à neutrons qui tournent sur elles-mêmes en émettant dans l'univers des pinceaux de rayonnements, comme le ferait un phare maritime ; plus rarement, si la supernova est très grosse, ce seront parfois des *trous noirs*, ces objets mystérieux d'où rien ne sort et qui sont peut-être les organisateurs de l'univers (*voir* : TROUS NOIRS).

Combien y a-t-il de supernovae dans notre galaxie ? Une par siècle, environ. Ce qui veut dire 10 en mille ans, 10 000 en un million d'années, 10 millions en un milliard d'années. Ce n'est pas si mal pour ensemencer le ciel et le peupler d'objets étranges.

Et si l'on songe qu'il y a des milliards de galaxies, alors..

Supraconductivité

En 1911, le Hollandais Kammerlingh Onnes (1853-1926), le prince des basses températures, mit en évidence un phénomène étonnant : au-dessous de 4 °kelvin, certains métaux comme le mercure ou le plomb conduisent l'électricité sans résistance. La résistance électrique, celle qui est présente dans la loi d'Ohm (V = RI – V voltage, R résistance, I intensité) devient quasi nulle.

L'explication de ce curieux phénomène ne fut donnée qu'en 1956-1957 par trois physiciens de l'université d'Illinois à Champagne, Urbana, John Bardeen, Leon N. Cooper et John Schrieffer. La théorie, baptisée BCS, est assez compliquée. Pour faire bref : à cette température, les électrons s'apparient, formant ce que l'on appelle des « paires de Cooper », et cette association leur permet de se propager dans le métal sans interagir avec le réseau de cristaux.

Pour cette théorie, les trois physiciens reçurent le prix Nobel en 1972 (Bardeen en avait déjà eu un en 1956 pour la découverte du transistor).

En 1986, deux physiciens suisses du centre IBM de Zurich, George Bednorz et Karl Alexander Müller, ont découvert qu'un oxyde synthétique de cuivre, baryum et lanthane devenait supraconducteur à une température critique sensiblement moins basse : 35 K. Depuis, on a porté cette température à 155 K pour des oxydes similaires.

Or cette découverte a deux conséquences.

L'une est théorique : la théorie BCS ne pouvant expliquer les nouveaux résultats, on peut donc penser que ce n'est peut-être pas la bonne.

L'autre concerne les applications pratiques : on pourrait espérer se servir de ces nouveaux matériaux pour stocker l'électricité, par exemple. Ce qu'on ne sait pas faire avec nos moyens actuels. Un courant électrique injecté dans une boucle supraconductrice peut en effet s'y propager pendant plusieurs années sans perdre d'énergie. Mais une telle application n'est pas envisageable tant que la température critique de la supraconductivité est de – 155 K...

On comprend donc que la recherche s'active aujourd'hui pour essayer de fabriquer un supraconducteur à température ordinaire. Ce serait le rêve !

Supramoléculaire (chimie)

La chimie du carbone, dite « chimie organique », est réputée s'être développée autour de la notion de molécule et de liaisons chimiques fortes appelées covalentes. Dans ce type de liaisons, deux atomes mettent des électrons en commun, et ces électrons assurent le lien entre atomes. C'est le cas, par exemple, de la liaison carbone-hydrogène, C-H, qui est la base de la chimie des hydrocarbures et donc de la chimie organique.

Mais à côté des liaisons chimiques fortes, il existe des liaisons chimiques faibles. Ce sont des liaisons de nature électrique, liaisons hydrogène (*voir* : LIAISON) ou force de Van Der Waals. Ces liaisons peuvent se casser – autrement dit, les objets qu'elles relient se séparent –, notamment sous l'effet de la température qui, faisant vibrer les atomes, casse ces liaisons à des températures habituelles.

Lorsqu'on assemble plusieurs molécules à l'aide de liaisons faibles, on obtient une supramolécule.

L'ADN, constitué par deux brins moléculaires liés entre eux par des liaisons hydrogène, est une supramolécule. Grâce à la chimie supramoléculaire, on peut construire « à la demande » des structures chimiques compliquées, « designées » dans un but précis, par exemple emprisonner spécifiquement certains atomes, effectuer certaines réactions. La chimie supramoléculaire pourrait permettre demain au chimiste de créer de toutes pièces des molécules aussi efficaces et spécialisées que les molécules biologiques, les enzymes... L'un des maîtres de cette discipline est Jean-Marie Lehn qui a reçu en 1987 le prix Nobel pour sa contribution à cette nouvelle chimie.

Symétrie

Lorsqu'il est appliqué à des objets naturels, ce mot évoque l'organisation rationnelle et esthétique du monde – son harmonie.

L'idée que la symétrie soit une caractéristique de la nature n'est pas nouvelle. L'abbé Haüy, le fondateur de la cristallographie, avait bien compris que la symétrie permettait de classer les cristaux. Il se fondait sur les formes géométriques des cristaux naturels tels qu'on peut les rencontrer dans la nature, lorsque la cristallisation a eu lieu dans des conditions favorables pour donner de superbes prismes, cubes, parallélogrammes, etc. Haüy fit faire à la cristallographie un pas supplémentaire en affirmant que la structure interne des cristaux devait obéir aux mêmes règles de symétrie que l'aspect extérieur. C'était faire de la symétrie le système organisateur des cristaux. De fait, on détermina l'existence de huit symétries dans les cristaux naturels.

Un peu plus tard, Pasteur identifia le rôle essentiel de la symétrie dans la constitution de la vie en étudiant une symétrie particulière, la symétrie dite droite/gauche par rapport à un miroir. Si on observe un objet et son image dans un miroir, ces images sont semblables et pourtant elles ne sont pas superposables. Regardez-vous dans un miroir : l'image de vous que vous y voyez n'est pas superposable avec votre véritable visage.

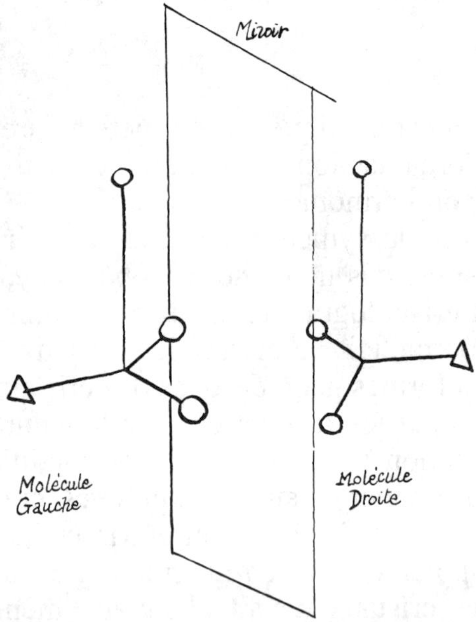

Symétrie de miroir. Les deux figures symétriques ne sont pas superposables. Pasteur découvrit ainsi l'existence de molécules d'acide tartrique, droite et gauche.

Pasteur a fait remarquer que lorsqu'on synthétise des molécules organiques par les voies ordinaires de la chimie, on obtient un mélange de molécules droites et gauches (on appelle cela un mélange énantiomorphe). Il faut ensuite recourir à des méthodes fastidieuses pour les séparer. Mais si on présente un mélange à des bactéries (il disait des microbes) habituées à dégrader le composé en question, le plus souvent elles ne dégraderont qu'une des variétés. C'est qu'en fait, pratiquement toutes les molécules du vivant ont une symétrie – ainsi, les acides aminés naturels, constituants des protéines, sont tous de la forme gauche. On n'a pas d'explication pour ce phénomène, mais cela suffit à souligner le caractère important de la symétrie dans la vie.

D'Arcy Thompson, lui, va s'intéresser à la symétrie dans la nature et faire remarquer la convergence de forme pour des objets extrêmement variés.

Je prendrai trois exemples.

Premier exemple : la structure en nervure de feuille, avec des embranchements multiples. Ce sont des sortes de symétries complexes (symétrie par rapport à un plan + symétrie de translation) emboîtées les unes dans les autres. Ce type de structure se retrouve aussi bien dans les feuilles des arbres que dans les réseaux fluviatiles ou la structure des poumons.

Plus tard, on dira que cette structure est un fractal déterministe, car c'est une combinaison entre une symétrie et une loi d'échelle.

Second exemple : les méandres d'un fleuve. Ils évoquent aussi bien la représentation de la fonction sinus que la forme d'un serpent en train de se déplacer, ou encore celle d'un courant marin photographié par satellite.

Troisième exemple : la symétrie spirale, qui caractérise les ammonites foraminifères ou le nautile, se retrouve dans les galaxies spirales ou dans les tourbillons d'un fleuve en crue. Il s'agit ici d'une symétrie par rapport à un point, à laquelle s'ajoute une symétrie complexe par translation.

On a mis longtemps à comprendre que ces symétries traduisaient des convergences fonctionnelles entre des structures très différentes. En vérité, tout cela ne fait que prolonger les constatations des mathématiciens à propos des objets géométriques. Un cercle obéit à une symétrie par rapport à un point ; un carré peut être divisé en deux parties égales...

Les mathématiques ont établi qu'une symétrie de forme pouvait correspondre à une séquence d'opérations en utilisant la rotation autour d'un point (ou d'un axe dans l'espace), la translation et la réflexion par rapport à un miroir. C'est admettre que certaines opérations géométriques laissent la figure invariante.

On est donc passé de la notion de symétrie à la notion d'*invariance*, de conservation de « quelque chose ».

Ce sont les relations d'invariance qui vont être utilisées par les physiciens pour définir les « grandes symétries ». Les principes de ces symétries ont été énoncés par la mathématicienne-physicienne allemande Emmy Noether au début du XXe siècle. Mais c'est un peu difficile à expliquer au niveau de ce livre.

Technologie

Le mot « technologie » est aujourd'hui utilisé à tort et à travers, sans qu'on perçoive exactement sa signification. Pour certains, il désigne les applications de la science ; pour d'autres, il se confond avec l'activité des ingénieurs, c'est-à-dire le développement.

Pour ma part, je donne à ce mot une signification précise qui a, au moins, l'avantage de clarifier les choses. Je considère qu'il y a d'une part les sciences de la nature – parmi lesquelles la physique, dont la racine est le mot grec *physis*, « nature » – destinées à découvrir et expliquer les lois de la nature. Et d'autre part la technologie, qui consiste à *fabriquer* des objets, des artefacts, puis à en étudier les propriétés.

Car il est bien clair que lorsqu'on fabrique un objet (un pendule, un ordinateur, une nouvelle molécule chimique), on ne connaît pas nécessairement ses propriétés. Ainsi, la technologie peut être une activité sans application pratique – c'est rare, mais ça existe.

Quand le laser a été inventé, je me souviens que Pierre Aigrain, alors jeune et brillant directeur des recherches pour les applications militaires, avait lancé un appel à idées pour qu'on suggère des applications pratiques. Lorsqu'on découvrit l'effet Joule – dégagement de chaleur lié au passage du courant électrique – et qu'on construisit les premiers appareils, Edison n'avait pas encore inventé la lampe d'éclairage.

Bien sûr, souvent des inventions technologiques ont été faites en vue d'une application, mais pour moi ce n'est pas consubstantiel.

Ainsi, on peut faire de la recherche fondamentale en technologie. Celui qui travaille à construire un nouveau langage pour tel type d'ordinateur fait une recherche qui peut se révéler très fondamentale et, par exemple, transférable à la biologie pour décoder l'ADN. Celui qui crée de nouveaux lubrifiants pour améliorer les engrenages va peut-être développer des recherches très fondamentales sur la propriété mécanique des polymères, etc.

Technologie n'est donc pas synonyme de science appliquée, ni de science pour l'ingénieur.

On parle souvent d'« applications technologiques ». Par exemple, l'utilisation de transistors dans les téléphones mobiles est une application technologique. L'évolution historique des sciences a, de plus en plus, conduit à développer la technologie. Non seulement pour des raisons utilitaires, mais comme pan de la recherche fondamentale, comme complément de la recherche en sciences.

Vue de cette manière, la chimie de synthèse relève de la technologie, et même les mathématiques sont de la technologie (je vois d'ici l'horreur qu'une telle affirmation va provoquer chez certains mathématiciens !).

Ainsi, le premier qui mêla sciences de la nature et technologie fut Archimède, qui découvrit le principe fondamental de l'hydrostatique, mais inventa la vis sans fin et le miroir parabolique. Deux découvertes dont il fit des applications spectaculaires. L'étude des propriétés de la lunette astronomique par Kepler est un exemple de recherche fondamentale en technologie, alors que l'utilisation de la même lunette par Galilée est l'utilisation en sciences de la nature d'une découverte technologique. Il n'y a pas d'erreur dans les rôles respectifs de Kepler et Galilée !

En même temps que l'approche technologique se développait, les frontières avec les sciences de la nature sont devenues floues. La mise au point par Galilée d'un plan incliné avec des clochettes pour étudier la chute des corps est-elle une innovation technologique, ou relève-t-elle des sciences de la nature ?

Ne passons pas trop de temps aux frontières. Informatique, chimie, bio-technologie : c'est bien la technologie qui transforme le monde dans lequel nous vivons. Au fur et à mesure qu'elle se développe et s'épanouit, elle devient de plus en plus autonome par rapport aux sciences de la nature. Des pans entiers de la science résultent de recherches technologiques.

Tectonique des plaques

En science, les mots, les expressions jouent un rôle essentiel. Ce sont eux qui frappent les esprits et qui permettent d'identifier une théorie, une découverte.

L'expression « tectonique des plaques » fut une trouvaille. Pour les géologues des années 1960-1970, le mot tectonique était un mot magique : il désignait une discipline reine, nécessitant de maîtriser toutes les méthodes de la géologie. Mais lui adjoindre le mot de « plaques » lui donnait une dimension nouvelle. La tectonique est l'étude des chaînes de montagnes, de leur structure, de leur genèse. Quel rapport, *a priori*, avec les plaques, synonymes de rigidité ? Il y avait là de quoi frapper, et renouveler la géologie.

La tectonique des plaques considère que le globe est divisé en une mosaïque de plaques rigides. Ces plaques ont 60 kilomètres d'épaisseur. Elles surmontent une couche déformable : l'athénosphère, sur laquelle elles se déplacent.

Ces plaques se construisent et se détruisent. Elles se fabriquent au niveau des dorsales océaniques, ces longues chaînes sous-marines de nature volcanique qui parcourent les océans en formant un réseau interconnecté. Elles se détruisent au niveau des grandes fosses océaniques qui bordent les océans – ce sont les *zones de subduction*.

Ces plaques naissent, grandissent, diminuent, mais leurs déplacements obéissent aux théorèmes de la géométrie sur la sphère établie par le mathématicien suisse Léonard Euler au XIXe siècle.

Les limites des plaques sont de trois types. D'une part, les dorsales océaniques, qui fabriquent symétriquement deux plaques ; d'autre part, les zones de subduction, qui engloutissent les plaques dans le manteau, et enfin des grandes failles qu'on appelle failles transformantes.

Elément important : il est très rare que les limites des plaques coïncident avec les limites des continents ! En effet, les plaques qui se fabriquent et se détruisent sont des planchers océaniques composés de basaltes. Les continents, dont la composition est granitique, sont pris au milieu des plaques. Ils flottent, comme des morceaux de liège pris au milieu de plaques de glace flottant dans l'eau.

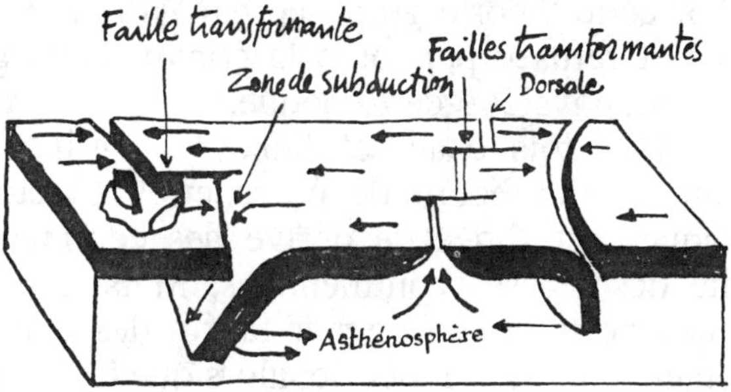

Elément de base de la tectonique des plaques, avec dorsale, zone de subduction et plusieurs types de failles transformantes.

Les continents, trop légers, ne sont jamais réengloutis dans le manteau au niveau des zones de subduction. Par contre, ils se déplacent, ils dérivent suivant la plaque qui les porte. Dans cet immense ballet des plaques, il arrive que deux continents entrent en collision, donnant alors naissance aux chaînes de montagnes. Ainsi, l'Himalaya est le résultat de la collision Inde-Asie, et les Alpes sont nées de la collision Europe-Afrique.

L'énergie vient de l'intérieur de la Terre et se dissipe au niveau des frontières de plaques. On trouve ainsi des volcans au niveau des dorsales, des zones de subduction et des failles transformantes ; des séismes au niveau des dorsales et des zones de subduction.

La tectonique des plaques est un modèle explicatif global de tous les phénomènes géologiques observés à la surface du globe.

Certains vous diront : « Mais ce n'est que la résurgence de la vieille théorie de la dérive des continents ! », cette théorie proposée par Alfred Wegener en 1910 et refusée par toute la communauté géologique et géophysique de l'époque.

C'est à la fois exact et faux. Ce qu'il y a de commun entre la théorie de Wegener et la tectonique des plaques est l'idée de dérive des continents, de mobilité des masses continentales. Mais il y a une différence de taille : Wegener faisait des continents les protagonistes de sa théorie, alors que la tectonique des plaques a pour acteur principal le tapis roulant des fonds océaniques ! Les continents dérivent, certes, mais passivement.

La tectonique des plaques, c'est aussi la synthèse extraordinaire d'une seule et même théorie expliquant à la fois la géographie des séismes, des volcans, des chaînes de montagnes, la morphologie du fond des océans, des fosses et des reliefs océaniques, et j'en passe ! Wegener n'en est pas l'auteur.

Alors qui a inventé la tectonique des plaques ? Quel est le Wegener moderne ?

Réponse : il n'y a pas un seul nom, mais une séquence de découvertes qui se sont emboîtées les unes dans les autres, en un mouvement accéléré qui va de 1961 à 1970 – pour faire bref.

Wegener était un homme isolé, météorologue de profession, qui avait présenté une théorie, seul face à une communauté géologique hostile.

L'émergence de la tectonique des plaques est le fait d'une quinzaine de personnes, dont certaines ont eu un rôle plus marquant que d'autres.

La première étape, décisive, fut la proposition par Harry Hess, développée et enrichie par Robert Dietz, de l'expansion des fonds océaniques. L'idée : les dorsales océaniques fabriquent du plancher océanique, qui s'étale de part et d'autre desdites dorsales. Ce plancher est supposé se réengloutir dans le manteau au niveau des grandes fosses océaniques. Ce modèle n'eut d'abord que peu de succès.

La seconde étape est illustrée par les travaux d'un Canadien, Morley, et par ceux de deux Anglais (bien sûr de Cambridge) Fred Vine et Drumond Matthews, de Cambridge. Vine et Matthews montrèrent que les anomalies magnétiques cartographiées dans les océans avaient une distribution symétrique par rapport aux dorsales. L'alternance des anomalies positives (c'est-à-dire pour lesquelles le champ mesuré est supérieur au champ magnétique actuel moyen) et négatives dessinait une véritable peau de zèbre de part et d'autres des dorsales (si l'on représentait en blanc et noir les anomalies positives et négatives).

Pour interpréter cette alternance, il faut savoir que dans le passé, le champ magnétique s'est inversé (le pôle nord devenant le pôle sud) à plusieurs occasions. La mémoire de ces inversions est fixée dans les laves volcaniques qui, en se refroidissant, en cristallisant, enregistrent le champ magnétique de l'époque. L'alternance symétrique des anomalies magnétiques de part et d'autre des dorsales est donc la traduction de la fabrication continue du plancher océanique : au cours du temps, celui-ci a enregistré tantôt les épisodes à champ magnétique nord-sud, tantôt l'inverse.

Cette observation confirmait le modèle proposé par Hess et Dietz, et ce fut effectivement le facteur déclenchant. Aussitôt, un intérêt considérable se cristallisa sur ce que l'on a appelé d'abord la théorie du *sea-floor spreading* (mal traduit en français par *expansion* des fonds océaniques – *étalement* aurait été plus juste). Les équipes de géophysiciens du Lamont Geological Observatory, dépendant de l'université de Columbia à New York, et celle de la Scripps Institution of Oceanography, dépendant de l'université de Californie à San Diego, se mirent à cartographier frénétiquement les anomalies magnétiques de tous les océans du globe, à cartographier les « peaux de zèbre ».

Comme, par ailleurs, on connaissait les dates de ces inversions du champ magnétique (*voir* : *paléomagnétisme*), on put mesurer les vitesses d'étalement des fonds océaniques.

L'unité était le centimètre par an, les variations allaient de 1 à 20 centimètres/an. Pour apprécier les ordres de grandeur : 1 centimètre/an équivaut à 10 kilomètres par million d'années, soit 1 000 kilomètres pour 100 millions d'années. Pour ouvrir l'Atlantique, à raison de 2 centimètres par an de chaque côté, il faut à peu près 150 millions d'années.

Du coup, on a pu reconstituer les positions des continents dans le passé, retrouvant la dérive des continents de Wegener – mais cette fois, avec des chiffres, des dates, des vitesses, des durées.

C'est à ce moment que se situe l'émergence de la tectonique des plaques à proprement parler. La tectonique des plaques est, en gros, la géométrisation du *sea-floor spreading*. C'est en cela que le choix du mot fut extraordinaire : il a occulté, effacé presque totalement le mot de *sea-floor spreading* !

Les questions de priorité et d'antériorité sont délicates.

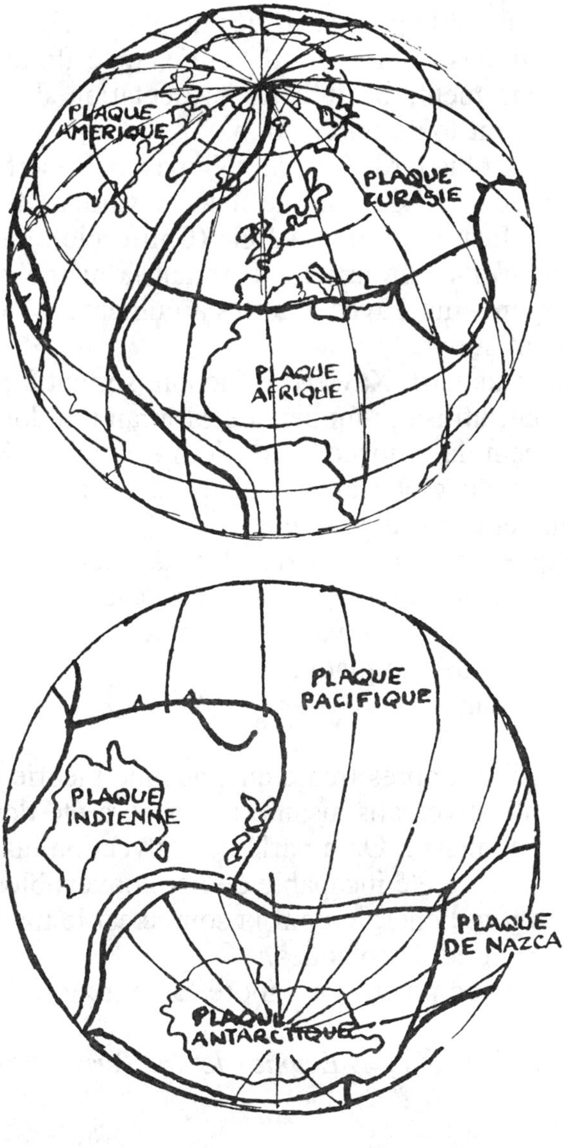

Représentation des principales plaques, avec dorsale, zone de subduction et plusieurs types de failles transformantes.

Celui qui eut le premier l'idée de plaque rigide est, semble-t-il, Jason Morgan, de l'université Princeton. Malheureusement, il fit cette présentation dans un congrès avant toute publication.

Six mois plus tard, Dan Mc Kenzie et Robert Parker, tous deux de Cambridge mais travaillant alors à la Scripps Institution de La Jolla (Californie), publièrent dans *Nature* un article affirmant la même chose que Morgan – mais avec d'autres arguments. L'article de Morgan suivit.

Un an plus tard, Xavier Le Pichon, sortant à peine du Lamont, utilisa le modèle de Morgan (en donnant honnêtement la priorité à ce dernier) pour décrire l'évolution du globe en six plaques, avec la dérive des continents correspondante.

Quelques mois après, Brian Isacks, Jack Oliver et Lym Sykes, du Lamont, complétèrent le tableau par une synthèse des observations sismologiques à l'aide de la tectonique des plaques.

Voilà la saga.

Aujourd'hui, après trente ans, aucune théorie physique explicative satisfaisante n'a encore été donnée de ce phénomène... On a parlé de convection mantellique, mais on a été incapable de lier convenablement la dissipation d'énergie dont la source est le manteau et la mécanique des plaques.

On sait le comment, on ignore le pourquoi.

Claude ALLÈGRE, *L'Ecume de la Terre*, Fayard, 1999.

Température

La température mesure l'agitation des atomes et des molécules.

Plus la température est élevée, plus les particules sont agitées. A haute température, l'agitation est extrême, à basse température, elle est minime. Au zéro absolu, la base de l'échelle de température, les molécules et les atomes sont immobiles.

Vous-même percevez bien cette notion. Lorsque vous avez de la fièvre, vous sentez que vos tissus, vos organes sont agités. Lorsque au contraire votre corps est un peu au-dessous des 37 °C canoniques, vous sentez que votre activité est ralentie.

Pour mesurer la température, il existe deux systèmes : l'échelle centigrade et l'échelle absolue (Kelvin).

Dans l'échelle centigrade, on suppose que la température de l'eau qui bout est de 100 °C, et celle de l'eau qui se transforme en glace, de 0 °C. Entre les deux, on mesure la variation de hauteur – plus exactement la dilatation (l'augmentation de longueur lorsque la température augmente) d'une colonne de fluide – par exemple le mercure.

L'échelle absolue débute à 0° kelvin, soit – 273 °C, avec des divisions égales à l'échelle centigrade. D'où sort ce – 273 °C ? D'une expérience simple : prenons une série de gaz dilués. Traçons la courbe de leur pression en fonction de la température. A quelle température la pression est-elle nulle ? Réponse : – 273 °C, et ce pour tous les gaz. La pression étant la force exercée par les molécules d'un gaz sur la surface des parois du récipient qui le contient, si la pression est nulle, c'est que les molécules sont au calme, au repos. C'est le zéro absolu : 0 °kelvin.

Donc : température = agitation. Mais attention : il ne faut pas confondre température et chaleur !

La température mesure l'agitation des atomes.

La chaleur est une forme de l'énergie, elle mesure la dissipation d'énergie produite par l'agitation des atomes. C'est un travail à l'échelle microscopique, c'est-à-dire le produit du déplacement des atomes par la force qui s'exerce sur eux. Maintenant que nous sommes plongés dans ces conceptions, il ne paraît donc pas si étonnant que travail au sens macroscopique du terme (c'est-à-dire une force multipliée par la distance parcourue) et chaleur puissent se convertir l'un dans l'autre. C'est le premier principe de la thermodynamique, et il fallut beaucoup de temps et beaucoup d'astuce pour le prouver (*voir* : JOULE).

La seconde propriété de la chaleur est qu'elle se propage toujours du chaud vers le froid. Joseph Fourier, préfet de l'Isère de Napoléon, a formalisé cette propagation en établissant ce que l'on appelle désormais la « loi de Fourier ». La chaleur se propage d'autant plus vite entre deux points que la variation de température entre ces deux points est plus grande.

Temps

Le temps est une notion capitale en science. C'est en effet le paramètre essentiel de toute description ou formalisation évolutive. C'est à partir du temps qu'on définit la notion de vitesse, d'accélération, mais aussi de durée et d'histoire.

J'ai passé une partie importante de ma vie à mesurer le temps – le temps lié aux phénomènes géologiques, qui se mesure en milliers, millions et milliards d'années. Celui de l'histoire naturelle.

Dans la description classique du monde, le temps constitue une quatrième dimension. Aux trois dimensions de l'espace s'ajoute le temps, qui décrit la manière dont le système qu'on étudie évolue.

Lorsqu'il a traduit le second principe de la thermodynamique en affirmant que le désordre d'un système a tendance à croître, que c'est là son évolution spontanée, Boltzmannn a donné au temps un sens. Le temps se déroule. La vie, c'est la lutte constante pour préserver l'ordre, l'organisation de l'organisme vivant, c'est la lutte incessante contre l'entropie. La mort, c'est le triomphe de l'entropie, c'est le désordre des atomes qui finit par s'imposer. C'est ainsi qu'Arthur Eddington a parlé de la « flèche du temps ». Le temps est une dimension orientée. Les trois dimensions de l'espace n'ont pas de sens obligatoire, la quatrième dimension en a un !

Puis Einstein est venu semer le trouble avec sa théorie de la relativité dans cette belle description du monde qu'on appelle « classique ». Il n'y a pas trois dimensions d'espace plus le temps, a-t-il dit. Il y a un espace-temps à quatre dimensions. On ne peut pas séparer le temps des variables d'espace. Mieux : le temps n'est pas une grandeur absolue, les horloges ne sont pas des instruments qui mesurent le temps, le même temps partout dans l'univers. Car le temps est relatif, Einstein l'a montré mathématiquement ; il s'écoule plus ou moins vite, suivant que l'on se déplace plus ou moins vite !

Cela ne fait pas du temps une coordonnée comme

les autres pour autant, mais une grandeur variable, comme peuvent l'être la longueur ou la masse qui varient avec la vitesse lorsqu'on est proche de la vitesse de la lumière (*voir* : RELATIVITÉ).

A partir de là, les physiciens théoriciens ont été un peu plus loin. Ayant traduit les lois physiques en équations mathématiques et ayant constaté que certaines équations étaient invariantes lorsqu'on changeait (t) en (–t), autrement dit qu'on inversait le temps, ils en ont conclu un peu vite qu'on pouvait jouer avec le temps et remonter le temps. On a même développé des modes de calcul dans ce qu'on appelle l'électrodynamique quantique où l'on fait remonter le temps à certaines particules.

Richard Feynman, grand prêtre de la discipline, considère que c'est une astuce de calcul à laquelle il ne faut pas attacher de signification réelle, mais d'autres physiciens plus attachés à la « vérité des équations » estiment que c'est bien ainsi que les choses se passent.

Je crois que c'est là surestimer le pouvoir des mathématiques. Je continue pour ma part de croire que la flèche du temps est orientée, même si j'admets évidemment que le temps est relatif.

Variable fondamentale des théories scientifiques, le temps est non seulement considéré, mais mesuré depuis la femtoseconde (10^{-15} seconde) jusqu'au milliard d'années (10^9 ans). Qu'on le considère, ce n'est pas étonnant, il suffit de manipuler les équations pour cela. Qu'on soit capable de le mesurer est autrement impressionnant ! On n'utilise évidemment pas les mêmes horloges dans tous les cas. Pour les petits intervalles de temps, on se sert des horloges atomiques, qui utilisent les temps de relaxation de certaines transitions atomiques. Les milliards d'années se mesurent quant à eux en se fondant sur les périodes radioactives de certains isotopes à durée de vie très longue (pour dater des roches, des minerais...), ou sur la vitesse de propagation de la lumière dans les grands espaces remplis de vide (pour dater des événements cosmiques, naissance d'étoiles, etc.).

J'ai également remarqué cette propriété étrange du concept de temps en science : à force de travailler dans un certain ordre de grandeur, il vous devient familier.

Ainsi, pour moi, le million ou le milliard d'années sont des notions ordinaires, et j'ai besoin de faire des efforts pour « traduire » ces grandeurs en unités de temps habituelles – l'heure ou la seconde.

Mais une chose est certaine, hélas, quoi qu'en disent certains physiciens : on ne remonte pas le temps ! Hélas ou tant mieux ?

Thérapigénie [1]

La thérapigénie est une technique permettant de soigner des maladies monogénétiques, c'est-à-dire des maladies dont la cause est l'absence ou le mauvais fonctionnement, la mauvaise structure, d'un seul gène bien identifié. L'idée, séduisante, de la thérapigénie est de prélever des cellules d'un enfant malade, atteint par exemple de la mucoviscidose, de transformer le noyau de ces cellules en y injectant un gène sain, puis de réimplanter ces cellules saines chez l'en-

1. C'est un néologisme, la formule employée habituellement est *thérapie génique*.

fant malade. Le but visé : que la multiplication des cellules saines chasse et remplace les cellules malades. Ce faisant, on évite les réactions de rejet qui se produisent lorsque l'on implante les cellules d'un autre enfant.

On opère ainsi ce qu'on pourrait appeler un acte de chirurgie cellulaire.

Malheureusement, cette technique extraordinaire et novatrice, source de beaucoup d'espoir pour bien des parents dont les enfants sont atteints d'une maladie génétique, ne donne des résultats significatifs que dans de rares cas. Bref, c'est pour l'instant un échec, malgré les efforts considérables déployés dans le monde entier, notamment en France grâce au Téléthon et à l'action de M. Baratau.

Pourquoi cet échec ? Parce que pour injecter un morceau d'ADN sain dans le noyau d'une cellule malade, il faut utiliser un vecteur capable à la fois de percer la paroi du noyau et de porter un ADN sain. Ce vecteur, cet intermédiaire indispensable, est, pour l'instant, toujours un virus. Les virus ont en effet pour caractéristiques, d'une part, de savoir percer les membranes du noyau cellulaire, d'autre part de ne contenir que peu d'ADN, ce qui rend possible d'y greffer facilement de l'ADN sain. Théoriquement, ils sont donc parfaitement à même d'intégrer le gène sain dans le noyau de la cellule infectée.

Or, jusqu'à présent, aucun de ces virus miracles n'a jamais fonctionné convenablement.

En général, le virus tue la cellule hôte dans laquelle il est censé importer le nouvel ADN. Parfois, il tue le patient ! Un des problèmes, c'est que le virus insère le gène qu'il transporte n'importe où dans le noyau de la cellule, donc pas forcément à sa place normale.

D'autre part, les cellules « reprogrammées » et réinjectées ne vont pas forcément dans les tissus où elles sont utiles.

Pourtant, il existe un cas de réussite, exemplaire à plus d'un titre, et qui laisse la porte entrouverte : c'est le cas des bébés bulles.

Les « bébés bulles » sont des bébés qui souffrent d'une déficience majeure de leur système immunitaire, ce système responsable, dans notre corps, de la lutte contre tout corps étranger. C'est lui qui détruit le non-soi – et donc, en particulier, les microbes, virus et autres agents infectieux. Dépourvus de ce système de défense situé dans le sang, les bébés bulles livrés à la vie normale mourraient dès la première infection.

Pour tenter d'éviter cela, on les place en enceinte stérile (les fameuses bulles), puis on tente d'effectuer sur eux une greffe de moelle osseuse à partir des éléments de moelle d'un parent proche. Malheureusement, comme pour toute greffe se pose le problème du rejet : par cette technique, on ne guérit que 30 % des enfants. Les autres meurent, victimes de maladies habituellement bénignes.

L'idée d'Alain Fischer, professeur à l'hôpital Necker, a été d'éviter le rejet en réalisant une autogreffe, c'est-à-dire en utilisant des cellules de la propre moelle épinière de l'enfant malade. Mais, bien sûr, après avoir effectué une manipulation génétique visant à remplacer l'ADN déficient par celui d'une personne saine, le reste de la cellule demeurant a l'identique.

On prélève donc un peu de moelle osseuse, on modifie l'ADN des cellules, on cultive les nouveaux tissus de manière à ce qu'il y ait assez de cellules, puis on regreffe dans la moelle osseuse la cellule ainsi « réparée ».

En 1999, dix enfants ont ainsi été traités par l'équipe d'Alain Fischer. Les premiers résultats ont été encourageants, au point que deux des enfants traités ont pu rentrer chez eux avec une immunité suffisamment restaurée. Mais, en 2002, puis en 2003, deux cas de leucémies provoquées par la thérapie génique se sont produits. L'un des enfants est mort, l'autre a pu être sauvé. L'expérience a été arrêtée, puis reprise dans des conditions un peu différentes ; les enfants traités seront un peu plus âgés, le nombre de cellules injectées moins élevé. Avec un recul de cinq ans, le bilan est de neuf succès obtenus, sur les dix premiers enfants traités. Auparavant, toutes les thérapigénies avaient été des échecs.

La thérapigénie est aujourd'hui un espoir, elle ne deviendra une réalité médicale solide que lorsqu'on aura percé le secret des virus porteurs. Il s'agit donc encore d'une thérapie à risques. Mais interdire de telles expériences, de telles recherches, c'est du même coup s'interdire de guérir des maladies incurables. Peut-on condamner les patients à une mort certaine à plus ou moins long terme, sous prétexte qu'on ne maîtrise pas bien ces techniques ?

Les malades atteints de maladies génétiques incurables sont en grande majorité volontaires pour bénéficier de ce type d'expérimentations. Au nom de quoi devrait-on les en priver ?

Thermodynamique

C'est peut-être le chapitre le plus fascinant de la physique. Cette discipline est en effet fondée sur deux principes simples dont l'exploitation a conduit à une série d'applications extrêmement fécondes.

Le premier principe de la thermodynamique nous dit que le mouvement perpétuel est impossible et qu'on ne peut obtenir du travail sans fournir de l'énergie de manière plus importante. Autrement dit : l'énergie se dégrade.

Le second principe dit que la tendance spontanée d'un système est d'évoluer vers le désordre. Pour créer de l'ordre, de l'organisation dans un système, il faut accepter de créer plus de désordre ailleurs.

Cette thermodynamique formelle s'est développée au XIXe siècle, dès lors qu'on a cherché à domestiquer la machine à vapeur. Carnot, Joule et Clausius ont été parmi les architectes principaux de cette merveilleuse construction intellectuelle. Mais cette discipline était très abstraite. Deux principes en tout et pour tout, manipulant des concepts délicats comme l'énergie, l'énergie libre, l'entropie, le tout agrémenté par des mathématiques !

A la fin du XIXe siècle, Maxwell d'abord, puis surtout l'Autrichien Boltzmannn et l'Américain Gibbs, ont donné une interprétation statistique de la thermodynamique, laquelle permet d'en donner une interprétation moléculaire, donc d'en comprendre l'essence. De quelle façon ? En reliant les valeurs thermodynamiques aux mouvements, chocs, réactions des molécules (non pas à vrai dire de chaque molécule prise individuellement, mais d'ensembles suffisamment grands de molécules pour qu'on puisse leur appliquer un traitement statistique qui ait un sens physique, déterminer une moyenne, par exemple). On appelle cette thermodynamique la thermodynamique statistique. La loi de base en est la statistique de Boltzmannn.

Tout cela ne vaut évidemment que pour les systèmes physiques – c'est-à-dire les atomes, les molécules... Pour ce qui concerne les sciences humaines, c'est une autre histoire !

Encore qu'on puisse faire d'intéressantes analogies...

Torricelli Evangelista (1606-1647)

Ce fut le dernier élève de Galilée Sa grande contrıbution à la science est l'invention du baromètre à mercure – c'est-à-dire la découverte de la pression atmosphérique.

Il avait été sensibilisé par Benedetto Castelli, un autre élève de Galilée (le fameux récipiendaire de la « Lettre à Castelli » qui a joue un grand rôle dans le procès de 1633). Ce dernıer, hydrologue du pape, n'arrivait pas à faire monter l'eau au-dessus d'une certaine altitude, précisément de 32 pieds (10,4 mètres).

Torricelli réalisa alors que l'atmosphère exerçait une pression quasi constante sur tout objet à la surface de la Terre, en l'occurrence les fluides. Cette pression est égale à celle exercée par 10,3 mètres d'eau, ou encore 76 centimètres de mercure – car le mercure a une densité de 13,6 ! C'est à partir de cette observation qu'on commença à comprendre que nombre d'effets jusqu'alors attribués à l'« horreur du vide » (« la nature a horreur du vide », précepte attribué à Aristote) s'expliquaient en réalité par la pression atmosphérique...

Torricelli fit également d'autres découvertes importantes en mécanique et en mathématiques.

Transistor

Le transistor est sans aucun doute la découverte la plus extraordinaire de la seconde moitié du XXe siècle, et peut-être la plus importante, si l'on en juge par ses conséquences technologiques.

Le transistor est à la base de plusieurs révolutions : celle de la radio – les postes portables ne s'appelaient-ils pas des transistors ? –, celle de la télévision, puis des ordinateurs, des portables, des téléphones mobiles... Bref, toute la technologie ou presque de ces cinquante dernières années s'est développée à partir d'une découverte : celle du comportement de trois lamelles de matériaux semi-conducteurs associées astucieusement.

On sait que Faraday avait classé les matériaux solides en deux catégories. Ceux qui conduisent l'électricité – ce sont les *conducteurs*, comme le cuivre, le fer ou l'or ; et ceux qui ne laissent pas passer le courant électrique, que l'on appelle des *isolants*, comme l'alumine, le quartz ou le caoutchouc. Entre les deux, on a découvert d'autres matériaux qui, suivant les conditions, laissent ou ne laissent pas passer le courant. Ce sont les matériaux *semi-conducteurs*.

Ainsi, le silicium métallique : lorsqu'il est pur, à température ordinaire, c'est un quasi-isolant. Lorsqu'il contient des impuretés d'arsenic ou de gallium, il devient semi-conducteur. Mais dans un cas, c'est un semi-conducteur N, qui est dopé en électrons libres ; dans le second cas, c'est un semi-conducteur P, déficient en électrons.

Le transistor est un micro-assemblage de lames – une sorte de microsandwich – de type PNP ou NPN – une couche de semi-conducteur de type N entre deux semi-conducteurs de type P, ou l'inverse. Son comportement vis-à-vis du courant électrique est tel qu'il peut soit amplifier un courant – c'est l'utilisation de la radio –, soit laisser ou ne pas laisser passer un courant. Lorsque le voltage est compris entre deux valeurs, le transistor laisse passer le courant ; en dehors de cette fenêtre, c'est un isolant. D'où le nom de transistor, contraction de *transfert-resistor*.

En associant plusieurs transistors, on va pouvoir réaliser des fonctions logiques élémentaires et du même coup fonctionner avec la logique binaire 0 ou 1.

Le transistor est un des fruits de la physique de l'état solide dont nous reparlerons. Elle s'est développée juste après la dernière guerre, et elle était le résultat de l'application des formalismes de la mécanique quantique aux cristaux de l'état solide.

Le transistor a été découvert en 1948 par trois physiciens : John Bardeen, Walter Brattain et William Shockley, travaillant dans les laboratoires privés de la Bell Telephone (l'ancêtre d'ITT).

Mais il a fallu attendre les années 1955-1960 pour qu'il devienne un composant industriel essentiel.

Dans un premier temps, le transistor remplace les lampes dans les circuits électroniques – les transistors et les associations de transistors étant reliés par des fils électriques. C'est l'époque des postes de radio à transistors, qui sera le point de départ de l'essor des stations de radio.

Mais cette architecture se trouve rapidement dépassée. En 1952, l'ingénieur anglais Dummer remarque qu'en utilisant les propriétés des transistors et, plus généralement, des semi-conducteurs, on peut associer ces derniers sans le secours des fils électriques, mais en confectionnant des assemblages de différents matériaux isolants, conducteurs ou semi-conducteurs constituant un seul bloc. C'est Jack Kilby, de la compagnie Texas Instrument, qui réalisera son idée en 1959 et fabriquera le premier « circuit intégré ». Comme il s'agit d'un assemblage de minuscules morceaux de silicium, on appellera ces circuits « chips » ou « microchips ».

Ce qui va faire le succès du transistor, c'est la combinaison de trois qualités.

La première, c'est qu'il s'agit d'un élément électronique robuste et relativement facile à fabriquer. Cette qualité a comme conséquence une deuxième qualité, fondamentale : le prix de fabrication d'un transistor est bas, et il consomme peu d'énergie. Enfin, ses dimensions sont réduites et il peut être miniaturisé aisément.

Son développement va être extraordinaire. En 1954, Texas commence la production de transistors. La même année, la firme Fairchild met au point un procédé industriel permettant leur production. Mais en 1959, Texas Instrument invente le circuit intégré. Puis, la technologie de production va s'emballer. On va s'apercevoir qu'on peut construire des transistors de plus en plus petits, les assembler de manière de plus en plus compacte. On va alors fabriquer des circuits électroniques aux fonctions très complexes, et d'une taille n'excédant pas 1 centimètre carré. Songez que pour obtenir la même chose vers les années 1950, il aurait fallu une dimension supérieure à 1 mètre carré !

La course à la miniaturisation va s'engager, et le président d'Intel, Gordon Moore, ancien élève de Caltech, va énoncer une loi qui semble se vérifier depuis 1962 : « Les performances des composants (associations de transistors) augmentent d'un facteur deux tous les dix-huit mois, car le nombre de composants par puce double au cours de cet intervalle de temps. »

Or la miniaturisation ne présente pas seulement comme intérêt de diminuer les dimensions des appareils : elle augmente considérablement les vitesses d'exécution des opérations ! On va donc avoir des appareils de plus en plus rapides, capables de faire plus d'opérations. Si bien qu'aujourd'hui, la seule limite aux performances des calculateurs modernes est leur capacité à évacuer l'énergie, cette énergie produite par les transferts électriques entre des milliards de transistors. On va donc préférer associer en réseau des milliers d'ordinateurs plutôt que de construire une seule machine.

Tout cela est la conséquence du transistor. Bardeen, Brittain et Shockley devraient être aussi célèbres que Newton ou Einstein, si l'on prend pour critère l'importance pratique des découvertes !

Travail

Le travail, en physique, est une grandeur bien définie : c'est le produit d'une force par un déplacement. Pour déplacer un livre de un mètre, il faut moins de travail que pour déplacer un livre de deux mètres ! Personne n'est choqué par cette affirmation. Et comme la force est elle-même proportionnelle à la masse, si la masse du livre est deux fois plus importante, le travail effectué est lui-même deux fois supérieur.

Ce que nous dit le premier principe de la thermodynamique, c'est que le travail peut se transformer en chaleur – plus exactement, que travail et chaleur peuvent être transformés l'un dans l'autre. Mais la physique statistique nous a appris que la chaleur est la somme des travaux microscopiques qu'effectuent les molécules et les atomes en s'agitant, en se déplaçant. Le premier principe nous dit donc que le travail macroscopique se transforme en travail microscopique. Rien qui puisse choquer, d'autant plus que l'on sait que le travail macroscopique est la somme d'une multitude de travaux microscopiques ! En se mettant tous ensemble, on soulève des montagnes !

Le travail est l'une des notions auxquelles on peut solidement se rattacher pour définir l'énergie. L'énergie d'un système, c'est sa capacité à produire un travail. Lorsqu'on le produit, on dissipe de l'énergie.

Ce qui est surprenant, c'est que cette notion a été transposée dans le langage courant ou les sciences sociales et que le sens est presque le même !

Trous noirs

Les trous noirs sont des objets astronomiques fascinants. Ils ont en effet des propriétés qu'on peut définir, étudier, mesurer – mais on ne peut les voir, parce qu'ils sont noirs !

Figurez-vous que ces structures avaient déjà été imaginées par Laplace, alors que l'on ne connaissait pas la théorie de la relativité. Le grand Laplace – celui qui, parlant de Dieu, disait à Napoléon : « Je n'ai pas besoin de cette hypothèse. » A cette époque, on pensait que la lumière était faite de petites particules avec une masse : les photons. Laplace imaginait qu'il existait des objets tellement denses, tellement lourds, qu'ils empêchaient les photons de s'échapper et étaient donc tout noirs.

Et puis on découvrit que le photon n'avait pas de masse – désastre pour les idées de Laplace.

Jusqu'au moment où, développant la relativité générale, Einstein montra que la masse déviait la lumière. C'était incroyable – et personne (ou presque) ne le crut.

Mais par une expérience astucieuse, Arthur Eddington montra que le soleil déviait la lumière venant des astres (*voir* : EDDINGTON, RELATIVITÉ). Pour le monde et pour Einstein lui-même, ce fut un choc considérable.

La relativité générale était vraie !

Pendant la Première Guerre mondiale, alors qu'il servait dans l'armée allemande, l'astronome allemand Karl Schwarzschild montra, à l'aide des équations d'Einstein, comment se comportait un corps sphérique soumis à une compression.

Prenant l'exemple du Soleil, il montre que si on comprimait ce dernier jusqu'à un rayon de 2,8 kilomètres (son rayon actuel est d'environ 700 000 kilomètres), il serait transformé en trou noir. Ni masse ni rayonnement ne pourraient échapper à l'attraction gravitationnelle de cet objet – rien ! Les 2,8 kilomètres correspondent à ce que l'on appelle le rayon de Schwarzschild. Le rayon de Schwarzschild de la Terre est 0,8 centimètre (contre les 6 400 kilomètres actuels).

C'est seulement en 1938 que le jeune astrophysicien Chandrasekhar montra comment une naine blanche assez massive (1,4 fois la masse solaire), s'effondrant sur elle-même, donnait naissance à cet objet étrange et purement mathématique auquel son découvreur lui-même, Schwarzschild, n'accordait pas de signification physique.

Schwartzschild avait établi l'existence des « trous noirs » sur le papier ; Chandrasekhar affirmait que le phénomène était possible dans l'univers.

Mais il s'attira ainsi les foudres de l'homme qu'il admirait le plus, pour qui il avait quitté l'Inde afin de travailler auprès de lui : Arthur Eddington. Une rivalité scientifique acharnée allait les opposer pendant dix ans sur le sujet. Sans résultat – car aucune observation ne venait appuyer l'une ou l'autre des thèses.

Vers 1960, l'Italien Riccardo Giacconi, qui émigra vite à Harvard, lança le premier satellite pour étudier les émissions de rayons X dans l'univers. Ce satellite s'appelait Uhuru. Il découvrit alors que l'émetteur de rayons X tournait dans l'espace... autour de rien. En vérité, autour d'un trou noir : le calcul de la masse à l'aide des lois de Kepler confirma cette idée. Il eut le prix Nobel de physique longtemps après.

Depuis, on a découvert des centaines de trous noirs – dont un, récemment, au centre de notre galaxie. La théorie s'est enrichie considérablement grâce à de nombreux théoriciens, dont le plus célèbre est bien sûr Stephen Hawking. On tend à penser que les trous noirs seraient peut-être à l'origine de l'organisation de l'univers, en raison de leur extraordinaire pouvoir d'attraction.

La matière est faite de vide et l'univers organisé autour des trous noirs : n'est-ce pas merveilleux ?

Unification (grande)

C'est le rêve, le Graal des physiciens théoriciens.

Réunifier toutes les forces de l'univers en une seule, les différences observées n'étant que des « inconstances » qui se manifestent suivant les circonstances...

On distingue quatre grandes forces dans l'univers :

— la force de gravitation, qu'a découverte Newton ;

— la force électromagnétique, qu'a formalisée Maxwell ;

— la force nucléaire forte, qui permet aux particules du noyau de rester « collées » ensemble alors que les protons chargés positivement auraient tendance à le faire éclater ;

— la force nucléaire faible, qui se manifeste lors de la radioactivité.

Les physiciens théoriciens ont réussi à réunir la force électromagnétique et les deux forces nucléaires dans un même moule, le « modèle standard », qui s'est imposé dans les années 1980, après une longue maturation. Pour faire bref : particules et champs sont deux aspects d'une même réalité ; la charge électrique est la réponse de la particule à un champ électromagnétique, la « saveur », sa réponse à l'interaction faible, la « couleur », sa réponse à l'interaction forte. « Saveur » et « couleur » sont les caractéristiques de sous-particules baptisées quarks par Murray Gell-Mann en 1961. Il existe six « saveurs » et trois « couleurs ». Une étape importante de la construction du « modèle standard » fut l'unification dans un même cadre théorique de la force électromagnétique et de la force nucléaire faible, qui valut le prix Nobel à Steven Weinberg, Sheldon Glashow et Abdus Salam en 1974.

Les physiciens cherchent à présent à intégrer la force de gravité à un modèle encore plus général que le « modèle standard ». Pour cela, ils ont développé une immense machinerie théorique, la théorie des cordes, fondée sur le principe que les particules ne sont pas représentées par des points mais par des minuscules cordes qui vibrent, se tordent, etc.

Jusque-là, cette quête n'a pas abouti.

Peut-être la nature contient-elle deux forces distinctes ? Peut-être pas ?

Affaire à suivre.

Univers

L'univers est formé par des milliards d'amas de galaxies, qui sont elles-mêmes des sociétés de milliards de milliards de galaxies.

Autour de beaucoup de ces etoiles tournent, semble-t-il, des planètes.

Voilà pour la constitution « visible » de l'univers, celle qui est détectable par les rayonnements électromagnétiques – rayon γ, rayon X, ultraviolet, visible, infra rouge, radio.

Mais les astronomes pensent qu'il existe aussi une « matière noire » invisible, dont la masse pourrait être très supérieure à la matière visible. Ils déduisent cela des mouvements de rotation des galaxies les unes par rapport aux autres. Avec l'équivalent des lois de Kepler pour les planètes, ils estiment les masses en jeu et ces masses sont très supérieures à celles qu'on voit, qu'on mesure. Du coup, ils parlent d'une matière noire invisible. Qu'est-ce que la matière noire ? Pour une partie des protons, des neutrons, de l'hydrogène, de l'hélium, bref de la matière ordinaire, mais pour une partie seulement. Le reste : des neutrinos, des particules encore inconnues (*wimps*), bref, on ne sait pas trop.

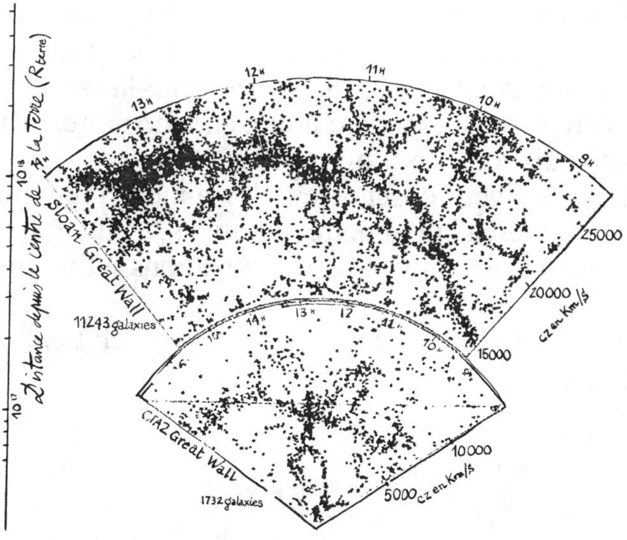

Vue actuelle de la distribution des galaxies dans l'univers.
Contrairement à ce qu'on pensait il y a vingt ans,
l'univers n'est pas homogène. Sa structure est fractale.

L'univers actuel est en expansion. Les galaxies s'éloignent les unes des autres. Les plus vieilles sont les plus lointaines. Cette expansion de l'univers découverte par Edwin Hubble vers 1920 est une conséquence du big bang qui s'est produit il y a 10 ou 12 milliards d'années (*voir* : BIG BANG).

Suivant la masse de l'univers, les calculs disent que l'expansion pourrait se poursuivre indéfiniment ou au contraire se ralentir, s'arrêter, puis s'inverser. La matière de l'univers se reconcentrerait. Tout dépend donc de l'importance de la matière noire. Or elle est très importante, on parle aujourd'hui de plusieurs facteurs supérieurs à la matière visible. Mais une nouvelle découverte a été faite. En observant les supernovae situées dans les galaxies assez proches, les astronomes ont conclu que cette expansion, loin de se ralentir, s'accélérait. Sous l'influence de quelle force ? On l'ignore. Une énergie mystérieuse qu'on appelle l'énergie noire, mais qui, celle-la, aurait un rôle de répulsion ! Matière noire, énergie noire... Rien à voir, mais tout aussi mystérieux !

Mais l'univers observé est-il vraiment tout l'univers, ou seulement « notre » univers, celui qui est accessible à nos moyens d'investigations ? Limite de la science... Stop.

On entrerait dans la croyance... la religion... la magie noire.

Urbain VIII

Maffeo Barberini, jésuite, élève du Collège romain, fut élu pape en 1623. Il avait été jusque-là un cardinal érudit, ami des arts et des sciences. C'était, comme on dit, un pape moderne. Bien avant son élection, il avait fait la connaissance de Galilée, toscan comme lui et de quelques années son aîné, et la sympathie entre les deux hommes avait été immédiate. Le jésuite était devenu l'un des admirateurs du savant, au point de rédiger un poème à sa gloire.

Lorsqu'il fut élu pape, Galilée, qui rencontrait depuis une dizaine d'années des difficultés avec les Jésuites et quelques professeurs de l'université de Pise, reçut cette élection comme un cadeau du ciel Il pensa qu'il allait pouvoir enfin affirmer ses idées scientifiques, et faire admettre à l'Eglise que la Terre tournait autour du Soleil.

Effectivement, dès son accession au siège de saint Pierre, Barberini, qui prend le nom d'Urbain VIII, reçoit ostensiblement Galilée six fois. Il lui commande l'écriture d'un livre où seront expliquées les deux théories de l'histoire du monde : celle de Ptolémée et Aristote, pour lesquels le Soleil tourne autour de la Terre, et celle de Kopernik, pour qui c'est l'inverse.

Or c'est la publication de cet ouvrage, *Dialogue sur les deux systèmes du Monde,* qui, quelques années plus tard, va conduire Galilée devant le tribunal de l'Inquisition. Le 16 juillet 1633, à Rome, au couvent de la Minerve, Galilée abjure, et il est condamné à rester prisonnier dans sa maison des hauteurs de Florence où il mourra, aveugle, dix ans plus tard. L'image de Barberini a été ternie à tout jamais par cet épisode. Il est le pape qui a laissé condamner Galilée, son ami, laissant la science se soumettre à l'Eglise. Honte à lui, l'érudit ! Cela est vrai.

Sans pour autant justifier son attitude, on peut toutefois l'expliquer, à condition de se replacer dans le contexte politique de l'époque. Car le procès Galilée ne fut pas un procès de la science par l'ignorance religieuse, comme on l'a écrit ; ce fut un procès politique, essentiellement politique. Barberini est un pape moderne, il veut dynamiser l'Eglise et être un grand pape. Il nomme son neveu cardinal, son frère commandant des gardes pontificaux. Il affiche son amitié avec le premier ministre de France, le duc de Richelieu – une amitié qui date de l'époque où il occupait le poste de nonce apostolique à Paris.

Or la religion protestante progresse. Les princes allemands se convertissent les uns après les autres, et c'est autant de perte de terres et de revenus pour l'Eglise catholique. Le roi de Suède Gustave Adolphe mène la révolte protestante et ravage militairement l'Allemagne, jusqu'à arriver aux portes de Venise.

Le roi d'Espagne encourage une révolte sourde contre le modernisme de Barberini, avec un atout au sein du Sacré Collège : l'influent cardinal Borgia. Et parmi les symboles du modernisme de Barberini, il y a en premier lieu son amitié avec ce « savant douteux » qui croit en la religion de la science, Galilée...

Or Galilée, sûr de lui et de l'amitié de Barberini, a maladroitement multiplié les ennemis. Outre ses adversaires traditionnels, les Dominicains, et ses collègues universitaires jaloux, il a maintenant les Jésuites à ses trousses, suite à deux polémiques : l'une sur les taches solaires, l'autre sur les comètes.

Barberini va livrer le cas Galilée à l'Inquisition comme preuve de sa bonne volonté vis-à-vis du parti conservateur, tout en espérant contrôler le procès – il nomme président du tribunal son neveu Francesco, un ancien élève de Galilée à Pise.

Malheureusement, la machine s'emballe et il ne l'arrêtera pas. Il réalise en effet qu'une large base de l'Eglise traditionnelle – prêtres, moines, évêques – déteste elle aussi Galilée, dont les travaux narguent le monopole du savoir que lui a attribué le concile de Trente.

Le pape laissera les choses se faire... Il exercera toutefois sa vengeance contre le directeur du Collège romain, Grassi, principal adversaire de Galilée, qu'il destituera et renverra dans son village.

Barberini a tout de même une très belle avenue à Rome.

Urey Harold (1893-1981)

Harold Urey a découvert le deutérium, l'isotope stable de l'hydrogène, ce qui lui valut le prix Nobel de chimie en 1934. Il m'a raconté les circonstances amusantes de cette découverte. La veille de Noël, alors qu'il préparait le repas du lendemain, il eut une petite dispute avec sa femme. Assez fâché, il quitta l'appartement et se réfugia dans son labo pour se calmer.

C'est là qu'il fit une expérience de spectroscopie avec le gaz le plus simple : l'hydrogène. Il développa ensuite le cliché, qu'il examina. Or à côté de la raie très brillante de l'hydrogène, il distingua une autre raie, beaucoup plus pâle : c'était la raie d'émission du deutérium (un isotope de l'hydrogène qui a dans son noyau un neutron en plus du proton) ! Il conclut malicieusement : « Je vous conseille de vous disputer avec votre femme la veille de Noël. C'est magique ! »

Mais ce qui explique ma rencontre avec Urey n'est pas la spectroscopie ni l'hydrogène. Urey fut en effet le fondateur de la géochimie et de la cosmochimie moderne. Après la guerre, où il participa au projet Manhattan, il devint professeur à l'université de Chicago avec une idée en tête : regarder le cosmos, la Terre et la Lune non avec l'œil du mécanicien, comme c'était l'habitude depuis Kepler, mais avec celui du chimiste. Il créa pour ce faire un véritable groupe de recherche où se mêlaient spécialistes de spectroscopie de masse (pour mesurer les rapports isotopiques), géologues et physico-chimistes.

Il attira immédiatement une escouade d'élèves brillants qui, sortant de trois ans de guerre, étaient avides de créer et d'explorer de nouveaux espaces de la connaissance. C'est dans ce « chaudron intellectuel » de l'université de Chicago qu'on déterminera l'âge de la Terre avec Patterson, qu'on lancera les premières études des isotopes de l'oxygène comme « paléo-thermomètres », et que beaucoup de nouvelles méthodes géochimiques seront élaborées. C'est là que Libby inventera la méthode du carbone 14. C'est là, enfin, qu'Urey concevra l'idée d'aller explorer la Lune et d'y prélever des échantillons rocheux...

Il quittera quelques années plus tard l'université de Chicago pour participer à la fondation du campus de l'université de Californie à San Diego. Là, dans son laboratoire, il continua à faire de la recherche jusqu'à sa mort, n'hésitant pas à encourager les jeunes chercheurs (surtout lorsqu'ils avaient confirmé l'une de ses anciennes hypothèses ! – ce qui fut souvent le cas).

Vérité

En sciences de la nature, il n'y a pas de verité absolue. La vérité absolue n'existe qu'en mathématiques. En sciences, tout résultat, toute loi, toute théorie, est associé à une certaine incertitude. En sciences, on ne peut ni affirmer n'importe quoi, sans tenir compte de ce qu'on connaît, ni penser que ce que l'on connaît est éternel et ne sera pas un jour dépassé. La science est faite de savoirs provisoires. La vérité scientifique est provisoire, mais elle ne peut être abandonnée que par son dépassement.

Les lois que nous mettons en évidence, que nous découvrons, sont-elles réellement celles qui régissent la nature, ou s'agit-il d'approximations, de modèles que notre cerveau a construits pour comprendre la nature telle qu'il la voit, avec les moyens dont il dispose pour l'observer... et la comprendre ?

Si nos yeux ne « voyaient » que des ondes radio du mètre de longueur d'onde, aurions-nous la même vision du monde ? Les lois que nous établirions alors seraient-elles identiques ? Ou seraient-elles celles d'une physique des ensembles flous ?

D'un autre côté, les lois que nous avons découvertes, par exemple la loi sur la chute des corps ou sur la propagation de la lumière, sont identiques sous toutes les latitudes, sur la Terre, sur la Lune, en n'importe quel point de l'univers. Ce sont des invariants. Mais invariants du point de vue de l'homme, ou invariants de la nature elle-même, indépendants des observateurs ?

Ces lois seraient-elles analogues pour les petits hommes verts venant d'autres galaxies, ayant des propriétés totalement différentes de l'homme ?

Naturellement, la vision de la vérité qu'ont les scientifiques dépend beaucoup du type de sciences qu'ils pratiquent. Ceux qui font des recherches théoriques, avec le secours d'un gros appareil mathématique, ont tendance à croire à la vérité des équations, vérité éternelle et indispensable. Parfois même, selon certains, comme le Britannique Roger Penrose, cette vérité dépasserait l'observation du réel.

Un exemple intéressant est celui de la théorie électrodynamique quantique, qui décrit l'interaction entre la lumière et la matière avec une extraordinaire précision. Cette théorie a valu le prix Nobel à Julian Schwinger, Shinichiro Tomanaga et Richard Feynman, auxquels on aurait pu ajouter Freeman Dyson. Dans cette théorie, à certains moments, on est amené à faire remonter le temps à certaines particules pour obtenir des résultats fiables.

Pour Feynman, il s'agit d'un artifice, d'un truc de calcul, et du coup il considère que la théorie est une bonne manière d'appréhender le réel, mais que sans doute, un jour, on découvrira une meilleure manière de le faire.

Thibault Damour, grand théoricien français, expose

dans son livre de dialogues avec Jean-Claude Carrière une tout autre vision. Pour lui, le temps est bien une variable comme les autres. Dans l'absolu d'un espace à 7, 8 ou 10 dimensions qui décrit la nature, on peut donc remonter le temps ou le descendre, mais il se trouve que notre monde terrestre est un sous-espace de dimensions réduites, dans lequel le temps s'écoule obligatoirement dans un sens. En somme, le réel n'est pas nié, mais il est considéré comme un cas particulier d'une vérité beaucoup plus générale.

On rejoint là la vision de certains mathématiciens sur la nature immanente des mathématiques (*voir* . MATHÉMATIQUES) et, finalement, la vision du monde de Platon. C'est le point de vue que défend le physicien théoricien anglais Roger Penrose.

Pourtant, si l'on considère l'évolution de la physique, discipline reine de toutes les sciences de la nature, les vérités ont été successives.

Galilée a établi les lois de la chute des corps. Sa « théorie » a été englobée et dépassée par Newton, qui a établi les lois universelles de la gravitation. Einstein, quant à lui, a totalement dépassé la vision de Newton avec la théorie de la relativité et la démonstration de la nature quantique (donc particulaire) de la lumière. Et, avec la théorie actuelle des cordes, on espère un nouveau dépassement.

La théorie électrique d'Ampère a permis de lier électricité et magnétisme. La théorie électromagnétique de Maxwell a non seulement consolidé cette synthèse, mais elle a fait le lien avec la théorie de la lumière, à laquelle ont été ensuite rattachées les ondes radio (non découvertes encore) et les rayons X (alors aussi inconnus des physiciens). Puis la mécanique quantique a permis de faire le lien entre deux théories : d'une part, la théorie corpusculaire de la lumière, chère à Newton et aux inventeurs de lunettes et autres microscopes, d'autre part, la théorie ondulatoire de Young et Fresnel.

En contrepartie, elle a opéré une coupure nette et fondamentale entre la mécanique de l'infiniment petit et celle des dimensions sensibles, établissant la nature indéterministe du monde de l'infiniment petit.

Pourtant, l'avènement des théories du chaos qui, rappelons-le, permettent de générer des événements aléatoires à partir d'équations déterministes, conduit à se demander si, à un niveau encore inférieur à celui de la mécanique quantique, il n'y a pas un déterminisme, qui reste à découvrir.

Et si Einstein avait raison, et que Dieu ne joue pas aux dés ?

Dans tout cela, où est LA vérité ?

Elle est plastique, évolutive, incertaine.

Dans le secteur de la biologie, le caractère évolutif de la vérité est encore beaucoup plus manifeste. Après la découverte de l'ADN et des mécanismes de régulation cellulaire, Jacques Monod, l'une des gloires mondiales de cette aventure, disait : « Ce qui est vrai pour la bactérie est vrai pour l'éléphant », croyant avoir découvert les secrets absolus de la vie. On sait aujourd'hui que ce n'est pas vrai.

La découverte des gènes d'organisation, gènes qui organisent le fonctionnement d'autres gènes et qui pourraient expliquer de grandes différences entre espèces, a fait penser qu'on avait peut-être trouvé une solution. Elle semble aujourd'hui caduque. On a identifié les séquences utiles et inutiles (codants et non codants) de l'ADN, mais on subodore de plus en plus que le présumé inutile est partiellement utile..

Voilà donc, là aussi, une vérité provisoire, dépassable.

L'expression « vérité scientifique » serait-elle un oxymore ?

Le scientifique doit vivre dans un monde dont il a une représentation efficace, mais, cette représentation, il doit savoir qu'elle peut être provisoire. Il ne doit pas lâcher ce qu'il sait pour ce qu'il ignore. La science, ce n'est ni l'ignorance ni la certitude éternelle. Equilibre difficile à accepter pour certains !

Terminons par une citation de François Jacob : « A la fin du XXe siècle, il devrait être clair pour chacun qu'aucun système n'expliquera le monde dans tous ses aspects et tous ses détails. Avoir contribué à casser l'idée d'une vérité intangible et éternelle n'est peut-être pas l'un des moindres titres de gloire de la démarche scientifique. »

Thibault DAMOUR et Jean-Claude CARRIÈRE, *Entretiens sur la multitude du monde*, Odile Jacob, 2002.

Richard FEYNMAN, *Lumière et Matière, une étrange histoire*, Seuil, 1992.

François JACOB, *Le Jeu des possibles*, Fayard, 1981.

Roger PENROSE, *The Road to Reality*, Jonathan Cape, Londres.

Roger PENROSE, *Les Deux Infinis et l'esprit humain*, Flammarion, 2002.

Vernadsky Vladimir Ivanovitch (1863-1945)

C'était un scientifique russe, l'un des fondateurs de l'étude chimique de la Terre. En 1918, il quitta précipitamment la nouvelle Russie pour se réfugier en France, au laboratoire de minéralogie du Muséum d'histoire naturelle, auprès du célèbre pétrographe Alfred Lacroix. C'est là qu'en 1924 il écrivit en français ce qui est le premier livre de géochimie : *La Géochimie*, Alcan éditeur.

Alors que les nouvelles idées sur l'atome se font jour, Vernadsky les utilise pour classer les éléments chimiques en fonction de leurs comportements géochimiques. Il étudie les silicates, constituants essentiels de l'écorce terrestre, puis les composés carbonés naturels, et prédit l'importance de la biogéochimie. Enfin, il termine le livre en développant le rôle que joueront les éléments radioactifs en géochimie, chapitre prophétique.

Considéré comme un héros par l'URSS naissante malgré sa fuite vers la France, il y retourna et on y créa pour lui un grand institut de l'Académie des sciences consacré à la géochimie. Cet institut porte aujourd'hui son nom.

Avec le recul, on pourrait dire que Vernadsky fut un théoricien, un visionnaire, beaucoup plus qu'un chercheur attaché à faire une découverte. Son rôle fut immense pour créer une nouvelle science, la géochimie, à partir de ce qui n'en était qu'une esquisse.

Verne Jules (1828-1905)

Qu'on parle de littérature propre à faire aimer la science, ou qu'on évoque une vision prospective fondée sur la fiction, le nom de Jules Verne s'impose immédiatement. *Le Tour du monde en 80 jours*, *Cinq Semaines en ballon*, *De la Terre à la Lune*, *Voyage au centre de la Terre*, *Vingt Mille Lieues sous les mers*, autant de titres qui viennent aussitôt à l'esprit. Ces romans d'aventure aident à aimer la science et développent des idées souvent très plausibles sur le plan scientifique, dans le contexte de l'époque.

Voyage au centre de la Terre, qui est sans doute l'un de ses romans les plus réussis, est totalement invraisemblable du point de vue géologique, mais il traduit une théorie qui avait cours au milieu du XIXe siècle : l'intérieur de la Terre serait constitué par deux types de cavités, gazeuses et magmatiques. Le cheminement souterrain d'Islande en Italie est lui aussi absurde, évidemment, mais il reflète certaines croyances du temps.

Vingt Mille Lieues sous les mers est sans doute l'acte d'avènement du bathyscaphe à propulsion électrique. Avec ses piles originales, le *Nautilus* fait penser aux sous-marins à propulsion nucléaire actuels. Et sans doute le commandant Cousteau a-t-il été inspiré par l'exemple du capitaine Nemo lorsqu'il lança les grands programmes d'exploration sous-marine avec des soucoupes...

L'œuvre de Jules Verne reflète l'esprit du temps, la montée des idées positivistes, l'amour de la science, de la connaissance en général. Toutefois, dans le détail, elle est moins prophétique qu'on le dit trop souvent.

Vibrations

Chacun a une vision approximative de ce qu'est une vibration. Vibration d'une voiture, des ailes de papillon, d'une corde de violon, etc.

Une vibration est un mouvement de va-et-vient autour d'une position moyenne.

Le montage classique pour démontrer le mécanisme d'une vibration, c'est une masse suspendue à un ressort. Si, à partir de sa position normale, on tire sur le poids, on constate qu'il se met à monter et à descendre en oscillant.

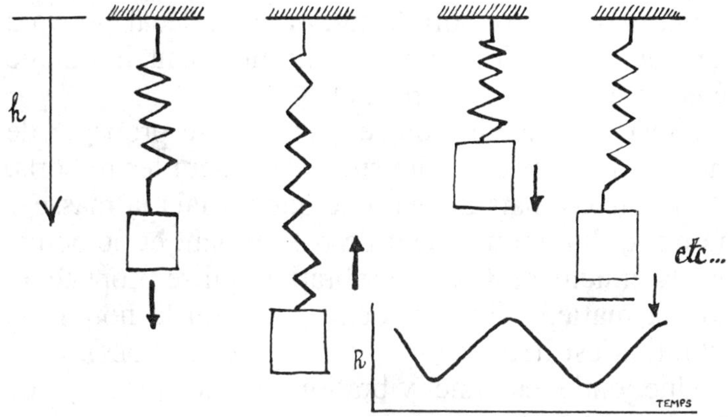

Voici la vibration d'un système constitué par un poids suspendu à un ressort.
Lorsqu'on tire le ressort, le poids est ramené vers le haut.
Si on porte la hauteur du poids en fonction du temps,
on obtient une courbe en forme de sinusoïde.

Quelle est la cause de ce mouvement alterné ?

La masse est soumise à la force de gravité qui tend à la faire « tomber » vers le sol. Le ressort retient la masse et l'empêche de tomber. Mais le ressort a une propriété spéciale : l'élasticité. Lorsqu'on tire dessus, il tend à se rétracter, à se contracter. Donc, lorsqu'on tire la masse vers le bas, le ressort la tire à son tour vers le haut ; mais la masse ainsi tirée va dépasser le point d'équilibre ; la pesanteur va alors jouer son rôle et attirer la masse vers le bas, etc.

Si on traduit ce mouvement de manière graphique, en notant par exemple la hauteur du poids en fonction du temps, on constate que le graphique a une allure périodique, avec des hauts et des bas (on appelle cela une sinusoïde).

Compliquons un petit peu le montage en liant diverses masses les unes aux autres par des ressorts. Lorsque le ressort 1 est tiré vers le bas, il entraîne, *via* la masse, le ressort 2, qui, avec un décalage, va à son tour se tendre vers le bas, entraînant lui-même avec un retard le ressort 3, etc.

Ainsi, l'élongation du ressort 1 va se propager de masse en masse et tendre successivement les ressorts. Cela donnera naissance à une onde. Mais la masse 1 ne fait qu'un mouvement de bas en haut et ne bouge pas latéralement. C'est la vibration qui se propage, et non la matière. On voit donc pourquoi la notion de vibration est liée à celle d'ondes (*voir* : ONDES).

Une onde est une vibration qui se propage de proche en proche.

Vide

Aucune notion n'a fait couler autant d'encre, n'a suscité autant de disputes entre scientifiques que cette notion de vide.

L'une des raisons essentielles du rejet des atomes par l'Eglise pendant près de deux mille ans, c'est qu'outre leur éternité, les atomes se déplaçaient dans un vide qui, d'après Démocrite, était l'un des constituants de la matière. Vide, vide, comment Dieu aurait-il pu créer un espace de rien ?

Galilée concevait le vide comme une absence d'atmosphère, et sa loi sur la chute des corps n'était strictement valable que dans le vide.

Au XVIIe siècle, le vide a commencé à s'imposer comme une notion fondamentale. Lorsque Torricelli remplit son tube de mercure, puis le retourne sur un bol rempli de mercure, le mercure descend dans le tube jusqu'à constituer une colonne de 76 centimètres de hauteur. Il laisse derrière lui un volume de vide, c'est-à-dire où l'air est absent...

Dès le XVIIIe siècle, on va essayer de « faire le vide » dans un récipient fermé. La pompe à vide consiste toujours à chasser les molécules du récipient à vider par diverses astuces. Malgré les progrès techniques, on n'arrive jamais à faire le vide totalement. Il reste toujours quelques molécules – « quelques » veut dire plusieurs millions ou milliards ! N'oubliez pas que dans 16 milligrammes d'oxygène, il y a $6{,}022 \times 10^{23}$ molécules.

On a alors pensé que le seul endroit où il y avait du vide, c'étaient les grands espaces intersidéraux de notre univers. Las ! Les moyens modernes d'observation ont détecté des molécules : quelques-unes dans un mètre cube, c'est peu, mais ce n'est pas le vide total ! Ainsi est-on arrivé à l'idée que le vide total était un concept théorique dont on s'approchait sans pouvoir l'atteindre dans la réalité.

Mais, nouvelle péripétie, depuis une quinzaine d'années, les théoriciens de la physique se sont interrogés sur la nature profonde du vide. La lumière traverse le vide. Le vide est donc peuplé de ces êtres étranges que sont les particules-ondes de la mécanique quantique. C'est qu'il n'est pas vide ! Puisqu'il contient quelque chose...

On s'est alors intéressé à la structure du vide – sujet qui, *a priori*, est bien étrange. Et pourtant, on a fait autour de ce concept bien des calculs savants et bien des spéculations ! On parle de la structuration du vide, l'idée circule que c'est une structuration du vide qui aurait fait naître la matière ! On parle de l'énergie du vide. C'est bien compliqué !

Alors, le vide absolu sans « rien du tout » n'existe

pas ? Pourtant, comme on l'a dit à plusieurs reprises, la matière, l'espace, tout est constitué surtout par du vide.

On comprend qu'il fallait bien que les physiciens s'y intéressent...

Vie

La vie est sans doute l'un des plus grands mystères de l'univers.

La vie, c'est la propriété qu'ont certaines structures, constituées par l'assemblage de grosses molécules, de se reproduire et de se développer de manière autonome en empruntant de l'énergie au milieu extérieur. Les plantes, les animaux, les bactéries, les algues, les champignons font partie de ce qu'on appelle les êtres vivants. Suivant des modalités variées, ils sont doués de mouvement. On a cru pendant longtemps qu'il y avait une continuité entre les êtres vivants et les minéraux, les intermédiaires étant, par exemple, les lichens. Il n'en est rien. Car un minéral n'est pas capable de se reproduire, ni seul, ni au contact d'un autre minéral.

Aujourd'hui, on en sait un peu plus que cela. On sait que tous les êtres vivants ont comme dénominateur commun l'ADN (*voir* : ADN). La double hélice de l'ADN formée par l'assemblage de quatre nucléotides A, G, C, T existe dans les cellules de tous les êtres vivants. Cet ADN est plus ou moins long, il contient plus ou moins de nucléotides, mais il a toujours la même structure en double hélice, chaque brin de l'hélice étant lié à l'autre par des liaisons chimiques qu'on appelle faibles.

Cet ADN contient, de manière codée, le programme de fabrication et de reproduction de chaque espèce, de chaque être vivant. Il a en outre la propriété singulière de pouvoir se multiplier, de fabriquer de nouveaux tissus vivants à partir des anciens ou de fabriquer de nouveaux individus à partir d'anciens. Autrement dit, la propriété exceptionnelle de faire du neuf avec du vieux.

Pour mettre en œuvre cette propriété spécifique à la vie, la matière vivante est organisée à partir d'unités structurelles originales : les cellules. Une cellule est formée d'une membrane entourant une matière vivante, c'est-à-dire des molécules complexes qui peuvent être organisées en organites (noyaux, ribosomes, mitochondries) spécialisées dans diverses fonctions (reproduction, respiration) et nageant dans l'eau. Les cellules des êtres supérieurs (plantes ou animaux) contiennent en outre une « unité centrale », le noyau, dans lequel est concentré l'ADN. Les êtres inférieurs comme les bactéries n'ont pas de noyau.

Ces caractères sont communs à tous les êtres vivants : bactéries, algues, végétaux, animaux, et n'appartiennent qu'à eux.

Vu la complexité et l'immensité de structure de l'ADN, il est impossible d'imaginer qu'il n'y ait pas une unité de logique et donc d'origine dans tout ce qui est vivant. Toute la vie découle d'une même souche de vie qui a émergé il y a 3,4 à 4 milliards d'années.

Jusqu'ici, tous les efforts pour fabriquer un organisme vivant en laboratoire ont échoué. Par contre, avec un brin d'ADN, on peut fabriquer un brin d'ADN complémentaire grâce à l'ADN polymérase. On ne sait pas non plus partir de l'ADN pour fabriquer un être vivant autonome.

L'origine de la vie reste donc un mystère. Pourtant, tous les êtres vivants sont composés de molécules chimiques complexes qu'on est capable de synthétiser en laboratoire, et les mécanismes physico-chimiques du vivant obéissent aux lois ordinaires de la physique et de la chimie. L'idée qu'avaient les anciens d'une « force vitale », ou encore l'idée d'une chimie « organique » spécifique, ont été abandonnées. Mais le mécanisme de la vie reste un mystère scientifique.

Virchow Rudolph (1821-1902)

Professeur de médecine à Berlin, c'est lui qui découvre que les êtres vivants sont constitués par un assemblage de cellules. « Tout animal apparaît comme la somme d'unités vitales, dont chacune porte en elle tous les caractères de la vie. » C'est là une découverte essentielle pour la biologie, aussi importante que celle de l'atome en physique.

Ajoutons que Virchow fut le leader du parti progressiste opposé à Bismarck, et qu'il fut candidat contre lui à la chancellerie. A cette époque, déjà, des scientifiques se commettaient à faire de la politique !

Virus

Est-ce un objet inanimé ou un être vivant ? On ne sait pas. Le virus est intermédiaire entre le vivant et l'inanimé. A l'intérieur d'une cellule, il est vivant, incontestablement, puisqu'il s'y reproduit ; en revanche, il est inerte hors de la cellule, puisqu'il ne peut alors ni se nourrir ni se reproduire.

Les microbes, au sens où Pasteur les concevait, comprennent deux catégories totalement différentes : les **bactéries** et les **virus**. On les confond souvent, à cause du rôle pathogène de certains microbes des deux catégories. Pourtant, elles n'ont rien à voir. Une maladie à bactérie se combat avec des antibiotiques. Le virus est indifférent aux antibiotiques.

Une bactérie est une cellule vivante. Comme tout être vivant, elle consomme de l'énergie et se reproduit (*voir* : BACTÉRIE).

Un virus est un parasite, qui n'existe en tant qu'être vivant qu'en parasitant un organisme.

Leurs dimensions sont très différentes. Celle d'une bactérie est de l'ordre de 1 à 2 microns (un micron est un millionième de mètre). Celle d'un virus se mesure en nanomètres (dix milliardièmes de mètre). Donc, en gros, un virus est cent à dix mille fois plus petit qu'une bactérie.

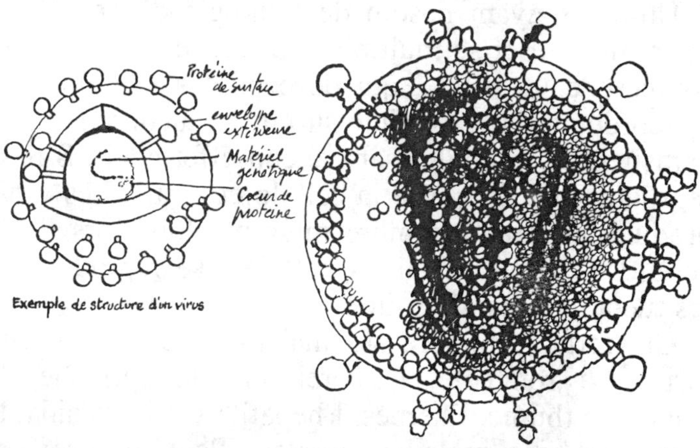

Deux exemples de virus.
A droite, le virus du sida. A gauche, un exemple type de virus.

De quoi est constitué le virus ? D'un fragment d'ADN ou d'ARN, entouré par une coque de protéines et de lipides. Ce fragment est un minigénome de 4 à 200 gènes parfaitement organisés avec les éléments de séquences nécessaires à leur expression. Les adénovirus portent de l'ADN, mais savent recopier l'ADN en ARN et fabriquer des protéines. Les rétrovirus, à l'inverse, sont riches en ARN, mais savent fabriquer l'ADN. Ce ne sont que des exemples, il existe des quantités d'autres virus à ADN ou ARN. Ce qui est important, c'est que leurs gènes doivent être sous forme d'ADN pour être transcrits en ARN messagers. Pas de problème pour les virus à ADN, mais ceux à ARN doivent être « rétrotranscrits » en ADN.

Dès que le virus entre dans une cellule, son ADN ou son ARN s'active, se duplique, se reproduit, se multiplie et vient interférer avec la belle mécanique moléculaire des cellules.

Un virus ayant besoin de l'énergie d'une cellule pour survivre et se multiplier, il utilise donc les ressources de la cellule, qui de ce fait s'affaiblit. S'il se reproduit peu, la cellule survit. Beaucoup de virus parasitent nos cellules sans aucun effet nocif. S'il se reproduit vite, il épuise la cellule et la tue. Les virus produits en grand nombre migrent alors hors de la cellule, pénètrent d'autres cellules, se reproduisent, les tuent, et ainsi de suite.

Un certain nombre de maladies sont dues aux virus. La rougeole, les oreillons, la varicelle, la grippe, le rhume, l'herpès, l'hépatite virale, le sida, la rage sont des maladies virales. Pour se protéger contre les virus, la solution est de stimuler le système immunitaire. La stimulation la plus connue est celle des vaccins. Mais elle se heurte à un obstacle : les virus ont des taux d'erreur dans la réplication très élevés et donc des mutations très fréquentes auxquelles le système immunitaire doit s'adapter.

Comme les virus ont une capacité de mutation très grande, la sélection naturelle a tendance à garder les plus performants. Elle pourrait, à l'inverse, éliminer les virus tueurs, qui mourraient avec la cellule qu'ils tuent, et laisser les « gentils virus ». C'est semble-t-il ce qui se passe chez certains individus qui, infectés par des virus, semblent s'en accommoder. Mais, hélas, ces cas sont rares. S'il est vrai que le virus isolé meurt très vite, dans la mesure où il parvient à se reproduire en milliers d'exemplaires, il y en a toujours un qui échappe à la mort et va contaminer une cellule saine.

On cherche aujourd'hui à « fabriquer » des virus qui puissent pénétrer des cellules malades pour y apporter un gène sain. C'est le principe de la thérapie génique. Malheureusement, cette domestication des virus s'avère difficile et conduit souvent à tuer la cellule qu'on veut guérir ou, pis, à la rendre cancéreuse. Mais c'est aussi un immense espoir pour certaines maladies (*voir* : THÉRAPIGÉNIE).

Volcans

La définition traditionnelle des Anciens suivant laquelle « les volcans sont des montagnes qui crachent du feu » ou encore « montagnes ardentes » n'était pas si mauvaise.

Les volcans sont des édifices par lesquels les magmas (*voir* : MAGMAS) parviennent à la surface de la Terre. Rappelons que ces magmas sont des roches fondues dont les températures vont de 700 à 1 200 °C.

Ces phénomènes d'émission de matériaux profonds, fondus, à la surface créent des reliefs considérables. Songeons qu'entre le sommet du Mona Loa, à Hawaï, et les fonds marins qui l'entourent, il y a 9 kilomètres de dénivelé ! Le Kilimandjaro, ce mythique sommet africain, est un volcan. Il existe des volcans sur la Terre, sur la Lune, sur Mars, sur Vénus, et sur les satellites des grosses planètes. On a même photographié une éruption volcanique sur Io, satellite de Jupiter. La forme des volcans est très généralement conique, avec des proportions variables. Certains ont des pentes très raides, d'autres forment au contraire des boucliers à pentes douces. Plus rarement, il existe des volcans à forme de fissure surélevée.

On appelle éruption volcanique l'émission de magmas, gaz, cendres et blocs rocheux par le volcan.

Le style des éruptions volcaniques est déterminé par les relations qui existent entre le magma et les gaz. Lorsque le magma a le temps de se dégazer, c'est-à-dire lorsqu'il est très fluide (qu'il coule bien), l'éruption consiste en une extrusion de magmas qui dévalent les pentes tout en se refroidissant. C'est ce qu'on observe à Hawaï, sur l'Etna ou à la Réunion.

Lorsque, au contraire, le magma est plus visqueux et qu'il se dégaze mal, l'éruption a un caractère explosif. Le volcan projette alors des blocs, des pierres et des cendres qui peuvent aller jusqu'à plusieurs dizaines de kilomètres pour les produits les plus fins. C'est ce qui se produit par exemple à Stromboli.

Parfois, le magma est tellement chargé de gaz qu'il se forme une émulsion, une mousse. Cette mousse arrive à la surface, puis dévale les pentes du volcan à une vitesse de l'ordre de 150 kilomètres à l'heure. C'est ce qu'on appelle des nuées ardentes. C'est ainsi que fut ensevelie la ville de Saint-Pierre en Martinique en 1902.

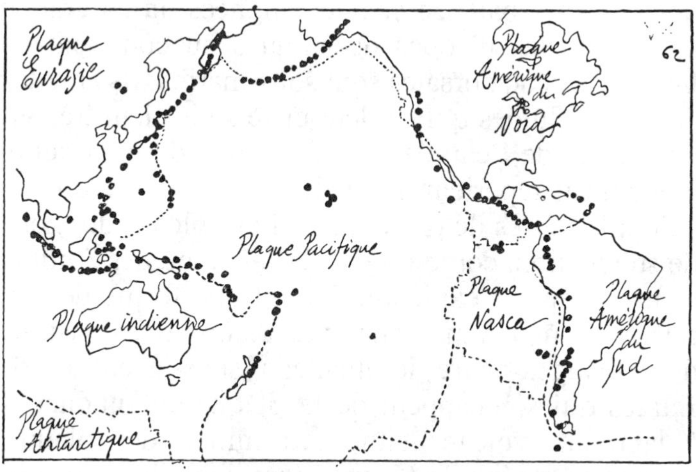

Carte des volcans actifs du globe.
Il faut y rajouter l'ensemble des dorsales océaniques
qui sont des structures actives de volcans.

Pour comprendre le comportement d'un volcan, il suffit d'une bouteille de Schweppes (on peut faire l'expérience avec du champagne, mais c'est plus cher !). Secouez une bouteille mal bouchée : vous obtiendrez assez vite l'éjection du bouchon et la projection de liquide aux alentours. Ouvrez au contraire la bouteille, et secouez-la lentement : le liquide se dégaze, et vous pouvez servir un liquide sans mousse.

Dernière expérience, moins évidente. Saisissez avec précaution la bouteille ouverte, et ajoutez-y un peu de sucre en poudre (ou de sel). Vous verrez se former une mousse qui va se gonfler et se répandre partout. C'est l'équivalent d'une nuée ardente.

La répartition géographique des volcans est bien comprise. On les trouve d'une part aux frontières de plaques, qu'on appelle dorsales et zones de subduction. D'autre part, en chaînes alignées ou en grappes au milieu des plaques océaniques ou continentales. Les volcans de dorsales sont sous-marins. Ils émettent des laves fluides qui coulent et se solidifient très vite au contact de l'eau de mer. L'origine du matériel est le manteau supérieur, immédiatement sous la dorsale, à 50 kilomètres de profondeur. Les volcans des zones de subduction, comme ceux du Japon ou des Antilles, sont en général explosifs. Ils ont une forme de cône relativement pentu. Leurs matériaux sont constitués de mélanges entre le manteau sous-jacent et des fluides qui s'échappent de la plaque en subduction. Quant aux volcans situés au milieu des plaques, comme la chaîne de Hawaï, l'archipel des Açores ou nos volcans du Massif central, leurs matériaux viennent de 600 kilomètres de profondeur.

La question que tout le monde se pose est : peut-on prévoir les éruptions volcaniques ? La réponse est oui, à condition d'avoir installé autour du volcan un observatoire équipé d'appareillage comme les sismographes et les inclinomètres, et d'avoir étudié l'histoire de ce volcan. Malheureusement, les observatoires, pour l'instant, coûtent cher, et seuls les pays assez riches peuvent les installer et les entretenir. Sur 100 volcans actifs et potentiellement dangereux, il y en a 20 qui sont bien surveillés. Demain, grâce aux observatoires par satellites, tous les volcans du monde, y compris ceux des pays les plus pauvres, seront surveillés. L'espace est démocratique !

Peut-on prévenir les dégâts des volcans ? La réponse est cette fois non. On peut dévier une coulée de lave – avec difficulté ; on ne peut rien contre une nuée ardente ou une explosion pluvienne. La seule solution est l'évacuation !

W

Wegener Alfred (1889-1930)

C'est l'inventeur de la théorie de la dérive des continents, ancêtre de ce qu'on appelle aujourd'hui la tectonique des plaques. Wegener était allemand. D'abord astronome, il se passionne vite pour la météorologie et écrit à 30 ans un traité de thermodynamique appliquée à la météorologie.

Il s'intéresse aux zones où ont lieu les « phénomènes extrêmes ». Ce qui le conduit à réfléchir sur les tornades, mais surtout à s'intéresser aux zones polaires et d'abord au Groenland, où il fera trois expéditions. Lors de la première, en 1910, c'est en regardant des plaques de glace se morceler et s'éloigner les unes des autres qu'une idée, dit-il, lui vint soudain : l'océan Atlantique devait s'être formé ainsi, puisqu'on pouvait ajuster les côtes qui le bordent en Afrique et en Amérique comme les pièces d'un puzzle...

Le mérite de Wegener n'est pas d'avoir eu cette idée, qui était venue à l'esprit de bien d'autres avant lui – y compris Francis Bacon, en 1612, alors que la cartographie était encore hésitante ! Son mérite, c'est d'y avoir cru et d'avoir rassemblé une série d'observations scientifiques solides pour appuyer cette idée de base, qu'il publie en 1912 (trois cents ans après Bacon).

Pourtant, sa théorie fut totalement rejetée (*voir* : DÉRIVE DES CONTINENTS) et ne refit surface, sous une autre forme, qu'en 1961.

Wegener mourut en 1930 au cours d'une expédition météorologique au Groenland.

Ce que je viens d'expliquer, tout étudiant en géosciences l'apprend aujourd'hui. Ce qu'on sait moins, c'est que Wegener fut à l'origine de deux autres lignées de travaux presque aussi prophétiques.

D'abord, il est le fondateur de la paléoclimatologie, discipline aujourd'hui florissante, qui a pour objectif de comprendre, à travers les exemples du passé, le fameux effet de serre. A l'intérieur de cette discipline, il fut, avec son beau-père Köppen, à l'origine de l'explication des alternances glaciaires-interglaciaires caractéristiques de l'ère quaternaire. C'est lui, en effet, qui suggéra au Yougoslave Milankovitch (1879-1958) de calculer l'ensoleillement de la Terre à partir des anomalies de sa rotation. Milankovitch montrera effectivement l'existence de cycles de glaciations de 20 000, 40 000 et 100 000 ans liés à des changements dans la rotation de notre planète. Il reconnaîtra lui-même l'antériorité de Wegener au début de son livre.

Wegener fut aussi l'un de ceux qui ont affirmé que les cratères lunaires étaient dus à l'impact de météorites, et non à une quelconque activité volcanique. Or on sait aujourd'hui que ces cratères sont effectivement la trace des processus d'accrétion qui ont donné naissance aux planètes.

Wegener a donc bien été l'un des grands scientifiques des géosciences. Ses contemporains l'ignorèrent, comme les contemporains de Mendel avaient ignoré ce dernier...

X

X : l'inconnue, les rayons, etc.

Dans un dictionnaire, aussi amoureux soit-il, il y a peu de mots à mettre à la lettre X. Et pourtant, cette lettre est l'une des plus utilisées en imprimerie dans les livres de mathématiques, mais aussi de physique.

Pour tout le monde, x, c'est l'inconnue des équations, le symbole des mathématiques. A telle enseigne que l'Ecole polytechnique l'a prise pour symbole, et que ses anciens élèves s'appellent des X.

D'où vient cette prééminence de la lettre x en mathématiques ?

Il faut revenir un peu sur l'histoire de cette discipline. On attribue souvent à Descartes l'idée de remplacer les inconnues par des lettres, dans les équations – progrès considérable, puisqu'il permet de manipuler ces équations avec simplicité. Auparavant, les mathématiciens, principalement italiens, qui s'occupaient d'algèbre utilisaient l'expression « cosa » (la chose) dans des énoncés du type : la chose qui, multipliée par elle-même et ajoutée à elle-même, donne 6 (pour l'équation $x^2 + x = 6$). Ce qui n'était guère commode. et même inutilisable pour des équations à plusieurs inconnues. Recherches faites, il semble que l'inventeur du formalisme algébrique moderne soit plutôt le Français François Viète, qui travailla à l'époque d'Henri III-Henri IV (1540-1603). C'est lui qui, incontestablement, invente la notation algébrique commode qu'on utilise aujourd'hui, en utilisant des lettres (des voyelles pour les quantités inconnues à déterminer, des consonnes pour les paramètres, c'est-à-dire des quantités connues, mais auxquelles on peut souhaiter faire prendre plusieurs valeurs différentes) dans son traité d'algèbre *In artem analyticam isagoge* publié en 1591. Par contre, l'idée de désigner systématiquement l'inconnue par x vient bien de Descartes (et s'il y a plusieurs inconnues, on utilise les dernières lettres de l'alphabet, y, z...).

Pourquoi x ? Tout simplement parce que *xenos* signifie « étranger », en grec, et que l'inconnue, c'est l'étranger. C'est ainsi que x fit son entrée dans le royaume des mathématiques, et par là même de la physique.

La découverte des rayons X, quant à elle, est due à Roentgen... et au hasard.

Physicien allemand de qualité – sans plus –, professeur à l'université de Würzburg en 1895, Roentgen (1845-1923) étudiait, comme beaucoup de ses collègues à l'époque, la décharge électrique dans les ampoules gazeuses (nos néons d'aujourd'hui). L'interprétation de la lumière blafarde donnait lieu à une dispute acharnée entre les Allemands et les Anglais, dispute qui tournait à l'opposition entre nations. Les Anglais, à la suite de Crookes, pensaient que cette lumière était due à des particules ; les Allemands, eux, étaient persuadés qu'il s'agissait d'ondes.

Pour ses expériences dans son laboratoire, Roentgen avait posé un écran fluorescent près du tube à vide dans lequel il réalisait des décharges électriques. En cours de manipulation, quelle ne fut pas sa surprise de constater que le squelette de sa main était projeté sur l'écran fluorescent ! Il répéta l'expérience avec divers matériaux et constata que son tube émettait des rayons qui pénétraient la matière. Conscient d'avoir fait une grande découverte, il n'osa pas dire à sa femme de quoi il s'agissait. « C'est important, mais je ne peux rien te dire, car c'est tellement extraordinaire que j'ai peur que ce soit totalement faux ! »

Or ce n'était pas faux. Et il devint, on s'en doute, immédiatement célèbre. Le Kaiser, qui l'invita le 13 janvier 1896 à lui faire une démonstration, vit le squelette de sa main projeté sur un écran. Les médecins s'emparèrent aussitôt de la découverte. Pour la première fois, on voyait l'intérieur du corps humain ! Roentgen, quant à lui, n'avait pas la moindre idée de la nature du phénomène. Il pensait que les Allemands avaient raison, et qu'il s'agissait bien d'un rayonnement. Comme sa nature était l'inconnue, il le nomma du nom de l'inconnue : X. Rayons X...

Ce que Roentgen ne pouvait pas prévoir, c'est que cette découverte allait déclencher la révolution de la physique. Radioactivité, structure de l'atome, etc. : tout allait partir de la découverte des rayons X.

On ne devait comprendre la nature de ces fameux rayons que quinze ans plus tard, lorsque Max von Laue réalisa que rayons X, lumière et ondes radio, c'était la même chose – des ondes électromagnétiques !

Pourtant à l'époque de Roentgen, Maxwell avait déjà publié sa théorie, Hertz avait découvert les ondes radio prédites par Maxwell, et quelqu'un aurait pu faire le lien. Personne ne le fit vraiment !

Le cheminement de la science n'est pas si simple. D'autant que la timide interprétation de Roentger affirmant qu'il s'agissait de rayons est très incomplète. Dans le tube à vide, ce sont des particules, des électrons qui se déplacent, mais c'est leur impact sur un morceau de métal qui crée les rayons X. Ces derniers sont bien, en première instance, un rayonnement. C'est seulement plus tard qu'on réalisera que rayonnement et particules sont deux aspects d'un même phénomène. Mais cela, c'est la mécanique quantique...

L'autre grande contribution de Roentgen est évidemment d'avoir réalisé la première imagerie médicale. Là encore, sa découverte allait avoir bien des prolongements.

Roentgen reçut le premier prix Nobel de physique en 1901. Ce n'était que justice. Le hasard ne sourit qu'à ceux qui savent l'exploiter !

Xénon

Le xénon est un gaz rare, c'est-à-dire l'un de ces éléments chimiques (hélium, néon, argon, krypton, xénon) qui sont chimiquement inertes. Ils ne forment pas, en principe, de composés chimiques. Autrement dit, ils ne se lient pas aux autres atomes, comme le font la plupart des éléments chimiques.

Cette propriété qui fait leur originalité est très bien expliquée par les théories chimiques modernes. C'est que, tout simplement, les électrons qui entourent le noyau dans la structure de leurs atomes sont accouplés deux par deux. Aucun n'est donc célibataire et disponible pour se marier avec les électrons libres des autres atomes. On dit que leur structure électronique est *saturée*.

Pourtant, en 1962, Barlett a réussi à faire « réagir » le xénon et à fabriquer des composés de xénon. Ce sont des fluorures XeF2, XeF4, XeF6 et un oxyde XeO3.

Ces découvertes eurent des conséquences importantes d'un point de vue théorique, et Barlett reçut le prix Nobel de chimie. Mais d'un point de vue pratique, nous pouvons considérer que, sauf dans des circonstances particulières, le xénon est un gaz inerte.

Cette inertie chimique qui caractérise les gaz rares a rendu leur découverte difficile. Ce sont les Anglais Rayleigh et Ramsay qui ont réussi à séparer les gaz rares, au XIXe siècle, en purifiant des volumes considérables d'air.

Pour moi, le xénon a une résonance particulière, car il m'a permis de participer à une découverte importante : l'atmosphère terrestre s'est formée, soudainement, il y a 4,42 milliards d'années par un dégazage quasi total de la Terre solide.

Quel rapport entre le xénon et l'âge de l'atmosphère ?

Nous n'allons pas entrer dans le dédale complexe de la géochimie. Disons simplement que parmi la variété d'atomes de xénon, un isotope, de masse 129 pour être précis, est fabriqué par un isotope radioactif de l'iode dont la période est tellement courte qu'il n'existe plus aujourd'hui dans la nature.

Alors comment sait-on qu'il existe ? Parce que l'homme sait le fabriquer dans ces immenses chaudières nucléaires que sont les réacteurs des centrales nucléaires destinés à produire de l'électricité et donc qu'il a dû exister autrefois dans la nature lorsque les éléments ont été fabriqués dans les étoiles.

En 1961, alors qu'il mesurait la composition du xénon dans une météorite, l'Américain John Reynolds eut la surprise de constater que le xénon 129 y était plus abondant qu'à l'ordinaire. Comment expliquer cela ? Il y a bien l'iode 129 radioactif qui se désintègre en ^{129}Xe, mais il a aujourd'hui disparu ?

Réfléchissant un peu, il se dit : peut-être était-il « vivant », il y a quatre milliards et demi d'années, lorsque la météorite et la Terre se sont formées ? Mais alors, s'il y avait de l'iode radioactif, c'est qu'il avait été fabriqué dans un réacteur nucléaire. Quel réacteur ? Les astrophysiciens nous répondent : lors de l'explosion d'une supernova (*voir* : NUCLÉOSYNTHÈSE). C'est le seul endroit dans la nature où il y a assez d'énergie pour synthétiser des éléments aussi lourds que l'iode 129.

Or les météorites se sont formées en même temps que la Terre et tout le système solaire. Cela veut dire que juste avant que le système solaire ne se forme, il y a eu dans son entourage l'explosion d'une supernova.

De là, petit à petit, va naître l'idée que la supernova et la naissance du système solaire ne sont peut-être pas deux phénomènes qui, par hasard, ont eu lieu en même temps : la supernova a pu jouer un rôle dans le rassemblement du nuage interstellaire qui a donné le système solaire.

Quant à nous, à Paris, nous avons étudié un autre phénomène : celui de la formation de l'atmosphère terrestre. L'analyse des roches profondes a montré que le xénon y était différent de celui de l'atmosphère, beaucoup plus riche en xénon 129. Cette différence ne pouvait s'expliquer que si la Terre avait formé son atmosphère très tôt, au tout début de son histoire. Au temps où l'iode 129 était encore vivant, c'est-à-dire il y a 4,5 ou 4,4 milliards d'années... L'atmosphère de la Terre ne s'est pas constituée petit à petit, par les gaz que crachent les volcans actuels. Ce phénomène existe, mais il est quantitativement secondaire. Elle s'est formée très vite, dans les premiers instants de notre planète. Par la suite, elle a un peu augmenté, mais guère.

Je suis reconnaissant au xénon de m'avoir permis, *via* quelques techniques que j'ai d'ailleurs apprises dans les laboratoires de John Reynolds, de reconsti tuer ainsi l'histoire de notre atmosphère.

Y y

Young Thomas (1773-1829)

C'est sans doute l'un des scientifiques les plus extraordinaires qui aient jamais existé. Il a touché à beaucoup de domaines, et partout il a réussi... ou presque. Car en tant que médecin – son métier d'origine – il n'a pas laissé de souvenir impérissable. Il n'aimait pas les malades, qui selon lui se plaignaient trop et ne lui laissaient pas le temps pour comprendre la cause de la maladie.

Pour le reste, ses succès furent stupéfiants.

Outre qu'il parlait une dizaine de langues, sait-on qu'il fut un auteur littéraire reconnu dans l'Angleterre du XIXe siècle ? Qu'il fut aussi un musicien confirmé ? Avant même Champollion, il avait commencé à déchiffrer les hiéroglyphes.

Mais c'est à l'optique qu'il doit sa notoriété universelle en science. C'est en effet Young qui découvre les interférences lumineuses (*voir* : LUMIÈRE) et les interprète correctement. Il établit donc la nature ondulatoire de la lumière et en établit les premières lois quantitatives. Quelques années plus tard, un jeune Français, Augustin Fresnel, répète le même travail et parvient aux mêmes conclusions. Arago lui signale alors que Thomas Young a déjà découvert l'essentiel... Fresnel, accompagné d'Arago, rend donc visite à celui qu'il considère comme un maître. Entre les deux va s'instaurer un échange de lettres dont le fair-play devrait être une source d'inspiration pour tous les scientifiques. Fresnel reconnaît sans barguigner l'antériorité des découvertes de Young. Quant à Young, il reconnaît volontiers qu'en fait, Fresnel a été plus loin que lui grâce à une formalisation mathématique plus élaborée et plus élégante. Ce qui est vrai.

C'est d'ailleurs sur cette base que Fresnel concevra la théorie d'un autre grand phénomène lumineux : la polarisation de la lumière, découverte peu auparavant par la français Malus.

Bref, voilà une image d'Epinal. Des scientifiques honnêtes, loyaux et désintéressés, ça existe, et pas seulement au XIXe siècle !

Z

Zoologie

Il y a une quarantaine (et même une trentaine) d'années, la zoologie était l'une des trois disciplines reines des études de biologie, qui se divisaient alors en zoologie, botanique, et physiologie – cette dernière se subdivisant à son tour en physiologie animale et physiologie végétale.

La zoologie était l'étude du règne animal, que l'on divisait en vertébrés et invertébrés. Les invertébrés comprenaient les nématodes et annelides, les vers, les spongiaires, les échinodermes, les coélentérés, les mollusques, les arthropodes. Ces derniers comprenant eux-mêmes les insectes, les crustacés et les arachnides.

Pour chacune de ces classes, on partait d'un animal type dont on étudiait l'anatomie, la physiologie et le mode de vie. Il était hautement recommandé de savoir faire le dessin en coupe de cet animal... Il fut un temps où je pouvais dessiner la coupe d'une sauterelle ou d'une mouche aussi bien que celle d'une moule ou d'une araignée. Que m'en reste-t-il aujourd'hui, puisque pour parler de ce mot, je me suis interdit de reprendre mes notes de cours ? Que les insectes ont six pattes, que les araignées (et leurs semblables) en ont huit. Combien en ont les crustacés ?

On nous parlait peu de la manière dont ces classes animales avaient pu dériver l'une de l'autre, tout en nous affirmant qu'il y avait une théorie de l'évolution.

Les vertébrés, c'était plus simple : ils avaient un squelette interne. Poissons, batraciens, reptiles, oiseaux, mammifères, on n'hésitait pas, dès la présentation, à nous enseigner qu'ils dérivaient les uns des autres par « évolution ». J'avoue que le détail me paraissait assez obscur, et que les comparaisons entre les mâchoires des poissons, des batraciens et des reptiles me semblaient une matière assez aride.

De l'écologie, devenue aujourd'hui si populaire, il n'y avait aucun enseignement. C'était un mot vague, dont le remplissage s'annonçait difficile.

La zoologie a disparu des programmes, et même des intitulés de laboratoires ou de chaires universitaires. Tout a été englouti dans la révolution biologique de l'ADN et la biologie moléculaire.

Pour ne pas disparaître, ceux qui continuent à étudier « les bêtes », comme les naturalistes d'autrefois, se sont autoproclamés écologistes. Sous cette bannière, ils se sont protégés et continuent à faire de la zoologie comme au bon vieux temps ! Ils n'étaient pas inutiles, pourtant : sans eux, par exemple, on n'aurait pas pu choisir les matériaux biologiques fondamentaux que sont la drosophile, l'aplysie de Californie, le poisson torpille, etc., si utiles aux généticiens et aux physiologistes qui étudient la transmission de l'influx nerveux.

Pourquoi n'assument-ils pas ce qu'ils font ? Le modernisme à tout prix oblige à bien des déguisements... Car comme le dit Edouard Wilson, le grand écologiste, auteur de livres célèbres (prix Craaford d'écologie, prix Pulitzer pour ses talents de vulgarisateur), il reste probablement des centaines de milliers d'espèces animales à découvrir. La biologie est une discipline dans laquelle règne la variété. Et cette variété des formes de vie est une richesse extrême.

Pendant longtemps on s'est contenté d'en dresser un inventaire. Puis, la science a progressé. En 1953, elle a trouvé un fil d'Ariane, l'ADN. Une nouvelle biologie a pris naissance, plus rationnelle, plus scientifique, plus proche des sciences physiques. Il fallait bien sûr introduire cette biologie dans l'enseignement et encore plus dans la recherche. Mais il ne faut pas pour autant tuer les disciplines traditionnelles que sont zoologie, botanique et paléontologie. Une solution serait de faire éclore des Muséum d'histoire naturelle dans chaque ville universitaire, ces institutions accueilleraient les chercheurs en biologie traditionnelle.

Edouard Wilson, *La Diversité de la vie*, Harvard University Press.

BIBLIOGRAPHIE

ATKINS Peter, *Le Doigt de Galilée*, Dunod.
—, *Molécules au quotidien*, InterEditions.
BERNARD Pascal, *Qu'est-ce qui fait trembler la Terre*, EDP Sciences.
BERNOT Alain, *L'Analyse des génomes*, Nathan Université.
BIEZNUSKI Michel, *Histoire de la physique moderne*, Livre de Poche.
BLAMONT J., *Le Chiffre et le Songe*, Odile Jacob.
BUSER P., *Cerveau de soi, cerveau de l'autre*, Odile Jacob.
CALLE Carlos, *Supercordes et autres ficelles*, Dunod.
CHANGEUX Jean-Pierre, *L'Homme neuronal*, Fayard.
CLOSETS François de, *Ne dites pas à Dieu ce qu'il doit faire*, Seuil.
COPPENS Yves, *Le Singe, l'Afrique, l'homme*, Fayard.
COURTILLOT V., *La Vie en catastrophes*, Fayard.
DAMASIO Antonio, *Le Sentiment même de soi*, Odile Jacob.
DAMOUR Thibault, *Si Einstein m'était conté*, Le Cherche-Midi.
DAUSSET Jean, *Clin d'œil à la vie*, Odile Jacob.
DEHAENE Stanislas, *La Bosse des maths*, Odile Jacob.
DUCROCQ Albert, *La Science à la conquête du passé*, Plon.
EDELMAN G., *Biologie de la conscience*, Odile Jacob.
EKLAND I., *Le Hasard, l'Imprévu*, Seuil.
GLEICK J., *Chaos*, Odile Jacob.
GOULD Stephen, *La vie est belle*, Seuil.
—, *Aux racines du temps*, Grasset.

GOUYON Ph., HENRY J.P., ARNOULD J., *Les Avatars du gène*, Belin.
GREENSTEIN G., *Le Destin des étoiles*, Seuil.
GUYON E., HULIN J.P., *Granites et Fumées*, Odile Jacob.
HECHT P., *Physique*, De Broeck Université.
JACOB François, *La Logique du vivant*, Gallimard.
—, *Le Jeu des possibles*, Fayard.
JOUVET Michel, *Le Sommeil et le Rêve*, Odile Jacob.
LA COTARDIÈRE Philippe de, *Histoire des sciences*, Tallandier.
LE DOUARIN Nicole, *Des chimères, des clones et des gènes*, Odile Jacob.
LOMBORG Bjorn, *L'Ecologiste sceptique*, Le Cherche-Midi.
MANDELBROT Benoît, *Les Objets fractals*, Flammarion.
MATTAUER Maurice, *Monts et Merveilles*, Hermann.
MONOD Jacques, *Le Hasard et la Nécessité*, Seuil.
MORANGE Michel, *Histoire de la biologie moléculaire*, La Découverte.
NEEDHAM, *La Science chinoise et l'Occident*, Seuil.
PATY M., *La Physique du XXe siècle*, EDP Sciences.
PERRIN J., *Les Atomes*, Flammarion.
POINCARÉ Henri, *La Science et l'Hypothèse*, Flammarion.
—, *La Valeur de la science*, Flammarion.
POIRIER J.P., *Le Minéral et le Vivant*, Fayard.
PULLMAN B., *L'Atome*, Fayard.
REEVES Hubert, *Patience dans l'azur*, Seuil.
RIVAL Michel, *Les Grandes Expériences scientifiques*, Seuil.
ROSMORDUC J., *Une histoire de la physique et de la chimie*, Seuil.
ROTHEN F., *Physique générale*, Presses polytechniques et universitaires romandes.
SARTORI Eric, *Histoire des grands scientifiques français*, Plon.
SEGRÉ Emilio, *Les Physiciens classiques et leurs découvertes*, Fayard.
—, *Les Physiciens modernes et leurs découvertes,* Fayard.

SERRES Michel, FAROUKI Nayla, *Dictionnaire des sciences*, Flammarion.
TRINH Xuan Thuan, *La Mélodie secrète*, Fayard.
VERDET Jean-Pierre, *Une histoire de l'astronomie*, Seuil.
WATSON James, *La Double Hélice*, Pluriel.
—, *ADN, le secret de la vie*, Odile Jacob.
WEINBERG Steven, *Les Trois Premières Minutes de l'univers*, Seuil.
—, *Les Particules élementaires*, Belin.

Table des entrées